中文翻译版

数字 PCR 方法和方案

Digital PCR

Methods and Protocols

主 编 George Karlin-Neumann

Francisco Bizouarn

主 译 刘毅 郭永

科 学 出 版 社

北 京

图字：01-2020-0931 号

内 容 简 介

作为最新一代的聚合酶链式反应（PCR）技术，数字 PCR 在继承普通 PCR 和荧光定量 PCR 技术优势的基础上，通过采用并行反应单元，可以实现目的核酸的绝对定量，并提升检测的敏感性，在很多领域都有令人期待的应用前景。近年来，数字 PCR 检测的应用场景不断增加，如何更好地进行方法学设计并确保结果的稳定，是其未来发展不得不面对的关键问题。本书系统介绍了数字 PCR 的基本概念，及其在各种应用场景下的优势、实施细节及注意事项，实用性强。

本书将为基础和转化研究相关的遗传学、分子生物学、病毒学、免疫学、肿瘤学、病理学研究人员及临床医生和诊断专家提供帮助，同时也适合从事临床药物及诊断试剂研发、生产及销售等工作的企业人员阅读和使用。

图书在版编目（CIP）数据

数字 PCR：方法和方案 /（美）乔治・卡林 - 诺伊曼等主编；刘毅，郭永主译．—北京：科学出版社，2021.3

书名原文：Digital PCR：Methods and Protocols

ISBN 978-7-03-067253-7

Ⅰ．①数… Ⅱ．①乔… ②刘… ③郭… Ⅲ．①聚合酶链式反应 Ⅳ．① Q555

中国版本图书馆 CIP 数据核字 (2020) 第 263529 号

责任编辑：丁慧颖 / 责任校对：杨 赛

责任印制：李 彤 / 封面设计：吴朝洪

First published in English under the title
Digital PCR: Methods and Protocols
edited by George Karlin-Neumann and Francisco Bizouarn

科学出版社出版

北京东黄城根北街16号

邮政编码：100717

http：//www.sciencep.com

北京建宏印刷有限公司 印刷

科学出版社发行 各地新华书店经销

*

2021年3月第 一 版 开本：787×1092 1/16

2023年7月第三次印刷 印张：28 1/2

字数：675 000

定价：208.00元

（如有印装质量问题，我社负责调换）

《数字PCR：方法和方案》
翻译人员

主　译　刘　毅　中国人民解放军总医院第五医学中心

　　　　　郭　永　清华大学

译　者

第1章　郭　永　清华大学

第2章　苏世圣　清华大学

第3章　荆高山　中国科学院微电子研究所

第4章　祝令香　北京新羿生物科技有限公司

第5章　朱锡宇　清华大学

第6章　王　楠　清华大学

第7章　王　芳　清华大学

第8章　樊东东　清华大学

第9章　程　寻　北京新羿生物科技有限公司

第10章　张少华　中国人民解放军总医院第五医学中心

第11章　彭志勇　北京新羿生物科技有限公司

第12章　汤传昊　北京大学国际医院

第13章　郝晓鹏　中国人民解放军总医院第一医学中心

　　　　王建东　中国人民解放军总医院第一医学中心

第14章　刘　毅　中国人民解放军总医院第五医学中心

第15章　王　征　北京医院

第16章　吴焕文　中国医学科学院北京协和医院

第 17 章　张丽娟　中国人民解放军总医院第五医学中心
第 18 章　卢临萍　北京新羿生物科技有限公司
第 19 章　张丽娟　中国人民解放军总医院第五医学中心
第 20 章　杨文军　北京新羿生物科技有限公司
第 21 章　武莎斐　中国医学科学院北京协和医院
　　　　　曾　瑄　中国医学科学院北京协和医院
第 22 章　居　艳　中国人民解放军总医院第七医学中心
第 23 章　叶　丰　四川大学华西医院
第 24 章　刘媛媛　中国医学科学院北京协和医院
　　　　　曾　瑄　中国医学科学院北京协和医院
第 25 章　王　涛　中国人民解放军总医院第五医学中心
第 26 章　李晓燕　首都医科大学附属北京天坛医院
第 27 章　陈芊如　清华大学
第 28 章　彭衍科　清华大学
第 29 章　盛天成　清华大学
第 30 章　王　博　北京新羿生物科技有限公司

编　　者

ALEXEJ ABYZOV • *Department of Health Sciences Research, Center for Individualized Medicine, Mayo Clinic, Rochester, MN, USA*

MIGUEL ALCAIDE • *Department of Molecular Biology and Biochemistry, Simon Fraser University, Burnaby, BC, Canada*

RYAN S. ALDEN • *Lowe Center for Thoracic Oncology, Dana-Farber Cancer Institute, Boston, MA, USA; Department of Medicine, Brigham and Women's Hospital and Harvard Medical School, Boston, MA, USA*

AARON ANG • *Michael Smith Laboratories, Department of Chemical and Biological Engineering, University of British Columbia, Vancouver, BC, Canada; Centre for Blood Research, University of British Columbia, Vancouver, BC, Canada*

JULIA BECK • *Chronix Biomedical GmbH, Göttingen, Germany*

AVERY DAVIS BELL • *Department of Genetics, Harvard Medical School, Boston, MA, USA; Program in Medical and Population Genetics, Broad Institute of MIT and Harvard, Cambridge, MA, USA; Stanley Center for Psychiatric Research, Broad Institute of MIT and Harvard, Cambridge, MA, USA*

FRANCISCO BIZOUARN • *Digital Biology Center, Bio-Rad Laboratories, Pleasanton, CA, USA*

YIPING CAO • *Source Molecular Corporation, Miami, FL, USA; Southern California Costal Water Research Project Authority, Costa Mesa, CA, USA*

AMANDA H. CHAN • *Gladstone Institute of Cardiovascular Disease, San Francisco, CA, USA*

YILUN CHEN • *Translational Oncogenomics Unit, Division of Oncology and Pathology, Department of Clinical Sciences, Lund University, Lund, Sweden*

KAREN C. CHEUNG • *Centre for Blood Research, University of British Columbia, Vancouver, BC, Canada; Department of Electrical and Computer Engineering, University of British Columbia, Vancouver, BC, Canada*

JOHN R. CHEVILLET • *Institute for Systems Biology, Seattle, WA, USA*

BRUCE R. CONKLIN • *Gladstone Institute of Cardiovascular Disease, San Francisco, CA, USA; Department of Medicine, University of California San Francisco, San Francisco, CA, USA; Department of Cellular and Molecular Pharmacology, University of California San Francisco, San Francisco, CA, USA*

ALISON S. DEVONSHIRE • *Molecular and Cell Biology Team, LGC, Teddington, UK*
DAVID DOBNIK • *Department of Biotechnology and Systems Biology, National Institute of Biology, Ljubljana, Slovenia*
DANIELA DRANDI • *Department of Molecular Biotechnologies and Health Sciences, Hematology Division, University of Torino, Torino, Italy*
KERRY R. EMSLIE • *National Measurement Institute, Lindfield, NSW, Australia*
NORA FEENEY • *Belfer Center for Applied Cancer Science, Dana-Farber Cancer Institute, Boston, MA, USA*
ANA FERNANDEZ-GONZALEZ • *Molecular and Cell Biology Team, LGC, Teddington, UK*
MANUELA FERRACIN • *Department of Experimental, Diagnostic and Specialty Medicine—DIMES, University of Bologna, Bologna, Italy*
SIMONE FERRERO • *Department of Molecular Biotechnologies and Health Sciences, Hematology Division, University of Torino, Torino, Italy*
ISAAC GARCIA-MURILLAS • *Breast Cancer Now Research Centre, The Institute of Cancer Research, London, UK*
ANTHONY M. GEORGE • *Translational Oncogenomics Unit, Division of Oncology and Pathology, Department of Clinical Sciences, Lund University, Lund, Sweden*
RIAZ N. GILLANI • *Johns Hopkins School of Medicine, Baltimore, MD, USA; Boston Children's Hospital, Boston, MA, USA*
MARIA D GIRALDEZ • *Department of Internal Medicine, University of Michigan, Ann Arbor, MI, USA*
WILLIAM M. GRADY • *Clinical Research Division, Fred Hutchinson Cancer Research Center, Seattle, WA, USA; Department of Medicine, University of Washington School of Medicine, Seattle, WA, USA*
JOHN F. GRIFFITH • *Southern California Costal Water Research Project Authority, Costa Mesa, CA, USA*
ALICE GUTTERIDGE • *University College London Cancer Institute, London, UK*
MICHAEL S. HANEY • *Department of Psychiatry and Behavioral Sciences, Stanford Center for Genomics and Personalized Medicine, Stanford University School of Medicine, Palo Alto, CA, USA; Program on Genetics of Brain Function, Department of Genetics, Stanford Center for Genomics and Personalized Medicine, Palo Alto, CA, USA*
CHARLES HAYNES • *Michael Smith Laboratories, Department of Chemical and Biological Engineering, University of British Columbia, Vancouver, BC, Canada; Department of Electrical and Computer Engineering, University of British Columbia, Vancouver, BC, Canada*
TAI J. HEINZERLING • *Clinical Research Division, Fred Hutchinson Cancer Research Center, Seattle, WA, USA*
NICHOLAS J. HEREDIA • *Digital Biology Center, Bio-Rad Laboratories, Pleasanton, CA, USA*
ARNE HOLST-JENSEN • *Section of Virology, Norwegian Veterinary Institute, Oslo, Norway*
STEVEN JACOBSON • *Neuroimmunology Branch, Viral Immunology Section, National Institute of Neurological Disorders and Stroke（NINDS）, National Institutes of Health, Bethesda, MD, USA*

Hanlee P. Ji • *Division of Oncology, Department of Medicine, Stanford University School of Medicine, Stanford, CA, USA; Stanford Genome Technology Center, Stanford University, Palo Alto, CA, USA*

Nolan Kamitaki • *Program in Medical and Population Genetics, Broad Institute of MIT and Harvard, Cambridge, MA, USA; Stanley Center for Psychiatric Research, Broad Institute of MIT and Harvard, Cambridge, MA, USA; Department of Genetics, Harvard Medical School, Boston, MA, USA*

George Karlin-neumann • *Digital Biology Center, Bio-Rad Laboratories, Pleasanton, CA, USA*

Elena Kinz • *Vorarlberg Institute for Vascular Investigation and Treatment (VIVIT) , Feldkirch, Austria*

Alexandra Bogožalec Košir • *Department of Biotechnology and Systems Biology, National Institute of Biology, Ljubljana, Slovenia; Jožef Stefan International Postgraduate School, Ljubljana, Slovenia*

Yanan Kuang • *Belfer Center for Applied Cancer Science, Dana-Farber Cancer Institute, Boston, MA, USA*

Marco Ladetto • *Division of Hematology, A.O. SS Antonio e Biagio e Cesare Arrigo, Alessandria, Italy*

Emily C. Leibovitch • *Neuroimmunology Branch, Viral Immunology Section, National Institute of Neurological Disorders and Stroke (NINDS) , National Institutes of Health, Bethesda, MD, USA; Institute for Biomedical Sciences, School of Medicine and Health Sciences, Washington, DC, USA*

Claudia Litterst • *Digital Biology Center, Bio-Rad Laboratories, Pleasanton, CA, USA*

Andrew T. Ludlow • *Department of Cell Biology, UT Southwestern Medical Center, Dallas, TX, USA*

Steven J. Mayerl • *Gladstone Institute of Cardiovascular Disease, San Francisco, CA, USA*

Steven A. McCarroll • *Department of Genetics, Harvard Medical School, Boston, MA, USA; Program in Medical and Population Genetics, Broad Institute of MITand Harvard, Cambridge, MA, USA; Stanley Center for Psychiatric Research, Broad Institute of MIT and Harvard, Cambridge, MA, USA*

Arielle J. Medford • *Johns Hopkins School of Medicine, Baltimore, MD, USA; Massachusetts General Hospital, Boston, MA, USA*

Yuichiro Miyaoka • *Gladstone Institute of Cardiovascular Disease, San Francisco, CA, USA; Regenerative Medicine Project, Tokyo Metropolitan Institute of Medical Science, Tokyo, Japan*

Rran D. Morin • *Department of Molecular Biology and Biochemistry, Simon Fraser University, Burnaby, BC, Canada*

Dany Morisset • *Department of Biotechnology and Systems Biology, National Institute of Biology, Ljubljana, Slovenia*

Axel Muendlein • *Vorarlberg Institute for Vascular Investigation and Treatment (VIVIT) , Feldkirch, Austria*

Massimo Negrini • *Laboratory for Technologies of Advanced Therapies (LTTA) , Department of Morphology, Surgery and Experimental Medicine, University of Ferrara, Ferrara, Italy*

ALLISON O'CONNELL • *Belfer Center for Applied Cancer Science, Dana-Farber Cancer Institute, Boston, MA, USA*

MICHAEL OELLERICH • *Institute for Clinical Pharmacology, University Medical Center Göttingen, Göttingen, Germany*

ELEONOR OLSSON • *Translational Oncogenomics Unit, Division of Oncology and Pathology, Department of Clinical Sciences, Lund University, Lund, Sweden*

ERIC OUELLET • *Michael Smith Laboratories, Department of Chemical and Biological Engineering, University of British Columbia, Vancouver, BC, Canada; Centre for Blood Research, University of British Columbia, Vancouver, BC, Canada*

GEOFFREY R. OXNARD • *Lowe Center for Thoracic Oncology, Dana-Farber Cancer Institute, Boston, MA, USA; Department of Medicine, Brigham and Women's Hospital and Harvard Medical School, Boston, MA, USA*

BEN HO PARK • *Department of Oncology, Johns Hopkins University, Baltimore, MD, USA; Sidney Kimmel Comprehensive Cancer Institute, Johns Hopkins University, Baltimore, MD, USA*

REENAL PATTNI • *Department of Psychiatry and Behavioral Sciences, Stanford Center for Genomics and Personalized Medicine, Stanford University School of Medicine, Palo Alto, CA, USA; Program on Genetics of Brain Function, Department of Genetics, Stanford Center for Genomics and Personalized Medicine, Palo Alto, CA, USA*

CLOUD P. PAWELETZ • *Belfer Center for Applied Cancer Science, Dana-Farber Cancer Institute, Boston, MA, USA*

LEONARDO PINHEIRO • *National Measurement Institute, Lindfield, NSW, Australia*

PETAR PODLESNIY • *Neurobiology Unit, Institut d'Investigacions Biomèdiques de Barcelona, Consejo Superior de Investigaciones Científicas (CSIC) , Barcelona, Spain; Centro de Investigacion Biomédica en Red sobre Enfermedades Neurodegenerativas (CIBERNED) , Barcelona, Spain*

MEREDITH R. RAITH • *Southern California Costal Water Research Project Authority, Costa Mesa, CA, USA*

JOHN REGAN • *Digital Biology Center, Bio-Rad Laboratories, Pleasanton, CA, USA*

LAO H. SAAL • *Translational Oncogenomics Unit, Division of Oncology and Pathology, Department of Clinical Sciences, Lund University, Lund, Sweden*

ADRIAN G. SACHER • *Lowe Center for Thoracic Oncology, Dana-Farber Cancer Institute, Boston, MA, USA; Department of Medicine, Brigham and Women's Hospital and Harvard Medical School, Boston, MA, USA*

EKKEHARD SCHÜTZ • *Chronix Biomedical GmbH, Göttingen, Germany*

JERRY W. SHAY • *Department of Cell Biology, UT Southwestern Medical Center, Dallas, TX, USA*

DAWNE SHELTON • *Digital Biology Center, Bio-Rad Laboratories, Pleasanton, CA, USA*

BJØRN SPILSBERG • *Section of Virology, Norwegian Veterinary Institute, Oslo, Norway*

DEJAN ŠTEBIH • *Department of Biotechnology and Systems Biology, National Institute of Biology,*

Ljubljana, Slovenia

BING SUN • *Georgetown University, Washington, DC, USA*

MUNEESH TEWARI • *Comprehensive Cancer Center, University of Michigan, Ann Arbor, MI, USA; Department of Internal Medicine, University of Michigan, Ann Arbor, MI, USA; Department of Biomedical Engineering, University of Michigan, Ann Arbor, MI, USA; Biointerfaces Institute, University of Michigan, Ann Arbor, MI, USA; Center for Computational Medicine and Bioinformatics, University of Michigan, Ann Arbor, MI, USA*

RAMON TRULLAS • *Neurobiology Unit, Institut d'Investigacions Biome`diques de Barcelona, Consejo Superior de Investigaciones Cientı´ficas ( CSIC ) , Barcelona, Spain; Centro de Investigacion Biome´dica en Red sobre Enfermedades Neurodegenerativas ( CIBERNED ) , Barcelona, Spain; Institut d'Investigacions Biome`diques August Pi i Sunyer (IDIBAPS) , Barcelona, Spain*

NICHOLAS C. TURNER • *Breast Cancer Now Research Centre, The Institute of Cancer Research, London, UK; Breast Unit, The Royal Marsden Hospital, London, UK*

SVILEN TZONEV • *Digital Biology Center, Bio-Rad Laboratories, Pleasanton, CA, USA*

ALEXANDER E. URBAN • *Department of Psychiatry and Behavioral Sciences, Stanford Center for Genomics and Personalized Medicine, Stanford University School of Medicine, Palo Alto, CA, USA; Program on Genetics of Brain Function, Department of Genetics, Stanford Center for Genomics and Personalized Medicine, Palo Alto, CA, USA*

CHRISTINA L. USHER • *Department of Genetics, Harvard Medical School, Boston, MA, USA; Program in Medical and Population Genetics, Broad Institute of MIT and Harvard, Cambridge, MA, USA; Stanley Center for Psychiatric Research, Broad Institute of MIT and Harvard, Cambridge, MA, USA*

ASHLEY VELLUCCI • *Neuroimmunology Branch, Viral Immunology Section, National Institute of Neurological Disorders and Stroke (NINDS) , National Institutes of Health, Bethesda, MD, USA*

ALEXANDRA S. WHALE • *Molecular and Cell Biology Team, LGC, Teddington, UK*

CHRISTINA M. WOOD-BOUWENS • *Division of Oncology, Department of Medicine, Stanford University School of Medicine, Stanford, CA, USA; Stanford Genome Technology Center, Stanford University, Palo Alto, CA, USA*

WOODRING E. WRIGHT • *Department of Cell Biology, UT Southwestern Medical Center, Dallas, TX, USA*

MING YU • *Clinical Research Division, Fred Hutchinson Cancer Research Center, Seattle, WA, USA*

JANA ŽEL • *Department of Biotechnology and Systems Biology, National Institute of Biology, Ljubljana, Slovenia*

BIN ZHANG • *Digital Biology Center, Bio-Rad Laboratories, Pleasanton, CA, USA*

YUN-LING ZHENG • *Georgetown University, Washington, DC, USA; Cancer Prevention and Control Program, Lombardi Comprehensive Cancer Center, Georgetown University Medical Center, Washington, DC, USA*

BO ZHOU • *Department of Psychiatry and Behavioral Sciences, Stanford Center for Genomics and Personalized Medicine, Stanford University School of Medicine, Palo Alto, CA, USA; Program on Genetics of Brain Function, Department of Genetics, Stanford Center for Genomics and Personalized Medicine, Palo Alto, CA, USA*

XIAOWEI ZHU • *Department of Psychiatry and Behavioral Sciences, Stanford Center for Genomics and Personalized Medicine, Stanford University School of Medicine, Palo Alto, CA, USA; Program on Genetics of Brain Function, Department of Genetics, Stanford Center for Genomics and Personalized Medicine, Palo Alto, CA, USA*

译者前言

基因是决定一切生命的基础，对其进行分析研究是我们认识生物学现象的重要途径。然而，生物体内核酸的含量不足以对其进行直接检测，因此一般需要对其进行核酸扩增或信号放大。聚合酶链式反应（polymerase chain reaction，PCR）是最为常用的核酸扩增工具，通过变性、退火和延伸这 3 个反应步骤的反复循环，在 1 ～ 2 小时内可以实现目的序列的指数级扩增，在基因的序列分析、定量检测及功能研究等诸多工作中均具有重要的价值。

PCR 的发展主要经历了三代技术革新：第一代技术在反应结束之后通过电泳等方法对产物进行定性分析，过程繁琐且容易造成气溶胶污染，很难用于临床常规诊断，一般用于实验室研究；第二代技术通过采用荧光探针或染料进行实时定量检测，由于操作简便，污染概率小，在肿瘤、传染病、遗传病等临床领域，以及食品安全、环境卫生、法医鉴定、动植物研究等诸多领域得到了广泛的应用；作为第三代 PCR 技术，数字 PCR 的生化反应原理与实时定量 PCR 相同，但是它将以往的一个反应划分为成千上万个并行的反应单元，可以极大地避免 PCR 抑制剂的干扰及相似模板之间的竞争性抑制，使检测的敏感性得到更进一步的提升。更重要的是，划分并行反应单元还能够确保目的序列与参考序列在同一反应条件之下进行互不干扰的扩增，通过泊松分布统计学分析阳性和阴性反应单元的数目，可以获得目的序列的原始数目，即实现“绝对定量”，这不仅避免了繁琐费时的标准曲线分析，也使得定量结果更加具有批次间和实验室间的可比性。凭借高敏感性和绝对定量的优势，数字 PCR 在荧光定量 PCR 的现有应用中将有更完美的技术表现，尤其是在荧光定量 PCR 不擅长的肿瘤液体活检、无创产前筛查、病毒载量分析，以及单细胞转录本定量等领域具有令人期待的应用前景。

近年来，商业化的数字 PCR 系统开始不断涌现，它们在并行反应单元的实现方式上各具特色，为该领域日渐增长的应用需求提供了有力的保障。然而，作为一个新兴领域，如何普及这一技术，在此基础之上进行科学合理的方法学设计，以及如何确保检测结果的准确性，这是数字 PCR 发展要面临的重要问题。本书很好地满足了这样的需求，来自各个前沿领域的学者系统地介绍了数字 PCR 的基本概念，以及在各种应用场景下采用数字 PCR 检测的必要性、实施细节及注意事项，是一本具有实用性的参考书。尽管相关的内容都是围绕个别商业化产品而展开的，但是其中的设计原则和需要考虑的基本要素等内容对于任何数字 PCR 体系来说都有同样的参考价值。

为了促进我国数字 PCR 领域的良性发展，我们翻译本书。此举得到了单位领导、业内专家、团队同事及亲朋好友的大力支持，在此深表感谢！由于时间仓促，疏漏在所难免，恳请读者不吝赐教，以便再版时修订。

刘毅　中国人民解放军总医院第五医学中心肿瘤医学部
郭永　清华大学生物医学工程系

2021 年 1 月于北京

前　　言

通过聚合酶链式反应（PCR）对单条的特异DNA或RNA分子进行检测和处理的方法使得我们对生物学的了解和影响其过程的可能性有了革命性的改变。这项令人瞩目的技术在过去的20多年来不断得到改进，提高了对目标靶点的检出和定量能力。数字PCR是PCR中既古老又年轻的技术之一，最近可扩展的基于微滴数字PCR技术的革新，推动了很多研究和临床实践领域需要的待进一步提高的实用性、准确性、特异性和可重复性的发展。本书将会提供一些相关的指引，并且展示这项技术如何帮助我们在以下方面取得深入进展：传染病；癌症的进化和对治疗的反应；基因组的结构性变化与相关表型；体细胞嵌合体的发病率；基因组编辑和细胞治疗；胎儿、器官和肿瘤状态的非侵袭性血液监测；环境监测；病原菌和转基因食品的检测。

对于这些应用，本书会详细叙述如何帮助读者实现准确性和敏感性需求的最佳实验设计，针对不同的靶点类型和样品类型进行方法学设计的考虑，以及对数据分析和解释的深入了解。本书还会介绍与样品分隔相关的一些其他益处，如靶点大小的确认及单体型分析的相关检测。本书将会为很多专业人士提供帮助，包括与基础和转化研究相关的遗传学、分子生物学、病毒学、免疫学、肿瘤学、病理学专家，临床医生和诊断专家，以及那些对应用和环境科学感兴趣的学者。

George Karlin-Neumann
Francisco Bizouarn
普莱森顿，加州，美国

目　录

第Ⅰ部分　概念背景

第Ⅱ部分　绝对定量

第Ⅲ部分　拷贝数变异

第Ⅳ部分　稀有突变和稀有等位基因的检测

第Ⅴ部分 基因表达和 RNA 定量

第Ⅵ部分 分隔的其他用途

第 I 部分

概念背景

第 1 章

进入 21 世纪分子生物学工具的神殿：数字 PCR 的前景

George Karlin-Neumann，Francisco Bizouarn

摘要：经历了几十年不温不火的应用之后，最近几年数字 PCR（digital PCR，dPCR）已逐渐成长为新的核酸定量检测金标准。这与可量产、经济、重复性好的基于微滴数字 PCR 平台在最近 5 年的商业化应用正好同步，并使其快速进入各类研究领域及检测应用中。其中，dPCR 在临床肿瘤学中的应用受到的关注最多，该领域开始采用血浆对治疗中的癌症患者进行基因分型。另外，科研领域的创新已经将反应分隔的获益拓展到 DNA 和 RNA 的定量之外，证实其在评估 DNA 尺寸及完整性、共定位标志物的物理连接、样本中酶活性水平及特定正电子浓度等方面的用途。由于 dPCR 技术被广为传播，大家很自然地认可了其强大的功能与简便性。实际上，读者需谨记，必须极为审慎方能得到兼具精准性和准确性的测量结果。

关键词：数字 PCR；微滴数字 PCR；实时定量 PCR；实时荧光 PCR；重复性；精准性；准确性；稀有变异检测；拷贝数变异；DNA；RNA；绝对定量；质控品；分隔；连接

经过 25 年的酝酿，数字 PCR 终于发展成为研究领域中一个不可或缺的工具，并在临床[1-7]中扮演了重要角色。它是过去 40 年中所发展起来的许多技术中的一种，这些技术 [如一代测序、DNA/ 蛋白凝胶电泳、实时荧光 PCR、DNA 微阵列、二代测序（next-generation sequencing，NGS）等] 一直在帮助推动当前分子生物学研究及检测的大多数新进展。每一项新技术都有其特定的优势和不足。

在 dPCR 暴发性应用之前的几年，对不同生物样本类型中获取的 DNA 和 RNA 进行更精确、特异及可重复的定量的需求还未被充分满足。尽管其更早成熟的近亲——实时定量 PCR（real-time quantitative PCR，qPCR）——也可以对核酸进行灵敏的检测和定量，但它更适用于相对定量而不是绝对定量，并不能轻易地检测到稀有的单核苷酸变异，而且对方法设计、PCR 抑制物等影响扩增效率的因素更为敏感。这些影响 qPCR 实验稳定性、室间重复性的因素结合起来会减缓其在临床应用中的进展[8-10]。相反地，发生于 dPCR 分隔（预加工的微腔或新生成的微滴）之中的终点反应使得靶标序列的稳定扩增及不需要标准曲线的绝对定量成为可能，这对于环境监测、临床和其他样本类型的检测[11-14]至关重要；也使得在海量野生型序列背景下对稀有突变序列进行高特异性检测成为可能，这对于异质性的肿瘤样本和液体活检样本[1, 15-17]、病毒[18-20]及嵌合体[21]的评价来说非常关键，并提供了足够高的精准度用于区分散在于人类基因组中的拷贝数等位基因，这是理解其在基因组结构和疾病中功能的关键[22, 23]。

正是由于上述及其他一些原因，dPCR 已成为新的核酸定量检测金标准，其他方法需要与其进行比较[24-27]。本书中选择了一些方法用于展示 dPCR 的一系列应用，这些应用涉及一些共性的实验问题。第Ⅰ部分介绍 dPCR 中的“概念背景”（下面会展示更多），第Ⅱ部分展示应用实例，包括食物存储中转基因污染的“绝对定量”（Dobnik 等，第 5 章）；不同类型临床样本中的单纯疱疹病毒变异（Vellucci 等，第 6 章）；脑脊液中线粒体 DNA 作为痴呆患者的生物标志物（Podlesniy 和 Trullas，第 7 章）；以及粪便污染后的水质检测（Cao 等，第 8 章）等。

基因扩增检测所能达到的精确度有限，这限制了其在多种疾病和癌症中对基因的功能进行研究[28-30]。第Ⅲ部分提供了研究“拷贝数变异”的方案。关于拷贝数等位基因及其与目的表型潜在关联的研究，Davis 等（第 9 章）解释了如何进行检测的设计和评价。将乳腺癌复发的液体活检挑战与拷贝数变异的评价相结合，Garcia-Murillas 和 Turner（第 10 章）描述了如何评价 *Her2* 基因扩增是否造成病情进展。Zhou 及其同事（第 11 章）展示了采用 dPCR 研究扩增基因组序列体细胞嵌合体、单核苷酸多态性、原代人类组织及多能干细胞（iPSC）中转位因子的优越性，在高精准性 dPCR 技术出现之前，这是一个很少被认识到的现象。

第Ⅳ部分（“稀有突变和稀有等位基因的检测”）反映了将 dPCR 应用到血液 [包括血浆游离 DNA（cell-free DNA，cfDNA）和细胞] 中可获取的稀有突变或外来等位基因研究中的进程和创造性。Kuang 等（第 12 章）展示了采用 dPCR 在监测非小细胞肺癌液体活检中的敏感性和耐药突变，而 Medford 及其同事（第 13 章）则介绍了一种方法，通过早期乳腺癌患者 cfDNA 的预扩增来判断是否依然存在残余病灶。为了在多发性淋巴恶性肿瘤中评价少量残余病灶，Drandi 及其团队（第 14 章）所提供的方法可以识别患者的特异性重排，并将其转换为微滴数字™PCR（ddPCR™）方法来进行连续的血液监测。Kinz 和 Muendlein（第 15 章）展示了采用 QuantStudio ™ 3D dPCR 系统检测骨髓增生性疾病中常见的 *JAK2 V617F* 等位基因载量的工作流程。Alcaide 和 Morin（第 16 章）解决的是液体活检中的常见挑战，即患者样本中的 cfDNA 含量有限，针对多个突变需要最大的灵敏度。他们研究了一套多重检测设计的策略来实现这个目标，将所使用的探针数量及相应的成本最小化。在某些设计策略中，他们筛选不同的突变但并不对其加以区分，在其他策略中，他们对可能存在的特异突变进行区分。Chen 及其同事（第 17 章）详细描述了一种方法，通过在连续血样中采用 ddPCR 融合检测来实现乳腺癌隐性转移的早期检测。他们从肿瘤组织的 NGS 测序中推导出一些主干突变并将其转化为 dPCR 检测，针对潜在的复发进行高灵敏度的监测。

与拷贝数变异（CNV）、单核苷酸多态性（SNP）的检测和监测在灵活、快速和低成本方面的要求一致，Wood 和 Ji（第 18 章）展示了如何用非探针的 EvaGreen 染料结合化学方法在 ddPCR 上实现多重检测。这个方法仅需使用特殊设计的等位基因特异性引物，彻底省却了探针合成所需的费用和时间。在一个非癌症应用研究中，Beck 及其同事（第 19 章）展示了如何采用液体活检的模式来监测移植后健康。将移植器官作为一个“基因移植”，他们鉴别出预先选择的一套高次要等位基因频率 SNP 中的哪些可以用来定量受体中的供体组织转换及其健康状态。在对稀有等位基因进行检测及定量的另外一种 dPCR 中，Miyaoka 及其同事（第 20 章）描述了如何使用 ddPCR 进行基因编辑实验的监测，在这个实验中，他们能够同时对同源性（HDR）和非同源性（NHE）修复事件进行定量监测。第Ⅳ部分以一个表观遗传分析的例子作为结尾，Yu 等介绍了 MethylLight ddPCR 方法（第 21 章），该方法将亚硫酸氢盐甲基化分析应用到 dPCR 中，使得实体瘤中的“区域性癌变”研究成为可能。

基因表达和 RNA 定量研究（第Ⅴ部分）也从 dPCR 的高精准性和绝对定量上有所获益。在第 22 章，Sun 和 Zheng 解决了相关的需求，可以更好地理解选择性剪接在端粒酶活性和功能调控中的作用。他们展示了一个通用的方法，可以在单个微滴的 dPCR 反应中同时检测人端粒酶基因 4 个主要剪接变异体。Kamitaki 及其同事在第 23 章里也利用 dPCR 的高精准性在个体中的两个等位基因之间（它们只存在单个 SNP 的差别）实现了等位基因特异表达差异的检测。这些在表达上的细微的 SNP 效应也许能解释这些变异在表型中所起的作用，而这些表型已经与全基因组相关性研究相关联。在第 24 章中，Karlin-Neumann 等阐述了 ddPCR 在单细胞表达研究中的应用，它在定量极低丰度转录子方面极具优势。为了强化该方法，他们提供了一种探针 - 多重（或“辐射”多重）的策略，可以在一个 PCR 反应中对 5 个不同靶标进行定量，或者将每个细胞的 cDNA 分成两份，从而可以对一个细胞中多达 9 个或 10 个基因进行快速绝对定量。该部分最后两章讲述了采用非探针的 EvaGreen 化学法（Ferracin 和 Negrini，第 25 章）或基于探针的 Taqman 化学法（Giraldez 等，第 26 章）对血清或血浆中的 miRNA 进行定量。

尽管 DNA 和 RNA 的绝对定量是 dPCR 系统最主流的用途，但是第Ⅵ部分（“分隔的其他用途”）也展示了基于分隔可以实现的其他一些少见的应用。除了核酸定量之外，Heredia（第 27 章）证实，关于 NGS 文库准备的特征，分隔还可以提供 DNA 片段大小的信息。Regan 及其同事（第 28 章）证实，对于两个遗传标志物，通过判断它们每一个的检测信号是否共定位于同一个分隔之中比其单独随机出现的机会更多，可检测两者之间是否存在物理连接。他们也描述了一个准备大片段 DNA 的简单方法，以满足多达 150kb 甚至 200kb 连接的测试。Ludlow 等（第 29 章）揭示了一种对端粒酶活性的检测和定量更为通用的模式，将端粒酶翻译的非 DNA 检测（例如，可以作用在核酸模板的酶活性）转换为一个可以通过 dPCR 进行定量的 DNA 读数。最后，Ouellet 及其同事（第 30 章）创造性的工作指出，将一个反应分隔成许多更小的反应，与大体积反应相比可以极大地提高信噪比，进而开发出一种高效的基于微滴的 SELEX 方法（Hi-Fi SELEX），将常规需花费数月、多至大约 8 轮的选择降低为历时数周、3 轮或 4 轮选择即可完成，从而实现了高亲和力核酸适配体的鉴定。

尽管全球的 dPCR 用户还开发了其他许多精巧的应用，但是由于近期才刚刚发表，并没有纳入本书。其中，包括在一个粗制的细胞裂解液中通过联合使用一种数字邻位连接技术和一个 RT-ddPCR 反应，可以在单个哺乳动物细胞中对一个蛋白及其相应的 mRNA 水平进行同时定量[31]。可能更令人意外的是，通过允许错配的引物对延伸到其附近的互补 DNA 模板并根据其剂量依赖效应，Cheng 等[32]能够对 Ag（Ⅰ）和 Hg（Ⅱ）的皮摩尔浓度进行定量！再一次，初始的非 DNA 测试物及数量被翻译为一个可定量的 DNA 信号。因此，从样本分隔的基本功能之中，将很有可能开发出更多意料之外的应用。

回到开篇第Ⅰ部分的“概念背景”，需要记住的是，尽管实现样本中靶标拷贝的绝对定量看起来很诱人，但是在从结果中得出结论之前，对实验方法还是有必要有严格的要求，不论是以研发为目的，还是以检测为目的，这一点非常重要。dPCR 定量的本质不应该让我们对基因靶标非均一性的结构掉以轻心。例如，有些基因序列所处的区域和上下游序列能阻止其参与 PCR 反应，从而得到远低于真实定量的检测值，可能就是由其二级结构造成的。这种效应可以通过另外一个方法来缓解，如缩短基因靶标片段的大小或修改反应条件。也就是说，实验人员的职责就是验证实验结果的准确性，不要将精确性与真实的可重复性混淆。

同样，dPCR 的魅力也不能让我们忘记在实验结果与我们希望寻求解答的问题之间还有其他障碍。举例来说，Whale 及其同事（第 4 章）在第Ⅰ部分中描述了在尝试将 dPCR 的结果转算为 1ml 血中肿瘤 DNA 序列的数量时，采用样本提取质控的重要性。类似的，Pinheiro 和 Emslie（第 2 章）解释了 dPCR 的概念及影响最终检测结果的因素，以便我们可以更谨慎地带着适当运行的质控来完成实验。最后，在稀有物质检测这类很常见的应用中，要了解测试方法的检测下限及我们是否有信心检测到目的物质，这一点非常重要。关于测试性能的描述词语，如敏感性、特异性、变异来源、分子计数不确定性及一个检测到的假阳性率如何影响检测极限的获得，Tzonev（第 3 章）为我们提供了关于这些内容的综述。

在全球众多实验室中开展 dPCR 研究的积极性也体现在不断增加的 PCR 系统装置的数量上，这些装置由学术实验室研发，也正在向商业使用的方向转化（如 SlipChip[33]）。在开始收集这些方法的时候，我们的目的是纳入使用了商品化的 dPCR 系统且经过同行评议的那些代表性的操作规程。当时，包括 Fluidigm 公司的 Biomark 系统、Bio-Rad 公司的 QX100/200 系统、RainDance 公司的 RainDrop 系统和 Thermo-Fisher 公司的 QuantStudio 3D 系统，大多数已发表的研究都是基于 QX100/200 平台，因此本书中的大多数内容也是基于这个平台。尽管我们未能从 RainDance 或 Fluidigm 系统的用户处获得文稿（这是由于前者的用户数较少和后者的使用率逐渐降低），但是我们相信本书中描述的总体策略对现有及将来出现的各种 dPCR 平台都是通用的。同样，自本项目开始以来，三个新系统近期已经进入市场，包括 Formulatrix 公司的 Constellation™ 系统和 JN Medsys 公司的 Clarity™ 系统（它们都具有固定的腔室）以及 Stilla 公司的液滴式 Naica™ 系统。以上足以证明，dPCR 的研究和检测正在急速扩张、成长，应用范围不断拓展，在分子生物学家的“工具库”中，它必将成为一件持久而锐利的工具。

参 考 文 献

1. Hindson BJ, Ness KD, Masquelier DA, et al(2011) High-throughput droplet digital PCR system for absolute quantitation of DNA copy number. Anal Chem 83(22):8604–8610
2. Baker M(2012) Digital PCR hits its stride. Nat Methods 9(6):541–544
3. Miliaras N (2014) Digital PCR comes of age. Genetic Engineering & Biotechnology News 34(4):14–16

4. Perkel J (2014) The digital PCR revolution. Science 344(6180):212–214
5. Pinheiro & Emslie, Chapter 2, this MIMB volume
6. Sacher AG, Paweletz C, Dahlberg SE et al(2016) Prospective validation of rapid plasma genotyping for the detection of EGFR and KRAS mutations in advanced lung cancer. JAMA Oncol 2(8):1014–1022
7. Mellert H, Foreman T, Jackson L et al (2017) Development and clinical utility of a blood-based test service for the rapid identification of actionable mutations in non-small cell lung carcinoma. J Mol Diagn 19 (3):404–416
8. Whale AS, Huggett JF, Cowen S et al (2012) Comparison of microfluidic digital PCR and conventional quantitative PCR for measuring copy number variation. Nucleic Acids Res 40 (11):e82
9. Hindson CM, Chevillet JR, Briggs HA et al (2013) Absolute quantification by droplet digital PCR versus analog real-time PCR. Nat Methods 10(10):1003–1005
10. Whale AS, Devonshire AS, Karlin-Neumann G et al (2017) International interlaboratory digital pcr study demonstrating high reproducibility for the measurement of a rare sequence variant. Anal Chem 89(3):1724–1733
11. Cao Y, Raith MR, Griffith JF (2015) Droplet digital PCR for simultaneous quantification of general and human-associated fecal indicators for water quality assessment. Water Res 70:337–349
12. Nadauld L, Regan JF, Miotke L et al (2012) Quantitative and sensitive detection of cancer genome amplifications from formalin fixed paraffin embedded tumors with droplet digital PCR. Transl Med (Sunnyvale) 2 (2):1–12
13. Belgrader P, Tanner SC, Regan JF et al (2013) Droplet digital PCR measurement of HER2 copy number alteration in formalin-fixed paraffin-embedded breast carcinoma tissue. Clin Chem 59(6):991–994
14. Dingle TC, Sedlak RH, Cook L et al(2013) Tolerance of droplet-digital PCR vs real-time quantitative PCR to inhibitory substances. Clin Chem 59(11):1670–1672
15. Oxnard GR, Paweletz CP, Kuang Y et al (2014) Noninvasive detection of response and resistance in EGFR-mutant lung cancer using quantitative next-generation genotyping of cell-free plasma DNA. Clin Cancer Res 20(6):1698–1705
16. Garcia-Murillas I, Schiavon G, Weigelt B et al (2015) Mutation tracking in circulating tumor DNA predicts relapse in early breast cancer. Sci Transl Med 7(302):302ra133
17. Janku F, Huang HJ, Fujii T et al (2017) Multiplex KRASG12/G13 mutation testing of unamplified cell-free DNA from the plasma of patients with advanced cancers using droplet digital polymerase chain reaction. Ann Oncol 28(3):642–650
18. Strain MC, Lada SM, Luong T et al (2013) Highly precise measurement of HIV DNA by droplet digital PCR. PLoS One 8(4):e55943
19. Persaud D, Gay H, Ziemniak C et al (2013) Absence of detectable HIV-1 viremia after treatment cessation in an infant. N Engl J Med 369(19):1828–1835
20. Leibovitch EC, Brunetto GS, Caruso B et al (2014) Coinfection of human herpes viruses 6A (HHV-6A) and HHV-6B as demonstrated by novel digital droplet PCR assay. PLoS One 9 (3):e92328
21. Abyzov A, Mariani J, Palejev D et al(2012) Somatic copy number mosaicism in human skin revealed by induced pluripotent stem cells. Nature 492(7429):438–442
22. Handsaker RE, Van Doren V, Berman JR et al (2015) Large multiallelic copy number variations in humans. Nat Genet 47 (3):296–303
23. Davis JM, Searles VB, Anderson N et al (2014) DUF1220 dosage is linearly associated with increasing severity of the three primary symptoms of autism. PLoS Genet 10(3):e1004241
24. Guttery DS, Page K, Hills A et al (2015) Noninvasive detection of activating estrogen receptor 1 (ESR1)

mutations in estrogen receptor-positive metastatic breast cancer. Clin Chem 61(7):974–982

25. Thress KS, Brant R, Carr TH et al (2015) EGFR mutation detection in ctDNA from NSCLC patient plasma: A cross-platform comparison of leading technologies to support the clinical development of AZD9291. Lung Cancer 90 (3):509–515
26. Gu J, Zang W, Liu B et al (2017) Evaluation of digital PCR for detecting low-level EGFR mutations in advanced lung adenocarcinoma patients: a cross-platform comparison study. Oncotarget. https://doi.org/10.18632/ oncotarget.18866. [Epub ahead of print]
27. Low H, Chan SJ, Soo GH et al (2017) Clarity™ digital PCR system: a novel platform for absolute quantification of nucleic acids. Anal Bioanal Chem 409(7):1869–1875
28. Aldhous MC, Abu Bakar S, Prescott NJ et al (2010) Measurement methods and accuracy in copy number variation: failure to replicate associations of betadefensin copy number with Crohn's disease. Hum Mol Genet 19(24):4930–4938
29. Liu S, Yao L, Ding D et al (2010) CCL3L1 copy number variation and susceptibility to HIV-1 infection: a meta-analysis. PLoS One 5 (12):e15778
30. Usher CL, Handsaker RE, Esko T et al (2015) Structural forms of the human amylase locus and their relationships to SNPs, haplotypes and obesity. Nat Genet 47 (8):921–925
31. Albayrak C, Jordi CA, Zechner C et al (2016) Digital quantification of proteins and mRNA in single mammalian cells. Mol Cell 61(6):914–924
32. Cheng N, Zhu P, Xu Y et al (2016) High-sensitivity assay for Hg (Ⅱ) and Ag (Ⅰ) ion detection: A new class of droplet digital PCR logic gates for an intelligent DNA calculator. Biosens Bioelectron 84:1–6
33. Shen F (2017) SlipChip device for digital nucleic acid amplification. Methods Mol Biol 1547:123–132

第 2 章

数字 PCR 检测的基本概念和验证

Leonardo Pinheiro，Kerry R. Emslie

摘要：数字聚合酶链式反应（digital polymerase chain reaction，dPCR）技术正在快速发展，并在生命科学的多个领域中广泛应用。dPCR 商业化系统的出现和成熟让人们认识到其与前一代定量 PCR 技术相比所具备的潜在优势，以及其新的应用范围。dPCR 在核酸定量方面提供了前所未有的精确度、准确度和分辨率，这种能力引起了学术界和生命科学行业的极大兴趣，希望将该技术作为一个分子诊断工具。但是，对于“经典” PCR 反应而言，dPCR 的性能基本上仍依赖基于酶的核酸扩增，需要特定的试剂和仪器。本章介绍了验证和检验 dPCR 测量结果所需要考虑的基本概念、关键属性和重要因素。

关键词：数字 PCR；核酸定量；验证

2.1 引言

过去几年相关学术论文和广告数量迅速增加，dPCR 技术无疑正在蓬勃发展。在 PubMed（http://www.ncbi.nlm.nih.gov/pubmed）上搜索“数字 PCR”（digital PCR）一词，2012 年之前发表的学术论文有约 20 篇，而在 2013 年 1 月至 2015 年 10 月期间则发表了 300 多篇学术论文 。在背后推动 dPCR 蓬勃发展的主要原因是成本低、灵活性好的商业化系统的出现，以及学术界认可这项技术的潜在优势及其广泛的应用前景。

dPCR 技术最新的应用进展非常有深度且多种多样，包括各种病原体的检测[1-4]、食品安全检测[5，6]和水质监测[7，8]，以及微生物生态学研究[9]。但是，由于 dPCR 所提供的高精确度及随之而来的检测核酸分子含量微小差异的能力，它已被广泛用于临床研究，包括生物标志物的开发和检测[10-12]、检测癌症患者的基因组扩增状态和遗传变异[13-17]、基因筛查[18]、基因组编辑[19，20]、检测干细胞中的单核苷酸变异和拷贝数变化[21，22]，并在移植受体中监测移植物来源的 DNA 和嵌合体[23，24]。因此，领先的研究团队和生命科学工业界正在开发基于 dPCR 技术的检测项目，目的是将这些项目用于分子诊断领域。为了将基于 dPCR 的检测项目从实验室研究转化为临床项目，这些项目必须满足监管机构的要求，其中包括验证和（或）检验方面的研究[25]。

20 多年来，qPCR[26，27]已成为核酸样品中特定靶标定量检测的主要技术。然而，尽管有成千上万的学术论文报道了 qPCR 的临床应用，监管机构也批准了许多 PCR 检测项目，但我们尚未看到常规定量核酸测量在临床分子诊断中的广泛应用。限制 qPCR 在实际诊断中应用的一个原因可能是想要得到可靠的可重复的 qPCR 检测结果非常困难。qPCR 是一种模拟量的检测，其根据是检测每个 PCR 循环后呈指数增长的荧光信号。荧光信号超过一个强度阈值的点被称为定量或循环阈值（C_q）。样品中的靶核酸浓度通过校准曲线来确定，该曲线将连续稀释标准品核酸浓度的对数值与每一个稀释度的 C_q 相匹配。为确保 qPCR 数据在不同时间段和不同实验室之间的可重复性，标准品应具备相应的稳定性和均质性，并且可追溯至国际或更高级的 DNA 参比物质。但是，只有有限数量的靶序列才有这种 DNA 参比物质。此外，qPCR 测量结果的准确性需要依赖标准品和样品良好的扩增效率，样品基质和抑制性物质也会有少量的影响。相反，dPCR 不需要校准曲线，相比 qPCR 从指数扩增信号中获得结果的方法，其线性数字信号的读取方式具备提供更精确结果的潜力。这些关键因素使得 dPCR 比 qPCR 更具有技术优势。

dPCR 的工作流程涉及在大量均匀的分隔中随机分配 PCR 混合液，其中包含目标核酸、引物、探针和主混合液，因此某些分隔中不包含核酸模板，而其他分隔中则包含一个或多个模板。在 PCR 扩增之后，可以通过其荧光信号将包含靶 DNA 的分隔与不包含靶 DNA 的分隔分开。采用泊松分布模型，根据阳性分隔的数目和总的分隔数目，可以得出每个分隔中的靶核酸拷贝数。

对于 qPCR 而言，dPCR 本质上依赖于使用特定试剂和仪器进行的基于酶的核酸扩增。在没有检测优化和验证的情况下，出现检测性能降低甚至检测完全失败的情况都是有可能的。为了使 dPCR 充分发挥其作为一种分子定量诊断工具的潜力，精心设计的验证研究是必要的，并且需要充分认识到可能导致错误结果或数据重复性差的问题来源。本章旨在描述 dPCR 的基本概念、关键特性，并重点介绍在验证和检验 dPCR 结果时要考虑的重要因素。

2.2 dPCR 的开发

2.2.1 有限稀释——dPCR 开发的关键

有限稀释包括将样品稀释到一定程度，在这种程度下将目标分析物分配到多个独立检测中时，它们将存在于某些而不是全部检测之中。有限稀释背后的原理源于第一次世界大战期间为了计数细菌生长以进行感染控制而进行的开发工作[28]。有限稀释之后进行 PCR 被首次应用于人类免疫缺陷前病毒分子数量的定量[29]。不久之后，一种类似的方法也被用于白血病细胞的定量[30]。1992 年发表的一项研究首次描述了通过有限稀释进行 DNA 靶标分子的定量具有普遍适用性[31]。这些早期研究使用了少量的标准 PCR 重复（少于 30 个），通过有限稀释原理来生成结果。当时，qPCR 技术的开发和商业化[26，27]为基于 PCR 的核酸定量提供了一种实用且简便的选择，因此减缓了基于有限稀释的核酸定量的发展。1999 年，通过采用市售的 384 孔板的形式，有限稀释得以应用于更大数目的平行检测，以便在结直肠癌患者中对疾病相关的基因突变进行定量。文献中作者随后创造了“dPCR”一词[32]。然而，该方法仍然过于繁琐，还不能与 qPCR 竞争，所以当时未被广泛采用。到了 2002 年，微流体工程技术的进步使得微流体芯片可以被快速、简单和规模化地生产 [33]。这将 dPCR 变成了一种相对简单实用的方法，可以进行准确的核酸定量，第一批使用商业化的微流控器件展示 dPCR 技术潜力的学术论文由此开始涌现 [34-37]。

2.2.2 商业化的 dPCR 系统

在 2006 年，Fluidigm 公司使用其标志性的集成式流体控制技术，推出了一款商用 dPCR 平台（Biomark ™），该平台使用了包含 12 组 765 个分隔的阵列芯片。2009 年，该公司发布了第二款芯片，包括 48 组 770 个分隔，提高了通量并降低了成本。同年，Life Technologies 推出了 OpenArray® 系统，该系统使用了多孔的小平板，上面有超过 3000 个微米尺度的通孔，通过表面张力将 PCR 混合液保留在通孔中。2013 年，该公司推出了拥有多达 20 000 个数据点的高密度纳米流体芯片，简化了工作流程的同时也降低了成本。2014 年，Formulatrix 推出了 Constellation 系统，该系统采用 96 孔微流体系统的专利，每个孔包含 496 个微腔，单独的 PCR 分析就在微腔里进行。

基于液滴方式的 dPCR 商业化系统的推出进一步促进了 dPCR 技术的广泛应用。微滴 dPCR 的工作流程包括生成“油包水”的乳状液，其中水性的微滴中包含 PCR 反应体系。通过精确调整 PCR 和油的化学性质，可以产生数千或数百万个纳升或皮升大小的均一微滴，可以在微流体管道内快速流动并经历温度循环而不发生破裂或融合。到 2011 年年底，Bio-Rad 实验室发布了 QX100 微滴 dPCR 系统，该系统使用了基于探针的化学方法来进行检测。2012 年，QX200 微滴 dPCR 系统被推出，该系统不仅可以使用基于探针的方法，还可以使用嵌入染料的化学方法来进行检测。与早期的基于阵列芯片的系统相比，这两个系统均以较低的成本实现了将每个 PCR 混合液生成约 20 000 个纳升级的微滴。同样，在 2012 年，RainDance Technologies 推出了 RainDrop® 系统，这个 dPCR 平台可以将每个 PCR 混合液生成数百万个皮升级的微滴。

各种 dPCR 平台可能在工作流程、分隔数目、分隔尺寸和样品通量上有所不同。另外，能够被 dPCR 分析的 PCR 混合液的比例在不同平台之间也有区别。在某些系统中，有一部分 PCR 混合液保留在微流体芯片中而未被分隔。同时，如果某些分隔不符合预设的标准，也会在分析过程中被剔除。根据不同应用，这些特点可能具有特定的优点和缺点。在决定购买一个 dPCR 仪器之前，应充分考虑预期应用对灵敏度、精确度、动态范围和通量的需求，以及每个样品的运行成本。

2.3 dPCR 的基本概念

2.3.1 工作流程

dPCR 的工作流程通常比较简单。在基于芯片的系统中，PCR 混合液通常在上样仪器的帮助下，均匀地分布在预制的分隔中。上样之后的芯片被放置在热循环仪上进行 PCR

扩增。热循环后，使用相机对芯片中的每个分隔进行荧光成像，将包含目标分子的分隔（阳性分隔）与没有目标分子的分隔（阴性分隔）区分开。根据一个标准化的荧光强度信号设定一个阈值，用于指定分隔是阳性还是阴性。一些基于芯片的系统还会收集实时的数据，从而为每个分隔提供一个 C_q 值。在基于微滴的系统中，分隔由用户动态地产生：通常将 PCR 混合液和油加到一个芯片的孔中，然后将这个芯片转移到专门设计的仪器中，在里面生成油包水的乳状液。微滴乳状液被转移到 96 孔板中或 8 联排管中，然后放入热循环仪中进行 PCR 扩增。热循环后，将孔板或排管转移到微滴阅读仪中，微滴在其中会被抽出并以类似于流式细胞仪的方式快速通过荧光检测器，对每个微滴中的荧光进行检测。根据荧光信号，设置阈值将这些微滴划分为阳性或阴性微滴群。

2.3.2 估算拷贝数

泊松统计被用于估计每个分隔中分子的平均数，该方法会考虑任何给定的含有 0 个、1 个或多于 1 个分子的分隔的可能性[36]。如果分隔的平均体积 V_P 是已知的，则泊松统计也可通过公式 2-1 估算原 PCR 混合液中目标核酸分子的浓度（拷贝 / 单位体积）。

$$[\text{目标 DNA}] = -\ln\left(1-\frac{N_P}{N_T}\right)\frac{1}{V_P} \tag{2-1}$$

[目标 DNA] 是 PCR 混合液每单位体积中的目标 DNA 分子数，N_P 是阳性分隔数，N_T 是分隔总数。公式 2-1 中的每个变量都要准确测量，以避免估计核酸浓度的准确性降低。

2.3.3 动态范围和精确度

dPCR 的理论动态范围受所分析的分隔数目的限制（图 2-1）。由于 dPCR 的分配过程遵循二项式分布，检测动态范围将超过所分析的分隔总数[36]，不过在接近动态范围的下限和上限时，精度会有所降低[37, 38]。分隔大小的均一性也会影响 dPCR 的动态范围和精确度。单分散性好的微滴才能保证最高的精确度。采用多元分散分隔尺寸的方法将具有较低的检测精确度，因为在同一样品中，较大的微滴比较小的微滴有更高的可能包含多个目标分子。反过来，这将影响泊松统计的计算，因为它是建立在每个分隔体积相同的假设之上的。假

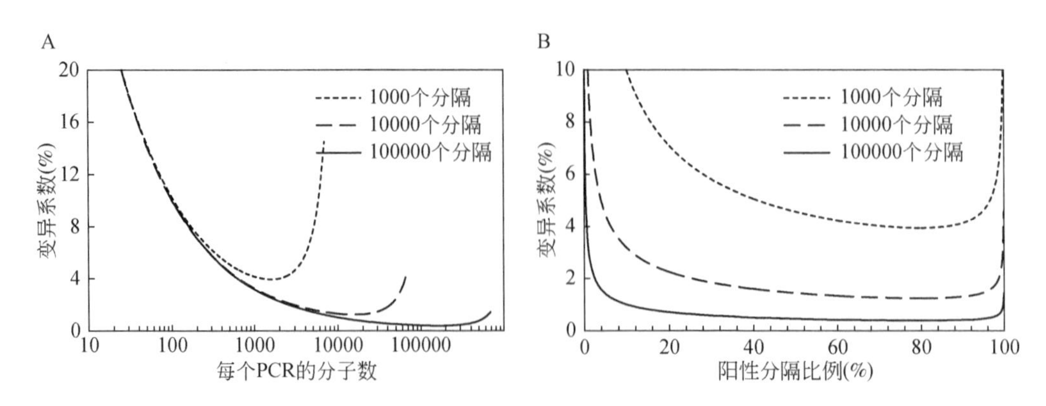

图 2-1 在 dPCR 检测中包含 1 000、10 000 和 100 000 个分隔时，与靶点分子的数目（A）和阳性分隔比例（B）相关的由二次采样和样品分隔所引起的变异性

设分隔尺寸均一，理论上一个标准的包含 20 000 个分隔的 dPCR 检测可提供横跨多个数量级的动态范围，可以高达 10^5 个分子 [38]。有一种商业化的 dPCR 仪器能够产生数百万个分隔，因而能够将动态范围扩展到超过 6 个数量级 [39]。假设有足够多的生物样本，在非靶标分子的背景中检测稀有目标分子时，大的动态范围将会非常有用，因为非靶标分子将分散在大量分隔中，从而降低了它们干扰检测稀有目标分子的可能 [40]。

dPCR 的理论精度可以使用泊松统计来估计，并会随着分隔数目的增加而提高，前提是要在动态范围的最佳窗口范围内进行（图 2-1）。dPCR 所提供的精确度和相应的分辨率通常比使用 qPCR[41] 或其他技术（如荧光原位杂交）[42] 更好，这对于如拷贝数变异检测之类的应用非常有用。但是，理论精确度并不总是反映在通过重复实验分析所观测到的实验精确度中，因为泊松模型只是一系列影响因素中的一个部分，这些影响因素将影响所观测到的实验精确度。通常，如果分隔总数小于 1000，估算泊松模型的拷贝数将至少有 4% 的变异系数，并且可能是影响观测精确度的主要因素之一，而如果分隔数大于 10 000，则变异系数可以小于 1.5%，因此其他因素可能成为影响精确度的主要来源（图 2-1）。

2.3.4　分隔和抑制效果

对于临床 [43，44]、食品 [5] 和环境 [7] 样本中常见的抑制剂，dPCR 的敏感性要低于 qPCR。在常规 qPCR 中，抑制剂会降低扩增效率并增加 C_q 值 [45]，从而影响目标分子的准确定量。相反，在 dPCR 中通常可以容忍相当水平的抑制剂，而不会影响 dPCR 的准确性，因为其准确性依赖于终点 PCR 后对阴性分隔和阳性分隔进行区分的能力，即使扩增效率略有降低，其能力也通常不会受到影响。此外，通过 dPCR 中的分隔环节，发生抑制作用的可能性也大大降低，这种抑制作用是由多重 qPCR 反应中所观察到的交叉反应或“串扰”引起。但是，如果浓度足够高，抑制剂仍然可能将扩增效率降低到影响某些分隔被错误划分的程度，导致错误估算原始模板浓度。不同 PCR 检测对抑制剂的敏感性是不同的，且不同抑制剂的作用机制可能也有所不同 [7，46]，因此在建立 dPCR 方法之前，通过精心设计的对照实验根据经验评估潜在的抑制作用是非常重要的。

2.3.5　分隔和分子隔离

将目标核酸分子随机分散在各个分隔之中对于精确定量是十分必要的，因为这是泊松统计模型的一个基本假设。如果分隔过程不是随机的，样品中的目标分子数量将被低估。例如，当目标分子被链接或串联时，它们将进入同一分隔。在分隔前，可以通过样品的限制性酶切处理来分离连接的目标序列 [47]。为此，必须确认限制性内切酶不会切割目标靶序列，且应该评估限制性内切酶和缓冲液对后续 dPCR 检测性能的影响。

相反，如果有一部分 DNA 分子是单链的，则拷贝数可能会被高估。分隔过程中单链核酸的存在可导致浓度估计值增加多达两倍，因为单链核酸可产生多达两倍的独立可扩增的模板 [48]。

2.3.6 分隔体积效应

为了使用 dPCR 计算拷贝数浓度（见式 2-1），需将每个分隔的平均拷贝数除以分隔的体积。分隔体积的三个属性可能会影响 dPCR 检测的精确度：制造商指定分隔体积的精确度，多个重复 dPCR 检测之间的平均分隔体积的差异（反应间的变异性）和单个 dPCR 检测内各个分隔体积的差异（反应内的变异性）。现有的基于芯片和基于微滴的 dPCR 技术中，实际的分隔体积与厂家所声称的体积会略有偏差[37, 38]，如果不进行校正，会使拷贝数浓度的估算值产生偏差[49]。不同反应间和同一反应内的分隔体积的差异都将影响 dPCR 浓度估算的精确度，也会轻微影响其准确性[50]。分隔体积的差异将会影响检测技术精确度，也会影响技术精确度与泊松统计估算得到的理论精确度之间的吻合程度。

在一个双重 dPCR 模式中衡量两个不同检测的拷贝数比例时，分隔体积差异的影响可以最小化。但是，对于需要对核酸进行绝对定量的临床应用来说，分隔体积的差异非常重要[11, 51]。

2.4 dPCR 检测的验证

2.4.1 验证、检验和测量不确定度的定义

“检验”（verification）一词的定义为“提供客观证据，证明某一给定项目满足规定的要求”，而“验证”（validation）则定义为“检验哪些特定的要求适合一个预期的用途”[52]。在 dPCR 测量的背景下，“检验”是确认测量系统的特定性能达到要求（如针对特定基因序列的一个 dPCR 检测），而“验证”则是确认这个 dPCR 检测是否适合这个预期的应用。

要获得监管机构的批准，通常会要求使用指定的设备、试剂和质控进行一个测试，以验证某种特定的用途。如果对任何规范进行了改变或修改，则可能需要重新验证修改后的测量系统，以确保其仍适合预期用途或“与目的相符”。经过验证的性能特征可能需要定期进行检验（如使用不同批次的试剂），以证明特定的性能特征仍然能够满足检验的需求。

在分析验证过程中，对分析差异和潜在偏差的来源进行识别和量化非常重要。最好将这些来源的综合影响作为测量不确定度的估计值。测量不确定度定义为“根据所使用的信息，使用非负参数表征被测量物量化值的分散性”[51]。更简单地说，它被定义为“真实值所处的数值估计范围”。对于使用 qPCR 的 DNA 定量检测，已有测量不确定度的估计流程的综述[53]，该综述中描述的许多原理也适用于 dPCR 检测。

以下部分简要讨论了在评估 dPCR 检测性能时需要考虑的重要因素。

2.4.2 验证 dPCR 检测的考虑

为了系统地鉴别可能影响 dPCR 检测性能的因素，对该方法中的每个步骤都应该进行评估（图 2-2）。dPCR 方法通常包括制备样品（即提取核酸）、建立 PCR 混合液、PCR 混合液的分隔、通过热循环进行目标扩增、计算分隔的数目，根据终点荧光信号将每个分隔分为阳性群和阴性群，并使用泊松统计和已知的分隔体积估计反应中目标序列的浓度（见

式 2-1）。样品制备和建立反应与其他定量 PCR 方法的要求相似。影响这两个环节的那些因素可能会同时影响 dPCR 和 qPCR。质控品，如阳性提取物对照或掺入对照，可用于评估绝对定量中的核酸提取效率。然而，在选择阳性对照时应谨慎，因为抑制剂对不同检测可能有不同的效果。对于基因组 DNA 的 dPCR，采用如超声波处理 [24] 和碎裂 [54] 之类的物理方法将 DNA 碎片化已被成功应用于目标序列的顺利分隔和有效扩增，此外也可以适当选择限制性内切酶进行消化。在此之后的部分，分隔的流程和使用二元终点荧光信号检测进行定量将 dPCR 与其他 PCR 方法区分开来，也在最终的结果中引入了不同的潜在偏差和波动来源。

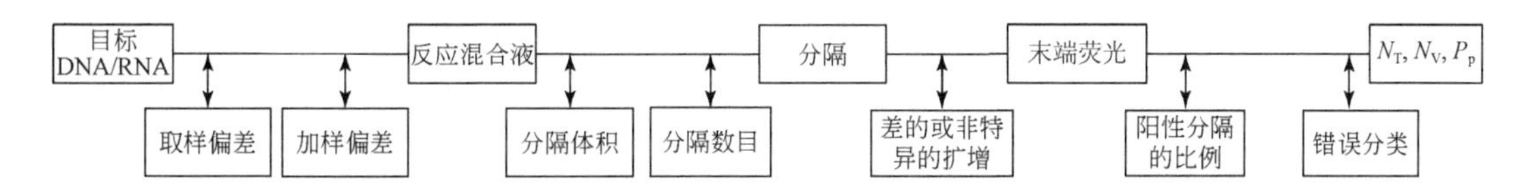

图 2-2　dPCR 工作流程中不同步骤的示意图。可能在最终检测结果中引入误差的潜在因素都在流程图中不同步骤之间用箭头做了突出显示。改编自文献 [49]

配制 dPCR 混合液需要吸取含有核酸的样品并将其混合到主混合液中，主混合液通常包括缓冲液、酶、引物和探针。在这个环节会不可避免地引入移液误差，但可通过使用经过校准的移液器和更大的移液体积来减小误差，对于精确度要求很高的检测，还可使用刻度天平进行重量稀释 [38]。样本的异质性，以及在模板 DNA 浓度很低情况下的随机效应也将影响重复实验的精确度。

对目标核酸序列具有高度选择性的引物和探针序列对于 dPCR 检测的性能和重复性至关重要。因为回收 dPCR 产物进行验证性分析通常是不可行的，所以对于一套寡核苷酸引物和探针的特异性，应首先采用质控品（如果有的话）通过 qPCR 进行评估，和（或）对 qPCR 检测的扩增产物进行核酸测序。

准确度对于任何一个定量分析方法的验证都是一个最基本的性能特征。dPCR 对核酸分子的准确定量依赖于对阴性分隔和阳性分隔的准确分类，因为阳性分隔的比例是计算拷贝数浓度公式中的一个参数（见式 2-1）。一项研究采用数学模拟来评估 dPCR 中的方差分量，其结论表明分隔的不正确分类是导致核酸定量结果不准确的最大原因之一 [50]。因此，优化 dPCR 反应的一个关键目标是将阴性分隔和阳性分隔之间的荧光幅度差异最大化，并将中等荧光强度分隔的数量最小化。实际上，这可以通过优化 dPCR 检测的效率来实现。

与 qPCR 相比，dPCR 对非最佳扩增效率的兼容性更高，灵敏、高效的 dPCR 检测可以减少错误分类的风险，尤其是假阴性分类风险。理想情况下，应使用已知拷贝数浓度的对照进行检测优化，优化循环数并确定合适的荧光阈值。在缺乏合适的对照的情况下，可以使用跨越目标序列区域的两个或多个反应来交叉验证是否达到了最佳条件，并且确认不会受到 DNA 二级结构的影响。应该采用一个退火温度梯度来优化温度循环条件，确定该条件可以实现阴性分隔和阳性分隔之间荧光水平最大化的分离。随后可以采用一个变性温度梯度，特别是在高 GC 含量模板的情况下，可以使用与 qPCR 类似的方法来优化引物和探针浓度。当使用嵌入染料化学法进行 dPCR 检测时，还需要优化引物浓度。如果先前已建立了最佳的 qPCR 条件，还应使用 dPCR 对其加以验证，因为通过 qPCR 优化得到的条件并不总是 dPCR 的最佳条件。在某些情况下，可能需要重新设计检测。

在优化之后，包含至少一个靶标分子的分隔有望产生一个阳性荧光信号，而不含靶标分子的分隔则有望产生阴性信号。但实际上，dPCR 检测也会产生假阳性和假阴性信号。阈值设定将决定假阳性率和假阴性率。少量假阳性将会对低数量靶点分子检测的准确度产生较大的影响，而少量假阴性则会对高数量靶点分子检测的准确度产生较大的影响。

检测限（limit of detection，LOD）和空白限（limit of blank，LOB）也是已知检验 dPCR 检测的两个重要参数。简言之，LOD 和 LOB 有各自规定的概率，分别定义为“可检测到的分析物的最低含量”和“空白样品中可能观察到的最高测量结果”[55]。测定 LOB 的一般方法需要多次测定空白样品来判断数值分布，而对于 LOD，则需要测量一系列含有极低水平分析物的样品。空白信号分布的第 95 百分位数通常定为 LOB，而 LOD 将会大于 LOB[55]。对于 dPCR，LOD 可以定义为从背景或阴性质控中目标核酸分子能够统计性地分辨的最小数量。在一项确定癌症相关突变检测下限的研究中，一种估算 dPCR 检测 LOD 和 LOB 的方法得到了实验性证明[56]。

作为一种常规诊断手段，对仪器性能进行验证和监测对于开展 dPCR 非常重要。即使正确遵循了实验流程，仪器相关因素也可能对检测结果造成偏差。例如，在扩增过程中，准确和可重复的温度参数对于结果的重复性至关重要。热循环加热模块中 96 孔之间的温度均一性差所造成的热循环温度偏差会导致未达到最佳温度的孔中没有 dPCR 扩增或扩增效率低。

2.5 总结

dPCR 已逐渐被证明是一种用于核酸定量的“开创性”技术。商业化 dPCR 系统的近期进展使这项技术变得容易获得，也能够被负担，作为最直接的一个后果，其用户数量和应用的多样性均以惊人的速度在发展。从学术界和工业界发表的文献可以看出，对 dPCR 技术的主要兴趣点是临床诊断应用。然而，将基于 dPCR 的检测从研究实验室转为临床应用要求该检测满足监管机构的验证要求。

为了充分发挥 dPCR 作为定量分子诊断工具的潜力，必须进行精心设计的验证实验，要充分了解可能导致 dPCR 测量数据不正确或重复性差的那些变化、偏差和相关不确定性的来源。

致谢

感谢 Kate Griffiths 和 Somanath Bhat 在审阅稿件时提供的意见。

参考文献

1. Strain MC, Lada SM, Luong T et al (2013) Highly precise measurement of HIV DNA by droplet digital PCR. PLoS One 8(4):e55943

2. Yang R, Paparini A, Monis P et al (2014) Comparison of next-generation droplet digital PCR (ddPCR) with quantitative PCR (qPCR) for enumeration of cryptosporidium oocysts in faecal samples. Int J Parasitol 44 (14):1105–1113
3. Pond MJ, Nori AV, Patel S et al (2015) Performance evaluation of automated urine microscopy as a rapid, non-invasive approach for the diagnosis of non-gonococcal urethritis. Sex Transm Infect 91(3):165–170
4. Devonshire AS, Honeyborne I, Gutteridge A et al (2015) Highly reproducible absolute quantification of mycobacterium tuberculosis complex by digital PCR. Anal Chem 87 (7):3706–3713
5. Morisset D, Stebih D, Milavec M et al (2013) Quantitative analysis of food and feed samples with droplet digital PCR. PLoS One 8(5): e62583
6. Floren C, Wiedemann I, Brenig B et al (2015) Species identification and quantification in meat and meat products using droplet digital PCR (ddPCR). Food Chem 173:1054–1058
7. Racki N, Dreo T, Gutierrez-Aguirre I et al (2014) Reverse transcriptase droplet digital PCR shows high resilience to PCR inhibitors from plant, soil and water samples. Plant Methods 10(1):42
8. Cao Y, Raith MR, Griffith JF (2015) Droplet digital PCR for simultaneous quantification of general and human-associated fecal indicators for water quality assessment. Water Res 70:337–349
9. Kim TG, Jeong SY, Cho KS (2014) Comparison of droplet digital PCR and quantitative real-time PCR for examining population dynamics of bacteria in soil. Appl Microbiol Biotechnol 98(13):6105–6113
10. Day E, Dear PH, McCaughan F (2013) Digital PCR strategies in the development and analysis of molecular biomarkers for personalized medicine. Methods (San Diego, Calif) 59 (1):101–107
11. Jennings LJ, George D, Czech J et al (2014) Detection and quantification of BCR-ABL1 fusion transcripts by droplet digital PCR. J Mol Diagn 16(2):174–179
12. Regan JF, Kamitaki N, Legler T et al (2015) A rapid molecular approach for chromosomal phasing. PLoS One 10(3):e0118270
13. Nadauld L, Regan JF, Miotke L et al (2012) Quantitative and sensitive detection of cancer genome amplifications from formalin fixed paraffin embedded tumors with droplet digital PCR. Transl Med (Sunnyvale, Calif) 2(2)
14. Sanmamed MF, Fernandez-Landazuri S, Rodriguez C et al (2015) Quantitative cell-free circulating BRAFV600E mutation analysis by use of droplet digital PCR in the follow-up of patients with melanoma being treated with BRAF inhibitors. Clin Chem 61(1):297–304
15. Heredia NJ, Belgrader P, Wang S et al (2013) Droplet digital PCR quantitation of HER2 expression in FFPE breast cancer samples. Methods 59(1):S20–S23
16. Garcia-Murillas I, Lambros M, Turner NC (2013) Determination of HER2 amplification status on tumour DNA by digital PCR. PLoS One 8(12):e83409
17. Beaver JA, Jelovac D, Balukrishna S et al (2014) Detection of cancer DNA in plasma of patients with early-stage breast cancer. Clin Cancer Res 20(10):2643–2650
18. Barrett AN, McDonnell TC, Chan KC et al (2012) Digital PCR analysis of maternal plasma for noninvasive detection of sickle cell anemia. Clin Chem 58(6):1026–1032
19. Weber ND, Stone D, Sedlak RH et al (2014) AAV-mediated delivery of zinc finger nucleases targeting hepatitis B virus inhibits active replication. PLoS One 9(5):e97579
20. Miyaoka Y, Chan AH, Judge LM et al (2014) Isolation of single-base genome-edited human iPS cells without antibiotic selection. Nat Methods 11(3):291–293
21. Cai J, Miao X, Li Y et al (2014) Whole-genome sequencing identifies genetic variances in culture-expanded

human mesenchymal stem cells. Stem Cell Reports 3(2):227–233
22. Gao S, Zheng C, Chang G et al (2015) Unique features of mutations revealed by sequentially reprogrammed induced pluripotent stem cells. Nat Commun 6:6318
23. Beck J, Bierau S, Balzer S et al (2013) Digital droplet PCR for rapid quantification of donor DNA in the circulation of transplant recipients as a potential universal biomarker of graft injury. Clin Chem 59(12):1732–1741
24. George D, Czech J, John B et al (2013) Detection and quantification of chimerism by droplet digital PCR. Chimerism 4(3):102–108
25. Halling KC, Schrijver I, Persons DL (2012) Test verification and validation for molecular diagnostic assays. Arch Pathol Lab Med 136 (1):11–13
26. Higuchi R, Dollinger G, Walsh PS et al (1992) Simultaneous amplification and detection of specific DNA sequences. Biotechnology 10 (4):413–417
27. Heid CA, Stevens J, Livak KJ et al (1996) Real time quantitative PCR. Genome Res 6 (10):986–994
28. McCrady MH (1915) The numerical interpretation of fermentation-tube results. J Infect Dis 17(1):183–212
29. Simmonds P, Balfe P, Peutherer JF et al (1990) Human immunodeficiency virus-infected individuals contain provirus in small numbers of peripheral mononuclear cells and at low copy numbers. J Virol 64(2):864–872
30. Brisco MJ, Condon J, Sykes PJ et al (1991) Detection and quantitation of neoplastic cells in acute lymphoblastic leukaemia, by use of the polymerase chain reaction. Br J Haematol 79 (2):211–217
31. Sykes PJ, Neoh SH, Brisco MJ et al (1992) Quantitation of targets for PCR by use of limiting dilution. BioTechniques 13(3):444–449
32. Vogelstein B, Kinzler KW (1999) Digital PCR. Proc Natl Acad Sci U S A 96(16):9236–9241
33. Thorsen T, Maerkl SJ, Quake SR (2002) Microfluidic large-scale integration. Science 298(5593):580–584
34. Ottesen EA, Hong JW, Quake SR et al (2006) Microfluidic digital PCR enables multigene analysis of individual environmental bacteria. Science 314(5804):1464–1467
35. Warren L, Bryder D, Weissman IL et al (2006) Transcription factor profiling in individual hematopoietic progenitors by digital RT-PCR. Proc Natl Acad Sci U S A 103 (47):17807–17812
36. Dube S, Qin J, Ramakrishnan R (2008) Mathematical analysis of copy number variation in a DNA sample using digital PCR on a nanofluidic device. PLoS One 3(8):e2876
37. Bhat S, Herrmann J, Armishaw P et al (2009) Single molecule detection in nanofluidic digital array enables accurate measurement of DNA copy number. Anal Bioanal Chem 394 (2):457–467
38. Pinheiro LB, Coleman VA, Hindson CM et al (2012) Evaluation of a droplet digital polymerase chain reaction format for DNA copy number quantification. Anal Chem 84:1003–1011
39. Zhong Q, Bhattacharya S, Kotsopoulos S et al (2011) Multiplex digital PCR: breaking the one target per color barrier of quantitative PCR. Lab Chip 11(13):2167–2174
40. Pekin D, Skhiri Y, Baret JC et al (2011) Quantitative and sensitive detection of rare mutations using droplet-based microfluidics. Lab Chip 11(13):2156–2166
41. Whale AS, Huggett JF, Cowen S et al (2012) Comparison of microfluidic digital PCR and conventional quantitative PCR for measuring copy number variation. Nucleic Acids Res 40 (11):e82
42. Belgrader P, Tanner SC, Regan JF et al (2013) Droplet digital PCR measurement of HER2 copy number alteration in formalin-fixed paraffin- embedded breast carcinoma tissue. Clin Chem 59(6):991–994
43. Nixon G, Garson JA, Grant P et al (2014) Comparative study of sensitivity, linearity, and resistance to inhibition of digital and nondigital polymerase chain reaction and loop mediated isothermal amplification assays for quantification of human cytomegalovirus. Anal Chem 86 (9):4387–4394

44. Sedlak RH, Kuypers J, Jerome KR (2014) A multiplexed droplet digital PCR assay performs better than qPCR on inhibition prone samples. Diagn Microbiol Infect Dis 80(4):285–286
45. Huggett JF, Novak T, Garson JA et al (2008) Differential susceptibility of PCR reactions to inhibitors: an important and unrecognised phenomenon. BMC Res Notes 1:70
46. Dingle TC, Sedlak RH, Cook L et al (2013) Tolerance of droplet-digital PCR vs real-time quantitative PCR to inhibitory substances. Clin Chem 59(11):1670–1672
47. Hindson BJ, Ness KD, Masquelier DA et al (2011) High-throughput droplet digital PCR system for absolute quantitation of DNA copy number. Anal Chem 83(22):8604–8610
48. Bhat S, McLaughlin JL, Emslie KR (2011) Effect of sustained elevated temperature prior to amplification on template copy number estimation using digital polymerase chain reaction. Analyst 136(4):724–732
49. Corbisier P, Pinheiro L, Mazoua S et al (2015) DNA copy number concentration measured by digital and droplet digital quantitative PCR using certified reference materials. Anal Bioanal Chem 407(7):1831–1840
50. Jacobs BK, Goetghebeur E, Clement L (2014) Impact of variance components on reliability of absolute quantification using digital PCR. BMC Bioinformatics 15:283
51. Hindson CM, Chevillet JR, Briggs HA et al (2013) Absolute quantification by droplet digital PCR versus analog real-time PCR. Nat Methods 10(10):1003–1005
52. JCGM (2008) JCGM 200:2012 international vocabulary of metrology–basic and general concepts and associated terms (VIM), 3rd edn. BIPM, Sèvres Cedex, France
53. Griffiths KR, Burke DG, Emslie KR (2011) Quantitative polymerase chain reaction: a framework for improving the quality of results and estimating uncertainty of measurement. Anal Methods 3:2201–2211
54. Yukl SA, Kaiser P, Kim P et al (2014) Advantages of using the QIAshredder instead of restriction digestion to prepare DNA for droplet digital PCR. BioTechniques 56 (4):194–196
55. Clinical and Laboratory Standards Institute (2004) Protocols for determination of limits of detection and limits of quantitation; approved guideline, vol vol 24. CLSI, Wayne, OA, USA. Contract No.: EP17
56. Milbury CA, Zhong Q, Lin J et al (2014) Determining lower limits of detection of digital PCR assays for cancer-related gene mutations. Biomol Detect Quantif 1:8–22

第 3 章

数字 PCR 中计算统计的基础：只测量两个靶点拷贝——这意味着什么

Svilen Tzonev

摘要： 目前商用的数字 PCR（digital PCR，dPCR）系统和检测方法能够以相当高的可靠性检测单个目标分子。由于很多检测被开发并用于临床样品，认识和开发可靠的统计分析流程的需求也越来越大。本章介绍了单分子检测的基本过程、检测及结果判读的局限性；靶标分子定量和误差来源的基础。此外，还描述了 dPCR 背景下的基本检测概念：灵敏性、特异性、空白限、检测限和定量限。本章提供了以下基本准则，包括如何确定以上参数；如何选择和解释操作点；以及在实践中可能影响总体检测性能的因素。

关键词： 统计；计数；灵敏性；特异性；二次采样；检测限；空白限；泊松分布；假阳性；假阴性；性能特征

3.1 引言

dPCR 技术有望改变基因标志物的检测和定量方式[1，2]。已有研究证明，它可以在单分子尺度下有效统计扩增的靶标分子。这可能是因为分隔操作将靶标分子分离开，而终点扩增可以高度可靠地检测每个分区中的反应组成。

本章将重点介绍计算统计的基本概念，因为这些概念适用于 dPCR 测试的靶标分子检测和定量。我们将介绍基本的检测和定量，描述关键的测试性能参数，并提供有关选择测试操作点的建议。

首先，我们将介绍单个物种的检测，并讨论通用靶标分子的检测和计数。

3.2 分子计数

在 dPCR 中，首先将 PCR 反应分为独立的、通常尺寸体积相等的分隔（微滴或一个器件上的微孔）[3]。在一个标准的热循环实验方案中，可扩增的基因组靶标分子将被复制，其数量将呈指数增长。在通用实验方案中，使用与特定靶标分子相匹配的水解探针。探针连接猝灭基团和染料分子。当聚合酶切割杂交探针时，未猝灭的染料分子将被释放到反应中。因此，分隔中游离的染料分子浓度将随 PCR 循环呈指数增加。在反应终点，起初包含扩增靶标的任何分隔都将包含可检测的高浓度荧光染料，从而被判定为“阳性”。不含靶标分子的任何分隔都将保持“阴性”。实际过程中，有可能遇到受损的或无法完成 PCR 反应的靶标分子（它们可能无法从循环中扩增），非特异性探针杂交所导致的假阳性，聚合酶催化错误所导致的假阳性或假阴性，以及其他复杂情形。后文中我们将介绍这些情况。

首先，我们将专注一台“理想的 dPCR 计数机”，它以 100% 的确定性进行检测，并且不会混淆一个分隔中是否存在或不存在靶标分子。

3.3　二次采样

让我们首先考虑一种单类靶标分子的检测。即使是一台完美的计数机，不犯任何形式的错误，也必须处理很多分子现象中的随机特性。在典型的实验或检测中，要测量特定生物分子在体内的浓度。为此，我们必须使用整体样本的子样本——血样或组织活检。我们在体外测量子样本，以估计整体的状态。在下文中，将使用液体活检的范例来说明这些基本概念。

假设一名患者有 5L 血液。如果一次抽取患者 10ml 血液，则是对该患者全血量的 0.2% 进行了二次采样。假设在 5L 血液中有 5000 个拷贝的靶标分子，这相当于浓度是每毫升血液 1 个靶标分子。在任何 10ml 抽取量中，我们期望收集到的平均靶标分子是 10 个。假设样品处理的过程完美而没有任何损失，我们期望在机器上平均载入 10 个靶标分子，而机器将全部检测到这些靶标分子。但是，实际上任何 10ml 抽取液可能会包含 8 个、11 个或 10 个靶标分子。因此，我们对整体结果得出的可靠结论仍然受到二次采样问题的制约，参见图 3-1。

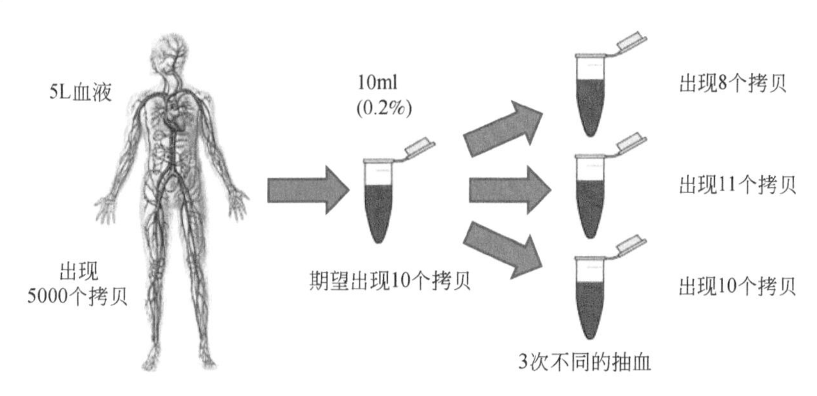

图 3-1　二次采样的过程。一个患者有 5L 血液，其中有 5000 个靶标分子。任意 10ml 的抽血代表的是总体血量的 0.2%，我们期望平均看到 10 个靶标分子。然而，由于在这 5L 血液中分子分布的随机特性，在任何实际的 10ml 抽血中可能会看到不同数目的靶标分子

每次抽血所获得的实际靶标分子数目如何变化？当我们从整体中抽取了极小的一个部分时，只要假设靶标分子都是独立的并且有相等的取样概率，就可以利用泊松分布来准确描述抽到 k 个实际靶标分子的概率（即抽到 k 个分子的概率，假设预期分子数目为 μ）。

$$概率=\mu^k\frac{e^{-\mu}}{k!}$$

上式中，μ 是抽取的预期数或平均数，当前示例的情况下是 10。注意，k 必须是整数，我们可以采样获得 0、1、2…而 μ 可以是非整数，平均数可以为 1.5 个分子。图 3-2 说明了 μ=3、10 和 100 时的泊松分布。可以看到，相比于期望的数值，关于有多少个靶标分子在一次抽取中会被二次采集到，在 μ 较小的时候会存在显著的变异性。特别需要注意的是，在预期靶标分子数为 3 的情况下，采样得不到任何靶标分子的概率约为 5%！这种现象将形成 LOD 基本范围的基础，稍后对此进行讨论。还要注意的是，当 μ 较大时，相对不确定性会缩小，因为分布将更加集中在平均值附近。它的概率分布也变得更像我们所熟悉的正态（或高斯）分布。

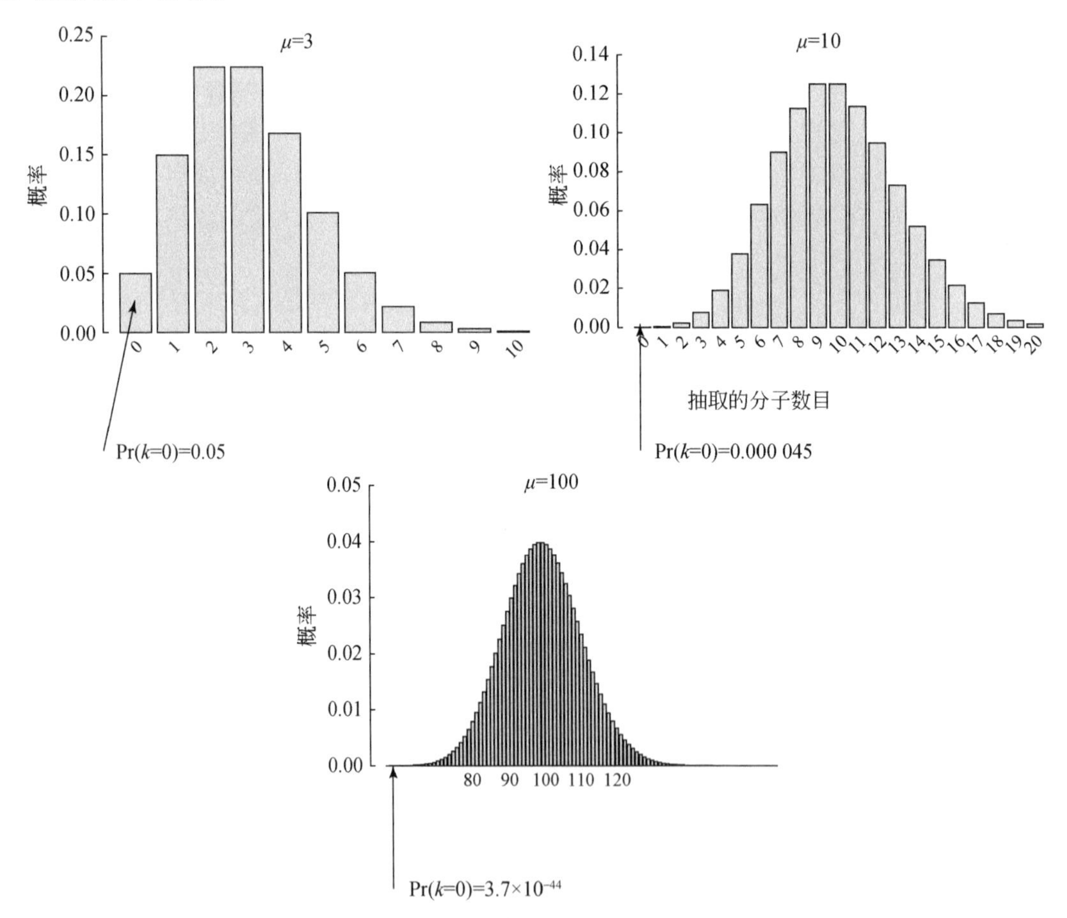

图 3-2　泊松分布。针对 3 个不同数值的预期抽取的分子数目（μ=3、10 或 100）的泊松分布。概率（即抽到 k 个分子的概率，假设预期分子数目为 μ）$=\mu^k\frac{e^{-\mu}}{k!}$。针对特定整数 k 的每个柱形的高度代表的是抽到 k 个分子的概率。需要注意的是，对于较小的 μ，分布是偏态的，在较大 μ 的最大值附近会变得越来越对称和集中。对于每一种情况，实际抽到 0 个靶标分子的概率在图中也做了显示

3.4　多重占用和分隔

dPCR 技术的原始概念是假定一个有限稀释方案，即每个分隔将不会以任何显著的概率包含一个以上的靶标分子。即使多个分子能够以显著的概率占用同一个分隔时，多数现有的商业系统[4-7]仍可以对靶标分子拷贝数进行可靠的测量。靶标分子会独立地并且以相等的概率分布到一个分隔之中，在这个假设下，定量成为可能（如果靶标分子以某种方式“缠绕”或分隔的体积不同，则会违反上述假设）。事实证明，适合的统计学框架也是基于泊松分布，因为每个分隔也与上一个例子中的二次采样类似——每一个分隔都是一个更大整体中的小样本。有关的详细信息见文献[8, 9]；在这里，将仅关注如何估算靶标分子的浓度。

无法确定一个阳性分隔可能含有一个或多个靶标分子。相反，一个阴性分隔必然含有 0 个靶标分子，否则它将是阳性。只要统计了所有分隔（阳性和阴性，N_{tot}）和所有阴性分隔（N_{neg}）的数目，就可以利用下式来估算靶标分子在每个分隔中的平均占用 λ：

$$\lambda=\ln(N_{tot})-\ln(N_{neg})=-\ln\left(\frac{N_{neg}}{N_{tot}}\right)$$

出现在初始反应中的靶标分子总数为 T，可以简化为

$$T=\lambda N_{tot}$$

用这种方法计算出的 λ 是“最可能的值”。事实上，因为无法确定靶标分子进入分隔的精确分布，所以不能确定准确的靶标分子数值。

为了得到靶标分子的终浓度，将 λ 除以分隔体积，得

$$[T]=\frac{\lambda}{V_{分隔}}$$

考虑到一个特定的反应混合物中会含有固定数量的靶标分子。如果我们进行多次假想分隔实验，就可以了解实验结果围绕最可能值的变异性。对于每个分隔，根据靶标分子分布到分隔中的确切（随机）模式，我们可能会看到不同数量的阴性分隔。这将导致估算的靶标分子拷贝数略有不同。我们将不可避免地再次面对靶标分子“选择”其分隔的随机特性。

图 3-3 说明了分隔不确定性的概念。3 次实验中，已经将相同反应体积和相同数量的靶

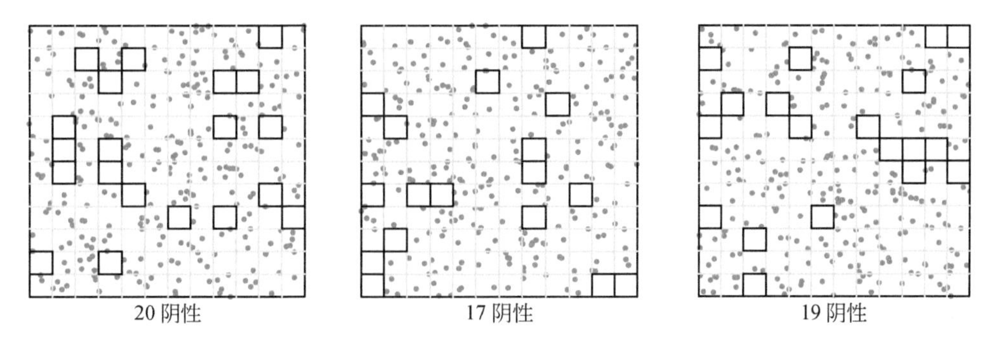

图 3-3　分隔的不确定性。一个假想实验被分隔了 3 次，反应体积中有固定数目的分子。每一个分子的精确定位在最后的分隔中都是随机的。这会导致不含分子的分隔数目有所不同——阴性分隔被突出显示。这将导致反应中分子数目的“最可能估计值”出现一些差别。阴性分隔数本身也是一个遵循泊松分布的变量

标分子（T）划分到同样数量的等体积分隔中。分子会随机分布到分隔之中，因此每次完成过程的模式都将有所不同。每次实验之间所观察到的不含靶标分子的分隔数目也将有所不同。实际上，给定预期的阴性分隔数量，真实的阴性分隔数量也是一个遵循泊松分布的变量。若知道总体积内靶标分子的确切 T，我们可以使用与上述相似的数学方法来描述 λ 估计值的不确定性。

3.5 总的泊松不确定

到目前为止，我们已经看到，即使使用一台完美的计数机，二次采样和分隔的可变性仍会限制我们精确估算体内靶标分子数的能力。当结合两个可变因素，我们就可以得出经常描述的 dPCR 不确定性曲线，在第 2 章中也提到过。当仅抽取少量靶标分子时（假设我们有足够的分隔），总的不确定性主要受二次采样过程的控制。换句话说，如果我们将 5 个真实的靶标分子放到 20 000 或 2 000 000 个分隔中，二者并没有区别。如果重复进行多次，我们将高度确信，在检测的反应中有 5 个靶标分子，在每次抽血中大约有 5 个靶标分子。当靶标分子数相对于分隔数增加时（平均占用 λ 较大），在某些点将会有过低的阴性分隔。阴性分隔的实际值是一个随机变量，因此 λ 不确定性的增加会导致 T 不确定性的增加。

图 3-4 说明了二次采样和分隔误差对总泊松统计误差的贡献程度。对于低占用数（λ）（靶标分子数远小于分隔数），总体不确定性由二次采样决定。而对于大的占用数（靶标分子数远大于分隔数），总体不确定性由分隔决定。当 $\lambda_{opt} \approx 1.6$ 时，总体不确定性最低。对于 10 000 个分隔，即使当 λ=6 时，λ 和 T 的变异系数约为 3%，即在大多数情况下，这个精度已经足够低，可以进行精确定量。

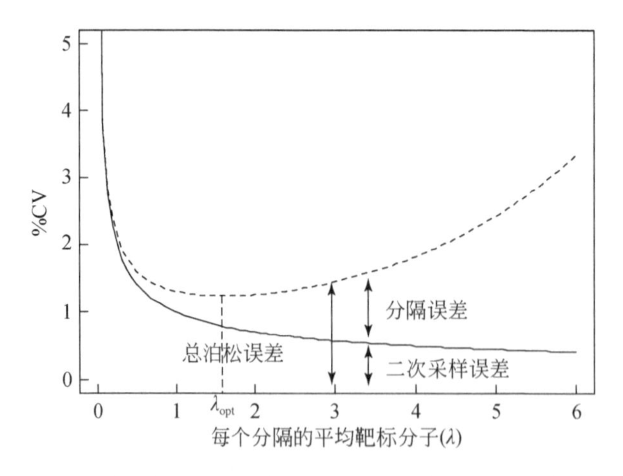

图 3-4 总的泊松误差 = 二次采样 + 分隔误差，表示为 %CV，作为每个分隔中平均占用（λ）。黑色曲线显示的是二次采样的误差。黑色虚线显示的是总的泊松误差。两条线之间的距离是由分隔误差导致的。对于小的 λ，二次采样误差占主导，这个时候分隔误差较小。对于大的 λ，二次采样的误差较小，而分隔误差占主导。$\lambda_{opt} \approx 1.6$ 时，总的泊松误差最小。%CV 的值按照 10 000 个分隔进行计算。增加分隔数会导致所有的曲线降低（更小的 %CV），但是并不改变整体的形状。最适合的位置还是位于每个分隔 1.6 个靶标分子

在这里，讨论一下置信区间的概念。当通过实验估算某个未知变量时，我们谈论的是一个估算点及其周围的置信区间。估算点是该变量最可能的值，这就是通常所判读的数值。估算点周围的一个 95% 置信区间描述了该变量最小值与最大值之间的范围，95% 的情况下，它的真实数值将位于这个区间内。换句话说，如果我们知道变量的确切值并多次重复估算实验，则 95% 的情况下，实际结果将确实位于所述的置信区间内。对于靶标分子拷贝数和浓度，大多数商业 dPCR 系统都会同时判读估算点的值和 95% 置信区间。

3.6　假阳性和假阴性

到目前为止，已经讨论了一种理想的情况，其中完美的系统不会犯任何类型的错误。实际过程中，我们必须处理假阳性和假阴性的判读。在最简单的情况下，我们可以在分隔的层面上定义一个假阳性或假阴性——该分隔应该被检测为阴性但是被判读为阳性，反之亦然。每个分隔中这种错误判读的比率被定义为假阳性率（false positive rate，FPR）和假阴性率（false negative rate，FNR）。哪个参数更重要，取决于具体测试及我们对每种误差的关心程度。

例如，当假性率（阳性和阴性）很小且靶标分子数量很少时，假阴性率在绝对值上通常并不重要，因为我们只有少数几个真正的阳性分隔会被转换为假阴性。在这种情况下，假阳性率更为重要，因为存在大量真正阴性的分隔，每一个都有可能变成假阳性。在相反的情况下（有大量靶标分子时），阳性分隔数量众多。在这种情况下，从绝对意义上讲，假阴性率要比假阳性率更重要。

以上两种情况，所测量的状态或条件的普遍性决定了哪个错误率更为重要。我们正在尝试通过检测来测量这种情况的普遍性，在患者或样本层面也是如此。在某些情况下，临床上误诊的危险会极大地影响假阳性率和假阴性率的相对重要性。例如，在唐氏综合征的产前筛查测试中，大多数患者有望正常妊娠。由于要筛查的个体众多，即使是很小的假阳性率也会产生大量的假阳性结果，这需要后续程序的处理。另一方面，假阴性结果也非常有害，因为如果胎儿被错误地分类为正常，那么患者的总花费会非常巨大。

我们可以在一个孔、一个测试（多个孔）或样品（如果进行多个测试）的层面考虑假阳性率和假阴性率。重要的是要牢记需使用哪些概念。样品制备方案、检测分析、dPCR 测量系统的组合将同时受到随机分子过程和假阳性 / 假阴性率的限制。

可能导致错误结果的一些常见示例包括以下几种：

- 非特异性引物和（或）探针杂交；
- 聚合酶催化错误；
- 荧光粉尘颗粒；
- 污染和交叉污染；
- 不合适的阈值算法。

在实践中，需要在检测设计水平、设备定期维护、可靠的实验室操作及经常的特定过程监控中对这些因素进行识别和控制。

3.7 基本的检测概念及其在 dPCR 中的诠释

我们需要区分两种主要的测试类型：定性和定量。定性测试只能将未知样品分类为阳性或阴性（在某些情况下，还有第三种：无法判定）。定量测试将在可能的情况下为未知样品中的目标被测物产生一个值，或者可能产生一个超出判读范围的结果。对于 dPCR 来说，通常是对测试中的靶标分子数或靶标分子拷贝数或靶标分子拷贝的浓度进行定量。可能还有其他基于这些测量值组合的衍生检测值，如两个浓度之比或类似值。

dPCR 基本上总是对反应中的靶标分子拷贝数产生一个直接的估计。因此，它具有定量的本性。如果要确定样品为阴性或阳性，需要设定一个判读阈值——检测到的靶标分子拷贝数大于或等于该阈值的任何样品都被判定为阳性；靶标分子拷贝数小于该阈值的任何样品都被判定为阴性。在某些情况下，可能会有一个“灰色地带”，在这里不能产生数据判读。我们将关注相对简单地把样本判断为阳性 / 阴性的二进制版本。

三个基本参数决定了某个 dPCR 测试的性能：假阳性率、假阴性率和判读阈值的选定（如果一个定性测试也需要的话）。

接下来，我们将定义其他重要的测试参数，并讨论它们在 dPCR 计数测定的背景下如何受到以上基本参数的影响。图 3-5 将有助于读者形象化理解以上概念。

3.8 敏感性

对于定性测试，敏感性被定义为通过测试将真正阳性（由先前测试或临床标准确定）样品检测为阳性的概率。100% 的敏感性意味着所有的真实阳性样品在测试中确实会显示为阳性。当每次测试的假阴性率大于零，或者判读阈值设置得太高从而使得真正的阳性样本被判读为阴性时，敏感性可能小于 100%。从直觉来说，如果用强阳性或强阴性样品来验证该测试，我们可以获得更好的检测性能（参阅下文检测限）。

3.9 特异性

对于定性测试，特异性定义为测试中真正的阴性样品被检测为阴性的概率。同样，100% 的特异性意味着检测阴性样品时测试永远不会出错。每次测试的假阳性率只要大于零都将导致特异性低于 100%。或者，一个设置过低的阈值会导致真正的阴性样品被判定为阳性，也将导致特异性低于 100%。

图 3-5 显示了敏感性和特异性之间的内在平衡。注意：通过移动阈值来同时改变一个给定测试的特异性和敏感性，一个参数的升高会导致另一个参数的降低。在反方向上则会对调。对于产生整数值（在测试中检测到的靶标分子）的测试，判读阈值只能是不连续的，这会形成一系列敏感性 / 特异性值的可能组合。

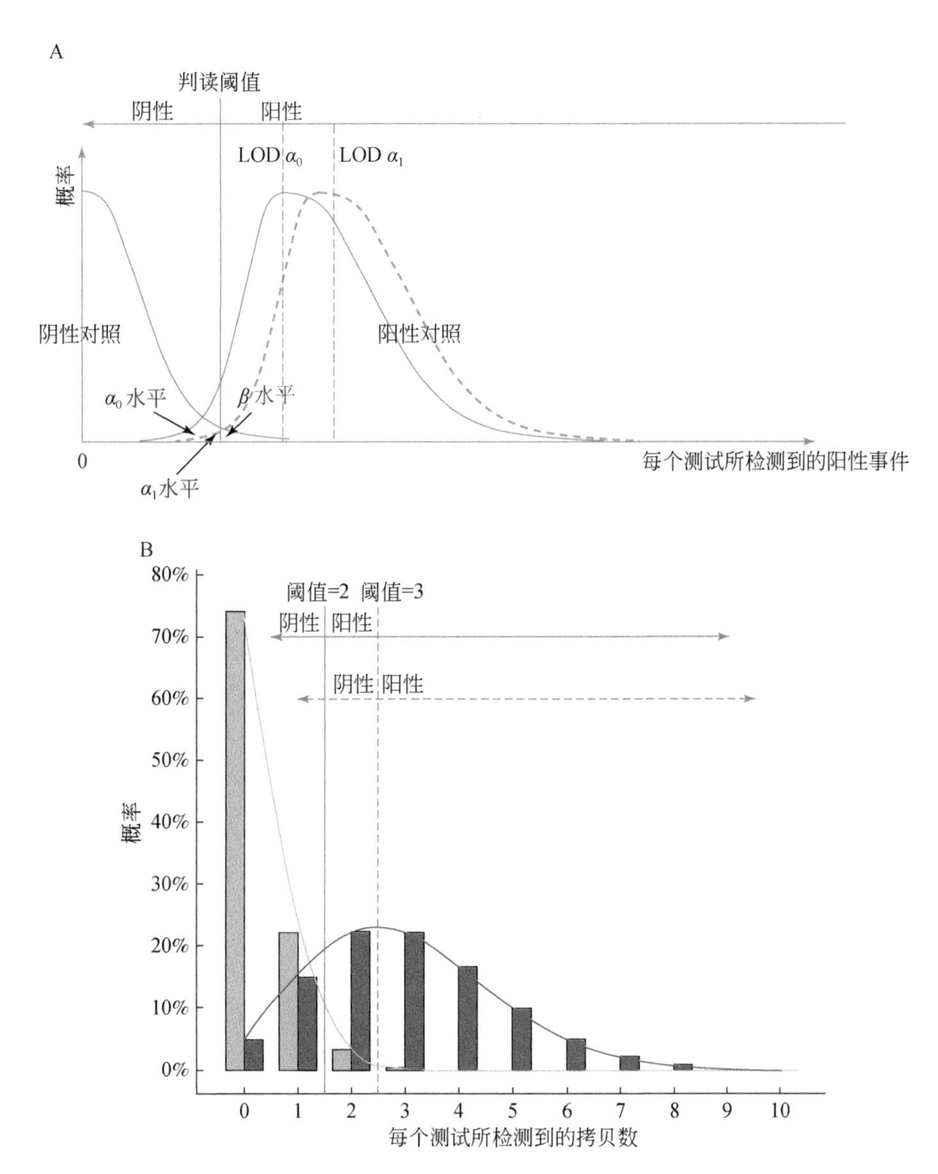

图 3-5　敏感性、特异性和判读阈值之间的关系。A：横轴代表每个检测所测得的信号（在 dPCR 中被检测为靶点 / 事件）。纵轴代表被检测的特定水平的概率。左侧曲线（A 图中判读阈值竖线左侧部分显示为阴性）为对一个阴性 / 空白对照的检测反应。右侧曲线为对两个不同水平阳性样本的检测反应。根据所选定的判读阈值的位置，阈值右侧和左侧的曲线下面积分别决定了特异性（β 水平）和敏感性（α 水平）。敏感性 =1-α，特异性 =1-β。将阈值往右侧移动将会减少 β 并增加 α，从而增加特异性但是降低敏感性。反之亦然。对于被测量的数值，α_0=5% 决定了该测试 95% 置信水平的 LOD（显示为相应阳性质控曲线的峰值，或者最近似的值）。对于增加的敏感性，$\alpha_1 < 5\%$，相应的 LOD 将会高于 95% 时的 LOD。当使用空白样品作为阴性对照时，阈值对应的是处在 1-β 水平的 LOB。B：将相同的概念应用到 dPCR 之中。连续的曲线被柱状图取代，因为 dPCR 判读的是所检测靶点的整数值。灰色：一个阴性样本可能拷贝数的柱状图；黑色：一个阳性样本可能拷贝数的柱状图。只能通过不连续的方式来移动阈值，这会导致敏感性和特异性可能值的跳跃（α 和 β 水平未显示）

3.10　空白限

在特定的置信水平（通常为 95%）下，空白限（limit of blank，LOB）是一个关键概念。根据美国国家临床实验室标准化协会（CLSI）准则[10]，其正式的定义是，当测量真实的空白样品时，在 95% 的情况下，分析物可能被判读的最大值。在 dPCR 中，我们判读靶标分子的数目，LOB 必须为整数——每次测试的计数分别为 0、1、2 等。当测试的 LOB 是 1 拷贝时，是指 95% 的情况下，所测量的阴性 / 空白样本将最多只判读 1 拷贝。这相当于声明：最多在 5% 的情况下，将会判读 2、3 或更多拷贝（图 3-5）。

LOB 与测试的特异性及每个分隔或每个测试背后的假阳性率密切相关。当我们测量一个空白样本时，每一个分隔都应该被判读为阴性。然而，当每一个分隔的假阳性率不是 0 时，某些真正阴性的分隔将被判读为假阳性。多数测试中，我们将仍旧判读 0 个阳性分隔，以及 0 个靶标分子拷贝。但是对于某些样品，我们可以判读 1、2 或更多拷贝。这些将都是假阳性计数。

通过实验测量一个检测的 LOB 的可靠方法是测试多个空白样品，记录所判读的靶标分子数量，并对结果进行排序。当我们以 95% 的百分比绘制一条线时，出现在这个位置的值为 95% 的 LOB。好的做法是通过拟合一个模型来验证假设的泊松分布。只要每个阴性分隔可能被独立地误报为阳性，理论预测这些计数也将遵循泊松分布。每个测试中假阳性靶标分子的平均数量将等于每个分隔的假阳性率乘以每个测试的分隔数量。如果每个测试的计数未遵循泊松分布，则仍可以使用 LOB 的数值，但是需要注意，除了不可靠地检测到阴性分隔外，还有其他因素在起作用。这些可能指额外的检测变量或不正确的实验操作。

3.11　检测限

在特定的置信水平（通常为 95%）下，检测限（limit of detection，LOD）是另一个关键概念。根据 CLSI 的相关指南，其正式的定义如下：以相同的 95% 的概率进行检测时，一个样品中的分析物会被判读的最低水平。LOD 的水平取决于判读阈值，以及假阳性率和假阴性率。每个分隔中假阳性率的增高将会导致假阳性增加，并且将使得系统判读的平均计数高于真实值，如果判读阈值保持恒定，则会推动表面上的 LOD 降低（参见下文）。假阴性率的升高会产生相反的效果——它可能会导致阳性分隔显示为阴性，实际上判读的分析物计数要低于真实值。如果我们将判读阈值保持恒定，这将增加 LOD。

判读阈值的最低可能值是 1 拷贝 / 测试，即如果看到 1 拷贝的靶标分子，则称该样本为阳性。即使假阳性率和假阴性率恰好为 0，在上文我们已经介绍了二次采样如何对可检测到的靶标分子水平带来基本限制。回想一下，当我们期望抽取平均 3 个靶标分子拷贝时，将有 5% 的概率在任何单独的抽取中根本不包含靶标分子——没有靶标分子可以检测！对于分子计数检测，该现象设置了一个关键的水平，以 3 拷贝作为自然的 LOD，如在 dPCR 中二次采样是一个因素时（参见下文“有限二次采样”）。此限制适用于任何基于计数来检测单个靶标分子的其他方法，如二代测序。选择一个较高水平的调用阈值将产生一个较高的 LOD 值。表 3-1 列出了针对不同检测阈值的 LOD 95% 值。

表 3-1　不同检测阈值（拷贝 / 测试）的 LOD 95% 值（假阳性率 =0，假阴性率 =0）

判读阈值（阳性样本）拷贝 / 测试	LOD 95% 拷贝 / 测试
1	3.00
2	4.74
3	6.30
4	7.75
5	9.15

请注意，不要混淆一个测试的敏感性和阳性预测值（positive predictive value，PPV）的概念。敏感性与检测将一个阳性样本判为阳性的概率有关，而 PPV 则颠倒了这个逻辑——它定义的是一个被检测为阳性的样本实际上确实为阳性的概率。

3.12　定量限

对于定量检测，一个检测的定量限（limit of quantification，LOQ）定义为在一个预设的不确定度内所检测到的分析物的最低水平。不确定度通常表达为在该 LOQ 水平上对某个特定样品进行多次检测的标准误差或变异系数。首选的不精确水平取决于具体情况，典型的数值包括 20%、35% 或更高，也取决于应用的要求。

根据定义，对三个参数的值进行排序

$$\text{LOB} < \text{LOD} \leqslant \text{LOQ}$$

对于任何测试，LOD 必须高于 LOB，并且 LOQ 不能低于 LOD。在可到达的最低 LOD（3 拷贝）下，最小可能的变异系数为

$$\text{CV}_{\min}=\frac{1}{\sqrt{3}}\approx 58\%$$

实际上，在此水平上观察到的 CV 通常会更高，因为其他来源的变量将不可避免地加到这个理论的最小值中。 有一些 dPCR 测试具有极低水平的 LOB、LOD 和 LOQ，可以非常接近单分子检测水平的理论极限。

3.13　这些性能参数为何及如何起作用

上面讨论的概念描述了一个目标测试的总体性能。这被表达在如下背景中，即分析层面的“绝对真实”，或者临床层面检测重要问题的一个已有方法。例如，如果一个患者每

10ml 血液中有 10 个病毒颗粒（循环中总共有 5000 个），这在临床上有意义吗？应该将其视为阳性还是阴性患者？通常，根据患者健康或预后的相关标准，我们会选择一个具有人群基础的临床阈值。

检测性能特征与临床阈值之间的关系决定了检测的最终实用性。表 3-2 总结了所选概念的含义和背景。

通常，当其 LOD 与临床阈值相匹配且不会产生太多假阳性结果时，一个测试就适合用于判断患者状态。但是，在某些情况下会首选更高的特异性，LOD 将会与所有临床阈值不同。表 3-2 还说明了为什么在低于规定的 LOD 进行判读是可被接受的：LOD 是在测量任何特定样品之前就知道的信息。测试结果是在完成测试之后对测试和样品组合信息的了解（参见下面“低于 LOD 的判读”）。

表 3-2　临床和检测概念的含义和背景

	适用对象	判定	如何知道或选择	何时知道与检测有关
临床阈值	患者人群	一个患者是否被认为临床阳性或阴性	根据外部的临床知识	进行检测之前
检测 / 调用阈值	检测	检测判读阳性或阴性结果时	选择来满足检测的要求	进行检测之前
LOB	检测	空白样本可能判读的最大值（95% 的概率）	在检测研发和验证的过程中进行判断	进行检测之前
LOD	检测	能够被可靠地（95% 的概率）检出的分析物水平	在检测研发和验证的过程中进行判断	完成检测之后
检测结果	样品 + 检测	对一个给定的样品做什么检测	通过在一个样品上做一个检测	完成检测之后

3.14　假阳性、假阴性和判读阈值的作用

当一个测试有一个有限的（非零）假阳性率或假阴性率时，LOB、LOD 和 LOQ 将与假阳性率和假阴性率为零时不同。通常，对于一个恒定的特异性，假阳性分隔的较高比率将导致较高的 LOB。阈值必须是整数，因此实际上在这种关系中存在一个量化作用。

例如，我们首先考虑假阳性率和假阴性率为零的测试。在这种情况下，在 100% 特异性的水平上，LOD 将是 0 拷贝 / 测试，在 95% 敏感性水平上，对于 1 拷贝 / 测试的判读阈值，LOD 将是 3 拷贝 / 测试（当然，在 95% 的特异性水平下，LOB 也将为 0）。在 30%CV 的情况下， LOQ 可能是 11 拷贝 / 测试；或者在 45%CV 的情况下，可能是 5 拷贝 / 测试。无论使用何种技术，都是基于单分子计数的任何测试的最佳性能特征。

现在让我们将假阳性率增加到 0.01 拷贝 / 测试。 LOB 为 0 拷贝 / 测试但是特异性水平为 99%，LOD 在 95% 敏感性上将是 2.99 拷贝 / 测试。随着进一步提高每个测试的假阳性率，可以将 LOB 保持为 0，但将会失去特异性；同时，在一个固定的敏感性水平上，LOD 将会继续降低。我们仍将阈值保持在 1 拷贝 / 测试（图 3-5B）。在每次测试的假阳性率的某个

数值处，特异性可能会低得不能被接受，我们可能会被迫选择其他判读阈值——从下一个整数算起。当执行此操作时，我们将获得更高的特异性，但必须跳到 LOD 的其他区域——结果是 LOD 将发生重大变化。发生这种情况是因为特异性，敏感性和判读阈值是相互关联的，而在数字检测中，我们必须使用整数值作为阈值。这种“整数性”要求导致了任何数字测试的特定操作区域。

表 3-3 列出了针对所选定的特异性和敏感性水平的各种参数的临界值，以及由选定的判读阈值水平所决定的区域。读取方法如下：第 1 列包含判读阈值；第 2 列包含每个测试所允许的每个检测的最大假阳性率，由此我们能够以 95% 的特异性进行操作；第 3 列包含敏感性为 95% 时 LOD 的相应值（给定阈值和最大假阳性率）。所有单元均是每次测试的拷贝数。第 4 列重复了表 3-1 中的数字，显示了如果正好以假阳性率为 0 进行操作时的 LOD 水平。

表 3-3　对于选定的特异性和敏感性，阈值、假阳性率和 LOD 的临界值

判读阈值（阳性样本）	特异性 95%，敏感性 95%		假阳性率为 0 时的 LOD 95%
	最大假阳性率（拷贝 / 测试）	LOD 95%	
1	0.05	2.94	3.00
2	0.36	4.39	4.74
3	0.82	5.48	6.30
4	1.37	6.38	7.75
5	1.97	7.19	9.15

让我们看一下判读阈值为 1 对应的行。如果我们需要至少 95% 的特异性并使用该阈值，则测试的假阳性率不能超过 0.05 拷贝 / 测试。在此假阳性率水平下，敏感性为 95% 的 LOD 将会是 2.94 拷贝 / 测试。

对于一个测试假阳性率为 0.1 拷贝 / 测试，为了使特异性保持在 95% 以上，我们必须选择判读阈值 2。对于该阈值，最大的假阳性率为 0.36 拷贝 / 测试，并且这个假阳性率的 LOD 在 95% 的敏感性上是 4.39（表 3-3 第 2 行）。对于一个假阳性率为 0.1 拷贝 / 测试，判读阈值为 2 的测试，实际的特异性将高于 95%，我们可以通过从 4.74 减去 0.1 得到 4.64 来估计 LOD 95%。细心的读者会注意到，对于任何给定的判读阈值，第 2 列和第 3 列的值加起来都等于第 4 列的值（接受了四舍五入）。从直觉上讲，这可以粗略地解释为“对于任何给定的阈值，所有的阳性判读要么是真阳性要么是假阳性”。

最后的示例是一个测试，其假阳性率为 1 拷贝 / 测试且假阳性率可以忽略。我们不能在 3 ～ 4 范围内选择阈值，因此我们必须设定阈值为 4。当我们看到至少 4 拷贝时，样本为阳性。在这种情况下，每个测试的 LOB 为 3 拷贝（在超过 95% 的水平，但别无选择）。95% 的 LOD 约为 6.75（1.00 ～ 7.75）。在此框架中，当我们检测到 4 拷贝时，称这个样本为阳性；当从更大的整体中抽样得出我们检测中预期的拷贝数为 6.75 时，我们将把样本正确地归为阳性。

需要再次强调，临界值之间的这些关系受基本计数统计因素的约束。只要我们试图根据体内提取的代表性小样本来确定该样本在体内的情况，这些因素将始终适用。在分子水平上的二次采样受泊松统计的支配，没有任何技术或方法可以做得更好。dPCR 技术及其商业仪器的确使我们能够非常接近这些物理极限。

3.15 额外的考虑

3.15.1 操作点的选择

判读阈值、敏感性和特异性是相互关联的。如何选择及在何处进行操作取决于测试的要求：假阳性或假阴性是否更容易接受？一种常用的方案是首先选择所需的特异性水平。连同测得的假阳性率（和相关的 LOB）一起，用于确定判读阈值。然后，评估所要求的敏感性，这将最终确定测试的 LOD。

参见图 3-5A，首先测量空白样品结果的分布（左侧曲线）。选择想要的特异性（$1-\beta$），即设置判读阈值（阈值右侧曲线下面积）。接下来，选择想要的敏感性（$1-\alpha$）。为此，在不同的阳性水平上测量样品的多次重复，以生成一系列响应曲线（图 3-5A）。曲线面积的 α% 位于阈值左侧的曲线（即阳性水平）决定了 α% 时的 LOD。同样，对于量化测量，阈值必须为整数，因此针对特异性和敏感性，我们可能不得不选择固定在一个特定的数值。

3.15.2 有限二次采样

在某些情况下，二次采样极少，因此不会对整体中很小的一部分进行二次采样。例如，如果实验是在单细胞水平上进行的，则实际上已测定了大多数生物材料。在这种情况下，我们将不会遭受到相同水平的二次采样“惩罚”。我们需要处理超几何分布而不是泊松分布，但是这些细节超出了本章的范围。在我们确实测量整体的极端情况下，“所见即所得”原理是适用的，唯一的不确定性将来自分隔的可变性和系统中的任何死体积。

3.15.3 非标准变异性

在上文描述了涉及纯分子随机性的情况——我们所知道的因素将始终存在并且无法控制。在实践中，可能存在其他来源的变异性会导致不确定性的扩大。实验操作不当、污染、试剂质量和间歇性系统性能等问题可能会使此处描述的规则无效。定期进行预测行为与测量行为的对比很重要。这可以通过运行带有任何未知样本的质控并定期评估此类质控的性能来实现。监测阴性对照的 LOB 并验证假阳性的泊松分布也很有帮助。

3.15.4 多重靶点和相关靶点的考虑

诊断测试的一种非常常见的类型是将参考品与目标生物标志物一起进行测量。例如，检测到的野生型基因组的拷贝数会被用于突变靶标分子拷贝数的标准化。在这种情况下，感兴趣的自然指标是次要等位基因频率（minor allele frequency，MAF），即（突变）/（突

变 + 野生型）拷贝的比率。显然，具有更高数量野生型拷贝的样品可能会显示出更高数量的假突变拷贝。因此，每个野生型拷贝的假阳性率成为要观察的自然指标。仔细估计和监测这个比率对于制订和应用适当的阈值都很重要。上述 LOB、LOD 和 LOQ 的概念适用于 MAF。在许多情况下，在表达 MAF 空间时，LOD 仍将取决于实际突变体拷贝的可用性。如我们所见，临界值是 95% 置信度的 3 个突变拷贝，当将其除以出现的野生型拷贝数时，将会以 95% 的置信度确立 MAF 的临界水平。

当出现大量野生型拷贝时，同时含有野生型和突变型拷贝的分隔簇，即双阳性拷贝簇，会变得更加分散，可能难以选择合适的振幅阈值。一种可以将错误调为最小化的技术是仅使用纯突变的分隔作为突变体拷贝的可靠来源，并与双阴性分隔的计数进行比较，尽管这会在一定程度上降低测试的敏感性。

3.15.5　低于 LOD 的判读

我们应该判读低于 LOD 的结果吗？只要满足某些条件，dPCR 的特性使我们能够满怀信心地做到这一点。

首先考虑一下 LOD 的含义。这是在对未知样品进行实验之前，我们对自身检测能力的了解。在此阶段，我们通常对样本一无所知——这就是为什么将其称为“未知”。执行完测量后，我们对样品有了更多的了解。LOD 适用于测试，而实际判读的水平适用于样品。

因为 dPCR 本质上是计算单个分子，所以当知道假阳性率足够低时，我们可以可靠地宣称样品水平低于常规的 LOD。假设一项测试的假阳性率＜ 0.05 拷贝 / 测试，因此 95% 的 LOD 为 0。如果检测到 1 个或 2 个靶标分子，则我们有 95% 的信心认为它们是真实的，并且能够以这样的信心进行判读，即使该值低于 3 拷贝 / 测试的 95% 的 LOD。从保证性能的角度来看，以非常低的假阳性率进行操作总是我们想要的，可以允许人们在低于常规检测 LOD 的水平放心地判读。

3.15.6　增加检测体积

上述许多限制是由靶标分子数量低而引起的。如果从整体中二次采样一个小的体积，我们将始终受到分子随机性过程的限制。解决该问题的一种方法是增加二次采样的体积，这样就不必在 3 拷贝的基本限制附近进行操作。换句话说，增加预期的待检测分子数将始终有助于改善测试的性能。但是，如果使用了预扩增，则必须注意潜在的偏差和不均匀性，并且要接受可能会损失 dPCR 绝对定量这个主要优点。

3.16　结论

当需要对基因组靶标进行最精确和灵敏的检测时，dPCR 技术及现有的商业系统和检测正在成为主流和首选方法。随着此类解决方案的不断出现，该领域需要了解计数统计所特有的问题，以便可以开发、验证更好的测试并将其付诸实践，促进科学发展并使患者受益。

尽管由于分子的随机性，我们无法超越极限，但 dPCR 技术使我们能够以最佳可能的模式来进行操作。

致谢

非常感谢我在 Bio-Rad 的同事 George Karlin-Neumann、Dianna Maar、Xitong Li、Lucas Frenz 和 Francisco Bizouarn 在本章内容和条理性方面所提供的建议。

参考文献

1. Sykes PJ, Neoh SH, Brisco MJ et al (1992) Quantitation of targets for PCR by use of limiting dilution. BioTechniques 13(3):444–449
2. Vogelstein B, Kinzler KW (1999) Digital PCR. Proc Natl Acad Sci U S A 96(16):9236–9241
3. Baker M(2012) Digital PCR hits its stride. Nat Meth 9:541–544
4. Bhat S, Herrmann J, Armishaw P et al (2009) Single molecule detection in nanofluidic digital array enables accurate measurement of DNA copy number. Anal Bioanal Chem 394 (2):457–467
5. Hindson BJ, Ness KD, Masquelier DA et al (2011) High-throughput droplet digital PCR system for absolute quantitation of DNA copy number. Anal Chem 83(22):8604–8610
6. Taly V, Pekin D, Benhaim L, Kotsopoulos SK et al (2013) Multiplex picodroplet digital PCR to detect KRAS mutations in circulating DNA from the plasma of colorectal cancer patients. Clin Chem 2013(59):1722–1731
7. Madic J, Zocevic A, Senlis V et al (2016) Three-color crystal digital PCR. Biomolecular Detection and Quantification 2016 (10):34–46
8. Dube S, Qin J, Ramakrishnan R (2008) Mathematical analysis of copy number variation in a DNA sample using digital PCR on a nanofluidic device. PLoS One 3(8):e2876
9. Whale AS, Huggett JF, Tzonev S (2016) Fundamentals of multiplexing with digital PCR. Biomolecular Detection and Quantification
10. CLSI (2012) Evaluation of detection capability for clinical laboratory measurement procedures; approved guideline - second edition. CLSI document EP17-A2. Clinical and Laboratory Standards Institute, Wayne, PA

第 4 章

评估血浆中循环游离 DNA 提取物的质控品和数字 PCR 方法

Alexandra S. Whale, Ana Fernandez-Gonzalez, Alice Gutteridge， Alison S. Devonshire

摘要： 游离 DNA 是血浆中天然存在的可以获取的遗传物质来源，可用于许多诊断检测。将游离 DNA 分析方法从科研实验室转化到临床应用将会得益于一些质控，这些质控可以监测患者样品纯化的效率并且可对从提取到分析的整个工作流程进行质量控制。我们在本章描述了两种不同类型的质控品，它们可掺入到血浆样品中用于监控和评估各方面的工作流程。第一种质控品是一个内部质控品，可以评估样本的提取效率、片段大小的偏差和样品的抑制。第二种质控品是一个平行质控品，用于检测特定遗传靶标（如肿瘤突变）。

关键词： 游离 DNA；校正；质控；数字 PCR；微滴数字 PCR；效率；提取；血浆；标准化

4.1 引言

游离 DNA（cell-free DNA, cfDNA）是非细胞的片段化 DNA，天然存在于血浆等体液中。绝大多数 cfDNA 来源于凋亡的全血细胞和其他正常的活细胞，片段大小＜200bp [1-4]。然而，cfDNA 的释放也可能来自其他组织成分，如胎儿 [5]、肿瘤 [6,7] 或移植器官 [8,9]。这为人类健康研究和诊断应用提供了巨大的机会，因为它提供了一种可获取的遗传物质来源，而这些遗传物质在以前很难得到。可以进行检测的遗传变化包括点突变 [10]、单核苷酸多态性 [11,12] 和拷贝数变异 [13]。此外，也可以检测 cfDNA 的甲基化状态，这在指导治疗方面具有巨大潜力 [14,15]。

尽管 cfDNA 已经在 70 年前首次从血浆中被分离出来 [16]，但一些研究报道强调了可能会阻碍 cfDNA 转换为常规临床诊断分析物的因素 [17-21]。这些因素包括在分析前阶段和从提取到分析整个过程的标准化方面都缺乏合适的质控品，因而很难比较不同研究之间的结果 [17]。这些差异可能是由所选择的提取方法和定量方法、所使用的报告标准或样本存储条件的不同而造成的[18,19]。其他的因素还包括评估 PCR 的抑制和片段大小的偏差[20]，考虑到 cfDNA 的片段很短，片段大小偏差的评估对生物学和临床基质的分析来说是很重要的。此外，cfDNA 的丰度较低，报道的浓度范围为每毫升血浆 1.8 ~ 44ng[18]。与之相伴的还有一个情况，那就是只有一部分 cfDNA 来源于胎儿、肿瘤或待评估的移植器官，这增加了分析物检测的困难及低水平检测相关的内在变异[22]。

在本章中，我们描述了两种不同类型的质控品，在 cfDNA 提取之前可以将它们掺入血浆样品中，使得研究人员可以监控不同方面的分析流程。

1. 内部提取质控品：115bp、461bp 和 1448bp 的 DNA 片段由 *ADH* 质粒通过限制性酶切而产生，与人和哺乳动物序列不存在同源性[20,22,23]。该质控品适用于监控样品特异的提取效率，以及鉴别提取过程中的片段大小偏差效应和抑制剂的存在情况（图 4-1）。

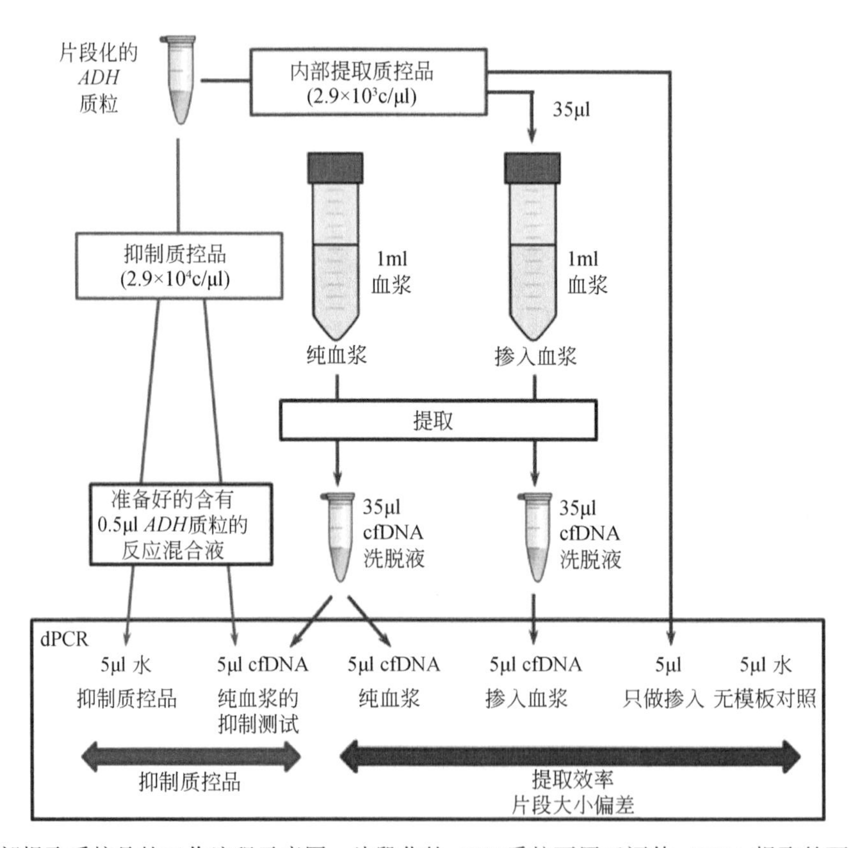

图 4-1 内部提取质控品的工作流程示意图。片段化的 *ADH* 质粒可用于评估 cfDNA 提取的两个方面：一是作为内部提取质控品，掺入血浆样品中用于评估提取效率和片段大小偏差（dPCR 框中红色工作流程），二是作为抑制质控品加到反应混合物中（dPCR 框中蓝色工作流程）。dPCR 框中显示了不同的反应，在总反应体积为 20μl 的主方案中，给出了作为参考的模板体积

2. 全程质控品：片段化的人基因组 DNA（genomic DNA, gDNA）用于模拟体内的 cfDNA，具有特定丰度的目标遗传变异，用于监控某个检测从提取效率到分析性能的全过程（图 4-2）。

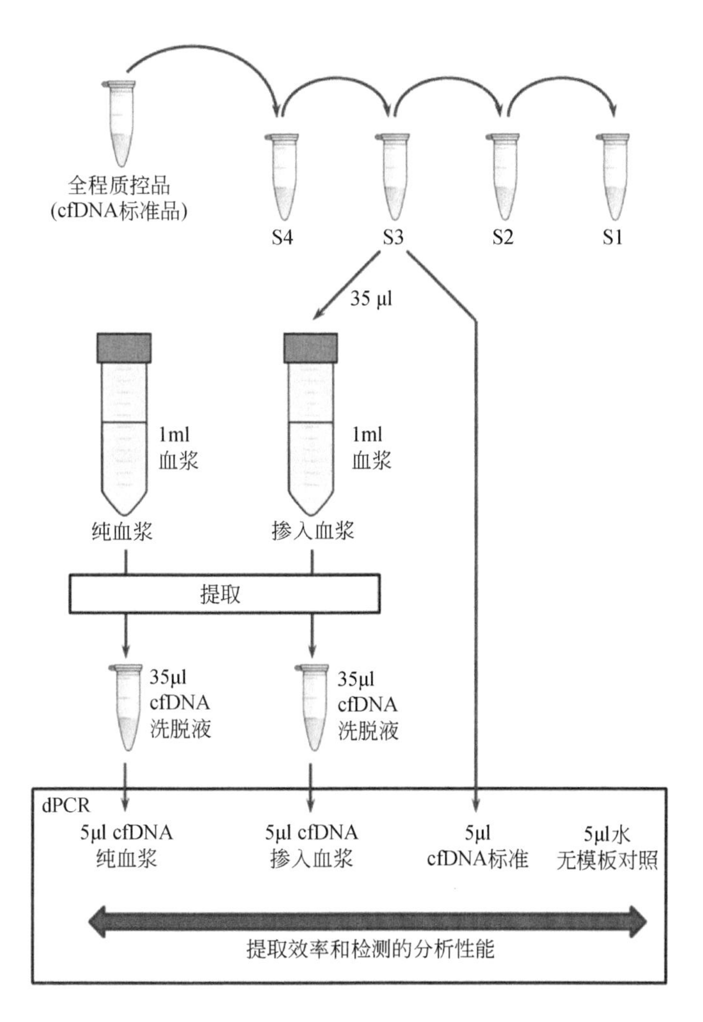

图 4-2　全程质控品的工作流程示意图。全程质控品可以稀释到不同的浓度，然后掺入血浆中；显示在工作流程中的一个稀释度（S3）被用于生成图 4-5。dPCR 框中显示了不同的反应，在总反应体积为 20μl 的主方案中，给出了作为参考的模板体积

为了得到本章中的数据，我们使用了 QIAamp 循环核酸提取试剂盒（Qiagen P/N 55114），并包括针对该试剂盒的详细信息。但是，上述质控品可用于提取过程的性能评估，并不限定于特定的提取方法。表 4-1 列出了现有的商品化试剂盒，它们通常用于从血浆中提取 cfDNA。本章省略了如何进行 dPCR 实验的具体细节，因为这些已在本书的其他章（第 2 章和第 3 章）和其他地方 [20,24] 做了相关介绍。

表 4-1　可商业购买的从血浆中提取 cfDNA 的试剂盒

试剂盒名称	厂商和货号	纯化方法	血浆体积（ml）	洗脱体积（μl）	其他基质	文献
PME 游离循环 DNA 提取试剂盒	Analytik Jena 845-IR-0003010	聚合物微珠	≤ 5	50	血清，尿液	

续表

试剂盒名称	厂商和货号	纯化方法	血浆体积（ml）	洗脱体积（μl）	其他基质	文献
NextPrep-Mag™ cfDNA 分离试剂盒	Bioo Scientific	磁性微珠	＜1～3ml	12～36	血清	
FitAmp™ 血浆 / 血清 DNA 分离试剂盒	Epigentek P-1004	离心柱	0.5	8～20	血清和体液	[20, 25–28]
EpiQuik 循环 cfDNA 分离试剂盒	Epigentek P-1064	磁性微珠	0.5	20	血清	
Nucleospin XS 试剂盒	Macherey Nagel 740900	离心柱	0.24～0.72	5～30	血清，支气管灌洗液	[19, 20, 25, 29, 30]
血清 / 血浆游离循环 DNA 纯化	Norgen Biotek Corp. 55600	离心柱	1～4	25	血清	[30]
血浆 / 血清循环 DNA 分离	Norgen Biotek Corp. 51200	浆料	0.4～2	≤100	血清	[30–32]
Chemagic 循环 NA 专用试剂盒	PerkinElmer CMG-1096	磁性微珠	1～4	60～100		[30, 33]
Maxwell® RSC ccfDNA 血浆试剂盒	Promega AS1480	磁性微珠	0.2～1	50		
QIAamp 循环核酸试剂盒	QIAGEN 55114	柱子	1～5	20～150	血清和尿液	[20, 25, 30, 34–36]
QIAamp DNA 血液 Mini 试剂盒	QIAGEN 51104	柱子	0.2（单次加载）	50～200	全血，体液	[25, 36–39]
MagMAX™cfDNA 分离试剂盒	Thermo Fisher Scientific	磁性微珠	0.5～10	15～50	体液标本（血清，血浆）	
Quick-cfDNA™ 血清 & 血浆试剂盒	Zymo Research D4076	柱子	≤10	35～50	血清，羊水和脑脊液	

注：表中为截至 2016 年 3 月可以商业购买的试剂盒；然而，这个表并不详尽。在本书出版时，市场上正在出现很多新的试剂盒，并没有纳入这个表中。出于同样的原因，在出版本书的时候，就我们所知，并不是所有的试剂盒都被同行评议的文章使用过。

4.2 材料

4.2.1 内部提取质控

1. 酶切消化后的 pSP64 poly（A）*ADH* 质粒（见 4.4“注意事项”中的第 1 条），其中含有各种片段长度，包括 115bp、461bp 和 1448bp（图 4-3A）（见 4.4“注意事项”中的第 2 条），根据要求使其配制成两种稀释液：在非人类载体中约为 2.9×10^3*ADH* 拷贝 / 微升和 2.9×10^4*ADH* 拷贝 / 微升（见 4.4“注意事项”中的第 3 条）。然后分装为 50μl，储存在 -20℃，以减少冻融作用的影响，解冻时涡旋混合 10 秒。

2. 用于检测 *ADH*-115、*ADH*-461 和 *ADH*-1448 的寡核苷酸见表 4-2。

表 4-2　用于检测 *ADH* 质粒的寡核苷酸序列

检测物	*ADH* 质粒片段大小（bp）	寡核苷酸序列（5'→3'）	[20× 储存液]（μmol/L）	[终反应]（μmol/L）
ADH-115	115	F: GGGCCGAGCGCAGAA	18	0.9
		R: ACTCTAGCTTCCCGGCAACA	18	0.9
		P: HEX-TGGTCCTGCAACTTTATCCGCCTCC-BHQ1	5	0.25
ADH-461（*Adhβ*）	461	F: TTGAGAGTGTTGGAGAAGGAGTGA	18	0.9
		R: CGGTAAAGATCGGCAACACA	18	0.9
		P: FAM-TCTTCAGCCAGGAGATC-MGB	4	0.2
ADH-1448（*Adhδ*）	1448	F: TGAACCCGAAAGACCATGACA	18	0.9
		R: CCCACCATCCGTCATCTCA	18	0.9
		P: FAM-CCAATTCAACAGGTGATCMGB	4	0.2

注：建议对所有引物和探针均进行 HPLC 纯化。对于本研究的示例，荧光基团如表中所示；然而，根据实验设置的需求，这些探针可与多种不同的荧光染料结合[20, 22, 23]。bp，碱基对；F，正向引物；R，反向引物；P，探针；HEX，六氯荧光素；FAM，6- 羧基荧光素；BHQ1，黑洞猝灭剂 1；MGB，小沟结合剂（Life Technologies）。

4.2.2　全过程质控品

1. 人类 cfDNA 标准品，浓度约为 50ng /μl（Horizon 诊断）（见 4.4“注意事项”第 5 条）。本章所述的示例是含杂合 *KRAS* G12C（等位基因频率经 dPCR 验证为 50%）的 gDNA，通过超声制备为均匀大小的片段（约 160bp）（图 4-3B）[Horizon Diagnostics cfDNA 标准品：Multiplex Ⅰ（8 个目标片段）（P / N HD780）和 BRAF V600E（P / N HD781）]。

2. 非人载体 RNA。本研究中的示例为酵母 tRNA（10ng/ml，Sigma-Aldrich P/N R3508），在 1×TE 中稀释至终浓度 5ng /μl（见 4.4“注意事项”中的第 4 条）。

3. 1×Tris-EDTA（TE）缓冲液，pH 8.0（分子生物学等级），如 Fluka P/N 93283。

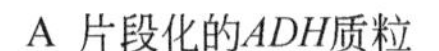

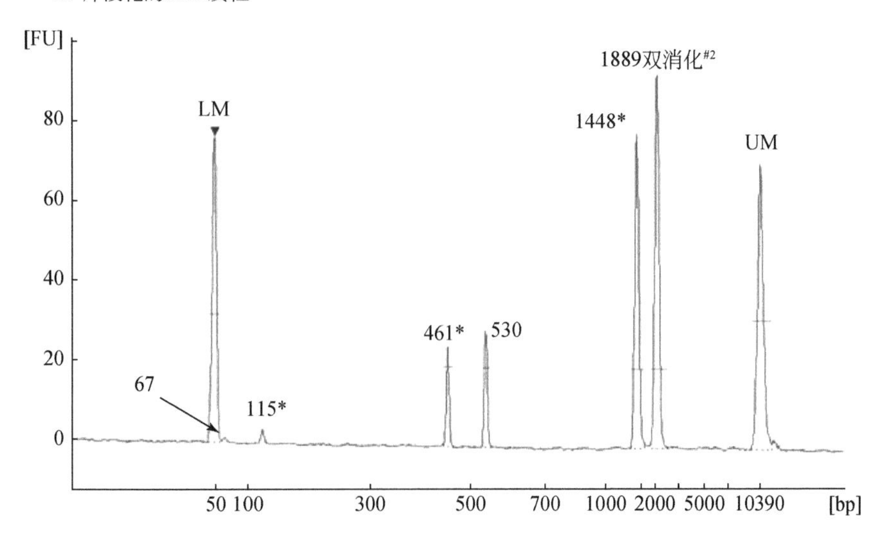

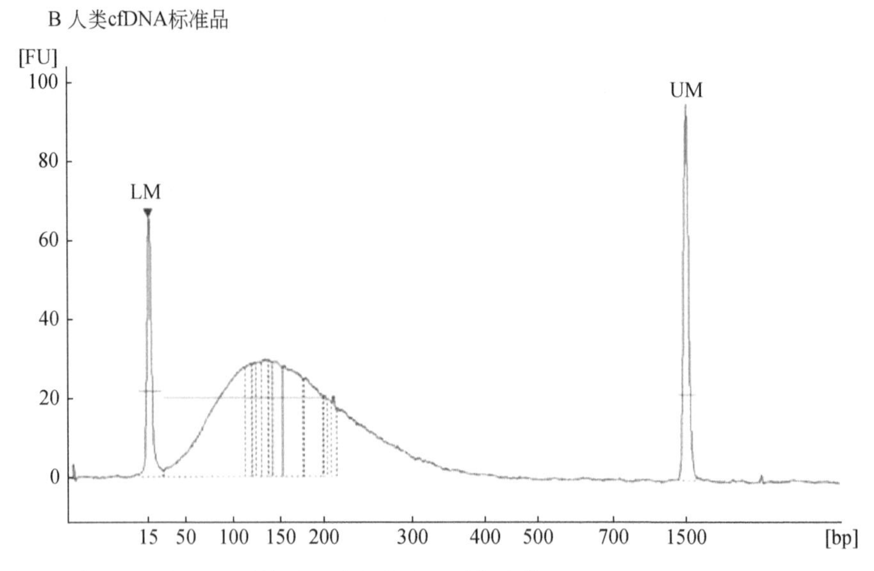

图 4-3　电泳图示例显示了提取的质控品的片段大小。质控品使用 2100 Bioanalyzer 和 DNA 1000 系列Ⅱ试剂盒（Agilent）进行分析。较低和较高的标志物分别表示为 LM 和 UM。A. 内部提取质控的电泳图显示了线性化的 *ADH* 质粒酶切后的 6 个片段所对应的峰（67bp、115bp、461bp、530bp、1448bp 和 1889bp）。针对不同片段长度的相应 *ADH* 检测以星号（*）表示。B. 片段化为平均长度 160bp 的人类 cfDNA 标准品的电泳图

4. 用于检测全程质控品中的遗传变异的特定检测体系。本章使用的是 PrimePCR™ ddPCR™ 突变检测（Bio-Rad）：针对 p.G12C 的人 *KRAS* WT（P / N 10031249，dHsaCP2000008）和人 *KRAS* p.G12C（P / N 10031246，dHsaCP2000007），作为双重反应用于 *KRAS* G12C 突变的定量。

4.2.3　血浆 cfDNA 提取

1. 将全血样本收集在 EDTA K2 真空采血管中，然后使用标准方法进行血浆分离（见 4.4“注意事项”中的第 6 条）。将血浆分装为每份 1.1ml 并冻存在 -80℃（见 4.4“注意事项”中的第 7 条）。

2. 0.5ml 和 1.5ml 的微量离心管（见 4.4“注意事项”中的第 8 条）。

3. 涡旋混匀仪。

4. 离心机和微量离心机。

5. 提取试剂或试剂盒（表 4-1）。本章中列出的实验流程使用的是 QIAamp® 循环核酸试剂盒（Qiagen P/N 55114）。

4.2.4　dPCR 分析

1. dPCR 系统：本章中的示例使用 QX200™ Droplet Digital™ PCR 系统和 QuantaSoft ™ 分析软件（Bio-Rad）进行操作。该流程也可以适用于其他 dPCR 平台。

2. 兼容选定的 dPCR 系统的主混液：使用 ddPCR™ 探针主混液（Bio-Rad P/N 186-

3010）和 ddPCR ™探针法主混液（无 dUTP）（Bio-Rad P/N 186-3024），分别用于获得本章所示的内部提取质控和全程质控结果。

3. 无核酸酶的水（分子生物学等级），如 Ambion™（P/N AM9937）。

4.3 方法

4.3.1 内部提取质控：片段化的 *ADH* 质粒

该流程被设计用于评估提取效率，以及是否存在下游抑制剂和片段大小偏差。本流程描述了从 1ml 血浆中提取 cfDNA 的方案，但是，这些原则也适用于较小或较大体积的血浆。图 4-1 提供了工作流程示意图和内部提取质控的不同用途。根据待处理的血浆量可以放大或缩小掺入体积。

4.3.1.1 血浆中内部提取质控的掺入和提取

1. 在室温下解冻所需的 1.1ml 血浆样本，此后样本一直保存在冰上（见 4.4“注意事项”中的第 7 条）。

2. 进行一个额外的离心步骤，1000*g*，4℃，10 分钟（见 4.4“注意事项”中的第 9 条）。

3. 将 1ml 血浆上清液移至新的试管中，进行提取步骤的第一个阶段（如果使用 QIAamp® 循环核酸试剂盒，则使用 50ml 离心管）。

4. 向每 1ml 血浆中加入 35μl 稀释的片段化 *ADH* 质粒（2.9×10^3 拷贝 / 微升储存液），得到“掺入血浆”样品（见 4.4“注意事项”中的第 10 条）。涡旋混合。确保剩余的质粒可作为“纯掺入”质控进行 dPCR 分析。

5. 对每个血浆样品准备一个仅含 1ml 血浆但没有片段化 *ADH* 质粒的“纯血浆”对照（见 4.4“注意事项”中的第 11 条）。

6. 根据厂家说明书用选定的方法进行提取（示例见表 4-1）（见 4.4“注意事项”中的第 12 条）。

7. 将 cfDNA 洗脱到 35μl 的洗脱液中（见 4.4“注意事项”中的第 10 条）。

8. 洗脱的 cfDNA 在 4℃保存最多 1 个月，或在 -20℃长期保存。

4.3.1.2 内部提取质控的 dPCR 分析

1. 按照厂家说明书准备每一个 dPCR 反应，如表 4-3 所示，每个 *ADH* 检测体系用 20μl 反应体积，加入 5μl 模板（见 4.4“注意事项”中的第 13 条）。

2. 针对“掺入血浆”和相应的“纯血浆”（如果适用）质控所提取的每一个样本，准备 3 个反应（见 4.4“注意事项”中的第 14 条）。

3. 针对“纯掺入”质控和无模板对照（no-template controls，NTC），另外准备 3 个重复反应（见 4.4“注意事项”中的第 16 条）。

4. 为了测试提取过程中残留的抑制剂，准备另外的反应，按照表 4-4 所示，用片段化的 *ADH* 质粒（2.9×10^4 *ADH* 拷贝 / 微升储存液）直接加入反应混合液中。对于这些反应，只有“纯血浆”样品可以被分析。另外，准备用水代替 cfDNA 模板的反应，用于检测“抑制质控”（反应混合液中仅包含片段化的 *ADH* 质粒）。

表 4-3 用于 *ADH* 检测分析的反应制备

成分	单位	[储存液]	*ADH*-461 和 *ADH*-115 双重检测		*ADH*-1448 检测	
			1×[工作液]	体积（μl）	1×[工作液]	体积（μl）
无核酸酶的水				3.00		4.00
ddPCR ™探针超混液	×	2	1	10.00	1	10.00
ADH-461 检测液（FAM）	×	20	1	1.00	—	—
ADH-1448 检测液（FAM）	×	20	—	—	1	1.00
ADH-115 检测液（HEX）	×	20	1	1.00	—	—
cfDNA 提取物				5.00		5.00
合计				20.00		20.00

注：每个 *ADH* 检测均准备 20× 储存液，并分装为小份储存在 -20℃中，以减少冻融效应的影响。如表中所示，*ADH* 检测与 FAM 或 HEX 荧光基团染料偶联。

5. 按照厂家说明书对反应进行分隔。

6. 使用以下循环条件进行 PCR：首先，酶在 95℃活化 10 分钟，再进行 40 个循环，94℃变性 30 秒，60℃退火 / 延伸 1 分钟，然后在 98℃稳定信号 10 分钟，最后保持在 4℃。按照厂家说明书进行循环。例如，当使用 QX200™ Droplet Digital™ PCR 系统时，要求将所有温度变化设置为 2℃ /s。

7. 分析循环后的分隔，确保设置的阈值可以正确地将阴性和阳性分隔区分开（图 4-4A ～ C）（见 4.4“注意事项”中的第 15 条）。

8. 查看“纯血浆”质控（如果适用）和 NTC，确认没有阳性分隔（见 4.4“注意事项”中的第 16 条）。

9. 采用 dPCR 平台软件或已发表的用于 dPCR 分析的公式计算 3 种 *ADH* 检测中每个“掺入血浆”和“纯掺入”样品的浓度（拷贝 / 微升）[23，40]。

10. 用式 4-1 计算不同片段大小的 *ADH* 质粒的提取效率（见 4.4“注意事项”中的第 17 条和 18 条）。

$$提取效率（\%）=[ADH_{掺入血浆}]/[ADH_{纯掺入}] \quad （4\text{-}1）$$

11. 绘制 3 个 *ADH* 片段的提取效率曲线，并进行 ANOVA 统计分析，以确定片段大小的偏差（图 4-4D）。

12. 对于抑制分析，采用含有片段化 *ADH* 质粒的反应来计算“纯血浆”样品的浓度差异，用式 4-2 进行带有“抑制质控”的“纯血浆抑制测试”（表 4-4）。

抑制性计算：

$$相对抑制 =[ADH\text{-}461_{纯血浆抑制测试}]/[ADH\text{-}461_{抑制质控}] \quad （4\text{-}2）$$

表 4-4　采用 *ADH*-461 检测进行抑制分析的反应制备

成分	单位	[储存液]	*ADH*-461 检测	
			1 × [工作液]	体积（μl）
无核酸酶的水				3.50
ddPCR ™探针超混液	×	2	1	10.00
ADH-461 检测液（FAM）	×	20	1	1.00
片段化的 *ADH* 质粒	c/μl	2.9×10^4		0.50
cfDNA 提取物（纯质粒）				5.00
合计				20.00

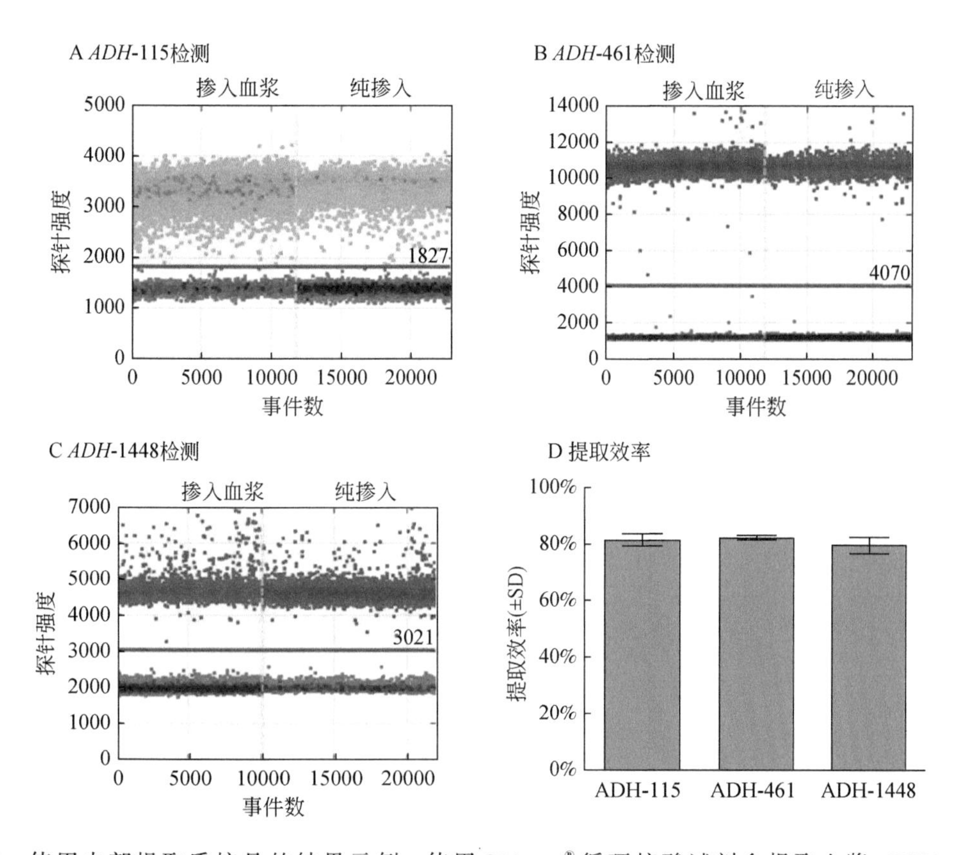

图 4-4　使用内部提取质控品的结果示例。使用 QIAamp® 循环核酸试剂盒提取血浆 cfDNA。使用 QX200 ™ Droplet Digital ™ PCR 系统的 QuantaSoft ™分析软件（Bio-Rad）来生成数据。A ～ C 图是采用 QuantaSoft ™软件针对"掺入血浆"和"纯掺入"样品的 *ADH* 检测的一维散点图示例。*X* 轴显示的是分隔的数目（事件数），*Y* 轴显示的是探针的荧光强度。水平的粉红色线表示定义阳性（上部）和阴性（下部）分隔的阈值。阳性分隔是蓝色（FAM 探针）或绿色（HEX 探针），而阴性分隔为灰色。D 图中的条形显示了用式 4-1 计算的每个检测的提取效率。误差线代表 3 次 dPCR 测量之间的标准差

4.3.2　全程质控品

本流程描述了在一定的待测物浓度范围内，从提取到 dPCR 分析的整个过程如何进行检测（在示例中，分析物是血浆中的 *KRAS* G12C 序列）。图 4-2 提供了全程质控品的工作流程。与 4.3.1 中描述的流程一样，该工作流程是从 1ml 血浆中提取 cfDNA，但其原理适用于更小或更大体积的血浆，掺入体积可以根据待处理血浆的量进行增减。

4.3.2.1　血浆中 cfDNA 标准品的掺入和提取

1. 在 5ng/μl 非人类载体 RNA 中，准备一系列不同稀释度的 cfDNA 标准品。稀释度的示例见表 4-5，该稀释度适用于检测提取效率和 cfDNA 提取物分析敏感性的线性关系。将稀释液以 50μl 等份短期保存在 4℃（＜ 1 个月）或在 -20℃下长期保存。

2. 在室温下融化 1.1ml 血浆样品，此后保存在冰上（见 4.4“注意事项”中的第 7 条）。

3. 进行一个额外的离心步骤，1000g，4℃，4 分钟（见 4.4“注意事项”中的第 8 条）。

4. 将 1ml 血浆上清液移至新管中，作为提取步骤的第一个阶段（如果使用 QIAamp® 循环核酸试剂盒，则使用 50ml 离心管）。

5. 向转移到新的 1.5ml 离心管的 1ml 血浆中加入 35μl 稀释的 cfDNA 标准品（表 4-5）（见 4.4“注意事项”中的第 10 条）。涡旋混合。确保剩余的 cfDNA 标准品稀释液可作为“cfDNA 标准品”质控进行分析。

6. 对每个血浆样品准备一个仅含 1ml 血浆但没有 cfDNA 标准品的“纯血浆”对照（见 4.4“注意事项”中的第 19 条）。

7. 根据厂家说明书按照首选的方法进行提取（示例见表 4-1）（见 4.4“注意事项”中的第 12 条）。

8. 将 cfDNA 洗脱到 35μl 洗脱液中（见 4.4“注意事项”中的第 10 条）。

9. 洗脱的 cfDNA 在 4℃下最长保存 1 个月，或在 -20℃下可长期保存。

表 4-5　从储存液制备一系列稀释度的 cfDNA 标准品

稀释 ID	[cfDNA 标准品]（ng/μl）	[cfDNA 标准品]（*KRAS* G12C 拷贝 / 微升）[a]	[cfDNA 标准品]（*KRAS* G12C 拷贝 / 毫升血浆）[b]	稀释系数	样品体积（μl）	稀释体积（μl）	最终体积（μl）
储存液	50	约 4250					
S4	2.3	195	6840	21.3	25.0	507	432.3
S3	0.47	37	1306	5.0	100	400	400
S2	0.094	9	312	5.0	100	400	400
S1	0.019	2	69	5.0	100	400	500

注：由于小体积移液的精度较低，需避免在系列稀释中使用小体积（＜ 10μl）移液。在每次稀释前，先涡旋混合并短暂离心以收集内容物。应该准备足够的稀释 cfDNA 标准品，用于掺入所有的血浆提取物中，进行“纯掺入”样本的 dPCR 分析。a：通过 dPCR 进行检测。b：基于每毫升血浆加入 35μl cfDNA 标准品。

4.3.2.2　dPCR 分析 cfDNA 标准品

1. 按照厂家说明书，采用检测人 cfDNA 标准品中的遗传变异的检测体系来制备 dPCR 反应，每 20μl 反应使用 5μl 模板。本示例中使用了检测人 *KRAS* 野生型和 *KRAS* G12C 突变型序列的双重反应（表 4-6）。

表 4-6　采用 PrimePCR™ddPCR™ 突变检测体系（Bio-Rad）进行分析的反应制备

成分	单位	[存储液]	1×[工作液]	体积（μl）
无核酸酶的水				3.00
ddPCR™ 探针超混液（无 dUTP）	×	2	1	10.00
PrimePCR *KRAS* p.G12C（FAM）	×	20	1	1.00
针对 p.G12C 的 PrimePCR *KRAS* WT（HEX）	×	20	1	1.00
cfDNA 提取物				5.00
总计				20.00

注：PrimePCR 检测体系使用 FAM（6- 羧基二乙酸荧光素）或 HEX（六氯荧光素）偶联荧光基团。

2. 针对“掺入血浆”和对应的“纯血浆”样品中提取出来的每一个样品，准备 3 次重复反应（见 4.4“注意事项”中的第 14 条）。

3. 针对 cfDNA 标准品稀释液（“cfDNA 标准品”不进行提取）和用水替代模板的 NTC，另外准备 3 个重复反应（见 4.4“注意事项”中的第 16 条）。

4. 按照每个厂家的说明书分隔反应。

5. 使用 PrimePCR 检测体系的厂家所推荐的循环条件进行 PCR：酶在 95℃活化 10 分钟，然后进行 40 个循环，94℃变性 30 秒，55℃退火 / 延伸 1 分钟，随后在 98℃稳定信号 10 分钟，然后保持在 4℃。将所有阶段的温度调节速度设置为 2℃ /s。

6. 分析循环之后的分隔，确保设置的阈值可正确地将阴性和阳性分隔区分开（图 4-5A ～ D）（见 4.4“注意事项”中的第 15 条）。

7. 查看 NTC 确认没有阳性分隔（图 4-5A）。

8. 查看“纯血浆”质控品中靶向目标分析物的阳性分隔。在示例中，“纯血浆”质控品来自正常的健康献血者，因此应该没有针对 *KRAS* G12C 点突变的阳性分隔。而 *KRAS* 野生型序列将出现在内源性的 cfDNA 中（见 4.4“注意事项”中的第 16 和 20 条）（图 4-5B）。

9. 用数字平台的软件或已发表的用于 dPCR 分析的公式计算每一个“纯血浆”、“掺入血浆”（图 4-5C）和“纯掺入”（图 4-5D）样品中的 *KRAS* G12C 和野生型 *KRAS* 浓度（拷贝 / 微升）[23，40]。掺入 *KRAS* G12C DNA 的拷贝可以用浓度（拷贝 / 微升）乘以洗脱体积（35μl）表示每个样品中的拷贝数（图 4-5E）。

10. 用式 4-3 计算提取效率（见 4.4“注意事项”中的第 20 条）。

KRAS G12C 突变序列：

$$\text{提取效率（\%）}=[KRAS\ \text{G12C}_{\text{掺入血浆}}]/[KRAS\ \text{G12C}_{\text{cfDNA 标准品}}] \quad (4\text{-}3)$$

KRAS WT 序列：

提取效率（%）=（[*KRAS* WT $_{掺入血浆}$] – [*KRAS* WT $_{纯血浆}$]）/[*KRAS* WT $_{cfDNA 标准品}$] （4-4）

11. 对血浆样品的提取效率作图（图 4-5F）。

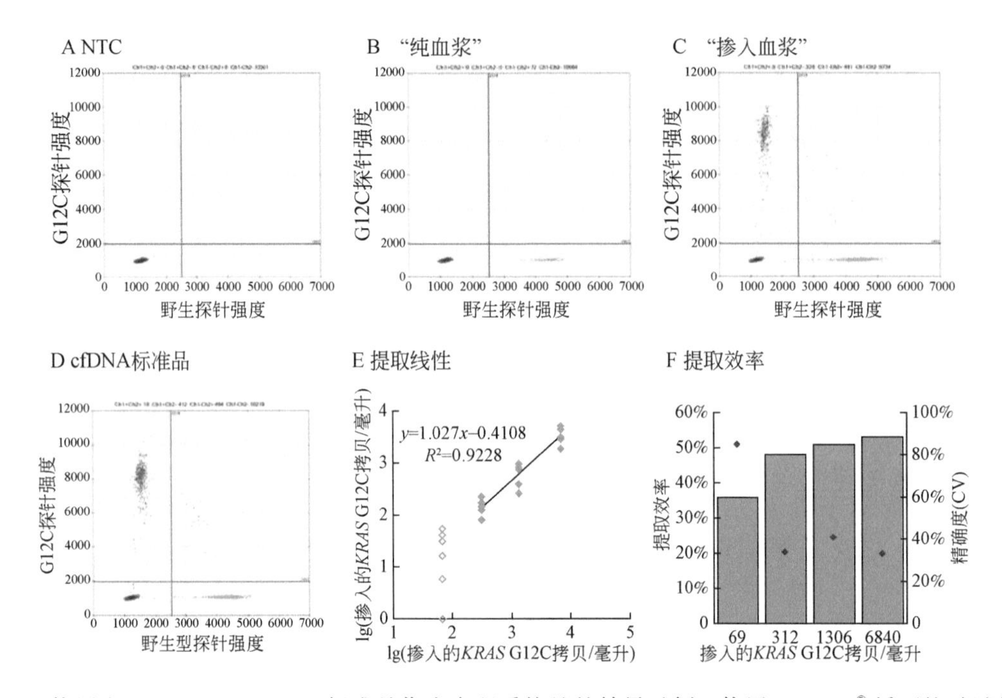

图 4-5 使用人 *KRAS* G12C cfDNA 标准品作为全程质控品的结果示例。使用 QIAamp® 循环核酸试剂盒提取血浆。使用 QX200™ Droplet Digital™ PCR 系统的 QuantaSoft™ 的分析软件（Bio-Rad）生成数据。A ～ D 为 QuantaSoft™ 生成的二维散点图的示例。A. NTC；B. “纯血浆”；C. “掺入血浆”（如表 4-5 所示的 S3 稀释液）；D. 用于双重 *KRAS* G12C 检测分析的 cfDNA 标准品（也为 S3 稀释液）。每个探针的荧光信号显示在 *X* 轴（WT）和 *Y* 轴（G12C）上。垂直和水平粉色线代表阴性和阳性分隔的两个阈值。阳性分隔是蓝色（G12C；FAM 探针）或绿色（WT；HEX 探针），而阴性分隔为灰色。双阳分隔为橙色，同时包含 G12C 和 WT 序列。E 图和 F 图为 *KRAS* G12C cfDNA 标准品的 4 种稀释液（表 4-5）的提取分析结果。对每个稀释液进行 6 次重复提取，并进行单个 dPCR 分析。E 图为相关性分析，显示低至 lg2.5（每毫升血浆 312 拷贝；相当于每个 dPCR 为 45 拷贝）有较好的线性。全程的最低检测限（LOD）大约为 lg1.8（每毫升血浆 69 拷贝；相当于每个 dPCR 为 9 拷贝），在 6 个被分析的提取样品中有 1 个未检测到 *KRAS* G12C。F 图在左侧 *Y* 轴显示了用式 4-2 计算的提取效率（条形），在右侧 *Y* 轴上显示了相关的精确度（红色菱形）

4.4 注意事项

1. pSP64 poly（A）*ADH* 是一个长度为 4510bp 的质粒，含有部分克隆到 pSP64 poly（A）质粒中的拟南芥乙醇脱氢酶（*Arabidopsis thaliana* alcohol dehydrogenase，ADH）基因 [22]。这个克隆的 *ADH* 序列是 GenBank 序列 M12196 中核苷酸 774 ～ 2274 部分，编码 “landsberg” 等位基因。

2. 如2014年Devonshire等所述，对质粒进行片段化[20]。简言之，用1.5μg的pSP64poly（A）*ADH*进行线性化，在一个50μl反应体系中，用10个单位的*BglI*在NEBuffer 2中37℃反应2小时。0.75μg（25μl）线性化反应的片段化按照如下方法进行：在50μl反应体系中，用10个单位的*Alw*NI、2个单位的*Bsr*DI及5μg的BSA在NEBuffer 2中37℃持续反应1小时，然后在65℃反应1小时，最后在80℃反应20分钟，使酶失活。所有限制性核酸内切酶和缓冲液均购自NEB。

3. 用dsDNA HS分析试剂盒（Invitrogen™）及荧光计（Qubit®2.0）通过荧光法测定片段化*ADH*质粒的浓度约为15ng/μl。1ng片段化*ADH*质粒大约为2.015×10^8拷贝。

4. 可以使用其他非人载体分子，但研究者需要确定待分析检测样本和载体分子之间不存在交叉反应。用超声处理的鲑鱼精子DNA（sonicated salmon sperm，sssDNA）（Agilent P / N 201190，10μg/μl）将片段化的*ADH*质粒稀释至终浓度为50ng/μl。

5. 目前可用的cfDNA标准品清单可以在https://www.horizo ndiscovery.com/reference-standards/our-formats/cfdna.上找到。

6. 所述工作流程中来自正常健康个体的血浆购自SeraLab Ltd.（英国），使用以下标准程序进行制备。按照BD规范，将正常健康个体的全血采集到加入抗凝剂（EDTA）的真空采血管中，混合，并在室温下放置30分钟。在运输之前，通过1303*g*冷却离心20分钟，分离血浆并吸取到新的离心管之中，确保无红细胞污染。血浆运输应放置在干冰上，到达后保存在-80℃。解冻后，血浆应为澄清液体。如出现混浊现象，则表示有蛋白质或细胞溶解污染，这种样本应丢弃。

7. 血浆是一种生物危害物，因为其中可能含有传染源。因此建议应在Ⅱ类生物安全柜中处理所有的血浆样品，直到完成裂解或在含有促溶剂的缓冲液中完成蛋白酶处理。可以通过Parafilm密封管或使用双层袋来降低血浆溢出的风险。血浆在分装前应在4℃涡旋中混匀30分钟。

8. 尽可能推荐使用适合于低浓度核酸样品的离心管，如Lo-bind®管（Eppendorf）。

9. 可以进行进一步的离心步骤，4℃，1000*g*离心10分钟，以除去任何残留的沉淀物质或细胞碎片[25]。

10. 对于本章所述的实验设置，将35μl稀释的片段化*ADH*质粒掺入到每个血浆样品提取物中，使每个提取物总计含1×10^5拷贝（2.9×10^3拷贝 / 微升 $\times 35$μl=1×10^5拷贝）。本流程如此建立是为了方便使掺入血浆中的体积与洗脱体积相同。这样可以直接计算提取效率和回收率。也可以使用不同的掺入量和洗脱量，但这些需要在计算中予以考虑。由于小体积移液的精度较低，建议避免使用小体积移液（< 10μl）。

11. “纯血浆”提取物被当作一个质控品来监控提取阶段的交叉污染。“纯血浆”提取物也可以用于抑制测试中（表4-4）。

12. 表4-1中列出的几种示例可以扩大体积，用于从0.2～10ml的血浆中提取cfDNA。本流程中使用QIAamp®Circulation提取试剂盒对掺入35μl内部质控品的1ml血浆进行提取，并洗脱到35μl；内部质控品的体积、浓度及洗脱体积都可以进行相应的缩放。

13. 共有3种*ADH*检测体系，针对3个不同片段大小的片段化*ADH*质粒：*ADH*-115（115bp片段）、*ADH*-461（461bp片段）和*ADH*-1448（1448bp片段）。这3种方法可以并行检测，以评估提取方法的片段大小偏差。此处描述的示例使用 *ADH*-115 和 *ADH*-461 体系进行双重反应，用 *ADH*-1448 进行单重分析。这些测定方法可用于双重或单重反应，只是在偶联的荧光基团上有些改变，但是针对已发表的检测方法，使用人员需要验证其任何的改变。

14. 推荐准备一式三份的反应体系作为重复（用 mastermix 和模板设置 3 个独立的反应），而不是准备 3 倍体积的反应，然后分为 3 个独立的反应孔，这样可发现实验设置中的技术错误及仪器错误。

15. 对同一个检测的所有反应一起设定划分阴性和阳性分隔的阈值，这一点非常重要。在可能的情况下，建议将每个微滴进行分类；在给定的示例中，通过选择所有反应孔并使用 QX200™ dPCR 系统的 QuantaSoft™ 中的“十字准线”工具来实现这一点。

16. 如果在 NTC 或“纯血浆”质控中检测到针对质控品独特序列靶点的阳性分隔，说明可能存在非特异检测或背景污染源。这两种情况均需要通过与 NTC 或“仅含载体”的反应进行比较，从而确定非特异性或污染源。为了确定非特异性扩增是否来源于从血浆样本中提取的内源性 cfDNA，可以用基因组 DNA 作为模板进行对照实验，如果出现阳性分隔，则说明 *ADH* 检测存在非特异扩增或检测方法可以检测出人类 cfDNA 标准品中的遗传改变。

17. *ADH* 检测方法可以检测片段化 *ADH* 质粒上的序列，因此片段化的 *ADH* 质粒的回收率可以直接计算而不需扣除“纯血浆”质控（见 4.4“注意事项”中的第 15 条）。

18. 如果洗脱体积不等于掺入体积，则使用式 4-1 的修改版（式 4-5）。

$$\text{提取效率（\%）}=\frac{[ADH_{\text{掺入血浆}}]\times V_e}{[ADH_{\text{纯掺入}}]\times V_s} \quad (4\text{-}5)$$

式中，V_e 和 V_s 分别是洗脱体积和掺入体积。

19. 如果在“纯血浆”样品中存在 *KRAS* G12C 突变阳性分隔，则表明内源性 cfDNA 中可能存在突变。这种情况需要用另外一份血浆提取物进行进一步的分析和验证。*KRAS* G12C 检测的假阳性率也应该可以用目的突变 100% 野生型的 gDNA 进行鉴定 [41]，如 *KRAS* 野生型标准品（Horizon Discovery P / N HD710）。

20. 如果选择仅存在于 cfDNA 标准品中的靶标（*KRAS* G12C），则在计算掺入 DNA 的回收率时不必扣减“纯血浆”质控。如果选择在血浆和 cfDNA 标准品中均存在的靶标，则需要扣减“纯血浆”质控的浓度。

致谢

本章所述工作部分由英国国家计量系统（National Measurement System，NMS）和创新英国项目“通过细胞和组织标准品对微创癌症检测实现分层医疗”（项目编号：101862）的资助，并与 Horizon Discovery 合作。其余资金来自欧洲计量联合研究计划（European Metrology Research Programme，EMRP）的联合研究项目 [SIB54]“Bio-SITrace”（http://biositrace.lgcgroup.com），由 EURAMET 和欧盟的 EMRP 参与国联合资助。感谢 Horizon Diagnostics 的 Karin Schmitt 博士和 Hadas Raveh-Amit 博士提供了人 cfDNA 标准品，感谢 UCL 的 Tim Forshew 博士对 dPCR 检测 *ADH* 内部提取质控提供的支持，以及感谢 Bio-Rad 的 George Karlin-Neumann 博士和 Svilen Tzonev 博士在开发 ddPCR 实验上提供的帮助。

参 考 文 献

1. Stroun M, Lyautey J, Lederrey C et al (2001) About the possible origin and mechanism of circulating DNA: apoptosis and active DNA release. Clinica Chimica Acta 313(1–2):139–142
2. Lui YY, Chik KW, Chiu RW et al (2002) Predominant hematopoietic origin of cell-free DNA in plasma and serum after sex-mismatched bone marrow transplantation. Clin Chem 48(3):421–427
3. Jahr S, Hentze H, Englisch S et al (2001) DNA fragments in the blood plasma of cancer patients: quantitations and evidence for their origin from apoptotic and necrotic cells. Cancer Res 61(4):1659–1665
4. van der Vaart M, Pretorius PJ (2007) The origin of circulating free DNA. Clin Chem 53 (12):2215
5. Lo YM, Corbetta N, Chamberlain PF et al (1997) Presence of fetal DNA in maternal plasma and serum. Lancet (London, England) 350 (9076):485–487
6. Chen XQ, Stroun M, Magnenat JL et al (1996) Microsatellite alterations in plasma DNA of small cell lung cancer patients. Nat Med 2(9):1033–1035
7. Nawroz H, Koch W, Anker P et al (1996) Microsatellite alterations in serum DNA of head and neck cancer patients. Nat Med 2(9):1035–1037
8. Lo YM, Tein MS, Pang CC et al (1998) Presence of donor specific DNA in plasma of kidney and liver transplant recipients. Lancet (London, England) 351(9112):1329–1330
9. Lui YY, Woo KS, Wang AY et al (2003) Origin of plasma cell-free DNA after solid organ transplantation. Clin Chem 49(3):495–496
10. Taly V, Pekin D, Benhaim L et al(2013) Multiplex Picodroplet digital PCR to detect KRAS mutations in circulating DNA from the plasma of colorectal cancer patients. Clin Chem 59 (12):1722–1731
11. Beck J, Bierau S, Balzer S et al (2013) Digital droplet PCR for rapid quantification of donor DNA in the circulation of transplant recipients as a potential universal biomarker of graft injury. Clin Chem 59 (12):1732–1741
12. Snyder TM, Khush KK, Valantine HA et al(2011) Universal noninvasive detection of solid organ transplant rejection. Proc Natl Acad Sci U S A 108(15):6229–6234
13. Shaw JA, Page K, Blighe K et al (2012) Genomic analysis of circulating cell-free DNA infers breast cancer dormancy. Genome Res 22(2):220–231
14. Potter NT, Hurban P, White MN et al(2014) Validation of a real-time PCR–based qualitative assay for the detection of methylated SEPT9 DNA in human plasma. Clin Chem 60(9):1183–1191
15. Barault L, Amatu A, Bleeker FE et al(2015) Digital PCR quantification of MGMT methylation refines prediction of clinical benefit from alkylating agents in glioblastoma and metastatic colorectal cancer. Ann Oncol
16. Mandel P, Metais P (1948) [Not Available] Comptes rendus des seances de la Societe de biologie et de ses filiales 142 (3–4):241–243
17. Ilie M, Hofman V, Long E et al(2014) Current challenges for detection of circulating tumor cells and cell-free circulating nucleic acids, and their characterization in non-small cell lung carcinoma patients. What is the best blood substrate for personalized medicine? Annals of Translational Medicine 2 (11):107
18. Fleischhacker M, Schmidt B (2007) Circulating nucleic acids (CNAs) and cancer--a survey. Biochim Biophys Acta 1775(1):181–232
19. Fleischhacker M, Schmidt B, Weickmann S et al(2011) Methods for isolation of cell-free plasma DNA strongly affect DNA yield. Clinica chimica acta; international journal of clinical chemistry 412(23–24):2085–2088
20. Devonshire AS, Whale AS, Gutteridge A et al(2014) Towards standardisation of cell-free DNA measurement

in plasma: controls for extraction efficiency, fragment size bias and quantification. Anal Bioanal Chem 406 (26):6499–6512

21. Oxnard GR, Paweletz CP, Kuang Y et al(2014) Noninvasive detection of response and resistance in EGFR-mutant lung cancer using quantitative next-generation genotyping of cell-free plasma DNA. Clinical cancer research : an official journal of the American Association for Cancer Research 20 (6):1698–1705
22. Sanders R, Huggett JF, Bushell CA et al(2011) Evaluation of digital PCR for absolute DNA quantification. Anal Chem 83(17):6474–6484
23. Whale AS, Cowen S, Foy CA et al(2013) Methods for applying accurate digital PCR analysis on low copy DNA samples. PLoS One 8(3):e58177
24. Huggett JF, Foy CA, Benes V et al(2013) The digital MIQE guidelines: minimum information for publication of quantitative digital PCR experiments. Clin Chem 59 (6):892–902
25. Page K, Guttery DS, Zahra N et al(2013) Influence of plasma processing on recovery and analysis of circulating nucleic acids. PLoS One 8(10):e77963
26. Iba T, Miki T, Hashiguchi N et al(2014) Combination of antithrombin and recombinant thrombomodulin modulates neutrophil cell-death and decreases circulating DAMPs levels in endotoxemic rats. Thromb Res 134(1):169–173
27. Garcia-Gimenez JL, Sanchis-Gomar F, Lippi G et al (2012) Epigenetic biomarkers: a new perspective in laboratory diagnostics. Clinica chimica acta; international journal of clinical chemistry 413 (19–20):1576–1582
28. Egert S, Boesch-Saadatmandi C, Wolffram S et al(2010) Serum lipid and blood pressure responses to quercetin vary in overweight patients by apolipoprotein E genotype. J Nutr 140(2):278–284
29. Kirsch C, Weickmann S, Schmidt B et al(2008) An improved method for the isolation of free-circulating plasma DNA and cell-free DNA from other body fluids. Ann N Y Acad Sci 1137:135–139
30. Mauger F, Dulary C, Daviaud C et al(2015) Comprehensive evaluation of methods to isolate, quantify, and characterize circulating cell-free DNA from small volumes of plasma. Anal Bioanal Chem 407 (22):6873–6878
31. Keim SA, Kulkarni MM, McNamara K et al(2015) Cow's milk contamination of human milk purchased via the internet. Pediatrics. https://doi.org/10.1542/peds.2014-3554
32. Tritten L, O'Neill M, Nutting C et al(2014) Loa Loa and Onchocerca ochengi miRNAs detected in host circulation. Mol Biochem Parasitol 198 (1):14–17
33. How-Kit A, Tost J (2015) Pyrosequencing® -based identification of low-frequency mutations enriched through enhanced-ice-COLD-PCR. In: Lehmann U, Tost J (eds) Pyrosequencing: Methods and Protocols. Springer, Berlin, Germany, 83–101
34. Dawson S-J, Tsui DWY, Murtaza M et al (2013) Analysis of circulating tumor DNA to monitor metastatic breast cancer. New England Journal of Medicine 368(13):1199–1209
35. Holmberg RC, Gindlesperger A, Stokes T et al(2013) Akonni TruTip((R)) and Qiagen((R)) methods for extraction of fetal circulating DNA--evaluation by real-time and digital PCR. PLoS One 8(8):e73068
36. Breitbach S, Tug S, Helmig S et al(2014) Direct quantification of cell-free, circulating DNA from unpurified plasma. PLoS One 9(3):e87838
37. Fong SL, Zhang JT, Lim CK et al(2009) Comparison of 7 methods for extracting cell-free DNA from serum samples of colorectal cancer patients. Clin Chem 55 (3):587–589
38. Keshavarz Z, Moezzi L, Ranjbaran R et al(2015) Evaluation of a modified DNA extraction method for isolation of cell-free fetal DNA from maternal serum. Avicenna journal of medical biotechnology 7(2):85–88
39. Jorgez CJ, Dang DD, Simpson JL et al(2006) Quantity versus quality: optimal methods for cell-free DNA

isolation from plasma of pregnant women. Genetics in Medicine: Official Journal of the American College of Medical Genetics 8 (10):615-619

40. Dube S, Qin J, Ramakrishnan R (2008) Mathematical analysis of copy number variation in a DNA sample using digital PCR on a nanofluidic device. PLoS One 3(8):e2876
41. Milbury CA, Zhong Q, Lin J et al(2014) Determining lower limits of detection of digital PCR assays for cancer-related gene mutations. Biomolecular Detection and Quantification 1(1):8–22

第Ⅱ部分

绝对定量

第 5 章

用于转基因玉米事件定量的多重微滴数字 PCR 方案

David Dobnik, Bjørn Spilsberg, Alexandra Bogožalec Košir, Dejan Štebih, Dany Morisset, Arne Holst-Jensen, Jana Žel

摘要：近十几年来，基于标准曲线的单重定量聚合酶链式反应（quantitative polymerase chain reaction，qPCR）一直是对靶标 DNA 进行定量检测的金标准。对于转基因生物（genetically modified organism，GMO）来说，需要进行检测的单个分析的数目很大而且越来越多，这正在降低 qPCR 的成本效益。而微滴数字 PCR（droplet digital PCR，ddPCR）不需要标准曲线即可进行绝对定量，避免了 qPCR 中所观察到的扩增效率偏差，能够在靶标拷贝数低的时候进行更准确的估算，而且能够结合多重检测，这样可以显著提高成本效益。在此，我们介绍了两种用于转基因玉米事件多重定量的检测方案：①将多个靶标作为一个组（12 个转基因玉米品系）进行无差别的多重定量检测；②对单个靶标（事件）进行有差别的多重定量。前者仅通过两次测定就可以将 12 个欧盟认可的转基因玉米事件作为一组进行定量，但是并不能够对其中的每一个事件进行测定。第二个方案能够在一次反应中定量 4 个不同的靶标（3 个转基因事件和 1 个内源基因）。两个方案都可以进行修改，用于其他任何 DNA 靶标的定量。

关键词：微滴数字 PCR；转基因玉米；转基因生物；多重；定量

5.1 引言

基于标准曲线的 qPCR 由于其灵敏性和稳定性，被认为是分析 GMO 的金标准技术。过去的十年中，在某个特定市场（如经过欧盟许可的）中可以找到的 GMO 数目在稳步增加。因此，GMO 的检测必须靶向大量的序列模式，以确保对所有考虑进行检测和定量的 GMO 都能实现检测和定量。此时，使用每次只能检测一种特定事件的 qPCR 进行分析将不再具有成本效益。使用多重 PCR 能够减轻成本效益的问题。然而，多重 PCR 是一个复杂的实验体系，寡核苷酸和扩增产物之间会存在潜在的相互干扰，从而产生假阳性 / 假阴性结果。

目前已开发和报道了几种用于 GMO 定量的多重 qPCR，但只有两种（双重检测）在一个实验室间计划研究中得到了验证 [1,2]。

早在 1992 年就有人提出了数字 PCR 的概念 [3]。在 dPCR 中，反应混合物被分配到大量分隔中，在反应终点上，根据其荧光信号，这些分隔被定性地标定为阳性或阴性。之后使用泊松分布来计算初始的 DNA 浓度 [4]。与 qPCR 相比，PCR 的局部抑制并不影响基于 dPCR 的定量，因为要想计算靶标在样品中的浓度，只需将目的靶标阳性和阴性的分隔区分开即可。目前可用的两个 dPCR 技术，包括基于微流控 / 芯片的 dPCR 和基于乳液（微滴）的 dPCR [5]，已经被验证了进行 GMO 检测的实用性 [6-10]。

由于微滴数字 PCR 不需要标准曲线就可以进行绝对定量，可以避免 qPCR 中观察到的扩增效率偏差 [7, 8]。即使是低拷贝数的靶标也可以准确定量 [11]，与多重检测结合还可以显著提高成本效益。以下所介绍的方法聚焦于 ddPCR 的应用，因为这个技术已经被证实适合采用多重反应进行常规的 GMO 诊断 [9]，而且在每个孔中使用了大量的分隔，因此能够保证一个较宽线性范围的响应。

下面所介绍的用于 GM（转基因）玉米事件多重定量的两种不同方案包括：①将多个 GM 玉米靶标作为一个组（即每种成分或植物种属）进行无差别的多重定量（每种成分的多重定量，multiplex quantification per ingredient，MQI）；②单个 GM 事件的有差别多重定量（多重事件定量，multiplex event quantification，MEQ）。

在 MQI 方案中，每个样品采用两个检测，将截至 2015 年 4 月 1 日由欧盟许可的所有 12 个转基因玉米事件作为一个组同时进行定量，对于出现在样品中的单个靶标并不做区分。这个方案与欧盟标注的法规一致 [12]，该法规声称，当每个植物种属中所有欧盟许可的转基因事件的联合浓度低于 0.9%，且其出现是非故意的和技术上不可避免的，则不要求贴上产品标签。两个检测分别是 4 重和 10 重，除 3 个和 9 个 GM 事件（表 5-1 和表 5-2）外，还包含了一个玉米的内源基因（*hmgA*）作为靶标。对于样品中转基因玉米含量与所有玉米含量相关性的计算来说，纳入 *hmgA* 是必需的。这些多重检测的所有性能已经由 Dobnik 等在 2015 年做了报道 [14]。另外，一个对大豆转基因品系进行定量的 MQI 系统也已经得到了评估 [15]。

表 5-1　MQI 4 重检测中使用的引物和探针

靶标和方法参考	名称	寡核苷酸的 DNA 序列（5'- 序列 - 3'）	PCR 中的终浓度（nmol/L）	配制 72μl PP 混合液所需的 40μmol/L 溶液体积（μl）
hmgA，QT-TAX-ZM-002	Fw-hmgA	TTGGACTAGAAATCTCGTGCTGA	900	5.40
	R-hmgA	GCTACATAGGGAGCCTTGTCCT	900	5.40
	P-hmgA	HEX-CAATCCACACAAACGCACGCGTA-BHQ-1	180	1.08
Btll[a]，Brodmann 等 [13]	Fw-Btll	GCGGCTTATCTGTCTCAGGG	600	3.60
	R-Btll	CAACTGGTCTCCTCTCCGGA	600	3.60
	P-Btll	6-FAM-CGTGTTCCCTCGGATCTCGACATGT-BHQ-1	180	1.08

续表

靶标和方法参考	名称	寡核苷酸的 DNA 序列（5'- 序列 - 3'）	PCR 中的终浓度（nmol/L）	配制 72μl PP 混合液所需的 40μmol/L 溶液体积（μl）
NK603, QT-EVE-ZM-008	Fw-NK603	ATGAATGACCTCGAGTAAGCTTGTTAA	900	5.40
	R-NK603	AAGAGATAACAGGATCCACTCAAACACT	900	5.40
	P-NK603	6-FAM-TGGTACCACGCGACACACTTCCACTC-BHQ-1	180	1.08
DAS59122, QT-EVE-ZM-012	Fw-DAS59122	GGGATAAGCAAGTAAAAGCGCTC	600	3.60
	R-DAS59122	CCTTAATTCTCCGCTCATGATCAG	600	3.60
	P-DAS59122	6-FAM-TTTAAACTGAAGGCGGGAAACGACAA-BHQ-1	200	1.20
	无核酸酶水			31.56

注：方法参考，事件 / 基因定量方法的参考。以 QT- 开头的方法已经得到了 EURL-GMFF（http://gmo-crl.jrc.ec.europa.eu/gmomethods）的验证。PP 混合液，正向引物、反向引物和探针的混合物；6-FAM，6- 羧基二乙酸荧光素；BHQ-1，黑洞猝灭剂 1；HEX，六氯 -6- 羧基二乙酸荧光素。a 组成特异的方法。

表 5-2 MQI 10 重检测中使用的引物和探针

靶标和方法参考	名称	寡核苷酸的 DNA 序列（5'- 序列 -3'）	PCR 中的终浓度（nmol/L）	配制 120μl PP 混合液所需的 40μmol/L 溶液体积（μl）
hmgA，QT-TAX-ZM-002	Fw-hmgA	TTGGACTAGAAATCTCGTGCTGA	900	9.0
	R-hmgA	GCTACATAGGGAGCCTTGTCCT	900	9.0
	P-hmgA	HEX-CAATCCACACAAACGCACGCGTA-BHQ-1	180	1.8
DAS1507，QT-EVE-ZM-010	Fw-DAS1507	TAGTCTTCGGCCAGAATGG	450	4.5
	R-DAS1507	CTTTGCCAAGATCAAGCG	450	4.5
	P-DAS1507	6-FAM-TAACTCAAGGCCCTCACTCCG-BHQ-1	90	0.9
GA21，QT-EVE-ZM-014	Fw-GA21	CGTTATGCTATTTGCAACTTTAGAACA	450	4.5
	R-GA21	GCGATCCTCCTCGCGTT	450	4.5
	P-GA21	6-FAM-TTTCTCAACAGCAGGTGGGTCCGGGT-BHQ-1	90	0.9
MIR604，QT-EVE-ZM-013	Fw-MIR604	GCGCACGCAATTCAACAG	150	1.5
	R-MIR604	GGTCATAACGTGACTCCCTTAATTCT	150	1.5
	P-MIR604	6-FAM-AGGCGGGAAACGACAATCTGATCATG-BHQ-1	90	0.9
MIR162，QT-EVE-ZM-022	Fw-MIR162	GCGCGGTGTCATCTATGTTACTAG	150	1.5
	R-MIR162	TGCCTTATCTGTTGCCTTCAGA	150	1.5
	P-MIR162	6-FAM-TCTAGACAATTCAGTACATTAAAAACGTCCGCCA-BHQ-1	90	0.9

续表

靶标和方法参考	名称	寡核苷酸的 DNA 序列（5'- 序列 -3'）	PCR 中的终浓度（nmol/L）	配制 120μl PP 混合液所需的 40μmol/L 溶液体积（μl）
MON810，QT-EVE-ZM-020	Fw-MON810	TCGAAGGACGAAGGACTCTAACGT	150	1.5
	R-MON810	GCCACCTTCCTTTTCCACTATCTT	150	1.5
	P-MON810	6-FAM-AACATCCTTTGCCATTGCCCAGC-BHQ-1	90	0.9
MON863，QT-EVE-ZM-009	Fw-MON863	TGTTACGGCCTAAATGCTGAACT	450	4.5
	R-MON863	GTAGGATCGGAAAGCTTGGTAC	450	4.5
	P-MON863	6-FAM-TGAACACCCATCCGAACAAGTAGGGTCA-BHQ-1	90	0.9
MON88017，QT-EVE-ZM-016	FwMON88017	GAGCAGGACCTGCAGAAGCT	150	1.5
	R-MON88017	GCCGGAGTTGACCATCCA	150	1.5
	P-MON88017	6-FAM-TCCCGCCTTCAGTTTAAACAGAGTCGGGT-BHQ-1	90	0.9
MON89034，QT-EVE-ZM-018	Fw-MON89034	TTCTCCATATTGACCATCATACTCATT	450	4.5
	R-MON89034	CGGTATCTATAATACCGTGGTTTTTAAA	450	4.5
	P-MON89034	6-FAM-ATCCCCGGAAATTATGTT-MGBNFQ	180	1.8
T25，QT-EVE-ZM-011	Fw-T25	ACAAGCGTGTCGTGCTCCAC	450	4.5
	R-T25	GACATGATACTCCTTCCACCG	450	4.5
	P-T25	6-FAM-TCATTGAGTCGTTCCGCCATTGTCG-BHQ-1	90	0.9
	无核酸酶水			34.2

注：以上方法已得到 EURL-GMFF（http://gmo-crl.jrc.ec.europa.eu/gmomethods/）的验证。方法参考，事件 / 基因定量方法的参考；PP 混合液，一种正向引物、反向引物和探针的混合物；6-FAM，6- 羧基二乙酸荧光素；BHQ-1，黑洞猝灭剂 1；HEX，六氯 -6- 羧基二乙酸荧光素；MGBNFQ，结合在小沟上的非荧光猝灭剂。

相反，在 MEQ 方案中，3 个转基因玉米事件（表 5-3）和 1 个玉米内源基因（*hmgA*）被作为可辨别的 DNA 靶标（显示为可分辨的微滴簇）在一个反应中进行定量。这个多重检测的性能近期已被报道[16]。注意，相比于 MQI 4 重检测，该多重检测靶向的是不同的 GMO 事件。

两种方案的实验流程如图 5-1 所示。通过设计新的检测和按照 5.3 所示的引物和探针浓度进行调整之后，这两种方案都可以修改用于任何其他 DNA 靶标的定量。

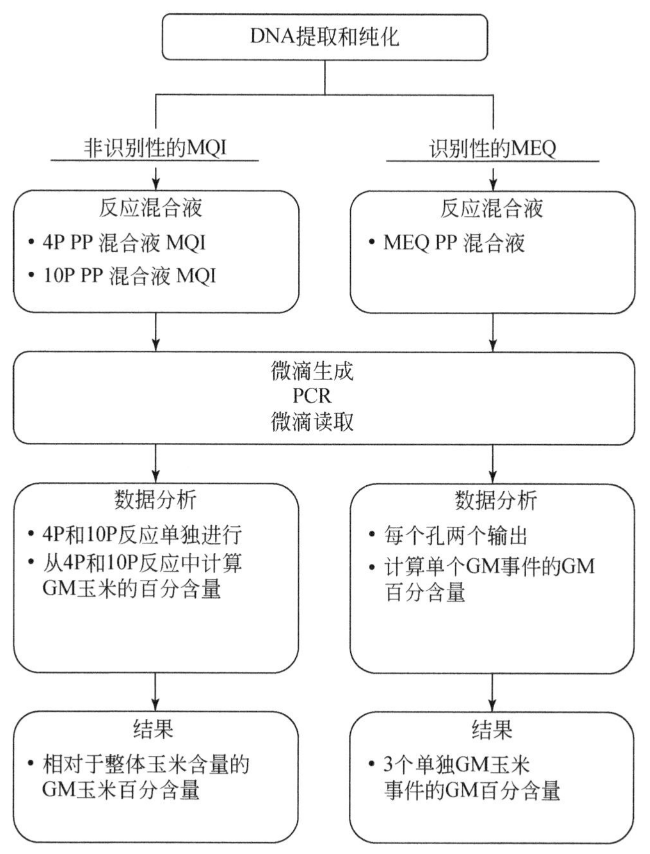

图 5-1　两种方案的实验流程。对于这两种方案，微滴生成、PCR 和微滴读取的步骤都相同，但是反应混合液和最终报告结果的分析步骤不同

表 5-3　MEQ 检测中使用的引物和探针

靶标和方法参考	名称	寡核苷酸的 DNA 序列（5'- 序列 -3'）	PCR 中的终浓度（nmol/L）	制备 120 μl PP 混合液所需要的 40 μmol/L 溶液体积（μl）
hmgA, QT-TAX-ZM-002	Fw-hmgA	TTGGACTAGAAATCTCGTGCTGA	300	3
	R-hmgA	GCTACATAGGGAGCCTTGTCCT	300	3
	P-hmgA	6-FAM-CAATCCACACAAACGCACGCGTA-BHQ-1	100	1
MON810, QT-EVE-ZM-020	Fw-MON810	TCGAAGGACGAAGGACTCTAACGT	900	9
	R-MON810	GCCACCTTCCTTTTCCACTATCTT	900	9
	P-MON810	HEX-AACATCCTTTGCCATTGCCCAGC-BHQ-1	300	3
MON863, QT-EVE-ZM-009	Fw-MON863	TGTTACGGCCTAAATGCTGAACT	900	9
	R-MON863	GTAGGATCGGAAAGCTTGGTAC	900	9
	P-MON863	6-FAM-TGAACACCCATCCGAACAAGTAGGGTCA-BHQ-1	300	3
DP98140, QT-EVE-ZM-021	Fw-DP98140	GTGTGTATGTCTCTTTGCTTGGTCTT	300	3
	R-DP98140	GATTGTCGTTTCCCGCCTTC	300	3
	P-DP98140	HEX-CTCTATCGATCCCCCTCTTTGATAGTTTAAACT-BHQ-1	200	2
	无核酸酶水			63

注：方法参考，即事件 / 基因定量的方法参考。上述方法已经过 EURL-GMFF（http://gmo-crl.jrc.ec.europa.eu/gmomethods/）的验证。PP 混合液，一种正向引物、反向引物和探针的混合物；6-FAM，6- 羧基二乙酸荧光素；BHQ-1，黑洞猝灭剂 1；HEX，六氯 -6- 羧基二乙酸荧光素。

针对这些方案的用途，从不同类型样品（食物、饲料、种子和植物）中分离的 DNA 都可以使用。提取技术和样品特性对于 GMO 的检测和定量有至关重要的影响 [17]。有效和可靠地提取核酸是通过 PCR 对特异 DNA 或 RNA 序列进行扩增这一类的分子分析能够获得准确结果的前提条件。提取方法应该能够产出具有适当结构完整性和纯度的足量 DNA，不管其所应用的基质是什么 [18]。最近在新的欧洲 GMO 实验室网络（European Network of GMO Laboratories，ENGL）的文件中定义了适用于 DNA 提取的可接受标准，该文件定义了 GMO 检测分析方法的最低性能要求 [19]。简言之，要考虑浓度、产率、结构完整性和纯度。虽然这些要求是为实时 PCR 准备的，但也可视为 ddPCR 的最低要求。无论提取 DNA 的方法是什么，都必须包含质控，以排除提取过程中样品污染的可能。为此，必须设置提取空白对照和环境对照。这些对照随后会与阳性和无模板对照一起进行 PCR。

5.2 材料

5.2.1 微滴生成

1. 用于探针的微滴生成油（Bio-Rad）。
2. 微滴生成芯片仪的 DG8™ 芯片和垫片（Bio-Rad）。
3. 2 × ddPCR™ 探针超混液（无 dUTP）（Bio-Rad）。
4. 无核酸酶水（Sigma-Aldrich®, MO）或同等级的水。
5. 表 5-1[4 重（4P）反应] 和表 5-2[10 重（10P）反应] 中 MQI 方案两个反应中的引物和探针。
6. 表 5-3 中所述的用于 MEQ 4 重检测方案的引物和探针。
7. DG8™ 芯片夹具（Bio-Rad）。
8. QX100™/200™ 微滴生成仪（Bio-Rad）。

5.2.2 PCR

1. Rainin 带滤芯的 BioClean LTS 灭菌枪头（见 5.4“注意事项”中的第 1 条）。
2. Eppendorf™ 96 孔 twin.tec™ 半裙边 PCR 板（Eppendorf）（见 5.4“注意事项”中的第 2 条）。
3. 可穿透的热封箔（Bio-Rad）或类似产品。
4. 热封机（Eppendorf）或类似产品。
5. T100™ 热循环仪（Bio-Rad）或同等产品（见 5.4“注意事项”中的第 3 条）。

5.2.3 微滴读取

1. 微滴读取油（Bio-Rad）。
2. QX100™/200™ 微滴读取仪（Bio-Rad）。

5.3 方法

5.3.1 样品获得

本方案中未具体说明采样方法，因为这通常不由实验室人员来完成。如果想深入了解这个过程和二次采样的步骤，我们推荐阅读《GMO 检测中样品准备步骤指南》[20]。

5.3.2 样品的制备

大多数样品，包括种子和饲料，应使用研磨机研磨，以形成好的细磨颗粒（如 Retsch ZM200 转子研磨机）。使用液氮将高脂样品冷却后， Retsch GM200 刀研磨机进行研磨。质软的样品（如香肠或豆腐）用 Bioreba HOMEX 6 匀浆器匀浆。对于叶子样品，应从每片叶子上切下一小块，然后将所有小块组合在一起，放入 15ml 试管，在 FASTprep 仪器（MP Biomedicals）上，用一个陶瓷球和石英砂将其匀浆成一个样本。

可以采用不同的操作从匀浆的样品中提取 DNA，但是出于本方案的研究目的，根据样本的类型，可以使用如下提取方法 [21]。

• NucleoSpin® 食品（Macherey-Nagel）试剂盒，应该按厂家说明书进行使用。

• 按 ISO 21571 附件 A.3 中“采用基于 CTAB 的 DNA 提取方法准备 PCR 品质的 DNA”的描述，使用带有 RNA 酶 -A 和蛋白酶 -K 溶液的溴化十六烷基三甲铵（cetyltrimethyl ammonium bromide，CTAB）的方法从样品中去除 RNA 和蛋白质 [22]。由于 CTAB 方法会用到氯仿，相关步骤应在通风橱中进行。

• 按照 DNeasy 植物 Mini 试剂盒（Qiagen）的使用说明，从植物叶片中提取 DNA。

按照上述方案制备的 DNA 的质量通常适合用 ddPCR 进行进一步的分析。不管采用怎样的 DNA 提取方案，在此过程中必须使用两个对照：①提取空白对照，即用水来代替样品；②环境对照，即在 DNA 提取过程中，在一个管子中装与样品洗脱体积相等的水并保持管子打开状态 [23]。

5.3.3 多重检测的优化

组合到所述多重检测中的引物和探针最初是为实时 PCR 设计的，每个事件对应一对引物和探针（事件特异性引物 - 探针组合，event specific primer-probe combination，ESPPC），但是这些组合已经得到优化，在 ddPCR 中也可以获得靶标的可靠检测和定量。

将不同的 ESPPC 组合成多重检测时的第一步是引物和探针之间相互作用的生物信息学分析。针对所述流程的目的，采用 AutoDimer 软件进行操作 [24]。所有的引物和探针与一个局部比对算法进行比对，匹配得分为 +1，而错配罚分为 −1。相互作用得分≥ 9 则被认为可能会引起显著的干扰。然而，由于并非所有相互作用都可以通过计算机分析来预测，多重检测的性能需要首先采用含有单个靶标的 DNA 样品进行实验性评估（如在 MQI 中，根据实验结果从一组中除去了两个测试）。

由于所述的多重检测是开发用于GMO定量的，它们的性能（敏感性、特异性、准确性、真实性等）必须要符合 GMO 检测分析方法的最低性能要求[19]。出于这个原因，应该要对新方法进行一个全面的内部验证（按照之前报道的指南[19]），包括通过分析系列稀释测试的准确性 / 重复性，以判断定量和检测的极限[19]。

此外，PCR 循环的流程也可以优化（如使用梯度 PCR）以获得微滴簇的最佳分离，将微滴簇之间的“雨滴”最小化。“雨滴”这个词是指荧光强度处在明确阴性和明确阳性之间的微滴。其确切原因尚不清楚，据推测是由 PCR 的延迟发生、个别微滴的部分抑制、阳性或阴性微滴的受损，以及影响荧光信号的效果而引起的[25, 26]。然而，对于所述的方案，循环参数并未做优化，与之前单重实时 PCR 方法是一致的。关于研发与本章所述的两个不同方案相一致的新的多重检测，下面给出了一些特殊的考虑。

5.3.3.1　无差别的多重检测

这一类多重检测对一组靶标进行定量，不会对它们进行有差别的鉴定，要求该检测进行引物和探针之间相互作用及其对性能（尤其是假阴性或假阳性信号）潜在影响的测试。此外，必须针对某些靶标调整对应的引物和探针浓度。必须要通过与只含有一个靶标的相同的 DNA 样品的单重检测相比较来评价多重检测的性能。一旦两个结果之间的绝对偏差≥ 25%，就必须调整引物和探针的浓度，以便使结果符合该极限。

在一个荧光通道之中增加多重检测中的靶标数目是一个主要的限制。随着靶标数量的增加，所需探针的浓度也在增加，从而导致阴性背景荧光的增加。当阴性微滴的荧光强度太高而达到阳性微滴的程度时，微滴簇便难以区分。因此，为正确区分阴性和阳性微滴，可以组合到多重检测中的单个测试的数目是有限的。这里所介绍的优化流程可以同时做两个荧光通道，最终只有每个通道的一组靶标可以被同时定量。

5.3.3.2　有差别的多重检测

Bio-Rad 的 ddPCR 设备（QX100 或 QX200）可以在两个荧光通道进行检测，这使其至少可以进行双重定量（每个通道一个靶标）。由于扩增之后阴性和阳性微滴荧光强度的检测取决于探针浓度，ddPCR 的多重水平可以更高。对于下述的 MEQ 流程，我们利用了这一特性准备了一个 4 重反应，在一个荧光通道中对两个靶标进行定量。在这种多重检测中，最重要的是优化引物和探针的浓度，以实现微滴簇的清晰区分。考虑到这一点，检测开发者应该尝试不同的浓度组合（如在 FAM 通道中对一个靶标采用低探针浓度，而对第二个靶标采用高探针浓度）。在低浓度的情况下，阳性微滴簇应该清楚地位于阴性微滴簇之上。图 5-2 给出了使用高 / 低探针浓度时不同荧光强度的示例。值得注意的是，在优化时，低浓度的条件所给出的阳性微滴簇强度可能与高浓度条件下阴性微滴簇的水平相似（图 5-2）。然而，当将二者组合在一起时，阴性和阳性微滴簇仍可以分离，因为荧光强度将会被累加。

5.3.4　反应体系的准备

引物和探针储备液应该保持终浓度 100μmol/L，储存在 -20℃。为了减少冻融循环，应

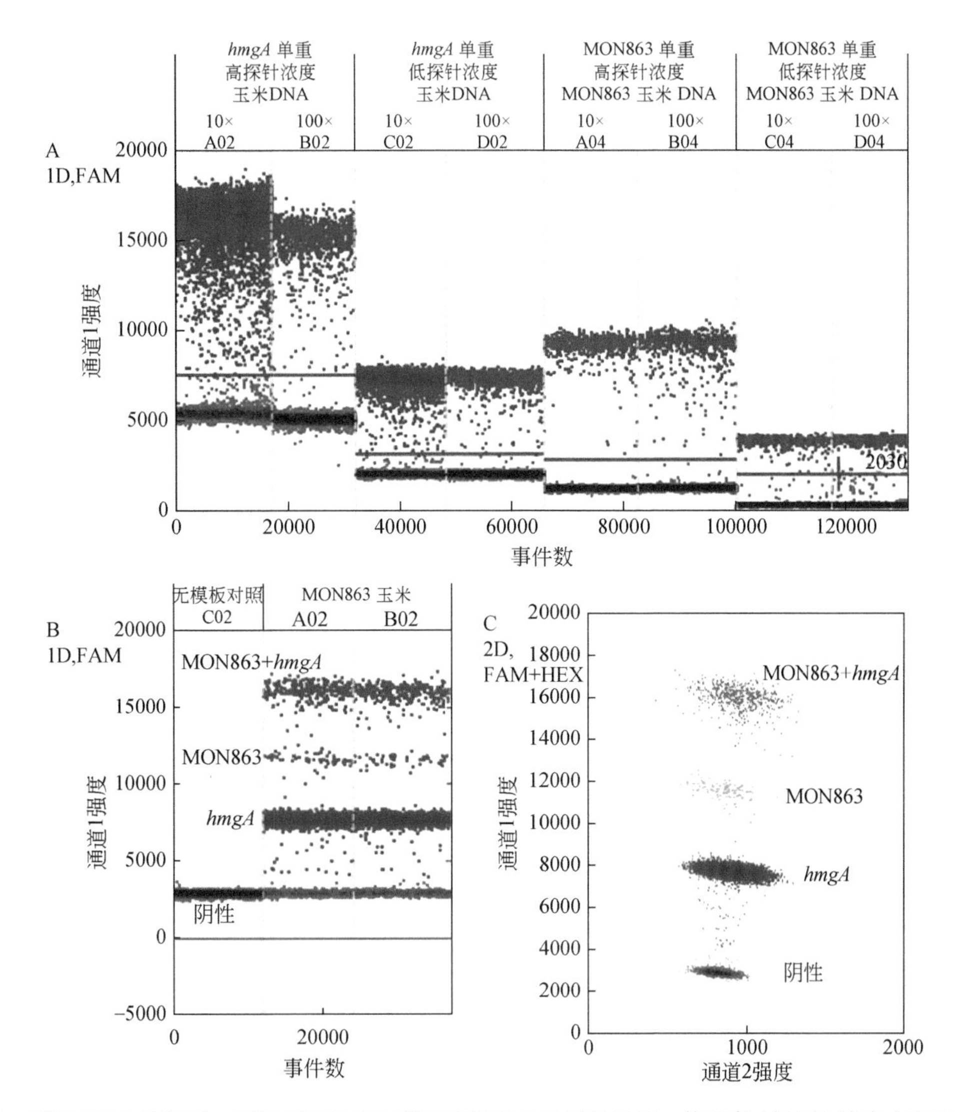

图 5-2　开发 MEQ 检测时，不同探针浓度对荧光强度影响效果的示例。使用高 / 低探针浓度在两个稀释度的 DNA 上对 *hmgA* 和 MON863（均在 FAM 通道中）进行单重反应，结果显示在一维图中。A. 两个单重检测被组合到双重之中（均在 FAM 通道中），其中 *hmgA* 的探针浓度较低，而 MON863 的探针浓度较高；B. 在一维图中可以观察到阴性和阳性微滴簇的清晰分离；C. 在二维图中也可以看到相同的微滴簇分离

该准备小体积（一次使用）的 40μmol/L 等份的工作液（以无核酸酶的水稀释）。这样的等份可以在 −20℃下保存 3 个月。

1. 对于每种测定法（4P 和 10P），按照表 5-1 和表 5-2 混合指定体积的单个引物和探针的 40μmol/L 工作液来制备用于 MQI 的引物 − 探针（primers-probe，PP）混合物。对于 MEQ，按照表 5-3 混合指定体积的单个引物和探针的 40μmol/L 工作液来制备 PP 混合液（见 5.4“注意事项”中的第 4 条）。

2. 为每种检测（4P 和 10P）准备用于 MQI 的反应混合液，将 ddPCR™ 的探针超混液分别与 4P 的 PP 混合液或 10P 的 PP 混合液混合。对于 MEQ 方案，将 ddPCR™ 探针超混液与 MEQ PP 混合液混合。对于一个反应，准备 17.6μl 的主混合液，其中包含 11μl 的

ddPCR™ 探针超混液和 6.6μl 的 PP 混合液（见 5.4“注意事项”中的第 5 条）。

3. 将 17.6μl 的主混合液加到无核酸酶的 8 连排管或无核酸酶的 96 孔板的孔中(见 5.4“注意事项”中的第 6 条）。

4. 在每个含有主混合液的孔中再加入 4.4μl 样品 DNA，得到最终的反应混合液（见 5.4“注意事项”中的第 7 条）。在实验中，对照是非常重要的，因此，除了样本 DNA 之外，还需要准备含有所有靶标 DNA 的混合液（作为阳性对照），无核酸酶的水（无模板对照组，NTC）可作为提取空白对照和环境对照的样品，将它们加到含有主混合液的单个孔中（见 5.4“注意事项”中的第 8 条）。

5. 在加载到芯片中之前，需通过上下吹打（至少 5 次）、简单混合或涡旋后离心来收集孔或管子底部的液体（见 5.4“注意事项”中的第 9 条）。

5.3.5 微滴生成

1. 将用于微滴生成的 8 孔芯片放到芯片夹具中。

2. 在每个中间孔中加入 20μl 反应混合液（见 5.4“注意事项”中的第 10 条）。

3. 在每个下部孔中加入 70μl 的微滴生成油。

4. 将垫片放在芯片夹具上。

5. 将芯片夹具（其中的 8 孔芯片已经加满试剂）插入 QX 100/200™ 微滴生成仪中。

6. 微滴生成之后，小心地将 40μl 的微滴悬浮液（油包水乳液）从芯片中转移到 96 孔板中（见 5.4“注意事项”中的第 11 条）。

7. 使用热封机将覆盖有可穿透的热封箔的 96 孔板密封，然后将其转移到一个热循环仪中（见 5.4“注意事项”中的第 12 条）。

5.3.6 PCR 反应

1. 将密封的 96 孔板插入到常规的热循环仪中（见 5.4“注意事项”中的第 3 条）。

2. 设定循环程序。

- 50℃ 2 分钟。
- 95℃ 10 分钟。
- 40 个循环的两步变温，包括 95℃ 15 秒和 60℃ 60 秒（变温速度 2.5℃ /s）。
- 98℃ 10 分钟（见 5.4“注意事项”中的第 13 条）。
- 无限保持在 4℃。

5.3.7 微滴读取

1. 热循环结束后，将密封的 96 孔板转移到 QX100/200™ 微滴读取仪中。

2. 运行 QuantaSoft 软件（Bio-Rad）。

3. 首先按照如下步骤清洗系统：在 QuantaSoft 软件的“设置”和“仪器常规”下，选择“冲洗系统”。

4. 通过“设置”“模板”“新建”来设置新的实验，然后采用孔编辑来完成每个孔所需的信息（见 5.4“注意事项”中的第 14 条）。

5. 保存创建的实验。

6. 选择“运行”，开始分析。

7. 出现提示时，选择适当的颜色补偿选项（FAM/HEX）。

8. 分析完成后，保存实验数据并从机器中取出 96 孔板。

5.3.8　无差别 MQI 检测的数据分析

1. 要在 QuantaSoft 中查看微滴分析结果，可以从“设置（Setup）”“板载入（Plate Load）”中选择并打开保存的实验，然后选择“分析（Analyze）”。

2. 要区分阳性和阴性微滴，需为每一个孔、每一个单独的检测点设置阈值。采用 NTC 和阳性对照的结果作为阈值设定的指导（见图 5-3 和 5-4 中的示例）（见 5.4“注意事项”中的第 15 条）。在图 5-5 中呈现了一系列稀释度的 DNA 混合物的微滴读数实例。

3. 将结果导出为“.csv”文件，该文件后期可在 Excel（微软）或等效的软件中打开并进行进一步分析。

4. 可接受的微滴数小于 8000 的孔不应该进行进一步的分析（见 5.4“注意事项”中的第 16 条）。

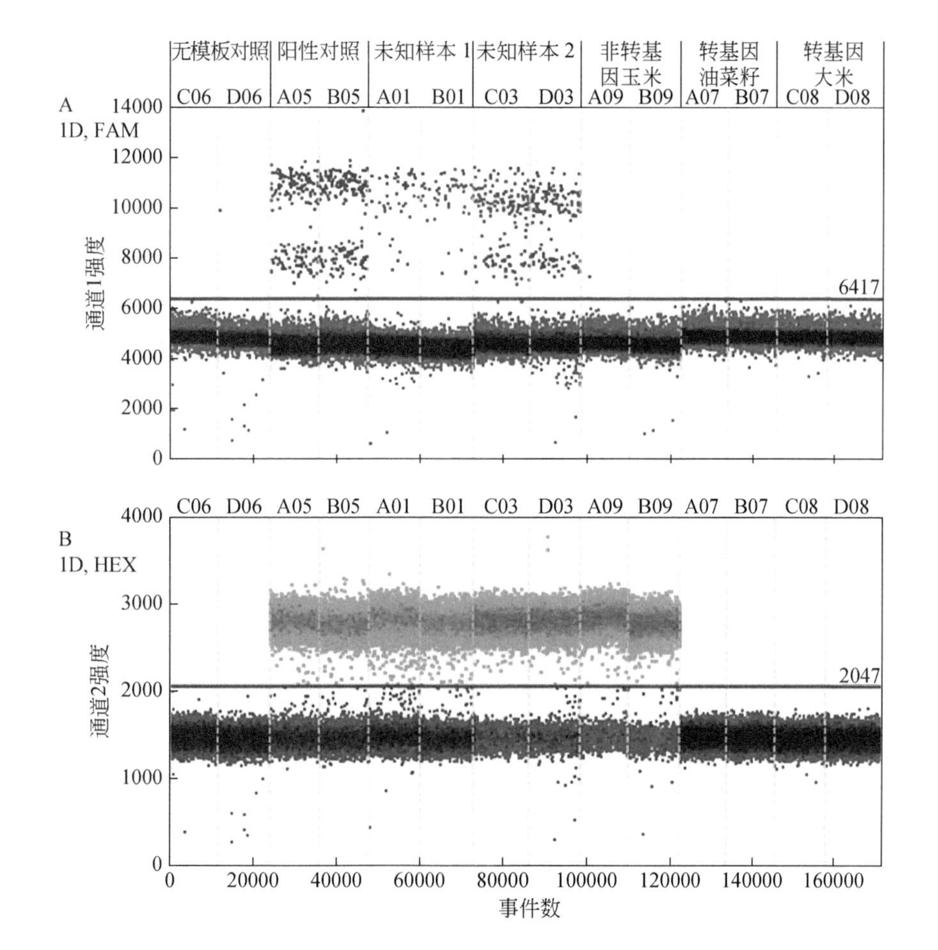

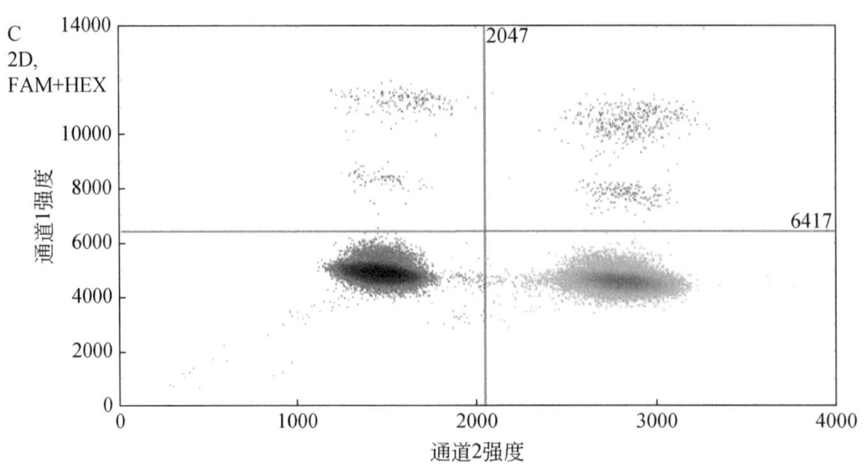

图 5-3 采用无模板对照（NTC）、阳性对照和不同样品来设置 4P MQI 阈值的例子。Ch1（A）代表源自 FAM 的荧光信号，而 Ch2（B）代表源自 HEX 的荧光信号。A 和 B 分别为转基因和 *hmgA* 靶标的一维微滴分析图。显示了以下每个样品的两个重复：NTC（C06-D06）、转基因（A05-B05）的阳性（+）对照，包含不同浓度转基因玉米（A01-B01 和 C03-D03）两个未知样品、非转基因玉米（A09-B09）、转基因油菜籽（A07-B07）和转基因大米（C08-D08）。FAM 通道中出现的两个簇来自不同的靶标，其中某些引物和探针的浓度高于另一个，但由于共有 3 个靶标，只有两个簇，无法对其进行区分。NTC 和非转基因玉米样品（在 FAM 通道中）中的阳性微滴并不能使一个反应归为阳性，因为每个样品中此类微滴的数量少于 3 个，所以反应被视为阴性。应将阈值设在刚好位于阴性微滴之上，A 和 B 中的荧光强度分别在 6400 和 2050 附近（注意，这些值在不同实验和各个孔之间可能会有所不同）。C 图为 A 和 B 中所有样品的分析微滴的二维叠加图。C 中的两个阈值将簇分为 4 个组：阴性微滴（左下），转基因阳性微滴（左上），*hmgA* 阳性微滴（右下）和转基因及 *hmgA* 均为阳性的微滴（右上）

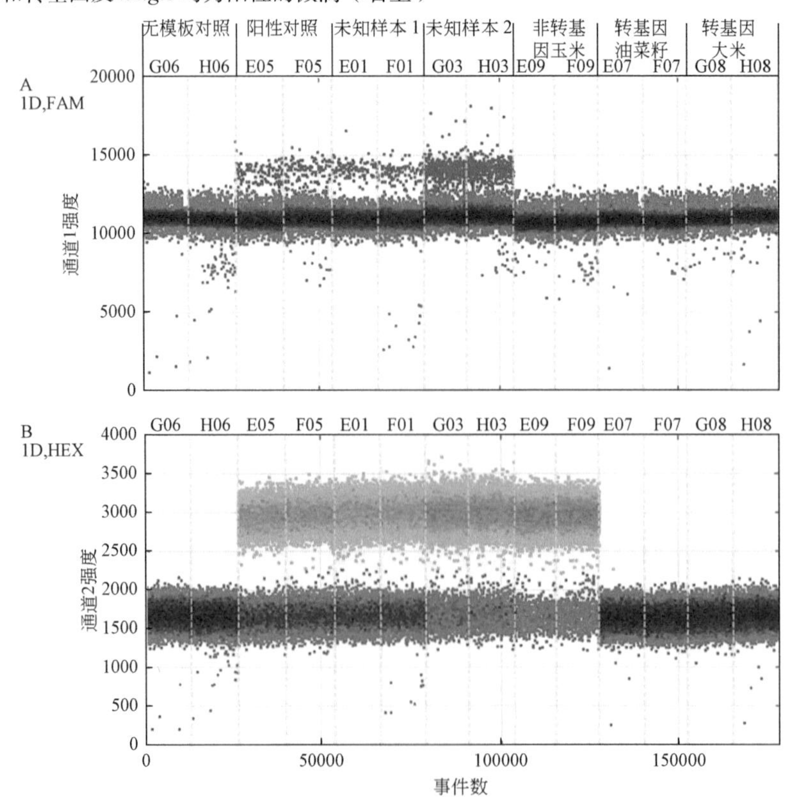

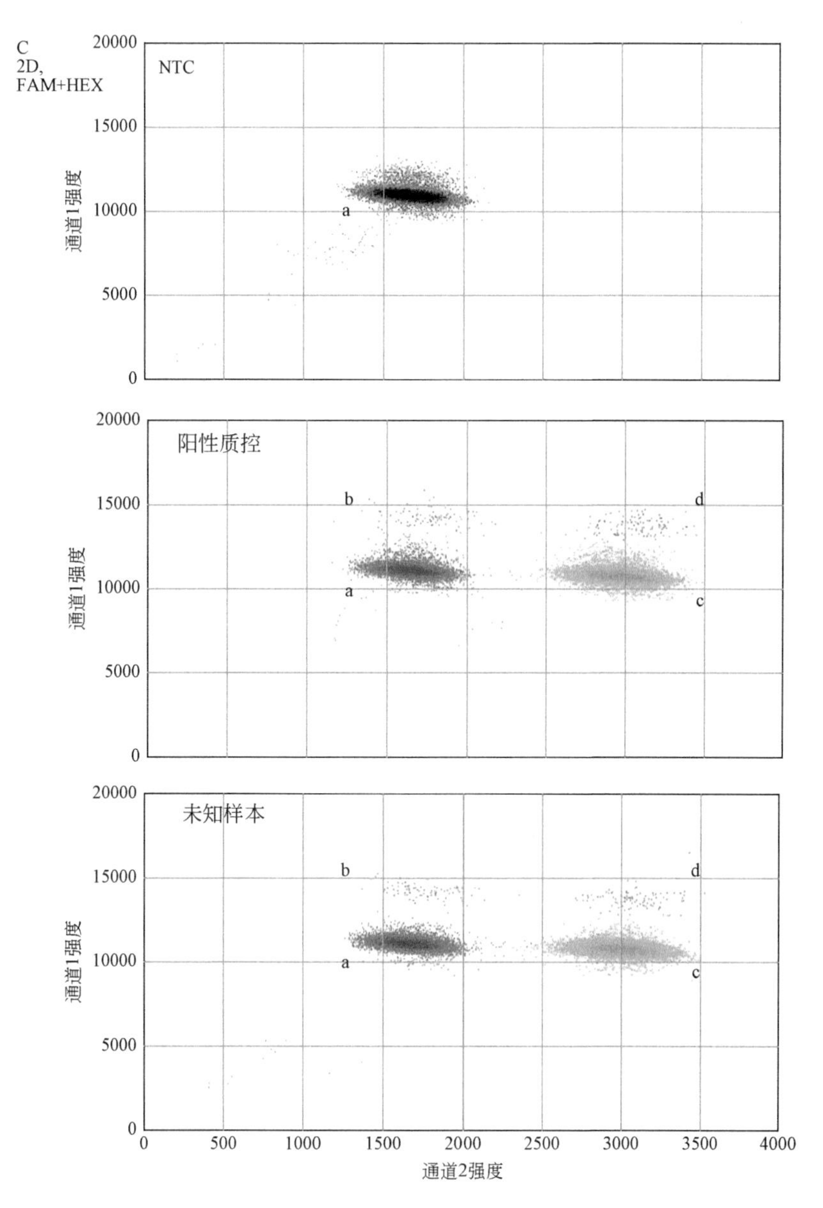

图 5-4　采用无模板对照（NTC）、阳性对照和不同样本的 10P MQI 进行阈值设置的示例。Ch1（A）代表源自 FAM 的荧光信号，而 Ch2（B）代表源自 HEX 的荧光信号。A 和 B 分别代表转基因和 *hmgA* 靶标的微滴分析一维图。显示了以下每个样品的两个重复：NTC（G06-H06）、转基因（E05-F05）的阳性（+）对照，包含不同浓度的转基因玉米（E01-F01 和 G03-H03）的两个未知样品，非转基因玉米（E09-F09）、转基因油菜籽（E07-F07）和转基因大米（G08-H08）。转基因油菜籽样品中的阳性微滴（HEX 通道中）并没有使反应为阳性，因为每个样本中这类阳性微滴数少于 3 个，所以反应被认为是阴性。阳性和阴性微滴簇的位置十分接近，且之间存在一些“雨滴”，因此在二维图中使用套索工具来设置这些反应的阈值，始终将 NTC、阳性质控和目的样品一起比较。C 图中的阴性微滴簇标记为“a”，转基因阳性微滴标记为“b”，*hmgA* 阳性微滴标记为“c”，转基因和 *hmgA* 阳性的微滴标记为“d”

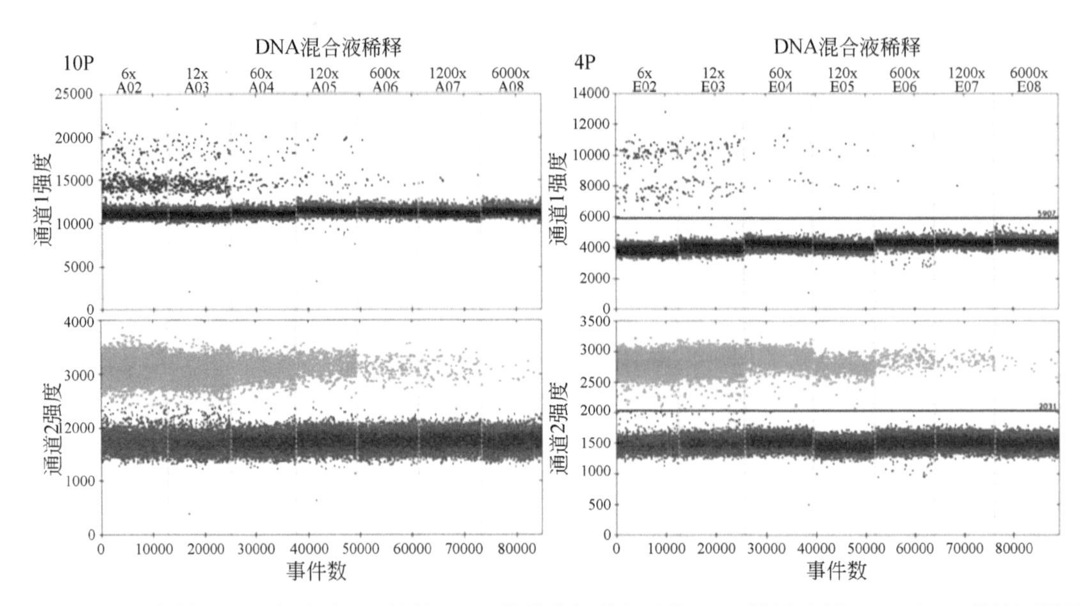

图 5-5　对 12 个转基因玉米品系呈阳性的 DNA 样品进行稀释后的 MQI 结果示例。10P 和 4P 的检测微滴读数的一维图分别显示于左侧和右侧。在每个通道上方标出了各个反应的 DNA 样品的稀释系数。通道 1 强度代表了转基因靶标群的 FAM 应答，通道 2 强度代表 *hmgA* 靶标的 HEX 应答。对于 10P 分析，使用套索工具分离阴性和阳性微滴簇，因此在读数上看不到阈值（较低的微滴簇代表阴性微滴）。对于 4P 分析，在每个荧光通道中设置一个单独的阈值，以区分阳性和阴性微滴簇（阳性位于线的上方）

5. 如果 3 个或更多的微滴显示出高于阈值的荧光信号，则认为每个孔中的反应为阳性（见 5.4“注意事项”中的第 17 条）。

6. 如果少于 3 个微滴显示出高于阈值的荧光信号，则认为每个孔中的反应为阴性。

7. 如果 4P 或 10P 检测的反应为阳性，NTC 为阴性，而阳性扩增对照（阳性 DNA 靶标对照）为阳性，则认为目标序列被检测到。

8. 如果 4P 和 10P 检测的反应为阴性，NTC 为阴性，并且阳性扩增对照（阳性 DNA 靶标对照）为阳性，则认为未检测到靶序列。

9. 如果阳性扩增对照反应为阴性或阴性对照为阳性，则必须重复分析。

10. 为了计算转基因玉米的含量，需将浓度值（拷贝 / 微升反应）转换为未稀释的 DNA 浓度（样品的稀释度用于此计算）。

11. 使用式 5-1 计算每个样品中转基因玉米的百分比（相对于所有玉米含量），其中平均值是根据未稀释 DNA 的浓度值计算得出（有关计算示例，参见表 5-4）。

$$\text{转基因玉米含量（\%）} = \frac{\text{4P 平行测定的平均转基因浓度 +10P 平行测定的平均转基因浓度}}{\text{两种测试（4P 和 10P）平行测定的平均 } hmgA \text{ 浓度}} \times 100 \quad (5\text{-}1)$$

5.3.9　有差别的 MEQ 检测的数据分析

1. 要在 QuantaSoft 中分析微滴结果，可使用“设置”“板载入”，选择并打开已保存的实验，然后选择“分析”。

2. QuantaSoft 软件不能为指定的一个荧光通道设置多个阈值，但又有多个微滴簇需要分离（图 5-6）。因此，对于 MEQ 方案的每个反应，必须执行两次单独的导出操作（见 5.4“注意事项”中的第 18 条和图 5-7）。使用阳性对照结果作为指导来设置阈值。使用软件中的套索工具为每个靶标选择适当的簇，获得图 5-7 中的分组。

3. 在一个通道中选择靶标后，必须在“.csv”文件中导出结果。然后，对第二个通道中的其他两个靶标重复相同的操作（见 5.4“注意事项”中的第 19 条）。

4. 从每个导出结果中，我们可获得两个靶标的浓度结果（靶标拷贝 / 微升反应）。

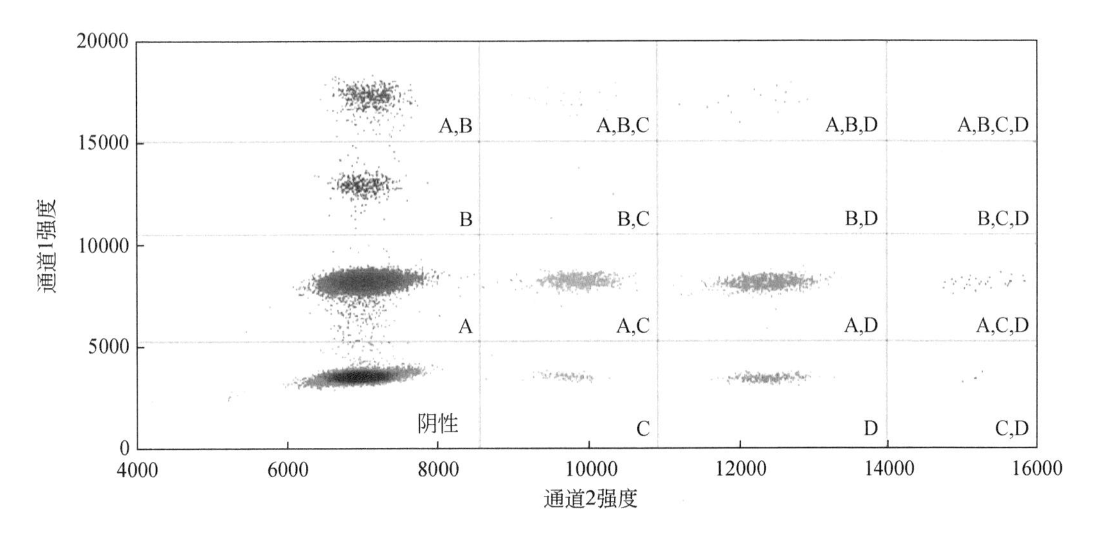

图 5-6　在 MEQ 的微滴分析二维图中可能的微滴簇示例。左下角的簇包含全阴性的微滴。其他簇均包含对一个或多个靶标呈阳性的微滴。每个簇中阳性靶标的组合均用字母 A（*hmgA*）、B（MON863）、C（DP98140）和 D（MON810）来标记。请注意，尽管有的样品中存在 4 个靶标，但在某些簇中并没有阳性微滴。要想一直知道将簇定在哪里，必须在每次实验中使用含有高浓度所有靶标的阳性对照

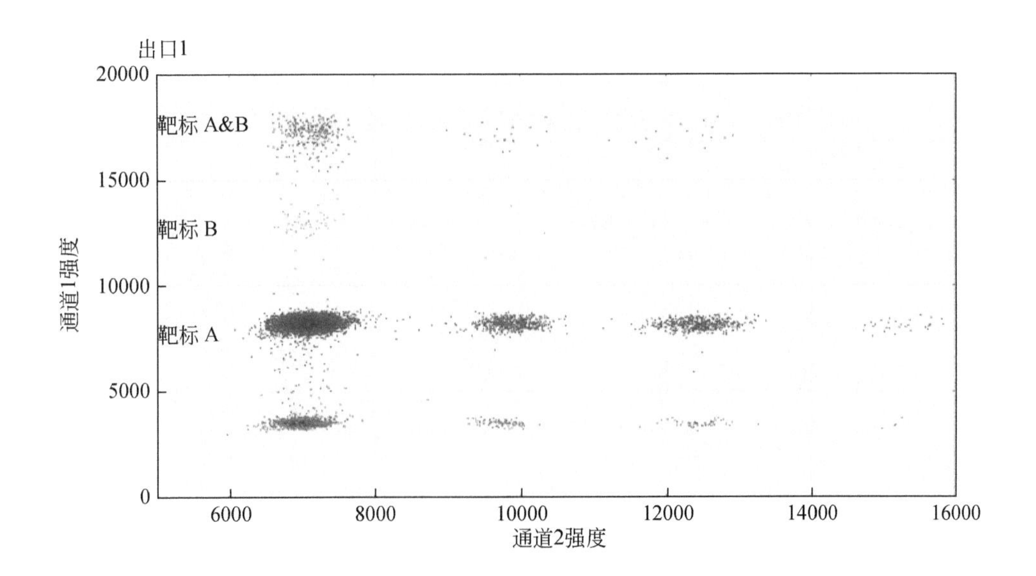

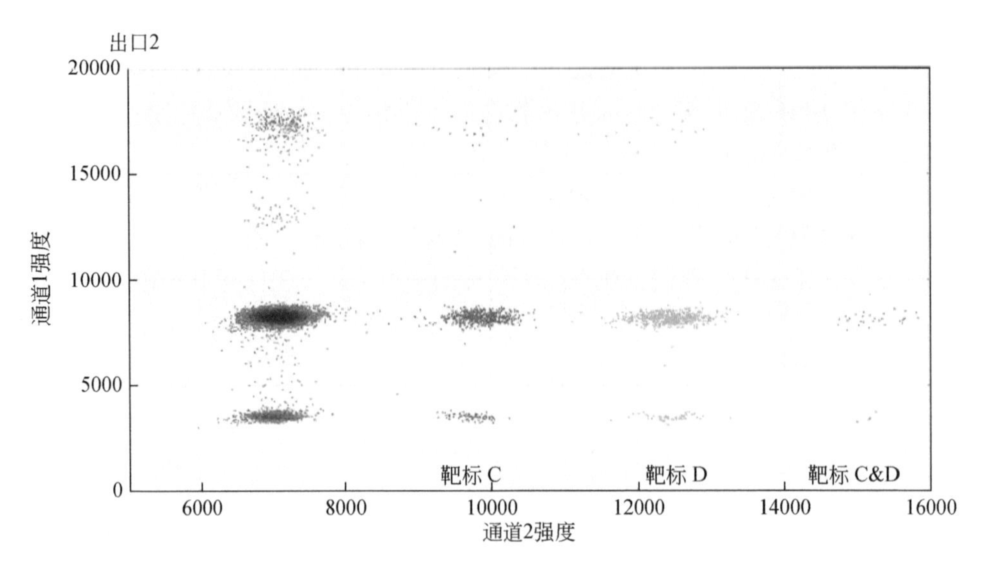

图 5-7 在 MEQ 中选择簇群。在使用套索工具将靶标 A 和 B 的簇群选择出来之后，结果被输出（出口 1）。对于第二输出，选择出靶标 C 和 D 的簇群（出口 2）。更多说明，参见 5.4“注意事项”中的第 19 条

- *hmgA* 浓度 = 来自通道 1 输出 1 的浓度
- MON863 浓度 = 来自通道 2 输出 1 的浓度
- DP98140 浓度 = 来自通道 1 输出 2 的浓度
- MON810 浓度 = 来自通道 2 输出 2 的浓度

5. 使用式 5-2 计算每个样品中的 3 个转基因事件靶标（表 5-3 中所列出的）中每个靶标的最终百分比，其中平均浓度是根据每个未稀释 DNA 的所有平行测定的浓度值计算而得出的（有关计算的示例，参见表 5-4）。

$$\text{转基因含量（\%）} = \frac{\text{每个事件的平均浓度}}{hmgA\ \text{的平均浓度}} \times 100 \qquad (5\text{-}2)$$

表 5-4 使用 MQI 和 MEQ 方案，按照方案中所提供的公式计算转基因含量的示例

孔	样品	检测	靶标	浓度（cp/μl）[a]	未稀释样品的浓度（cp/μl）	平均浓度	转基因含量（%）
B01	DNA 样品 1×	MEQ	hmgA	1013	1013		
B02	DNA 样品 1×	MEQ	hmgA	1027	1027		
B03	DNA 样品 5×	MEQ	hmgA	200	1000		
B04	DNA 样品 5×	MEQ	hmgA	196	980	1005	
B01	DNA 样品 1×	MEQ	MON810	89	89		
B02	DNA 样品 1×	MEQ	MON810	96	96		

续表

孔	样品	检测	靶标	浓度（cp/μl）[a]	未稀释样品的浓度（cp/μl）	平均浓度	转基因含量（%）
B03	DNA 样品 5×	MEQ	MON810	16	80		= 90/1005 × 100
B04	DNA 样品 5×	MEQ	MON810	19	95	90	= 8.96
D01	DNA 样品 1×	4P MQI	hmgA	971	971		
D02	DNA 样品 1×	4P MQI	hmgA	1071	1071		
D03	DNA 样品 5×	4P MQI	hmgA	175	875		
D04	DNA 样品 5×	4P MQI	hmgA	178	890		
D05	DNA 样品 1×	10P MQI	hmgA	1084	1084		
D06	DNA 样品 1×	10P MQI	hmgA	869	869		
D07	DNA 样品 5×	10P MQI	hmgA	174	870		
D08	DNA 样品 5×	10P MQI	hmgA	171	855	936	
D0l	DNA 样品 1×	4P MQI	3 转基因玉米品系	50	50		
D02	DNA 样品 1×	4P MQI	3 转基因玉米品系	43	43		
D03	DNA 样品 5×	4P MQI	3 转基因玉米品系	9.6	48		
D04	DNA 样品 5×	4P MQI	3 转基因玉米品系	8	40	45	
D05	DNA 样品 1×	10P MQI	9 转基因玉米品系	21	21		
D06	DNA 样品 1×	10P MQI	9 转基因玉米品系	26	26		
D07	DNA 样品 5×	10P MQI	9 转基因玉米品系	7	35		=（45+28）/936 × 100
D08	DNA 样品 5×	10P MQI	9 转基因玉米品系	6	30	28	=7.80

a. 从 QuantaSoft 软件中输出。

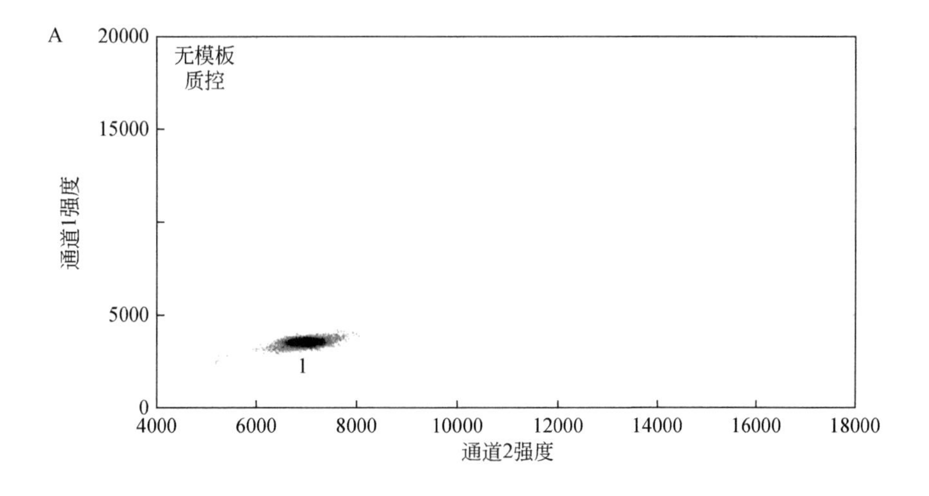

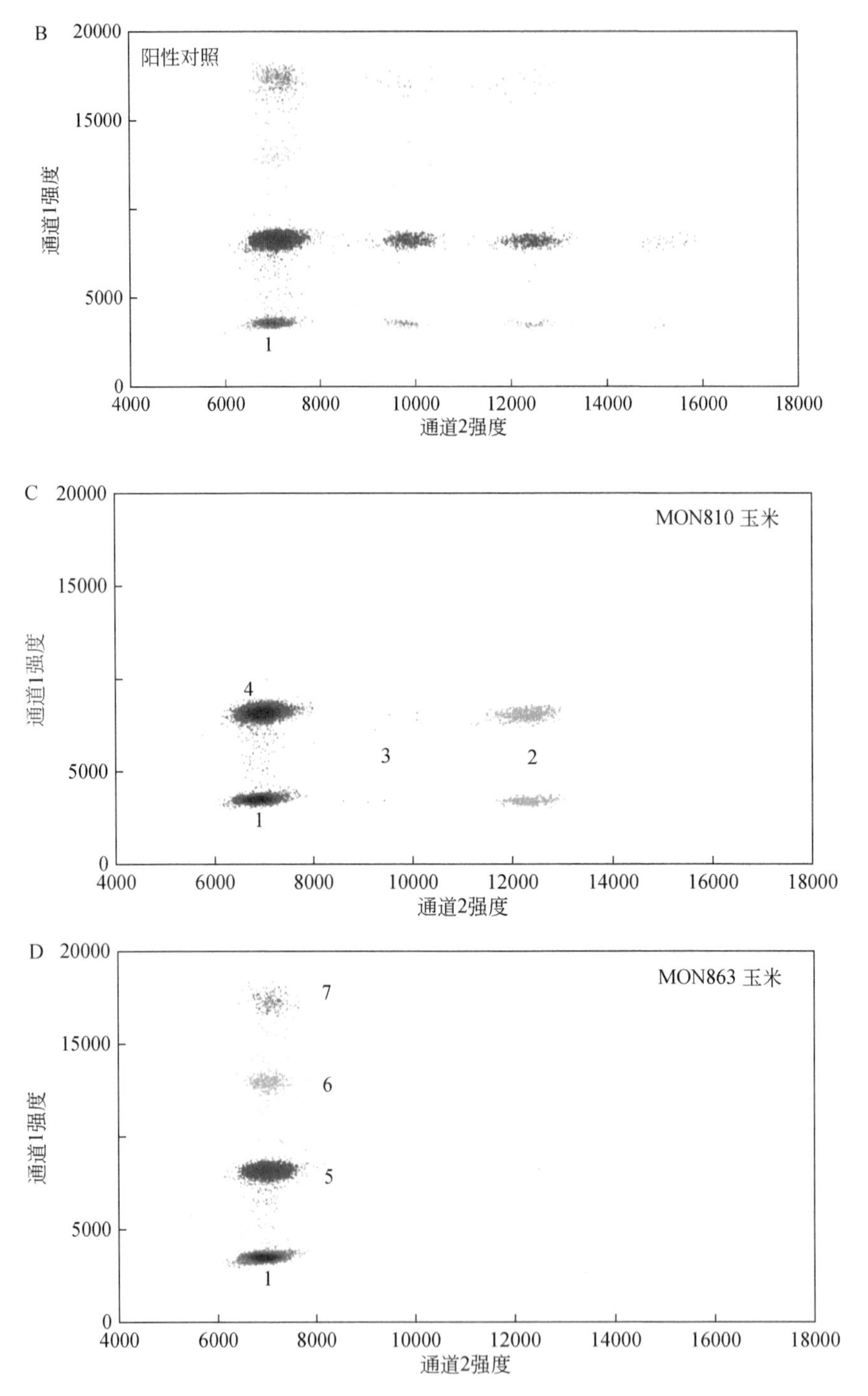

图 5-8 在二维图中阴性和阳性对照及两个转基因玉米样品的 MEQ 结果的示例。采用阴性对照（A）来分辨阴性簇，在所有图中均标为 1。阳性对照（B）帮助确定未知样品中簇的正确位置。图 C 中采用了 MON810 DNA，MON810 靶标放入阳性簇（HEX 通道）被标记为 2。标记为 3 的簇中有少数微滴为 DP98140 的假阳性信号，这实际上是阴性微滴簇与 MON810 簇之间的“雨滴”效果。标记为 4 的簇被认为是 HEX 通道阴性，但也是 FAM 通道中 *hmgA* 的阳性微滴。在图 D 中使用了 MON863 DNA，对于 *hmgA*、MON863 和同时包含两者的阳性簇，分别标记为 5、6 和 7

5.4　注意事项

1. 强烈推荐使用建议的吸头，因为其他吸头开口粗糙，可能会释放微小的塑料碎片到样品反应中，这会导致微滴受损。因此，在上游样品制备过程和 ddPCR 反应设置中也建议使用 Rainin 吸头。

2. 必须使用建议的 Eppendorf ™ twin.tec ™ PCR 96 孔板，因为使用其他 96 孔板可能会与微滴有明显有害的相互作用。

3. 循环仪必须能够设置变温速率，应该设置为 2.5℃ /s, 以确保在循环过程中每个微滴的正确温度。

4. 本章表格中给出了需要准备的 PP 混合液的最小体积的建议，以避免移取特别小的体积。可以制备更大体积的 PP 混合液，分装成小体积的等份（一次用完以避免反复冻融），保存在 -20 ℃下。这样的等份在至少 3 个月内都可以用于后续的实验。混合液中引物和探针的浓度已经按照一种方式进行了优化，所有靶标都能成功扩增，阳性微滴能够清楚地与阴性微滴分离（基于荧光）。

5. 为确保将 20μl 反应混合液正确加载到芯片中且没有气泡（气泡可导致后面微滴的剪切力破坏），建议的终反应混合液体积（22μl）比加载到芯片中的体积稍多一些。此外，由于少量的移液损失，我们还建议在将主混合液分配到单个样品准备孔中之前，准备 10% 的富余体积。

6. 整个实验所需的主混合液的量取决于待测样品的数量。对于每个实验，我们建议每个样品都以两种不同的稀释度进行检测（DNA 浓度分别为 50ng/μl 和 10ng/μl；建议样品之间的稀释度为 5 倍），每个测试重复两次。例如，对于 MQI，这将意味着一个样品的两个测试（4P 和 10P 必须同时进行）需要一个完整的芯片（8 个孔）；而对于 MEQ，每个芯片可以测试两个样品。对于对照（见 5.4“注意事项”中的第 8 条），我们建议在每个板上都对其运行双份（一共 8 个孔）。

7. 评估被用作样品的提取 DNA 的浓度、产量、结构完整性、纯度和扩增能力是非常重要的。可以通过分光光度法、荧光测定法、毛细管 / 凝胶电泳法和（或）评价分类群特异靶标多重效果的方法（实时 PCR）来进行。DNA 浓度应足够高，能够满足方案的要求（至少 50ng/μl），其产出足以完成所有检测。较低浓度的 DNA 仍然可以用，但这时有可能会出现假阴性结果。大多数 DNA 片段的最小尺寸应大于 PCR 检测扩增产物的大小。然而，对于这些方案，建议使用较少片段化的 DNA（较大的 DNA 片段），以减少扩增产物内部出现断裂的可能。当按照说明进行 DNA 提取和纯化时，抑制剂的存在对于这些方案并没有问题。当通过实时 PCR 检查 DNA 的扩增能力时，系列稀释度曲线的斜率应为 -3.6 ～ -3.1。如本注意事项第 6 条所述，对于进一步的 ddPCR 反应，我们建议使用两种不同稀释度的 DNA 样品。

8. 为了获得可靠的结果，必须包括适当的对照。NTC、阳性对照、环境对照和提取空白对照都需要包含在重复检测中，填满一个完整的芯片。对于 MQI，必须使用 4P 和 10P 分析法对每个 DNA 样品进行测试，以对欧盟当前授权的所有转基因玉米事件进行定量。准备完整的 96 孔板时，为便于使用，我们建议吸样的布局是一个芯片所包含的 8 个孔与每个 96 孔板一排中的孔相对应。

9. 要确保样品 DNA 和主混合液充分混合，因为超混液非常黏稠，混合不充分会导致结果的较低重复性。进行涡旋时，使用较低的转速，因为振动可能会导致气泡形成，这会减少能够在后续步骤中被可靠吸取的反应混合液的可用体积。

10. 要避免在芯片孔的底部形成气泡，这一点非常重要，因为它们会干扰微滴的形成。此外，加样时先加入样品，然后再加入用于探针的微滴生成油，这一点也很重要。我们建议使用特殊的 20μl 带滤芯的（已消毒）Rainin 吸头，并以约 15° 的角度贴孔壁加样。如果芯片的孔不能被样品填满，则必须在空的样品孔中加入特殊的缓冲液 [ddPCR ™缓冲液质控试剂盒（Bio-Rad）]，否则没有样品孔会形成微滴。

11. 如果实验中需要使用多个芯片，我们建议使用冷却块作为板夹具，以使反应混合液保持低温。将装有微滴的 96 孔板保持低温还有助于防止蒸发。作为备选，这也可以通过加盖来实现（在封板前需要移除）。将微滴从芯片中转移到 PCR 板时，必须缓慢移液，以防止微滴的剪切或融合。推荐使用 8 通道移液器。建议以 30° ～ 45° 的角度握住移液器吸取 5 秒，用吸头尖端靠近孔较低的边缘，但并不是靠近底部，以这样的方式减少吸头入口的尺寸，否则将会造成微滴的剪切。微滴的分配也应该大概为 5 秒，垂直握住移液器，用吸头接触孔壁的较低部位（再一次，要避免将移液器吸头接触表面，这样开口的尺寸就减小了）。

12. 非常重要的一点是不要离心含有微滴的 96 孔板。如果使用手动热封机，注意密封器加在板上的时间不得超过 5 秒，因为热量可能导致塑料变形并引起微滴蒸发。

13. 最终在 98℃的孵育对于聚合酶的失活至关重要。如果只用了这一步，则无须在循环完成之后立即将板放入微滴读取仪中，4 ℃下可将其保存最多 3 天。

14. 对于分析而言，重要的信息如下：样品名称，靶标 1 和靶标 2 的名称及类型。

15. 软件中有一个一维图（单个通道）或二维图（两个通道同时）的阈值设置选项。QuantaSoft 软件还支持自动阈值检测。出于本方案的目的，我们建议使用二维图，因为有时微滴簇可能会移动并且必须使用套索工具手动设置阈值。阈值应该手动设置在最低的强度处，这样在同时采用荧光强度 vs. 事件数和事件柱状图 vs. 强度数据流作图时，可以捕获具有最高荧光强度的真正阴性的微滴簇。同时，通过参考阳性质控微滴簇的强度和排列，不应将阈值划得太高，因为这样会失去真实的阳性微滴（失去敏感性），也不能太低，因为这样会从阴性微滴簇中产生假阳性微滴（失去特异性）。通常，可以同时为一组孔（使用相同的检测方法）设置相同的阈值，但有时可以观察到荧光强度的轻微变化，因此，在对多个孔进行阈值设置时，我们建议一定要谨慎，以免阳性或阴性微滴的错误识别。

16. 仪器被指定产生 20 000 个微滴。但是，检测获得和读取的数目可能差别很大，这主要取决于微滴的吸取过程。我们认为低于 8000 个微滴的数目可能是不可信的。

17. 通过几次实验，我们注意到在无模板对照中随机出现了阳性微滴（图 5-3A 中 NTC 排和非转基因玉米排）。但是，每孔的阳性微滴不超过两个。因此，我们使用 3 个阳性微滴作为确定一个孔呈阳性的阈值。相反，包含高靶标浓度的反应必须至少产生 4 个阴性微滴，这样才能使用泊松统计进行计算。

18. 使用该方案的微滴簇总数最多可以达到 16 个，其中簇具有不同靶标的组合（图 5-6）。

因此，每个通道设置一个阈值不能给出单个靶标的浓度。必须使用包含所有 4 个靶标的阳性对照，以便能够确定样品的簇群，该样本可能未包含所有靶标。不同批次实验中用于区分簇群的阈值可能会有所不同，因此不能提供固定的值。选择单个簇群的最佳方法是使用套索工具。

19. 第一出口（图 5-7 出口 1）覆盖了 FAM 荧光通道中的全部阳性微滴 [靶标 A（*hmgA*）的阳性微滴和靶标 B（MON863）的阳性微滴及对两个靶标均呈阳性的微滴]。第二出口（图 5-7 出口 2）覆盖了 HEX/VIC 荧光通道中的全部阳性微滴 [靶标 C（DP98140）的阳性微滴和靶标 D（MON810）的阳性微滴及对两个靶标均呈阳性的微滴]。值得注意的是，“.csv”文件中靶标 A 和 C 的结果被标记为 Ch1（通道 1），靶标 B 和 D 的结果被标记为 Ch2（通道 2）。这不能反映实际的荧光标记，只是多重分析流程的一个结果，该流程有所不同，不能通过其他方式执行。图 5-8 给出了两个不同样品阴性和阳性对照微滴的读数示例。

致谢

本工作得到了欧盟基金 No.613908（DECATHLON 项目）的支持。挪威研究理事会和斯洛文尼亚研究机构提供了互补的经费支持（合同号 P4-0165 和 1000-15-0105）。MEQ 方案的研究耗材由 Bio-Rad 友情提供。

参考文献

1. Takabatake R, Koiwa T, Kasahara M et al(2011) Interlaboratory validation of quantitative duplex real-time PCR method for screening analysis of genetically modified maize. Food Hyg Saf Sci 52:265–269
2. Waiblinger H-U, Ernst B, Anderson A et al(2007) Validation and collaborative study of a P35S and T-nos duplex real-time PCR screening method to detect genetically modified organisms in food products. Eur Food Res Technol 226:1221–1228
3. Sykes PJ, Neoh SH, Brisco MJ et al(1992) Quantitation of targets for PCR by use of limiting dilution. BioTechniques 13:444–449
4. Pinheiro LB, Coleman VA, Hindson CM et al(2012) Evaluation of a droplet digital polymerase chain reaction format for DNA copy number quantification. Anal Chem 84:1003–1011
5. Baker M(2012) Digital PCR hits its stride. Nat Methods 9:541–544
6. Demeke T, Gräfenhan T, Holigroski M et al(2014) Assessment of droplet digital PCR for absolute quantification of genetically engineered OXY235 canola and DP305423 soybean samples. Food Control 46:470–474
7. Bhat S, Herrmann J, Armishaw P et al(2009) Single molecule detection in nanofluidic digital array enables accurate measurement of DNA copy number. Anal Bioanal Chem 394:457–467
8. Corbisier P, Bhat S, Partis L et al (2010) Absolute quantification of genetically modified MON810 maize (Zea mays L.) by digital polymerase chain reaction. Anal Bioanal Chem 396:2143–2150
9. Morisset D, Štebih D, Milavec M et al(2013) Quantitative analysis of food and feed samples with droplet digital PCR. PLoS One 8:e62583
10. Burns MJ, Burrell a M, Foy C a (2010) The applicability of digital PCR for the assessment of detection limits in GMO analysis. Eur Food Res Technol 231:353–362
11. Whale AS, Cowen S, Foy C a et al(2013) Methods for applying accurate digital PCR analysis on low copy DNA samples. PLoS One 8:e58177

12. European Commission (2003) Regulation (EC) no 1829/2003 of the European Parliament and of the Council of 22 September 2003 on genetically modified food and feed. Off J Eur Union L 268:0001 0023
13. Brodmann PD, Ilg EC, Berthoud H et al(2002) Real-time quantitative polymerase chain reaction methods for four genetically modified maize varieties and maize DNA content in food. J AOAC Int 85:646–653
14. Dobnik D, Spilsberg B, Bogožalec Košir A et al(2015) Multiplex quantification of 12 European Union authorized genetically modified maize lines with droplet digital polymerase chain reaction. Anal Chem 87:8218–8226
15. Demšar T, Gruden K, Milavec M et al (2015) Extraction of DNA from different sample types – a practical approach for GMO testing. Acta Biol Slov 58:61–75
16. Dobnik D, Štebih D, Blejec A et al(2016) Multiplex quantification of four DNA targets in one reaction with Bio-Rad droplet digital PCR system for GMO detection. https://doi.org/10.1038/srep35451
17. Cankar K, Štebih D, Dreo T, et al(2006) Critical points of DNA quantification by real-time PCR—effects of DNA extraction method and sample matrix on quantification of genetically modified organisms. BMC Biotechnol 6:37
18. Codex Committee on Methods of Analysis and Sampling (2010) Guidelines on performance criteria and validation of methods for detection, identification and quantification of specific DNA sequences and specific proteins in foods
19. EURL-GMFF (2015) Minimum performance requirements for analytical methods of GMO testing
20. Berben G, Charels D, Demšar T et al(2014) Guidelines for sample preparation procedures in GMO analysis. https:// doi.org/10.2788/738570
21. Bogožalec Košir A, Spilsberg B, Holst-Jensen A et al(2017) Development and inter-laboratory assessment of droplet digital PCR assays for multiplex quantification of 15 genetically modified soybean lines. Nature Sci Rep 7:8601
22. International Organization for Standardization (2005) ISO 21571:2005 foodstuffs – methods of analysis for the detection of genetically modified organisms and derived products – nucleic acid extraction ISO 21571. International Organization for Standardization, Geneva
23. International Organization for Standardization (2006) ISO 24276:2006 foodstuffs – methods of analysis for the detection of genetically modified organisms and derived products – general requirements and definitions ISO 24276. International Organization for Standardization, Geneva
24. Vallone PM, Butler JM (2004) AutoDimer: a screening tool for primer-dimer and hairpin structures. BioTechniques 37:226–231
25. Dreo T, Pirc M, Ramšak Ž et al(2014) Optimising droplet digital PCR analysis approaches for detection and quantification of bacteria: a case study of fire blight and potato brown rot. Anal Bioanal Chem 406:6513–6528
26. Jones M, Williams J, Gärtner K et al(2014) Low copy target detection by Droplet Digital PCR through application of a novel open access bioinformatic pipeline, ‘definetherain’. J Virol Methods 202:46–53

第 6 章

采用微滴数字 PCR 检测临床样本中人类疱疹病毒 6A 与 6B 型的共感染

Ashley Vellucci, Emily C. Leibovitch, Steven Jacobson

摘要：微滴数字聚合酶链式反应（droplet digital™ polymerase chain reaction，ddPCR）是一类独特的 dPCR 技术，可以用于核酸样本的绝对定量。该技术基于油包水乳状液微滴内的扩增，可以检测痕量靶标分子，获得精准的数据。本章中，我们详细介绍一种 ddPCR 方法，用于两个临床相关疱疹病毒（人类疱疹病毒 6A 与 6B 型，HHV-6A/HHV-6B）的多重检测。

关键词：ddPCR；聚合酶链式反应；HHV-6A；HHV-6B；人类疱疹病毒 6 型；病毒检测；绝对定量

6.1 引言

鉴于 PCR 技术的广泛使用，对其进行创新与改进的驱动力不断增加。虽然早期几代 PCR 可以进行定性和相对定量，但第三代技术即 ddPCR 却实现了绝对定量。与第一代和第二代 PCR 方法不同，ddPCR 能够不依赖于标准曲线或外部校准物质就实现绝对拷贝数目的计算 [1-3]。阳性和阴性微滴的 PCR 数据符合泊松分布算法 [4]，实现靶标核酸的高精度定量。简要介绍一下 ddPCR 技术，核酸样本首先通过限制性内切酶消化，随后与相关引物、荧光探针及其他 PCR 标准组分混合。混合液通过油进行乳化，形成大约 20 000 个纳升级微滴的分隔。每个微滴都经过热循环的扩增并评估显示其探针内部荧光的信号水平 [2]。这会产生阳性和阴性的微滴群体，显示读数为拷贝 / 微升。

通过使用 ddPCR，可以在临床样本中简单并准确地检测出具有临床相关性的病原体，如 HHV-6[1]。HHV-6 是一种普遍存在的病毒，可在健康或患有 HHV-6 相关疾病的个体中检出，临床样本中 HHV-6 病毒载量的精确判断需要一种高度定量的方法。在本章中，详细介绍了两种用于 HHV-6 检测的多重 ddPCR 方法。多重检测技术可实现多种病毒的检测，同时节省金钱、资源和时间。在临床环境下，对病原体 HHV-6 的相关认识正在不断增加[5]，目前有两种公认的病毒种类——HHV-6A 和 HHV-6B。它们都与多个中枢神经系统疾病有关，包括癫痫[6]和脑炎[7]，而且 HHV-6B 也是玫瑰疹（一种儿童发热性疾病）的病原体[8]。在移植或其他严重免疫抑制的情况下，我们对有或没有症状表现的 HHV-6 再激活的认识越来越多。HHV-6A 与 HHV-6B 被重新归为不同的病毒种类[9]。因为近年来不同疾病的关联性[8]、嗜性[10]及其他生物学和免疫学特性[9]的差异，这些病毒对抗病毒治疗的反应也可能不同，因此在临床环境中准确区分 HHV-6A 和 HHV-6B 非常重要，特别是由于当前可用的血清学检测无法区分这两种病毒[11]。

与对照组相比，在 HHV-6 相关疾病患者中发现病毒 DNA 水平的升高是利用 PCR 在临床样本中检测 HHV-6 的基础[8]。此外，在大约 1% 的人群中，HHV-6 会在基因组 DNA 的亚端粒区域进行染色体整合（ciHHV-6），这是此类病毒的一个特点[5]。目前尚不清楚这种整合是否会带来临床后果。从临床上来说，ciHHV-6 患者通常会被误诊为 HHV-6 的再活化，导致不适当或不必要的治疗和副作用[12]。ddPCR 是一种快速和准确检测 ciHHV-6 的可靠工具，特别是对来自细胞富集的样本，如外周血单个核细胞（peripheral blood mononuclear cell，PBMC）[12]。本实验方案将详细介绍使用 ddPCR 方法区分 HHV-6A 与 HHV-6B，其中使用了一个细胞持家基因作为参照[2]，以检验临床样本中这类病毒的单一或共感染，包括携带 ci-HHV6 个体的样本[8]。方案中的引物与探针是重新设计用于 HHV-6 的检测的，它们的初始特点已经在之前做了介绍[8]。

6.2 材料

6.2.1 DNA 提取

1. Qiagen DNeasy 血液 & 组织试剂盒（用于全血、分离的 PBMC、组织、脑脊液细胞或唾液中的 DNA 提取）。
2. Qiagen QIAamp UltraSens 病毒试剂盒（用于脑脊液上清液或血清中的 DNA 提取）。
3. Nanodrop 2000 UV-Vis 分光光度计（Thermo Scientific）。

6.2.2 消化混合液部分

1. 微离心管（0.5 ～ 1.5ml）（见 6.4“注意事项”中的第 1 条）。
2. *Hin*d Ⅲ 限制性内切酶；20 000U/ml（New England Biolabs）。
3. NEB 2.1 缓冲液（New England Biolabs）。
4. PCR 级水。
5. 37℃震荡仪。
6. 稀释到适当浓度的 DNA 样本（见 6.4“注意事项”中的第 2 条）。
7. 加热混匀仪。

6.2.3 超混液（super mix）部分

1. 微离心管（0.5 ～ 1.5ml）（见 6.4“注意事项”中的第 1 条）。
2. 2× ddPCR 探针超混液（Bio-Rad）。
3. 10× 或 20× 引物探针混合液。20× 被定义为 900nm 引物和 250nm 探针的终浓度。

6.2.4 微滴生成与读取部分

1. QX200 ddPCR 系统（Bio-Rad）。
（1）QX100 液滴生成仪。
（2）QX100 液滴阅读仪。
2. PCR 热循环仪。
3. 96 孔板（见 6.4“注意事项”中的第 3 条）。
4. 带有 96 孔板模块的热封仪。
5. DG8 单次使用一次性的芯片（Bio-Rad）。
6. DG8 胶垫（Bio-Rad）。
7. 用于探针的微滴生成油（Bio-Rad）。
8. 用于探针的 ddPCR 对照缓冲液（Bio-Rad）。
9. 试剂槽（25ml）。
10. ddPCR 微滴读取油（Bio-Rad）。
11. 低截留的滤芯吸头（200μl）（Rainin）。
12. 低截留的滤芯吸头（20μl）（Rainin）。
13. 单通道手工移液器（2 ～ 20μl）（Rainin）（见 6.4“注意事项”中的第 4 条）。
14. 8 通道手工移液器（5 ～ 50μl）（Rainin）（见 6.4“注意事项”中的第 5 条）。
15. 8 通道手工移液器（2 ～ 200μl）（Rainin）（见 6.4“注意事项”中的第 6 条）。
16. 可穿透的热封箔（Thermo Scientific）。

6.3 方法

所有程序应在室温下于生物安全柜中进行，试剂应在冰上进行解冻。限制性内切酶应从 -20℃中直接拿出并使用，使用后立刻放回至 -20℃。荧光探针具有光敏感性，在 DNA 消化步骤后的其他步骤需要避光保存。

对于双重检测，HHV-6A FAM 20× 和 HHV-6B VIC 20× 在一个孔，而 RPP30 VIC 20× 在另一孔中进行（图 6-1）。对于三重检测，所有的引物 - 探针混合液都在同一孔中进行，在一个给定的荧光通道下具有不同的引物 - 探针混合液浓度，如 RPP30 VIC 10× 和 HHV-6B VIC 20×（图 6-2）（见 6.4“注意事项”中的第 7 条和第 8 条）。

建议每份样本平行重复一次，尽管根据所需的敏感性可能需要使用 3 或 4 个复孔。

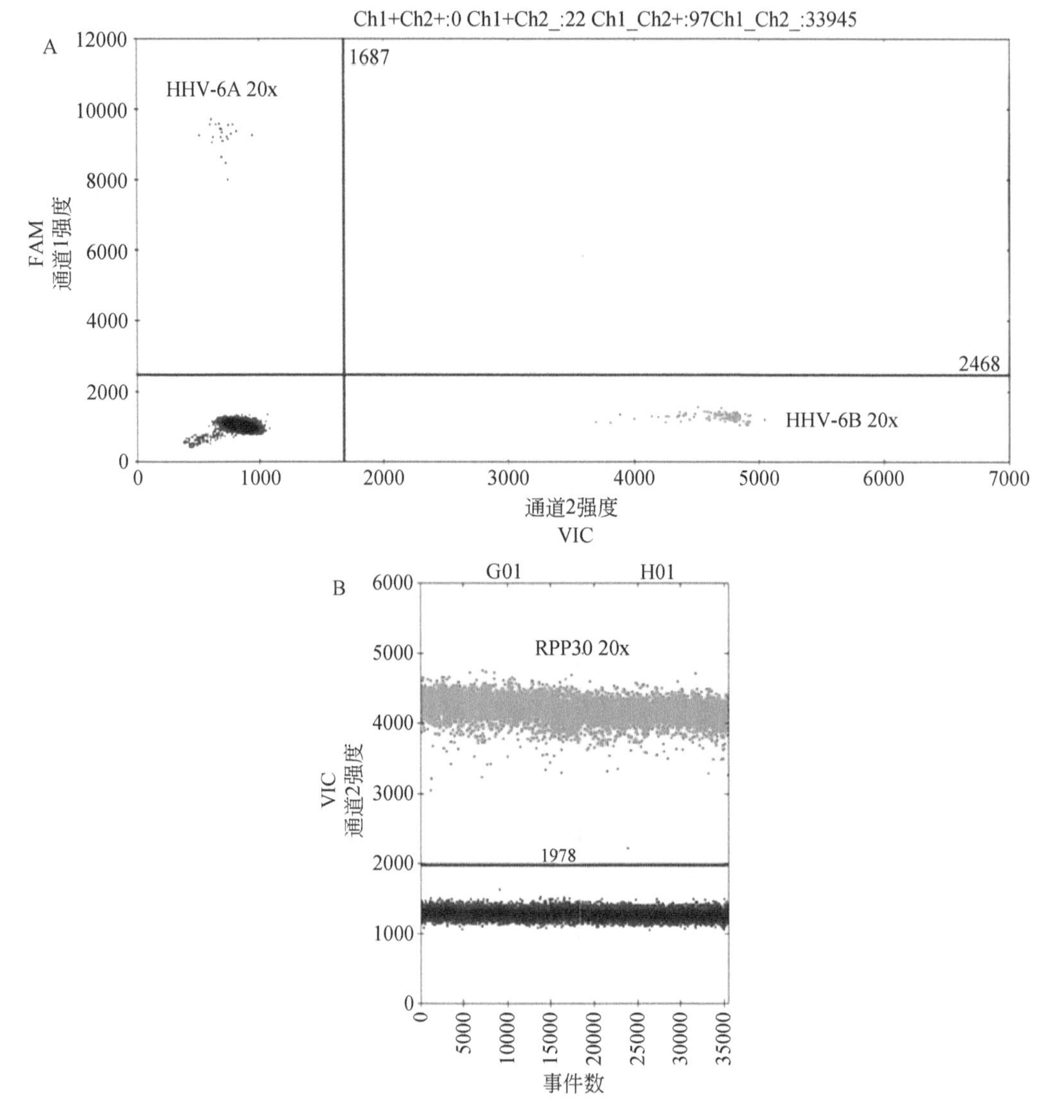

图 6-1　HHV-6A 和 HHV-6B 双重检测。A. 采用 HHV-6A 20× 和 HHV-6B 20× 的 ddPCR 二维微滴分布图。HHV-6A 在 FAM 通道，阳性微滴群位于左上象限。HHV-6B 在 VIC 通道，阳性微滴群位于右下象限。B. 采用 RPP30 20× 所产生的 ddPCR 一维微滴分布图

6.3.1　DNA 提取

1. 使用合适的 Qiagen 试剂盒对消化后的样本进行 DNA 提取，参照试剂盒说明书进行。

2. 使用 Nanodrop 2000 UV-Vis 分光光度计得到 DNA 的浓度。DNA 的浓度会随着样本类型而变化，从脑脊液细胞、血清或唾液中获取的量通常小于 10ng/μl。

6.3.2　反应设置

1. 计算超混液和消化混合液中各自包含的试剂量（见 6.4“注意事项”中的第 9 条）。

（1）对于每个孔，消化混合液包含以下物质。

• 3.65μl 水。
• 1μl 10× NEB 缓冲液。
• 0.1μl BSA。
• 0.25μl 限制性内切酶（20U/μl）。

（2）对于每一个孔，双重超混液包含（图 6-1）以下物质。

• 12.5μl 2× ddPCR 探针超混液（见 6.4“注意事项”中的第 10 条）。
• 1.25μl 20× FAM 引物－探针混合液。
• 1.25μl 20× VIC 引物－探针混合液。

（3）对于每一个孔，三重超混液包含（图 6-2）以下物质。

• 11.25μl 2× ddPCR 探针超混液（见 6.4“注意事项”中的第 10 条）。
• 1.25μl 20× FAM 引物－探针混合液。
• 1.25μl 20× VIC 引物－探针混合液。
• 1.25μl 10× VIC 引物－探针混合液（见 6.4“注意事项”中的第 11 条）。

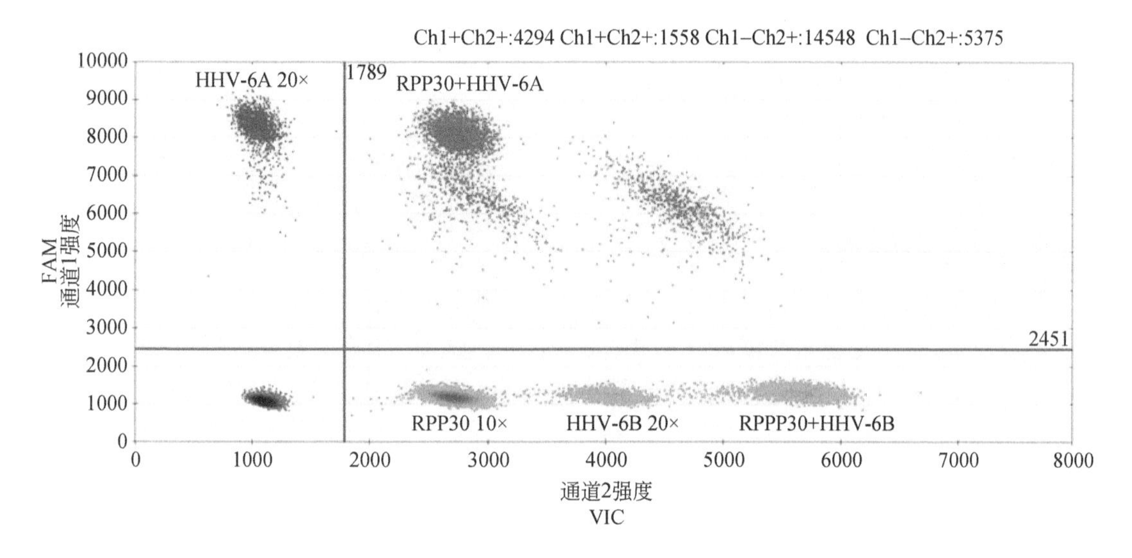

图 6-2　HHV-6A、HHV-6B 和 RPP30 的三重检测。通过使用不同浓度的引物 / 探针浓度，RPP30（10×）和 HHV-6B（20×）可以同时使用，在 VIC 通道、VIC 阳性微滴群之间可以清楚地分开。RPP30 和 HHV-6A 双阳性或 RPP30 和 HHV-6B 双阳性的群体也可以分开。应该使用单个引物－探针设置来确认右上象限未标记群体的 RPP30/HHV-6A/HHV-6B 特异性

2. 计算每一份 10× 或 20× 混合液中引物和探针的量（序列已列在表 6-1 中）。

（1）对于 100μl 的 20× 引物－探针混合液（见 6.4“注意事项”中的第 12 条）。

• 18μl 引物 1（100μmol/L）。
• 18μl 引物 2（100μmol/L）。
• 5μl 探针（100μmol/L）。
• 补 PCR 级水至 100μl。

表 6-1　引物和探针序列

	上游引物（5'—3'）	下游引物（5'—3'）	探针序列[a]（5'—3'）	探针荧光[b]	探针猝灭基团
HHV-6A[7]	CCGTGGGATCGTCTAAAATTATAGATGT	CCACACTGTCCGGACGGATAA	CTGGAACTGTATAATAGG	6-FAM	MGBNFQ
HHV-6B[7]	CCGTGGGATCGTCTAAAATTATAGATGT	CCACACTAGTCCGGACGGCTAA	CTGGAGCTGTACAACAG	VIC	MGBNFQ
RPP30[2]	GATTTGGACCTGCGAGCG	GCGGCTGTCTCACAAGT	CTGACCTGAAGGCTCT	VIC	MGBNFQ

a 见 6.4“注意事项”中的第 20 条。b 见 6.4“注意事项”中的第 8 条。

（2）对于 100μl 的 10× 引物－探针混合液（见 6.4“注意事项”中的第 13 条）。

- 9μl 引物 1（100μmol/L）。
- 9μl 引物 2（100μmol/L）。
- 2.5μl 探针（100μmol/L）。
- 补 PCR 级水至 100μl。

6.3.3　样本的消化

在实验开始前，打开热封仪和 PCR 热循环仪，设定加热混匀仪器至 37℃。

1. 将 DNA 样本稀释至所需浓度（见 6.4“注意事项”中的第 2 条）。

2. 对于每一个样本重复，在微离心管中加入 5μl 稀释后的 DNA（ddPCR 的推荐 DNA 浓度为 30ng/μl）。例如，如果样本需要一个复孔，则加入 10μl 的 DNA。

3. 根据 6.3.1 中的计算，在另外一个微离心管中准备消化混合液。消化混合液包含 PCR 级水、NEB 2.1 缓冲液和 *Hin*d Ⅲ限制性内切酶。

4. 按照 1 ∶ 1 的比例将 DNA 加入到消化混合液中。例如，将 10μl 的消化混合液加到 10μl 的 DNA 中，涡旋混匀。

5. 在 37℃的条件下混匀孵育（转速大约 300 转 / 分）30 分钟。

6.3.4　ddPCR 超混液的准备和分装

在消化 DNA 的同时可以准备 ddPCR 的超混液。因为探针有荧光，要确保将灯关闭。

1. 为每一个样本标记一个微离心管。

2. 根据 6.3.1 中的计算，在另外一个离心管中配制 ddPCR 的超混液。包括 2×ddPCR 探针超混液和适当的 10× 或 20× 的引物－探针混合液。

3. 分取 30 μl 的 ddPCR 超混液分装到每一个标记的管子中。置于 4℃并避光备用。

6.3.5　消化后 DNA 的稀释及与 ddPCR 超混液的组合

1. 采用 PCR 级水，按照 1 ∶ 2.5 的比例稀释消化后的 DNA。例如，将 30μl PCR 级水加到 20μl 消化反应液中（包含在 6.3.2 中加入的 10μl 消化混合液和 10μl DNA）（见 6.4“注意事项”中的第 14 条）。

2. 向含有 30μl 超混液的离心管中加入 20μl 稀释后的消化 DNA。这个体积足够一份样本的复孔检测。弃去任何剩余的消化后 DNA、稀释后 DNA。

6.3.6　微滴生成

1. 准备好一个带有洁净的一次性使用 DG8 芯片的夹具。

2. 缓慢地将 20μl DNA/ddPCR 超混液加入微滴生成芯片的样本孔中，在其余不包含 DNA-ddPCR 超混液的任何孔中加入 20μl 1× 探针对照缓冲液。

3. 芯片上的 8 个样本孔都加满之后，缓慢地向芯片的油孔中加入 70μl 用于探针的微滴生成油。

4. 将 DG8 胶垫覆盖固定在芯片上，将其放置在 QX100 微滴生成仪中，关闭仪器盖（见 6.4“注意事项”中的第 15 条）。

5. 当绿色指示灯停止闪烁后，将芯片从夹具中取出，弃去胶垫。后续不使用微滴生成仪时将其关闭。

6. 手工查看并确保安装在 50μl 多通道移液器上的 200μl 吸头足够牢固。非常缓慢地（超过大约 10 秒）从每个孔的中央吸取生成后的微滴，避免任何的快速移动和操作，将气泡最少化（见 6.4“注意事项”中的第 16 条）。

7. 将微滴缓慢地（超过大约 5 秒）分配至 96 孔板的一列中，将吸头的尖端轻轻贴于每个孔的内壁（见 6.4“注意事项”中的第 17 条）。

8. 对后续的 DNA- 超混液样本重复步骤 1 ～ 7（见 6.4“注意事项”中的第 18 条）。

9. 当所有样本都转化为微滴后，将包含微滴的 96 孔板放入热封仪中。

10. 根据说明，将可穿透的热封箔按正确的方向放在板上并对齐，用力按下 5 秒。将板旋转 180° 后再次热封 5 秒。

6.3.7　PCR

PCR 应该按照变温 2℃ /s 的速度进行操作，以便整个微滴油混合物有更好的热传导。热循环仪的条件如下（见 6.4“注意事项”中的第 19 条）[2]。

1. 95℃ × 10 分钟（1 个循环）。

2. 94℃ × 30 秒，59℃ × 60 秒（40 个循环）。

3. 98℃ × 10 分钟（1 个循环）。

4. 12℃ 维持。

5. 扩增后，将孔板放置在 QX100 微滴阅读仪中进行分析。切勿拆下热封箔。

6.3.8 QuantaSoft^{TM} 模板的准备

当孔板在 PCR 热循环仪时，可以使用 Bio-Rad 的 QuantaSoft 软件来设置模板。

1. 选择“新的（New）”孔板，在一个孔中双击，开始模板的设置。

2. 突出显示所有指定的列，在超混液的下拉菜单中选择“ddPCR 探针超混液”。

3. 在每个通道中输入引物/探针的名称与浓度（10× 或 20×）。每个通道的类型选择“未知（Unknown）”。

4. 点击“应用（Apply）”，确保每个通道的“U”符号出现在每个孔中。

5. 保存孔板信息。

6. 热循环之后，将 96 孔板放置于读取仪中。选择“运行（Run）”，设置孔板的读取按照每列的形式进行，并为每个通道选择合适的荧光。

6.3.9 数据分析

1. 为计算在全血、PBMC 或组织中的 HHV-6 病毒载量，使用参考基因 RPP30 的拷贝数将 HHV-6 的拷贝数标准化，最终数据展示为拷贝 /10^6 细胞。在标准化之前需将 RPP30 的拷贝数除以 2，因为每个二倍体细胞中有两个 RPP30 拷贝。

2. 计算在唾液、脑脊液上清液或血清中的 HHV-6 病毒载量时，不使用参考基因 RPP30 的拷贝数对 HHV-6 的拷贝数进行标准化，最终数据展示为拷贝 / 毫升原始样本。这种计算方式必须考虑用于 DNA 提取的样本体积和整个 ddPCR 过程中 DNA 的稀释。

3. 通过采用具有单个（即不是多重）引物 - 探针组合的阳性和阴性质控来确定每个引物 / 探针的阳性群体。

6.4 注意事项

1. 我们使用 Eppendorf DNA LoBind 管来提高 DNA 的回收率，并且降低板内和板间的差异。

2. 对于进行复孔检测的样本，最佳的 DNA 浓度为每孔 100ng。DNA 的输入量不应超过每试验 350ng（n=2，即 2 个孔）。如果进行复孔检测，换算成 DNA 浓度后的输入量应＜ 35ng/μl（每孔 5μl，或总投入量为 10μl）。通常对从组织或细胞中提取的 DNA 进行稀释，而对于无细胞成分（如唾液、脑脊液、血清或血浆）中提取的 DNA 则不使用。通常会选择进行复孔检测，如果需要更高的敏感性，也可以运行更多孔（2 的倍数）。

3. 我们使用的是 Eppendorf twin.tec 96 孔板。

4. 单通道的移液器用于转移 DNA-ddPCR 超混液的混合液至微滴生成芯片的样本孔。

5. 8 通道的移液器用于从微滴生成芯片的微滴孔中将微滴转移至 96 孔板的一个纵列中。

6. 8 通道的移液器用于将试剂槽中的微滴生成油转移至微液滴生成芯片的油孔中。

7. 为了保证在同一个通道中使用多种引物与探针的混合物，必须改变浓度。例如，10× 和 20×。这确保在一个确定的通道上的阳性微滴群可以被分开。建议对每一套引物 -

探针组合在 10× 和 20× 进行浓度测试，以确定最佳的分离效果。

8. HEX 可以被 VIC 替代。HEX 染料可以与 QuantaSoft 软件的最新版本（v1.7.4 及以上）兼容。

9. 当计算消化液和 PCR 超混液的混合体积时，需额外增加 10% ～ 20% 的量，以补偿移液和管子转移过程中的损失。

10. PCR 反应中的终浓度：1× 的超混液，1× 的 20× 引物－探针混合液，0.5× 的 10× 引物－探针混合液。

11. 对于每个检测，应该确定小于 20× 的引物 / 探针浓度。我们确定 10× 的引物－探针混合液是 HHV-6B 和 RPP30 分离的最佳选择。然而，其他引物－探针混合液可能会需要不同的序列，因此推荐对引物－探针混合液的浓度进行测试，以确定提供最佳分离的浓度。

12. 对于一个 20× 引物－探针混合液，终浓度为每条引物 900nmol/L、探针 250nmol/L。

13. 对于一个 10× 引物－探针混合液，终浓度为每条引物 450nmol/L、探针 125nmol/L。

14. 稀释的目的是减少消化缓冲液中可能会干扰 PCR 扩增的成分。

15. 液滴生成芯片夹具应该锁定在 QX100 微滴生成仪中的一个安全位置上。绿灯表示操作成功。如果芯片夹具或芯片内的样品出现了问题，则琥珀色指示灯可能会闪烁。可执行以下一项或几项来解决琥珀色指示灯的闪烁情况：①确认油孔中有油；②使用乙醇浸湿的纸巾擦拭微滴生成芯片和 QX100 微滴生成仪的底部；③在当前的芯片上放一个新的胶垫；④将样本转移至新的芯片中。

16. 从芯片中回收微滴的一个技巧是将移液器的吸头降低至孔中的凹陷处，并非常缓慢地吸出内容物（液滴呈浑浊样）。这么做的目的是尽量减少空气的吸入，因为气泡的产生会导致微滴被切割并降低数据质量。

17. 将移液器的吸头呈 45° 角并且慢慢地（每滴间隔超过大约 10 秒）释放微滴，目的是最大限度地减少对微滴的切割。如果每个孔中的微滴数目太少，由于没有足够的微滴进行自动分析，QuantaSoft 软件将不会显示浓度。可接受的微滴数应大于 10 000；然而根据我们的经验，至少为 15 000 个微滴时才能获得最好的数据。

18. 在微滴生成过程中我们使用移液器吸头的芯片覆盖 96 孔板，以防止样本间的污染和微滴生成油的挥发。

19. 对于新的引物－探针组合，需运行一个热循环梯度，以寻找最佳的退火温度。

20. 一组引物被用于扩增两种病毒，而探针对每种病毒是特异的。这种类似 SNP 的检测设计使得不同的扩增之间的敏感性和动力学具有可比性，从而以较高的特异性将 HHV-6A 和 HHV-6B 分开。

参 考 文 献

1. Brunetto S, Massoud R, Leibovitch E et al（2014）Digital droplet PCR（ddPCR）for the precise quantification of human T-lymphotropic virus 1 proviral loads in peripheral blood and cerebrospinal fluid of HAM/TSP patients and identification of viral mutations. J Neurovirol 20:341–351

2. Hindson B, Ness KD, Masquelier DA et al（2011）High-throughput droplet digital PCR system for absolute quantification of DNA copy number. Anal Chem 83:8604–8610

3. Pinheiro L, Coleman V, Hindson C et al（2012）Evaluation of a droplet digital polymerase chain reaction

format for DNA copy number quantification. Anal Chem 81:1003–1011

4. Agut H, Bonnafous P, Gautheret-Dejean A（2015）Laboratory and clinical aspects of human herpesvirus 6 infections. Clin Micrbiol Rev 28:313–335
5. TheodoreW, Epstein L, Gaillard W et al（2008）Human herpes virus 6B: a possible role in epilepsy? Epilepsia 49:1828–1837
6. Yao K, Honarmand S, Espinosa L et al（2009）Detection of human herpesvirus-6 in cerebrospinal fluid of patients with encephalitis. Ann Neurol 65:257–267
7. Leibovitch E, Brunetto G, Caruso B et al（2014）Coinfection of human herpes virus 6A（HHV-6A）and HHV-6B as demonstrated by novel digital droplet PCR assay. PLOS One. https://doi.org/10.1371/journal.pone.0092328
8. Ablashi D, Agut H, Alvarez-Lafuente R et al（2014）Classification of HHV-6A and HHV-6B as distinct viruses. Arch Virol 5:863–870
9. De Bolle L, Van Loon J, De Clercq E et al（2005）Quantitative analysis of human herpesvirus 6 cell tropism. J Med Virol. 75:76–85
10. Gautheret-Dejean A, Agut H（2014）Practical diagnostic procedures for HHV-6A, HHV-6B, and HHV-7. In: Flamand L, Lautenschlager I, Krueger G, Ablashi D（eds）Human herpesviruses HHV-6A, HHV-6B & HHV-7, 3rd edn. Elsevier, Amsterdam, Netherlands, pp9–34
11. Sedlak R, Cook L, Huang M et al（2014）Identification of chromosomally integrated human herpesvirus 6 by droplet digital PCR. Clin Chem 60:765–772
12. Sedak H, Hill J, Nguyen T et al（2016）Detection of HHV-6B reactivation in hematopoietic cell transplant recipients with inherited chromosomally integrated HHV-6A by droplet digitial PCR. J Clin Microbiol pii:JCM.03275-15

第 7 章

脑脊液中的生物标志物：通过数字 PCR 分析游离循环线粒体 DNA

Petar Podlesniy，Ramon Trullas

摘要：脑脊液（cerebrospinal fluid，CSF）中包含一些与大脑功能直接相关的分子物质，因为这些物质能够弥散在大脑组织中。最近，在神经退行性疾病的诊断中推荐对 CSF 中的蛋白质生物标志物进行分析，但其临床敏感性和特异性仍在研究中。其中，最主要的不足之处是用于神经退行性疾病检测的生物标志物通常是蛋白质，这些蛋白质分子在 CSF 样本中的浓度很低，并且需要通过免疫学分析得到相对的检测值，但它们有时难以在不同实验室中得到重复。相比之下，近期数字 PCR 平台的出现使得单分子尺度的核酸绝对定量成为可能，但这些技术平台在 CSF 中的应用尚未有具体描述。CSF 中含有游离线粒体 DNA（mitochondrial DNA，mtDNA），并且其浓度的变化与神经退行性疾病相关。本章描述了一种基于水解探针或 DNA 结合荧光染料的微滴数字 PCR 方法，用于未纯化 CSF 样本中游离 mtDNA 含量的检测。该方法能够以高度的分析敏感性、特异性和准确性进行 CSF 样本中 mtDNA 含量的检测和绝对定量。

关键词：线粒体 DNA；微滴数字 PCR；脑脊液；抑制剂耐受性

7.1 引言

脑脊液弥散在脑组织中，能够直接反映发生在大脑中的生化过程，这得益于血脑屏障限制了大脑中的分子向其他部位的自由流动，反之亦然。因此，对于脑部疾病来说，CSF 被认为是检测和鉴定新型生物标志物的最佳体液[1]。目前，CSF 生物标志物的诊断应用虽然已被推荐用于神经退行性疾病的临床前诊断[2]，但仍然需要进一步研究、验证和标准化[3,4]。当下对缺乏生物标志物证据的不同神经认知疾病亚型的诊断是非常困难的，因为很多这类疾病均表现出痴呆的类似临床症状。此外，这些疾病大多数会出现历时数十年的长期临床前阶段。临床前的诊断通常依赖于分子生物标志物，这些分子生物标志物通常被推测与疾病潜在的病理生理学有关。但是，大多数神经认知和神经精神疾病背后的分子机制仍然不清楚，这不仅阻碍了疾病的诊断，也影响了能够改变疾病进程的药物的发现。

目前，CSF 中被用于神经退行性疾病临床前诊断的病理生理学标志物是一些蛋白质分子，包括淀粉样蛋白 β1-42（amyloid beta 1-42，Aβ1-42）、牛磺酸总水平（total levels of tau，t-Tau）、磷酸化的牛磺酸（phosphorylated tau，p-Tau）、α - 突触蛋白和 14-3-3 蛋白。诊断中使用这些蛋白生物标志物最主要的一个困难是，它们中的某些蛋白在体液中的浓度非常低，接近目前可用的蛋白检测技术的分析敏感性范围的下限 [5]。此外，在临床分析中，体液蛋白检测的一个主要挑战是无法获得在不同实验室间具有可重复性和可比较性的绝对数值，这主要是因为蛋白质定量依赖抗体免疫检测，而这类检测需要参考一个外部标准，其定量需要与一个标准校对曲线进行比较，而该曲线在各个实验室之间通常是不一样的。另外一个不足之处就是用于蛋白分析的抗体在不同批次间可能差异显著。例如，抗体识别的抗原表位通常是未知的，不同多克隆抗体所识别的目标表位明显不同，当使用单克隆抗体时，不同批次间抗体的质量可能不同。造成体液中蛋白定量变化的另外一个常见原因是样本提取、处理及长期储存会造成不同程度的蛋白质完整性改变。所有这些因素都会在对 CSF 或其他体液样本中的蛋白质进行定量检测时引入相当数量的变量，降低不同实验室间的重复性。

为了解决 CSF 样本中蛋白质定量相关的技术难题，我们决定将检测重点从蛋白质转为脱氧核糖核酸（deoxyribonucleic acid，DNA），因为后者在样本操作或长期储存过程中不容易降解。选择检测 mtDNA 是因为我们假设 CSF 中 mtDNA 的含量变化可作为脑损伤或脑代谢的一个指标。基于这一假设，发现在 CSF 样本中 mtDNA 含量的降低是临床前阿尔茨海默病的生物标志物 [6]。

作为 CSF 中的生物标志物，mtDNA 检测比蛋白质检测有几个优点。理论上，完整 mtDNA 的环状特性使其更能抵抗可能存在于 CSF 和其他体液样本中潜在的内切酶降解作用。在诊断中，mtDNA 相比蛋白质的另一个优势是前者可以通过 PCR 扩增技术进行检测和定量，该技术比免疫分析方法拥有更高的分析敏感性和特异性。事实上，dPCR 的出现使得目标序列在单分子尺度上核酸含量的精准检测和绝对定量成为可能 [7-8]。这是通过以下方式实现的：在大量的样本分隔中进行终点 PCR 反应并应用泊松分布分析阳性分隔的比例来进行定量。dPCR 所提供的进行绝对定量的能力避免了使用外部参考标准品，显著提高了生物标志物测量的重复性和再现性。此外，这里所介绍的通过 dPCR 方法对 CSF 中 mtDNA 含量进行检测的一个优势是无须对 CSF 样本进行预先提取或处理，因为我们发现 CSF 中抑制分子的出现不会显著影响 dPCR 的终点定量（图 7-1C、D）。dPCR 的另一个优势是敏感性高，因为相比于 qPCR，dPCR 对低浓度目标序列具有更高的检测精准性。

ddPCR 结合了所有 dPCR 技术的优势，它将反应分隔到油包水的微滴中并对 PCR 终点扩增的阳性微滴比例进行分析 [9,10]。在这里，描述了一种基于水解探针或 DNA 结合荧光染料的 ddPCR 方法，用于未纯化 CSF 样本中游离循环 mtDNA 含量的直接检测，所用的引物可以形成 85 个碱基对的扩增产物（mtDNA-85）。CSF 样本的一个常见问题是某些样本可能会被细胞污染，它们会造成游离 mtDNA 的错误检测。为了解决这个问题，在一个多重 ddPCR 检测中，水解探针的方案包括游离 mtDNA 和核基因的同时检测，采用

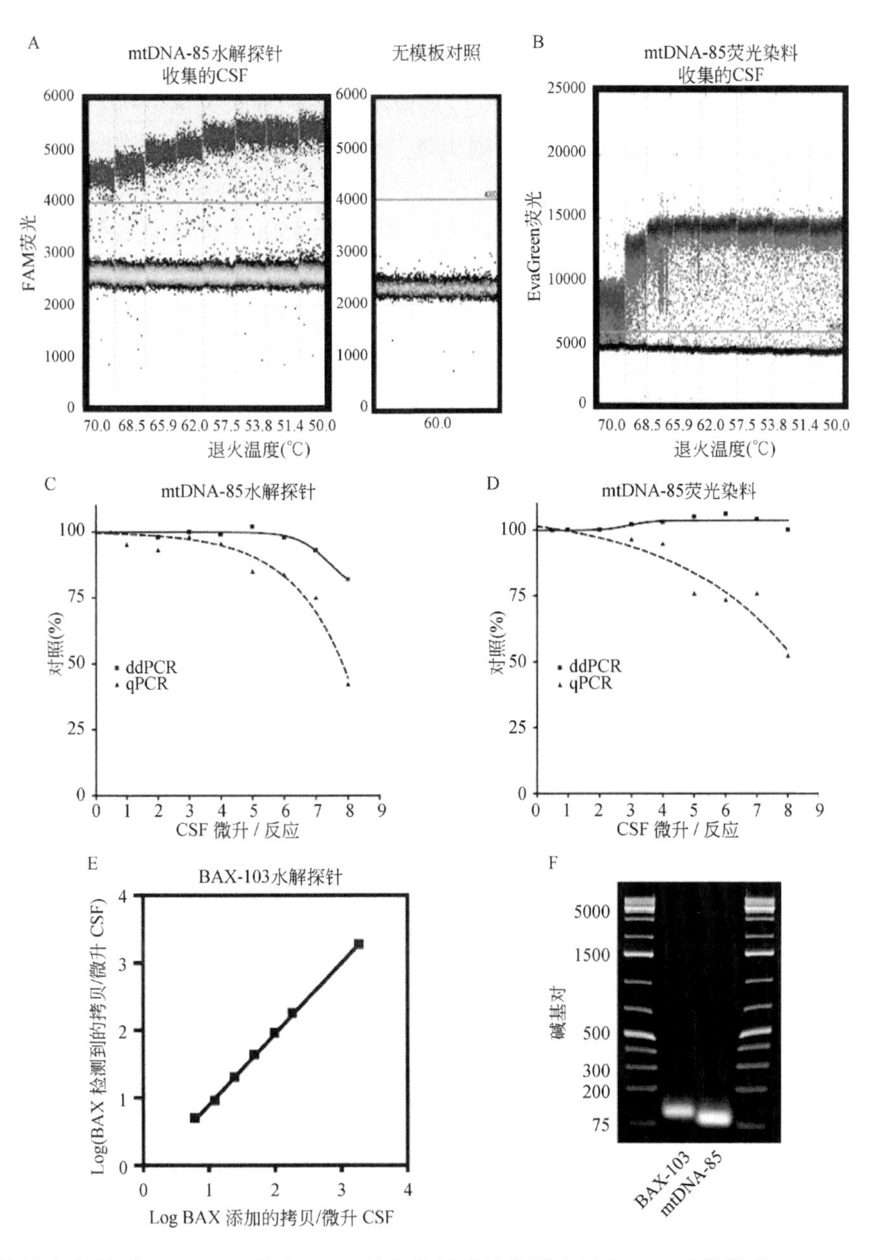

图 7-1　采用水解探针或 EvaGreen 荧光 DNA 结合染料直接分析未纯化 CSF 中的游离 mtDNA：ddPCR 和 qPCR 的比较。通过从几例受试者中收集的 CSF 样本对检测条件进行研究。A、B 使用水解探针（A）或 EvaGreen 荧光 DNA 结合染料（B）在一个扩增 85 个碱基对 mtDNA 扩增产物（mtDNA-85）的 ddPCR 反应中进行温度梯度优化测试。对于 EvaGreen，阳性（上部）和阴性（下部）微滴在 66℃时出现最大分离，在 50 ～ 66℃保持稳定。然而对于水解探针检测，在接近 60℃时达到最大分离，向下至 50℃都保持稳定。无论是双重还是单重形式，我们在两种检测中都选择 60℃作为最高退火温度。在 NTC 中没有明显的阳性微滴（上部）。在水解探针法（C）和 EvaGreen 荧光染料法（D）中，采用 ddPCR（方形点、实线）或 qPCR（三角形点、虚线）研究 PCR 反应中 CSF 体积的影响。与 qPCR 相比，在 PCR 反应中加入高达 6μl 的 CSF 并不会抑制 ddPCR 检测。E. 将已知不同浓度的 Bax-103 纯化扩增产物添加到收集的 CSF 样本中，对 ddPCR 直接检测 CSF 样本中 mtDNA 的准确性和线性进行了测试。在高达 3000 拷贝 / 微升的浓度范围内，CSF 中 mtDNA 的直接检测都符合线性模型（r^2=0.999）。在这些条件下的检测极限少于 1 拷贝靶点 / 微升 CSF，其信号高于无模板对照平均噪声的 95% 置信区间。F. 琼脂糖凝胶的典型图像显示了 75 ～ 20 000 碱基对的 DNA 梯形条带，以及在 CSF 样品中获得的 Bax-103（泳道 1）和 mtDNA-85（泳道 2）扩增产物

mtDNA-85 引物与其他引物联合，该引物的扩增产物为 103 个碱基对（BAX-103），对应的是凋亡调节因子 BAX 的 α 亚型。或者，其他单拷贝核基因也可以用于该目的。如果每微升 CSF 样本中至少有一个拷贝的核基因出现，则表示样本已被基因组 DNA 污染，会从分析中予以排除。

采用我们的方案通过 ddPCR 反应扩增 CSF 中的 mtDNA，其鉴定结果显示，无论是水解探针法（图 7-1A）还是荧光染料法（图 7-1B），能够使阳性微滴和阴性微滴达到最大分离的最佳温度是 60℃。对 BAX-103 进行扩增的最佳温度也是 60℃（数据未展示），这使得采用水解探针对该核基因和 mtDNA 进行多重检测成为可能。在 CSF 中的因子不会抑制扩增的情况下，20μl 的 ddPCR 总反应体系中能够加入的未纯化的 CSF 样本体积可以达到 6μl。相比之下，这个体积的 CSF 却会显著抑制（约 25%）qPCR 反应（图 7-1C、D）。在 ddPCR 方案中，选择使用 4.5μl CSF，因为我们发现这个体积提供了最高的信号强度，扩增抑制的可能性最低。为了验证当单个 CSF 样本中含有高浓度的潜在抑制剂时这个体积的 CSF 抑制反应的可能性，我们检测了一些受试者的 CSF 样本，这些受试者处在急性神经退行性疾病的晚期，这些样本中包含很高浓度的神经元死亡生物标志物，如 Tau（图 7-2D、E）。尽管这些样本中 Tau 和可能的许多其他蛋白的浓度存在大约两个数量级的差异，但是我们发现在这些样品和相应的对照样本中，ddPCR 反应的结果并没有显著差异。在 Tau 低浓度和高浓度的样本中，都能很好地分离阳性和阴性微滴簇，这证明 ddPCR 反应并无抑制作用。此外，在 Tau 低浓度和高浓度的样本中，阳性微滴 FAM 荧光的平均绝对值相近，这表明 PCR 扩增在两个反应中都达到了相似的终点，因此样本中没有差异性改变 PCR 的抑制因子（图 7-2D、E）。

向收集的 CSF 样本中加入已知不同浓度的纯化 PCR 扩增产物，由此来评估用我们的方法检测 CSF 中 mtDNA 和 BAX 浓度的动态范围、线性、准确性及敏感性。对 4.5μl CSF 样本中的 mtDNA 和 BAX 进行检测的线性可以达到 3000 拷贝 / 微升 CSF，表明在此 ddPCR 反应的条件下，CSF 样本中的抑制剂对 mtDNA 和 BAX 的多重检测无影响，正如在收集的 CSF 样本中添加 BAX 拷贝的检测所证实的一样（图 7-1E）。此 ddPCR 反应的检测限接近每个反应 3 个拷贝靶点的理论检测限，相当于每微升 CSF 样本中少于 1 个拷贝靶点，且其信号高于无模板对照平均噪声的 95% 置信区间。琼脂糖凝胶电泳证实，实验中所使用的 ddPCR 反应条件对于 Bax-103 和 mtDNA-85 引物组合可以分别产生相应的 103 个和 85 个碱基对的单一扩增产物（图 7-1F）。

7.2 材料

7.2.1 采用水解探针的 ddPCR

1. 靶向 mtDNA 的正向引物、反向引物及水解探针（见 7.4“注意事项”中的第 1 条）。正向：mtDNA-85F（5'-CTCAC TCCTTGGCGCCTGCC-3'）；反向：mtDNA-85R（5'-GGCGGTTGAGGCGTCTGGTG-3'）；水解探针：FAM-mtDNA-85P[6- 羧基二乙酸荧光素（FAM）-5'-CCTCCAAATCACCACAGGACTATTCCTAGCCATGCA-3'- 黑洞猝灭基团 1（BHQ-1）]。

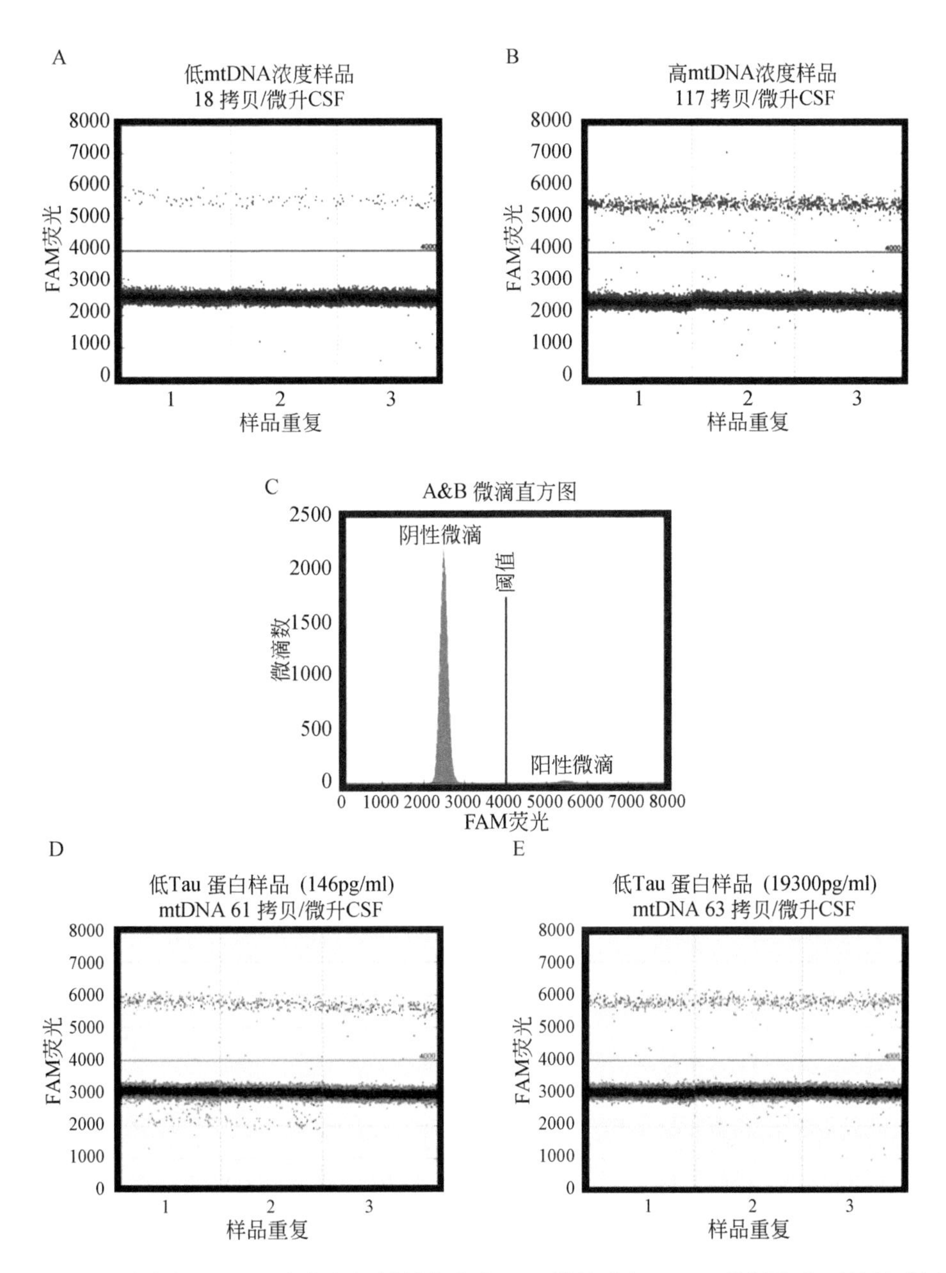

图 7-2　对含有不同浓度 mtDNA 或潜在抑制剂的多个 CSF 样品进行 ddPCR 分析的典型结果示例。采用 mtDNA-85 混合液和水解探针的 ddPCR 流程对 4.5μl CSF 样品中的 mtDNA 含量进行了检测。一个含有低浓度 mtDNA 的 CSF 样品（A）和另一个含有高浓度 mtDNA 的 CSF 样品（B）进行 3 次平行检测的典型一维散点图。重复实验间具有良好的重复性。mtDNA 的浓度不会影响阳性微滴（上部）和阴性微滴（下部）的明确分离。此外，重复实验中阳性 / 阴性微滴的比例是相当的。在 4000 荧光单位处绘制的直线代表了用于定义阳性和阴性微滴的阈值。C 为 A 和 B 所示的检测中阳性和阴性分隔总数的直方图。通过在两个微滴分隔之间选择一个点来确定阈值。例如，将阴性微滴的荧光均值与阳性微滴的荧光均值相加然后除以 2。一个含有低浓度 Tau 蛋白（D）的 CSF 样品和另外一个含有高浓度 Tau 蛋白（E）的 CSF 样品进行 3 次平行检测的典型一维散点图。除了不同水平的 Tau 蛋白外，这两个样品还可能含有不同数量的其他潜在抑制剂。两个样本均展示出了相近的 mtDNA 浓度、相近的阳性及阴性微滴簇的荧光值，显示了 ddPCR 对出现潜在 PCR 抑制剂的耐受情况

2. 靶向单拷贝核基因如 BAX 的正向引物、反向引物及水解探针。正向：BAX-103F（5'-TTCATCCAGGATCGAGCAGG-3'）；反向：BAX-103R（5'-TGAGACACTCGCTCAGCTTC-3'）；水解探针：HEX-BAX-103P[6- 羧基 -2',4,4',5',7,7'- 六氯荧光素（hexachlorofluores，HEX）-5'-CCCGAGCTGGCCCTGGACCCGGT-3'-BHQ-1]（见 7.4“注意事项”中的第 2 条和第 3 条）。

3. ddPCR 探针超混液（无 dUTP）（目录号 186-3023）（Bio-Rad）。

4. 用于探针的 ddPCR 微滴生成油（目录号 186-3005）（Bio-Rad）。

7.2.2　采用 DNA 结合荧光染料的 ddPCR

1. 靶向 mtDNA 的正向引物和反向引物（见 7.4“注意事项”中的第 1 条）。正向：mtDNA- 85F（5'-CTCACTCCTTGGCGCCTGCC-3'）；反向：mtDNA-85R（5'-GGCGGTTGAGGCGTCTGGTG-3'）。

2. 靶向单拷贝核基因如 BAX 的正向引物和反向引物。正向：BAX-103F（5'-TTCATCCAGGATCGAGCAGG-3'）；反向：BAX-103R（5'-TGAGACACTCGCTCAGCTTC-3'）。

3. QX200™ ddPCR EvaGreen 超混液（目录号 186-4033）（Bio-Rad）（见 7.4“注意事项”中的第 3 条）。

4. QX200™ ddPCR 用于 EvaGreen 的微滴生成油（目录号 186-4005）（Bio-Rad）。

7.2.3　采用 ddPCR 检测 CSF 的常规材料

1. CSF 样本（见 7.4“注意事项”中的第 4 条）。

2. 校准的微量移液器和低残留无菌滤芯吸头（Biotix）（见 7.4“注意事项”中的第 5 条）。

3. 聚丙烯 PCR 管（0.2ml）。

4. 涡旋混合器。

5. 微型离心机（5000 × *g*）。

6. 用于 QX200™/QX100™ 微滴生成仪的 DG8™ 芯片（目录号 186-4008）（Bio-Rad）。

7. DG8 ™芯片夹具（目录号 186-3051）（Bio-Rad）。

8. 用于 QX200™/QX100™ 微滴生成仪的 DG8™ 垫片（目录号 186-3009）（Bio-Rad）。

9. 带有宽口吸头的多通道电子移液排枪（见 7.4“注意事项”中的第 6 条）。

10. Eppendorf twin.tec®96 孔半裙边 PCR 板（目录号 0030 128.XXX）（Eppendorf）。

11. PX1™ PCR 板密封机（目录号 186-4000）（Bio-Rad）。

12. 可穿透的热封箔（目录号 181-4040）（Bio-Rad）（见 7.4“注意事项”中的第 7 条）。

13. C1000 Touch™ 温度循环仪，带有 96 深孔反应模块（目录号 185-1197）（Bio-Rad）。

14. ddPCR 读取油（目录号 186-3004）（Bio-Rad）。

15. QX200™ ddPCR 系统（目录号 186-4001）（Bio-Rad）。

16. QuantaSoft™ 软件（目录号 186-4011）（Bio-Rad）。

7.3　方法

7.3.1　样本采集与处理

在取得患者知情同意后，应按照标准操作程序收集和处理 CSF 样本。在我们的研究中，CSF 样本来自巴塞罗那医院门诊的阿尔茨海默病和其他认知障碍项目募集的受试者。按照巴塞罗那医院伦理委员会批准的程序，在阿尔茨海默病和其他认知障碍神经病学服务项目的知情同意下采集 CSF。在上午 9 点到 12 点，通过腰椎穿刺采集受试者的 CSF。第一次采集少量 CSF 用于后续检测细胞污染，然后再采集 10ml CSF。将全部体积的 CSF 样本进行离心（2000 × *g*，4℃，10 分钟），之后等分置于 500μl 聚丙烯离心管中，在开始收集之后的 2 小时内要储存到 −80℃。mtDNA 检测在只经过一次融化的未纯化 CSF 中进行。这样会很方便，可以避免使用经过反复冻融的 CSF 样本。但是，我们发现冻融 3 次并不会显著改变 ddPCR 所检测到的 mtDNA 浓度。

7.3.2　dPCR 反应设置与扩增

所有试剂和样本在使用前均放置至室温。简单离心，涡旋充分混匀后再次简单离心，使其正确混匀并收集到管底。

1. 按照表 7-1 所示，在聚丙烯微离心管中配制包含 ddPCR 超混液、寡核苷酸混合物和无核酸酶双蒸水的主混合液，总体积要足够满足每个检测中使用 15.5μl（见 7.4“注意事项”中的第 8 条）。实验中必须设置无模板对照，在主混合液中加入无核酸酶双蒸水而不是 CSF 样本（见 7.4“注意事项”中的第 9 条）。此外，为了检测的准确性，需要设置阳性对照，其中含有已知量的核 DNA 或线粒体 DNA 靶点扩增产物（克隆到载体中或纯化自 PCR 反应）（见 7.4“注意事项”中的第 10 条）。检测鉴定的过程包括评估准确性、敏感性，为 mtDNA 和核 DNA 分别设置阳性微滴和假阳性微滴的阈值。

表 7-1　采用水解探针的 ddPCR 主混合液

组分	初始浓度	终浓度	体积 / 反应（20μl）
ddPCR 探针超混液（无 dUTP）（186-3023）	2 ×	1 ×	10.0μl
溶在水中的寡核苷酸混合物			
mtDNA-85F	18.0μmol/L	0.9μmol/L	1.0μl
mtDNA-85R	18.0μmol/L	0.9μmol/L	
FAM-mtDNA-85P	2.0μmol/L	0.1μmol/L	
BAX-103F	18.0μmol/L	0.9μmol/L	
BAX-103R	18.0μmol/L	0.9μmol/L	

续表

组分	初始浓度	终浓度	体积 / 反应（20μl）
HEX-BAX-103P	6.0μmol/L	0.3μmol/L	
无核酸酶蒸馏水			4.5μl
总体积 / 反应			15.5μl

（1）采用水解探针的 ddPCR 方法被设计为一个多重检测，在同一个反应中同时检测 mtDNA 和 BAX。水解探针的 ddPCR 主混合液组成见表 7-1（见 7.4"注意事项"中的第 11 条）。

（2）采用 DNA 结合荧光染料对 mtDNA 和核基因 BAX 进行的 ddPCR 检测在另外的反应中进行。EvaGreen 荧光染料法的 ddPCR 主混合液组成见表 7-2（见 7.4"注意事项"中的第 8 条）。

表 7-2 采用 EvaGreen 荧光染料的 ddPCR 主混合液

组分	初始浓度	终浓度	体积 / 反应（20μl）
QX200™ ddPCR EvaGreen 超混液（186-4033）	2 ×	1 ×	10.0μl
溶在水中的寡核苷酸混合物			1.0μl
mtDNA-85F	2.0μmol/L	0.1μmol/L	
mtDNA-85R	2.0μmol/L	0.1μmol/L	
或			
BAX-103F	2.0μmol/L	0.1μmol/L	
BAX-103F	2.0μmol/L	0.1μmol/L	
无核酸酶蒸馏水			4.5μl
总体积 / 反应			15.5μl

2. 用 20μl 移液器将 15.5μl 的主混合液转移至 0.2ml 的聚丙烯 PCR 管中（见 7.4"注意事项"中的第 8 条）。

3. 向管中加入 4.5μl 未纯化的 CSF 样本（见 7.4"注意事项"中的第 8 条）。

4. 涡旋使之混匀，简单离心将混合液收集到管底并去除气泡。超混液的黏性和不充分混匀将会导致结果重复性差。

5. 将用于微滴生成的 DG8™ 芯片放到 DG8™ 芯片夹具上。

6. 在 DG8™ 芯片中间的 8 个样本孔中，每个都加入 20μl 的反应混合液（见 7.4"注意事项"中的第 8 条）。

7. 将 70μl 用于探针的 ddPCR 微滴生成油（水解探针法）或 70μl 用于 EvaGreen 的

QX200™ 微滴生成油（DNA 结合荧光染料法）加入到 DG8™ 芯片中邻近样品的油孔中（见 7.4“注意事项”中的第 12 条）。

8. 将用于 QX200™/QX100™ 微滴生成仪的 DG8™ 垫片覆盖到发生芯片上。

9. 将盖好垫片的微滴生成芯片放入 QX200™/QX100™ 数字微滴生成仪中生成微滴（见 7.4“注意事项”中的第 13 条）。

10. 采用电子多通道移液器，设置最低吹吸速度，使用宽口吸头，将 40μl 乳化后的样本转移到 Eppendorf twin.tec®96 孔半裙边 PCR 板中。在吸取乳化的样品时，为避免损坏液滴，应确保移液器保持 15° ～ 30° 的角度。

11. 用可穿透的热封箔盖住 96 孔 PCR 板并放入 PX1™ 封板机中。170℃热封 4 秒。

12. 将 Eppendorf twin.tec®96 孔半裙边 PCR 板放置在 PCR 热循环仪上，该仪器可以调节升降温速率并且兼容深孔。对所有步骤都设置 2℃ /s 的升降温速率。

13. 使用以下 PCR 程序（见 7.4“注意事项”中的第 14 条）：

（1）对于水解探针法

95℃：10min。

40 个循环：

94℃：30s。

60℃：1min。

98℃：10min。

4℃：无限时。

（2）对于染料法（见 7.4“注意事项”中的第 15 条）

95℃：5min。

40 个循环：

95℃：30s。

60℃：1min。

4℃：5min。

90℃：5min。

4℃：无限时。

14. PCR 之后，PCR 板可在热循环仪中过夜或在 4℃存储几天后再进行微滴读取。

7.3.3　数字数据采集

1. 打开 QX200™ddPCR 读取仪电源，让仪器提前预热至少 30 分钟，确保在读取仓中有足够的 ddPCR 微滴读取油。如果仪器超过 1 周没有使用，则需要进行系统初始化。

2. 将 96 孔 PCR 板放在 QX200™ddPCR 读取仪里。

3. 在 PCR 微滴读取软件中引入适当的设定，标明所使用的 PCR 超混液和荧光采集通道（见 7.4“注意事项”中的第 15 条）。

7.3.4　数据分析

1. 当所有样本读取完之后，使用适当的 QuantaSoft 软件打开文件，在实验窗口选择绝对定量方法（absolute quantification method，ABS），然后选中所有样本进行数据分析。

2. 点击“分析（Analyze）”选项，然后点击多孔阈值图标。在荧光图中（图 7-2C）的两个微滴群体之间选择一个点，确定一个阈值能够可靠地将阳性和阴性微滴分离。例如，将阴性与阳性微滴的荧光均值相加然后除以2。将得到的数值输入到阈值设定窗口（见 7.4“注意事项”中的第 16 条）。

3. 通过绝对定量的方法分析阴性微滴与阳性微滴的比例来确定靶点的浓度（见 7.4“注意事项”中的第 17 条）。如果重复检测间的阳性和阴性微滴的荧光均值不均等，则表示微滴生成失败，应该弃去。当一个样本所有复孔的平均荧光显著低于另一个样本的复孔，则表明 PCR 存在抑制作用，它们的数值不能进行比较。

4. 获得每个靶点在每 20μl 反应中的总拷贝数，然后除以反应中加入的 CSF 样本体积（如 4.5μl），就可获得每微升 CSF 中的拷贝数。

7.4 注意事项

1. 这些引物所靶向的 mtDNA 序列不会作为一个核 mtDNA（nuclear mtDNA，Numt）出现在核基因组中。当设计靶向其他 mtDNA 序列的引物时，重要的是要检查这些序列没有相应的 Numt。

2. 标记水解探针的荧光报告基团可以是 FAM 与任何探针中的 HEX 或 VIC 的互换组合。我们选择 FAM 用于 mtDNA，而 HEX 用于 BAX，但是也可以互换。在不久的将来，多通道 dPCR 平台的出现可以进行更多荧光标记组合用于多靶点的检测。选择 BHQ-1 猝灭基团是因为它能够高效地同时猝灭 FAM 和 HEX。我们发现 TAMRA 猝灭基团不能完全猝灭探针荧光，不能清晰地区分阳性和阴性微滴。

3. 荧光标记的寡核苷酸序列和 EvaGreen 超混合液应该长期避光。我们使用铝箔将含有荧光基团的所有管子覆盖。

4. 对腰椎穿刺收集的所有 CSF 样本进行离心后，未纯化的 CSF 应该转移到无菌硅化处理的聚丙烯离心管中，防止 mtDNA 吸附到管壁，将其分装成小份（如 500μl），冻存于 −80℃，避免不同管间的不必要转移或反复冻融。

5. 为保证 CSF 中 mtDNA 检测的准确性和可重复性，有必要使用低残留吸头。低残留吸头能够保证黏性样本如 CSF 的最低样本损耗。对于重复性和再现性，定期校准移液器、以较慢的吸取 / 排出速率进行正确移液的这些技巧是获得低变异系数的关键。

6. 将微滴从 DG8 芯片转移到 PCR 板中时，孔径＞ 1.5mm 的宽口吸头会很方便，有助于防止对微滴的机械损伤。

7. 不能用其他材料替代热封箔，因为有可能损害 ddPCR 微滴读取仪。

8. 我们发现在配制主混合液时，最好所有反应管中多加 10% 体积的溶液，并且每管中分装 17.05μl 主混合液。在这个体积中，同样多加 10% 体积的 CSF 样本（4.95μl）。这是因为在 7.3.2 的第 6 条中，精准地将 20μl 没有气泡的混合液转移到发生芯片的孔中是非常有必要的，但是我们发现如果初始体积刚好为 20μl，那么转移过程中的吸样将很难不产生气泡。

9. 我们发现在每次 ddPCR 反应板中添加几管无模板对照（NTC）是非常重要的，其中含有主混合液及用无核酸酶的双蒸馏水来替代 CSF 样本。NTC 有助于发现是否存在分析材料和试剂的潜在污染。所有程序的操作均需佩戴无菌手套，采用专门用于 PCR 的材料，在只进行 PCR 反应设置的实验区域完成，这一点非常重要。

10. 应小心避免 DNA 标准品对设备和样本的污染，因为标准品中样品的浓度可能显著高于样本。

11. 反应混合液中包含不同浓度 FAM 和 HEX 标记的探针。原因是我们发现 FAM 会有一个明显的交叉发射渗透到 HEX 通道。一种解决这类荧光交叉发射的方法是降低 FAM 标记探针的浓度。在反应条件中，我们针对 4 个特殊探针，对 FAM/HEX 浓度比值经过了优化，如果想要使用其他探针或猝灭基团，建议重新找到最佳条件。

12. 在反应混合液之后再加微滴生成油是很重要的，因为如果先加微滴生成油，将会阻塞微流控通道。

13. 我们发现在微滴生成后检查微滴生成芯片、确定微滴是否正常生成是非常重要的。使用水解探针时有一个简单的方法，就是在光源前面慢慢旋转微滴生成芯片，如果微滴正常生成，则每旋转 60° 微滴反射光源就会发生一次变化。如果其中一个孔没有正常生成微滴（可能是由于气泡或微流控管道的阻塞），建议丢弃整个微滴生成芯片。当使用 EvaGreen 荧光染料时，在分析之前确认微滴是否正常生成将会更加困难。

14. 对于我们设置的反应中的特殊引物组合和实验室条件，这里所介绍的 PCR 温度设置是最佳的。我们推荐遵循 MIQE 指南 [11] 进行退火温度梯度设置，针对每个引物组合和实验室设置进行阳性和阴性微滴分离的优化。

15. 分析一个 96 孔板的总时间接近 7 小时，包括 2.5 小时的样本制备和微滴生成、2 小时的热循环及 2.5 小时的微滴读取。

16. 我们建议对板中的所有孔设置相同的阈值（图 7-2）。一些样本可能只有一个液滴分区，这些样品的荧光直方图将会只有一条高斯曲线，这会妨碍找到可靠的阈值去区分阳性和阴性分隔。我们发现选中所有孔进行分析是很方便的，因为这时直方图会显示所有样本中总事件的强度，这样在所有样本中将不太可能只有一个微滴群。我们发现在最优化的条件下进行 ddPCR 检测时，阈值对结果没有显著影响。

17. 只有微滴数或事件总数＞ 12 000 的样本才应该被纳入最终的分析。但是，对于最精准的检测来说，为样品准入设定一个＞ 15 000 个微滴的极限可以显著降低重复实验之间的变异系数。使用这个 ddPCR 方法检测 4.5μl CSF 中的 mtDNA 含量，我们发现 3 个样品重复就足以获得精准的数值，其重复性水平与＜ 10μl 体积所预期的采样误差相当。

致谢

这项工作得到了 R.T. 资金的支持，包括西班牙经济和竞争力部（基金：SAF1011-23550，SAF1014-56644-R）和神经退行性疾病网络生物医学研究中心的卡洛斯三世研究所（基金：PI2013/08-3）。

参考文献

1. Lleo A, Cavedo E, Parnetti L et al（2015）Cerebrospinal fluid biomarkers in trials for Alzheimer and Parkinson diseases. Nat Rev Neurol 11:41–55
2. McKhann GM, Knopman DS, Chertkow H et al（2011）The diagnosis of dementia due to Alzheimer's disease: recommendations from the National Institute on Aging-Alzheimer's Association workgroups on diagnostic guidelines for Alzheimer's disease. Alzheimers Dement 7:263–269
3. Jack CR Jr, Albert MS, Knopman DS et al（2011）Introduction to the recommendations from the National Institute on Aging-Alzheimer's Association workgroups on diagnostic guidelines for Alzheimer's disease. Alzheimers Dement 7:257–262
4. Dubois B, Feldman HH, Jacova C et al（2014）Advancing research diagnostic criteria for Alzheimer's disease: the IWG-2 criteria. Lancet Neurol 13:614–629
5. Blennow K, Zetterberg H（2015）Understanding biomarkers of neurodegeneration: Ultrasensitive detection techniques pave the way for mechanistic understanding. Nat Med 21:217–219
6. Podlesniy P, Figueiro-Silva J, Llado A et al（2013）Low CSF concentration of mitochondrial DNA in preclinical Alzheimer's disease. Ann Neurol 10:655–668
7. Sykes PJ, Neoh SH, Brisco MJ et al（1992）Quantitation of targets for PCR by use of limiting dilution. BioTechniques 13:444–449
8. Vogelstein B, Kinzler KW（1999）Digital PCR. Proc Natl Acad Sci U S A 96:9236–9241
9. Hindson BJ, Ness KD, Masquelier DA et al（2011）High-throughput droplet digital PCR system for absolute quantitation of DNAcopy number. Anal Chem 83:8604–8610
10. Pinheiro LB, Coleman VA, Hindson CM et al（2012）Evaluation of a droplet digital polymerase chain reaction format for DNA copy number quantification. Anal Chem 84:1003–1011
11. Huggett JF, Foy CA, Benes V et al（2013）The digital MIQE guidelines: Minimum Information for Publication of Quantitative Digital PCR Experiments. Clin Chem 59:892–902

第 8 章

在水中检测常规和人类相关粪便的污染

Yiping Cao，Meredith R. Raith，John F. Griffith

摘要：由于比基于培养的方法更快、特异性更强、更灵活，qPCR 在微生物水质测试中已越来越普遍。但依赖标准品会引入定量的偏差，并且对 PCR 抑制剂具有敏感性，qPCR 方法在这些类似方面的不足是实施水质测试的主要障碍。这是因为水质测试需要对稀有靶点进行精确定量，并且环境水中往往含有 PCR 抑制剂。而 dPCR 提供了新的机会，既能保持 qPCR 对基于培养方法的优势，同时又可以克服 qPCR 的两个主要局限：运行标准曲线的必要性和对抑制作用的高度敏感性。在本章中，我们介绍了在环境水中同时测试常规微生物水质指标（肠球菌）和人类相关粪便标志物的完整方法。该方法包括水质采样、过滤获取细菌、从过滤器捕获的细菌中提取 DNA 及使用 ddPCR 对来自细菌的遗传标志物进行定量，这些标志物可以指示常规和人类相关粪便的污染。

关键词：粪便污染；水质；肠球菌；HF183；微生物溯源；双重数字 PCR

8.1 引言

水中的粪便污染是引起世界范围关注的公共卫生问题。在大多数国家，为了保护公众健康，在地表水、处理后的废水、原水及商品饮用水中通常会采用肠球菌、大肠杆菌和总体大肠菌群及粪便大肠菌群等粪便指示菌（fecal indicator bacteria, FIB）来进行检测。虽然 FIB 提供了常规粪便污染的传统表征，但它并没有提供粪便污染的宿主来源信息，因为所有的恒温动物都会释放 FIB 到其粪便中[1]。因此，对于污染补救和准确的风险评估来说，FIB 的用途受到了限制，前者是因为有效的补救需要知道污染的来源，而后者是因为人类粪便污染通常比非人类污染具有更高的公共健康危害风险[2]。除此以外，FIB 也可能来自非粪便途径[3]，这推动了追踪粪便污染到特定宿主的需求。目前已经可以获得来自不同宿主的粪便污染的特异遗传标志物[4]。使用最广泛的人类相关标志物是 HF183，它被称为微生物溯源标志物，能够以较高的诊断敏感性和特异性检测人类粪便污染[5]。

过去，虽然可以通过一些诸如膜过滤和底物利用等基于培养的方法对水中的 FIB 进行检测，但荧光定量 PCR（qPCR）已成为这些方法的普遍替代，因为 qPCR 表现出从样品到结果过程的时间更快、特异性更高和灵活性更大[1,6]。实际上，2012 年由美国环境保护署（U. S. EPA）发布的娱乐用水水质标准修订版就已经允许在日常的娱乐水质监测中采用 qPCR 来检测肠球菌[7]。对于人类粪便污染特异的 HF183 标志物，唯一可用的测量方法是使用（q）PCR[8]。实际上，由于 qPCR 提供了测量 FIB 的相同优势[1]，在微生物溯源领域，qPCR 是检测宿主特异粪便污染的主要技术。

尽管 qPCR 在医学和食品安全领域已被广泛接受，但方法学的局限仍然是将其用于水质检测的主要障碍，这些局限包括依赖标准品会引入定量误差及对 PCR 抑制剂的敏感性[9-11]。qPCR 也很难进行多重分析，因此在一次分析中不可能同时测量常规和人类相关的粪便污染[12]。而 dPCR 不需要标准曲线就可以提供直接定量，而且对抑制剂更为耐受，也更容易进行多重检测[13]。最近开发的双重数字 PCR 检测（EntHF183 双重 ddPCR）能够对肠球菌和 HF183 标志物进行无偏倚、精确、敏感、特异、高度抑制耐受和高度可重复的同时定量。这是第一个同步测试方法，能够检测常规微生物水质指标的浓度并用于监管，也能够提供人类相关粪便污染的信息[12]。

在本章介绍了对水中常规和人类相关粪便污染进行同时检测的完整方案。该方案包括三个主要步骤：①进行水质采样和过滤以捕获细菌；②从过滤器上捕获的细菌中提取 DNA；③采用 ddPCR 对代表常规微生物水质指标的肠球菌和 HF183 人类相关粪便标志物进行 DNA 定量。

8.2 材料

除非另有说明，本章中所有步骤均是在室温下进行。以下步骤的所有部分都必须使用无菌技术，要戴好手套、穿好干净的实验服和其他个人防护设备，以确保安全并避免污染。在开始所有实验室程序之前，必须清洁工作区和设备（使用 DNAway 或 10% 氯漂白剂溶液）。所述的水质采样流程特指来自海洋或淡水沙滩的娱乐水质采样。其他水体的采样可能需要不同的材料并遵循不同的规程。如果样品瓶不是新的或无法确认不含核酸，建议通过添加少量（约 10 ml）10% 盐酸溶液对其进行处理，以破坏可能残留的 DNA/RNA，存储样品时保持酸液在其中直至被使用。

8.2.1 水质采样和过滤

8.2.1.1 样品瓶准备

1. 10% 盐酸溶液。
2. 去离子水。

8.2.1.2 水质采样

1. 新的或经过酸处理的聚丙烯或聚乙烯样品收集瓶。
2. 有冰袋或冰块的冷却器。

3. 采样现场记录表。

8.2.1.3　水样过滤

1. 聚碳酸酯膜（47mm Isopore™ 或 Nuclepore™，0.4μm）。

2. 一次性过滤漏斗（如 Nalgene® 分析测试过滤漏斗）。

3. 预装有玻璃珠的 2ml 螺帽研磨珠管（GeneRite S0205-50 或同型产品）。

4. 无菌 PBS 冲洗缓冲液：在 1L 分子级水中，pH 为 7.4，含磷酸二氢钠 4mmol/L、磷酸氢钠 21mmol/L、氯化钠 145mmol/L。

5. 无水乙醇（用于酒精灯）。

6. 液氮。

8.2.2　DNA 提取

1. GeneRite 提取试剂盒（K200-02C-50）。

2. 研磨珠均质器（Biospec 607 或同型产品）。

3. 低结合的 1.7ml 微量离心管。

8.2.3　微滴数字 ™ PCR

8.2.3.1　制备检测的主混合液

1. 肠球菌和 HF183 的引物和探针（表 8-1）。

表 8-1　引物和探针序列

靶标	引物和探针序列	参考文献
肠球菌	EnteroF1A: GAGAAATTCCAAACGAACTTG EnteroR1: CAGTGCTCTACCTCCATCATT GPLQ813TQ:[6-FAM]-TGGTTCTCTCCGAAATAGCTTTAGGGCTA-[BHQ-1]	[14]
人类粪便相关拟杆菌属	HF183ND: ATCATGAGTTCACATGTCCG BthetR1: CGTAGGAGTTTGGACCGTGT BthetP1: [HEX]-CTGAGAGGAAGGTCCCCCACATTGGA-[BHQ-1]	[5]

2. TE pH 8 缓冲液。

3. ddPCR™ 探针超混液（无 dUTP）（Bio-Rad, 186-3024）。

4. 无核酸酶的 PCR 级水。

5. 低结合的 1.7 ml 微量离心管。

6. 铝密封膜。

7. 硬壳 96 孔板。

8.2.3.2 微滴制备

1. 用于探针的微滴生成油（Bio-Rad，186-3005）。
2. 用于微滴生成的 DG8™ 芯片（Bio-Rad，186-4008）。
3. 用于微滴生成的 DG8 垫片（Bio-Rad，186-3009）。
4. DG8 芯片夹具（Bio-Rad，186-3051）。
5. 微滴生成仪（Bio-Rad）。
6. Rainin 20μl 多通道移液器 / 吸头（Rainin 20μl XLT 和 GPL20F）。
7. Rainin 50μl 多通道移液器 / 吸头（Rainin 50μl XLT 和 GPL200F）。
8. Rainin 200μl 多通道移液器 / 吸头（Rainin 200μl XLT 和 GPL200F）。

8.2.3.3 ddPCR 热循环，检测和数据分析

1. 硬壳 96 孔 PCR 板（如 Eppendorf Twin Tec PCR 板）。
2. 可刺透的热封箔（Bio-Rad）。
3. PX1™ PCR 板封闭仪（Bio-Rad）。
4. CFX96™ 热循环仪（Bio-Rad）。
5. QX100™ 微滴读取仪（Bio-Rad）。
6. 微滴读取油（Bio-Rad，186-3004）。
7. QuantaSoft™ 软件。

8.3 方法

8.3.1 水质采样与过滤

8.3.1.1 采样瓶的准备

1. 用去离子水漂洗采样瓶 3 遍，以除去大的颗粒。

2. 倒出所有水，然后加入约 10ml 的 10% 盐酸溶液（10% HCl）。确保盖好瓶子，旋转酸溶液使其覆盖瓶子的内表面。保存盖好盖子的采样瓶，保持酸液在其中直至被使用。

8.3.1.2 沙滩水采样

1. 用脚在沙子上踩一个小坑，然后将样品瓶中的酸倒入其中。应避免酸与皮肤或衣服接触。

2. 在样品瓶中装入小于 1/4 采样瓶体积的水样。盖紧瓶盖，用力摇晃，在远离收集区域的位置弃去冲洗水。重复以上过程两次。

3. 在一次波浪过来时，在脚踝深度处收集整瓶的水样。

4. 将水样放在冷却器中，在 6 小时内将冰袋 / 冰块保存的样品运输至实验室进行过滤。

8.3.1.3　水过滤

1. 设置真空过滤系统（见 8.4“注意事项”中的第 1 条）。点燃酒精灯或本生灯（用于火焰灭菌）。将两个不锈钢镊子的尖端浸入装有 95% 乙醇的烧杯中。

2. 用指定的聚碳酸酯膜替换制造商预装的滤纸（制造商的滤纸通常不是本方法所指定的），准备用于水过滤的一次性过滤漏斗（见 8.4“注意事项”中的第 2 条）。

3. 过滤 100ml 水样（见 8.4“注意事项”中的第 3 条），用大约 10 ml PBS 冲洗漏斗壁，以便将所有材料都收集在滤膜上。待全部液体通过滤膜后，关闭真空阀并取下漏斗。

4. 使用经过火焰灭菌（已经冷却）的镊子（见 8.4“注意事项”中的第 4 条），小心将聚碳酸酯膜过滤纸卷起在背板上。首先，将薄膜的一个边缘折叠向其另一侧（约为薄膜直径的 1/4），并用第二把镊子将其固定。然后交替使用两个镊子，将膜滚动形成一个管子。将其放入相应的收集管中（如适合 −80℃存储和 DNA 提取过程的研磨珠击打的 2ml 螺帽微管），将管帽拧紧（见 8.4“注意事项”中的第 5 条）。

5. 在液氮中快速冷冻装有滤纸的试管，然后转移至 −80℃冰箱中进行保存，直到 DNA 提取（见 8.4“注意事项”中的第 6 条）。

8.3.2　DNA 提取

本方案采用 GeneRite DNA EZ 试剂盒（通常用于娱乐用水的分子测试 [1,9,11]），采用已发表的研磨珠击打提取 DNA 的流程（见 8.4“注意事项”中的第 7 条）。

8.3.2.1　研磨珠击打

1. 从 −80℃冰箱中取出要分析的过滤管，然后分别吸取 600μl 裂解缓冲液加入其中。研磨珠击打试管 1 分钟（见 8.4“注意事项”中的第 8 条）。

2. 以 12 000 × *g* 的速度离心经过击打处理的试管 3 分钟。从试管中取出所有液体，放入一个新的 1.7ml 的低结合力微型管中。将微型管中的上清液以 12 000 × *g* 的速度离心 1 分钟。

8.3.2.2　DNA 与柱子的结合

1. 从离心管中取 380μl 上清液，并将液体放入含有 760μl 结合缓冲液的新的 1.7ml 低结合力微型管中。将混合物简单涡旋离心。

2. 在提供的结合柱中添加约 650μl 混合物（结合柱已经放到了提供的收集管中），并以 12 000 × *g* 的转速离心 1 分钟。丢弃含有流出液的收集管，然后将结合柱放在一个新的收集管中，重复以上步骤，直到所有混合物都通过结合柱。

8.3.2.3　结合柱清洗

将结合柱放入新的收集管中后，向结合柱中加入 500μl 清洗缓冲液，并以 12 000 × *g* 的转速离心 1 分钟。丢弃包含流出液的收集管，然后将结合柱放入新的收集管中，重复一次此步骤。

8.3.2.4 结合柱洗脱

1. 将结合柱放入新的 1.7ml 低结合力微型管中。向其中加入 50μl 洗脱缓冲液，静置 1 分钟。以 12 000 × *g* 的速度离心结合柱 1 分钟，重复一次此步骤。

2. 收集到 100μl DNA 提取物后，丢弃结合柱并根据需要将提取物等分。

3. 用分光光度计测量每个样品中的总 DNA 含量（见 8.4“注意事项”中的第 9 条）。

8.3.3 微滴数字 PCR

此过程中使用了两个硬壳 96 孔板：一个板用于制备检测混合物，另一个板作为最终的 PCR 板。前者可以是普通易操作的任何板，而后者需具有良好的导热性，板的高度应能够与 PCR 热循环参数、热循环仪和微滴读取仪兼容。目前推荐使用 Eppendorf Twin Tec 96 孔板（Bio-Rad，仅作为参考）。图 8-1 展示了液体（试剂、DNA 样本、油和微滴）的转移。本章所介绍的步骤也在发布的视频 [15] 中做了演示。

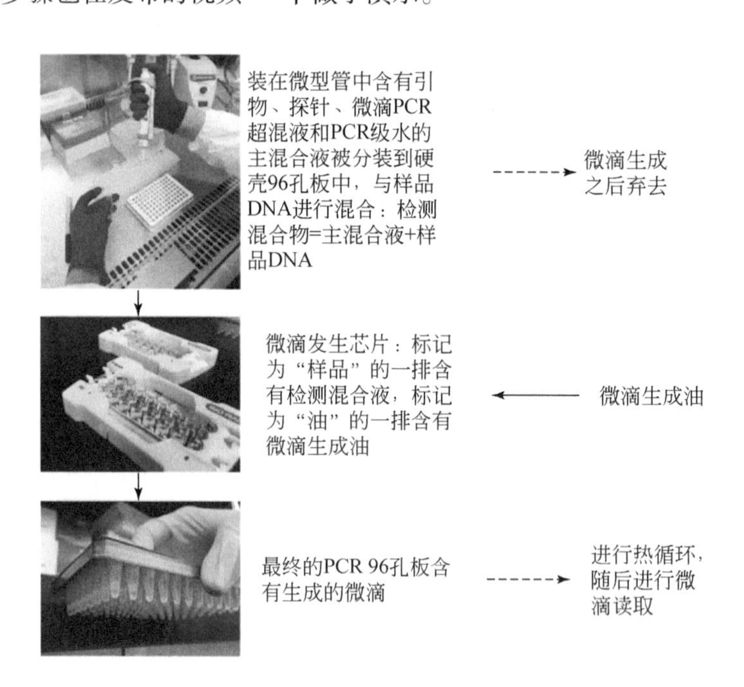

图 8-1　8.3.3 的移液流程

1. 为所有肠球菌和 HF183 引物及探针配制储存浓度为 100μmol/L 的溶液。使用分子级的水用以水化和稀释引物，使用 pH 为 8 的 TE 缓冲液用以水化探针（表 8-1）。

2. 使用引物和探针准备主混合液：在每个反应孔中，添加 12μl 微滴 PCR 超混液（2 × 储存液），每个孔中含正向引物和反向引物溶液 0.216μl、探针溶液 0.06μl 和无核酸酶的 PCR 级水 5.016μl。批量准备用于所有反应的主混合液。在移入硬壳 96 孔板之前，确保主混合液充分涡旋并静置下来（对板高、导热率或供应商无特殊要求）。

3. 在 96 孔反应混合板的每个孔中加入 18μl 主混合液，并添加 6μl DNA 模板。如果运行两个复孔样品，则在每个孔中加入 36μl 的主混合液和 12μl 的 DNA 模板，将板上相应的复孔（如在相邻的板列中）作为空白对照（见 8.4“注意事项”中的第 10 条）。

4. 用 20μl 多通道移液器上下吸取检测混合物最少 12 次，以确保充分混合。避免在混合物中产生过多的气泡（见 8.4“注意事项”中的第 11 条）。

5. 将发生芯片放置在芯片夹具中，复位卡扣，然后使用多通道移液管将 20μl 的检测混合物移入发生芯片中标有“样品”的部分之中（见 8.4“注意事项”中的第 12 条）。用 200μl 移液器将 70μl 的微滴生成油转移到发生芯片中标有“油”的部分之中，用垫片覆盖发生芯片，然后轻轻放在微滴生成仪上。

6. 在微滴生成过程中，以步骤 5 中相同的方式准备下一个发生芯片，以节省总的设置时间（见 8.4“注意事项”中的第 13 条）。

7. 微滴生成结束后，取下第一个发生芯片，放在一边，然后将第二个发生芯片轻轻放在微滴生成仪上。

8. 从第一个发生芯片上取下垫片并弃去。注意不要将发生芯片从芯片夹具上松开，因为这可能会破坏新产生的微滴。轻轻地将产生的全部微滴转移到最终的 PCR 板中进行热循环（见 8.4“注意事项”中的第 14 条）。使用剩余的样品重复微滴的生成。

9. 当所有的液滴都移到最终的 PCR 板中时，将板放在板密封机上，顶部放上可穿透的热封箔，在 180℃加热密封 10 秒。

10. 从密封机上取下 PCR 板，放在与其兼容的热循环仪上，升降温速率为 2.0℃ /s。按如下方式运行热程序：95℃ 10 分钟，然后 94℃ 30 秒，60℃ 60 秒，以上两步循环 40 次，随后在 98℃下保持 10 分钟（可选：如果放置过夜，可以最终维持在 4℃或 12℃）。

11. 循环之后，将板转移至微滴读取仪中（见 8.4“注意事项”中的第 15 条）。在微滴读取之前，PCR 板也可以在 4℃下保存 3 天。

12. 将板放在微滴读取仪上之后，设置软件为读取每个孔的 RED（rare event detection，罕见事件检测）。定义所有样品名称，并选择通道 1（FAM）和通道 2（HEX 或 VIC）进行数据收集。然后选择 FAM-HEX（或 FAM-VIC）开始运行（见 8.4“注意事项”中的第 16 条）。

8.3.4　数据分析

1. 分析完成后，打开数据文件并检查事件数（即每个孔中可接受的微滴数）。应该将微滴数少于 10 000 的孔均排除在外。

2. 然后，应该将荧光阈值设置在 NTC 孔阴性微滴上方大约一个标准偏差（500 ～ 700 个荧光单位，图 8-2）的位置（见 8.4“注意事项”中的第 17 条）。未知样品的荧光值应该与阳性对照的荧光值进行比较，以检查 PCR 抑制剂的情况（见 8.4“注意事项”中的第 18 条）。

3. 可以将结果导出到“.csv”文件中，以进行进一步的数据分析（见 8.4“注意事项”中的第 19 条）。

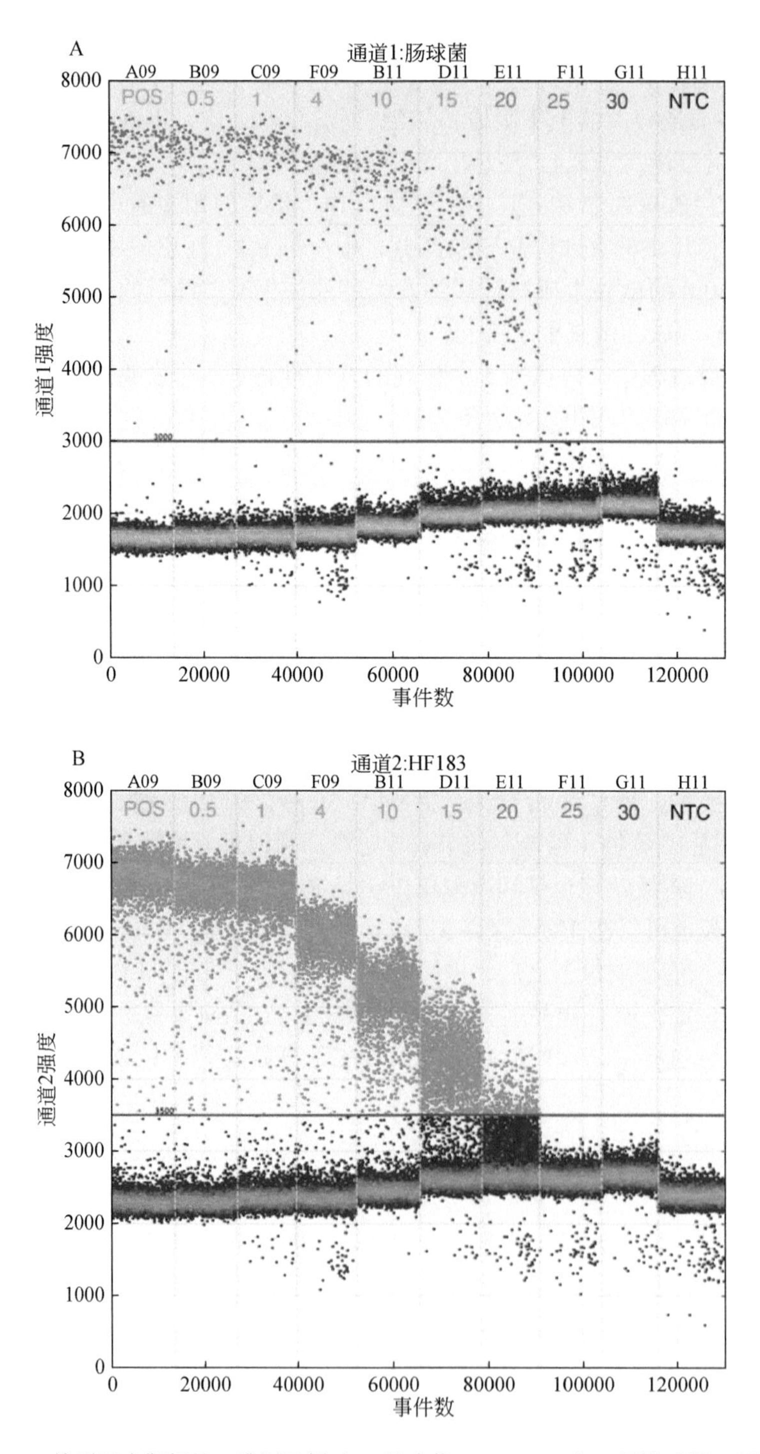

图 8-2　双重 ddPCR 检测两个靶标的一维图示例（A. 肠球菌；B. HF183）。阳性对照、无模板对照、含有低水平和高水平抑制剂的样品分别在图中的每个孔上标记为 POS、NTC 和对应的数值。数值表示每微升反应中的腐殖酸（单位为 ng）浓度（掺入同一样品）。绿色、橙色、红色和黑色标签分别表示对定量、低估、检测失败和 NTC 无影响

8.4　注意事项

1. 在进行之前，测试真空组件是否正常工作。打开泵并关闭所有阀门，然后旋动真空入口上的旋钮以调整真空压力 [＜ 20 英寸汞柱（1 英寸汞柱 =3386.389Pa，0℃时）或＜ 0.6 大气压（1 大气压 =1.01325×10^5Pa）]。确保吸气能够从泵送到多孔过滤器中。

2. 如果市售的过滤漏斗套装中预装有除聚碳酸酯膜滤器以外的其他过滤器，则可以根据以下步骤无菌更换预装的过滤器。

（1）将过滤漏斗（如漏斗罩）安装到适配器上。从底座上取下漏斗，然后将其倒置放在它的盖板上。

（2）取一浸泡在 100% 乙醇中的镊子，用火焰燃烧掉乙醇，等镊子冷却，然后从过滤器罩中取出预装的过滤器，小心不要损坏网格过滤器下方的过滤器支架。将网格过滤器弃去。

（3）用相同的镊子小心地夹起一张聚碳酸酯膜（应是隔离纸之间的透明灰色膜，不要将隔离纸误认为是膜过滤器），然后小心地将其放在过滤器支架的中央代替网格过滤器。

（4）将过滤漏斗放回到外壳上以固定聚碳酸酯膜（确保聚碳酸酯膜的边缘和过滤漏斗底部之间没有间隙，并且膜的边缘没有折叠，即保证在没有先通过聚碳酸酯膜的情况下，任何液体都不能通过外壳 / 支座）。

3. 根据水的浊度情况，可能需要向漏斗中逐渐添加较小体积的溶液（如 20ml），直到过滤器堵塞或 100ml 均成功从膜上滤过。必须记录过滤后的体积以进行下游数据分析。

4. 必须使用镊子将过滤器移至最终的微管。镊子必须经过火焰灭菌，但不能立即使用。如果镊子太热，则会损坏部分样品和（或）过滤器。火焰灭菌后，让镊子冷却约 15 秒。

5. 可以将膜折叠两次，然后放入 2ml 螺帽微型管中。注意折叠期间不得触摸或损坏收集在过滤器上的材料，因为这会损害样品的完整性。也可以使用能够兼容 −80℃储存和下游 DNA 提取流程的其他试管。

6. 如果没有液氮，也可以使用适合快速冷冻样品的替代方案（如乙醇 − 干冰浴）。关键是能够快速冷冻样品，以最大限度地降低酶活性，从而防止膜过滤器上的样品降解。

7. 可以使用其他程序 / 试剂盒进行 DNA 提取，但应评估其回收率、纯度和所用洗脱缓冲液的类型。DNA 的回收率和纯度对于确保样品的完整性是必不可少的。洗脱缓冲液中不得含有可能干扰下游分析（如 ddPCR）的化学物质，确保不影响酶的功能和微滴的生成及稳定。

8. 研磨珠击打是破碎细胞和释放 DNA 所必需的。然而，过多的研磨珠击打可能会导致 DNA 的碎片化和样品的降解，这在后期会改变下游可检测的靶 DNA 的浓度。使用本方案所述过滤器，对环境样品进行 1 分钟的研磨珠击打就已足够。

9. 需测量总 DNA 浓度，以确保 ddPCR 反应不过载。如果 DNA 浓度大于 13ng/μl（即每个 ddPCR 反应为 66ng），则在准备 ddPCR 时应考虑稀释。

10. 设置 ddPCR 反应混合板时，将每个 DG8 发生芯片中的样本垂直设置到一个板的列中会比较方便。为了成功地生成微滴，必须填满发生芯片中的所有孔，如果使用 8 通道移液器加载样品，则必须填充一列中的所有孔。如果芯片上的所有 8 个独特样品均进行两次重复，则可以从一个装有两倍量反应混合液体积（2 × 24μl）的板列中加载两个芯片。

11. 混合样品时，每根结合柱都必须使用新的移液器吸头。在混合过程中，用移液管吸取小于 20μl 的液体，并将吸头保持在液体中，这样可以避免样品中形成气泡。分配之前确保将所有样品混合物从移液器吸头中推出。

12. 在将样品检测混合物从硬壳 96 孔板转移到发生芯片时，确保每个吸头都吸取了 20μl 体积的混合物。然后将移液器吸头插入发生芯片内，垂直于工作台顶部握住移液器，确保每个移液器吸头都接触发生芯片侧面附近但不接触发生芯片底部。接触后，慢慢按下活塞，释放约 20% 体积的混合物。继续缓慢释放，向上提起移液器尖端至发生芯片壁的一侧。此操作可确保将最少的气泡引入芯片中。如果存在较多的气泡，将会导致微滴生成提前终止。

13. 当将第一个发生芯片放置在微滴生成仪上后，可以准备第二个发生芯片。如果第二个发生芯片是第一个对应的复制列，则可以按照第一个芯片的移液步骤从硬壳 96 孔板的同一列中移取样品混合物。注意，使用过的反应混合列中的体积变小了，因此必须缓慢移液，以确保将全部的 20μl 混合物放到第二个发生芯片中。

14. 必须缓慢并精确地将微滴从发生芯片转移到最终的 PCR 96 孔板（如 Eppendorf Twin Tec PCR 板）。使用 50μl 多通道移液器将吸头以 45° 角放置到微滴中。吸头尖端不要接触除微滴外的任何表面。将微滴缓慢吸进吸头并使吸头随着液面高度的下降而缓慢降低。此时，吸头将接触到发生芯片表面，继续缓慢吸取液滴。一旦最大量的混合物被吸入后，将含有微滴的吸头以 45° 角放到最终的 PCR 板靠近孔底的一侧。缓慢推动移液器，将微滴转移至微滴 PCR 板的孔中。检查是否已从发生芯片中回收所有微滴。如果不是，则以与上述相同的方式用移液器吸出剩余的微滴并将其放入最终的板中。需要注意的是，在此步骤中移液太快会剪切微滴，并降低最终浓度的准确性。

15. PCR 板的 A1 孔只能放到微滴读取仪左上角的位置。如果将板旋转 180° ，则组件将无法正确放置，并且读取无法开始。将 PCR 板放在读取仪上时，建议样品处于室温。

16. QX100 微滴读取仪读取两个荧光基团。在通道 1 上读取 FAM，在通道 2 上读取 HEX 或 VIC。在此方案中，FAM 用于肠球菌靶点，而 HEX 用于人 HF183 靶点。

17. 出于以下原因，建议对所有样品使用单一的手动荧光阈值：①已经证明靶点浓度的定量对阈值位置相对不敏感；②单一阈值有助于水质检测从业人员对检测方法的实施。

18. 这种双重 ddPCR 检测方法比对应的 qPCR 方法对 PCR 抑制更耐受[12]。即使在反应液中腐殖酸的浓度为 15ng/μl，ddPCR 仍可提供肠球菌和 HF183 的定量。然而，极高的抑制剂浓度确实会导致低估（每微升反应 20 ～ 25ng HA）或假阴性（每微升反应 30ng HA）（图 8-2）。通常在出现低估前，阳性微滴中会观察到较低的荧光值（图 8-2）。

19. 一旦数据导出后，将导出的靶标浓度乘以 4，将其从每微升反应的靶点拷贝（肠球菌的 23S 基因或 HF183 标志物）转换为每微升 DNA 模板中的靶点拷贝。如果考虑过滤量及计算每单位体积样品水中的靶点拷贝，需要进行其他计算。

参考文献

1. Boehm AB, Van De Werfhorst LC, Griffith JF et al（2013）Performance of forty-one microbial source tracking methods: a twenty-seven lab evaluation study. Water Res 47:6812–6828

2. Soller JA, Schoen ME, Bartrand T et al（2010）Estimated human health risks from exposure to recreational waters impacted by human and non-human sources of faecal contamination. Water Res 44:4674–4691
3. Whitman RL, Nevers MB（2003）Foreshore sand as a source of Escherichia coli in nearshore water of a lake Michigan beach. Appl Environ Microbiol 69:5555–5562
4. Field KG, Samadpour M（2007）Fecal source tracking, the indicator paradigm, and managing water quality. Water Res 41:3517–3538
5. Layton BA, Cao Y, Ebentier DL et al（2013）Performance of human fecal anaerobe-associated PCR-based assays in a multi-laboratory method evaluation study. Water Res 47:6897–6908
6. Griffith JF, Weisberg SB（2011）Challenges in implementing new technology for beach water quality monitoring: lessons from a California demonstration project. Mar Techol Soc J 45:65–73
7. U.S. EPA（2012）Recreational water quality criteria. 820-F-12-058. Office of Water, Washington, DC
8. Bernhard AE, Field KG（2000）A PCR assay to discriminate human and ruminant feces on the basis of host differences in Bacteroides-Prevotella genes encoding 16S rRNA. Appl Environ Microbiol 66:4571–4574
9. Cao Y, Griffith JF, Dorevitch S et al（2012）Effectiveness of qPCR permutations, internal controls and dilution as means for minimizing the impact of inhibition while measuring Enterococcus in environmental waters. J Appl Microbiol 113:66–75
10. Cao Y, Sivaganesan M, Kinzelman J et al（2013）Effect of platform, reference material, and quantification model on enumeration of Enterococcus by quantitative PCR methods. Water Res 47:233–241
11. Shanks OC, Sivaganesan M, Peed L et al（2012）Inter-laboratory general fecal indicator quantitative real-time PCR methods comparison study. Environ Sci Technol 46:945–953
12. Cao Y, Raith MR, Griffith JF（2015）Droplet digital PCR for simultaneous quantification of general and human-associated fecal indicators for water quality assessment. Water Res 70:337–349
13. Hindson BJ, Ness KD, Masquelier DA et al（2011）High-throughput droplet digital PCR system for absolute quantitation of DNA copy number. Anal Chem 83:8604–8610
14. Cao Y, Raith MR, Griffith JF（2016）A duplex digital PCR assay for simultaneous quantification of the Enterococcus spp. and the human fecal-associated HF183 marker in waters. J Vis Exp:e53611
15. U.S. EPA（2012）Method 1611: enterococci in water by TaqMan® quantitative polymerase chain reaction（qPCR）assay. EPA-821-R-12-008. Office of Water, Washington, DC

第Ⅲ部分

拷贝数变异

第 9 章

采用微滴数字 PCR 分析拷贝数变异

Avery Davis Bell, Christina L. Usher, Steven A. McCarroll

摘要：许多基因组片段在同一种族不同个体或同一个体的癌症细胞和正常细胞之间会存在拷贝数变异。正确测量这种基因拷贝数变异在研究其遗传特性、在人群中的分布情况及其与表型的关系中起关键性的作用。微滴数字 PCR（droplet digital PCR，ddPCR）将一个 PCR 反应分隔成数万个纳升级的微滴，进而准确地测量拷贝数变异。因此一个目的基因组序列——它在一个微滴中的出现与否通过终点荧光来判断——可以被直接计数。在此，我们阐述了如何使用 ddPCR 来检测拷贝数变异，并对有效检测的设计、采用这些检测的 ddPCR 性能、反应的优化和结果的解释进行了综述。

关键词：拷贝数变异；基因组结构变异；微滴数字 PCR；数字 PCR；基因分型；基因分型检测设计

9.1 引言

即便在同一个物种内，如人类，个体与个体之间都会有数千个基因组片段存在拷贝数间的差异。在癌症和其他增生性疾病情况下，同一人体内也会有大量基因组在疾病和正常细胞之间存在拷贝数差异。准确测量这些差异是确定其生物学意义的关键。

虽然在所有研究中准确和精确的测量都是至关重要的，但是很多研究环境为拷贝数的准确判断提出了许多特殊的挑战。在癌症细胞中，许多致癌基因被放大到非常高的拷贝数。由于多等位基因的性质，在不同个体的二倍体基因组中，许多遗传性拷贝数变异（copy number variant，CNV）也存在较广泛的拷贝数范围（如 2 ～ 10）。人类中这些 CNV 促成了大多数遗传性的基因剂量变异，并对基因表达差异做出了实质性的贡献[1]，也提示它们可能参与了表型的变异。为了了解拷贝数变异如何影响表型，等位基因如何在群体内和群体间分布，以及 CNV 与 SNP 和单元型之间的关系，对这类 CNV 进行精确测量（或“基因分型”）是至关重要的。

ddPCR 通过将双荧光检测（一个用于检测目的 CNV，一个用于检测已知拷贝数的参考基因座质控）的试剂分隔成数万个微滴（创造出数万个独立的反应），并在 PCR 后通过检测每个微滴中的荧光以确定每个液滴中是否含有 DNA 分子 [2, 3]，由此获得拷贝数的精准检测。通过对比来自目的 CNV 片段的分子数量（根据阳性微滴数量计算）和来自参考基因座的分子数量来计算拷贝数。由于荧光检测是在 PCR 之后（而不是 PCR 期间）进行的，其准确性仅依赖于荧光阳性和荧光阴性微滴的区分，而不是依赖于传统实时 PCR 尝试测量的定量 PCR 动力学。这在分析精度上产生了强大的改进，使 RT-PCR 无法做到的某个基因座总拷贝数的精确定量成为可能 [2-4]。例如，在高度拷贝数变异的精子基因 *SPANXB* 中 [5]，使用 qPCR 的研究只能估算出每个基因组中存在的拷贝数 [6,7]，而 ddPCR 可以测量个体的基因组中精确的总体水平（图 9-1B）。

本章分享了一套通过 ddPCR 分析拷贝数变异的详细方案，包括：①设计成功的检测方法靶向目的基因组片段；②在 ddPCR 上使用这些检测并优化其反应条件；③数据生成后优化 ddPCR 分析结果。我们特别重视检测设计和优化，这将极大地影响数据质量（图 9-1）。我们已经使用这种方法对特定基因组区域进行了深入研究，包括表征和表型相关的分析 [4, 8]，以及拷贝数变异的确认、验证和基于人群的分析 [1]。

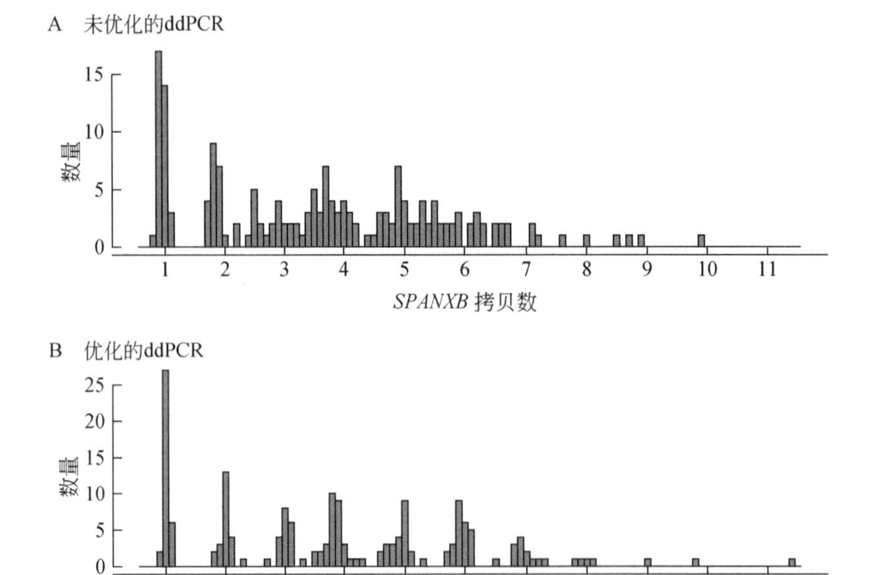

图 9-1 针对 179 个个体的 *SPANXB* 基因座，ddPCR 在本方案所列出的检测和反应未优化（A）和优化（B）时所产生的拷贝数。将来自重复检测的数据与 2 个单独的定位于 X 染色体的复制 - 计时匹配对照检测的数据结合起来，从而产生优化的拷贝数（见 9.4“注意事项”中的第 26 ～ 28 条）

虽然此方案包含许多非常有助于在稳定的整倍体基因组中进行胚系拷贝数变异分型的细节，但该方案也非常适于分析癌症基因组中的拷贝数变异片段。一个关键的区别是，癌症样本通常是嵌合体（不同基因组克隆的混合物），癌症样本的结果分析可能涉及非整数倍拷贝，这体现为样本中细胞之间的平均值。ddPCR 另一个有用的应用是转基因拷贝数的定量。

9.2　材料

所有溶液均使用分子生物学级别的超纯水配制。所有含荧光标记探针的溶液均需避光保存。使用前，将所有试剂进行简单的涡旋混合并离心。

9.2.1　基因特异的试剂

1. 靶向目的区域的检测（20× 靶标混合液）：上游引物 18μmol/L、下游引物 18μmol/L、被设计针对目的基因组区域的 5' FAM 标记，3' ZEN 或黑洞猝灭的探针 5μmol/L。将 25.2μl 的 100μmol/L 上游引物、25.2μl 的 100μmol/L 下游引物、7μl 的 100μmol/L 探针及 82.6μl 的水混匀。保存于 −20℃（见 9.4“注意事项”中的第 1 条）。

2. 靶向质控区域的检测（20× 质控混合液）：上游引物 18μmol/L，下游引物 18μmol/L，被设计针对无拷贝数变异基因组区域的 5' HEX 标记，3' ZEN 或黑洞猝灭的探针 5μmol/L（见 9.4“注意事项”中的第 2 条和第 3 条）。将 25.2μl 的 100μmol/L 上游引物、25.2μl 的 100μmol/L 下游引物、7μl 的 100μmol/L 探针及 82.6μl 的水混匀。保存于 −20℃（见 9.4“注意事项”中的第 1 条）。

9.2.2　ddPCR 组件和设备

1. 基因组 DNA 浓度为 5ng/μl 或更高，总量最低为 50ng（见 9.4“注意事项”中的第 4 条）。

2. 限制性内切酶和相关缓冲液用于消化基因组 DNA，可能是带有 10×CutSmart® 缓冲液的 AluI（New England Biolabs）（见 9.4“注意事项”中的第 5 条）。

3. 2×ddPCR™ 探针超混液，含或者不含 dUTP（Bio-Rad）。

4. 用于微滴生成的 DG8™ 芯片（Bio-Rad）。

5. 用于微滴生成的 DG8™ 垫片（Bio-Rad）。

6. 用于探针的微滴生成油（Bio-Rad）。

7. 微滴读取油（Bio-Rad）。

8. QX200™ 微滴数字 PCR 系统：微滴生成仪、芯片夹具、微滴读取仪和 QuantaSoft 读取软件（Bio-Rad）。

9. Rainin 多通道移液器和对应的用于移取 20μl 和 40μl 的吸头（见 9.4“注意事项”中的第 6 条）。

10. 用于微滴热循环和读取的 Eppendorf twin.Tec 96 孔半裙边板。

11. 可穿透的热封箔（Bio-Rad 可穿透的铝封箔）。

12. 可以在 180℃加热 5 秒进行密封的封板机（如 Bio-Rad PX1™ 封板机）。

13. 热循环仪。

9.2.3　网络资源

1. UCSC 基因组浏览器（hg19）: http://genome.ucsc.edu/cgibin/hgGateway。

2. Primer3 引物设计工具 : http://bioinfo.ut.ee/primer3/ [9, 10]。
3. SNP 屏蔽工具 : http://bioinfo.ut.ee/snpmasker/ [11]。
4. NEB 切割器 : http://nc2.neb.com/NEBcutter2/ [12]。
5. IDT 寡核苷酸分析器 : http://www.idtdna.com/calc/analyzer。
6. 多引物异源二聚体分析器 : http://www.thermoscientificbio.com/webtools/multipleprimer/。

9.3 方法

9.3.1 检测设计

1. 检测设计的第一步是确定最佳的检测区域，以优化目的基因组片段的检测和 ddPCR 的性能。首先，在 UCSC 基因组浏览器上输入相应的横跨区域，获取目的拷贝数变异区域的 DNA 序列。通过显示片段复制，确认该区域是否在参考基因里出现一次或多次。在页面底部的“重复(Repeats)”部分的“片段重复(Segmental Dups)”下拉菜单中选择“密集(dense)”选项（见 9.4“注意事项”中的第 7 条）。需特别注意，在参考基因组里有许多拷贝数变异会出现不止一次；如果这种情况出现在目的区域，见 9.4“注意事项”中的第 8 条。

2. 当特定的目的区域被识别并显示在基因组浏览器中时，设置“重复掩盖（Repeat Masker）”[在“重复（Repeat）”下面] 路径中下拉菜单为“密集（dense）”并重新加载页面。选择页面顶部“查看（View）”菜单下的“DNA”选项，获得序列的可视化区域。为防止将检测设计为靶向重复区域，点击“掩盖重复（Mask repeats）”旁边的方框并选择“N”，然后点击“得到 DNA（get DNA）”按钮（见 9.4“注意事项”中的第 9 条）。

3. 使用 Primer3 引物设计工具设计引物和探针以检测此区域。将步骤 1 中所获取的 DNA 序列输入到网页顶部的方框里。检查输入序列下的“挑选水解探针(内部寡核苷酸)[Pick hybridization probe（internal oligo）]”。

（1）在序列框上方的“错误引物文库（重复文库）[Mispriming library（repeat library）]”下拉菜单中，选择“人类（HUMAN）”。

（2）在“通用引物挑选条件（General Primer Picking Conditions）”下，将最佳引物长度 [“引物大小（Primer size）”] 设置为 22bp，“引物 Tm（Primer Tm）”设置为最低值 59、最佳值 60、最高值 61。将产物大小范围设置为 60 ～ 90bp（如无搜索结果，则将其放宽至 60 ～ 150bp）（见 9.4“注意事项”中的第 10 条）。

（3）在“内部寡核苷酸（水解寡核苷酸）通用条件 [Internal Oligo（Hyb Oligo）General Conditions]”中，将“内部寡核苷酸 Tm（Internal Oligo Tm）”设置为最低值 68、最佳值 69、最高值 70，在“内部寡核苷酸错误水解文库（Internal Oligo Mishyb Library）”下拉菜单中选择“人类（HUMAN）”。

保持其他选项不变，然后点击“挑选引物（Pick primers）”。如果没有找到合适的目标，可以对温度进行调节，只要内部寡核苷酸（探针）的熔解温度仍高于引物的熔解温度即可。

4. 从步骤 3 的结果中选取一个检测，其中包含任意必要的有可能表现良好的序列。要避免第一个碱基是 G 的探针序列（见 9.4“注意事项”中的第 11 条）。使用 UCSC 的

BLAT 工具 [在页面顶端的“工具（Tools）”菜单下]，确定上下游引物与目标区域特异且完全匹配（见 9.4“注意事项”中的第 12 条）。使用“常见 SNPs（Common SNPs）”路径来展示该序列，确保引物和探针不会与 SNP 结合。另外，使用 IDT 寡核苷酸分析器右侧菜单下的“异－二聚体（Hetero-Dimer）”选项，检查引物或探针是否有可能在彼此之间或与质控检测相结合；delta-Gs 低于 -7 的需要避免，因为它们之间的异源二聚体化可能会影响 PCR（见 9.4“注意事项”中的第 13 条）。

5. 确认引物所生成的扩增产物上没有限制性内切酶的酶切位点，在 ddPCR 之前将使用限制性内切酶消化 DNA。从 UCSC 基因组浏览器中获得扩增产物的序列。此时不要掩盖重复序列。复制并粘贴该序列到 NEB 切割器的网页上。在“要使用的酶（Enzymes to use）”的右侧选择“所有可商业获得的特性（All commercially available specificities）”，然后点击含有 DNA 序列的方框右侧的“提交（Submit）”按钮。在“清单（List）”框的结果图形下，点击“0 切割（0 Cutters）”，并确认目的酶被包含在内（见 9.4“注意事项”中的第 14 条）。

6. 从常用的寡核苷酸供应商那里定购引物和探针。我们倾向于 FAM 和 HEX 探针荧光基团，均使用 ZEN 猝灭基团（Integrated DNA Technologies），虽然其他荧光组合、猝灭基团和其他供应商的产品也有很好的效果。当制作或订购 20× 检测混合液时，注意引物和探针的比例与 qPCR 不同。

9.3.2　用于拷贝数测定的 ddPCR

1. 使用限制性内切酶消化基因组 DNA，将 CNV 的拷贝分开。对于每个样本，配制一个含有 0.2 单位 / 微升 AluI 和 2×CutSmart 缓冲液（New England Biolabs）的酶主混合液。将 10μl 这种主混合液加入到 10μl 的 50ng DNA 中，总反应体积为 20μl。使用移液器上下混匀。不要用涡漩混匀酶或酶溶液。

2. 将酶 -DNA 混合液在 37℃孵育 1 小时。

3. 通过在每个样本中加入 20μl 水，将已消化的 DNA 稀释 2 倍，得到的 DNA 浓度为 1.25ng/μl。如需立即使用，则将消化的 DNA 保存在 4℃或冰上，若需长期保存，需将 DNA 保存在 -20℃（另一种限制性内切酶消化策略见 9.4“注意事项”中的第 15 条）。

4. 每个样本加入以下试剂。

（1）12.5μl 的 2×ddPCR 探针超混液（Bio-Rad）。

（2）1.25μl 的 20× 靶向 CNV 区域的测试。

（3）1.25μl 的 20× 靶向对照区域的测试（前三种试剂可混合成一种主混合液）。

（4）10.0μl 的已消化并稀释的 DNA（见 9.4“注意事项”中的第 16 条和第 17 条）。

5. 移液器上下混匀 10 次。正确的混匀是关键。将平板离心，收集液体至孔的底部。在微滴生成前，保持避光，在开始生成微滴前让反应液平衡 3 分钟，放至室温。

6. 将一个 DG8™ 生成芯片放入一个 QX200 微滴生成芯片夹具中，并扣紧夹具。为便于多通道移液，将用于探针的微滴生成油倾倒在一个容器中。

（1）在芯片中间一行中（最小的孔）（见 9.4“注意事项”中的第 18 条）加入 20μl 的 PCR 混合液。在排出液体时，移液器只推到第一档，以确保样品中无气泡（见 9.4“注意事项”中的第 19 条）。此步最好使用 Rainin 的多通道移液器并配套使用 Rainin 的吸头（见

9.4“注意事项”中的第 6 条）。

（2）在芯片底部的一行孔中加入 70μl 微滴生成油。要确定加了样本后再加油。最上面一行保持为空的。

（3）将 DG8™ 橡胶垫片放在夹具上，并将其 4 个孔挂在夹具的 4 个尖头上。

7. 将装有芯片和垫片的夹具放在 QX200 微滴生成仪上。关闭生成仪，微滴将被生成。在第一套芯片正在生成微滴时可以准备另一芯片。

8. 当微滴生成仪盖子按钮上的三角形显示常绿并且发生仪停止发出声音时，移去芯片。小心丢弃垫片，并将生成的微滴转移到干净的 Eppendorf 半裙边板的首行。生成的样本体积比加入时大，因此将 Rainin 移液器设置为 40μl。需要注意的是，此过程移液需缓慢而小心，移液器应倾斜 45°，否则微滴可能会被剪切。之后，丢弃垫片和芯片（见 9.4“注意事项”中的第 20 条）。

9. 所有微滴都生成后，将热封箔放在有微滴的平板上，在 180℃加热 5 秒完成密封。

10. 板的热循环程序如下。

（1）95℃ 10 分钟。

（2）94℃ 30 秒，60℃ 1 分钟，此过程进行 40 个循环（见 9.4“注意事项”中的第 21 条和第 22 条）。

（3）98℃ 10 分钟。

（4）8℃维持。

所有步骤的升降温速率设置为 2.5℃ /s。循环完成后，在读取前可将微滴在 4℃避光保存 24 小时。

11. 在 QX200 微滴读取仪上设置一个模板。打开 QuantaSoft 软件。在左上角的“模板（Template）”下，选择“新建（New）”以设置新的布板。双击第一个非空的孔，输入每一个样本的信息。在“实验（Experiment）”下的“样品（Sample）”方框里，选择任何一个“CNV”实验，然后在“超混液（Supermix）”选项下选择“ddPCR 探针超混液（ddPCR Supermix for Probes）”（见 9.4“注意事项”中的第 23 条）。在“靶点 1（Target 1）”方框的“名称（Name）”中输入 FAM 检测。在“类型（Type）”菜单下，如果是靶标检测，则选择“通道 1 未知（Ch1 Unknown）”，如果是对照检测，则选择“通道 1 参考（Ch1 Reference）”。在“靶点 2（Target 2）”方框的“名称（Name）”中输入 HEX 或 VIC 检测的名称。在“类型（Type）”菜单下，如果是对照检测，选择“通道 2 参考（Ch2 Reference）”，如果是靶标检测，选择“通道 2 未知（Ch2 Unknown）”。无须关闭此菜单或双击，选择板上所有的孔，其中会含有采用相同检测的样品。点击窗口顶端蓝色的“应用（Apply）”按钮，为所有孔设置检测和实验。完成后，点击“OK”并保存此模板。

12. 在 QX200 微滴读取仪上读取微滴。将板子放在 QX200 门下舱室的板夹具中，然后将黑色板架放在顶部，将两侧卡扣扣到位，确保 A1 孔位于左上角。合上 QX200 的盖子。在 QX200 电脑的 QuantaSoft 软件中，确保加载了步骤 11 中创建的模板。点击板图左侧选项排中的“运行（Run）”。在出现的弹出菜单中，根据使用的一对荧光基团，选择“FAM/HEX”或“FAM/VIC”，然后点击“OK”。

9.3.3　数据终止和质量控制

1. 虽然 QuantaSoft 的初始输出足以进行下游的数据分析，但是对数据进行仔细的质量控制和优化会得到更准确、更可靠的拷贝数结果。所以，当含有样本的所有孔均已完成运行后，点击 QuantaSoft 软件最左端的“分析（Analyze）”菜单，然后选择“2D 强度（2D Amplitude）”，对微滴簇进行逐孔目测。确保靶标和参考检测的阴性、阳性微滴簇之间可以清晰地分离。阳性和阴性通道之间渗漏出的微滴（有时称为“雨滴”）是可以接受的，但大量出现“雨滴”则会导致结果不准确（图 9-2）。如果只有少量样本出现较差的微滴分离，在分析时要予以去除。如果所有孔的微滴簇分离都很差，见 9.4“注意事项”中的第 17 条、第 21 条和第 22 条，或者根据 9.3.1 重新设计。

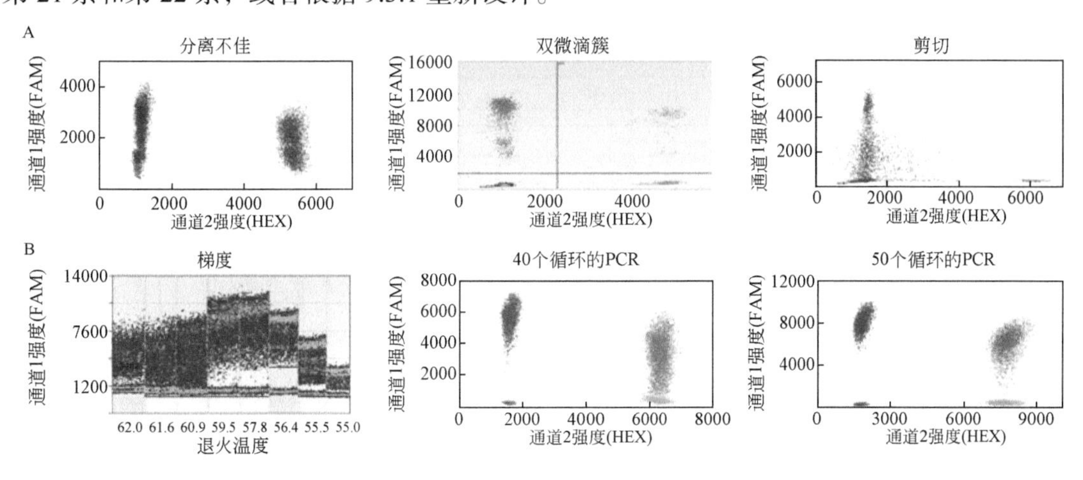

图 9-2　常见的检测问题和解决方案。A. 常见问题举例。微滴簇分离不佳（左图）的问题可以通过优化热循环条件或检测设计而解决。两个阳性微滴簇（中图）可能是因为检测结合区域内有 SNP 位点或在第二基因组区域产生了扩增。微滴剪切或较多的“雨滴”（右图）可能是由于没有正确处理微滴。出现这些问题时检测应按照方案中的建议进行重新设计或优化。B. PCR 反应优化的实例。温度梯度实验（左图）可用来确定 PCR 的最佳退火温度，这可以显示为微滴簇的最大的分离（如图，56.4℃形成了最干净的微滴簇）。将 PCR 循环数从 40（中图）增加到 50（右图）可将微滴簇分离提高到可接受的范围

2. 确定软件对每个孔中的微滴簇都做了正确的划分。确认软件正确标记了所有微滴：2D 强度图左上角的微滴为 FAM 单阳性，右下角的微滴为 HEX/VIC 单阳性，右上角的微滴为两个荧光均为阳性，左下角的微滴为两个荧光均为阴性。如果一个孔中有些微滴被错误地划分，将其手动调整至微滴簇中 [使用 QuantaSoft 1.6.6 版本时，这一操作可通过使用“阈值（Threshold）”或“套索（Lasso）”工具指定分组完成]。对于微滴已经被正确划分到簇中的孔，确保列的“状态（Status）”被设置为“OK”——如果提示“检查（Check）”，则点击强度图中的任意位置，使软件识别数据（见 9.4“注意事项”中的第 24 条）。

3. 将通过目测的所有孔的数据导出。选择这些孔并点击“导出 CSV（Export CSV）”。

4. 进一步进行样本的质量控制（见 9.4“注意事项”中的第 25 条）。将微滴数据少于 5000[导出的 CSV 的“被接受的微滴（Accepted Droplets）”列] 的样本从分析中去除。标记具有中间整数 CNV 读数（与整数偏离 0.35 ～ 0.65）的样本。CNV 置信区间大于 1 的样

本和双阴性的微滴小于 10% 的样本是不可靠的；优化并重新运行（见 9.4“注意事项”中的第 26 条）。

5. 对未能通过目测（第 1 步）或质量控制（第 4 步）的少数单个样品重复进行 ddPCR（见 9.4“注意事项”中的第 27 条）。如果多个样品在某次实验中均失败了，在重复实验前可能需要对系统性问题进行补救（见 9.4“注意事项”中的第 28 ～ 30 条）（图 9-2 和图 9-3）。

6. 对于期望得到整数拷贝数的胚系 CNV 研究，如果拷贝数基本上都在整数周围，则将每个通过了目测和质量控制的孔中的拷贝数四舍五入为最近的整数。如果没有，则可能有系统性问题需要补救（见 9.4“注意事项”中的第 28 条和第 30 条）（图 9-2 和图 9-3）。

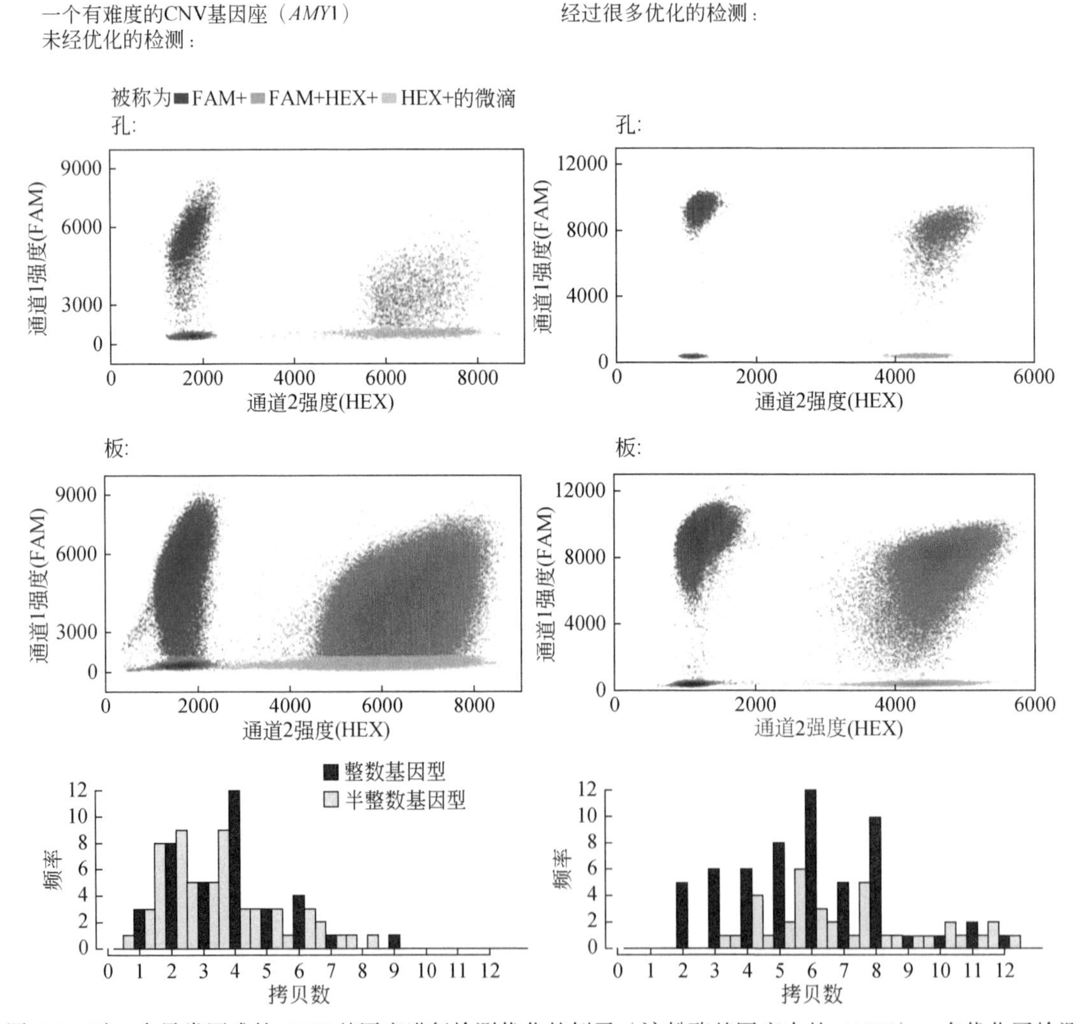

图 9-3　对一个异常困难的 CNV 基因座进行检测优化的例子（淀粉酶基因座中的 *AMY1*）。在优化了检测和 PCR 反应后，微滴簇（上图和中图）和最终拷贝数（下图）的检出都有所改善。以下操作可以对一个反应进行优化：按方法中的检测设计指南对一个检测进行重新设计，运行熔解温度梯度来确定最佳的熔解温度（见 9.4“注意事项”中的第 20 条），在 PCR 中额外增加 10 个循环（见 9.4“注意事项”中的第 19 条），使用复制匹配的对照检测（见 9.4“注意事项”中的第 26 条）并使用最佳 DNA 上样量（见 9.4“注意事项”中的第 24 条）。通过求重复检测的平均值可以对其做进一步优化

9.4　注意事项

1. 20× 反应混合液需在 -20℃长期保存，但应避免反复冻融。我们发现 20× 混合液可在 4℃保存 1 个月。

2. 任何已知的或大概率保持拷贝数不变的基因组区域均可作为对照。对于人类基因组，一个特别好的经过验证的检测靶向的是 *RPP30* 基因，这是一个有用的质控，可作为靶标检测测试的起始点。本检测的序列如下：正向引物 5'-GATTTGGACCTGCGAGCG-3'；反向引物，5'-GCGGCTGTCTCCACAAGT-3'；探针 5'-CTGACCTGAAGGCTCT-3'。当处理非整倍体样品时（如癌症来源的样品），可能需要使用多个对照或经验性的判断对照基因座的拷贝数和拷贝数稳定性。

3. FAM 和 HEX 探针可从 Integrated DNA Technologies 定购。VIC 标记的探针可从 Life Technologies 定购。HEX 和 VIC 探针可在 ddPCR 中的同一通道上读取，所以 HEX 或 VIC 探针都可和 FAM 探针搭配使用。为了节省费用，我们在质控的检测中使用更贵的 HEX 或 VIC 荧光标记，FAM（数量和式样更多）用于靶向基因座的检测。

4. 此方案适用于任何来源（如细胞系、PBMC 和新鲜组织）的高质量、非降解的 DNA。我们已经成功地使用 ddPCR 对 Qiagen’s DNeasy DNA 提取试剂盒提取的 DNA 进行了拷贝数变异分型。当所用的 DNA 来自可能降解的来源时（如 FFPE 组织和尿液），在设计检测时应该要有特殊的考虑（见 9.4“注意事项”中的第 10 条）。

5. 为了获得准确的拷贝数结果，消化 DNA 是至关重要的。特别重要的是限制性内切酶剪切的是检测位点之间的位置（而不是它们的内部）。这确保了目标片段区域的完整的单个拷贝独立进入微滴里。任何可达到此目的的限制性内切酶都可以使用；首选 AluI，因为它的识别位点在 DNA 中较常见。

6. 使用低质量的移液器吸头会导致微滴生成过程中的微滴破裂，可能是因为它们在反应液中脱落了微小的塑料碎片。Rainin 的移液器和吸头在处理微滴时的表现相当好，但它们在所有应用中并不都是必需的。在 DNA 提取、制备和微滴生成过程中均使用 Rainin 移液器和吸头可保证 ddPCR 反应液中不会出现塑料颗粒，这被认为是最佳的做法。

7. UCSC 基因组浏览器上的片段复制路径仅包含大于 1kb 的区域；具有高度一致性的较短区域会被忽略。对于更高级的检测设计，要确定这些短区域内是否有目的区域，可以采用“绘图和测序（Mapping and Sequencing）”菜单下的“绘图（Mapping）”路径来予以显示。具有高（暗）唯一性的区域在参照上仅出现一次，而低唯一性的区域会出现多次。

8. 如果目的区域处在片段重复内（如在对照基因组中出现多次），则出现在区域中的两个（或多个）拷贝（“同源体”）之间可能会出现差异。在这种情况下，根据实验的目的，可设计一个针对特定同源体或该区域所有拷贝的检测。例如，如果对一个特定同源体的特定功能感兴趣则可以靶向该同源体，而如果同源体之间的预计差异不会影响感兴趣的生物学问题，则需要检测总拷贝数。

如果需要靶向一个同源体，则要将检测设计为能够研究两个拷贝之间的差异。为了发现这些差异，使用 UCSC 基因组浏览器中的片段复制路径来识别重复区域的位置，然后对比其序列并搜索具有多个核苷酸差异的位点（称为同源序列变异，paralogous sequence variant，PSV）。设计检测包含这些 PSV，尤其是将其放在探针结合区或引物的 3' 端。

如果靶向总拷贝数，检测的设计需要避免两个拷贝之间的差异。执行上述方法进行同源比对（片段复制），但要找到不包含 PSV 的区域。将检测靶向的区域限制在这些无 PSV 的区域。

9. 引物或探针结合位点上的 SNP 会阻碍其结合，因此在用于检测设计的序列上必须排除常见的 SNP 位点。如果目的区域在参考基因上有重复，要确保这些序列的任何拷贝上避免出现 SNP 位点。一个避免 SNP 位点的方法是在 USCS 基因组浏览器网页底部的“变异”（Variation）选项下打开“常见 SNPs（138）[Common SNPs（138）]”或“常见 SNPs（141）[Common SNPs（141）]”，然后缩小序列区域以避免任何常见的 SNPs。这对较小区域是可行的，但对于较大的区域则很繁琐。另一个选择是使用 SNP 掩盖工具：在使用 UCSC 基因组浏览器掩盖重复区域后，将该序列放到一个 SNP 掩盖工具中以创建一个序列，该序列中所有的 SNPs 和重复区域都被掩盖为“N.”。

10. 当使用高质量的 DNA 时，通常不需要在方法中的指南之外匹配或限制扩增产物大小。然而，如果 DNA 降解或剪切而含有短的片段，不同长度的 PCR 扩增产物可能会导致结果有偏差，因为延伸较长的 DNA 比延伸短的 DNA 更不容易做到完好无损。设计靶标检测和参考检测具有相似的扩增产物长度（短的优先），可以使靶标和参考区域之间的扩增效率更加匹配和最大化。

11. 探针第一个核苷酸是 G 会导致附近的荧光被猝灭。如果 Primer3 推荐的探针以 G 开头，使用这个探针的反向互补序列作为该检测的探针（如果反向互补依旧以 G 开头则需重新设计）。

12. 如果引物太短以至不能进行 BLAT，则使用生物信息学的 PCR 功能（UCSC 基因组浏览器“工具菜单（Tools menu）”下的“生物信息学 PCR（in-Silico PCR）”，尽管 BLAT 更好。如果目的区域处于片段重复中，且检测的目的是特异性靶向一个拷贝，则可能没有一个唯一的完美匹配；要确保最佳的匹配是目的重复。如果检测的目的是捕获一个区域的所有拷贝，则确保所有这些区域都在 BLAT 的输出之中。

13. 可以使用 ThermoScientific 的多重引物工具（multiple primer tool）检查多对寡核苷酸之间的异二聚体化。这个工具十分灵敏，所以用它来做初步筛选，然后用 IDT 寡核苷酸分析器来检查被提出的异二聚体。将已命名的寡核苷酸序列（以制表符分格）粘贴到 ThermoScientific 多重引物网页顶部的框中以获得结果。

14. 如果扩增产物包含所选限制性内切酶的酶切位点，更换酶或扩增产物序列，确保新的酶与参考检测兼容。通常，重新设计检测更简单，除非基因组的背景将检测限制在一个非常特异的序列。

15. 在 ddPCR 反应混合液中消化 DNA 是可能的，而不像 9.3.2 中的步骤 1 ～ 3 解释的那样预先消化 DNA。当样品有限时，这种超混液中的消化非常有帮助，这样可以使用更少的样本总量。为了执行这种超混液内的消化，在 9.3.2 中的步骤 4 描述的 ddPCR 反应的酶缓冲液中可以加入稀释至 1μl 的 2 ～ 5 单位的限制性内切酶，并相应降低 DNA- 水混合液的体积。使用高浓度，总计 10ng 的未消化的 DNA 替代被稀释的消化过的 DNA。

16. ddPCR 微滴一次可生成 8 个样本，并在 96 孔板中读取，所以最好在一个 96 孔板中设计 PCR。

17. 在检测中使 10μl 的 DNA 等同于 10ng 的 DNA，因为只有 20μl 的 PCR 混合液被用于微滴生成。10ng 的 DNA 通常是 ddPCR 一个比较好的起始量，但是高拷贝数的个体通常需要采用一半的 DNA 来重新分型，以避免含有 CNV 的分子超过微滴。一般情况下，阴性微滴含量低于所生成微滴的 10% 时，要降低输入 DNA 的浓度；如果 CNV 估计的误差线太大时，增加输入 DNA 的浓度。在所有情况下，使加入的 DNA 和水一直维持在 10μl。我们通常采用输入 10μl 的被消化 DNA 对所有样品进行基因分型，然后针对高拷贝数或低双阴性微滴的个体，使用 5μl 被消化 DNA 和 5μl 的水进行重新分型。

18. 25μl 的 PCR 混合液中只有 20μl 用于微滴生成，过量 5μl 可防止在将其移液到微滴生成反应中形成气泡，确保 20μl 全部转化成微滴。然而，如果样本量有限， PCR 混合液的终体积可以为 22μl。

19. 将移液器按到终档会引入气泡，而这会影响微滴的数量和质量。移液器只能按到第一档。如果样品孔中引入了气泡，则需要使用干净的吸头将其手动扎破，以增高微滴的生成。

20. 可以使用自动微滴生成仪（Bio-Rad QX200 AutoDG）和相关耗材替代 9.3.2 中的步骤 6 ～ 8 描述的手动微滴生成。AutoDG 运行 8 的倍数的样本，尽管有些试剂被划分成 32 个样本一组。AutoDG 最适合使用满的 96 孔板。

21. 如果在散点图上的微滴簇彼此离得太近，可以通过额外增加 10 个 PCR 循环以提高荧光信号的强度并增加荧光信号相互之间的分离（图 9-2B 和图 9-3）。

22. 尽管检测的最佳退火温度设计在 60℃，但某些检测或检测的组合可能在其他温度下会给出更为干净的数据。我们发现，最好对一个样本运行一个温度梯度（55 ～ 65℃）以确定哪个温度可以产生最干净、最清楚的微滴簇分离（图 9-2B）。

23. 我们倾向将“名称（Name）”栏空出来，然后采用 Excel 或其他统计程序将最终数据与布板图结合起来。否则，每个样本的名字必须手动输入。

24. 软件仅调用 10 000 个微滴以上的孔，对于微滴数较少的孔，将“状态（Status）”列设定成“检查（Check）”，但我们发现，CNV 的调用对低至 5000 个微滴，在最少携带 0 ～ 3 个拷贝的个体中是可靠的。

25. 这个质控步骤可在任何软件上进行定量或统计分析。在 R 中操作非常便于自动化和重复，但也可以在 Excel 中用手动或公式来完成。

26. 微滴数少于 5000 的孔可能因微滴数不足而无法准确地确定拷贝数，尤其是当拷贝数大于 4 时。具有半整数 CNV 结果的数据没有意义（如无法确定拷贝数为 3.5 对应的真实拷贝数是 3 或 4）。置信区间过宽表明 DNA 浓度太低以致无法做出明确的判断。阴性微滴低于 10% 的反应通常涉及的情况是反应太接近 DNA 模板的饱和度。在这种情况下，用于估算微滴（其中含有超过 1 个基因座拷贝）数的泊松统计可能不够准确，最好使用较低浓度的基因组 DNA 重新运行反应。如果采用低浓度的输入 DNA 导致参考浓度太低而不可信，则每个样本可运行多个孔，在分析过程中合并所得到的数据以提高精度。

27. 增加输入的 DNA 浓度通常可以降低置信区间的范围；因为 CNV 置信区间范围而导致质控失败的样本可加大 DNA 输入量重测。对于高拷贝数（≥ 6）的半整数 CNV 检测结果，可以通过降低 DNA 投入量的方法解决。对于拷贝数较低的半整数结果，见 9.4“注意事项”中的第 25 条。

28. 过多的半整数拷贝数结果可能是由 DNA 降解、DNA 未消化或靶标和对照检测不相容所导致的（对于癌症样本，这可能也反映了肿瘤和间质细胞的克隆镶嵌或混合，因此不能从此处所提出的修正中获益）。当 DNA 来源于正在复制的细胞（如细胞系）时，半整数结果的另一个原因是质控和靶点基因座在复制时机上的差异。DNA 复制发生在基因组的不同阶段；这种时机是可遗传的，在测序数据中可见，并且在个体之间基本相同[13-15]。在细胞周期早期进行复制的基因组区域的 DNA 在异步细胞培养中更为丰富，因为这些区域在细胞存活的大部分过程中均以复制的形态存在。大多数的基因（以及因此更常用的对照检测）都位于这些早期复制的区域。

半整数拷贝数通常被观察到位于晚复制的基因组区域，但对于 ddPCR，它们会与早期复制的对照区域配对。以我们的经验，这种差异导致拷贝数读数较真实值低 10% 左右，尽管这种差异程度因样本而异，取决于 DNA 提取时正在发生复制的细胞的比例。这可能会产生较大的影响，特别是对于高拷贝数的样本。在与目的区域同时复制的基因组区域设计一个质控检测将有助于提高拷贝数分析。理想状况下，对照检测与 CNV 位置极其靠近（但仍在基因组之外）。通过近期的一个有关人类基因组复制时间研究的数据可以发现类淋巴母细胞的复制图谱[15]（图 9-1 和图 9-3 展示了使用复制匹配对照及其他优化的结果）。

29. 在使用来自增殖细胞（如广泛用作对照的 HapMap 和 1000 基因组项目的 DNA）的 DNA 进行胚系 CNV 分析时，我们发现，使用靶向 X 染色体序列旁边序列的对照检测可以提高 X 染色体上 CNV 的读数。在女性非活性 X 染色体上的晚期非结构化复制及其在异步细胞培养中所导致的 X 染色体区域的拷贝数差异可以解释这一现象[16]（图 9-1 展示了使用 X 染色体作为对照及其他优化的结果）。当使用 X 染色体对照检测时，确保将 QuantaSoft 给出的男性 CNV 估算值除以 2，因为 QuantaSoft 假设有一个二倍体对照但男性是 X 染色体单倍体。

30. 对于期望获得整数拷贝数的胚系 CNV，我们还发现在不同的反应中使用两种不同的对照检测（或两个略微不同的靶标检测）并汇总数据以获取一个最终的拷贝数可以提高具有明确整数拷贝数的样品比例，特别是对具有高拷贝数的样本。如果两次重复实验的 DNA 输入量是一样的，则可以在微滴水平汇集数据并使用泊松统计进行重新分析。然而，如果重复实验的 DNA 输入量有变化，则需要汇集拷贝数读数的平均值（图 9-1 展示了汇集两个对照检测的数据和其他优化的结果）。或者，可以在靶点检测相同的反应中使用相同荧光标记的两个对照检测，创建一个合成的四拷贝参考。对于以高拷贝数出现的基因组片段，这个方法可提高从单个反应中获取读数时的精确度。

对于少数基因座，ddPCR 可能由于未知原因给出轻微的低估或高估；在低拷贝数时这种误估通常很小，但在高拷贝数时变得更为明显。如果所有拷贝数测量值都倾向于整数值的同一侧（如所有拷贝数倾向低于整数值），则整个板的结果乘以一个校正因子，使所有的检测结果更接近相应的整数值似乎是一个合理的校正（因为已经通过对应的基于测序的拷贝数测量而得到了验证）。如果尝试这样做，通过将拷贝数乘以 0.9 ～ 1.1（以 0.001 为增量）等一系列校正因子来进行优化，并选择一个系数，该系数距离最近的整数能够给出最低的总体偏差（将偏差的绝对值相加）。一般情况下，校正因子在 3% 以内为最佳。

致谢

与同事 Robert Handsaker、Aswin Sekar 和 Linda Boettger 的沟通，使我们对 CNV 和检测的理解获益良多。同样，感谢 Katherine Tooley 对本章中的方案提供了有益的讨论。这项工作得到了美国国家人类基因组研究所的资助（R01HG006855 授予 S.A.M）。

参考文献

1. Handsaker RE, Van Doren V, Berman JR et al（2015）Large multiallelic copy number variations in humans. Nat Genet 47（3）:296–303
2. Hindson BJ, Ness KD, Masquelier DA et al（2011）High-throughput droplet digital PCR system for absolute quantitation of DNA copy number. Anal Chem 83（22）:8604–8610
3. Pinheiro LB, Coleman VA, Hindson CM et al（2012）Evaluation of a droplet digital polymerase chain reaction format for DNA copy number quantification. Anal Chem 84（2）:1003–1011
4. Usher CL, Handsaker RE, Esko T et al（2015）Structural forms of the human amylase locus and their relationships to SNPs, haplotypes and obesity. Nat Genet 47（8）:921–925
5. Kouprina N, Pavlicek A, Noskov VN et al（2005）Dynamic structure of the SPANX gene cluster mapped to the prostate cancer susceptibility locus HPCX at Xq27. Genome Res 15（11）:1477–1486
6. Salemi M, Bosco P, Cali F et al（2008）SPANX-B and SPANX-C（Xq27 region）gene dosage analysis in Sicilian patients with melanoma. Melanoma Res 18（4）:295–299
7. Hansen S, Eichler EE, Fullerton SM et al（2010）SPANX gene variation in fertile and infertile males. Syst Biol Reprod Med 55:18–26
8. Boettger LM, Handsaker RE, Zody MC et al（2012）Structural haplotypes and recent evolution of the human 17q21.31 region. Nat Genet 44（8）:881–885
9. Koressaar T, Remm M（2007）Enhancements and modifications of primer design program Primer3. Bioinformatics 23（10）:1289–1291
10. Untergasser A, Cutcutache I, Koressaar T et al（2012）Primer3—new capabilities and interfaces. Nucleic Acids Res 40（15）:e115
11. Andreson R, Puurand T, Remm M（2006）SNPmasker: automatic masking of SNPs and repeats across eukaryotic genomes. Nucleic Acids Res 34（Web Server）:W651–W655
12. Vincze T, Posfai J, Roberts RJ（2003）NEBcutter: a program to cleave DNA with restriction enzymes. Nucleic Acids Res 31（13）:3688–3691
13. Hiratani I, Takebayashi S, Lu J et al（2009）Replication timing and transcriptional control: beyond cause and effect—part II. Curr Opin Genet Dev 19（2）:142–149
14. Koren A, Handsaker RE, Kamitaki N et al（2014）Genetic variation in human DNA replication timing. Cell 159（5）:1015–1026
15. Koren A, Polak P, Nemesh J et al（2012）Differential relationship of DNA replication timing to different forms of human mutation and variation. Am J Hum Genet 91（6）:1033–1040
16. Koren A, McCarroll SA（2014）Random replication of the inactive X chromosome. Genome Res 24（1）:64–69

第 10 章

在血浆 cfDNA 中评估 *HER2* 扩增

Isaac Garcia-Murillas, Nicholas C. Turner

摘要：数字 PCR（digital PCR，dPCR）是一种准确度极高的检测 DNA 浓度的方法。在 dPCR 中，DNA 被分隔到多个独立的单个实体中，对其进行单独分析以判断是否存在目标靶点分子。在这里，通过循环游离 DNA（circulating free DNA, cfDNA）的无创分析，我们介绍了 dPCR 如何被用于判断是否存在癌基因的扩增，并通过研发一个针对 *HER2* 拷贝数的血浆游离 DNA 的 dPCR 检测对这种方法进行举例说明。
关键词：乳腺癌；*HER2*；循环游离 DNA；血浆；数字 PCR

10.1 引言

基因扩增是重要的治疗靶点。在常规临床实践中，通过初诊时一个肿瘤组织活检的分析来判断是否存在扩增。为了获得最优的靶向治疗，需要对肿瘤进行重复取样以确定一个肿瘤的基因图谱在之前的治疗结束后是否发生了变化。这需要对复发和转移的癌症患者进行重复的组织活检，但是这种做法具有局限性。组织活检具有一定风险，明确疾病复发的具体位置可能会带来技术上的挑战，而且通常很贵。组织活检通常只取肿瘤组织的单个区域，而在异质性的肿瘤之中，这可能会低估所出现的基因异常队列 [1]。理想的情况是，要克服这些限制，能够进行重复取样，基因组扩增的出现可以通过无创的方式来诊断。

在癌症患者的血浆中可以发现来自肿瘤细胞的 DNA，这些循环的 DNA 是实现肿瘤 DNA 无创分析的一种潜在来源 [2]。解码 cfDNA 突变的高灵敏度检测已被报道与肿瘤的突变状态高度一致 [3, 4]。cfDNA 的分析是无创的，能够在整个病程的多个时机下进行重复，并且有望评估所出现的基因组异常的整体异质性。cfDNA 的分析需要一种高度敏感的检测方法，因为 DNA 通常只会以很低的浓度出现在血浆中，而肿瘤细胞来源的 DNA 只是血浆总 DNA 中很小的一个部分 [2,5]，其余的都来自非肿瘤细胞。

dPCR 通过对单个 DNA 分子计数而有望实现样本中核酸浓度的精确定量，比传统的 qPCR 更胜一筹 [6]。为了考察 dPCR 在扩增检测方面的潜力，我们开发了针对血浆提取的 cfDNA 进行 *HER2* 扩增检测的分析方法 [7]。这个方法同样适用于福尔马林固定石蜡包埋

（formalin fixed paraffin embedded，FFPE）组织和新鲜冰冻组织的 *HER2* 扩增检测 [8]。染色体的非整倍性增加了血浆中拷贝数评估和适当选择质控探针的难度。这里，我们使用了一个拷贝数参考基因，该基因与 *HER2* 在相同的染色体臂上，很少与 *HER2* 同时扩增，但是在非扩增的癌症中也具有稳定中立的相对拷贝数。

10.2　材料

确保相应的工作被清楚地分配至隔离开的血浆处理、PCR 前（pre-PCR）和 PCR 后（post-PCR）区域内，这些空间的试剂、设备不可以共享，包括实验服、试剂、塑料制品、实验手册、笔记本、电脑及任何其他材料。

10.2.1　全血采集、血浆分离及储存

按照当地指南将全血采集到 K2 EDTA 真空塑料采血管（BD Biosciences）中。最好在采集后 2 小时内使用水平旋转转头离心机对全血进行分离，并将其分装到冷冻管中，-80℃下存放。避免血浆的反复冻融。

10.2.2　血浆中 cfDNA 的提取

按照说明书，使用 Qiagen 的 QIAamp 游离核酸试剂盒在专门的血浆处理区域采用 QIAVac 24 Plus 真空装备对 cfDNA 进行提取。cfDNA 需要被洗脱到无核酸酶的非黏附性 1.5ml 微离心管中。提取的 cfDNA 可以短期存放在 -20℃。若要长期存放，考虑将其存放在 -80℃。避免提取的 cfDNA 被反复冻融，考虑对其进行小份分装。

10.2.3　从血浆中提取的 cfDNA 的定量和质控

应该使用基于荧光的方法对 cfDNA 进行定量，如按照说明书使用 Quant-iT PicoGreen dsDNA 检测（Thermo Fisher Scientific）或者 Qubit dsDNA 检测（Thermo Fisher Scientific）分析 1μl 洗脱液。不要使用分光光度法（A_{260}/A_{280}）来定量 cfDNA，因为其结果不够准确。或者，当需要检查 cfDNA 的质量时，可选择使用 Agilent 的 Bioanalyzer/Tapestation 或类似的方法来定量 cfDNA。这些步骤应使用专用的 pre-PCR 设备在专用的 pre-PCR 区域进行。

10.2.4　*HER2* 微滴数字 PCR

微滴数字 PCR（droplet digital™ PCR，ddPCR™）应按 10.3 描述的方法在 pre-PCR 区使用 Bio-Rad 的 QX100/QX200 进行。反应使用 2× ddPCR 探针超混液（Bio-Rad）。引物和探针（表 10-1）的终浓度分别为 900nmol/L 和 250nmol/L，PCR 混合液的终体积为 20μl。按照表 10-2 所示准备引物和探针的混合液。

表 10-1　用于 *HER2* 扩增检测的引物和探针序列

	序列 5'-3'
HER2 检测	
上游引物序列	ACAACCAAGTGAGGCAGGTC
下游引物序列	GTATTGTTCAGCGGGTCTCC
探针序列	6-FAM/CCCAGCTCTTTGAGGACAAC/MGBNFQ
EFTUD2 检测	
上游引物序列	GGTCTTGCCAGACACCAAAG
下游引物序列	TGAGAGGACACACGCAAAAC
探针序列	VIC/GGACATCCTTTGGCTTTTGA/MGBNFQ

表 10-2　*HER2* 引物－探针混合液的组成

20 × *HER2* 引物探针混合液	20 × *EFTUD2* 引物探针混合液
90μl 100μmol/L 上游引物	90μl 100μmol/L 上游引物
90μl 100μmol/L 下游引物	90μl 100μmol/L 下游引物
25μl 100μmol/L *HER2* FAM / M GBNFQ 探针	25μl 100μmol/L *EFTUD2* VIC / M GBNFQ 探针
295μl 无核酸酶的水	295μl 无核酸酶的水

10.3　方法

10.3.1　静脉血采集、血浆分离和储存

1. 静脉穿刺将血液直接采集到 EDTA 采血管中[a]（注：此处字母释意见 10.4 注意事项）。

2. 使用水平转子摆头离心机在室温下以 1600 × g 离心 20 分钟[b]。

3. 小心转移血浆至一个干净的锥形底离心管中，注意不要碰到含有白细胞和血小板的血沉棕黄层（图 10-1）[c]。

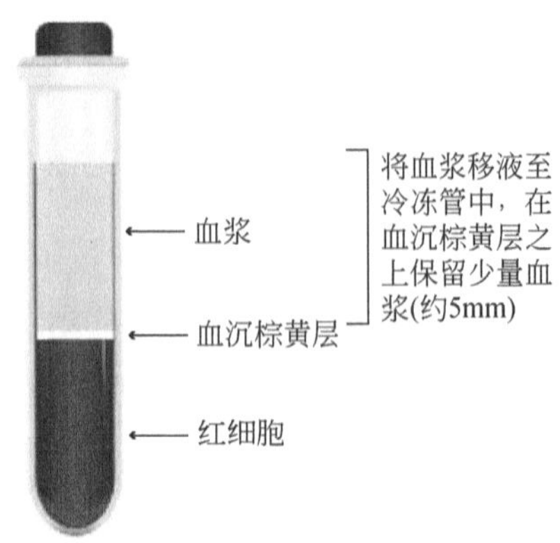

图 10-1　当分离用于提取 cfDNA 的血浆时，只能取上面的一层。不要碰到含有白细胞的血沉棕黄层

4. 将血浆在 16 000rpm 下离心 10 分钟以去除细胞碎片。

5. 用移液枪将所有血浆转移到做好标记的冷冻管中[d]。

6. 将装有血浆的冷冻管直立地放在 -80℃冰箱的冻存盒中[e]。

10.3.2　使用 QIAvac 从血浆中提取 cfDNA

使用 Qiagen 的 QIAamp 循环游离核酸试剂盒从 2ml 血浆中提取 cfDNA。保证血浆在冰上融化之后才能进行后续流程。

1. 向 50ml 离心管中加入 200μl QIAGEN 蛋白酶 K。

2. 加入 2ml 血浆到 50ml 离心管中。

3. 加入 1.6ml 缓冲液 ACL（含有 1μg 载体 RNA）。拧上管盖，脉冲涡旋 30 秒[a]。

4. 60℃条件下孵育 30 分钟。

5. 将离心管放到实验台上，拧开管盖。

6. 将 3.6ml 缓冲液 ACB 加入离心管的裂解液中。拧好管盖，充分脉冲涡旋混合 15 ～ 30 秒。

7. 将裂解液 - 缓冲液 ACB 混合液放置在冰上孵育 5 分钟。

8. 将 QIAamp Mini 柱插在 QIAvac 24 Plus 上的 VacConnector（真空连接器）中，将 20ml 扩管器插入打开的 QIAamp Mini 柱中[b]。

9. 小心将步骤 7 中的裂解液 - 缓冲液 ACB 混合液转移到 QIAamp Mini 柱的扩管器中。打开真空泵。当所有裂解液完全通过柱子时，关闭真空泵并释放压力。小心地拆下并丢掉扩管器[c]。

10. 向 QIAamp Mini 柱中加入 600μl 缓冲液 ACW1。保持柱子的盖子打开，打开真空泵。当所有的缓冲液 ACW1 通过柱子后，关闭真空泵，释放压力。

11. 向 QIAamp Mini 柱中加入 750μl 缓冲液 ACW2。保持柱子的盖子打开，打开真空泵。当所有的缓冲液 ACW2 通过柱子后，关闭真空泵，释放压力。

12. 向 QIAamp Mini 柱中加入 750μl 乙醇（96% ～ 100%）。保持柱子的盖子打开，打开真空泵。当所有的乙醇通过柱子后，关闭真空泵，释放压力。

13. 盖好 QIAamp Mini 柱的盖子，将其从真空歧管中移走，丢掉 VacConnector。将 QIAamp Mini 柱放置在一个干净的 2ml 收集管中，全速（14 000rpm）离心 3 分钟。

14. 将 QIAamp Mini 柱放入一个新的 2ml 收集管中。打开柱盖，56℃条件下孵育 10 分钟，使柱子的膜完全干燥。

15. 将 QIAamp Mini 柱放入一个干净的 1.5ml 洗脱管中，丢弃步骤 14 中的 2ml 收集管。小心地向 QIAamp Mini 柱的柱膜中间位置加入 25μl 缓冲液 AVE。关闭柱盖，室温孵育 3 分钟[d]。

16. 在微型离心机上全速（14 000rpm）离心 1 分钟，以洗脱核酸。

17. 重复步骤 15 和步骤 16 一次，洗脱到同一个管子中。终体积约为 50μl，标记为洗脱液 #1。

18. 重复步骤 15 和步骤 16（2 × 25 μl），洗脱到一个新的 1.5ml 洗脱管中，标记为洗脱液 #2。

19. 提取得到的 cfDNA 在 -20℃下储存。

10.3.3 对提取的 cfDNA 进行定量

1. 将 Qubit dsDNA 分析试剂盒从冰箱中取出，室温下平衡 30 分钟。

2. 将 Qubit dsDNA BR 试剂按照 1 ： 200 的比例稀释到 Qubit dsDNA BR 缓冲液中，配制成 Qubit 工作液。不要在玻璃容器中混合工作液。标记两个用于放标准品的管子。

3. 向两个标记的标准品管中分别加入 190μl Qubit 工作液。

4. 将每个 Qubit 标准品分别取 10μl 加入相应的管子中，涡旋混匀 2 ～ 3 秒。每个管中的终体积应为 200μl。

5. 向每个检测管中加入 199μl Qubit 工作液。

6. 向装有 Qubit 工作液的管子中加入 1μl 血浆洗脱液。每个管中的终体积为 200μl。

7. 室温条件下孵育 2 分钟。

8. 按照 Qubit 2.0 荧光光度计的指示读取标准品和血浆样本的结果。

9. 计算血浆样本的浓度，要将第 6 步的稀释步骤考虑在内。

10.3.4 使用 Agilent 的生物分析仪检测 cfDNA 的质量

按照制造商的说明，在高敏感性 DNA 芯片上运行 1μl 洗脱液。根据是否在 150 ～ 180bp 出现一个峰值及不会在 1000bp 以上出现高分子质量的峰值来评估提取 cfDNA 的质量（图 10-2，蓝色线条）。含有基因组 DNA（genomic DNA，gDNA）的 cfDNA 将会在 1000 bp 以上出现高分子量的峰值（图 10-2，红色线条）。

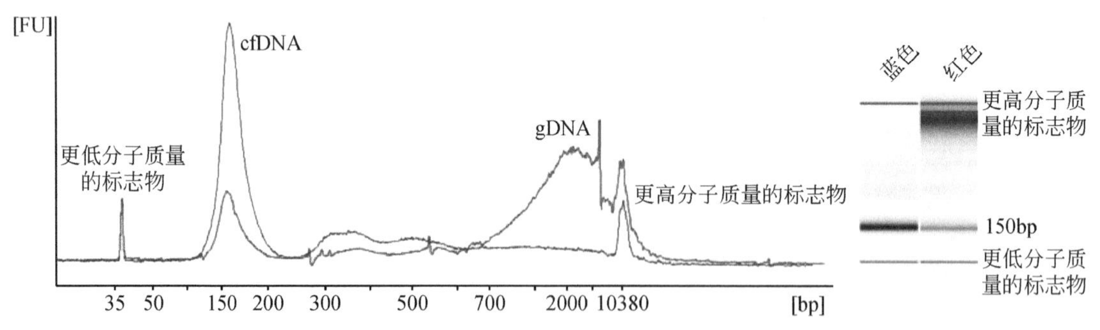

图 10-2 当使用 Bioanalyzer/Tapstation 分析时，从血浆中提取的无 gDNA 污染的 cfDNA 应在 150 ～ 300bp 附近存在一个峰值（蓝色线条），而有 gDNA 污染的 cfDNA 会在大于 1000bp 的地方出现一个或多个额外的峰（红色线条）

10.3.5 微滴数字 PCR 检测 *HER2* 扩增

1. 对于每一个样本，按照表 10-3 所示准备一份反应混合液，减去 DNA，将其放入无核酸酶非黏附性的 1.5ml 微离心管中。

2. 将反应混合液分装至 0.2ml 的 PCR 板的孔中（或管中），加入待检的 DNA，涡旋并离心。

表 10-3　用于 cfDNA 的 *HER2* 扩增检测的 PCR 反应混合物组成和体积

	× 1（μl）
DNA	×
20 × *HER2* 引物 - 探针混合液	1
20 × *EFTUD2* 引物 - 探针混合液	1
探针超混液	10
无核酸酶的水	至 20

3. 将微滴生成芯片安装到芯片夹具中。

4. 将 20μl 的 PCR 反应混合液分装到微滴生成芯片中间一排的储液孔中[a]。

5. 将 70μl 的微滴生成油分装到微滴生成芯片底排的储液孔中（所有的孔都用一样的吸头）[b]。

6. 用垫片覆盖芯片，确认其末端挂在塑料突起上。放入微滴生成仪中[c]。微滴生成之后，从生成仪中移走芯片，移走垫片并弃去，从顶排中收集 40μl 的微滴分装至一个 PCR 板（Fisher Scientific）中。使用 8 通道空气移液枪以 20° ～ 25° 的倾角缓慢（时长至 15 秒）收集微滴[d]。将移液枪轻触 PCR 板孔壁，以 20° ～ 25° 的倾角缓慢（时长至 15 秒）释放微滴沿孔壁滑入 PCR 板孔中。丢掉发生芯片[e]。

7. 根据需要重复多次，微滴生成步骤之间需将 PCR 板盖好。

8. 将 PCR 板密封好，按表 10-4 所示的程序在热循环仪上运行样本。

表 10-4　用于血浆提取 cfDNA *HER2* 扩增检测的 PCR 条件

步骤	温度（℃）	时间	# 循环	变温增量（℃ /s）
热盖	105			
变性	95	10 分钟	1	2.5
变性	95	15 秒	40	2.5
退火 / 延伸	60	1 分钟	1	2.5
完成	98	10 分钟	1	2.5
维持	10	无限	1	

9. PCR 循环完成后，按照制造商的说明使用 QX100/QX200 微滴读取仪读取微滴。使用“绝对定量（Absolute Quantification）”来读取反应板。

10. WT 微滴数量达不到 400 的样本应该通过运行更多样品来予以强化，直到至少有 400 个 WT 微滴被用于分析。

10.3.6　微滴数字 PCR 分析

QX100/QX200 阅读仪生成的数据可以使用 Bio-Rad QuantaSoft™ 软件进行分析。如图 10-3 所示，圈出检测所产生的 4 个独特群体，使用内置的分析工具计算 *HER2* 与参考检

测 *EFTUD2* 之间的比值。比值大于 1.25 时应被认定为扩增，比值小于 1.25 时被认定为不存在扩增。

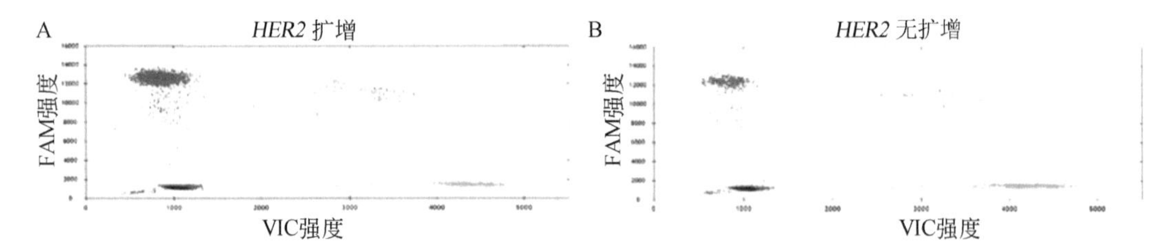

图 10-3 高水平扩增样本（A）和无扩增样本（B）的代表性微滴数字图。4 个象限代表的含义：左上方是仅含有 *HER2* DNA 的微滴（蓝色群），右上方是同时含有 *HER2* 和 *EFTUD2* DNA 的微滴（棕色群），右下方是仅含有 *EFTUD2* DNA 的微滴（绿色群），左下方是不含有 DNA 的微滴（黑色群）

为优化样本中的结果，特别是对于拷贝数比值接近于阈值（cutoff）的样本，应该使用序贯概率比值检验法（sequential probability ratio test，SPRT）（图 10-4A）来确定拷贝数是升高、没有升高还是不确定。SPRT 使用了极大似然法来判断被观测的比值在可接受的误差范围内大于还是小于阈值，或者是否需要进一步运行 dPCR 以确定拷贝数的比值。

对于采用了 SPRT 检验法的数据分析，应该采用似然比为 8 的一个阈值（根据之前的报道做了一些修改）[9,10]。只需要分析有意义的微滴，即那些单独有 *HER2* 阳性或单独有 *EFTUD2* 阳性的微滴。*HER2* 有意义的微滴阳性比例按照以下公式来计算：$P_{HER2} = N_{HER2}/N$，这里的 $N = (N_{HER2} + N_{EFTUD2})$，代表有意义的微滴数，$N_{HER2}$ 是只对 *HER2* 阳性的微滴数，N_{EFTUD2} 是只对 *EFTUD2* 阳性的微滴数。

SPRT 检验法的边界按照以下公式进行计算：

上边界 $= [(\ln 8)/N - \ln d]/\ln g$

下边界 $= [(\ln 1/8)/N - \ln d]/\ln g$

式中，$d = (1-q_1)/(1-q_0)$；$g = q_1(1-q_0)/q_0(1-q_1)$。

而且，如果备择假设被接受（即血浆样本来自一个 *HER2* 扩增的患者），则 q_1 = 有意义的 *HER2* 阳性微滴比例。

如果原假设被接受（即血浆样本来自一个没有 *HER2* 扩增的患者），则 q_0= 有意义的 *HER2* 阳性微滴比例。

q_1 是由 *HER2*/*EFTUD2* 的拷贝数比值（T_{AMP}=1.3）计算而得到的，用于指定一个样本为 *HER2* 阳性的样本，这个值会根据 M_{EFTUD2} 而改变。

$$q_1 = (X_{AMP} - X_{AMP}\, n_{EFTUD2}/n)/(X_{AMP} + n_{EFTUD2}/n - 2X_{AMP}\, n_{EFTUD2}/n)$$

式中，$X_{AMP} = 1 - \exp(-T_{AMP}\, M_{EFTUD2})$，表示有意义的 *HER2* 阳性微滴在比值阈值 T_{AMP} 处的期望占比。

同样，q_0 是由 *HER2* / *EFTUD2* 的拷贝数比值（T_{NONAMP}=1.2）计算而得到的，用于指定一个样本是 *HER2* 阳性还是阴性，也会根据 M_{EFTUD2} 而变化。

$$q_0 = (X_{NONAMP} - X_{NONAMP}\, n_{EFTUD2}/n)/(X_{NONAMP} + n_{EFTUD2}/n - 2X_{NONAMP}\, n_{EFTUD2}/n)$$

式中，$X_{NONAMP} = 1 - \exp(-T_{NONAMP} M_{EFTUD2})$

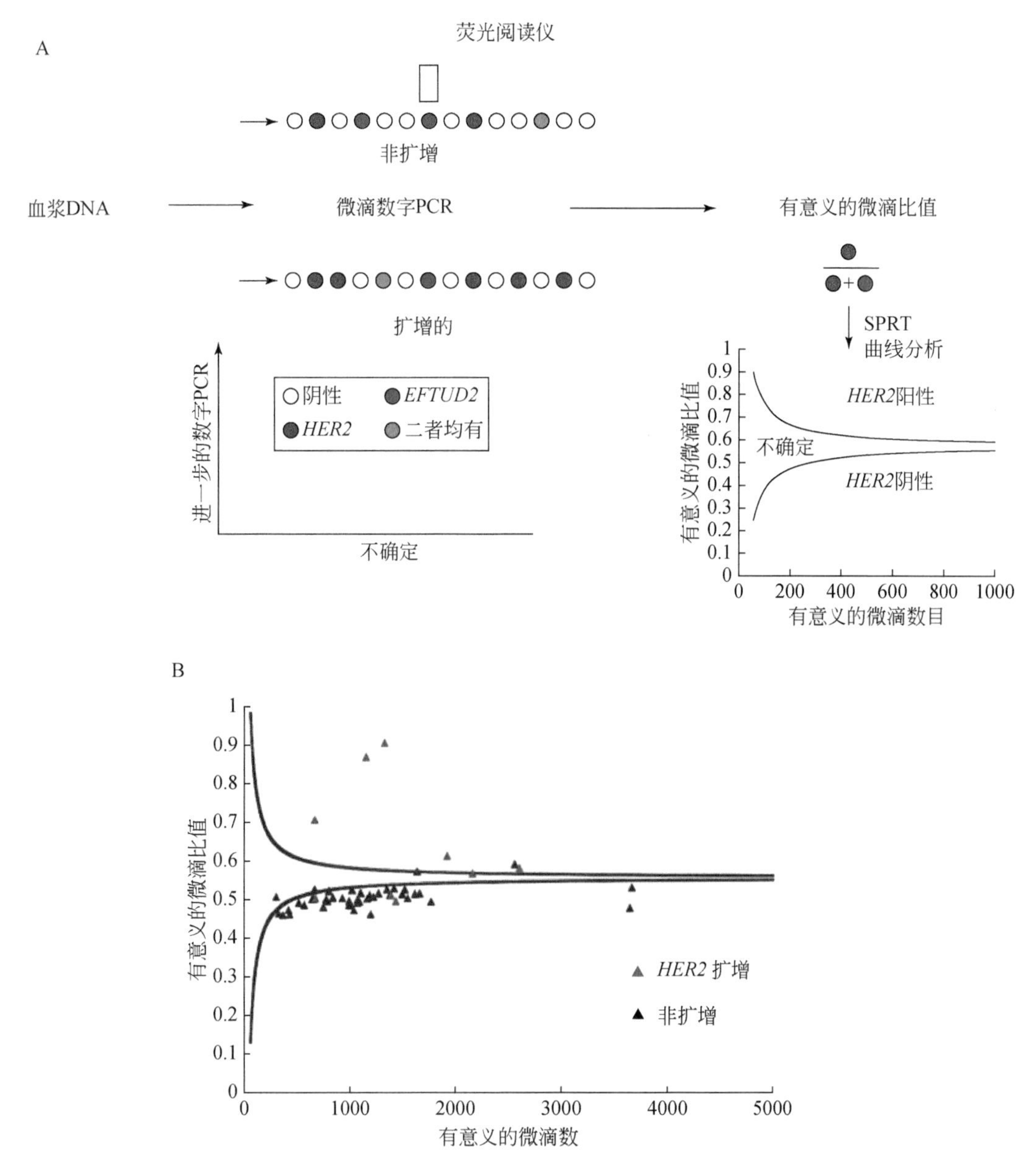

图 10-4　（A）采用 FAM 标记的 *HER2* 探针和 VIC 标记的 *EFTUD2* 探针的 ddPCR。DNA 被分隔到微滴中，PCR 完成后，通过荧光阅读仪对微滴进行评价。运用泊松分布，根据每个孔中的阳性微滴数可以定量每个样本中的 DNA 浓度。下一步会对有意义的微滴进行 SPRT 分析，即仅对 *HER2* 或 *EFTUD2* 阳性的微滴，不包括二者都是或都不是阳性的微滴。SPRT 评估有意义的 *HER2* 阳性孔比率（有意义的孔比率）是否随着数据的积累而升高。SPRT 定义了两个边界，比值高于上边界的结果被判为 *HER2* 阳性，比值低于下边界的结果将被判为 *HER2* 阴性。比值介于两个边界之间的结果被判为不确定，需要对样本进一步做 dPCR，直到结果高于或低于边界值。（B）在 58 例转移性乳腺癌患者的队列中采用有意义的微滴和 SPRT 分析 dPCR 结果，其中 11 例患者为 *HER2* 扩增肿瘤（红色三角形表示），47 例患者为非 *HER2* 扩增肿瘤（黑色三角形表示）。经美国癌症研究协会（American Association of Cancer Research, AACR）允许，引自 H. Gevensleben, et al, 2013. Noninvasive detection of HER2 amplification with plasma DNA digital PCR. Clinical cancer research: an official journal of the American Association for Cancer Research 19, 3276–3284

任意一个给定的 *N*，可以通过上述公式计算得到 SPRT 曲线的上边界和下边界。如果 P_{HER2} 高于上边界，则表示检测结果为 *HER2* 阳性；如果 P_{HER2} 低于下边界，则表示检测结果为 *HER2* 阴性。如果 P_{HER2} 介于两个边界之间，则需要接着进行多轮 dPCR 反应，直到样品高于或低于边界。

SPRT 使用的似然比值为 8，对于比值为 1.2 ～ 1.3 的区分，这大致相当于双侧 95% 的可信度 [9]。根据这些参数，一个样品的实际 *HER2* 与 *EFTUD2* 的比值如果是 1.15，则该样本将会有很高的概率（＞ 99.9%）被正确地判为阴性，而同样，一个实际比值为 1.35 的样品将会有很高的概率被正确地判为阳性。

图 10-4B 显示了 SPRT 检测在 58 例转移性乳腺癌患者队列中的应用（11 例为 *HER2* 扩增肿瘤，47 例为 *HER2* 非扩增肿瘤）。红色三角形表示 *HER2* 扩增肿瘤，黑色三角形表示 *HER2* 无扩增肿瘤。图 10-4 中所示的 SPRT 决策边界只是出于展示的目的，因为其真实水平会根据 *EFTUD2* 对照探针的浓度（M_{EFTUD2}）而改变，边界值是以 M_{EFTUD2}=0.025 来计算的。有意义的微滴数目大于 5000 的案例并未展示 [7]。

10.4 注意事项

1. 静脉血采集、血浆分离与贮存（见 10.3.1）。

（a）采血时一定要避免溶血。

（b）BCTs EDTA 采血管应直立放置在室温条件下，采血后 2 小时内离心。

（c）即将离心之前，轻轻翻转 ETDA 管 8 ～ 10 次。

（d）使用活塞驱动的空气移液器转移血浆，避免使用巴斯德管移液器。

（e）不要使用聚苯乙烯容器冰冻血浆。

2. 使用 QIAvac 从血浆中提取 cfDNA（见 10.3.2）。

（a）涡旋混匀时确保离心管中形成可见的涡流。为了确保有效裂解，一定要将样品和缓冲液 ACL 彻底混合形成均一溶液，此步骤不可以中断。立即进行裂解孵育步骤。

（b）确保扩管器牢固地插入 QIAamp Mini 柱中，以避免样品泄漏。保留收集管进行 10.3.2 中的第 13 步的离心干燥。

（c）值得注意的是，大样本裂解液体积可能需要 10 分钟才能在真空力作用下通过 QIAamp Mini 柱膜。为了避免交叉污染，注意不要将扩管器移动到相邻的 QIAamp Mini 柱上。

（d）确保洗脱缓冲液 AVE 使用前已加热至 42℃。洗脱体积是灵活的，可根据下游的使用要求进行调整。回收的洗脱液体积将最多比加到 QIAamp Mini 柱中的洗脱液体积少 5μl。

3. *HER2* 扩增的 ddPCR（见 10.3.5）

（a）小心加载发生芯片，避免孔底部引入气泡。保证发生芯片中的所有孔都加满。若样本量不足 8 个，可以在空的孔中加入 20μl 2 × 缓冲液对照。

（b）微滴生成油易挥发，因此要避免将管子或孔长时间敞开，以免蒸发。一定要在加入样本后再将微滴生成油加到发生芯片的中央排孔，以防止微滴生成油填充到连接储液孔的微通道中。

（c）将发生芯片安装到微滴生成仪上时要注意避免微滴生成油的泄漏（要握住中间部分）。大约 2 分钟就可以完成微滴的生成。

（d）缓慢收集液滴可以避免微滴的破裂和黏结。

（e）一旦微滴生成并分装到 PCR 板上，用胶条覆盖充满的孔，以避免蒸发。

致谢

Nicholas C. Turner 教授是 CRUK 的临床科学家。我们感谢 NHS 对 NIHR 生物医学研究中心提供的基金支持。图 10-4 引自：H. Gevensleben et al., Noninvasive detection of *HER2* amplification with plasma DNA digital PCR. Clinical cancer research: an official journal of the American Association for Cancer Research 19, 3276-3284（2013），已经得到美国癌症协会（the American Association of Cancer Research，AACR）的准许。

参考文献

1. Ding L et al (2010) Genome remodelling in a basal-like breast cancer metastasis and xenograft. Nature 464:999–1005
2. Johnson PJ, Lo YM (2002) Plasma nucleic acids in the diagnosis and management of malignant disease. Clin Chem 48:1186–1193
3. Li M, Diehl F, Dressman D, Vogelstein B, Kinzler KW (2006) BEAMing up for detection and quantification of rare sequence variants. Nat Methods 3:95–97
4. Board RE et al (2010) Detection of PIK3CA mutations in circulating free DNA in patients with breast cancer. Breast Cancer Res Treat 120:461–467
5. Diehl F et al (2008) Circulating mutant DNA to assess tumor dynamics. Nat Med 14:985–990
6. Vogelstein B, Kinzler KW (1999) Digital PCR. Proc Natl Acad Sci U S A 96:9236–9241
7. Gevensleben H et al (2013) Noninvasive detection of HER2 amplification with plasma DNA digital PCR. Clin Cancer Res 19:3276–3284
8. Garcia-Murillas I, Lambros M, Turner NC (2013) Determination of HER2 amplification status on tumour DNA by digital PCR. PLoS One 8:e83409
9. Wei Zhou GG, Goodman SN, Romans KE et al (2001) Counting alleles reveals a connection between chromosome 18q loss and vascular invasion. Nat Biotechnol 19:78–81
10. Lo YM et al (2007) Digital PCR for the molecular detection of fetal chromosomal aneuploidy. Proc Natl Acad Sci U S A 104:13116–13121

第 11 章

采用微滴数字 PCR 在原发体细胞组织中对嵌合体基因组 DNA 变异进行检测和定量：分析嵌合体转座元件插入、拷贝数变异和单核苷酸变异

Bo Zhou, Michael S. Haney, Xiaowei Zhu, Reenal Pattni, Alexej Abyzov，Alexander E. Urban

摘要：我们报道了使用微滴数字 PCR（ddPCR）对转座元件插入、拷贝数变异和单核苷酸变异所造成的体细胞嵌合事件进行验证和定量。在 ddPCR 检测中，样本或模板 DNA 被分隔到数万个单独的微滴中，以至于当 DNA 输入量较低时，绝大部分的微滴中将包含不超过一个拷贝的模板 DNA。在每个微滴中都进行 PCR 并生成一个荧光读数来提示目的靶点存在与否，从而对样品中存在的拷贝数进行精确“计算”。分隔的数量大到足以检测频率低于 1% 的体细胞嵌合事件。

关键词：微滴数字 PCR；体细胞嵌合；移动元件；拷贝数变异；单核苷酸变异

11.1 引言

ddPCR 是一种强有力的方法，可用于原发组织中体细胞基因组嵌合的验证和定量[1-3]。体细胞基因组嵌合是指仅在组成某个组织的一部分细胞中出现的基因组 DNA 序列上的变异。据推测，这种类型的基因组变异是由于合子后突变而出现在一个个体之中[4]。体细胞基因组变异通常是首先通过一系列基于“下一代”高通量 DNA 测序的方法而被发现[5]。除了要验证这些通过测序而发现的变异，ddPCR 还可以对发生在某个组织中的变异频率进行更准确的定量[1,3]。而且，ddPCR 是少数几种可以用于这个目的（对嵌合基因组变异进行验证和定量）的方法之一。它是一种非测序方法，因此相对于体细胞嵌合研究中的典型发现

方法，ddPCR 可以作为一个正交方法 [5]。这使得采用 ddPCR 的体细胞变异验证和定量变得非常有用，尤其是为了避免报道测序错误，有必要对最初的发现进行广泛和特异的实验验证时。本文描述的方法已经在非癌原发组织或非癌细胞系提取的 DNA 样本中进行了测试。然而我们确实希望这些类似的方法同样分别适用于癌组织或细胞系。

对于体细胞基因组嵌合体，ddPCR 可用于分析横跨整个尺度范围的基因组变异，从最小的（单核苷酸变异，single-nucleotide variant，SNV）到中等尺度的（如反转录转座子和移动基因组元件的插入，即可移动元件插入，mobile element insertion，MEI），再到大尺度的拷贝数变异（CNV）[1,3,6]。只需对一般的 ddPCR 实验方法和设计方案进行少量调整，即可将其用于每一种这类变异的分析。本文描述了如何使用 ddPCR 系统，特别是 Bio-Rad QX200 微滴数字 PCR 系统 [7]，分析三种类型的体细胞嵌合基因组变异：SNV、MEI 和 CNV。通过高通量的微流控和定量（数字）荧光读取的结合，使用 TaqMan 探针或嵌入式荧光染料（EvaGreen），ddPCR 方法实现了其他 PCR 检测方法从未达到的敏感性和准确性 [7,8]。

方法的原则

简而言之，将包含模板 DNA、靶点特异引物和荧光探针（或嵌入式荧光染料，见下文）的标准 ddPCR 反应混合液分隔成约 20 000 个油包水的微滴 [7,8]。理解这种实验方法的关键一点在于要牢记，当所有的其他试剂足够多时，模板 DNA 将按照泊松分布被分配到微滴中 [7]，因此，平均每个微滴中的靶点占用或每个微滴中的拷贝数（copies per droplet，cpd）会随输入 DNA 浓度的增加而增加。在靶点占有率＜ 10% 或 cpd ＜ 0.1 时，绝大多数微滴会包含 0 或 1 个拷贝的 PCR 目的靶点。虽然当 20μl 反应中有 1.6cpd 或 32 000 人类基因组当量时可以达到靶点拷贝数定量的最大精度，但只要反应中存在阴性微滴的分隔（＜ 5cpd），就可以实现准确的定量 [8]。模板 DNA 的过载（＞ 5cpd）会导致体系中没有空微滴（含有零个目的模板拷贝的微滴），因此无法使用泊松校正进行准确定量 [9,10]。还需要注意的是，ddPCR 中高水平的样本 DNA 分隔针对每个微滴中基因组变异的存在与否给出一个二进制样的读数，由此实现低频序列变异的检测和定量 [8]。对于 SNV 的检测和定量，这种分隔效应可能非常有帮助（相比非分隔的 qPCR），在这个过程中，通过分隔可以辨别参考和变异信号之间的差异，由此对不完美探针特异性的效果进行“探索”（见 11.3.5）。

对于每一种 DNA 序列变异，需要设计一组 PCR 引物，以及一个特异的带有荧光标记的 TaqMan 探针，该探针在引物延伸步骤中会与模板 DNA 结合。或者，当使用 EvaGreen（即嵌入式荧光染料）检测时，仅需要设计 PCR 引物。探针 / 引物的设计有两个基本原则。引物可以被设计为将预测的嵌合 SNV、CNV 缺失连接点、CNV 复制的连接点或 MEI 插入点“包括”在内，或者也可以设计为在预测的嵌合缺失或复制 CNV 的边界内结合。基本原则如图 11-1 所示。

在第一个引物 - 探针的设计原则中（图 11-1A），嵌合体 CNV 和 SNV 之所以能被检测，是因为定制的探针被设计为跨越了嵌合体缺失 CNV 的断裂连接点或嵌合体复制 CNV 或 MEI 的插入点序列，或位于嵌合体 SNV 的正上方。当分配有样本 DNA 的某个微滴中含有携带特定嵌合体断裂连接点或插入连接点或 SNV 的 DNA 片段时，将会产生分散的数字

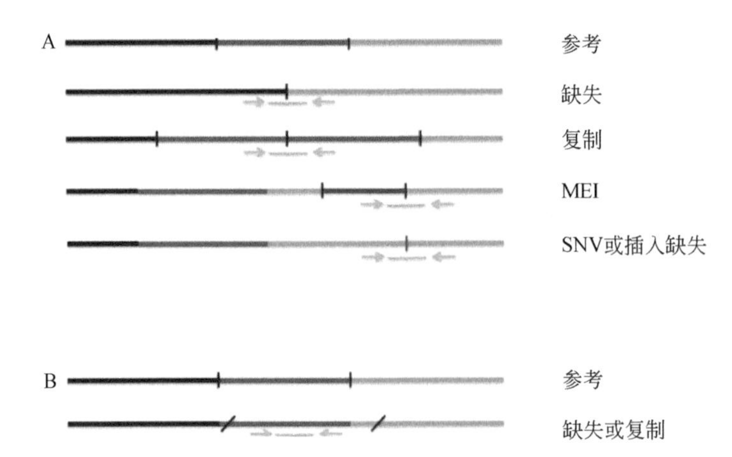

图 11-1 采用 ddPCR 分析体细胞基因组嵌合体的引物和探针设计的基本原则。A. 如果准确知道可疑嵌合体 CNV 的断裂连接点、嵌合体 MEI 事件的插入点、嵌合体 SNV 的坐标或小插入缺失的位置，则可以设计一组引物和探针来覆盖这些准确的位置（绿色箭头：正向和反向引物；橙色标记：特异性 TaqMan 荧光结合寡聚体探针或插入到扩增产物中的 EvaGreen 染料）。B. 如果尚不清楚可疑嵌合体 CNV 的准确位置，则可以设计一组引物和探针，以从可疑的近似断点位置之间的某个位置产生一个扩增产物（绿色箭头：正向和反向引物；橙色标记：特异性 TaqMan 荧光结合寡聚体探针或插入到扩增产物中的 EvaGreen 染料）。在后一种情况下，无法通过本章所介绍的方案对体细胞嵌合体 MEI 和 SNV/ 小插入缺失进行 ddPCR 分析。但是，这些可以通过替代的 EvaGreen 方案来分析 [6]

读数。在不包含此类片段（因为它们在样品 DNA 中的发生频率很低，或者甚至完全没有）的微滴中，就根本不会有信号。通过这种类似于二进制的计数方式，可以计算出样本组织中携带嵌合体变异的细胞比例，其灵敏度对于 CNV 而言可以低至 1%，对于 SNV 和 MEI 而言则低于 0.1%。例如，通过低深度全基因组测序在一个克隆扩增的 iPSC 细胞系中所检测到的一个缺失 CNV 并不能在形成 iPSC 细胞系 hiPSC 6 的成纤维细胞培养中检测到（图 11-2A）[1]。使用 ddPCR，确认了该缺失 CNV 以杂合嵌合体变异的形式存在于约 0.8% 的原始成纤维细胞培养细胞中，而在 iPSC 培养中则是 100%（图 11-2B），提示这个 iPSC 细胞系是由嵌合体细胞群体中携带这个特异缺失 CNV 的一个成纤维细胞起源并克隆扩增而来[1]。当 CNV 的断裂连接点的基因组位置不确定或未知时，可以应用探针和引物设计的第二个原则（图 11-1B）。引物和探针可以设计成靶向预测的复制或缺失区域，而不是跨越断裂连接点。此方案的灵敏度低于将某个变异包含在内的方案，并且不能应用于特定 MEI 或 SNV 的分析。然而，另一方面，第二种方案仍可对某些 CNV 实现验证和至少有限的定量，这些 CNV 由测序发现，但其具体断裂点尚未解决。对于上述所有情况，建议为目的嵌合体变异的检测匹配一个参考基因检测，以便对输入样本中的基因组当量进行同时定量（见 11.4“注意事项”中的第 1 条）。

11.2 材料

为了防止污染，应仔细遵循常规 PCR 准备指南，并将 ddPCR 试剂和耗材存放在远离

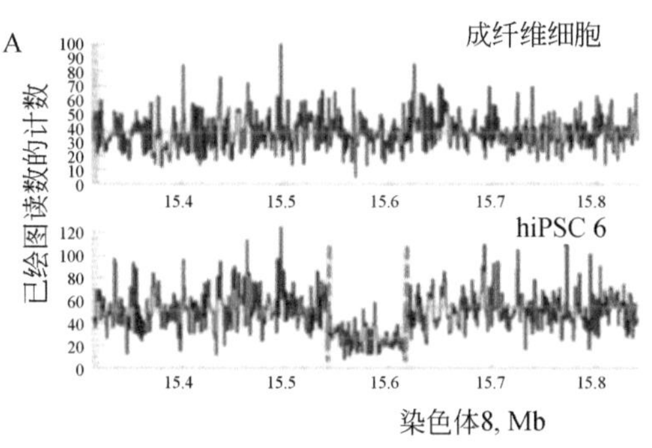

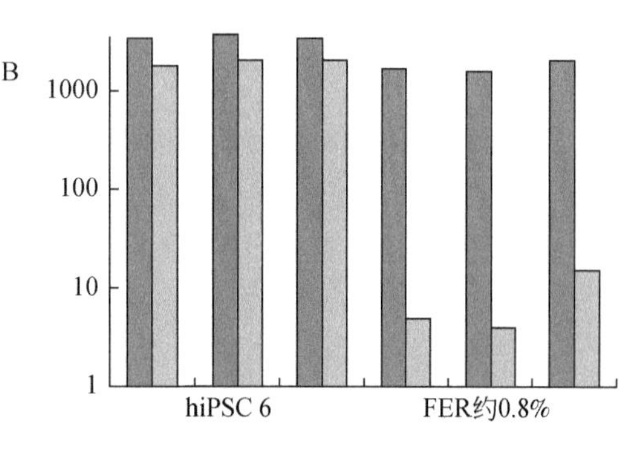

图 11-2　一个谱系明确的 CNV（LM-CNV）的检测和定量。A. 低覆盖度全基因组测序（使用 CNVnator[11]）无法在一个成纤维细胞样品中检测到以嵌合体形式存在的 CNV。在产生人诱导多能干细胞（hiPSC）的过程中，成纤维细胞样品进行单细胞克隆增殖之后，这个 CNV 可以在低覆盖度全基因组测序（橙色虚线）中被检测出来。B. ddPCR 分析能够确认在 hiPSC 6 细胞系中检测到的 LM-CNV 也存在于其衍生而来的成纤维细胞样品中，并定量了其嵌合体等位基因频率。*Y* 轴：每个孔中的 ddPCR 事件数。蓝色条：参考探针。绿色条：LM-CNV 特异探针。在 hiPSC 6 中检测到的 CNV 事件频率表明，几乎所有细胞中都存在一个杂合缺失，而在成纤维细胞样品中检测到的 CNV 事件频率表明，这种杂合缺失存在于约 0.8% 的细胞中。每份 hiPSC 和成纤维细胞基因组 DNA 样品都重复进行 ddPCR 3 次（经过允许，图片引自文献[1]）

准备 ddPCR 检测的地方（最好存放在单独的房间中）。除非另有说明，否则所有油、发生芯片和垫片都应在室温下存储。准备检测时，应将引物和探针解冻后放置于冰上（或在 4℃下最长可保存 1 年）；探针应避光或用铝箔纸包裹；其他所有试剂应在室温下准备。处置废物时，应遵守所有废物处置规定。

11.2.1　仪器

1. QX200 微滴生成仪（Bio-Rad）。
2. PX1 PCR 板密封器（Bio-Rad）。
3. 96 孔带有梯度温度功能的热循环仪（如 Bio-Rad C1000 或 Applied Biosystems Veriti）。
4. QX200 微滴读取仪（Bio-Rad）。
5. 带有 QuantasSoft ™ 软件（Bio-Rad）的电脑。
6. 8 通道 P100 或 P200 移液器。
7. 用于单次反应准备的单通道 P2、P20 和 P200 移液器。

11.2.2　ddPCR 耗材（全部购自 Bio-Rad）

1. 用于 QX200 微滴生成仪的 DG8 芯片（#186-4008）。
2. 用于 QX200 微滴生成仪的 DG8 垫片（# 186-3009）。
3. 可穿透的热封箔（# 1814040）。
4. QX200 微滴读取油（# 186-3004）。

11.2.3 用于探针检测的 ddPCR 试剂

1. ddPCR 探针超混液（无 dUTP）（Bio-Rad, #186-3024）。
2. ddPCR 2 × 探针对照缓冲液试剂盒（Bio-Rad, #186-3052）。
3. 用于探针的微滴生成油（Bio-Rad, #186-3005）。
4. 用于靶点和对照扩增产物的引物（如 IDT）。
5. 用于靶点和参考扩增产物的 FAM-VIC 或 FAM-HEX 探针（如 IDT 6' 荧光 FAM/HEX, 3' 猝灭剂 ZEN）。

11.2.4 用于 EvaGreen 检测的 ddPCR 试剂

1. QX200 ddPCR EvaGreen 超混液（Bio-Rad, #186-4034）。
2. QX200 2 × EvaGreen 对照缓冲液（Bio-Rad, #186-4052）。
3. 存储于室温下用于 EvaGreen 的微滴生成油（Bio-Rad, # 186-4005）。
4. 用于靶点和参考对照扩增产物的引物（如 IDT）。

11.2.5 其他耗材

1. Twin tec 96 孔半裙边板（Eppendorf, #951020362）。
2. 25ml 的试剂槽（Thermo Fisher）。
3. P20 带滤芯的移液器吸头（只能用 Rainin, 对于微滴移液更为温和 , # GP-20F）。
4. P200 带滤芯的移液器吸头（只能用 Rainin, 对于微滴移液更为温和 , # GP-200F）。
5. 与检测配套的 DNA 限制性内切酶（如 NewEngland Biolabs）。
6. 分子生物级的水。

11.2.6 基因组 DNA 提取

DNeasy 血液 & 组织试剂盒（Qiagen, # 69504）。

11.3 方法

11.3.1 引物和探针设计

11.3.1.1 一般注意事项

ddPCR 引物和探针的设计应遵循一般准则。对于引物，T_m 应为 50 ～ 65℃，且两个引物之间相差≤ 5℃。引物长度应为 9 ～ 40bp（理想值约为 20bp），扩增产物大小应为 60 ～ 200bp。引物的 GC 含量应在 50% ～ 60%。此外，引物设计中应避免出现以下情况。

1. 连续 4 个或更多的 C 或 G。
2. 发夹结构（发夹的 T_m 应低于退火温度）。
3. 引物二聚体（用于二聚体分析的 ΔG 应为 0 ～ −9kcal/mol）。

4. 非特异性引物（可通过 UCSC 基因组浏览器的生物信息学 PCR 进行检查）。

要想设计 ddPCR 探针法的 TaqMan 探针，其长度应为 15 ～ 30bp，GC 含量应在 30%～80%。探针 T_m(不包括猝灭效果)应比引物 T_m 高约 10℃。如果使用3' 小沟结合物(minor groove binder，MGB)，则探针 T_m 将增加 15 ～ 30℃，这使得用更短的探针会有高特异性。MGB T_m 增强子探针可以从 ABI 或 Thermo Fisher 获得。靶点和参考探针的 5' 端可分别用 FAM 和 VIC（ABI）或 FAM 和 HEX（IDT）标记。探针还应有猝灭基团，如 ZEN（IDT）、NFQ 或黑洞（位于 3' 端）。探针序列可以基于沃森链或克里克链；只要探针序列的 5' 端不是以 G 开始，可以优先选择使探针中的 C 多于 G 的链。

11.3.1.2　参考引物和探针的设计

靶向人 *RPP30* 基因（每个细胞中应存在两个拷贝）内部区域扩增产物的引物可以作为参考引物。与该扩增产物杂交的 VIC 或 HEX 荧光标记的 Taq-Man 探针可以作为参考探针[RPP30 参考引物和探针也可由 Bio-Rad 提供（https://www.bio-rad.com/digital-assays / # /)]。

11.3.1.3　嵌合体变异引物和探针的设计

靶向一个变异体的引物应该被设计为使其扩增产物包含 SNV 或 CNV 的断裂连接点或 MEI 的插入连接点。FAM 探针应设计为直接与预测的 SNV（变异序列）或预测的 CNV/MEI 的断裂连接点或插入连接点序列杂交（图 11-1），并以 *RPP30* 作为参考基因同时检测。当使用单色 EvaGreen 插入染料分析体细胞变异时，重要的是考虑到不同靶点之间的信号强度差异来自扩增产物长度的差异（即参考和目标扩增产物）；因此，目标扩增产物和参考扩增产物的长度必须有足够大的差异才能产生清晰的信号差异[6,12]。例如，在同一反应中混合靶向嵌合体 CNV 的引物（可产生 200bp 的扩增产物）和靶向 *RPP30* 参考区域的引物（可产生 60bp 的扩增产物）可以产生清晰的信号分离，如果目标和参考扩增产物的长度接近，则不可能实现。在某些情况下，当扩增产物长度差异低至 6bp 时，信号簇就足以被分开[6]。通过比较具有不同 EvaGreen 信号强度的微滴群（目标、参考和空白），可以对目标 CNV 的频率进行可靠定量。应通过考察目标变异和参考 *RPP30* 扩增产物的 EvaGreen 信号强度的分离，来测试每个目标和参考引物对的最佳退火和延伸温度。如果嵌合体事件是新的且罕见的，则可以运行阳性和阴性对照实验，以确保 ddPCR 结果的准确解释。可以将含有目标变异的 DNA（合成、克隆或提取的）与模板 DNA 混合稀释至所需的频率，来模拟嵌合体事件，以此作为阳性对照。合成的 DNA 片段可以通过购买获得，如以 gBlocks 的形式从 Integrated DNA Technologies（IDT）购买。

11.3.2　基因组 DNA 提取

将未降解的基因组 DNA 用于所有的 ddPCR 检测。可以使用 QIAGEN DNeasy 血液 & 组织试剂盒（Cat. 69504），按照生产商的说明书进行基因组 DNA 提取，或者可以选择其他的基因组 DNA 提取方法，只要获得高质量（未降解）和高纯度的基因组 DNA 即可。

11.3.3 DNA 消化

如果每个反应使用超过 66ng 的基因组 DNA，则在反应混合物中加入限制性内切酶至关重要。然而，当遇到要检测的目标基因组区域难以扩增的情况时，这一点也很重要，在这种情况下，可以加入 10 ～ 20U/μg 的限制性内切酶。一个四切割限制性内切酶（如 *Mse* Ⅰ）将会把 DNA 酶切成平均长度为 250bp 的片段。通过将扩增产物序列输入 NEBCutter（http://nc2.neb.com/NEBcutter2/），可以筛选出不消化参考序列或目标扩增产物区域的限制性内切酶。可以直接将限制性内切酶加入到 ddPCR 反应中，也可以选择先消化模板基因组 DNA，然后再加入到 ddPCR 反应中。但是，使用者应注意，在最终的 ddPCR 反应中，必须将预消化的样品至少稀释 10 倍，以免产生抑制作用。这种方法需要明显更多的 DNA 进行原位限制酶切消化。

11.3.4 ddPCR 实验步骤

1. 对于每个靶向 SNV、CNV 或 MEI 的 ddPCR 反应，应在室温下做如下准备。

（1）探针法

（a）10μl 2 × ddPCR 探针主混合液。

（b）1.8μl 10μmol/L 正向靶点引物。

（c）1.8μl 10μmol/L 反向靶点引物。

（d）0.5μl 10μmol/L 靶点探针。

（e）1.8μl 10μmol/L 正向参考引物。

（f）1.8μl 10μmol/L 反向参考引物。

（g）0.5μl 10μmol/L 参考探针。

（h）20ng（5 ～ 66ng）模板 DNA（体积可变）。

（i）0.5μl DNA 限制性内切酶（如果使用的模板 DNA 量超过 66ng）。

（j）使用不含核酸酶的水补充至终体积 20μl。

（2）EvaGreen 染料法（见 11.4“注意事项”中的第 4 条）

（a）10μl 2 × ddPCR EvaGreen 主混合液。

（b）0.2μl 10μmol/L 正向靶点引物。

（c）0.2μl 10μmol/L 反向靶点引物。

（d）0.2μl 10μmol/L 正向参考引物。

（e）0.2μl 10μmol/L 反向参考引物。

（f）20ng（5 ～ 66ng）模板 DNA（体积可变）。

（g）0.5μl DNA 限制性内切酶（如果使用的模板 DNA 量超过 66ng）。

（h）使用不含核酸酶的水补充至终体积 20μl。

2. 用移液器缓慢吹打 10 次，以混匀 ddPCR 反应液。

3. 将 8 孔的 DG8 生成芯片放入芯片夹具中。

4. 使用 8 通道移液器将 20μl PCR 反应液缓慢加到 DG8 芯片中间一排的孔中。确保孔的底部没有气泡。如果引入了气泡，用新的干净的移液器吸头将其清除。

5. 再次使用 8 通道移液器，在 DG8 芯片的指定孔中装入 70μl 微滴生成油。应在加完发生油之后 2 分钟内进行微滴生成。

6. 将垫片连接到芯片夹具上。

7. 将发生芯片放入微滴生成仪中，然后按下按钮，关闭微滴生成仪盖，开始微滴生成。

8. 等待直到微滴生成完成（约 2 分钟）。

9. 微滴生成完成后，微滴混合物应为浑浊状态。

10. 使用 8 通道移液器将每个孔中的 ddPCR 微滴混合物（约 38μl）小心地转移至 96 孔板中。

11. 使用封板仪将 96 孔板封上铝箔纸。

12. 将 96 孔板放在热循环仪中，并运行以下程序（注意：退火温度可能会因所使用的引物 – 探针组合而异）。

（1）探针法：

95℃ 10 分钟。

94℃ 30 秒, 60℃ 60 秒（40 循环）。

98℃ 10 分钟。

4℃维持。

（2）EvaGreen 染料法：

95℃ 5 分钟。

95℃ 30 秒, 60℃ 60 秒（40 循环）。

4℃ 5 分钟。

90℃ 5 分钟。

4℃维持。

13. 热循环仪流程一经结束，将 96 孔板放在微滴读取仪中。

14. 为探针或 EvaGreen 试剂选择合适的微滴读取参数，使用 QuantaSoft 软件读取检测并分析结果。

11.3.5　嵌合体 SNV 分析

用于 SNV 等位基因频率（$\hat{r}$）及其 95% 置信区间（$\hat{r}_{\mathrm{Low}}$ 和 $\hat{r}_{\mathrm{High}}$）的公式（表 11-1）来自文献 [9]，其中对原理进行了更详细的讨论。从理论上讲，这些原理可应用于探针法和 EvaGreen 染料法。需要 3 个输入值：生成的微滴总数（C）、包含目标 SNV 的微滴总数（H_1）和包含参考等位基因的微滴总数（H_2）。所有 3 个输入值都可以从 ddPCR 反应的 Bio-Rad QuantaSoft 软件读数中获得：C=“可接受的微滴”，H_1= 通道 1 的“阳性微滴”，H_2= 通道 2 的“阳性微滴”。如果做了重复测试，则应该将微滴数组合起来。通常鼓励对低频 SNV 进行更多 ddPCR 重复，以实现更精确的定量（见 11.4“注意事项”中的第 2 条）。在图 11-3 所示的例子中，C 是所有微滴的总数，为 12 854；H_1 是信号簇 E 和 F 中包含的微滴的总和，为 367。H_2 是绿色信号簇和信号簇 B、D、F 中的微滴总和，为 2516。随后将这 3 个值作为表 11-1 中列出的公式的输入值，以计算等位基因的频率。由于 SNV 与非变异等位基因仅存在一个核苷酸差异，针对目标变异等位基因设计的 TaqMan 探针也将与非变异等位基因杂交，产生低幅度的信号（图 11-3 底部，簇 C）。强烈建议在检测实际样本前，使用阳性和阴性对照模板进行 SNV ddPCR 检测，以确定最佳的 ddPCR 反应条件、引物 / 探针浓度和 ddPCR 循环数。作为阳性对照，包含目标变异的模板 DNA 可以稀释至所需的等位基因频率，以模拟嵌合体事件（见 11.4“注意事项”中的第 3 条）。SNV 分析的最佳 ddPCR 条件通常是那些包含 SNV 等位基因的微滴与仅包含非变异等位基因的微滴（簇 C，图 11-3 示例中）之间具有最宽的信号（强度）分离。

表 11-1　变异体频率计算

输入值
微滴总数 :C
含有 SNV 的微滴总数 :H_1
含有参考基因的微滴总数 :H_2
输出值
变异体频率 : $\hat{r}$
$\hat{r}$ 的 95% 置信区间下限 : $\hat{r}_{\text{Low}}$
$\hat{r}$ 的 95% 置信区间上限 : $\hat{r}_{\text{High}}$
变异体阳性率 $\hat{P}_1$ 和参考阳性率 $\hat{P}_2$
$\hat{P}_1=\frac{H_1}{C}\quad \hat{P}_2=\frac{H_2}{C}$
变异体标准偏差 S_1 和参考标准偏差 S_2
$S_1=\sqrt{\frac{\hat{P}_1(1-\hat{P}_1)}{C}}\quad S_2=\sqrt{\frac{\hat{P}_1(1-\hat{P}_1)}{C}}$
$\hat{P}_{1,\text{Low}}=\hat{P}_1-1.96S_1\quad \hat{P}_{1,\text{High}}=\hat{P}_1+1.96S_1$
$\hat{P}_{2,\text{Low}}=\hat{P}_2-1.96S_2\quad \hat{P}_{2,\text{High}}=\hat{P}_2+1.96S_2$
每个微滴中变异体阳性事件平均数 $\hat{\lambda}_1$ 和参考阳性事件平均数 $\hat{\lambda}_2$
$\hat{\lambda}_1=-\ln(1-\hat{P}_1)\quad \hat{\lambda}_{1,\text{Low}}=-\ln(1-\hat{P}_{1,\text{Low}})\quad \hat{\lambda}_{1,\text{High}}=-\ln(1-\hat{P}_{1,\text{High}})$
$\hat{\lambda}_2=-\ln(1-\hat{P}_2)\quad \hat{\lambda}_{2,\text{Low}}=-\ln(1-\hat{P}_{2,\text{Low}})\quad \hat{\lambda}_{2,\text{High}}=-\ln(1-\hat{P}_{2,\text{High}})$
$H_{\text{Top}}=\hat{\lambda}_{1,\text{High}}-\hat{\lambda}_1\quad H_{\text{Bottom}}=\hat{\lambda}_1-\hat{\lambda}_{1,\text{Low}}$
$W_{\text{Right}}=\hat{\lambda}_{2,\text{High}}-\hat{\lambda}_2\quad W_{\text{Left}}=\hat{\lambda}_2-\hat{\lambda}_{2,\text{Low}}$
$\hat{r}=\frac{\hat{\lambda}_1}{\hat{\lambda}_2}$
$\hat{r}_{\text{Low}}=\frac{\hat{\lambda}_1\hat{\lambda}_2-\sqrt{\hat{\lambda}^2_1\hat{\lambda}^2_2-(H^2_{\text{Bottom}}-\hat{\lambda}^2_1)(W^2_{\text{Right}}-\hat{\lambda}^2_2)}}{\hat{\lambda}^2_2-W^2_{\text{Right}}}$
$\hat{r}_{\text{High}}=\frac{\hat{\lambda}_1\hat{\lambda}_2-\sqrt{\hat{\lambda}^2_1\hat{\lambda}^2_2-(H^2_{\text{Top}}-\hat{\lambda}^2_1)(W^2_{\text{Left}}-\hat{\lambda}^2_2)}}{\hat{\lambda}^2_2-W^2_{\text{Left}}}$

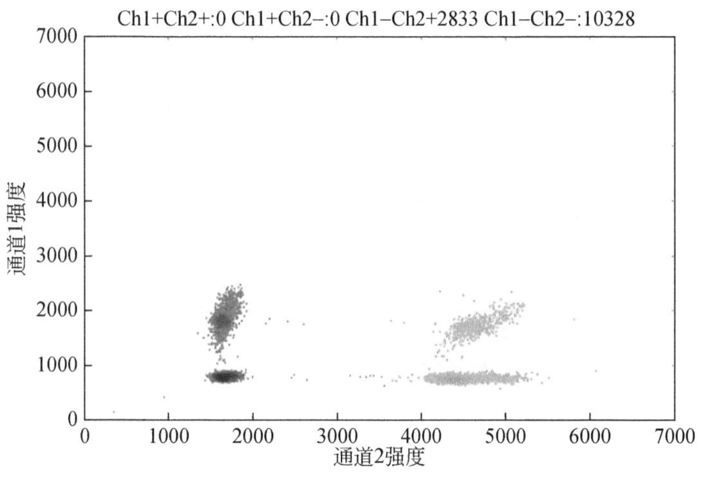

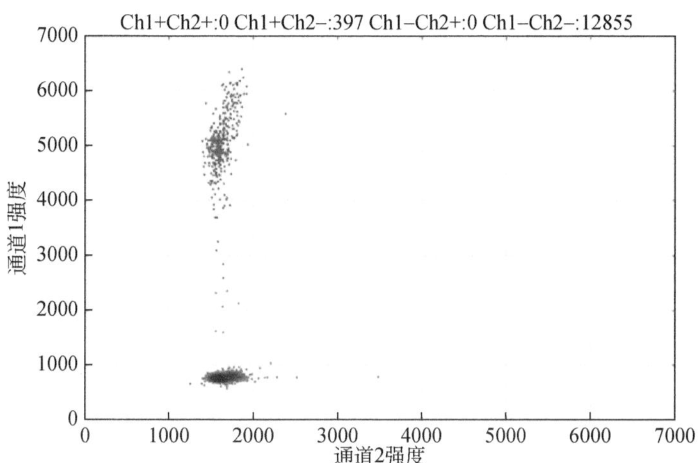

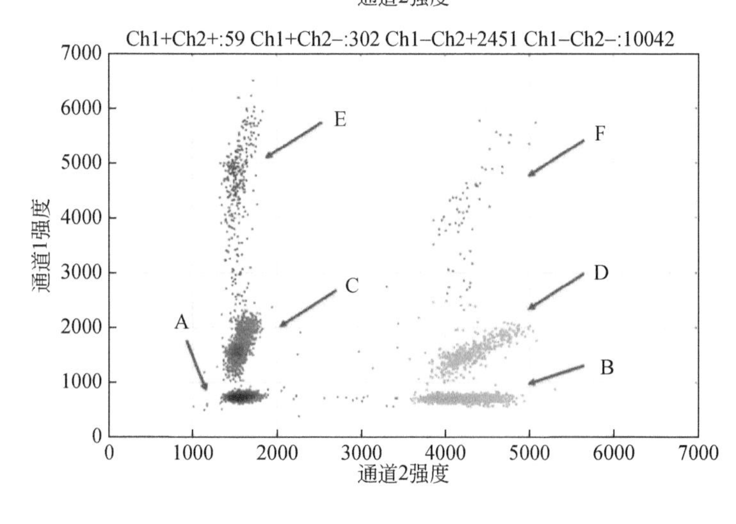

图 11-3　使用 TaqMan 探针法对人类基因组 DNA 中的 SNV 频率进行定量。为了模拟含有位于第 10 号染色体上的一个嵌合体 SNV 的模板 DNA，将含有目的基因组 SNV 的合成双链 DNA（500bp）的拷贝以约 16% 的等位基因频率添加到人类基因组 DNA 中。展示的数据来自单个 ddPCR 孔。为此检测方法设计的目标 TaqMan 探针（通道 1）与变异等位基因具有完美的序列匹配，并与非变异等位基因有一个碱基的错配。靶向 RNaseP 基因 *RPP30* 的探针用作参考等位基因（通道 2）。上图为阴性对照，以 NA12878 基因组 DNA 作为模板 DNA，其中仅存在 *RPP30*。中图为阳性对照，只以合成的双链 DNA 作为模板，与阴性对照检测相比，通道 1 的阳性微滴信号簇出现在更高的强度。下图为在该检测中观察到 6 个独立的微滴信号簇：没有模板（A），只有 *RPP30*（B），只有非变异等位基因（C），*RPP30*+ 非变异等位基因（D），只有 SNV（E），SNV+*RPP30*（F）

11.3.6　嵌合体 MEI 分析

11.3.4 中针对嵌合体 SNV 分析的嵌合体等位基因定量原则也可用于嵌合体 MEI 分析，其中 H_1 是样本中包含目标 MEI 等位基因的微滴总数，如上所述，H_2 是包含参考等位基因的微滴总数。图 11-4 展示了使用不同荧光选项的 ddPCR 对 Line1 移动基因组元件进行检测和定量时的灵敏度。

11.3.7 嵌合体 CNV 分析

总的来说，假设 ddPCR 引物和（或）TaqMan 探针跨过了目的 CNV 的断裂点，则

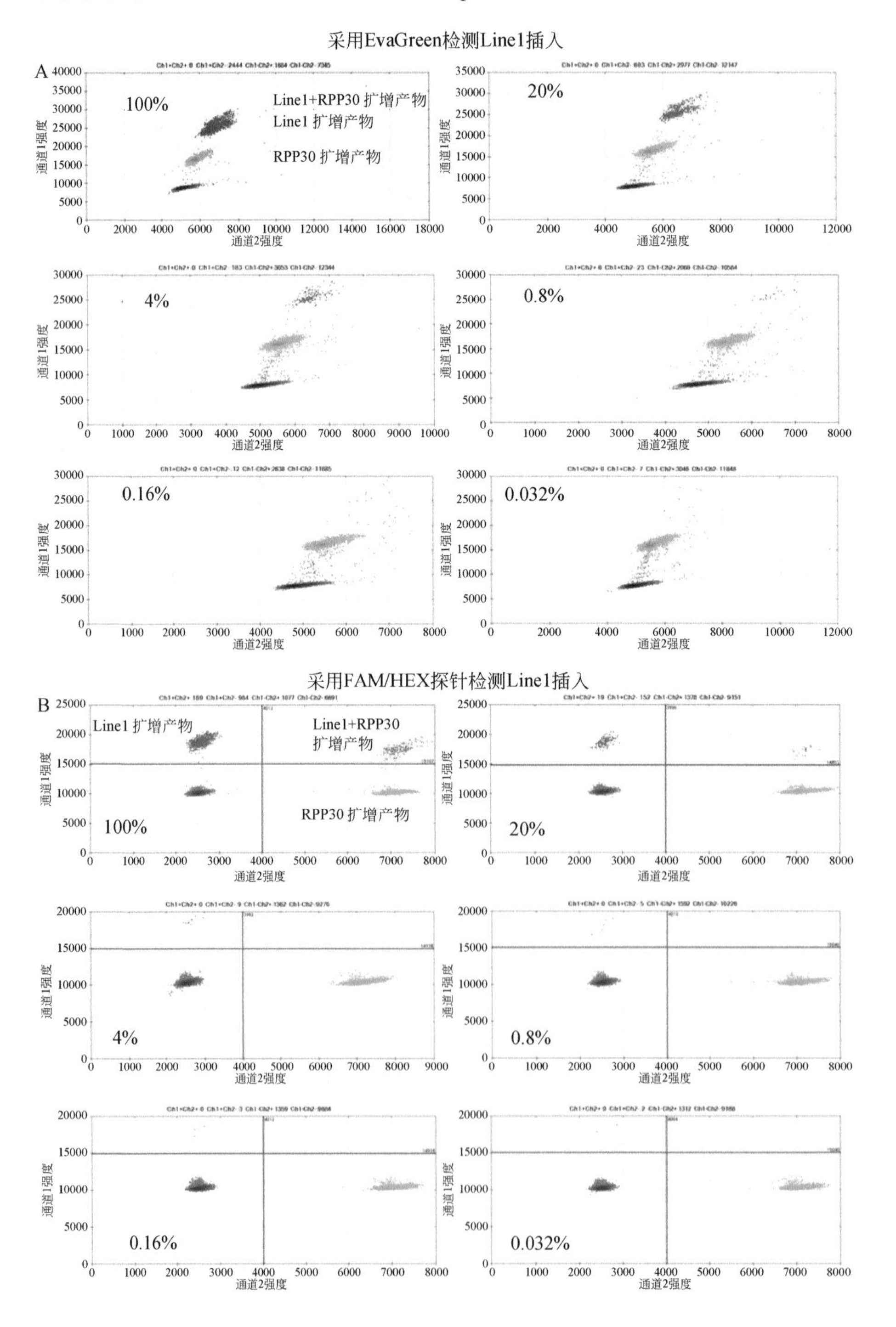

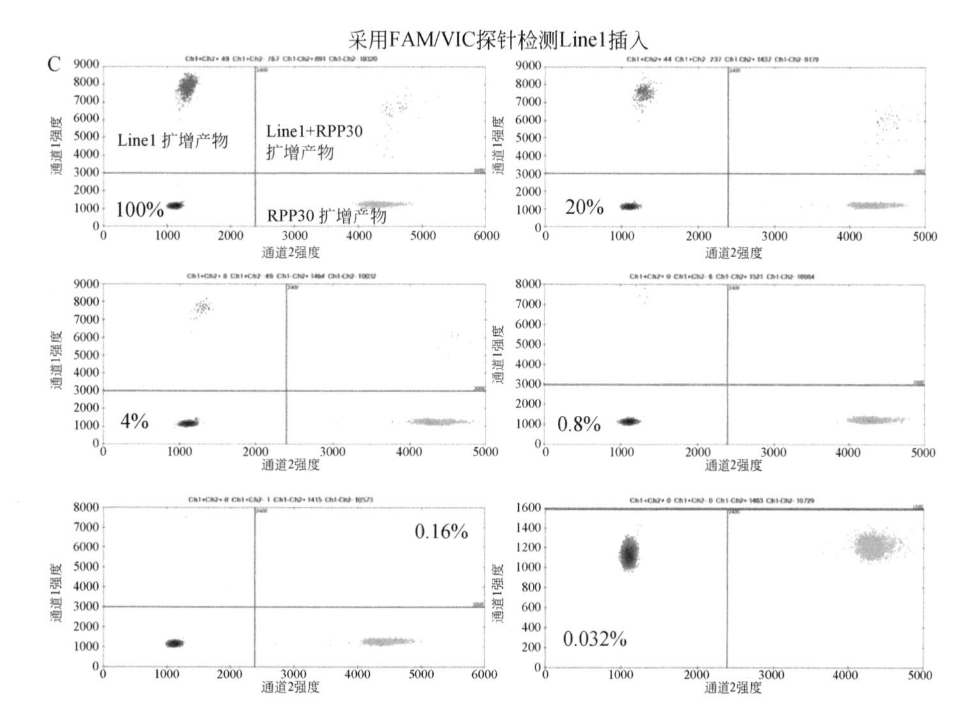

图 11-4　使用不同的 ddPCR 方法检测嵌合体 Line1 插入。为了测试 ddPCR 检测高度嵌合体 Line1 插入的能力，我们将 GM12878 基因组 DNA（含稀有的纯合 Line1 插入，具有精确已知的边界）和不含有这个插入的细胞系的基因组 DNA（RUID # 04C3729）进行了不同水平的混合。采用总量为 12ng 的基因组 DNA（其中分别含有 100%、20%、4%、0.8% 和 0.16% 的 GM12878 DNA），我们测试了 3 种 ddPCR 方案：EvaGreen（A），FAM/HEX 标记的 TaqMan 探针（B）和 FAM/VIC 标记的 TaqMan 探针（C）。总体而言，这三种方案在 MEIs 定量方面都表现出了相似的非常高的性能，这些 MEIs 非常稀少，在输入 DNA 中约只有 0.1%。

11.3.4 中所列出的用于嵌合体 SNV 分析的嵌合体等位基因定量原则也适用于嵌合体 CNV 分析（图 11-5）。其中 H_1 是含有样品中靶点 CNV 等位基因的微滴总数，H_2 是含有参考等位基因的微滴总数。

11.4　注意事项

1. 嵌合体频率的定量精度主要取决于目的靶点的样本尺寸（或丰度）及微滴的总数。只要 ddPCR 检测读数给出了清晰的信号分离，EvaGreen 和探针检测都应同样可靠。由于无须合成特异性的 TaqMan 荧光探针，每个反应的 EvaGreen 检测方法明显更加经济，但是对于每个引物对，可能需要更长的时间来优化，因为要想进行定量，需要在单个通道内清晰地区分 3 个或更多微滴信号簇。而探针法具有双通道读取的优势，而且通过 TaqMan 探针可以引入额外的靶点特异性。在某些情况下，TaqMan 探针将难以设计，此时只有 EvaGreen 是唯一的选择。对于某些特定的变异，尤其是小的插入缺失和 SNV，也可能 TaqMan 探针有额外的序列特异性。

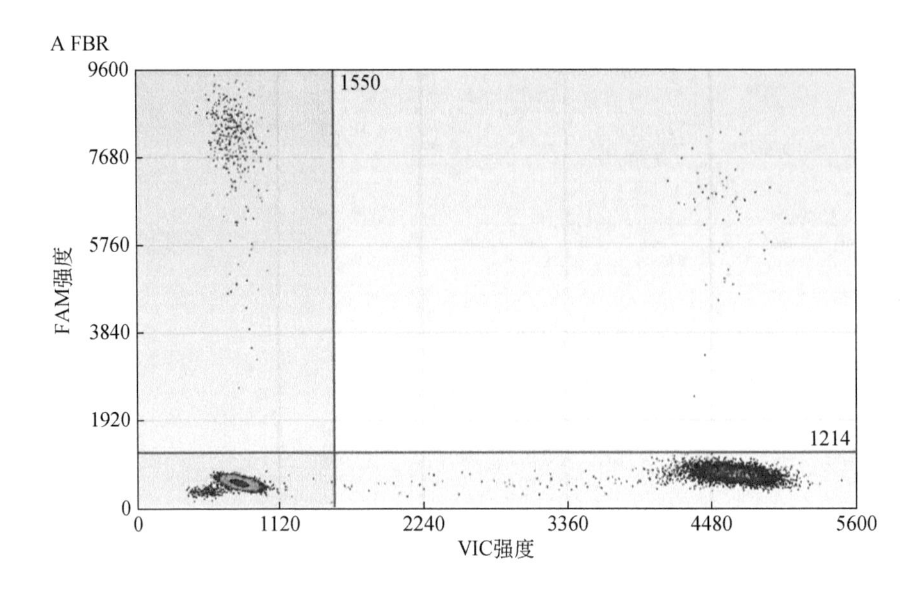

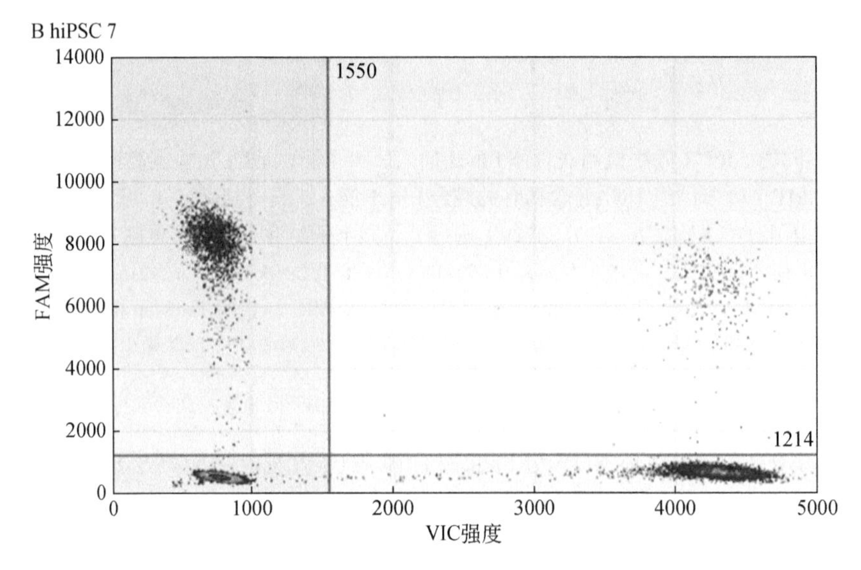

图 11-5　在成纤维细胞系（A）及其克隆增殖细胞系 hiPSC（B）中检测嵌合体 CNV。VIC 荧光事件计数检测的是 *RPP30* 参考基因的拷贝数，而 FAM 荧光事件计数则通过将 FAM 探针设计为跨过 CNV 断裂连接点而检测嵌合体 CNV 的拷贝数。在此样本中，杂合的 CNV 缺失存在于约 10% 的成纤维细胞中，而该缺失存在于约 100% 的 hiPSC 7 细胞中

2. 通常，在一个变异体的验证中设置的重复反应越多，嵌合体水平的估算精度就越高。建议在检测低频事件时，设置更多的重复，而非投入过多的模板 DNA。加载量总是保持在＜ 5cpd 或＜ 1.6cpd，以获得最大精度。太多的模板 DNA（＞ 5cpd）可能会对微滴形成产生不利的影响，并且可能会造成没有阴性微滴，从而无法进行拷贝数的泊松校正，导致不准确的定量。

3. 强烈建议在检测真实样本前，先使用阳性和阴性对照模板进行 SNV ddPCR 测试，以确定最佳的 ddPCR 条件、引物 / 探针浓度和 ddPCR 循环数。作为阳性对照，可以将包含

目标变异的模板 DNA 稀释至所需的等位基因频率，以模拟嵌合体事件。SNV 检测的最佳 ddPCR 条件通常是那些包含 SNV 等位基因的微滴与仅包含非变异等位基因的微滴具有最宽的信号（强度）分离，或者如图 11-3 示例中的簇 A 和簇 C。

4. 勿使用除 EvaGreen 以外的其他任何嵌入式染料（如勿使用 SYBR Green）。未经 Bio-Rad ddPCR 微滴读取仪测试和批准的嵌入式染料可能会从微滴中泄漏出来，并损坏仪器的光学或其他部件。

致谢

本章中的研究得到了美国国立卫生研究院国家精神卫生研究所的支持，授予编号为 R01MH094740 和 R01MH100914。我们还感谢斯坦福大学（精神病学和行为科学系及遗传学系）的额外资助。

参考文献

1. Abyzov A, Mariani J, Palejev D et al (2012) Somatic copy number mosaicism in human skin revealed by induced pluripotent stem cells. Nature 492:438–442
2. Campbell IM, Yuan B, Robberecht C et al(2014) Parental somatic mosaicism is underrecognized and influences recurrence risk of genomic disorders. Am J Hum Genet 95:173–182
3. Evrony GD, Lee E, Mehta BK et al (2015) Cell lineage analysis in human brain using endogenous retroelements. Neuron 85:49–59
4. Edwards JH (1989) Familiarity, recessivity and germline mosaicism. Ann Hum Genet 53:33–47
5. Freed D, Stevens EL, Pevsner J (2014) Somatic mosaicism in the human genome. Gene (Basel) 5:1064–1094
6. Miotke L, Lau BT, Rumma RT et al (2014) High sensitivity detection and quantitation of DNA copy number and single nucleotide variants with single color droplet digital PCR Anal Chem 86:2618–2624
7. Hindson CM, Chevillet JR, Briggs HA et al(2013) Absolute quantification by droplet digital PCR versus analog real-time PCR. Nat Methods 10:1003–1005
8. Pinheiro LB, Coleman VA, Hindson CM et al(2012) Evaluation of a droplet digital polymerase chain reaction format for DNA copy number quantification. Anal Chem 84:1003–1011
9. Dube S, Qin J, Ramakrishnan R (2008) Mathematica analysis of copy number variation in a DNA sample using digital PCR on a nanofluidicdevice. PLoS One 3:e2876
10. Strain MC, Lada SM, Luong T et al(2013) Highly precise measurement of HIV DNA by droplet digital PCR. PLoS One 8:e55943
11. Abyzov A, Urban AE, Snyder M et al (2011) CNVnator: An approach to discover, genotype, and characterize typical and atypical CNVs from family and population genome sequencing. Genome Res 21(6):974–984
12. McDermott GP, Do D, Litterst CM et al(2013) Multiplexed target detection using DNA-binding dye chemistry in droplet digital PCR. Anal Chem 85:11619–11627

第Ⅳ部分

稀有突变和稀有等位基因的检测

第 12 章

采用微滴数字 PCR 在 *EGFR* 突变的肺癌患者血浆中监测疗效和耐药

Yanan Kuang, Allison O'Connell, Adrian G. Sacher, Nora Feeney, Ryan S. Alden, Geoffrey R. Oxnard, Cloud P. Paweletz

摘要：致癌驱动突变的发现使得以基因分型为指导的治疗有了快速的发展。然而，对于患者来说，肿瘤的遗传分析依然很麻烦，而且是一种不愉快的体验。肿瘤基因型的非侵袭性评估，即所谓的"液体活检"，如血浆的基因分型，是一个潜在的转化性工具。我们在本章介绍了一种采用微滴数字 ^{TM}PCR（ddPCR^{TM}）进行血浆游离 DNA 基因分型的方案。ddPCR 将 DNA 乳化为约 20 000 个微滴，每个微滴中的突变和野生型 DNA 将会进行 PCR 反应直至终点。这些微滴会通过一个经过改良的流式细胞仪，突变型和野生型的 DNA 在这里会发射出颜色不同的信号。通过泊松分布分析计算这些信号，由此可以对等位基因的比率进行灵敏感定量。

关键词：微滴数字 ^{TM}PCR；游离 DNA；液体活检；基因分型；非小细胞肺癌；耐药突变；*EGFR*

12.1　引言

以基因分型为指导的治疗现在已经成为晚期非小细胞肺癌（non-small cell lung cancer，NSCLC）患者的标准治疗方法。发生在 *EGFR*、*ALK*、*ROS1* 及 *BRAF* 上的体细胞突变被发现是激酶抑制剂疗效的预测因子，目前已经广泛应用于临床实践和临床试验中 [1-4]。然而，尽管这样的方法在治疗上取得了成功，但并不是所有的患者都可以获得足够的肿瘤组织用于基因分型检测。而且，激酶抑制剂成功治疗的所有患者最终都会发生获得性耐药 [5]。对于发生耐药的患者来说，要想研发特异的新型靶向治疗，就需要在这类癌症中发现与治疗相关的那些改变，这一点正变得越来越重要 [6,7]。

在接受靶向治疗之后，为了评价肺癌中的遗传改变，重复的肿瘤活检是评价的金标准。

然而，这一点并不总是可行，而且很少能操作一次以上。基于血液进行肿瘤分型（液体活检）的非侵袭性技术也许可以发挥基因分型指导肺癌治疗的巨大潜能。近期的研究已经提示，高敏感性的基因分型方法可以在癌症患者的 cfDNA 中检测到突变，这可能会潜在反映患者肿瘤的生物学特征 [8-10]。

我们目前已经研发了一种新方法 [11]，可以采用 ddPCR™ 对 NSCLC 患者 cfDNA 中的致癌突变进行非侵袭性的定量分型。这个技术将待测的 DNA 乳化到约 20 000 个微滴中，这样一来，通过流式细胞仪可以计算出携带突变型相对于野生型等位基因的比率。我们目前已经采用这个方法对接受 *EGFR* 激酶抑制剂（厄洛替尼）治疗的 *EGFR* 突变的 NSCLC 患者的 cfDNA 进行了连续的分析。我们可以在治疗之前检测到 *EGFR* 敏感突变的存在，在治疗过程之中检测到敏感突变的减少或消失，以及在治疗的过程之中伴随着耐药的 *EGFR* T790M 突变，检测到敏感突变的重新出现 [11]。针对血浆来源的 cfDNA，本章将会引导读者了解几种 ddPCR™ 检测的设计类型及其临床应用。

12.2 材料

12.2.1 游离 DNA 提取

1. 紫色管帽的 EDTA 抗凝真空采血管（Becton & Dickinson，#366643）。
2. QIAamp 循环核酸试剂盒（Qiagen，#551140）。
3. 真空泵（Qiagen，#84010）。
4. QIAvac 连接系统（Qiagen，#19419）。
5. QIAvac 24 Plus（Qiagen，#19413）。
6. 15ml 的聚丙烯锥形管（Thermo Scientific，#339650）。
7. 50ml 的聚丙烯锥形管（Thermo Scientific，#339652）。
8. 2ml 的低温小瓶（Thermo Scientific，#4000200）。
9. 磷酸盐缓冲液 PBS（Thermo Scientific，#10010023）。
10. 台式涡旋混合器。

12.2.2 微滴数字 PCR

见 12.4“注意事项”中的第 1 条。

1. 用于 QX200™/QX100™ 微滴生成器的 DG8™ 芯片（Bio-Rad，#1864008）。
2. 用于 QX200™/QX100™ 微滴生成器的 DG8™ 密封垫（Bio-Rad，#1864009）。
3. DG8™ 芯片夹具（Bio-Rad，#1863051）。
4. 用于探针的微滴生成油（Bio-Rad，#1863005）。
5. 用于探针的 ddPCR™ 超混液（无 dUTP）（Bio-Rad，#1863025）。
6. ddPCR™ 微滴读取油（Bio-Rad，#1863004）。
7. 96 孔半裙边 PCR 板（Thermo Scientific，#E951020346）。

8. 可穿透的热封箔（Bio-Rad，#1814040）。

9. 单通道和多通道的 Rainin 移液器（P2、P10、P20、P1000；多重 -P50 和多重 -P100）。

10. 尖锐精确的无 DNA 酶和无 RNA 酶的过滤加样吸头（Denville Scientific：#P1096-FR、#P1121、#P1122 和 #P1126）。

11. 阳性 DNA 质控：来自 *EGFR* 突变细胞系的高、中、低水平的基因组 DNA（表 12-1）。

（1）高质控：5000 拷贝的野生型背景中有 1000 个突变拷贝。

（2）中质控：5000 拷贝的野生型背景中有 100 个突变拷贝。

（3）低质控：5000 拷贝的野生型背景中有 10 个突变拷贝。

12. 引物和探针从 Life Technologies 订购。对于更好的方法设计原则，我们建议读者参考第 2 章中 Bio-Rad 的 ddPCR™ 应用指导 [13]。

（1）*EGFR* L858R 的引物序列：①正向，5'-GCAGCATGTCAAGATCACAGATT-3'；②反向，5'-CCTCCTTCTGCATGGTATTCTTTCT-3'。

EGFR L858R 的探针序列：5'-VIC-AGTTTGGCCAGCCCAA-MGB-NFQ-3'；5'-FAM-AGTTTGGCCCGCCCAA-MGB-NFQ-3'。

（2）*EGFR* 19 外显子缺失的引物序列：①正向，5'-GTGAGAAAGTTAAAATTCCCGTC-3' ②反向，5'- CACACAGCAAAGCAGAAAC-3'。

EGFR 19 外显子缺失的探针序列：5'-VIC-ATCGAGGATTTCCTTGTTG-MGB-NFQ-3'；5'-FAM-AGGAATTAAGAGAAGCAACATC-MGB-NFQ-3'。

（3）*EGFR* T790M 的引物序列：①正向，5'-GCCTGCTGGGCATCTG-3'；②反向，5'-TCTTTGTGTTCCCGGACATAGTC-3'。

EGFR T790M 的探针序列：5'-VIC-ATGAGCTGCGTGATGAG-MGB-NFQ-3'；5'-FAM-ATGAGCTGCATGATGAG-MGB-NFQ-3'。

表 12-1　用作阳性质控的细胞系

突变	细胞系
EGFR del19	PC9
EGFR L858R	H1975
EGFR T790M	PC9 GR
EGFR 野生型	A549

12.3　方法

12.3.1　血浆分离

见 12.4“注意事项”中的第 2 ～ 5 条。

1. 抽取静脉血至一个紫色管帽的 EDTA 抗凝真空采血管（10ml），立即颠倒 8 ～ 10 次。

2. 马上在摆动式吊桶离心机中以（1500 ± 150）× *g* 的转速离心 10 分钟。

3. 吸取 2 ～ 3ml 血浆上清液（上层）至一个无菌的 15ml 聚丙烯锥形管（图 12-1）。

4. 含有血浆的 15ml 管子在摆动式吊桶离心机中再次离心 10 分钟，（3000 ± 150）× *g*。这一步会去除任何残留的白细胞。

5. 换用新的加样枪头，将上清液转移至另外一个 15ml 的聚丙烯管，在原管子中保留大约 0.3ml 的上清液。这些剩余的液体会含有一些细胞残渣。

6. 换用一个新的加样吸头将血浆等分至 2ml 的低温小瓶。一个 EDTA 抗凝真空采血管可以获得 2 ～ 3ml 的浅黄色血浆。

7. 立即在 -70℃或更冷的温度下冻存直至使用。

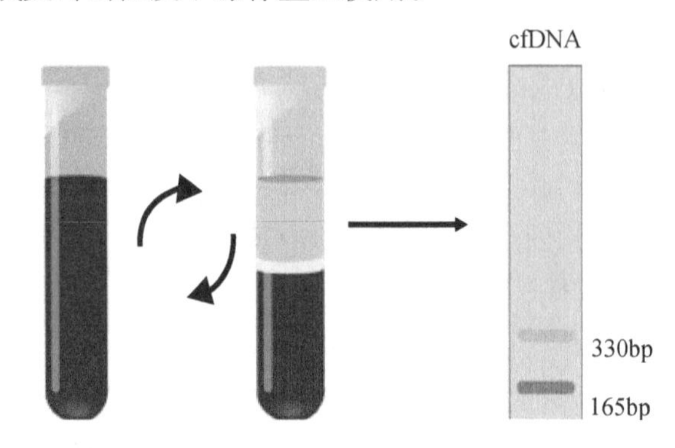

图 12-1　通过全血离心分离血浆。cfDNA 的片段长度为 135 ～ 480bp

12.3.2　ctDNA 提取

见 12.4“注意事项”中的第 6 ～ 9 条。

这个流程修改自 QIAamp 循环核酸手册。所有的缓冲液和酶都由 QIAamp 循环核酸试剂盒提供，但是要求按照厂家的特别说明来添加 100% 的乙醇和异丙醇。

在开始之前，需要：①准备所有的缓冲液。②先用 10% 的漂白剂、后用 70% 的乙醇擦拭试验台、通风橱及移液器。③加热水浴或 15ml 圆锥形管的加热模块至 60℃，加热 1.5ml 离心管的加热模块至 56℃。④设置 QIAvac24 Plus 的多头装置。⑤将 2ml 血浆融化至室温。

1. 吸取 200μl 的 QIAGEN 蛋白酶 K 至 15ml 的锥形管。

2. 在管中加入 2ml 血浆。

3. 加入 1.6ml 的缓冲液 ACL（每个血浆样品 1.0μg 载体 RNA）。拧上盖子，脉冲涡旋混合 30 秒。

4. 在 60℃的水浴或加热模块中孵育 30 分钟。

5. 将管子放回试验台，拧松盖子。

6. 在管子中加入 3.6ml 的缓冲液 ACB。拧紧盖子，脉冲涡旋充分混合 15 ～ 30 秒。

7. 将含有裂解物 - 缓冲液 ACB 混合液的管子在冰上孵育 5 分钟。

8. 将 QIAamp 的迷你柱子放入 QIAvac 24 Plus 的 VacConnector 中。在打开的 QIAamp 迷你柱子上插入一个 20ml 的管子扩张器。

9. 将第 7 步中的裂解物 - 缓冲液 ACB 混合液小心地加入 QIAamp 迷你柱子的管子扩张

器中。对所有的样品重复该步骤。打开真空泵。当所有的液体都从柱子中完全抽出之后，关闭真空泵。当压力达到 0 时，小心的移出并弃去管子扩张器。

10. 在 QIAamp 的迷你柱子中加入 600μl 的缓冲液 ACW1。保持柱子盖为打开状态，打开真空泵直至所有的 ACW1 从 QIAamp 迷你柱子中流过。

11. 关闭真空泵并释放压力至 0。

12. 在 QIAamp 迷你柱子中加入 750μl 的缓冲液 ACW2。保持柱子盖为打开状态，打开真空泵。在缓冲液 ACW2 都通过 QIAamp 迷你柱子后，关闭真空泵并释放压力至 0。

13. 在 QIAamp 迷你柱子中加入 750μl 乙醇（＞95%）。保持柱子盖为打开状态，打开真空泵。在乙醇都通过离心柱后，关闭真空泵并释放压力至 0。

14. 盖上 QIAamp 迷你柱子的盖子。将其从多头抽真空装置中取出，放到一个干净的 2ml 收集管中。全速离心 3 分钟（20 000 × *g*）。

15. 将 QIAamp 迷你柱子放到一个新的 2ml 收集管中。打开盖子，56℃孵育 10 分钟，使膜完全晾干。

16. 将 QIAamp 迷你柱子 [来自第 15 步] 放到一个干净的 1.5ml 洗脱管中，弃去第 15 步中的 2ml 收集管。在 QIAamp 迷你膜的中央小心地加入 100μl 的缓冲液 AVE。盖上盖子，室温下孵育 3 分钟。

17. 在微量离心机中全速离心 1 分钟（20 000 × *g*）。洗脱液中会含有 cfDNA。

18. 直接于 −80℃冻存。

12.3.3 微滴数字 PCR 样本准备、热循环和读取数据

见 12.4“注意事项”中的第 10 ～ 12 条。

遵循以下广泛接受的 PCR 原则以避免污染。①在开始之前和结束之后，用 70% 的乙醇擦拭工作台面和设备：通风橱、试验台、支架、移液器、芯片夹具、废液烧杯、油滴发生仪、热封仪等。采用 DNA Zap，每周清洁工作区域。②勤换手套：在准备主混合液的时候一定要使用清洁的手套，尤其是在打开 Taqman 探针的管子时。在处理阳性质控和患者样本之间时要更换手套。③采用阻止气溶胶污染的移液吸头和经过校准的移液器。在移液之前和之后要检查移液吸头中的液面。

1. 在一个微量离心管中，按照下述的精确顺序准备反应混合液，轻轻吹打 5 ～ 10 次进行混匀。

（1）6.875μl 的去离子水。

（2）12.5μl 的 2 × ddPCR 超混液。

（3）0.625μl 的 40 × Taqman 引物 – 探针混合液。

（4）当准备多个样品的主混合液时，要允许有 10% 的额外体积，以备移液损耗。

2. 将主混合液转移到一个没有 DNA 酶和 RNA 酶的移液容器中。

3. 采用一个 8 通道的移液器，吸取 20μl 步骤 1 中的反应混合液至 PCR 板的孔中。

4. 根据预设的样品布局，在每个孔中加入 5μl 提取所得的 cfDNA。一个样品的每次检测都需 3 个复孔，每孔检测 5μl 提取所得的 cfDNA，共计 15μl，即需要大约 300μl 的提取血浆 [见第 15 步的样品板布局]。缓慢吹吸 3 次混匀。

5. 将 DG8 芯片固定在芯片夹具中。加入 20μl 的反应混合液至中间排。

6. 用 70μl 的微滴生成油填满油孔（在 DG8 芯片中的下排）。

7. 用 DG8 的密封垫将芯片盖上，将带着 DG8 芯片的芯片夹具装到液滴发生仪中。

8. 当液滴发生仪的指示光变为绿色时，将芯片和夹具取出。

9. 用一个手动的 50μl 8 通道移液器，每隔 5 秒，从芯片的上排中轻轻缓慢地吸取 40μl 微滴。然后每隔 5 秒，轻轻地将微滴释放入 96 孔的 PCR 板中。每个移液吸头都接触孔的侧面，接近但并不在孔的底部，以免破坏微滴（图 12-2）。

10. 重复微滴生成，直到所有的芯片都被处理完毕，96 孔板填充至理想的范围。

11. 用一张容易穿透的 PCR 板封口箔将 PCR 板盖上。在右角位置标记上 A1。采用一个经过预热的 Eppendorf PCR 板封闭仪，通过按压第二层并计 6 个数，将 PCR 板封闭。将板旋转 180° 并重复。

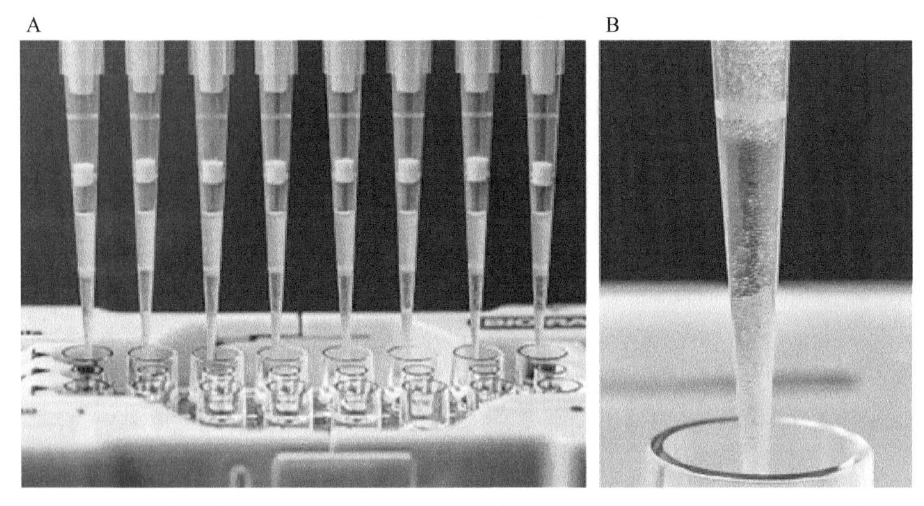

图 12-2　微滴生成中乳化良好的示例。一个成功的乳化应该形成明显的两相（A）分离，其中包含单个的微滴（B）

12. 将封口的板放到热循环仪中，按照如下条件来运行：热盖温度 105℃。

（1）95℃，10 分钟。

（2）94℃，30 秒，以 2.5℃ /s 的速度变温到退火温度。

（3）退火温度维持 1 分钟，对应的退火温度如下。

- *EGFR* ex19=55℃
- *EGFR* L858R=58℃
- *EGFR* T790M=58℃

（4）重复（2）和（3），40 个循环。

（5）10℃维持。

13. 在 QuantaSoft 中设置板的布局。

14. 用微滴读取油对 QX100 读取仪进行初始化。

15. 将完成后的 PCR 板转移到 QX100/200 上读取数据。通常，24 个样本的板布局如下框所示。

	1	2	3	4	5	6	7	8	9	10	11	12
A	高质控	#1	#1	#1	#9	#9	#9	#17	#17	#17	高质控	
B	中质控	#2	#2	#2	#10	#10	#10	#18	#18	#18	中质控	
C	低质控	#3	#3	#3	#11	#11	#11	#19	#19	#19	低质控	
D	NTC	#4	#4	#4	#12	#12	#12	#20	#20	#20	NTC	
E	NTC	#5	#5	#5	#13	#13	#13	#21	#21	#21	NTC	
F	NTC	#6	#6	#6	#14	#14	#14	#22	#22	#22	NTC	
G	NTC	#7	#7	#7	#15	#15	#15	#23	#23	#23	NTC	
H	NTC	#8	#8	#8	#16	#16	#16	#24	#24	#24	NTC	

12.3.4　分析 *EGFR* 的 L858R 和 T790M 的微滴数据

1. 采用 QuantaSoft 的一维微滴图对检测进行分析。根据阳性质控的强度来设定 FAM 和 VIC 的阈值（图 12-3）。通常所能观察到的 L858R 和 T790M 的荧光强度范围列在表 12-2 中。

2. 对该次检测中 3 个复孔 PCR 反应的“浓度 /20 微升”进行合计（提供为 QuantaSoft 的结果输出）。

3. 通过乘以 3.3，结果被标准化为每毫升血浆的拷贝。这个稀释因子是由 ddPCR 所使用的样品体积、重复的数量、提取血浆的体积及提取物的洗脱体积所决定的。

表 12-2　dPCR 中每个 *EGFR* 突变的典型强度

检测	强度范围	
	FAM	VIC
EGFR del19	＞3500	＞3000
EGFR L858R	＞3500	＞3000
EGFR T790M	＞4000	＞2000

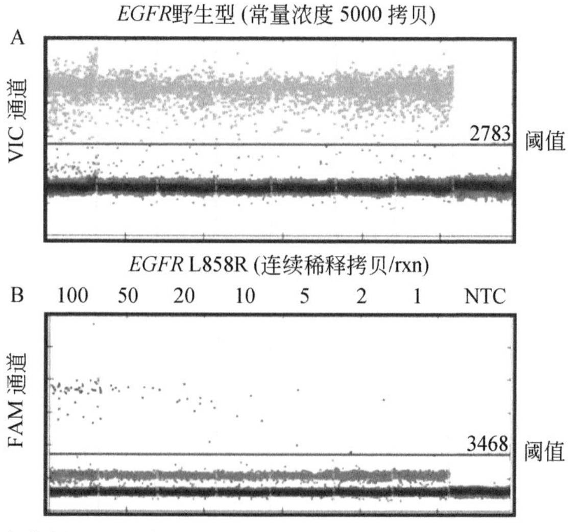

图 12-3　通过一维门控法来分析 *EGFR* 的 L858R。野生型（A）和突变型（B）的图像是在 5000 拷贝的野生型 *EGFR* 常量背景下 L858R 浓度变化时的 VIC 和 FAM 强度。阈值区间通常是通过与未知样品一起运行阳性质控样本（如用于 *EGFR* L858R 的 H1975 基因组 DNA）来设立的

12.3.5 采用 QuantaSoft 二维微滴分布图分析 19 外显子缺失的微滴数据

见 12.4“注意事项”中的第 13 条。

本章中的 *EGFR* 19 外显子检测方法采用了 VIC 标记的“参考探针”序列，该序列为野生型和突变型等位基因所共有，因此可以给出二者的信号，而 FAM 标记的探针序列则跨过了 19 外显子的缺失区域，所以只能检测野生型的靶序列 [10]。因此这种检测类型只能给出 3 个可辨识的信号簇。图 12-4 显示的是这个方法的设计及针对这 3 个信号簇的二维微滴图。

1. 在 QuantaSoft 中选择二维强度。
2. 在“分析（Analysis）”功能下选择左侧的套索功能。
3. 根据阳性质控的强度，套索标记（FAM+VIC+）信号簇及只有 VIC+ 的信号簇中，前者含有总的野生型 *EGFR* 群体，而后者则只含有 *EGFR* 19 外显子缺失的群体。只有野生型群体的例子见图 12-4B，而一个还含有 *EGFR* 19 外显子缺失的样品见图 12-4C。
4. 在 FAM+ 的群体和 VIC+ 的信号簇，对 3 个复孔 PCR 反应的拷贝 /20 微升进行合计。
5. 从 VIC+ 的值中扣除 FAM+ 的值。这个数值可以估算 *EGFR* 19 外显子缺失的浓度。

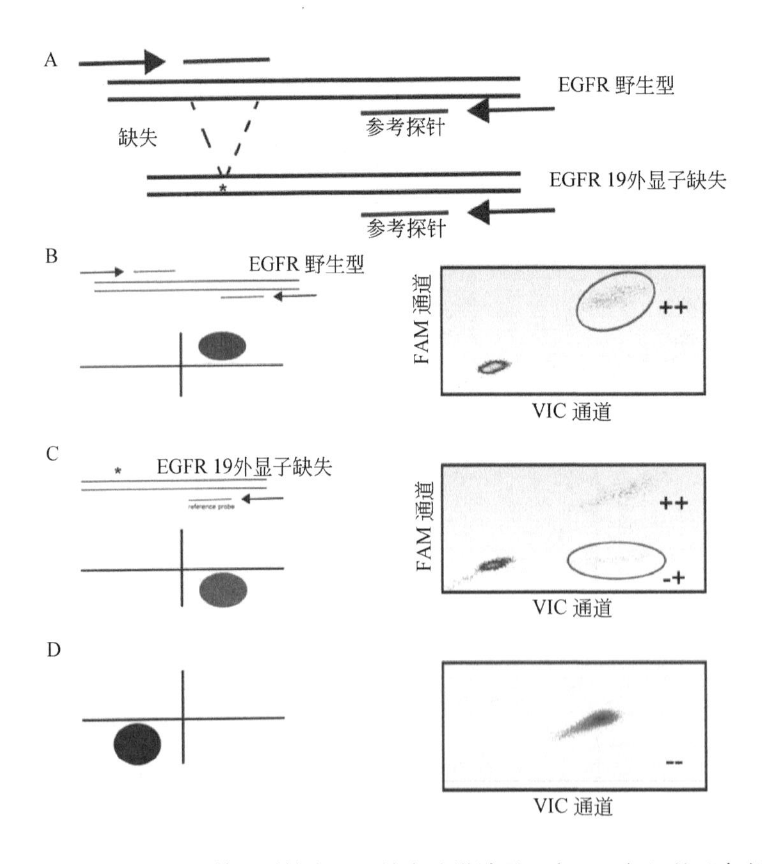

图 12-4 通过二维门控分析 *EGFR* 19 外显子缺失。A. 该方法设计了一个 VIC 标记的“参考探针”，该探针为野生型（wt）和 19 外显子缺失突变所共有，而 FAM 标记的探针序列则跨过了缺失突变的热点区域。B. 一个 *EGFR* 野生型样品将会显示双阳性（棕色）微滴。C. 而一个 *EGFR* 19 外显子突变样品将只显示有 VIC 标记的微滴（底部右侧）。D. 没有模板的阴性微滴，在图中底部的左侧

针对三簇信号的衰减测试，图 12-5 进一步解释了如何计算浓度。

6. 通过乘以 3.3，结果被标准化为拷贝数 / 毫升血浆。

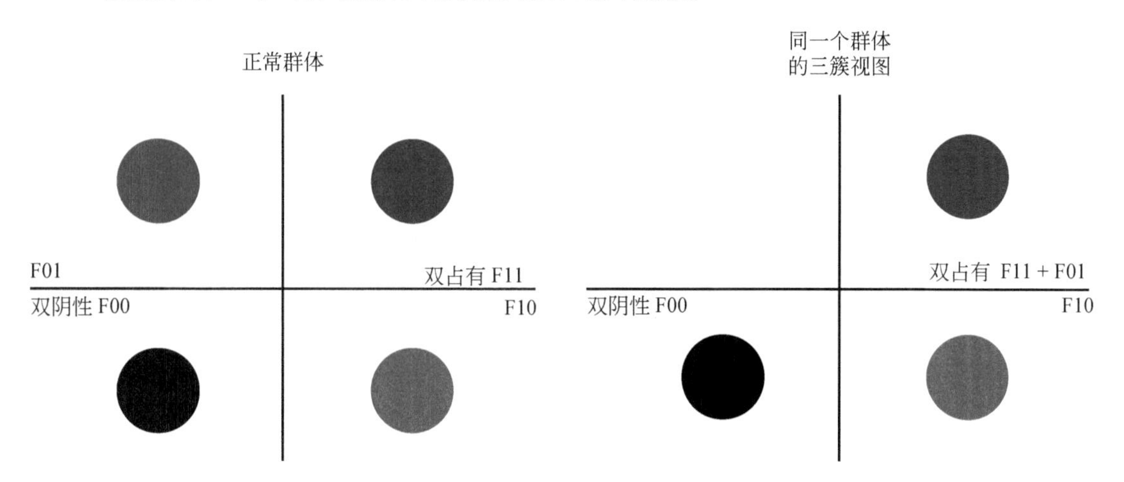

图 12-5　在一个非标准的、三簇信号的衰减测试中，野生型的靶序列会显示为双阳性而不是单阳性的微滴。因此，用于估算通道浓度（在这里，通常一个染料通道代表一个种类的出现，而双阳性的微滴则代表两个种类同时出现）的 QuantaSoft 算法必须进行区别说明。信号簇被设定为 C1（F00）、C2（F10）和 C3（F11+F01），指的是特定信号簇中微滴的数量。根据泊松统计，在 ddPCR 反应中野生型和突变型的浓度（拷贝 / 微升）定义如下：① $Conc_{Ch1} = Conc_{WT} = \{-\ln[(C1+C2)/(C1+C2+C3)]\} \times [(1000nl/\mu l)/(0.85nl/$微滴分区$)]$；② $Conc_{Ch2} = Conc_{WT} + Conc_{MUT} = \{-\ln[C1/(C1+C2+C3)]\} \times [(1000nl/\mu l)/(0.85nl/$微滴分区$)]$；③ $Conc_{Ch2} - Conc_{Ch1} = Conc_{MUT} = \{-\ln[C1/(C1+C2)]\} \times [(1000nl/\mu l)/(0.85nl/$微滴分区$)]$。这些公式假设只有 VIC（或 HEX）的通道正在监测突变的等位基因

12.3.6　检测 cfDNA 的 ddPCR 方法的分析学考虑

ddPCR 方法的敏感性和特异性。

根据我们的经验，在野生型背景下能够可靠检出的最低突变等位基因浓度为 0.05%。我们推荐，在应用某项技术检测血浆 cfDNA 样品之前，应该要通过由低 / 高拷贝的阳性和阴性质控所组成的样品对该技术进行测试，以便在他们自己的实验室中评估检测 *EGFR* T790M、19 外显子缺失及 L858R 的敏感性和特异性。阳性质控可以从 Horizon Discovery 购买。对于合成的样品来说，典型的接受标准如下所示。

1. 敏感性：在“低”野生型背景（2000 基因组当量的野生型背景）中，所有的 *EGFR* 突变（T790M、L858R 及 19 外显子缺失）有 7 个分子，或者在“高”野生型背景（50 000 基因组当量的野生型背景）中所有的 *EGFR* 突变有 20 个分子。

2. 特异性：在低和高野生型背景中，对于所有的 *EGFR* 突变都是 100%。

3. 在任何非模板质控中都没有一个阳性的微滴。每板检测至少运行 5 个阴性质控样本。

12.3.7　血浆基因分型结果的解读

见 12.4“注意事项”中的第 14 条。

基于 ddPCR 的血浆基因分型结果的解读需要高度依赖临床背景、疾病特征及检测报告。

晚期 NSCLC 血浆 ddPCR 的动态范围很大，而且可能会受疾病负荷和肿瘤生物学因素的影响[11,13]。因此，以每毫升血浆中的拷贝数的方式来报道 ddPCR 检测的结果，可以同时提供肿瘤基因分型及疾病状态和预后的信息[14]。影响动态范围的因素也同样是决定检测方法敏感性的关键，假阳性结果更有可能发生在更局限性疾病的患者之中，可能仅次于肿瘤所释放的 cfDNA 的较低比率[13]。与治疗相关的样品收集时间也对检测的敏感性有重要的影响，在转移性疾病最初确诊时及后续明确的疾病进展点上，检测的敏感性最大。血浆 cfDNA 数量的改变有望反映治疗的效果，其水平降低提示治疗有效。

对于在新确诊的晚期 NSCLC 患者中检测可靶向的基因组改变来说，采用 ddPCR 方法进行血浆的基因分型展现出了灵敏的特异性[11,12]。采用这种方法检测 *EGFR* 的敏感突变能够可靠地发现那些将会从靶向治疗之中获益的患者。相反，检测那些不可靶向的驱动突变，如 *KRAS* 密码子 12 的突变，可以作为一个可靠的指标，提示可靶向的改变不可能被其他方法检测到，一个可能的例外是 *BRAF* 的 V600E 改变[15]。在新确诊患者中，看似假阳性的结果应该提示仔细检查组织分型的结果，并且考虑重复活检，尤其是在检测到高水平的突变 cfDNA 时。对于获得性耐药突变（如 *EGFR* T790M）的检测来说，血浆 ddPCR 特异性的解释更为复杂。在同一个患者不同转移位点之间存在获得性耐药机制的异质性，这一点并不罕见。组织分型只能在单个转移位点上检测到明显的耐药突变，而血浆 ddPCR 则代表了所有转移位点的一个平均耐药情况。血浆 *EGFR* T790M 的拷贝数可以预测 *EGFR* T790M 特异抑制剂的疗效，其阈值是一个活跃的研究领域。然而，考虑到组织分型在这种临床背景下存在很多局限，在获得性耐药的背景下用评价血浆分型的方法与金标准进行对比是有挑战性的。

12.4 注意事项

1. 廉价的加样吸头通常有粗糙的尖头边缘，在样品准备和 ddPCR 反应的过程之中会释放一些微小的塑料颗粒，这会导致微滴的破碎。

2. 从抽血到冷冻血浆的时间应该小于 4 小时。

3. 离心过程中，制动开关应该关闭，这样细胞 - 血浆的界面就不会混淆。

4. 在转移血浆时，不要将移液器的枪尖伸入到血浆 - 细胞的界面中。在界面之上保留一个薄的、完整的血浆层。

5. 由于溶血，有时候血浆的颜色会介于粉色至红色，这将不会影响下游的 ddPCR 分型。如果血浆太黏稠不方便进行吸取，提示可能有白细胞的裂解，这将会造成极大量野生型等位基因被检出，可能会影响检测稀有事件的能力。

6. 在裂解过程中，确认在试管中形成一个可见的涡旋。为了确保有效的裂解，将样品与缓冲液 ACL 进行充分的混合是非常重要的。这一步进程不要中断，快速处理直至 12.3.2 中的第 5 步。

7. 将 QIAamp 的迷你柱子设置到 QIAvac 24 Plus 中时，确认管子扩张器牢固地插入到柱子中，以避免样品的泄漏。保留收集管用于 12.3.2 中的第 14 步的晾干离心。

8. 为了避免交叉污染，小心不要从邻近的 QIAamp 迷你柱子上移动管子扩张器。

9. 不要使用已经冻融超过 1 次的血浆，以避免冷沉淀物堵塞 QIAamp 迷你柱子。如果肉眼能够清楚地看到冷沉淀物，该样品应该以 16 000 × *g* 的速度离心 5 分钟。

10. 在没有扩增产物的 PCR 工作站（一个没有扩增产物的房间）中设置 ddPCR 反应。

11. 上述方法是针对油滴生成的手动准备。近期，Bio-Rad 的自动微滴生成仪（Bio-Rad #1864101）也已可以使用。

12. 要一直带着无模板的质控（阴性质控，NTC）来监测污染。如果在 NTC 孔中发现了阳性微滴，整个板的结果都不能再被使用。

13. 在微滴生成的过程中，样品孔和油孔必须含有液体，否则微滴生成仪将不能产生微滴。在未被使用的样品孔中，可以使用超混液（1 ×）。

14. 使用 2ml 血浆，可以分离 10 ～ 150ng 的 DNA（3000 ～ 45 000 个野生型事件）。

参考文献

1. Shaw AT, Kim DW, Nakagawa K et al（2013）Crizotinib versus chemotherapy in advanced ALK-positive lung cancer. N Engl J Med 368:2385–2394
2. Mok TS, Wu YL, Thongprasert S et al（2009）Gefitinib or carboplatin-paclitaxel in pulmonary adenocarcinoma. N Engl J Med 361:947–957
3. Bergethon K, Shaw AT, Ignatius Ou SH et al（2012）ROS1 rearrangements define a unique molecular class of lung cancers. J Clin Oncol 30:863–870
4. David Planchard JM, Riely GJ, Rudin CM et al（2013）Interim results of phase II study BRF113928 of dabrafenib in BRAF V600E mutation–positive non-small cell lung cancer（NSCLC）patients. J Clin Oncol 31（Supplement）:8009
5. Garraway LA, Janne PA（2012）Circumventing cancer drug resistance in the era of personalized medicine. Cancer Discov 2:214–226
6. Zhou W, Ercan D, Chen L et al（2009）Novel mutant-selective EGFR kinase inhibitors against EGFR T790M. Nature 462:1070–1074
7. Shaw AT, Kim DW, Mehra R et al（2014）Ceritinib in ALK-rearranged non-small-cell lung cancer. N Engl J Med 370:1189–1197
8. Diaz LA Jr,Williams RT,Wu J et al（2012）The molecular evolution of acquired resistance to targeted EGFR blockade in colorectal cancers. Nature 486:537–540
9. Kuang Y, Rogers A, Yeap BY et al（2009）Noninvasive detection of EGFR T790M in gefitinib or erlotinib resistant non-small cell lung cancer. Clin Cancer Res 15:2630–2636
10. Yung TKF, Chan KCA, Mok TSK et al（2009）Single-molecule detection of epidermal growth factor receptor mutations in plasma by microfluidics digital PCR in non–small cell lung cancer patients. Clin Cancer Res 15:2076–2084
11. Oxnard GR, Paweletz CP, Kuang Y et al（2014）Noninvasive detection of response and resistance in EGFR-mutant lung cancer using quantitative next-generation genotyping of cell-free plasma DNA. Clin Cancer Res 20:1698–1705
12. http://www.bio-rad.com/webroot/web/pdf/lsr/literature/Bulletin_6407.pdf
13. Sacher AG, Paweletz CP, Alden R, et al.（2015）A prospective study of rapid plasma genotyping utilizing sequential ddPCR and NGS in newly diagnosed advanced NSCLC patients. IASLC World Conference on Lung Cancer, Denver, CO

14. Mok TS, Wu YL, Soo Lee J et al（2015）Detection and dynamic changes of EGFR mutations from circulating tumor DNA as a predictor of survival outcomes in NSCLC patients treated with first-line intercalated erlotinib and chemotherapy. Clin Cancer Res 21:3196–3203
15. Sholl LM, Aisner DL, Varella-Garcia M et al（2015）Multi-institutional oncogenic driver mutation analysis in lung adenocarcinoma: the lung cancer mutation consortium experience. J Thorac Oncol 10:768–777

第 13 章

在早期和转移性乳腺癌患者中检测癌症 DNA

Arielle J. Medford, Riaz N. Gillani, Ben Ho Park

摘要：乳腺癌是发病率最高的女性癌症，在癌症相关死因中排名第二。乳腺癌有很多亚型，可以通过分子和基因分型来加以鉴别。尽管现有的标准是通过肿瘤组织的活检来对乳腺癌进行分类，但也可以通过一个简单的抽血，采用微滴数字 PCR（droplet digital PCR，ddPCR）来检测血浆之中的肿瘤 DNA（plasma tumor DNA，ptDNA）。组织活检不仅是有创操作，而且由于肿瘤的异质性，可能准确性也不理想。血液可以收集来自正常细胞和肿瘤细胞的 DNA，因此血浆的 ddPCR 可以提供一个更为宽泛的癌症基因构成图像。本章中将概述，通过使用 ddPCR，如何从乳腺癌患者的组织和血浆中筛查特异的癌症突变。

关键词：乳腺癌；微滴数字 PCR；液体活检；活检；PIK3CA；血浆；血液

13.1 引言

每年有超过 230 000 名女性被诊断为乳腺癌，接近 40 000 人死于该疾病。乳腺癌是女性最为常见的癌症，癌症相关死因排名第二 [1,2]。

通常，乳腺癌是通过乳房 X 线摄影发现的，然后通过组织取样来确诊。从这里开始，患者将会根据自身乳腺癌的分型接受特定的治疗，这个分型主要是根据雌激素受体（estrogen receptor，ER）、孕激素受体（progesterone receptor，PR）及人表皮生长因子受体 2（human epidermal growth factor receptor 2，HER-2）的表达与否来判定。研究者已经证实，在这些亚群之中存在一些特异、独特的突变，可以用于评价肿瘤负荷，预测疗效，并且以一种快速和微创的方式来监测疗效。这些突变包括 *PIK3CA*、*ESR1*、*TP53*、*MAP3K1*、*GATA3*、*RPTOR*、*ERBB2* 及 *ERBB3* 等 [3-6]。

然而，现有的受体突变研究面临一个重要的障碍：其研究依赖的是肿瘤组织单个位点的活检。这个方法是存在问题的，肿瘤已经被证实存在异质性，因此对单块组织进行采样可能会错失存在上述特异突变的部位。类似的异质性也存在于转移灶之中，而且在身体不同部位的转移灶之间也存在这种异质性，即使这些转移灶都起源于同一个原发肿瘤 [7,8]。换言之，组织活检限制了临床医生，使他们不能看到遗传信息的全貌。

为了克服这个困难，研究者现在采用 ddPCR 来检测血浆样品，通过一种被俗称为“液体活检”的方式来筛选这些相同的突变。身体的血供“饲养”了原发肿瘤和转移灶，而早期的研究提示，关于哪些肿瘤细胞的 DNA 会被释放进入血液中并没有选择性。实际上，正常细胞和肿瘤细胞都会被释放入循环系统，这使得血流成为有效存储细胞 DNA、肿瘤及其他物质的仓库[9-11]。因此，循环血中包含了各种痕量的肿瘤 DNA，这使得 ptDNA 最能够代表癌细胞多样性的遗传构成。外周血取样也比组织活检更简便，整个流程的风险也少得多。

肿瘤学领域有很多新兴的 ddPCR 应用，而乳腺癌将会极大地从中获益。ptDNA/ddPCR 在乳腺癌中检测 *PIK3CA* 的效果已经得到了验证，在一项包含了 29 例早期乳腺癌患者的研究中，敏感性和特异性分别是 93.3% 和 100%[12]。需要特别澄清的是，这个方法特异地用于血浆，而不是血清。有研究显示后者并不可靠，而血浆则有可重复的数据来支持其结果[13,14]。从发现对靶向治疗敏感的特异突变，到监测疗效，到监测疾病残留负荷，这个高度敏感、高性价比的方法为乳腺癌的治疗带来了希望，也为其背后进行科学研究带来了进步的动力。本章介绍了采用 ddPCR 检测血浆和原发肿瘤组织中肿瘤 DNA 的方法。

13.2 材料

13.2.1 数字 PCR 引物和探针的设计与测试

见 13.2.5 中的内容。

13.2.2 血液处理和准备

1. EDTA 抗凝的采血管或游离 DNA 的 BCT 采血管（Streck）。
2. 23G 注射针（见 13.4“注意事项”中的第 1 条）。

13.2.3 血液样本处理和血浆分离

1. 分隔的通风橱空间，以防止污染。
2. 漂白剂湿巾（1%）。
3. QIAamp 的循环核酸试剂盒（Qiagen , #55114）。
4. 无 DNA 酶 /RNA 酶的蒸馏水。
5. 离心机。
6. 无 DNA 酶 /RNA 酶的过滤吸头（见 13.4“注意事项”中的第 2 条）。

13.2.4 处理原发肿瘤样品并从中提取 DNA

1. 5 ～ 10μm 厚，未经污染的福尔马林固定石蜡包埋（FFPE）组织切片（根据切片上的肿瘤大小及肿瘤细胞比率，可制备 10 ～ 15 张切片）。
2. 在二甲苯、乙醇和水中浸泡组织切片的容器。
3. 经过 HE 染色的临近组织切片，由一名病理医生将肿瘤组织与正常组织区分开。

4. 纯度＞ 99% 的二甲苯。
5. 无 DNA 酶 /RNA 酶的蒸馏水。
6. 100%、70% 和 50% 的乙醇。
7. 精确定点切片 DNA 分离系统（Zymo, #D3001）。
8. QIAamp DNA FFPE 组织试剂盒（Qiagen, #56404）。

13.2.5　ptDNA 或 FFPE 样品的 ddPCR

13.2.5.1　预扩增

1. 隔离的通风橱或已灭菌的空间，以防止污染（与血液和血浆处理分开，最好是在单独的房间）。
2. 用作模板的样品（来自血浆或 FFPE 组织）。
3. 无 DNA 酶 /RNA 酶的蒸馏水。
4. dNTP（10mmol/L 浓度）。
5. 二甲基亚砜（DMSO）。
6. 5 × 聚合酶缓冲液：$MgCl_2$，DMSO（NEB，# B0518S）。
7. 准备扩增的目的基因的正反向引物（50μmol/L）。
8. 高保真 DNA 聚合酶（NEB，#M0530S）。
9. 具有 96 深孔反应模块的热循环仪。
10. 96 孔 PCR 板。
11. 热封箔。
12. 无 DNA 酶 /RNA 酶的过滤吸头。
13. 1.5ml 的 Eppendorf 管。
14. QIAquick PCR 纯化试剂盒（Qiagen，# 28104）。

13.2.5.2　ddPCR

1. ddPCR 无菌通风橱（与扩增前和血液 / 血浆预处理的通风橱相隔离，最好是在单独的房间）。
2. 在扩增前步骤中所准备的样品。
3. 无 DNA 酶 /RNA 酶的蒸馏水。
4. 漂白剂湿巾（1%）。
5. 无菌水槽。
6. QX200 微滴生成仪的 DG8 芯片（Bio-Rad，#1864008）。
7. DG8 芯片夹具（Bio-Rad，#1863051）。
8. QX200 微滴生成仪的 DG8 密封垫（Bio-Rad，#1863009）。
9. 带吸头的移液器：p10、p20、p100、p50 和 p100 多通道。
10. 1.5ml 的 Eppendorf 管。
11. ddPCR 探针超混液（无 dUTP）（Bio-Rad，#186-3023）。

12. 探针的微滴生成油（Bio-Rad，#186-3005）。

13. 正反向引物（50μmol/L）——这些可能与位点特异预扩增所用的引物是一样的（从 IDTDNA.com 以“custom oligos”的形式订购）。

14. 野生型和突变型探针（100μmol/L）。

15. Promega 的女性基因组 DNA（#Promega G1521）（可选）。

16. 4 ～ 6 切割的限制性内切酶（可选）。

17. 96 孔半裙边板。

18. 可穿透的热封箔（Bio-Rad，#1814040）。

19. QX200 微滴生成仪（Bio-Rad，#1864002）。

20. PX1 PCR 板封口器（Bio-Rad，#1814000）。

21. 具有 96 深孔反应模块的 C1000 触摸式热循环仪（Bio-Rad，#1851197）。

22. QX200 微滴读取仪（Bio-Rad，#1864003）。

23. QX200 微滴读取油（Bio-Rad，#1863004）。

24. 具有 Windows 操作系统的笔记本电脑。

25. QuantaSoft 软件。

13.2.6 数据解释和统计分析

1. 具有 Windows 操作系统的笔记本电脑。
2. QuantaSoft 软件。
3. 微软 Excel 软件。

13.3 方法

以下是采用血液样本的完整方案。对于 FFPE 样本，以下方案要做相应修改，已在方法部分结尾的 13.3.7 中做了详细说明。

13.3.1 ddPCR 引物和探针的设计和测试

1. 引物和探针可以从 idtdna.com. 订购。

2. 理想的扩增产物的长度为 80 ～ 150bp（见 13.4“注意事项”中的第 3 条）。

3. 在设计引物时，需要结合以下参数。

（1）保持 20 ～ 28bp 的长度。

（2）熔解温度（T_m）应该为 45 ～ 55℃。

（3）在一个序列之中不要有超过 3 个重复的碱基对。

（4）确认没有引物的异源双链体。

4. 探针是荧光标记的寡核苷酸，在设计时要结合以下参数。

（1）保持 20 ～ 30bp 的长度。

（2）熔解温度（T_m）应该比引物的高 5 ～ 10℃。

（3）探针 5' 端不应该有鸟嘌呤。

（4）5' 端应该有荧光基团。

（5）3' 端应该有荧光猝灭基团。

（6）探针应该起始于距离引物结合位点至少 2bp 的地方。

（7）野生型探针通常定制为带有 HEX 荧光基团。

（8）突变型探针通常定制为带有 6-FAM 荧光基团（见 13.4“注意事项”中的第 4 条）。

（9）两种探针都应该用 Zen 3'Iowa Black FQ 来猝灭。

5. 在测试引物的敏感性和特异性时，需要先建立一个阳性质控。该质控可以来自携带该突变的细胞系、合成的双链 DNA 或克隆的质粒 DNA。阳性质控将会确认探针与突变等位基因靶点进行结合的能力。

6. 测试阳性质控的敏感性和特异性需要先订购突变型和野生型探针的“小包装”，按照 13.3.5 中的细节，从下述“反应准备”中的第 6 步开始操作。

13.3.2　血液处理和准备

1. 从患者抽取足够数量的血液（每管约 10ml）到 EDTA 管或游离 DNA 的 BCT 管中（见 13.4“注意事项”中的第 5 ～ 8 条）。

（1）如果采用 EDTA 管，需要在 2 小时内分离血浆。血浆可以在 -80℃下冻存。

（2）如果采用游离 DNA 的 BCT 管，血液可以在室温下存储 7 天。采血管必须在室温下存储，过热和过冷都应该避免（可接受的温度范围：6 ～ 37℃）。

2. 如果要运输血液，要确保合适的运输温度 [见上述第 1 步中的（1）和（2）]。

13.3.3　血液样本的处理和血浆分离

1. 戴上两层手套，打开 PCR 通风橱中放有患者样本的生物危害品袋。除了离心之外，其他的血样处理步骤都在通风橱中进行。此预防措施可以使这个超敏方法的污染风险降到最低。

2. 打开 EDTA 管，将血液转移到一个 15ml 的锥形管。转移完毕后，将 EDTA 管和外层手套丢弃到一原装生物危害品袋中，以减少污染风险。

3. 将 15ml 的锥形管以（1500 ± 150）× *g* 的速度离心 10 分钟。这个步骤可以在室温或 4℃下完成。

4. 采用 10ml 的血清移液器将上清液转移至一个新的 15ml 锥形管中。在这一步中，同一个患者的血浆不要混合。换言之，在这一步中，每个采血管都应该转换为对应的锥形管。不要碰触血沉棕黄层。最好留一点血浆在采血管里，确保细胞污染降到最低（见 13.4“注意事项”中的第 9 条）。

可选项：在这一步中，血沉棕黄层可以保存并处理作为胚系 DNA 的基线（见 13.4“注意事项”中的第 10 条）。

5. 将锥形管以（3000 ± 150）× *g* 的速度离心 10 分钟。

6. 采用一个 5ml 的血清移液器将上清液转移至一个新的 15ml 锥形管中。在这一步中，如果没有肉眼可见的溶血，同一个患者的血浆可以混在一起。在管底留 0.3ml（约 7mm）的血浆，以避免细胞污染。

7. 轻轻混匀并记录血浆的体积。每 10ml 全血预计有约 4ml 血浆。

8. 可选：将血浆等分为 1 ～ 1.5ml，放到 1.5ml 的管子中，于 -80℃储存待用。

13.3.4 血浆 DNA 提取

1. 所有的提取步骤都在一个无菌通风橱中进行。在开始提取之前，用漂白剂擦拭所有的台面、设备及手套。

2. 如果血浆在 -80℃冻存，将其放在冰上融化。

（1）用移液器将融化的血浆转移至 15ml 的锥形管。

（2）在 4℃或室温下以 3600 转 / 分（3000 × *g*）离心 15 分钟（见 13.4“注意事项”中的第 11 条）。

3. 返回通风橱时，用漂白液再次擦拭所有的物品。采用移液器将上清液转移至新的 15ml 锥形管。因为有可能不被看到的沉淀，故留下 0.3ml（约 7mm）。血浆最多可以混合到每管 3ml（2 个 1.5ml 小管）。这是由 QIAamp® 循环核酸提取试剂盒指定的最大体积。

4. 根据 QIAamp® 循环核酸提取试剂盒的使用说明书，处理 3ml 的血浆。使用 50μl 水洗脱 DNA。所得的 DNA 可以立即使用；或者，如果在接下来的 24 小时之内使用，存于 2 ～ 8℃；或者，存于 -15 ～ -30℃直至使用（见 13.4“注意事项”中的第 12 ～ 15 条）。

13.3.5 ptDNA 或 FFPE 样品的 ddPCR

13.3.5.1 预扩增以提高等位基因或基因组当量的绝对值

1. 收集准备好的将要在 ddPCR 反应中作为 DNA 模板的样品（来自血浆或 FFPE 组织）。

2. 来自正常细胞的基因组 DNA（gDNA）在多数情况下会是一个不错的阴性质控，因为 gDNA 应该含有野生型的目的基因座而没有突变的等位基因。另外，Promega 出售的女性基因组 DNA 也应该含有纯的野生型基因座。

使用前，gDNA 或 Promega 的产品都需要采用一个限制性内切酶进行消化，这个酶的限制性酶切位点遍及整个基因组，但是在目的基因座中却没有。对于多数方法来说，＜ 5kb 的片段可以被适当地切分，然而根据这个方法，片段可能需要＜ 500bp。对于本方案来说，一个 4 ～ 6 切割的限制性内切酶（如 *Cvi*QI）可以产生适当大小的片段（见 13.4“注意事项”中的第 16 条）。

3. 在一个用漂白剂清洁过的干燥通风橱中，分别采用单独的反应为样品、阳性质控、阴性质控和 NTC 制备一个体积为 50μl 的 PCR 体系。这里要采用一个独立的通风橱，与微滴生成所用的那个通风橱要分开。每个 50μl 的反应由以下物品组成：2μl 的模板、10μl 的 5 × 聚合酶缓冲液、1μl 的 dNTP（10mmol/L）、1.5μl 的 DMSO、1μl 的正向引物（50μmol/L）、1μl 的反向引物（50μmol/L）、33μl 的无 DNA 酶 /RNA 酶的蒸馏水，以及 0.5μl 的高保真 DNA 聚合酶。聚合酶应该在最后加到反应体系之中。

4. 将每一个 50μl 反应体系等分到 96 孔板的单孔之中。所有的样品都分完之后，用热封箔将板封好并甩板＜ 15 秒。

5. 在热循环仪上设定如下 PCR 循环程序：① 98℃，30 秒；② 98℃，15 秒；③在退火温度保持 30 秒，这个温度低于扩增引物的熔解温度（见 13.4“注意事项”中的第 1 条）；④ 72℃，30 秒。重复第 2 ～ 4 步 10 个循环。然后恢复为以下步骤：⑤ 72℃，5 分钟；⑥ 4℃保持。变温速度应该设定为约 2℃ /s。

6. 循环结束之后，按照“QIAquick PCR 纯化试剂盒”的使用说明书通过 PCR 纯化来运行每个 PCR 反应。将终产物洗脱至 50μl 无 DNA 酶 /RNA 酶的蒸馏水中。

13.3.5.2　反应准备（在干净的 pre-PCR 通风橱中操作）

1. 采用漂白剂湿巾清洁表面、实验台及在检测设置中可能会遇到的任何其他表面，做好进入 ddPCR 通风橱的准备。

2. 从 -20℃冰箱中取出 ddPCR 的超混液，室温融化。

3. 如果来自预扩增的产物存放在 -20℃，将其在室温下融化。

4. 产物都融化之后，混匀，采用蒸馏水对产物做 10 倍连续稀释。这些稀释品应该跨过大概 4 个数量级，将会在 ddPCR 检测中作为模板，以确保至少有一些稀释品落在 ddPCR 系统的动态范围之中（约 5 logs）并且给出适当的精确度。将每个稀释品等分至 1.5ml 的 Eppendorf 管中。

5. 对于阳性和阴性 DNA 质控及 NTC，也应该做类似的 10 倍连续稀释。将等分的蒸馏水放到 1.5ml 的 Eppendorf 管中，作为无模板质控（NTC）来使用。

6. 根据下框内的配比来配制用于 ddPCR 反应的 20× 引物 - 探针混合液（见 13.4“注意事项”中的第 18 条）。

试剂	体积（μl）
正向引物 F（50μmol/L）	36
反向引物 R（50μmol/L）	36
野生型探针 WT（100μmol/L）	5
突变型探针 Mut（100μmol/L）	5
水	18
合计	100

7. 取一个无菌水槽放到 ddPCR 通风橱中，移去起保护作用的塑料盖。将超混液、引物 - 探针混合液及微滴生成油放到 ddPCR 通风橱中。

8. 用 p1000 的移液器在无菌水槽中加满微滴生成油，每个反应至少保证有 100μl 油。

9. 为每一个需要进行检测的稀释产物都标记一个 Eppendorf 管。如果被稀释的模板做了 4 个数量级的 10 倍稀释，那就应该是 4 个 Eppendorf 管（见 13.4“注意事项”中的第 19 条）。

10. 在进行微滴生成前，每个 Eppendorf 管中的反应物应该包括超混液、引物探针混合液及适当稀释的模板。ddPCR 的单个反应体积应为 20μl，根据表 13-1 进行配制。如果每个稀释度要做 3 个复孔（如文中所推荐的），应该要准备 4 倍体积的反应液，以便适应可能存在的移液误差，以及避免在 DG8 的样品孔中引入气泡。因此，在每个 Eppendorf 管中，需要采用 40μl 的超混液，4μl 的引物－探针混合液，以及 36μl 的模板来混合成一个 80μl 的反应混合液。

表 13-1 主混合液 / 引物探针混合液

试剂	1×（μl）
模板	9
20× 引物－探针混合液	1
ddPCR 超混液	10

13.3.5.3 准备 DG8 芯片，微滴生成和准备 PCR 板（图 13-1）和建议的板布局

1. 在芯片夹具中放入一个 DG8 芯片，将芯片夹具的两边向内滑动锁定；只有 DG8 芯片以正确的方向插入，芯片夹具才能被锁定。

2. DG8 芯片由 3 排 8 孔组成，每排的孔与其他排的孔的直径都不相同。如果芯片夹具已被定位，使用者可以垂直看到上面的文字，下排的孔中将含有微滴生成油（芯片夹具上面有文字标识）。将每个 Eppendorf 管中的 PCR 反应液进行涡旋混合，然后自转降速。在中排孔中标记的是“样品”，等分 20μl 的反应液到每个孔中。如果每个反应做 3 个复孔，将每个反应等分 20μl 到 3 个临近的孔中。这一步最好采用 8 通道的移液器，如果没有，一次加一个孔也可以。

3. 芯片中间排的 8 个孔都应该填满，剩余的孔可以用来做阳性或阴性质控，否则应该用水充满（见 13.4“注意事项”中的第 20 ～ 23 条）。以每个反应做 3 个复孔为例，1 ～ 3 号孔

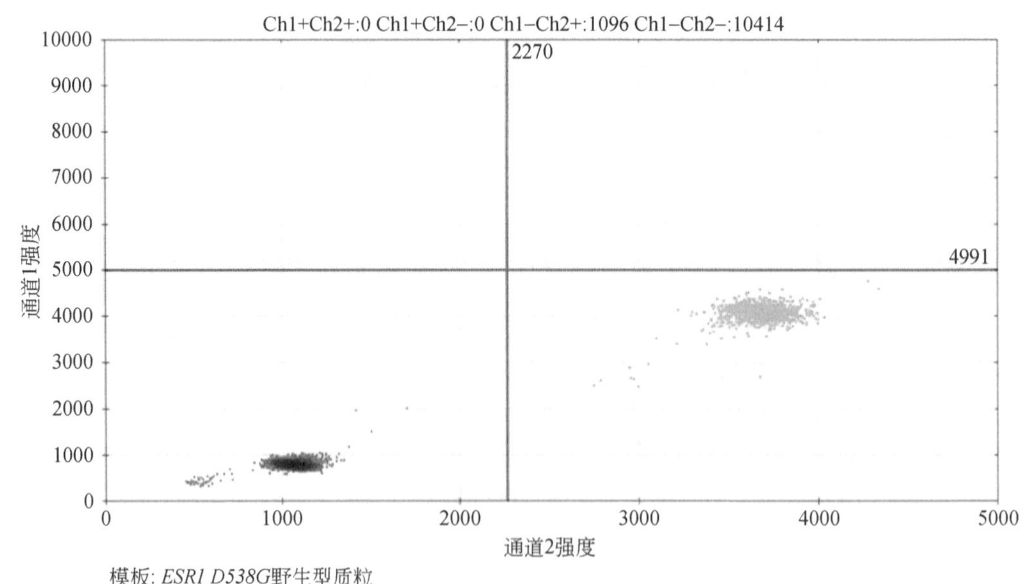

图 13-1 ddPCR 的二维强度图，显示该方法检测的是 *D538G* 基因（*X* 轴），不会在 *D538G* 突变质粒中错误的检测到 *ESR1* 的野生型（*Y* 轴）

加模板某个稀释度的反应液，4 ～ 6 号孔加模板另一个稀释度的反应液，7 号孔加阳性质控的反应液，8 号孔加阴性质控的反应液。

4. 采用多通道的 p100 移液器，每通道吸取 70μl 的微滴生成油；然后，将 70μl 等分的油加入到芯片底排的每个孔之中（见 13.4“注意事项”中的第 24 ～ 26 条）。

5. 在芯片的中间排和底排都被加满之后，用 DG8 密封垫将芯片盖上，将其从芯片的一端拉到另一端，挂在尖端上，确保其在正确的位置。

6. 将芯片夹具放到 QX200 微滴生成仪中，夹具中放有注满的芯片，且带有安全密封垫。机器将会检测到芯片并以亮起绿灯作为提示。点击上部按钮，会关闭仪器。一旦关闭，微滴生成将开始，除非芯片准备出现了问题。在发生期间，机器右部的微滴灯将会闪烁。

7. 几分钟之后，微滴生成将会完成，作为提示，机器远右端的微滴灯会保持点亮。点击绿色滑动罩上面的按钮打开微滴生成仪，取出芯片，将其放回 ddPCR 通风橱中。移去密封垫，可以观察到芯片的上排已经充满了数以千计的微滴，每个都包裹了 PCR 的反应液。

8. 将一个 96 孔半裙边板放到 ddPCR 通风橱中。使用 p50 多通道移液器，设定 43μl，从芯片的上排缓慢地吸取液体，然后将其加入到 96 孔半裙边板的单排之中（见 13.4“注意事项”中的第 27 条）。

9. 根据将要分析的稀释液的数量，以必要的次数重复上述第 1 ～ 8 步。

10. 一旦所有的 ddPCR 反应物都被等分到 96 孔半裙边板中之后，在上面放一个可穿透的热封箔。打开 PX1 PCR 板密封仪背后的电源，机器将会加热到 180℃，整个过程大概需要 2 分钟。

11. 一旦加热结束，点击触摸屏上的弹出按钮，打开板密封仪；将顶部放了热封箔的板插到密封仪中，热封箔上的红线方向靠近机器。在触摸屏上选择“密封”选项。密封完毕后将板取出，关闭密封仪电源。

13.3.5.4 PCR 和反应板读取

1. 在热循环仪上设定如下框中的 PCR 循环程序。

步骤	温度	时间	变温速度	循环
1	95℃	10 分钟	2℃ /s	1
2	94℃	30 秒	2℃ /s	40
3	可变	1 分钟	2℃ /s	
4	98℃	10 分钟	2℃ /s	1
5	4℃	保持		1

2. PCR 循环程序结束之后，从热循环仪上取出板。QX200 微滴读取仪通过一根 USB 线与带有 Windows 操作系统的电脑相连，在电脑上装有 QuantaSoft 软件。通过绿色滑动盖上的按钮打开微滴读取仪。用任意一边的门闩移开金属盖，其作用是确保 96 孔板在正确的位置，将板放到位，复位并重新闩上金属盖。关上绿色滑动盖。

3. 在连接的电脑上，打开 QuantaSoft 的一个示例图。在屏幕左侧的“设置(Setup)”选项下，打开一个之前的模板或板，或者创建一个新的板。在板的图示上为每个孔标记样品的名字和稀释度。板的设置保存之后，接下来会提示设置 FAM、VIC 和（或）HEX 探针至正确的通道。

4. 选择屏幕左侧的“运行（Run）”。指明正确的染料（HEX 或 VIC）（见 13.4“注意事项”中的第 28 条）。微滴读取仪每处理一个孔大约需要 2 分钟。

5. 整个板都被读完之后，选择屏幕左边的“分析（Analyze）”选项来回顾运行的数据。

13.3.6 数据解释和统计分析（图 13-2、图 13-3 和图 13-4）

说明：以下内容是以二维的微滴图为例。

1. 在对包含目的突变的“阳性”微滴进行荧光强度的门控之后进行随后的数据分析。通过选择“分析（Analyze）”选项，观察各种样品的“二维强度（2D amplitude）”图，设定阳性微滴的强度阈值。可以先用质控来做，以便使敏感性达到最大化，然后可以再叠加实验样品。要将阈值设置得尽可能低，以便将特异性最大化。应该通过加入同样量的 DNA 来评价阳性和阴性质控。一个合适的强度阈值在各次实验间是不一样的，应该根据质控微滴的强度来设定。

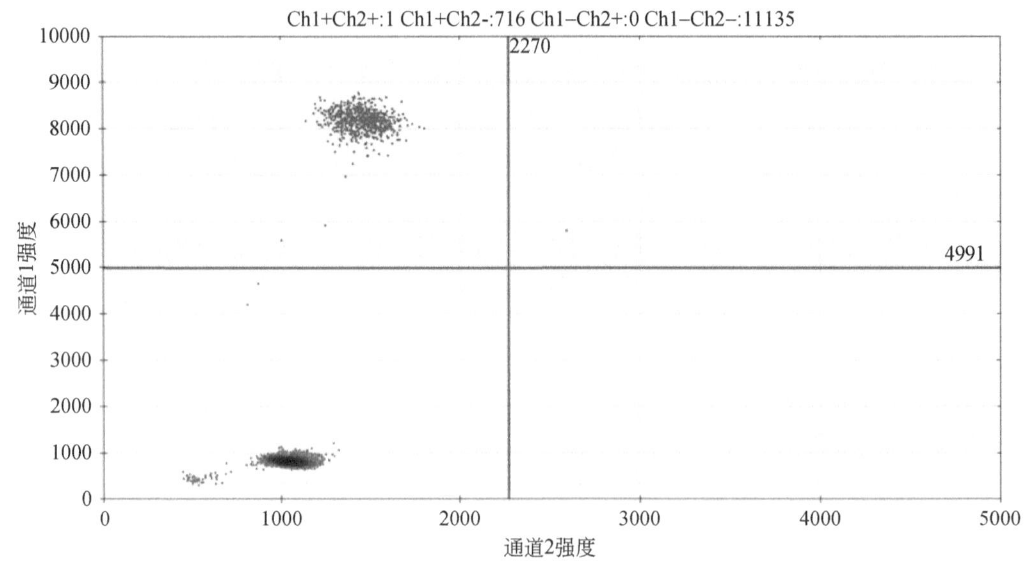

图 13-2 ddPCR 的二维强度图，显示该方法检测的是 *D538G* 基因（*Y* 轴），不会在 *D538G* 突变质粒中错误地检测到 *ESR1* 的野生型（*X* 轴）

2. 一旦阈值已经设定，就可以进行后续的分析。其中一种分析方法是确定浓度，需要采用泊松分布来计算已被占用和未被占用的微滴。在“分析（Analyze）”界面下，“浓度（Concentration）”的选项可以将野生型和突变型的扩增产物的浓度显示为拷贝 / 微升。在相同的选项下，可以选择“丰度分数（Fractional Abundance）”，这可以将突变体的浓度显示为在整体中的比率。

3. 在“事件（Events）”选项下的另外一个分析可以显示微滴的总数，以及被突变和（或）野生型扩增产物所占有的微滴数（见 13.4“注意事项”中的第 29 ～ 30 条）。

* 如果分析 FFPE，按照下面的步骤提取 DNA，然后从上面的 13.3.5 中的内容开始操作。

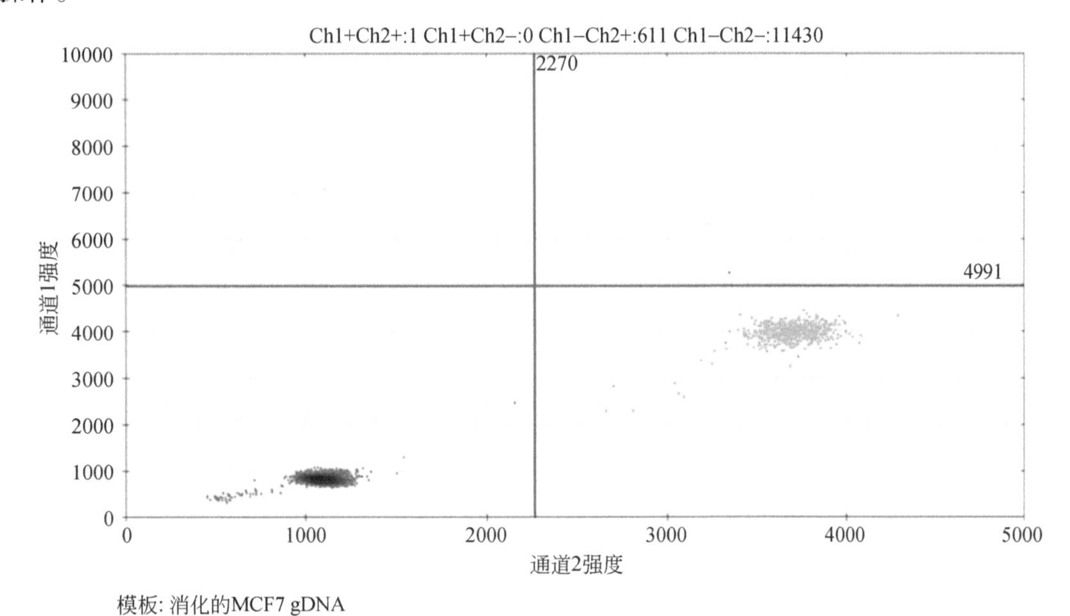

图 13-3　ddPCR 的二维强度图，显示该方法检测的是野生型的 *ESR1* 基因（*X* 轴），不会在消化的 *MCF7* gDNA 中错误地检测到 *D538G* 突变（*Y* 轴）

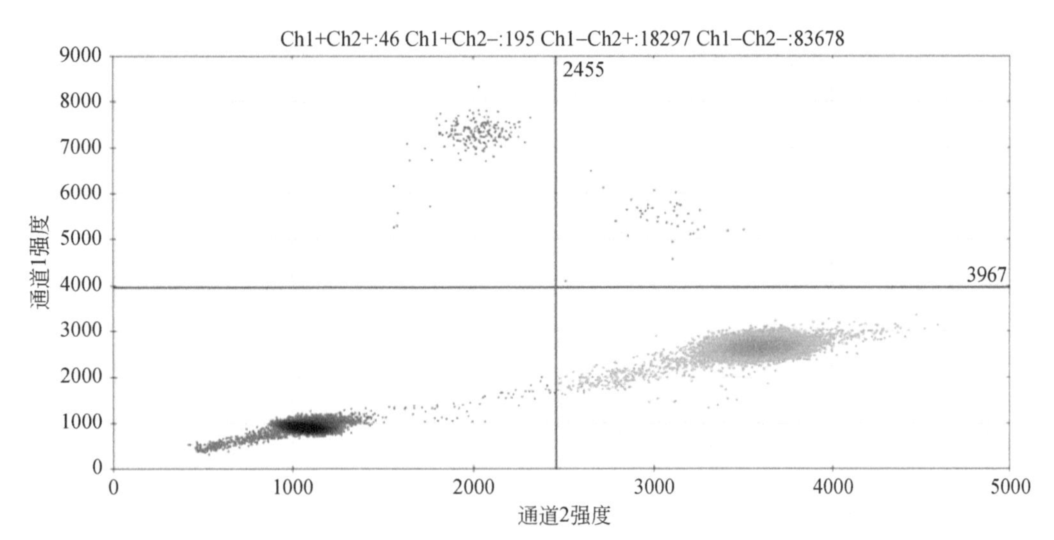

图 13-4　ddPCR 的二维强度图，显示该方法检测的是患者 ctDNA 中的野生型 *ESR1* 基因（*X* 轴）及 *D538G* 突变（*Y* 轴）

13.3.7　处理原发肿瘤样本（FFPE）并从中提取 DNA

1. 在热盘上加热组织学载玻片，上面有厚度为 5 ～ 10μm、未经染色的 FFPE 切片，在

60℃加热 5 ～ 10 分钟，直至石蜡融化（见 13.4“注意事项”中的第 30 条）。

2. 室温下将载玻片浸没到纯度＞ 99% 的二甲苯中 30 分钟。

3. 30 分钟之后，弃去二甲苯，重新浸没到新的二甲苯中；室温下继续孵化 30 分钟。

4. 弃去第二批二甲苯，将载玻片浸没到 100% 的乙醇中 2 分钟。载玻片接下来将分别浸没到 70% 的乙醇、50% 的乙醇及蒸馏水中 2 分钟，目的是逐步水化。

5. 接下来，空气中晾载玻片 30 ～ 60 分钟；当载玻片显现明显的白色时就表明晾干了。

6. 按照厂家的说明书，将“精确定点切片 DNA 分离系统”的精确定点溶液加到肿瘤组织的区域，采用准备好的紧邻的组织横断面的 HE 染色片作为指导（见 13.4“注意事项”中的第 31 条）。

7. 用干净和锋利的手术刀从切片中取出内含的组织，将其转移至一个干净的 Eppendorf 管中；简单离心，将蓝色的组织片甩到管底。

8. 从 QIAamp DNA FFPE 组织试剂盒说明书的第 10 步开始，提取组织样本中的 gDNA，最终用 20 ～ 200μl 的蒸馏水洗脱。

13.4 注意事项

1. 当抽血用于 ptDNA 时，最好采用 23G 注射针。更细的注射针可能会导致细胞的破裂，而更粗的注射针可能会增加患者的不适。

2. Bio-Rad 的方案规定的是 Rainin® 的吸头。

3. 一般来说，扩增产物越小，ddPCR 检测就越敏感。大的扩增产物虽然可以通过一个扩增来检测多个突变位点，但是随着长度的增加，大尺寸的扩增产物（＞ 500bp）会开始丢失荧光信号。

4. 这是惯例。非常重要的是，突变型和野生型应该用不同的荧光基团。

5. 对于最初的方案，研究者抽取的是 3 管血（约 30ml）。

6. 每 10ml 血可以预计分离 4ml 的血浆。

7. 将 EDTA 管或游离 DNA BCT 管水平存储，以减少细胞的溶解。当处理溶解的样品时，它们会在上清液中显示出粉色至红色的色调。而非溶解样品的上清液应该是透明至黄色的色调。

8. 肿瘤 DNA 可以在血浆中被检测到。

9. 在血样处理过程中转移上清液时，要避免使用球管来吸取，不注意的话，会导致吸取过快而造成分层的破坏。

10. 血沉棕黄层有白细胞，可以用来判断内在的胚系 DNA。

11. 对于解冻的血浆来说，离心是非常必要的，因为其中会有冷沉淀物，会堵塞 DNA 的提取柱。

12. 在 QIAamp® 循环核酸试剂盒操作流程的细胞裂解反应中，要确保其中的成分涡旋混合均匀。

13. 在核酸分离的裂解步骤中不要暂停实验。

14. 在 QIAamp® 循环核酸试剂盒操作流程最后洗脱的步骤中，离心 2 分钟（操作流程要求的是 1 分钟）。

15. 离心过程中，如果 Eppendorf 管的盖子是打开的，它将可能被同一离心机中旋转的其他材料所污染。因此，在离心之前要移去盖子，离心之后再在管子上盖一个新的盖子。

16. 在进行 ddPCR 之前可以做 FFPE 和血浆样品的 Sanger 测序，以确认目的扩增产物是存在的。这个测试是确认扩增产物的存在但一般将只能检测到野生型。ddPCR 可以检测特异的突变，它们通常会以极低的丰度出现。

17. 不同引物的精确退火温度各不相同。首先，在基因组 DNA 上通过一个全循环的温度梯度 PCR 来测试引物，以确认最佳的退火温度。

18. 引物探针混合液可以在 −20℃存储备用。

19. 模板的连续 10 倍稀释可以至少形成一个浓度，这个浓度可以适当地饱和微滴，形成一个“数字”区间浓度，根据靶点的不同，这个区间可能差别很大，但是在这个检测中是 1000 ～ 5000 个模板总共填充约 15 000 个微滴。根据以往采用患者样品进行检测的经验，大约 10^{-3} 的稀释度可以形成数字区间的浓度。理想的稀释度在不同样品及每个方案的实例之间都是不一样的，要视最终的洗脱体积而定。

20. 当等份样品进行 ddPCR 的时候，先做水的样品，然后是野生型的样品，再是突变型的样品。这会将污染最小化。

21. 在吸取 ddPCR 的超混液之前要充分地涡旋混合。在将混合液加入到 ddPCR 芯片中之前也要这么做。混合液中的物质容易从溶液中析出，因此为了将这些物质均匀分布，这一步非常重要。

22. 为了生成微滴，中间排和底排的所有孔都必须加满。

23. 在向 ddPCR 芯片中加样时要避免气泡产生。气泡会影响微滴的有效形成。

24. 只有所有的样品都加到 8 个孔中之后才能加油，先加油将会影响微滴的质量。

25. 所有的油都必须要在相同的水平。如果有气体进入系统中，微滴生成就会终止。

26. 加油之后，在 2 分钟内开始微滴生成。

27. 从芯片的上排吸取微滴至 96 孔半裙边板中时，千万注意要缓慢而平稳地吸取。这有助于避免微滴的破裂，使每个反应孔中的微滴数最大化，因此可以提高 ddPCR 检测的性能。一旦开始热循环，微滴将不再容易破裂。

28. 如果在运行之前选择了错误的染料，可以在运行结束之后对这个信息进行纠正。

29. 泊松统计学根据如下公式来计算浓度（拷贝 / 微升）：拷贝数 =−ln（1 − 阳性数 / 总数）× 总数。这个公式给出的是在一个样品之中拷贝数的期望值，是根据充满了目的扩增产物（阳性数）的微滴数目及总的微滴数目（总数）来计算的。在 QuantaSoft 分析软件中，这个结果可以拷贝 / 微升为单位来表示，而这可以回溯到加到 20μl 的 ddPCR 反应液中的样品量，从而确定在反应体系中突变型或野生型靶点的拷贝数。

30. 图 13-5 显示了不同的样本丰度在计算目的扩增产物浓度中的效果。图 13-5A 中绿色显示的是 ddPCR 所形成的总微滴，被目的扩增产物充满的微滴显示为蓝色，分别是 3 个模板 DNA 的浓度（连续两倍稀释）及水的质控。图 13-5B 显示的是相应的目的扩增产物的计算浓度（拷贝 / 微升），这个例子中显示的是 ESR 10 号外显子的配体结合结构域。可以看到，模板 DNA 浓度降低大约 50%（1.25×10^{-6} 降到 6.26×10^{-7} 的稀释度），会导致目的

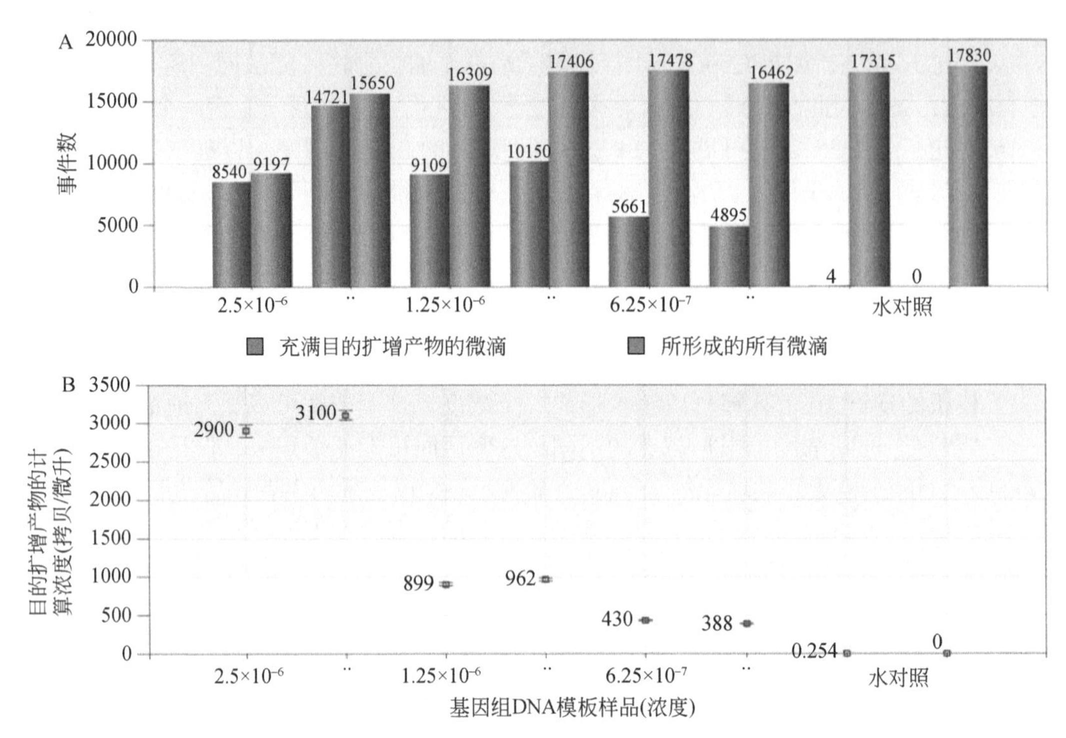

图 13-5 A. 不同浓度样品 ddPCR 分析的柱状图。阳性微滴的数目显示在每个柱形的上部（蓝色是包含突变 DNA 的微滴，绿色是所分析的微滴）。水被作为阴性对照。B. 逐渐稀释的基因组 DNA 加入到检测中

扩增产物的计算浓度降低 50%，两者之间存在一致性。然而，如果一个样品的丰度接近所产生油滴的饱和度时（在这个实验中是 2.5×10^{-6} 的稀释度），目的扩增产物的计算浓度就不那么可靠了。这个情况可以通过以下事实来解释，即前面的稀释度接近梯度区间，也就是在所产生的总计 15 000 ～ 20 000 个微滴中有几千个微滴是饱和的，在这里，目的扩增产物的浓度可以被更可靠地检测到（图 13-5）。

31. 组织容易出现 DNA 污染，主要归咎于 FFPE 组织块的处理流程。每一个样本都应该使用新的切片机刀片，如果可能的话，最好将前面的 2 ～ 3 张切片弃去。

32. 在使用“精确定点切片 DNA 分离系统”时，使用一个加样枪尖在感兴趣的区域擦拭和涂抹精确定点溶液。

参 考 文 献

1. American Cancer Society（2014）Breast cancer facts & figures 2013-2014. American Cancer Society Inc., Atlanta

2. Eckhardt BL, Francis PA, Parker BS, Anderson RL（2012）Strategies for the discovery and development of therapies for metastatic breast cancer. Nat Rev Drug Discov 11:479–497

3. Toy W, Shen Y, Won H et al（2013）ESR1 ligand-binding domain mutations in hormone-resistant breast cancer. Nat Genet 45:1439–1445

4. Cancer Genome Atlas Network（2012）Comprehensive molecular portraits of human breast tumours. Nature 490:61–70

5. Robinson DR, Wu YM, Vats P et al（2013）Activating ESR1 mutations in hormoneresistant metastatic breast

cancer. Nat Genet 45:1446–1451

6. Bose R, Kavuri SM, Searleman AC et al（2013）Activating HER2 mutations in HER2 gene amplification negative breast cancer. Cancer Discov 3:224–237
7. Gerlinger M, Rowan AJ, Horswell S et al（2012）Intratumor heterogeneity and branched evolution revealed by multiregion sequencing. N Engl J Med 366:883–892
8. Higgins MJ, Jelovac D, Barnathan E et al（2012）Detection of tumor PIK3CA status in metastatic breast cancer using peripheral blood. Clin Cancer Res 18:3462–3469
9. Swarup V, Rajeswari MR（2007）Circulating（cell-free）nucleic acids – a promising, non-invasive tool for early detection of several human diseases. FEBS Lett 581:795–799
10. Hodgson DR,Wellings R, Orr MCet al（2010）Circulating tumour-derived predictive biomarkers in oncology. Drug Discov Today 15:98–101
11. Casciano I, Vinci AD, Banelli B et al（2010）Circulating tumor nucleic acids: perspective in breast cancer. Breast Care（Basel, Switzerland）5:75–80
12. Beaver JA, Jelovac D, Balukrishna S et al（2014）Detection of cancer DNA in plasma of patients with early-stage breast cancer. Clin Cancer Res 20:2643–2650
13. El Messaoudi S, Rolet F, Mouliere F, Thierry AR（2013）Circulating cell free DNA: preanalytical considerations. Clin Chim Acta 424:222–230
14. Oshiro C, Kagara N, Naoi Y et al（2015）PIK3CA mutations in serum DNA are predictive of recurrence in primary breast cancer patients. Breast Cancer Res Treat 150:299–307

第 14 章

采用微滴数字 PCR 在成熟淋巴组织增殖性疾病中检测微小疾病残留

Daniela Drandi, Simone Ferrero, Marco Ladetto

摘要： 对于血液肿瘤的疗效评价和复发预测来说，微小残留疾病（minimal residual disease，MRD）检测有强大的预后关联。实时定量 PCR（real-time quantitative PCR，qPCR）已成为在淋巴疾病中评价 MRD 的稳定且标准的方法。然而，qPCR 是一个相对定量的方法，因为它需要一个供参考的标准曲线。微滴数字 PCR™（ddPCR™）能够可靠地进行肿瘤负荷的绝对定量，没有必要在每个实验之中都准备一个肿瘤特异的标准曲线。我们的近期研究证实，ddPCR 和 qPCR 之间有很好的一致性，可以成为一个可行的和可靠的工具，用于成熟淋巴组织增殖性疾病的 MRD 监测。本章中，我们在多发性骨髓瘤、套细胞淋巴瘤及滤泡淋巴瘤的患者中描述了通过 ddPCR 从检测克隆分子标志物到监测 MRD 的实验流程。然而，为了确保基于 ddPCR 的 MRD 结果的可靠性和可重复性，还需要做到不同实验室之间程序的标准化。

关键词： 微小残留疾病；滤泡淋巴瘤；套细胞淋巴瘤；多发性骨髓瘤；免疫球蛋白重链基因，t（14；18）易位；t（11；14）易位；BCL2/IGH；BCL1/IGH；微滴数字 PCR

14.1 引言

MRD 监测被定义为在常规影像学和实验室技术敏感水平之外，检测残留肿瘤细胞并尽可能对其进行定量的任何方法。每当患者获得了完全的临床缓解，总有一些不同的场景可能在实际中发生，包括成瘤克隆的完全铲除，持续存在静息的或非克隆形成的或经过免疫调节的肿瘤细胞，或者持续存在能够在几个月或几年内引起完全临床复发的克隆形成细胞。在多个淋巴恶性肿瘤中，MRD 分析目前已成为一个很有价值的早期预测预后的因子，已在临床研究中具有相当大的影响力。实际上，在成功治疗之后持续存在可检出的 MRD 会预示疾病的复发，因此 MRD 检测可以推动尽早开始治疗，以避免或延缓临床复发 [1-8]。

有很多技术已经被用于 MRD 研究，包括 PCR、qPCR，以及最近引入的二代测序

（next-generation sequencing，NGS）等在内的分子学方法，目前被广泛地应用于急性淋巴细胞白血病（acute lymphoblastic leukemia，ALL）和淋巴瘤的 MRD 检测 [9-19]，而多色流式细胞仪（multicolor flow cytometry，MFC）在慢性淋巴细胞白血病（chronic lymphocytic leukemia，CLL）和多发性骨髓瘤（multiple myeloma，MM）的 MRD 检测中有重要的作用 [20-22]。尽管目前 qPCR 已成为公认的在淋巴组织增生疾病中监测 MRD 的工具，但它有一个主要的不足，就是需要依赖一个连续稀释的标准曲线来对靶标进行定量。ddPCR 是 PCR 最近的一个革新，相比于 qPCR，它有多个实用的优势，最值得注意的是其绝对定量的特性，并不需要一个供参考的标准曲线 [23-33]。而且，我们近期证实，在成熟淋巴组织增殖性疾病的 MRD 评价中，ddPCR 与 qPCR 的敏感性、准确性和可重复性都有很好的一致性 [34]。相比于 qPCR，ddPCR 的适用性更好，能够减小劳动强度，这使得 ddPCR 成为一个非常有吸引力的用于 MRD 评价的备选方法。

本章中，针对从循环肿瘤细胞上发现的一个适合的克隆特异肿瘤标志物，我们首先提供了一个技术路线图，然后根据不同的靶点类型阐述了采用 ddPCR 进行 MRD 检测的方法，这些靶点类型包括：① MM 和套细胞淋巴瘤（mantle cell lymphoma，MCL）的免疫球蛋白重链（the immunoglobulin heavy chain，IGH）基因重排；② 针对 MCL 的来自染色体易位 t（11；14）的 BLC1/IGH 融合基因；③ 针对滤泡淋巴瘤（follicular lymphoma，FL）的来自染色体易位 t（14；18）的 BLC2-MBR/IGH 基因。

最后，我们指出，ddPCR 的预后价值仍需要在前瞻性的临床试验之中加以验证。更重要的是，在进入临床实践之前，ddPCR 相比于 qPCR 和 MFC，其前景需要在标准程序的背景之下进行验证。作为欧洲科学基金会实验室血液肿瘤（European Scientific foundation for Laboratory Hemato Oncology，ESLHO）的一个分支，EuroMRD 研究组目前工作的一部分正是在实验室间水平上来测试和验证这些 ddPCR 方法，正如几年前针对 qPCR 所做的工作一样。由于这是一项正在进行中的工作，在本文中所描述的 ddPCR 操作流程可能会在不远的将来做出相应的更新。

14.2　材料

14.2.1　实验室工作流程的要求

PCR 流程中要谨慎，以避免污染。这在 ddPCR 中尤其重要，因为即使有单个污染的分子也能被检测到。为了避免污染，使用洁净的耗材（如手套、支架、管子、板等）和专用的移液器（见 14.4“注意事项”中的第 1 条）是非常重要的。因此，在 PCR 实验开始前，确认有如下工作空间可用，以避免 DNA 的污染风险。

- pre-PCR 区域：专门用于混合准备。要保证任何 DNA 或 PCR 产物远离这个区域。
- DNA 区域：专门用于加模板和微滴生成。设在一个与 pre-PCR 区域分开的房间。
- post-PCR 区域：专门用于 PCR 扩增、PCR 产物分析和微滴读取。

14.2.2 设备和软件

1. 用于设置琼脂糖凝胶装置的通风橱。
2. 涡旋混合器和迷你离心机。
3. Nanodrop 紫外可见光分光光度计（Thermo Fisher Scientific）。
4. 带有微孔板转子的台式离心机和微型离心机。
5. 带热盖的热循环仪，如 T100（Bio-Rad，Laboratories），或者具有相同特性，能够达到 2.5℃ /s 变温速度的热循环仪。
6. 水平电泳仪和电源（2 ～ 300V/4 ～ 500mA，输出电压 / 电流范围）。
7. 数码摄像机或任何凝胶成像分析系统。
8. 用于 Sanger 测序分析的 DNA 测序设备。
9. 热混仪（如 Eppendorf 的 ThermoMixer C）。
10. QX100™ 或 QX200™ 的 ddPCR™ 系统（Bio-Rad，Laboratories）。
11. PX1™ PCR 板密封器（Bio-Rad，Laboratories）。
12. 多通道移液器和带过滤芯的加样吸头。
13. 用于电泳图谱可视化的 Chromas（免费软件）。
14. 用于 IGH 基因序列分析的 IMGT/V-QUEST 工具（www.imgt.org）。
15. 用于 BCL2-MBR/IGH 和 BCL1/IGH 基因序列分析的 Blastn（www.blast.ncbi.nlm.nih.gov）。
16. 用于正向和反向等位基因特异性寡核苷酸（allele-specific oligonucleotide，ASO）引物及探针设计的 Primerquest and Oligo Analyzer 3.1 工具（www.eu.idtdna.com）或 Primer3Plus（www.primer3plus.com）。
17. QuantaSoft™ ddPCR 分析软件（Bio-Rad，Laboratories）。

14.2.3 试剂和试剂盒

14.2.3.1 骨髓和外周血样本的处理

1. 红细胞裂解缓冲液（0.155mol/L NH_4Cl，10mmol/L $KHCO_3$，0.1mmol/L EDTA，pH 7.2 ～ 7.4）。
2. 来自循环肿瘤细胞的基因组 DNA（gDNA）提取物可以通过各种方法来完成，如 DNAzol（Thermo Fisher Scientific，Waltham）、NucleoSpin Tissue（Macherey-Nagel，Bethlehem）或自动化的系统，如 Maxwell RSC（Promega，Madison）。

14.2.3.2 肿瘤特异分子标志物的评价

1. 用于 IGH[16,35,36]、BCL1/IGH[11] 和 BCL2-MBR/IGH[9]PCR 筛选和测序的正向和反向通用引物（表 14-1）。
2. PCR 试剂：GoTaq Flexi（5U/μl），5 × Green GoTaq Flexi 缓冲液，25mmol/L 的 $MgCl_2$（Promega，Madison），dNTPs 混合液（2mmol/L）（没有指定的公司）及无核酸酶的水。

3. 1 × TAE 缓冲液（40mmol/L Tris- 乙酸，1mmol/L EDTA，溶于蒸馏水中，pH 8.0）。
4. 琼脂糖凝胶（2%）。
5. 1% 的溴乙啶或 RealSafe 染色液（Durviz）。
6. 100bp 的 DNA 梯度条带（如 φX174-HaeIII digest）。
7. QIAquick 的凝胶提取试剂盒（Qiagen GmbH）。
8. QIAquick 的 PCR 纯化试剂盒（Qiagen GmbH）。
9. TOPO-TA 克隆化试剂盒（Thermo Fisher Scientific，Waltham）。
10. 用于 IPTG/X-gal 板的 ImMedia AmpBlue 和 ImMedia AMPLiquid 琼脂，以及用于细菌生长的低盐 LB 液体培养基（Thermo Fisher Scientific，Waltham）。
11. Wizard Plus SV Miniprep DNA 纯化系统（Promega，Madison）。
12. 来自一个 BCL2-MBR/IGH 阳性细胞系（如 DOHH-2 或 RL）的 gDNA（100ng/μl）。
13. 来自一个 BCL1/IGH 阳性细胞系（如 JVM2）的 gDNA（100ng/μl）。

表 14-1 通过 PCR 或巢式 PCR 进行 IGH、BCL1/IGH 和 BCL2-MBR/IGH 筛选的引物序列（反向引物用斜体表示）

靶点	引物	（5'- 序列 -3'）
IGH	VH1Fs	CAGGTGCAGCTGGTGCARYCTG
	VH2Fs	CAGRTCACCTTGAAGGAGTCTG
	VH3Fs	GAGGTGCAGCTGGTGSAGTCYG
	VH4aFs	CAGSTGCAGCTGCAGGAGTCSG
	VH4bFs	CAGGTGCAGCTACARCAGTGGG
	VH5Fs	GAGGTGCAGCTGKTGCAGTCTG
	VH6Fs	CAGGTACAGCTGCAGCAGTCAG
	VH1D	CCTCAGTGAAGGTCTCCTGCAAGG
	VH2D	TCCTGCGCTGGTGAAAGCCACACA
	VH3D	GGTCCCTGAGACTCTCCTGTGCA
	VH4aD	TCGGAGACCCTGTCCCTCACCTGCA
	VH4bD	CGCTGTCTCTGGTTACTCCATCAG
	VH5D	GAAAAAGCCCGGGGAGTCTCTGAA
	VH6D	CCTGTGCCATCTCCGGGGACAGTG
	JHD	*ACCTGAGGAGACGGTGACCAGGGT*
	VH1-FR2	CTGGGTGCGACAGGCCCCTGGACAA
	VH2-FR2	TGGATCCGTCAGCCCCCAGGGAAGG
	VH3-FR2	GGTCCGCCAGGCTCCAGGGAA

续表

靶点	引物	（5'- 序列 -3'）
IGH	VH4-FR2	TGGATCCGCCAGCCCCCAGGGAAGG
	VH5-FR2	GGGTGCGCCAGATGCCCGGGAAAGG
	VH6-FR2	TGGATCAGGCAGTCCCCATCGAGAG
	VH7-FR2	TTGGGTGCGACAGGCCCCTGGACAA
	JHC	*CTTACCTGAGGAGACGGTGACC*
BCL1/IGH	BCL1-P2	GAAGGACTTGTGGGTTGC
	BCL1-P4	GCTGCTGTACACATCGGT
	JH3	*ACCTGAGGAGACGGTGACC*
BCL2-MBR/IGH	MBR2	CAGCCTTGAAACATTGATGG
	JH3	*ACCTGAGGAGACGGTGACC*
	MBR3	TATGGTGGTTTGACCTTTAG
	JH4	*ACCAGGGTCCCTTGGCCCCA*

14.2.3.3 通过 ddPCR 检测 MRD

1. 针对单个 IGH 区域及针对 BLC1/IGH 易位的正向和反向 ASO 引物及探针；针对 BCL2-MBR/IGH 的通用正向和反向引物及探针（表 14-2 和图 14-6）。

表 14-2 在基于 ddPCR 的 MRD 中所采用的引物和探针序列

靶点	寡核苷酸类型	名称	5'- 序列 -3'
IGH	正向引物	Pt code-F	来自 CDR2 区域的 Pt 特异序列
	反向引物	Pt code-R	来自 CDR3 区域的 Pt 特异序列
	探针	LVH1	GCACAGCCTACATGGAGCTGAGCAG
		MVH2	ACCACCTGGTTTTTGGAGGTGTCCTT
		LVH3	TCCTCGGCTCTCAGGC
		MVH3TER	CTCTGGAGATGGTGAATCGGC
		MVH4	TGTCTGCAGCGGTCACAGA
		MVH4TER	TGTCCGCGGCGGTCACAGA
		LVH5	CTTCAGGCTGCTCCACTGCAGGTAG
		LVH1bis	TACATGGAGCTGAGCAGCCTGA
		LVH4	CAACCCCTCCCTCAAAGAGTC
		VH3DD3	GATTCACCATCTCCAGAGACA
		DVH4	TGTTTGCGGCGGTCACAGA
		VH3MG	CGGCCCCTCACGGAGTCT

续表

靶点	寡核苷酸类型	名称	5'- 序列 -3'
IGH	正向引物	Pt code-F	来自 “N” 区域的 Pt 特异序列
BCL1/IGH	通用引物	JH3	ACCTGAGGAGACGGTGACC
	探针	JH1-4-5	ACCCTGGTCACCGTCTCCTCAGGTG
		JHDD1	ACGTCTGGGGCAAAGGGACCACGG
		JHG2	CGATCTCTGGGGCCGTGGCAC
BCL2-MBR/IGH	正向引物	Mbr2/Q	CTATGGTGGTTTGACCTTTAGAG
	反向引物	JH32-short	CCTGAGGAGACGGTGACC
	探针	BCL2	CTGTTTCAACACAGACCCACCCAGAG

2. 2 × ddPCR 探针超混液（无 dUTP）（#186-3024），DG8 芯片（#186-4008），DG8 密封垫（#186-3009），用于探针的 ddPCR 微滴生成油（#186-3005），可穿透的热封箔（#181-4040），ddPCR 微滴读取油（#186-3004）（Bio-Rad，Laboratories，Hercules）。

3. 96 孔 PCR 板和光学黏性膜或 0.2ml 带杯子的条形管（在微滴生成之前用于混合准备和收集）。

4. 透明胶带。

5. 硬壳高型的 96 孔半裙边 PCR 板（#0030 128.575）（Eppendorf）。

6. 来自一个 BCL2-MBR/IGH 阳性细胞系（如 DOHH-2 或 RL）的 gDNA（100ng/μl）。

7. 来自血沉棕黄层的 gDNA（100ng/μl），收集于 5 ～ 10 位健康捐献者，用做 IGH 和 BCL1/IGH ddPCR 反应中的阴性质控。

8. 来自一个 BCL2-MBR/IGH 阴性样品的 gDNA（100ng/μl），如 MCF-7 人类乳腺癌细胞系，经历过化疗的患者，或者之前通过 PCR 确认为 BCL2-MBR/IGH 阴性的任何个体，因为这种易位也会出现在没有淋巴瘤的健康捐献者中[37]。

14.3　方法

下面所述的方法为克隆特异肿瘤标志物的鉴定及在 MM、MCL 和 FL 中采用 ddPCR 进行 MRD 监测提供了一个技术支持。图 14-1 显示了针对每一种疾病的实验流程，总结了从根据患者独特的肿瘤标志物的鉴别来获取样本到通过 ddPCR 进行 MRD 定量的步骤。

14.3.1　骨髓和外周血样本处理

1. 对于样本收集来说，使用枸橼酸钠或 EDTA 要优于肝素（见 14.4“注意事项”中的第 2 条）。

2. 将血液样本混悬于红细胞裂解缓冲液（NH_4Cl）中（BM 按照 1 ∶ 4，PB 按照 1 ∶ 2）。室温下放置 15 分钟（平躺放于暗处），然后室温下 450 × *g* 离心 10 分钟。弃去上清液，用 NH_4Cl 冲洗，室温下 450 × *g* 离心 10 分钟。移去上清液，用 PBS 或 0.9% 的 NaCl 溶液

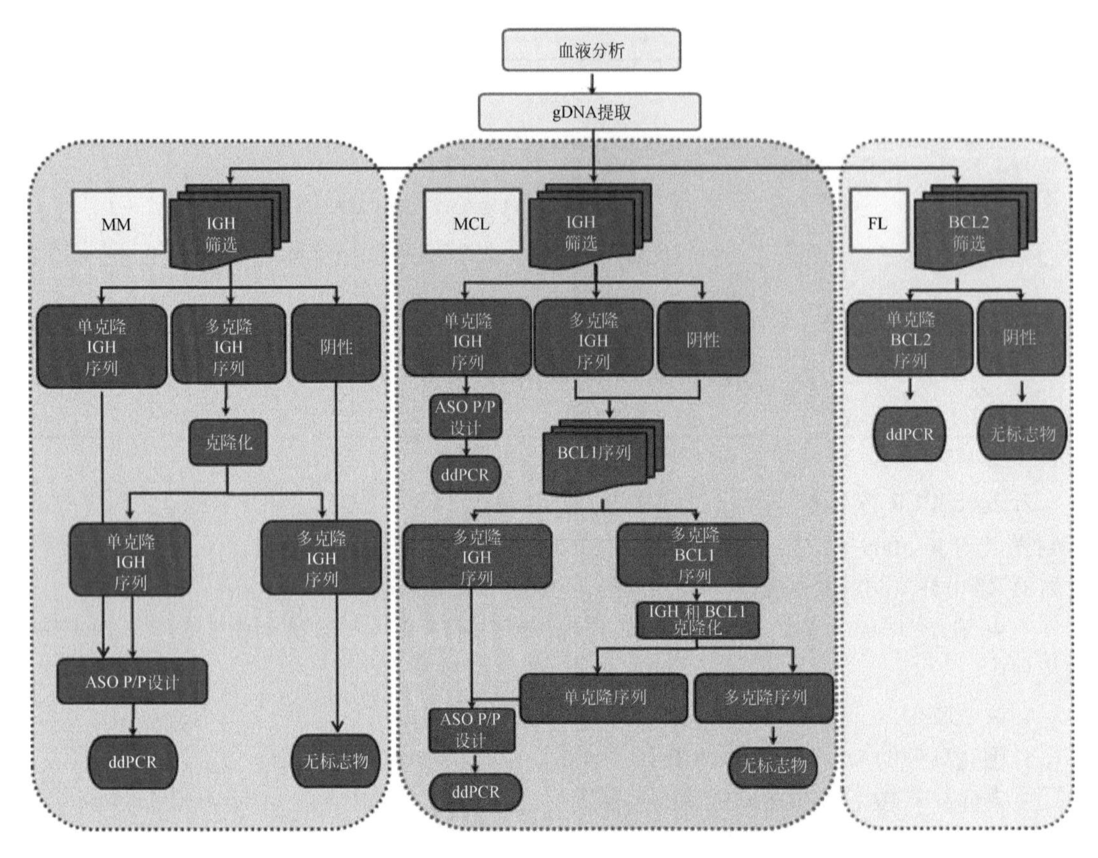

图 14-1　通过 ddPCR 进行 MRD 监测的实验流程。对于每一种类型的疾病，从样本获取、肿瘤标志物筛选到通过 ddPCR 进行 MRD 的定量，都做了相应的描述。虽然 MCL 能够同时携带 IGH 和 BLC1/IGH 肿瘤标志物，但是根据实验方案和临床试验的目的 [11,16]，只能接受一个靶点用于 MRD 监测。我们在这里描述了根据患者独特肿瘤标志物进行 MRD 监测的方法，其中，如果没有成功检出 IGH 重排，就只监测 BCL/IGH。所有的步骤中都没有发现克隆靶点序列的样品（“无标志物”患者），不能进行 MRD 研究的监测。gDNA：基因组 DNA；BCL1：BCL1/IGH；BCL2：BCL2/IGH；ASO P/P：等位基因特异寡核苷酸引物 / 探针；MM：多发骨髓瘤；MCL：套细胞淋巴瘤；FL：滤泡淋巴瘤

重悬细胞沉淀，计数并以（5 ～ 10）$\times 10^6$ 个细胞的数量分配至 1.5ml 的管子中；13 000 $\times g$ 离心 1 分钟，弃去上清液。细胞可以在 −80℃以干沉淀的方式无限期保存，以备进一步的 gDNA 提取。

3. 采用常用的方法或试剂盒进行 gDNA 的提取。

4. 在实验使用前，评估 gDNA 质量和浓度（见 14.4“注意事项”中的第 3 条）。

5. 准备 200 ～ 300μl 浓度为 100ng/μl 的储存液并保存在 −20℃（见 14.4“注意事项”中的第 4 条）。

14.3.2　肿瘤特异分子标志物的鉴别

需要注意的是，通过 Sanger 测序（尤其是 IGH 测序）进行标志物鉴定时，肿瘤细胞含量＜ 5% 样品的成功率较低。因此，要求诊断标本需含有较高比例的肿瘤细胞（＞ 5%）。

目前有多种策略可以获得肿瘤特异的标志物[15-17]。

我们在这里提供了一种基于 PCR 的方法（图 14-2）来对以下靶点进行鉴别和直接测序，该方法根据之前发表的文章而建立。

1. MM 和 MCL 中的 IGH 重排。

2. MCL 中的 BCL1/IGH 基因易位（如果 IGH 重排没有成功检出）。

3. FL 中的 BCL2-MBR/IGH 基因易位。

14.3.2.1　基线时 IGH 克隆重排筛选

1. IGH 筛选的策略采用了三套来自框架区（FR1、FR2）的通用正向引物（VH-FS、VH-D 和 VH-FR2），每一套都分别与适当的 JH 反义通用引物（JHD 或 JHC，图 14-2A）进行组合。我们建议将每个 VH-FS 家族的引物与反向 JHD 引物进行组合，先进行一轮 PCR 筛选。如果没有扩增，则换为 VH-D，再换为 VH-FR2 的引物组，每一次分别与 JDH 或 JHC 的引物进行组合（表 14-1）[10,16,35,36]。

2. 在 pre-PCR 区域，在 0.2ml 的管子中准备 45μl 的 PCR 混合溶液。图 14-3 为采用 VH-FS 引物进行 IGH 筛选时如何准备 PCR 反应混合液的一个例子。

3. 在 DNA 区域，在每个患者样品和质控的管中加入 5μl 的 gDNA（100ng/μl）。在将 gDNA 加入到混合液中之前，确保 DNA 已经做过充分的混匀。涡旋混合，离心，用加样枪上下吹吸 gDNA 样品几次。

4. 按照图 14-3 所示的热循环条件和质控 DNA 进行 PCR 操作。

5. 在 2% 的琼脂糖凝胶上加 10μl 的 PCR 产物及 DNA 分子量标记（见 14.4“注意事项”中的第 5 条）并进行电泳，以此来对扩增产物进行分析。

6. 用紫外光成像并用数码相机拍照，以记录实验结果（见 14.4“注意事项”中的第 6 条）。IGH 产物的大小必须为 300 ～ 500bp。

7. 在扩增不足时，采用一组新的引物（如 VH-D 和 VH-FR2，见 14.4“注意事项”中的第 7 条）重复 PCR。如果采用三组引物都不能观察到扩增，则不能根据该分子标志物进行 MRD 分析。如果是 MCL 的样品，按照 14.3.2.3 下的内容进行 BCL1/IGH 筛选。如果是 MM，患者被标记为“IGH 阴性：没有标志物可用于 MRD 分析”。

8. 如果 PCR 产物在凝胶上呈现为单一的条带，可以按照厂家的说明书，通过“QIAquick PCR 纯化试剂盒”直接对全部扩增的 gDNA 进行纯化。在这种情况下，包含有正确扩增条带的 DNA 必须从凝胶上切割下来，称重，放入一个 1.5ml 的微离心管中，于 4℃下保存直至进行提取（建议存储不超过 1 天）。

9. 采用上述成功进行的 PCR 反应中所用的相同引物，对 DNA 双链都进行直接 Sanger 测序。为了检查序列的正确性，采用“Chromas”或其他已知软件对电泳图谱进行可视化处理（见 14.4“注意事项”中的第 8 条）。

10. 如果发现了一个单克隆的序列，采用 IMGT/V-QUEST 数据库（www.imgt.org）进行序列分析。IMGT 能帮助确认序列是一个 IGH，帮助显示出基因的区域，在这个区域必须要对引物和探针进行描述（见 14.3.3.1）。

11. 如果这个序列是多克隆，接着进行 IGH 克隆化（见 14.3.2.2，图 14-1）。这种情况

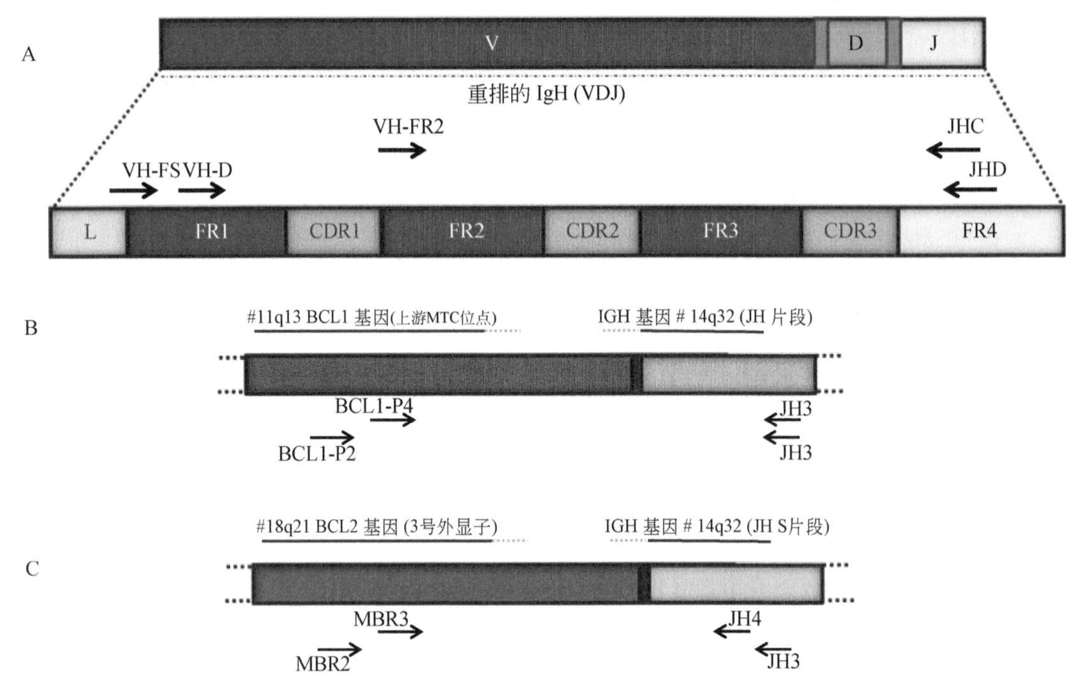

图 14-2　用于标志物鉴定的 PCR 策略图示。A. 在 MM 和 MCL 中筛选 IGH 重排；B. 在 MCL 中筛选 BLC/IGH 的基因易位；C. 在 FL 中筛选 BCL2-MBR/IGH 的基因易位，以上都在诊断标本中完成。IGH 重排来源于 V-（D）-J 片段的结合，这些片段编码了 IGH 分子的可变区。BCL1/IGH 和 BCL2-MBR/IGH 的易位都涉及位于 14q32.3 的 IGH 基因座，11q13 的 BCL1 基因和 18q21 的 BCL2 基因都分别易位到 IGH 基因座。IGH 基因区域：L（前导区），F（框架区），CD（互补决定区）

IGH重排	
试剂	一个反应 (μl)
dNTPs 混合液 (2mmol/L)	5
5× GoTaq Flexi Green 缓冲液	10
$MgCl_2$ (20mmol/L)	5
GoTaq Flexi 5U/μl (Promega)	0.25
VH-FS (10pmol/μl)	1
JHD (10pmol/μl)	1
水	22.75
混合液总体积	45

gDNA	5
总体积	50

	样本	gDNA编码	VH-F 引物
1	CTR+	gDNA 或 PL	VH- 特异的
2	pt1		VH-FS1
3	pt1		VH-FS2
3	pt1		VH-FS3
3	pt1		VH-FS4a
3	pt1		VH-FS4b
3	pt1		VH-F5
3	pt1		VH-F6
9	CTR-	H_2O	所有 VH-F 引物

初始变性：94℃ 1分钟
变性：94℃ 30秒
退火：62℃ 30秒
延伸：72℃ 30秒
} 重复33个循环
最终延伸：72℃ 10分钟

图 14-3　采用 VH-FS 引物进行 IGH 筛选的 PCR 反应混合液及设置。IGH 的策略采用了三组通用正向引物（VH-FS、VH-D 和 VH-FR2），每组都分别与适当的 JH 反义通用引物（JHD 或 JHC）进行组合。在这里所描述的 PCR 反应混合液，组合了 VH-FS 家族的每一个引物及反向的 JHD 引物。如果没有扩增或没有发现单克隆的 IGH 基因，则先是 VH-D、然后是 VH-FR2 的引物依次与 JHD 或 JHC 的引物分别进行组合，引物序列见表 14-1

在 MM 样品中更加常见，多数是因为它们有较高的比例发生体细胞超突变，这可能会显著降低引物的效率。

14.3.2.2　患者特异重排的克隆化

当直接 Sanger 测序不能发现一个克隆序列时采用该步骤。对于 MCL 患者，只有在 IHG 和 BCL1/IGH 都已筛选而且发现了一个多克隆序列时才应该进行克隆化。

1. 采用 TA-TOPO 克隆化试剂盒在冰上设置结合反应：1μl 的 TA-TOPO 克隆化载体、1μl 盐溶液、4μl 新鲜的患者特异 PCR 产物，混合均匀。室温下孵育 30 分钟，如果不是立即用于细菌转化，于 -20℃储存。

2. 冰上融化感受态 *E.coli*（储存于 -80℃），加入 3μl 结合产物到感受态细胞中，轻轻摇动，冰上孵育 30 分钟。

3. 在热混仪上 42℃热休克 30 秒（不摇动），立即放到冰上保存 2 分钟。

4. 加入 250μl S.O.C 培养基（由 TA-TOPO 克隆化试剂盒提供），在热混仪上 37℃剧烈摇动（800 ～ 1000 转 / 分）并孵育 60 分钟。

5. 将 50 ～ 70μl 的转化细胞涂到琼脂糖培养皿中，事先准备好“ImMedia Amp blue”（按照厂家的说明书来准备）。空气中晾几分钟。37℃孵育过夜（见 14.4“注意事项”中的第 9 条）。

6. 将长大的转化细胞（10 ～ 15 个白色克隆）转移到 1.5ml 的“ImMedia Amp Liquid”中，在热混仪上 37℃剧烈摇动（800 ～ 1000 转 / 分）并孵育过夜。第二天，采用 2μl 过夜生长的转化细胞进行 PCR 扩增，采用 25.75μl 的水来调整 PCR 混合液的体积。为了确认是否存在克隆化重排，必须采用之前在筛选阶段所用的相同引物和相同条件。在 2% 的凝胶上进行电泳，确认哪个质粒含有目的分子量条带的产物。

7. 从那些显示出相同扩增产物大小的质粒中进行质粒 DNA 的分离和纯化（Wizard Plus SV Miniprep DNA 纯化系统，Promega，Madison）。

8. 检测至少 10 个不同质粒的序列。只从一条链的正向进行测序通常就足以进行很好的序列比对。如果一个相同的序列在至少 3 个不同的质粒之中出现，该序列就被认为可以代表这个肿瘤的克隆 [12]。然后，采用 IMGT（针对 IGH）或 Blastn（针对 BCL1/IGH）进行序列分析，然后设计克隆特异的引物和探针（见 14.3.3.1）。

14.3.2.3　确诊时 BCL/IGH 易位的筛选

没有成功筛选出 IGH 重排的 MCL 患者接着可通过一个半巢式 PCR 的方法进行 BCL1/IGH 易位的筛选（图 14-2B）。这包括一个第一轮的 PCR 扩增，采用了一个位于 BCL1 基因上游的主要易位簇（major translocation cluster，MTC）的正向 5' 引物（BCL1-P2），然后是第二轮的 PCR 反应，采用了 BCL1-P2 引物下游 43bp 处的一个正向 5' 引物（BCL1-P4）。两个扩增都采用了一个反义 3' 连接区（JH3）的通用引物 [11]。

1. 在 pre-PCR 的区域，按照图 14-4 所示，采用第一轮的配对特异扩增引物（BCL1-P2/JH3），在 0.2ml 的管子中准备一个 45μl 的混合液。

2. 在 DNA 区域，加入 5μl 的 gDNA（100ng/μl）。在将 gDNA 加入到混合液中之前，

确保 DNA 已经充分混合。涡旋混合，离心，然后用吸头吹吸 gDNA 样品几次。

3. 按照图 14-4 所示的条件进行第一轮 PCR。

BCL1/IGH		
试剂	第一轮PCR (μl)	第二轮PCR (μl)
dNTPs 混合液 (2mmol/L)	5	5
5× GoTaq Flexi Green 缓冲液	10	10
$MgCl_2$ (15mmol/L)	5	5
GoTaq Flexi 5U/μl (Promega)	0.25	0.25
BCL1-MTC (10pmol/μl)	1	1
JH(10pmol/μl)	1	1
水	22.75	25.75
混合液总体积	45	48
gDNA	5	2
总体积	50	50
引物	BCL1-P2/JH3	BCL1-P4 /JH3

	样本	gDNA编码
1	CTR+	JVM-2 (10^{-2})
2	Pt1	
…	…	
…	Ptn	
n	CTR−	H_2O

变性：94℃ 60秒
退火：58℃ 30秒 } 重复33个循环（第一轮PCR）
延伸：72℃ 30秒 } 重复30个循环（第二轮PCR）
最终延伸：72℃ 10分钟

图 14-4 BCL1/IGH 重排反应和设置。BCL-MTC：正向引物（BCL1-P2 或 BCL1-P4）；JH：反向引物（JH3 或 JH4）；gDNA：基因组 DNA；CTR+：阳性质控；CTP−：阴性质控；Pt：患者；JVM-2：BCL1/IGH 阳性细胞系

4. 准备第二轮的 PCR：在 pre-PCR 区域，按照图 14-4 所示，采用第二轮的扩增引物（BCL1-P4/JH3）准备一个 48μl 的混合液（采用 25.75μl 水调整 PCR 混合液，而不是用 22.75μl 的水）。

5. 在 post-PCR 区域，加入 2μl 第一轮 PCR 扩增产物。

6. 按照图 14-4 所示的热循环仪条件进行第二轮 PCR。

7. 按照 14.3.2.1 中所述的第 5、6、8、9 步进行操作。BCL1/IGH 的 PCR 产物大小应该为 100 ～ 300bp（见 14.4“注意事项”中的第 7 条）。

8. 如果序列的电泳图是单克隆，采用 Blastn（www.blast.ncbi.nlm.nih.gov）继续进行序列分析，以确认 BCL1/IGH 易位的序列，然后按照 14.3.3.1 中的描述进行引物和探针设计，否则按照上面的介绍进行克隆化（见 14.3.2.2）。

14.3.2.4 确诊时 BCL2-MBR/IGH 易位的筛选

一些涉及 BLC2 基因的易位变异体已经被报道过；然而只有 MBR 易位（主要断点区域）和较小程度的 MCR 易位（次要簇集区）已经被广泛地用于 MRD 分析 [6,9,38]。因此，只有一组 FL 患者（50% ～ 65%）目前可以采用 BCL2/IGH 巢式 PCR 的方法进行评估 [6,39,40]。这里所述的流程只是聚焦于最常见的 BCL2-MBR/IGH 易位（图 14-2C）。然而，如果没有观察

到 BCL2-MBR/IGH 易位的克隆信号，我们建议尝试用其他的引物设置进行次要断点区域的检测[38]。

1. 在 pre-PCR 区域，按照图 14-5 所示，采用 BCL2-MBR2/JH3 引物，在 0.2ml 的管中准备一份 45μl 的混合液。

2. 在 DNA 区域，加入 5μl 的 gDNA（100ng/μl）。在混合液中加入 gDNA 之前，确保 DNA 已经充分混合。涡旋混合，离心，然后用吸头吹吸 gDNA 样品几次。

3. 按照图 14-5 所示（27 个循环）的第一轮 PCR 热循环仪条件进行操作。

4. 在 pre-PCR 区域准备第二轮 PCR：按照图 14-5 所示，采用 BCL2-MBR3/JH4 引物准备一份 45μl 的混合液。

5. 在 post-PCR 区域，加入 5μl 第一轮 PCR 扩增产物，运行第二轮 PCR（图 14-5）。

6. 按照 14.3.2.1 所述的第 5、6、8、9 步进行操作。BCL2-MBR/IGH 的 PCR 产物大小应该为 150 ～ 400bp（见 14.4“注意事项”中的第 7 条）。

7. 采用 Blastn（www.blast.ncbi.nlm.nih.gov）确认 BCL2-MBR/IGH 的易位序列。

BCL2-MBR/IGH	
试剂	一个反应 (μl)
dNTPs 混合液 (2mmol/L)	5
5× GoTaq Flexi Green 缓冲液	10
$MgCl_2$ (20mmol/L)	5
GoTaq Flexi 5U/ μl (Promega)	0.25
BCL2-MBR (20pmol/μl)	1
JH(20pmol/μl)	1
水	22.75
混合液总体积	45

gDNA(第一轮PCR)或第一轮PCR产物(第二轮PCR)	5
总体积	50

	样本	gDNA编码
1	CTR+	DOHH2 (10^{-2})
2	Pt1	
…	…	
…	Ptn	
n	CTR−	H_2O

第一轮扩增	BCL2-MBR2/JH3
第二轮扩增	BCL2-MBR3/JH4

第一轮PCR反应

变性：94℃ 60秒
退火：55℃ 60秒
延伸：72℃ 60秒
（重复27个循环）
最后延伸：72℃ 10分钟

第二轮PCR反应

变性：94℃ 60秒
退火：58℃ 60秒
延伸：72℃ 60秒
（重复30个循环）
最终延伸：72℃ 10分钟

图 14-5　BCL2-MBR/IGH 重排反应和设置。BCL2-MBR：正向引物为 BCL2-MBR3 或 BCL2-MBR4；JH：反向引物 JH3 或 JH4；gDNA：基因组 DNA；CTR+：阳性质控；CTR−：阴性质控；Pt：患者；DOHH2：BCL2-MBR/IGH 阳性细胞系

14.3.3 采用 ddPCR 的 MRD 监测

14.3.3.1 克隆特异引物和探针的设计

根据克隆化的肿瘤特异标志物的核酸序列进行 ddPCR 监测。我们在这里提出了一种标志物鉴定的策略，尽管现在也有其他的方法可用，如基因扫描或二代测序[16,17]。

位于 IGH 重排（图 14-6A），以及 BCL1/IGH（图 14-6B）和 BCL2-MBR/IGH（图 14-6C）重排的结合“N”区域是淋巴细胞的一个“指纹”，因此其准确的鉴定对于肿瘤特异引物和探针的设计，以及通过 ddPCR 进行患者特异的 MRD 监测来说至关重要。

尤其是 IGH 和 BCL1/IGH 基因重排，根据目的序列，引物和探针需要按照众所周知的常规推荐来设计[12,15]。例如，最佳熔解温度（T_m）为 57 ～ 62℃，引物长度为 13 ～ 26mer，GC 含量的为 30% ～ 70%，探针的 T_m 要比引物高 6 ～ 8℃。而且，我们建议采用 PrimerQuest and Oligo Analyzer 3.1（www.eu.idtdna.com）或 Primer3Plus（www.primer3plus.com）作为有用的工具来进行方法的设计和优化。

针对每一个靶点，需要采用不同的引物和探针设计策略。

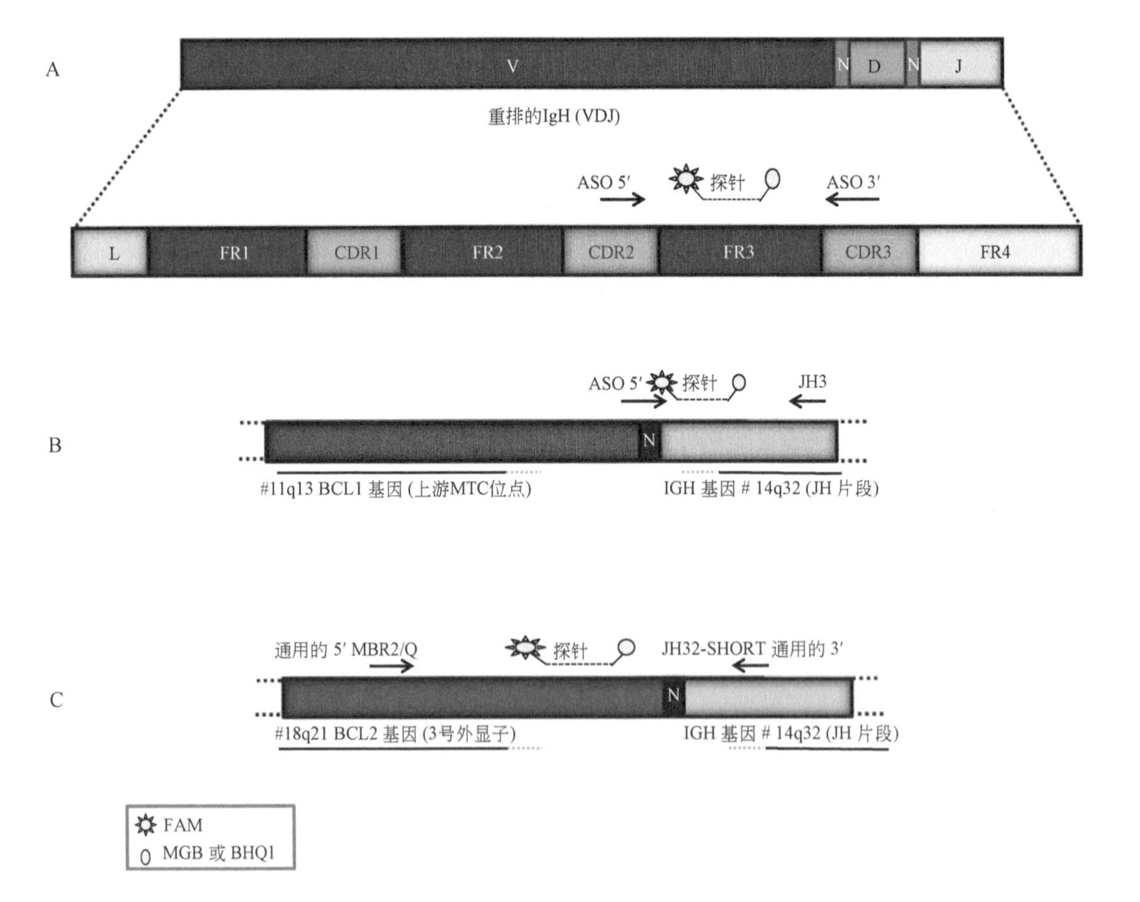

图 14-6 通过 ddPCR 分析 MRD 时，用于 IHG（A）、BCL1/IGH（B）、BCL2-MBR/IGH（C）的引物和探针设计的策略图示。N: 带有目的特异性核苷酸插入的 N 区域；L：前导区；F：框架区；CD：互补决定区；所有策略都采用 FAM 或 BHQ1 探针

1. 这里所述的根据 IGH 重排进行 MRD 监测的策略被称为“ASO 引物”，包括以下内容：根据 IGH 的序列，肿瘤特异引物被放在变异度最高的区域，位于 IGH-V 的第二和第三互补决定区（complementary-determining region，CDR2 ～ CDR3），而通用引物则是设计在最稳定的 FR3 区域（图 14-6A），可以用于大部分患者 [2,7,8,12,41]（见 14.4“注意事项”中的第 10 条）。正在进行的 MRD 研究中，我们常规并且成功地使用了一组适合大部分患者的通用引物（表 14-2）。然而，如果在 IGH 基因重排中经常有体细胞突变，则推荐根据序列进行完整的引物和探针设计。

2. 对于 BCL1/IGH 引物和探针设计（图 14-6B）：一个正向的患者特异 ASO 引物（所展示的是位于可连接的“N”插入之内或与 BCL1 序列中的断裂点相重叠）应该与 JH 引物联合使用，这个 JH 引物与在半巢式 PCR 中进行 IGH 筛选所用的引物（JH3）是一样的。为了获得高特异性，探针被放于临近正向引物的 JH 区域。由于易位涉及不同的 JH 基因（JH1 ～ JH6），探针不能通用于所有患者，但是根据 JH 序列的重排，可以用一组探针来代表（表 14-2）。通过这种方式，同一个探针可适用于共享相同 JH 基因的不同患者（见 14.4“注意事项”中的第 11 条）。

3. 对于 BCL2-MBR/IGH 易位来说（图 14-6C），策略是采用之前所述 [6,40] 的通用引物 - 探针，这通常会适合不同的 FL 患者，使得在这类淋巴瘤中的 MRD 分析相比于 ASO 引物的方法更加经济和快捷（见 14.4“注意事项”中的第 12 条）。

14.3.3.2 ddPCR 反应设置

在计划做一个 ddPCR 实验之前，需要注意的主要概念如下。

1. ddPCR 实验设置里不需要生成标准曲线，因此不需要通过流式细胞仪来确定肿瘤细胞的比例。通过 1×10^5 个细胞（对应大概 500ng 的 gDNA）中的靶点拷贝数来计算肿瘤负荷量。

2. 对于任何形式的 PCR 实验，一个阳性质控都是必不可少的（见 14.4“注意事项”中的第 13 条）。对于 MCL 来说，多数 BM 或 PB 的诊断样本都含有少于 50% 的肿瘤细胞浸润。然而，为了不浪费宝贵的诊断 gDNA，以及避免系统过载，如果是高度浸润的样品，我们建议加 10^{-1} 甚至是 10^{-2} 稀释度的诊断 gDNA 来作为阳性质控。

3. 既然可以观察到非特异的扩增，阴性质控也是必不可少的。对于每个特异标志物的定量，非特异的扩增（血沉棕黄层）应该运行 6 个平行测试，而无模板质控（NTC）则运行 3 个平行测试。

4. 加上较少的模板将会导致敏感性的丢失，所以在随访样品的 gDNA 定量中需要特别注意。到目前为止，关于参考的基因用法还没有达成共识。因此，在意大利 MRD 淋巴瘤网络的背景下，一个进行中的研究目前正在评估几个参考基因，以确定哪个可以更加稳定和可靠地用于 gDNA 的定性 / 定量测试，而该网络由意大利淋巴瘤基金会（Italian Lymphoma Foundation，FIL）支持。同时，我们建议，尤其是对于随访的样品，在 100ng 的 gDNA 上测试一个参考基因（如白蛋白或 RNaseP），只做一个平行测定就可以，最好与目的基因在同一个 ddPCR 反应之中。

（1）在 pre-PCR 区域，按照图 14-7 所示，准备 20× 的引物 - 探针混合液及 ddPCR

反应混合液（见 14.4“注意事项”中的第 14 条）。

（2）按照图 14-7 所示，根据技术上需要重复的次数，将反应混合液均分到每一个孔之中（例如，一个平行测定需 16.5μl 的混合液，3 个平行测定就需 49.5μl 的混合液）。

（3）在 DNA 区域，按照图 14-7 所示，根据每孔所计划的平行测定数目，加上相应量的 gDNA（100ng/μl）[例如，1 个平行测定 =16.5μl 的混合液 +5.5μl 的 gDNA；3 个平行测定 =49.5μl（16.5 × 3）的混合液 +16.5μl（5.5 × 3）的 gDNA]。从这个孔开始，每个平行测试的油滴生成都使用 20μl 的混合液。要确保 gDNA 在加到混合液中之前经过了充分的混合：涡旋、离心，然后用加样枪吹吸样品几次（见 14.4“注意事项”中的第 15 条）。

（4）用透明胶带或帽子小心封好反应板或反应条，简单混合和离心。

（5）进行微滴生成，按照厂家的说明书，加 20μl 的反应混合液和 70μl 的微滴生成油到适合的 DG8 芯片孔中（见 14.4“注意事项”中的第 16 条）。

（6）将 40μl 生成的微滴转移到硬壳高型的 96 孔半裙边 PCR 板中，迅速用透明胶带封口。

（7）所有样本都上样后，移走胶带，在 PX1 PCR 板密封器（Bio-Rad，Laboratories，Hercules）上用可穿透的封口箔封口。按照默认的 Bio-Rad 热循环流程运行热循环仪 [95℃，10 分钟；94℃，× 30 秒，然后（最佳或梯度）T_m × 1 分钟，40 个循环；98℃，10 分钟]，根据 MM 和 MCL 的 ASO 引物来调整 T_m，而对 BCL2-MBR/IGH 则调整 T_m 为 59℃（图 14-7）。

（8）将 PCR 之后的 96 孔板放到 QX100 或 QX200 微滴读取仪上。在运行微滴读取之前，PCR 板可以储存在 4℃，不要超过 24 小时。

ddPCR反应混合液	
试剂	一个孔的反应 (μl)
2×ddPCR探针超混液(无dUTP)	11
20×靶点引物/探针混合液	1.1
HINFI(2U/μl)	1.1
水	3.3
总混合液	16.5

加入的gDNA总量(100 ng)	5.5
总体积	22

20×靶点引物/探针混合液(50μl): 38μl 水+2μl 探针+5μl 每套引物

1个平行测定的混合液	16.5μl
gDNA(100ng)	5.5μl

3个平行测定的混合液	49.5μl
gDNA(100ng)	16.5μl

*n*个平行测定的混合液/孔	16.5μl×*n*
gDNA(100ng)	5.5μl×*n*

微滴发生的上样总体积	20μl
微滴混合液的总量	40μl

图 14-7　ddPCR 反应和设置

对于数据解读，通过在 QuantaSoft（Bio-Rad）中对几个平行测试进行数据合并，MRD 肿瘤负荷量被表示为目的基因的总拷贝数（见 14.4“注意事项”中的第 17 条和第 18 条）。图 14-8 ～图 14-10 展示了针对每个靶点的数据质量和分析的示例。

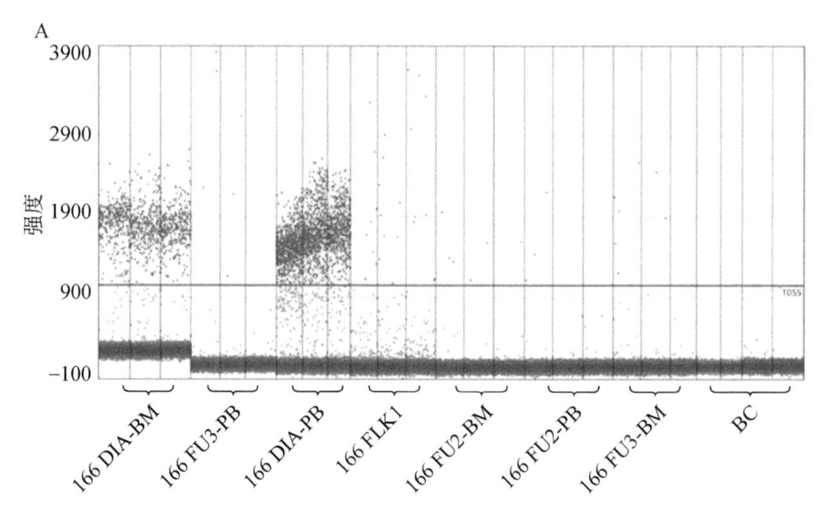

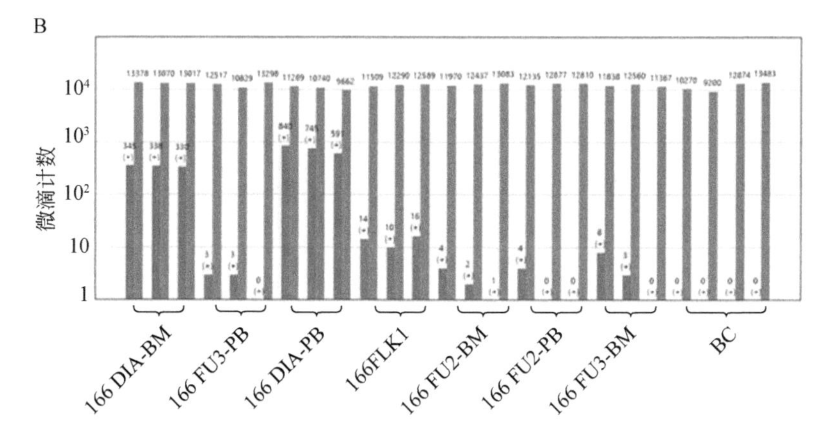

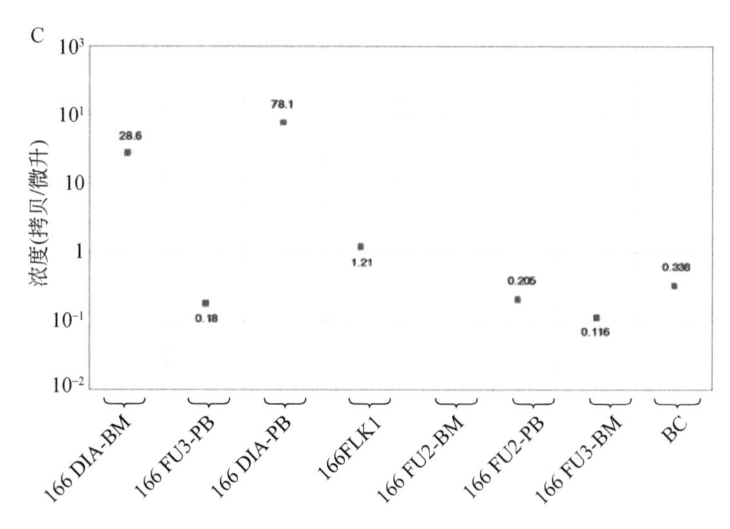

图 14-8　在 1 例 MCL 患者中针对 IGH 重排进行 MRD 监测：采用患者特异的 ASO 引物和 LVH5 探针进行 ddPCR。在每个组合中，样品从诊断时就开始报告结果直到最后一次随访。A. 编号为“166”患者的一维图显示了确诊时（DIA）的骨髓（BM）、外周血（PB）及后期治疗随访（FU）的 3 个时间点（FLK1、FU2 和 FU3）。在 BC 值的最高强度和阳性质控（DIA）之间已经设定了单一阈值。B. 针对每一个所分析样本的阳性事件（较短的柱形）和总微滴（较高的柱形）图。需要注意的是，在 BC 的一个平行测试中有一个事件发生，因为它看起来是一个非特异的信号 [过高的强度值（11.000），数据没有显示在图 A 上，因为位于绘图的强度范围外]，所以在分析时被删除了。C. 以拷贝 / 微升为单位表示的浓度

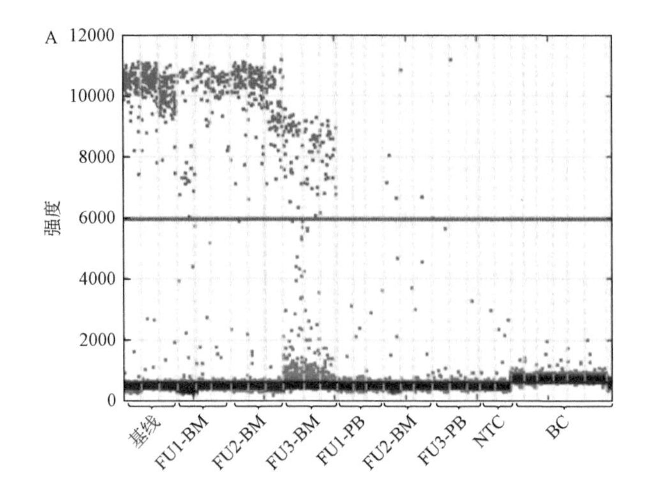

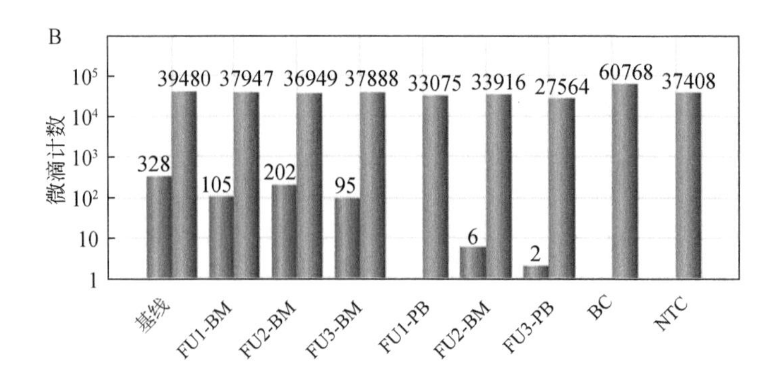

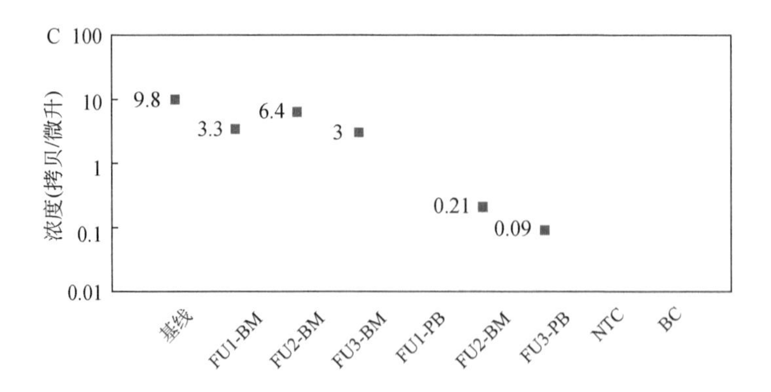

图 14-9　在 1 例 MCL 患者中针对 BCL1/IGH 易位进行 MRD 监测：采用一个患者特异的 ASO 正向引物、JH1-4-5 探针和 JH3 反向引物进行 ddPCR。A. 确诊时（基线）和 3 次随访时间点时患者样品的一维图。在 BC 值的最高强度和阳性质控之间已经设定了单一阈值；B. 每一个分析样本的阳性事件（较短的柱形）和总微滴（较高的柱形）图；C. 以拷贝 / 微升为单位表示的浓度

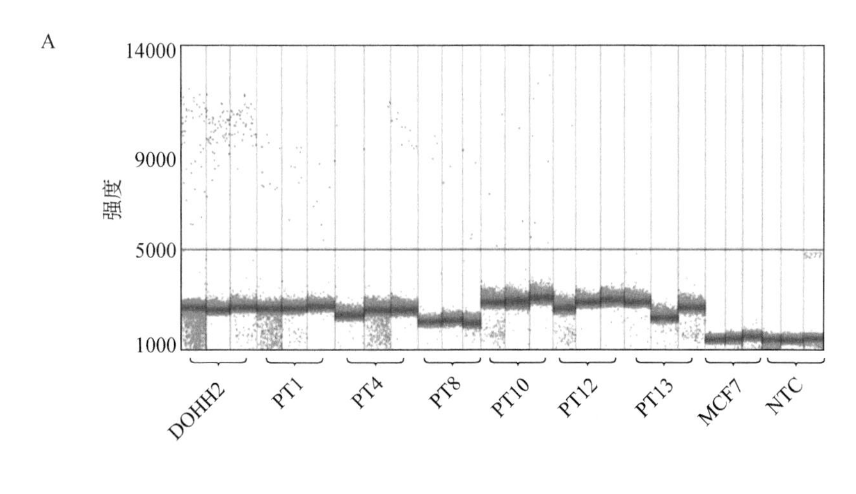

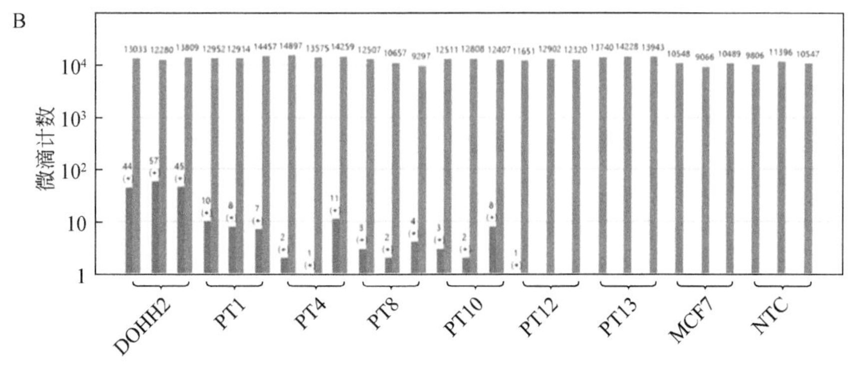

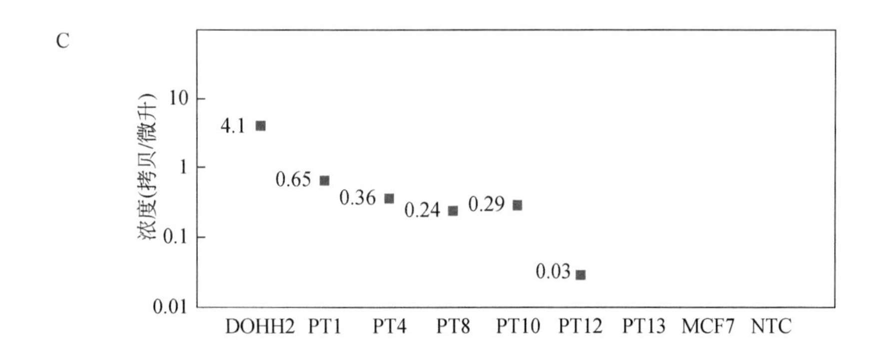

图 14-10 在 6 例 FL 患者的随访样品中针对 BCL2-MBR/IGH 易位进行 MRD 监测：采用通用引物和探针（表 14-2）进行 ddPCR。A：稀释的 DOHH2 阳性质控细胞系（最初的 3 个平行测试），来自 FL 患者（PT）的 6 个随访样品（每个样品都做 3 个平行测试）及阴性对照（MCF7 和 NTC）的一维图。需要注意的是，来自 MCF7 细胞系的 3 个不同的 gDNA 样品（每个样品都做两个平行测试）被用作阴性质控。在阴性微滴强度中的变化要根据样品的类型和纯度而定，只在一个患者（PT13，E04 ～ E06 孔）中时，它是处于技术平行测试之间。而且，这个检测对不同的患者采用通用引物和探针，不同的强度可以代表检测效率的差异。在背景强度的最高值和阳性质控之间已经设定了单一阈值。B：每一个分析样本的阳性事件（较短的柱形）和总微滴（较高的柱形）图。C：以拷贝 / 微升为单位表示的浓度

14.3.4 最终评价

近期，基因定量策略方面的进展已经导致敏感性的提升并且减少了污染的变化性和风险。在淋巴增生性疾病的 MRD 评估中，ddPCR 似乎是一个可行和有吸引力的替代方法，可能会弥补甚至替代常规临床实验室中的 qPCR。通过 qPCR 进行 MRD 监测的一个里程碑是通过巨大的努力和合作（如欧洲的 MRD 合作组）而建立的多个实验室的标准化（见 14.4“注意事项”中的第 19 条）。目前，ddPCR 仍然有必要去经历这么一个严格的验证步骤。然而，考虑到实验设置中的劳动密集程度有所减少，以及目前实验室间质量控制组的稳健结构，我们相信 ddPCR 的标准化将肯定比 qPCR 更加容易和迅速。然而，ddPCR 的真正优势和预测价值还有待在前瞻性临床试验中进一步研究。

14.4 注意事项

1. 将 PCR 试剂保存在一个没有进行模板分离或存储的房间。采用无菌过滤吸头移液，使来自气溶胶的污染最小化。我们建议对用于微滴上样的吸头进行质量验证，或者采用 Bio-Rad 说明书中推荐使用的吸头。我们建议采用单独的移液器和吸头用于 PCR 设置、DNA 加样、微滴生成及 post-PCR。而且，我们建议定期对 PCR 工作区域（用 10% 的漂白剂）和移液器（紫外灯下）进行消毒。

2. 根据个人的实验观察（未发表数据），我们建议将样品收集在 EDTA 或枸橼酸钠中而不是收集在肝素中。

3. 对于 gDNA 浓度的评价来说，Nanodrop 方法是非常准确的。然而，要一直检查吸收光谱，不要只是看浓度值。A_{260}/A_{230} 和 A_{260}/A_{280} 的比值及曲线的形状可以给出关于样品质量的重要信息。在 Nanodrop 上检测样品的 gDNA 时，首先要确保 DNA 已经充分混合，最好是采用涡旋并吹吸几次。如果 gDNA 的量低于 100ng/μl 或 A_{260}/A_{280} 的比值不在 1.8 ～ 1.9，就必须要对样品进行重新提纯。

4. 我们建议在 100ng/μl 的储存液准备之后或任何 PCR 反应之前，要评估 gDNA 的浓度，如果样品是在 4℃下保存，尤其如此。

5. 要一直包含一个 DNA 分子质量标记，如 ϕX174 DNA（用 *Hae* Ⅲ 切割，72 ～ 1353bp），以检查 PCR 产物的正确尺寸。我们建议使用 5 × GoTaqFlexi Green 缓冲液，它允许将扩增反应产物直接加到凝胶上，而不需要加缓冲液，这与“QIAquick PCR 纯化试剂盒”是一致的。将凝胶在 120V 下电泳 15 ～ 20 分钟，或者直到两个颜色的染料标志物在胶上已经充分分离。1% 的溴乙锭可以用 RealSafe 核酸染色液（Durviz）来替代（按照厂家的推荐浓度）。

6. 每一个定性的 PCR 反应必须要包括一个阳性质控（以确认扩增的质量）和一个“无模板质控”（以检查污染）。当阳性质控无效或 PCR 发生了污染，如果 NTC 是阳性，则检查所有的步骤并更换所有的试剂。

7. 如果没有扩增，但是阳性质控标本确认 PCR 的表现良好，始终要通过一个看家基因（如白蛋白、RNaseP 和 p53）的 PCR 反应来验证样品 gDNA 数量 / 质量是好的。

8. 对于电泳图谱分析来说，“Chromas”进行基本的序列分析是很理想的，但它没有多重序列对比的能力。为了建立一个序列数据库进行序列污染的常规检查，我们建议通过一个多重序列对比软件来收集所有的序列，如免费的 CLC 序列观察软件（http://www.clcbio.com）。

9. 实验品与阴性质控板的增长量对比决定了连接的效率。如果克隆化遇到了问题，要证明：① 采用了新鲜的 PCR 产物进行连接，因为 TOPO-TA 克隆化要求用新鲜的 PCR；②感受态细胞正确地存储在 -80℃，因为它们对温度非常敏感；③热休克步骤的热混仪温度是正确的；④ SOC 培养基没有存储太长时间。

10. 其他团队采用了一个“ASO 探针”的方法，其来自 Euro MRD 的 ALL 指南，而 ALL 是一种不受 IGH 序列体细胞高突变影响的肿瘤。在 B 细胞淋巴增生性疾病中，“ASO 探针”方法被证实是一个非常强大的策略，其特征是 IGH 重排的突变负荷是可变的[40]。而且，“ASO 探针”策略另一个优势是更加经济，因为不需要患者特异性探针。

11. 在 Euro MRD 网络内部，针对 BCL1/IGH 引物和探针设计的不同策略，淋巴瘤 MRD 组近期计划对其监测 MRD 的特异性进行比较（第 24 届 Euro MRD 会议，苏黎世，2015 年 11 月 6 日、7 日）。

12. 采用一个通用引物 - 探针系统的 ddPCR 对克隆化的 BCL2-MBR/IGH 易位进行定量（表 14-2），该系统不需要序列信息。然而，我们建议在确诊时要始终检查 BCL2-MBR/IGH 序列，以确认患者的特异克隆，以便进一步监测随访的样本及可能存在的污染。

13. 相比于 qPCR，ddPCR 是一个绝对定量的方法，这是其优势。然而，尽管不需要一个标准曲线，但在每一个实验中都需要一个阳性质控。针对基于 IGH 重排和 BCL1/IGH 的 ddPCR，每一个患者都被要求以其基线（或阳性）样品作为阳性质控，而针对基于 BCL2/IGH 的 ddPCR 反应，则采用来自 DOHH2 细胞系的 gDNA 作为阳性质控。每一个 ASO 引物组的退火温度设置可能都不一样。对于 ASO 引物测试，可以采用一个温度梯度（计算的引物 $T_m \pm 2$℃）来优化 ddPCR 的结果。如果阳性质控显示的阳性微滴超过了某个强度水平（代表性的图是在微滴二维图上呈现为两团或在微滴一维图上呈现为两个条带），则退火温度就可以增加，以提高特异性；必须要设计可替换的新的 ASO 引物，直到可以获得单个阳性簇（不同温度下的浓度是不变的），即使这时在阴性簇和阳性簇间的分离可能会不同。

14. 我们观察到，对于所有的检测，最终引物和探针的浓度分别是 500nmol/L 和 200nmol/L 时，可以在 ddPCR 反应中正常工作 [25μl 的 20× 探针引物混合液：1μl 探针（100μmol/L），每条引物 2.5μl（100μmol/L），19μl 水]。对于 ddPCR 分析，MGB 或 BHQ1 探针是必要的。TAMRA 探针必须要避免，因为它们会导致高背景和噪声信号。如图 14-7 所示，我们通常增加 10% 的体积来准备 ddPCR 的混合液，以确保有足够的反应混合液进行每个平行测定，并且确保在上样时不会将气泡引入到 DG8 芯片中。

15. 在每个平行测定中加上总量为 500ng 的 gDNA。需要注意的是，根据 DNA 提取方法的不同，gDNA 可能会更加黏稠，这个特点可能会影响微滴的形成。出于该原因，如果 DNA 是黏稠的，有必要采用限制性内切酶来降低输入 DNA 的尺寸。我们观察到，将 2U/μl 的限制性内切酶（*HINF* Ⅰ）直接加到反应混合液中就足以有良好的 ddPCR 表现和正确的微滴生成。然而，在使用这个酶之前，确认引物和探针序列不会被破坏。配制含有酶的 ddPCR 反应混合液，在 22μl 的 ddPCR 反应混合液中加入 1.1μl 2U/μl 的酶，用水进行适当的调整。

16. 我们建议：①采用过滤吸头的多通道移液器将 20μl 的 ddPCR 混合液加入到 DG8 芯片中；② 在移动 DG8 密封垫时要注意，要一直从 NTC 或 BC 细胞的位置向阳性质控样本移动；③在加发生油之前要一直将 ddPCR 反应混合液加到 DG8 芯片中；④采用非过滤吸头的多通道移液器将 40μl 微滴 / 孔的混合液加入到硬壳高型的 96 孔半裙边 PCR 板中，并且迅速用透明胶带封口；⑤ 将技术上的平行测试加到不同的 DG8 芯片中，以避免因为技术误差而导致一个完整样品反应的损失，这种技术误差可能发生在移液或微滴生成的步骤中；⑥移动时要小心，在上样时，DG8 芯片的“样品”孔中可能会产生气泡。

17. 如果在 NTC 样本中发现了污染（在阳性质控强度范围中有阳性事件）：①更换所有的试剂并且彻底清理 PCR 准备区域；②检查探针是否发生降解，因为自由染色可以造成信号的升高和（或）高背景。

18. 只有超过 9000 个微滴的平行测试才可以考虑进行分析。我们将 ddPCR 的 MRD 阳性定义为所有阳性平行测定都为阳性的样品，而阴性则定义为所有阴性平行测定都为阴性的样品。根据在低靶点浓度时所观察到的高度可变性，以及应用 EuroMRD 的指南，对在平行测定中交替显示为阳性或阴性的病例必须要小心判断，尤其是在 3 个技术性平行测定中所检出的总阳性事件数少于 3 时。在这种情况下，样本的 ddPCR 需要以更多的平行测定（至少 6 个）来重做，以观察结果是否一致。qPCR 的一个关键不足是，对于肿瘤负荷介于该方法的敏感度和定量区间范围的一部分样本，它不能提供可靠的靶点定量。对于这个通过 qPCR 不能进行可靠定量窗口的样本，目前被定义为“不可定量的阳性”（positive nonquantifiable，qPNQ）。ddPCR 被证实可以部分覆盖这部分 qPNQ 样本[34]。然而，针对数据解读的特定指南仍有待建立，而 ddPCR 结果的潜在优势和预测价值（尤其是针对这些病例）仍有待进一步验证。

19. EuroMRD 组（http://www.euromrd.org）是在 ESLHO 协会的构架下，由国际化的 MRD-PCR 实验室组成的。EuroMRD 负责研发新的策略和技术，以及形成基于 qPCR 进行 MRD 数据解读的指南，在不远的将来也将形成基于 ddPCR 进行 MRD 的指南。

致谢

非常感谢 Elisa Genuardi、Barbara Mantoan、Martina Ferrante、Luigia Monitillo、Manuela Gambella、Daniela Barbero、Irene Della Starza、Elena Ciabatti、Nadia Dani 及 Marta Varotto 等提供的出色技术支持。另外，我们要感谢意大利淋巴瘤基金会（Italian Lymphoma Foundation，FIL）对我们正在进行中的关于 MCL 和 FL 的研究项目的资助。

参考文献

1. Andersen NS, Pedersen LB, Laurell A et al (2009) Pre-emptive treatment with rituximab of molecular relapse after autologous stem cell transplantation in mantle cell lymphoma. J Clin Oncol 27:4365–4370
2. Ladetto M, Pagliano G, Ferrero S et al (2010) Major tumor shrinking and persistent molecular remissions after consolidation with bortezomib, thalidomide, and dexamethasone in patients with autografted myeloma. J Clin

Oncol 28:2077–2084

3. Pott C, Hoster E, Delfau-Larue MH et al (2010) Molecular remission is an independent predictor of clinical outcome in patients with mantle cell lymphoma after combined immunochemotherapy: a European MCL intergroup study. Blood 115:3215–3223
4. Pott C (2011) Minimal residual disease detection in mantle cell lymphoma: technical aspects and clinical relevance. Semin Hematol 48:172–184
5. Korthals M, Sehnke N, Kronenwett R et al (2012) The level of minimal residual disease in the bone marrow of patients with multiple myeloma before high-dose therapy and autologous blood stem cell transplantation is an independent predictive parameter. Biol Blood Marrow Transplant 18:423–431
6. Ladetto M, Lobetti-Bodoni C, Mantoan B et al (2013) Persistence of minimal residual disease in bone marrow predicts outcome in follicular lymphomas treated with a rituximab-intensive program. Blood 122:3759–3766
7. Ferrero S, Ladetto M, Drandi D et al (2015) Long-term results of the GIMEMA VEL-03-096 trial in MM patients receiving VTD consolidation after ASCT: MRD kinetics' impact on survival. Leukemia 29(3):689–695
8. Ladetto M, Ferrero S, Drandi D et al (2016) Prospective molecular monitoring of minimal residual disease after non-myeloablative allografting in newly diagnosed multiple myeloma. Leukemia 30(5):1211–1214
9. Gribben JG, Freedman A,Woo SD et al (1991) All advanced stage non-Hodgkin's lymphomas with a polymerase chain reaction amplifiable breakpoint of bcl-2 have residual cells containing the bcl-2 rearrangement at evaluation and after treatment. Blood 78(12):3275–3280
10. van Dongen JJ, Langerak AW, Bruggemann M et al (2003) Design and standardization of PCR primers and protocols for detection of clonal immunoglobulin and T-cell receptor gene recombinations in suspect lymphoproliferations: report of the BIOMED-2 concerted action BMH4-CT98-3936. Leukemia 17:2257–2317
11. Rimokh R, Berger F, Delsol G et al (1994) Detection of the chromosomal translocation t (11;14) by polymerase chain reaction in mantle cell lymphomas. Blood 83(7):1871–1875
12. Ladetto M, Donovan JW, Harig S et al (2000) Real-time polymerase chain reaction of immunoglobulin rearrangements for quantitative evaluation of minimal residual disease in multiple myeloma. Biol Blood Marrow Transplant 6:241–253
13. Brüggemann M, Droese J, Bolz I et al (2000) Improved assessment of minimal residual disease in B cell malignancies using fluorogenic consensus probes for real-time quantitative PCR. Leukemia 14:1419–1425
14. van der Velden VH, Cazzaniga G, Schrauder A et al (2007) Analysis of minimal residual disease by Ig/TCR gene rearrangements: guidelines for interpretation of real-time quantitative PCR data. Leukemia 21:604–611
15. van der Velden VH, Hochhaus A, Cazzaniga G et al (2003) Detection ofminimal residual disease in hematologic malignancies by real-time quantitative PCR: principles, approaches, and laboratory aspects. Leukemia 17(6):1013–1034
16. Pott C, Brüggemann M, RitgenMet al (2013) MRD detection in B-cell non-Hodgkin lymphomas using Ig gene rearrangements and chromosomal translocations as targets for real-time quantitative PCR. Methods Mol Biol 971:175–200
17. Ladetto M, Brüggemann M, Monitillo L et al (2014) Next-generation sequencing and realtime quantitative PCR for minimal residual disease detection in B-cell disorders. Leukemia 28:1299–1307
18. Martinez-Lopez J, Lahuerta JJ, Pepin F et al (2014) Prognostic value of deep sequencing method for minimal residual disease detection in multiple myeloma. Blood 123:3073–3079
19. van Dongen JJ, van der Velden VH, Brüggemann M et al (2015) Minimal residual disease diagnostics in acute lymphoblastic leukemia: need for sensitive, fast, and standardized technologies. Blood 125(26):3996–4009

20. Böttcher S, Ritgen M, Fischer K et al (2012) Minimal residual disease quantification is an independent predictor of progression-free and overall survival in chronic lymphocytic leukemia: a multivariate analysis from the randomized GCLLSG CLL8 trial. J Clin Oncol 30:980–988
21. Rawstron AC, Child JA, de Tute RM et al (2013) Minimal residual disease assessed by multiparameter flow cytometry in multiple myeloma: impact on outcome in the Medical Research Council Myeloma IX Study. J Clin Oncol 31:2540–2547
22. Paiva B, Gutiérrez NC, Rosiñol L et al (2012) High-risk cytogenetics and persistent minimal residual disease by multiparameter flow cytometry predict unsustained complete response after autologous stem cell transplantation in multiple myeloma. Blood 119:687–691
23. Markey AL, Mohr S, Day PJ (2010) Highthroughput droplet PCR. Methods 50:277–281
24. Hindson BJ, Ness KD, Masquelier DA et al (2011) High-throughput droplet digital PCR system for absolute quantitation of DNA copy number. Anal Chem 83:8604–8610
25. Pinheiro LB, Coleman VA, Hindson CM et al (2012) Evaluation of a droplet digital polymerase chain reaction format for DNA copy number quantification. Anal Chem 84:1003–1011
26. Day E, Dear PH, McCaughan F (2013) Digital PCR strategies in the development and analysis of molecular biomarkers for personalized medicine. Methods 59(1):101–107
27. Didelot A, Kotsopoulos SK, Lupo A et al (2013) Multiplex picoliter-droplet digital PCR for quantitative assessment of DNA integrity in clinical samples. Clin Chem 59:815–823
28. Dingle TC, Sedlak RH, Cook L et al (2013) Tolerance of droplet-digital PCR vs real-time quantitative PCR to inhibitory substances. Clin Chem 59:1670–1672
29. Hayden RT, Gu Z, Ingersoll J, Abdul-Ali D (2013) Comparison of droplet digital PCR to real-time PCR for quantitative detection of cytomegalovirus. J Clin Microbiol 51:540–546
30. Hindson CM, Chevillet JR, Briggs HA et al (2013) Absolute quantification by droplet digital PCR versus analog real-time PCR. Nat Methods 10:1003–1005
31. Huggett JF, Whale A (2013) Digital PCR as a novel technology and its potential implications for molecular diagnostics. Clin Chem 59:1691–1693
32. Nixon G, Garson JA, Grant P et al (2014) Comparative study of sensitivity, linearity, and resistance to inhibition of digital and nondigital polymerase chain reaction and loop mediated isothermal amplification assays for quantification of human cytomegalovirus. Anal Chem 86:4387–4394
33. Huggett JF, Cowen S, Foy CA (2015) Considerations for digital PCR as an accurate molecular diagnostic tool. Clin Chem 61 (1):79–88
34. Drandi D, Kubiczkova-Besse L, Ferrero S et al (2015) Minimal residual disease detection by droplet digital PCR in multiple myeloma, mantle cell lymphoma, and follicular lymphoma. A comparison with real-time PCR. J Mol Diagn 17(6):652–660
35. Deane M, McCarthy KP, Wiedemann LM et al (1991) An improved method for detection of B-lymphoid clonality by polimerase chain reaction. Leukemia 5:726
36. Voena C, Ladetto M, Astolfi M et al (1997) A novel nested-PCR strategy for the detection of rearranged immunoglobulin heavy-chain genes in B cell tumors. Leukemia 11:1793
37. Summers KE, Goff LK, Wilson AG et al (2001) Frequency of the Bcl-2/IgH rearrangement in normal individuals: implications for the monitoring of disease in patients with follicular lymphoma. J Clin Oncol 19:420–424
38. Albinger-Hegyi A, Hochreutener B, Abdou MT et al (2002) High frequency of t(14;18) translocation

breakpoints outside of major breakpoint and minor cluster regions in follicular lymphomas improved polymerase chain reaction protocols for their detection. Am J Pathol 160:823–832

39. Ladetto M, De Marco F, Benedetti F et al (2008) Prospective, multicenter randomized GITMO/IIL trial comparing intensive (R-HDS) versus conventional (CHOP-R) chemoimmunotherapy in high-risk follicular lymphoma at diagnosis: the superior disease control of R-HDS does not translate into an overall survival advantage. Blood 111 (8):4004–4013
40. Ladetto M, Sametti S, Donovan JW et al (2001) A validated real-time quantitative PCR approach shows a correlation between tumor burden and successful ex vivo purging in follicular lymphoma patients. Exp Hematol 29 (2):183–193
41. Della Starza I, Cavalli M, Del Giudice I et al (2014) Comparison of two real-time quantitative polymerase chain reaction strategies for minimal residual disease evaluation in lymphoproliferative disorders: correlation between immunoglobulin gene mutation load and realtime quantitative polymerase chain reaction performance. Hematol Oncol 32(3):133–138

第 15 章

采用 QuantStudio™ 3D 数字 PCR 系统对 JAK2 V617F 等位基因负荷进行定量

Elena Kinz, Axel Muendlein

摘要：JAK2 V617F 突变在骨髓增生性肿瘤（myeloproliferative neoplasm，MPN）患者中很常见。有研究证实这个等位基因负荷与 MPN 患者的血液学特征、药物反应和临床终点都有关。基于对样品的稀释和高级别的分隔，数字 PCR 已成为一项能够进行敏感突变检测和定量的新技术。本章介绍了基于纳米流体芯片的 QuantStudio™ 3D 数字 PCR 系统在 JAK2 V617F 定量突变中的应用。

关键词：数字 PCR；纳米流体芯片；JAK2 V617F；等位基因负荷；骨髓增生性肿瘤

15.1　引言

费城染色体阴性 MPN 患者，包括真性红细胞增多症（polycythemia vera，PV）、原发性血小板增多症（essential thrombocythemia，ET）及原发性骨髓纤维化（primary myelofibrosis，PMF）等患者，于 2005 年检测出了获得性的 JAK2 V617F 突变 [1-4]，这使得 MPN 的诊断发生了革命性的改变。在超过 95% 的 PV、50% ～ 60% 的 ET 或 PMF 患者中存在该突变。因此，在世界卫生组织（WHO）的分类之中，JAK2 V617F 突变被认为是这类疾病的一项主要诊断标准 [5]。

后续的研究提示，不同的 MPN 表型有不同的突变负荷 [6,7]：ET 患者的等位基因负荷最低（＜ 50%），PV 和 PMF 患者处在中间水平，而在 PV 后期发生骨髓纤维化的患者的负荷最高 [8]。因此，在 MPN 诊断时，检测等位基因的负荷也许可以帮助鉴别不同的 MPN 表型：当一个等位基因的负荷超过 50% 的时候，可能是一个具有隐蔽性的 PV 或存在骨髓纤维化的进化 [9]。JAK2 等位基因负荷也可能有预后价值，因为它与 MPN 患者的临床终点有关 [10]：ET 或 PV 患者的等位基因高负荷与血栓性事件 [11] 及向骨髓纤维化转化 [12,13] 的风险升高有关。另一方面，在 PMF 患者中，等位基因低负荷（≤ 25%）与不良生存有关，这可能是由白血病转化 [14] 或全身性感染 [15] 的增加导致的。而且，JAK2 V617F 定量已经被用于疗效的评价，据报道，经过聚乙二醇干扰素 α-2a 治疗的 PV 患者等位基因负荷显著减少[16,17]。因此，JAK2 V617F 等位基因负荷的定量可以用于 MPN 患者预后和药物治疗的分层。

有几项技术已经被用于 JAK2 V617F 等位基因负荷的定量；其中，直到最近等位基因特异的实时定量聚合酶链反应（allele specific real-time quantitative polymerase chain reaction，AS-qPCR）才被认为是最可靠和最敏感的技术[18,19]。

近期，我们证实一个 AS-qPCR 试剂盒和基于芯片的 dPCR 之间有高度的相关性，前者被注册用于体外诊断，能够对 JAK2 等位基因负荷进行定量，而后者采用了 Quant-Studio™ 3D 数字 PCR 系统，可以检测低于 0.1% 的 JAK2 V617F 等位基因负荷[20]。AS-qPCR 所获得结果的准确性和重复性高度依赖所使用的标准品，该标准品是对目的分子进行定量所需要的。相比较而言，基于芯片的 dPCR 不需要标准曲线就能够对目的分子的总拷贝数进行评估，这使得定量的标准化更为便利。尤其是对于低频基因突变的检测来说，基于芯片的 dPCR 被证实是一个合适的技术，因为将样品分隔可以减少野生型的背景信号，从而增加了检测的准确性。因此，基于芯片的 dPCR 看起来非常适合 JAK2 V617F 等位基因负荷的检测。

Quant-Studio™ 3D 数字 PCR 系统平台包括一个 GeneAmp 9700 热循环仪（含一个芯片适配器试剂盒）、一个自动化的芯片加载器及 Quant-Studio™ 3D 设备。Quant-Studio ™ 3D 数字 PCR 的 20K 芯片由独立的 20 000 个分隔区组成，每个分隔区都是一个进行独立 PCR 反应的小室。基因组 DNA（gDNA）样品被稀释到有限的量，这样多数独立的 PCR 反应都含有 0 或 1 个 DNA 分子。dPCR 是一个终端分析，依据的是 5'- 外切核酸酶测试，采用了 TaqMan® 荧光探针来靶向突变。根据阴性分隔区（里面没有 DNA）的数量，通过泊松统计来计算靶点的绝对定量值[21]。在将稀释的 gDNA 样品与预混的引物、探针及 PCR 主混合液混合之后，PCR 反应混合液被加到芯片上，之后被放到 PCR 仪上运行反应。之后，芯片被放到 Quant-Studio™ 3D 设备上读取荧光信号。采用 Quant-Studio™ 3D AnalysisSuite™ 软件对数据进行分析。

根据厂家的说明及我们的观察，Quant-Studio ™ 3D 数字 PCR 系统平台能够对含量低至 0.1% 的 JAK2 V617F 突变进行定量检测，达到了对残留疾病监测所推荐的敏感性[9]。

重要的是，采用附加芯片，敏感性可以进一步提升，附加芯片的数据可以由软件来收集并且作为同一个芯片来分析。因此，基于芯片的 dPCR 是对 JAK2 V617F 等位基因负荷进行检测和定量的一项合适技术。

15.2　材料

15.2.1　样品收集和 DNA 准备

1. 外周血全血、纯化后的血液粒细胞及骨髓抽吸标本，均适合作为 JAK2 V617F 定量检测的基因组 DNA 来源（见 15.5“注意事项”中的第 1 条）。

2. 用于分离基因组 DNA 的试剂盒可以提供高质量的 DNA 样品，如 QIAamp DNA 血液迷你试剂盒（Qiagen，Hilden），peqGOLD 血液 DNA 迷你试剂盒（VWR，Vienna）或其他（见 15.5“注意事项”中的第 2 条）。

3. 检测核酸浓度的荧光计（如 Qubit™，Thermo Fisher）或分光光度计（如 NanoDrop™ Lite, VWR）（见 15.5“注意事项”中的第 3 条）。

15.2.2 PCR 混合液

1. gDNA（见上文），储存于 -20℃。
2. QuantStudio™ 3D 数字 PCR 主混合液（Thermo Fisher），储存于 -20℃。
3. 20 倍的预先混合好的引物和 TaqMan® 探针混合液，从 Thermo Fisher 获得了 TaqMan® 的代客设计引物和探针（Assays-by-Design）服务。引物和探针序列如下。JAK2 V617F 正向引物：5'- AAGCTTTCTCACAAGCATTTGGTTT。JAK2 V617F 反向引物：5'- AGAAAGGCATTAGAAAGCCTGTAGTT。JAK2 V617 探针（野生型等位基因）：VIC®-TCTCCACAGACACATACMGB。JAK2 F617 探针（突变型等位基因）：6-FAM ™ -TCCACAGAAACATAC-MGB。储存在 -20℃（见 15.5“注意事项”中的第 4 条）。
4. 无核酸酶的水。

15.2.3 自动化芯片上样

1. Quant-Studio™ 3D 数字 PCR 的 20K 芯片（v2）（Thermo Fisher）（见 15.5“注意事项”中的第 5 条）。
2. Quant-Studio™ 3D 数字 PCR 的芯片盒盖。
3. Quant-Studio™ 3D 数字 PCR 的芯片加载器（Thermo Fisher）。
4. Quant-Studio™ 3D 数字样品加载叶片（Thermo Fisher）。
5. 浸入液（Thermo Fisher）。

15.2.4 dPCR 运行

1. Quant-Studio™ 3D 数字 PCR 的芯片载体（Thermo Fisher）。
2. Quant-Studio™ 3D 数字 PCR 的热垫（Thermo Fisher）。
3. 双单元区块 GeneAmp® PCR 系统 9700（Thermo Fisher）。
4. Quant-Studio™ 3D 的倾斜基座。

15.2.5 dPCR 信号读取和数据分析

1. Quant-Studio™ 3D 设备（Thermo Fisher）。
2. Quant-Studio™ 3D AnalysisSuite™ 软件（Thermo Fisher）。

15.2.6 一般耗材和其他设备

1. 异丙醇。
2. 移液器和移液吸头。
3. 额外的注射吸头（10μl 和 20μl 的移液吸头，无过滤）。

4. 无粉乳胶手套。
5. 低绒湿巾。
6. 微型离心机。
7. 涡旋混合器。

15.3　方法

15.3.1　gDNA 准备

采用商业购买的 DNA 提取试剂盒（见 15.5“注意事项”中的第 2 条），按照厂家的使用说明书，从外周血、纯化的粒细胞或骨髓抽吸标本（见 15.5“注意事项”中的第 1 条）中准备 gDNA。采用荧光计或分光光度计，准确评估 DNA 的浓度（见 15.5“注意事项”中的第 3 条）。

15.3.2　拷贝数计算

每基因组（基因组当量）中靶点拷贝数量的确认步骤对于正确的芯片装载和质量都是非常重要的。目的 DNA 必须要表现为一个确定的量，这样才能使每一个单独的 PCR 反应含有 0 或 1 个靶点分子。为了计算 DNA 的浓度，评估基因组的靶点拷贝数是必需的。

1. 将 DNA 浓度单位从 ng/μl 转换为拷贝 / 微升，对于在每个二倍体基因组中以两个拷贝出现的 JAK2 或其他基因，假设其为 3.5 皮克 / 拷贝（见 15.5“注意事项”中的第 6 条）。

2. 根据厂家的推荐，在 dPCR 反应中，靶点序列浓度应该为 200 ～ 2000 拷贝 / 微升（相当于在 20K v2 芯片上的最终反应中有 3000 ～ 30 000 个单倍体基因组当量；见 15.5“注意事项”中的第 7 条）。在对 JAK2 V617F 等位基因负荷进行定量时，PCR 反应中的 DNA 浓度处在 1000 ～ 2000 拷贝 / 微升时会显示较好的结果（见 15.5“注意事项”中的第 8 条）。

3. 阳性和阴性模板，以及野生型的质控（如果有的话）也应该整合到 dPCR 的实验中。可以使用质粒结构（在使用之前必须线性化）来评估 dPCR 方法的敏感性。拷贝数的计算必须要根据相应的质粒大小来做调整。

15.3.3　dPCR 设置

将 Quant-Studio™ 3D 数字 PCR 主混合液和 20 倍预混的 JAK2 TaqMan® 试剂在室温下存储，并且准备无核酸酶的水和 DNA 样本。按照表 15-1 所示，设置 dPCR 反应混合液，每个样品准备两个芯片。

根据估算的样品浓度，添加 gDNA（y）和水（x）以获得在 1000 ～ 2000 拷贝 / 微升的终浓度。使用前将其置于冰上，使用时恢复至室温。

15.3.4　芯片上样

将 PCR 反应混合液正确地加载到 Quant-Studio™ 3D 数字 PCR 的 20K 芯片（v2）上对

于靶点基因拷贝的准确定量来说是非常重要的。我们强烈建议采用 Quant-Studio™ 3D 数字 PCR 芯片加载器进行加样的步骤，依据我们的经验是，操作手法上的差别会影响结果分析，尤其是技术性重复检测中靶点基因估算的精确性。Quant-Studio™ 3D 数字 PCR 的说明书中有自动化芯片上样步骤的具体细节(见注意事项 9)。简要来说，自动化的上样步骤如下所示。

1. 插入芯片加载器。准备浸入液的注射器，轻轻拉回活塞释放空气，然后拧开管帽，换成加样吸头，小心将其推到位（见 15.5“注意事项”中的第 10 条）。

2. 参照插孔旁边的图片，将芯片放到芯片插孔面。用一只手压着加载叶片杆，另一只手压着加载叶片，将其放到加载器的头部（见 15.5“注意事项”中的第 11 条）。

3. 将芯片盖背部的红色保护膜撕掉（见 15.5“注意事项”中的第 12 条），压着盖插孔的底端，将芯片盖有黏性的一面朝上放到盖插孔中（见 15.5“注意事项”中的第 13 条）。

4. 转移 14.5μl 的 dPCR 反应混合液到样品叶片的上样区（见 15.5“注意事项”中的第 14 条）。

5. 按下芯片加载器上部的黑色装载按钮，开始芯片加载。

6. 加载后，不要接触芯片，在其表面慢慢加上浸入液。15 滴就足够覆盖整个表面（见 15.5“注意事项”中的第 15 条）。

7. 在芯片上加上芯片盖，转动加载器臂，将其压 15 秒，确认已封紧。状态灯的每一次闪烁代表的是 1 秒的间隔（见 15.5“注意事项”中的第 16 条）。

8. 按下盖插孔的按钮，释放盖子，将臂放回原来的位置。确保芯片在芯片插孔中，而不是在盖插孔中。

9. 以 45° 角握着芯片，入口位于右上角，从入口处加满浸入液。应该保留一个比入口稍大的小气泡（直径＜ 3mm）。旋转芯片观察是否还有隐藏的气泡（见 15.5“注意事项”中的第 17 条）。

10. 为了封口，拉开标签的上半部，移去标签背面，将标签紧紧地压在入口处 5 秒，确认封紧（见 15.5“注意事项”中的第 18 条）。将芯片放在黑暗、干净的位置直至开始热循环。热循环应该在准备结束后 2 小时内开始。

表 15-1　dPCR 反应混合液（每个样品做两个芯片）

材料	两个芯片的体积（μl）
主混合液（v2）2×	17.4
TaqMan® 试剂 20×	1.74
无核酸酶水 [a]	x
gDNA[a]	y
总体积	34.8[b]

a 为了达到 1000 拷贝 / 微升的理想模板浓度，采用浓度为 10ng/μl 12.2μl 的 gDNA 及 4.3μl 的水。

b 总体积是根据每个芯片 14.5μl 的工作体积来计算的。如果软件认为芯片质量不足，工作体积可能需要增加。

15.3.5 dPCR 热循环

1. 准备芯片适配器和热垫，确认它们是否干净。如不干净，将异丙醇喷到低绒湿巾上对它们进行清洁。

2. 确认倾斜基座已安装在热循环仪下面。

3. 在两个样品区块中都装上芯片适配器，不管将要准备做多少个样品，装两个适配器都是必要的。

4. 检查确认所使用的为合适的热循环仪的正确软件版本（见使用者指南）。

5. 在开始之前设定 PCR 程序。下面的循环条件是在 Gene Amp 9700 PCR 系统上进行 JAK2 V617F 的 dPCR 热循环时所采用的：96℃，10 分钟；56℃，2 分钟；98℃，30 秒，39 个循环；之后是最终的延伸步骤，60℃，2 分钟（见 15.5“注意事项”中的第 19 条）。

6. 打开热循环仪的热盖，将芯片放到样品区块中，加样孔的位置对着循环仪的前面。确认芯片是干净且没有污染的（见 15.5“注意事项”中的第 20 条）。

7. 将干净的 Quant-Studio™ 3D 数字 PCR 热垫准确地放到芯片适配器上。不要使用其他的热垫。

8. 关闭并锁定热循环仪的热盖。

9. 选择提前设定好的程序并启动循环仪。

10. 循环程序结束之后退出循环仪（见 15.5“注意事项”中的第 21 条）。

11. 检查泄漏，在拍照之前让其恢复至室温并用异丙醇进行清洁。如果不是马上进行拍照，将其放到一个干净、黑暗的地方（见 15.5“注意事项”中的第 22 条）。

15.3.6 在 QuantStudio™ 3D 设备上成像和初步分析

Quant-Studio™ 3D 设备逐个处理芯片的影像并为每一个所分析的芯片形成一个单独的实验文件（.eds），通过系统检测到的芯片上的 ID 号码，对该文件进行命名。

1. 打开设备，等到设备要求插入芯片（插入芯片以继续“Insert chip to continue”）。

2. 在分析之前，可能需要根据使用者指南来指定数据的存储位置（Quant-Studio™ 3D 软件云、个人网络或 U 盘）和孔的体积。

3. 打开芯片托盘，正面向上插入芯片。芯片的条形码需要朝向设备的前面。

4. 关上托盘，检测将会自动开始。可以在屏幕上监测整个过程。如果出现错误，检查芯片的问题，如果看不到明显的问题可参考故障排除指南。

5. 成像结束之后可以插入另一个芯片，设备会显示“数据分析中（Analyzing data）”（见 15.5“注意事项”中的第 23 条）。

6. 如果需重新读取芯片，在使用软件分析完数据之后要确保将其存放在黑暗的地方（见 15.5“注意事项”中的第 24 条）。

7. 通过被 VIC® 或 FAM™ 染料所结合的核酸序列的拷贝 / 微升来对结果进行评估。不同颜色的标识显示了初始分析中的第一次质量评估。在初始分析之后，这些标识能够对芯片质量进行直接的评估，绿色说明数据符合质量临界值，黄色说明分析不理想需要重新检查，红色说明分析失败。

8. 关于检测质量和结果的进一步信息可以在基于云的 Quant-Studio™ 3D 分析软件的二次分析中进行评估。

15.4 分析

15.4.1 采用 QuantStudio™ 软件进行芯片分析

Quant-Studio™ 3D 数字 PCR 的 AnalysisSuite™ 软件是一个基于云的软件，适合分析和管理 dPCR 的实验数据。该软件会计算样品中目的核酸的绝对数目和相对数目并进行统计分析。

1. 确认电脑已连接网络。

2. 打开一个浏览器窗口，登录 https://apps.thermofisher.com/quantstudio3d/（见 15.5“注意事项”中的第 25 条）。登录软件或创建一个新的账户（见 15.5“注意事项”中的第 26 条）。

3. 可以在项目主界面上建立和编辑一个项目，并填写上独特的项目名字。从电脑上或直接从设备上（见使用者指南）输入芯片的数据（.eds 的文件）。来自多达 100 个芯片的实验数据可以包括在一个项目之中。

4. 通过输入样品名称、所用的试剂及芯片的稀释系数来对芯片进行定义（见 15.5“注意事项”中的第 27 条）。

可以在“数据检查”标签页中检查芯片的质量，在这个标签页中，所有的芯片都显示在屏幕的左侧。可以通过双击来选择感兴趣的芯片。选择根据“质量显色（colour by quality）”（在操作栏），每孔的质量表现为一个检测值，即临界值，将会以从低（红色）到高（绿色）的质量显示到一个从 0 到 1 的连续标尺上。默认的质量临界值是 0.5。这个质量标识可以帮助直接判断可以审阅哪个芯片。如果用户对设备软件所产生的原始分析结果进行了修改，这个标志就会显示褪色（见 15.5“注意事项”中的第 28 条）。如果芯片载入质量尽管看似尚可但仍是观察到了黄色的标识，可能是染料信号的数据分离不够充分。在这种情况下，人工编辑染料信号似乎是有必要的（见下文第 6 步）。

5. 为了确认整个芯片的调取都是均一的，在设定质量临界值之后，选择根据“调用显色（colour by call）”（在操作栏）来查阅调用的颜色数据。在这个选项中，每个数据点根据所检测到的 FAM™ 和 VIC® 或 ROX™ 的靶点染料信号来显示的。

6. 在紧邻芯片观察窗的散点图上，报告染料信号显示如下：FAM™（蓝色）信号标在 *Y* 轴上，而 VIC®（红色）信号则在 *X* 轴上。绿色信号显示的是 FAM™ 和 VIC® 的报告染料信号，而黄色的 ROX™ 染料信号被用作内部标准，表示“没有扩增”信号，在这里，荧光强度没有达到临界值。在散点图上，可以编辑单个的数据点，用套索工具排除那些不可靠的数据（见 15.5“注意事项”中的第 29 条）。

7. 为了提高稀有等位基因检测的准确性，需要对一个样品采用多个芯片（如图 15-1 所示）。没有达到“删除芯片”选项标准的芯片，可能要予以删除。对于被选择删除的芯片，接下来不会对其进行结果计算。

8. 最终结果可以在“观察结果（See results）”标签页中进行审阅。多个芯片和（或）

每个样品（如果是同一个名字）的不同稀释度的聚合结果被显示在一个柱状图中。突变型与野生型靶点的比率（%）或绝对定量（拷贝 / 微升）显示在 *Y* 轴上，而数据组（样品测试）则显示在 *X* 轴上。

9. 最终结果会针对总的靶点、每一个染料的相对和绝对结果及置信级别给出一个概况。准确度会给出关于分析可靠性的信息，它被定义为在同一个置信水平上区分两个样品浓度的置信区间的大小。默认的置信水平是 95%，而默认的准确度是 10%。二者都可以由使用者来编辑（见 15.5“注意事项”中的第 30 条）。

10. 推荐在“平行测定（Replicates）”标签页审阅单个芯片的结果，以辨别一些异常值及通过“数字调用”来确认不充分的芯片加载（见 15.5“注意事项”中的第 31 条）。

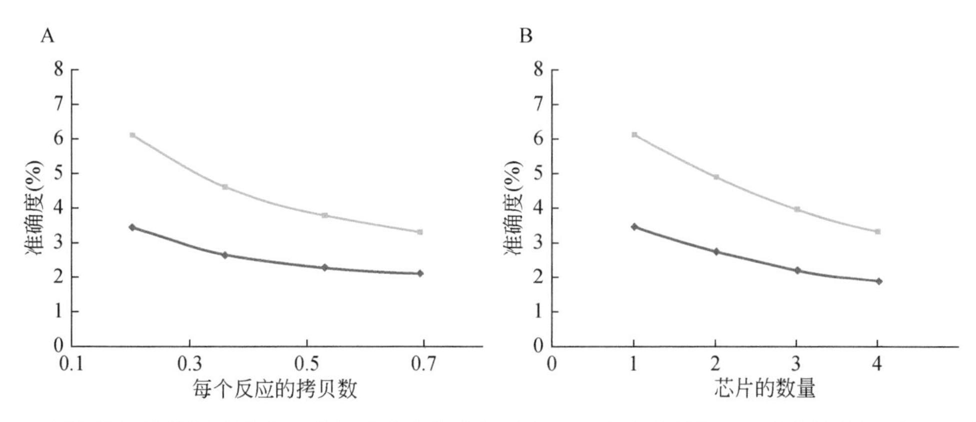

图 15-1　所使用的样品浓度和每个样品的芯片数分别对准确度所造成的影响。蓝色的线显示 FAM（突变型等位基因）的准确度，而红色的线显示 VIC（野生型等位基因）的准确度。A：所使用的样品浓度对准确度的影响，使用更高的模板浓度（显示为每个反应的拷贝数）时提高了准确度。B：芯片数量对准确度的影响：随着每个样品所使用芯片数量的增加，准确度也有所增加

15.4.2　采用 QuantStudio™ 3D 数字 PCR 进行 JAK2 V617F 等位基因定量的例子

1. 图 15-2 显示了采用 Quant-Studio™ 3D 数字 PCR 的 20K 芯片和 Quant-Studio™ 3D 数字 PCR 的 Analysis Suite™ 软件对 JAK2 等位基因负荷进行定量的典型结果。JAK2 V617F 等位基因负荷由软件自动判读，以“靶点 / 总数（%）”的形式给出。

2. 图 15-3 显示了来自不同模板浓度芯片的 JAK2 等位基因负荷定量结果。两个芯片都是质量合格的，显示了靶点 DNA 具有可比性的定量结果，尽管在最初的浓度中是有些差别。需要注意的是，相对于在 PCR 中使用了较低模板浓度的芯片，使用较高模板浓度芯片的准确度更好。

3. 图 15-4 显示了来自不同质量芯片的图像和结果。尽管芯片显示出了不同的质量，而且从高质量到低质量显示了准确度的降低，但靶点 DNA 的估算传递了有可比性的结果。

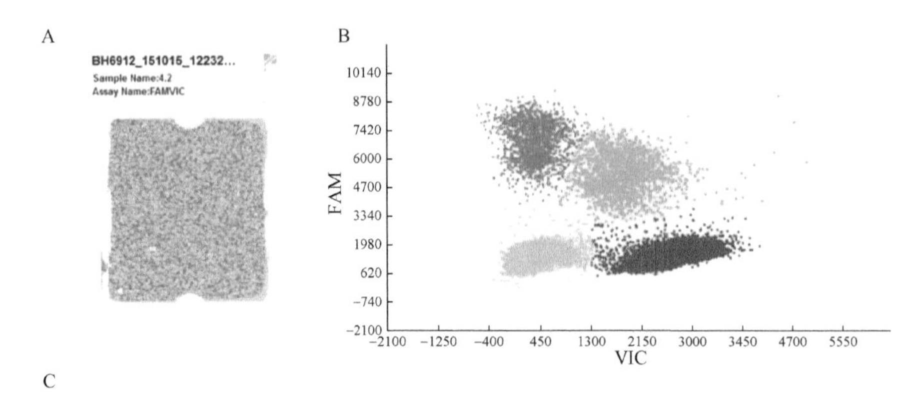

C

	靶点/总数(%)	置信区间(%)	拷贝/反应(VIC)	置信区间拷贝(rxn)	准确度(%)	拷贝/微升	置信区间拷贝/微升
突变等位基因(FAM)	23.4	22.3~24.6	0.22	0.22~0.23	3.33	257	249~266
野生型等位基因(VIC)	—	—	0.73	0.71~0.74	2.09	841	824~859

图 15-2　采用 QuantStudio™3D 数字 PCR 20K 芯片和 AnalysisSuite™ 软件进行 JAK2 等位基因负荷定量的典型结果。A：芯片成像。右上角的绿色标志表示数字染色信号的正确分离。B：散点图。显示了芯片上每个孔的荧光信号。有 JAK2 V671F 突变型等位基因的孔由 FAM™ 信号来表示（蓝色）；野生型等位基因的孔由 VIC® 信号来表示（红色）；同时有突变型和野生型等位基因的孔由 FAM™ 和 VIC® 信号来表示（绿色）；而没有任何等位基因的孔（阳性参照）由 ROX® 信号来表示（黄色）。FAM™，6- 羧基二乙酸荧光素；VIC®，4,7,20- 三氯 -70- 苯基 -6- 羧基二乙酸荧光素；ROX®，6- 羧基 -X- 罗丹明。C：由 QuantStudio ™ 3D 数字 PCR 的 AnalysisSuite™ 软件所获得的结果，靶点 / 总数（%）给出的是 JAK2 V617F 等位基因负荷（23.4%）。每个反应（rxn）的拷贝给出的是每个芯片分隔的平均拷贝，而每微升的拷贝数是对芯片中样品的突变型和野生型等位基因的定量，分别对应 FAM™ 和 VIC® 信号。另外，为了评估样品储存液中的质量，可以在软件中加入一个稀释系数。分别以预定义的 95% 置信区间和准确度给出结果的有效性，后者被定义为在一个给定的 CI 下，两个样品浓度附近的 CI 扩散情况。软件没有显示关于总占比及其 CI 的 VIC 数据

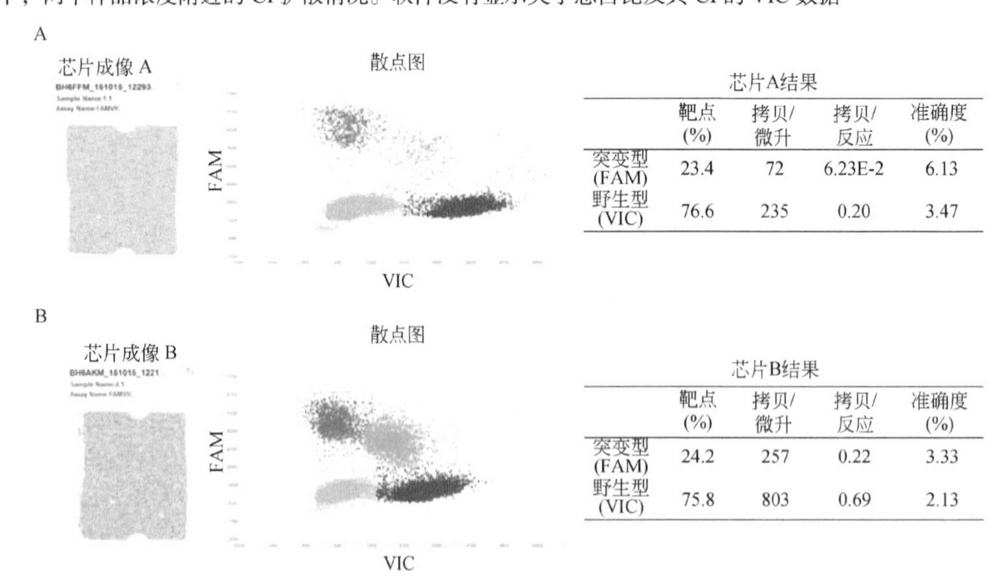

芯片A结果

	靶点(%)	拷贝/微升	拷贝/反应	准确度(%)
突变型(FAM)	23.4	72	6.23E-2	6.13
野生型(VIC)	76.6	235	0.20	3.47

芯片B结果

	靶点(%)	拷贝/微升	拷贝/反应	准确度(%)
突变型(FAM)	24.2	257	0.22	3.33
野生型(VIC)	75.8	803	0.69	2.13

图 15-3　不同样品稀释度的芯片所获得的 JAK2 等位基因负荷定量结果。图中显示了来自同一个样品的两个芯片的成像、散点图及结果，两个芯片采用了不同的 DNA 稀释度（A：300 拷贝 / 微升；B：1000 拷贝 / 微升）。两个芯片的质量都是合格的，而且显示了具有可比性的靶点 DNA 定量结果，尽管在最初的模板浓度上有些差别。需要注意的是，芯片 B 的准确度要更好一些，相比于芯片 A，它在 PCR 中采用了更高的模板浓度

A

	靶点 (%)	拷贝/微升	拷贝/反应	准确度 (%)
突变型 (FAM)	23.4	72	6.23E-2	6.13
野生型 (VIC)	76.6	235	0.20	3.47

B

	靶点 (%)	拷贝/微升	拷贝/反应	准确度 (%)
突变型 (FAM)	22.7	64	5.54E-2	6.92
野生型 (VIC)	77.9	218	0.19	3.82

C

	靶点 (%)	拷贝/微升	拷贝/反应	准确度 (%)
突变型 (FAM)	23.0	63	5.44E-2	8.34
野生型 (VIC)	77.0	211	0.182	4.63

图 15-4　从不同质量的芯片中所获得的 JAK2 等位基因负荷的定量结果（A ～ C）。图中显示了同一个样品采用相同 PCR 模板浓度但是质量有所差别的 3 个芯片的成像及主要结果。浓度约为 300 拷贝 / 微升，因此处在最佳浓度区间（200 ～ 2000 拷贝 / 微升）较低的一端。芯片显示出了不同质量，从高质量（A）到低质量（C）准确度是降低的，但靶点 DNA 的估算传递了有可比性的结果

15.5　注意事项

1. 可以通过外周血、纯化的粒细胞或骨髓样本来检测 JAK2 V617F 突变并对其进行等位基因负荷的定量。然而，需要注意的是，外周血和骨髓样本所检测的 JAK2 V617F 等位基因负荷大致上是等量的，因为在两种样品中，主要细胞成分都是由粒细胞构成的 [22,23]。而且，有研究证实，相比于全血白细胞，通过粒细胞的分离所检出的 JAK2 等位基因负荷只是平均提高了 15%[24]。因此，外周血中的总白细胞是进行这些分析的首选细胞群体 [25]。

2. 所选择的 DNA 提取试剂盒应该提供不受 PCR 抑制剂影响的基因组 DNA，A_{260}/A_{280} 的比值为 1.7 ～ 1.9。要注意 gDNA 浓度，尤其是在等位基因负荷较低时，应足以进行后续的 dPCR 分析（见 15.5“注意事项”中的第 7 条和第 8 条）。必要时减少洗脱体积。

3. 在 dPCR 中评估最佳起始拷贝时，推荐进行准确的 gDNA 定量。相比于分光光度计法，基于荧光的 DNA 定量方法更为准确，因此，至少在 DNA 浓度较低的样本中，应该将其作

为首选。

4. Thermo Fisher 也为 JAK2 V617F 定量提供了一个湿法的经过实验室验证的 TaqMan®SNP 分型检测。

5. Thermo Fisher 在 2015 年推出了新一代的芯片 v2，相比于前一代的芯片 v1，它改进了紫外非黏附封口。采用 v2 芯片的 dPCR 要求使用 QuantStudio 3D ™数字 PCR 主混合液 v2。然而，v1 芯片和主混合液 v1 现在都已经买不到了。

6. 根据假设的人类基因组长度（30 亿碱基对和 32 亿碱基对），所假设的每个核苷酸对的平均分子质量（650g/mol 和 660g/mol），以及阿伏伽德罗常量的舍入差异，文献中所给出的单倍体人类基因组的质量为 3.30 ～ 3.51pg。然而，转换系数的差异将不会显著影响 dPCR 结果的有效性。或者，还可以选择拷贝数计算器（可查询如下网址：http://www.thermofisher.com/at/en/home/brands/thermo-scientific/molecular-biology/molecular-biology-learning-center/molecular-biologyresource-library/thermo-scientific-web-tools/dna-copy-number-calculator.html）。

7. 要注意，gDNA 的浓度指在 dPCR 反应中的 gDNA 浓度，不是储备溶液中的 gDNA 浓度。例如，假设 PCR 混合液的体积是 34.8μl（对一个样品采用两个芯片进行平行测试的情况），目的模板浓度是 1000 拷贝 / 微升，则 PCR 混合液中总共有 34 800 拷贝或 122ng 的 gDNA。

8. 在低等位基因负荷（< 1%）的情况下，应该使用较高的 DNA 浓度（达到 6000 拷贝 / 微升），这可以提高所计算的稀有等位基因拷贝的准确性。如果样品浓度有限，可以通过使用多个芯片来优化准确性。所用样品的浓度及芯片的数量对于准确性的影响已分别展示在图 15-1 中。

9. 包括芯片加载在内的工作流程概览可参考 YouTube 视频“QuantStudio 3D 数字 PCR 工作流程视频”（https://www.youtube.com/watch?v¼PjgwDhN63Zc）。

10. 为了避免后期有过多的浸入液散布到芯片上，压下活塞释放一些浸入液。需要注意的是，液体需要在打开注射器盖子 1 小时内使用。

11. 通过紧紧按压加载器的头部并且在加载器头部的背面检查其位置来确认叶片是否被正确地固定。加载器头部和叶片的正确位置是非常重要的，因为它负责将 PCR 反应混合液加到芯片上。然而，在加满样品之后再安装叶片也是可行的。

12. 为了避免接触下面的黏性膜，轻轻地只握住盖子的外缘。快速移去保护膜。否则，很可能会一起移去黏着剂。v2 芯片可能不会准确地适合 v1 芯片加载器。在这种情况下，Life Technologies 提供了一个“芯片夹具升级套装”。

13. 将盖子正确地放到盖孔中的另一个做法是在将盖子插到盖孔中之后再移除黏性膜。为此，在移去膜的时候，需要紧紧压住盖孔的底部，这样盖子才能保持固定。

14. 准确地填充加载口对于芯片质量是非常重要的。因此，需要精准的操作并且要求一些练习。首先，将溶液平均地分配至加载口中是很重要的，这样芯片的每一面在后期才会含有等量的溶液。进而，应该避免施加太多的压力在顶端，这会造成叶片的偏转，从而导致一些溶液的丢失。为了避免在加载口出现气泡，不要按压移液器到第二个终止位。然而，如果出现气泡，从加载口的两边轻轻敲打，尽量将其去除。确认加载口此后处在正确的位置，不要敲打得太厉害，以避免移动加载头或丢失溶液。需要注意的是，加载头的正确调节对于芯片的正确加载是非常重要的。如果发现加载头不能正确地添加溶液，联系客服寻求支持。另一个选择是在将加载叶片装到加载头之前就将其加满，这可能会使加样的过程变得简单，因为这样可以选择最佳的加样角度。在这种特殊的情况下，要小心在安装叶片的过程中不丢失任何的 dPCR 溶液。

15. 加载之后大约 20 秒，采用浸入液来避免反应混合液的蒸发是非常重要的。要确保浸入液覆盖芯片的表面而不是注满整个芯片盒。在后期盖黏性膜时，确保芯片盒的边缘没有浸入液。如果边缘出现了浸入液，可以用一个喷洒了异丙醇的湿巾将其擦除。

16. 对于严密封口来说，推荐采用＞ 20 磅的压力，约相当于 9kg。尽管很难估计正确的压力，推荐与芯片呈 90° 角以中等压力按 20 秒。确保芯片加载器处在靠近操作者身体的正确位置，不能向前倾斜。

17. 选择正确的角度对于芯片和芯片盖之间气泡的释放是非常重要的。残留气泡会干扰 PCR 并且影响后面的芯片分析。45° 角提供了一个很好的起始角度，尽管操作人员需要调整芯片位置以定位芯片口下面的气泡。慢慢地倾倒浸入液是很重要的，这样在接近充满的时候（在芯片口留下一个＜ 3mm 的小气泡），可以很容易地停止填充。

18. 确保在芯片封口之后不要太紧地接触芯片窗口。芯片窗口上的压力可能会将反应混合液排出反应孔。

19. 对于 JAK2 V617F 等位基因负荷的定量，PCR 的退火温度被修改为 56℃，而不是厂家所推荐的默认退火温度 60℃。较低的退火温度将会提高微滴簇的分离。

20. 升高的填充口可以确保小的气泡移到盒子的顶部，不会影响扩增。

21. 在最终的延长步骤之后，如果热循环仪已经冷却至＜ 25℃，可以移除芯片。要避免快速的温度变化，以防止芯片的凝结。根据厂家的规定，芯片在 10℃下最长可以放置 24 小时（见 15.5“注意事项”中的第 22 条）。在成像之前，芯片必须恢复到室温。

22. 根据我们的经验，芯片在一个干净、黑暗的地方可以于室温下存储几天，质量保持不变。

23. 没必要等到分析结束。要开始下一个运行，只需要移去前一个芯片，然后加载下一个芯片。

24. 厂家的操作手册中推荐，一个芯片的重新读取应该在首次读取之后的 1 小时内进行。实际上，如果能够正确地避光，芯片可以在更长的时间之后（如第二天）进行重新读取，结果是一致的。芯片在室温下存储就已足够。

25. 软件在任何兼容的操作系统和网络浏览器下都可以运行，但是对于 Microsoft® Windows® 操作系统和 Google® Chrome™ 来说是最优化的。参考用户指南来检查相关的要求，因为根据操作系统和配置的不同，性能可能有所差别。

26. 我们推荐采用帮助工具来启动分析。它含有演示工具，即视频演示，可以帮助操作者。

27. 确定稀有等位基因的染料来显示荧光染色是非常重要的，这可以检出稀有的等位基因。需要注意的是，在双份检测时必须要使用相同的样品名称。

28. 通过调整质量临界值，可以将某些孔纳入或排除出分析。这个评估可以应用到测试的所有芯片。质量标识的不同颜色是根据孔的质量临界值及其他数据特征而确定的。芯片质量评估可以通过整个芯片数据空间分布的可视化来帮助发现 dPCR 溶液应用过程中的一些问题。

29. 有一些工具可以帮助调整数据点。操作者可以调整散点图的轴、数据点的大小及缩放。在确定最佳的条件之后，操作者可以采用套索工具来选择数据点将其纳入或排除出（“未确定”）分析。准确的分隔数据云团（FAM ™；VIC®，ROX™）可以提高结果的准确性。尤其是 VIC® 和 ROX™ 云团经常重叠，涉及大量的数据点，排除而丢失一些数据点是可以接受的。

30. 可以采用多个芯片检测同一个样品并将它们合在一个芯片中（见图 15-1），从而提高计算的准确性。软件可以自动将具有相同名字的芯片整合在一个虚拟芯片中。芯片的数目被列在结果中（“芯片”）。进而，推荐输入稀释因子，因为计算的样品定量（拷贝 / 微升）将不会显示储备液浓度，而是 dPCR 反应中的 gDNA 浓度。

31. 可以在数据检查（“Review Data”）标签页的省略芯片（“omit chip”）的选项中将极端值排除出计算。数据调用包含阴性、阳性或未确定，可以帮助确认芯片加载或检测质量方面的问题。对于最佳的输出，根据质量临界值，需要有＞ 17 000 个合格的调用。

参考文献

1. Levine RL et al (2005) Activating mutation in the tyrosine kinase JAK2 in polycythemia vera, essential thrombocythemia, and myeloid metaplasia with myelofibrosis. Cancer Cell 7:387–397
2. Baxter EJ et al (2005) Acquired mutation of the tyrosine kinase JAK2 in human myeloproliferative disorders. Lancet 365:1054–1061
3. Kralovics R et al (2005) A gain-of-function mutation of JAK2 in myeloproliferative disorders. N Engl J Med 352:1779–1790
4. James C et al (2005) A unique clonal JAK2 mutation leading to constitutive signaling causes polycythaemia vera. Nature 434:1144–1148
5. Vardiman JW et al (2009) The 2008 revision of the World Health Organization (WHO) classification of myeloid neoplasms and acute leukemia: rationale and important changes. Blood 114:937–951
6. Passamonti F et al (2006) Relation between JAK2 (V617F) mutation status, granulocyte activation, and constitutive mobilization of CD34þ cells into peripheral blood in myeloproliferative disorders. Blood 107:3676–3682
7. Lippert E et al (2006) The JAK2-V617F mutation is frequently present at diagnosis in patients with essential thrombocythemia and polycythemia vera. Blood 108:1865–1867
8. Passamonti F, Rumi E (2009) Clinical relevance of JAK2 (V617F) mutant allele burden. Haematologica 94:7–10
9. Langabeer SE et al (2015) Molecular diagnostics of myeloproliferative neoplasms. Eur J Haematol 95:270–279
10. Vannucchi AM, Pieri L, Guglielmelli P (2010) JAK2 allele burden in the myeloproliferative neoplasms: effects on phenotype, prognosis and change with treatment. Ther Adv Hematol 2:21–32
11. Vannucchi AM, Guglielmelli P (2013) JAK2 mutation-related disease and thrombosis. Semin Thromb Hemost 39:496–506
12. Koren-Michowitz M et al (2012) JAK2V617F allele burden is associated with transformation to myelofibrosis. Leuk Lymphoma 53:2210–2213
13. Alvarez-Larrán A et al (2014) JAK2 V617F monitoring in polycythemia vera and essential thrombocythemia: clinical usefulness for predicting myelofibrotic transformation and thrombotic events. Am J Hematol 89:517–523

14. Tefferi A et al (2008) Low JAK2V617F allele burden in primary myelofibrosis, compared to either a higher allele burden or unmutated status, is associated with inferior overall and leukemia-free survival. Leukemia 22:756–761
15. Guglielmelli P et al (2009) JAK2V617F mutational status and allele burden have little influence on clinical phenotype and prognosis in patients with post-polycythemia vera and post-essential thrombocythemia myelofibrosis. Haematologica 94:144–146
16. Quintás-Cardama A et al (2009) Pegylated interferon alfa-2a yields high rates of hematologic and molecular response in patients with advanced essential thrombocythemia and polycythemia vera. J Clin Oncol 27:5418–5424
17. Kiladjian J-J et al (2008) Pegylated interferonalfa-2a induces complete hematologic and molecular responses with low toxicity in polycythemia vera. Blood 112:3065–3072
18. Jovanovic J (2013) Vet al. Establishing optimal quantitative-polymerase chain reaction assays for routine diagnosis and tracking of minimal residual disease in JAK2-V617F-associated myeloproliferative neoplasms: a joint European LeukemiaNet/MPN&MPNr-Euro-Net (COST action BM0902) stu. Leukemia 27:2032–2039
19. Lippert E et al (2009) Concordance of assays designed for the quantification of JAK2V617F a multicenter study. Haematologica 94:38–45
20. Kinz E, Leiherer A, Lang AH, Drexel H, Muendlein A (2015) Accurate quantitation of JAK2 V617F allele burden by array-based digital PCR. Int J Lab Hematol 37:217–224
21. Majumdar N, Wessel T, Marks J (2015) Digital PCR modeling for maximal sensitivity, dynamic range and measurement precision. PLoS One 10:e0118833
22. Larsen TS, Pallisgaard N, Møller MB, Hasselbalch HC (2008) Quantitative assessment of the JAK2 V617F allele burden: equivalent levels in peripheral blood and bone marrow. Leukemia 22(1):194–195
23. Takahashi K et al (2013) JAK2 p.V617F detection and allele burden measurement in peripheral blood and bone marrow aspirates in patients with myeloproliferative neoplasms. Blood 122:3784–3786
24. Hermouet S et al (2007) Comparison of whole blood vs purified blood granulocytes for the detection and quantitation of JAK2(V617F). Leukemia 21:1128–1130
25. Gong JZ et al (2013) Laboratory Practice Guidelines for Detecting and Reporting JAK2 and MPL Mutations in Myeloproliferative Neoplasms. J Mol Diagn 15:733–744

第 16 章

采用数字 PCR 对稀有等位基因进行定量的新型多重策略

Miguel Alcaide, Ryan D. Morin

摘要：微滴数字 PCR（droplet digital PCR，ddPCR）已被认为是对复杂混合液中相近 DNA 序列进行超敏感检测和绝对定量的金标准。然而，大多数 ddPCR 检测到目前为止均依赖几组与染料结合的水解探针，这些染料有不同的发射光谱，能够对少见的突变和野生型等位基因进行独立的计算。在这里，我们介绍了一套新的策略，它采用单个水解探针就能够对突变型和野生型等位基因进行同时检测和定量。这种策略的变体可以成为一种多重且更划算的方法，对多个遗传变异同时进行筛查。

关键词：数字 PCR；基因检测；非侵袭性基因分析；稀有等位基因检测；游离 DNA；克隆进化；病原体检测

16.1 引言

以很高的敏感性和特异性在复杂的 DNA 混合液中对少见基因变异进行检测和定量的能力在健康护理和环境分析中都有重要的意义。对母体血液中的胎儿游离 DNA 进行非侵袭性基因分析的产前检测 [1,2]，以及通过液体活检的手段在癌症诊断和监测中研究循环肿瘤 DNA（circulating tumor DNA，ctDNA）[3-5] 是被引用最多的应用例子。低水平病原体的检测对于水源性和食物源性疾病的防治也非常关键，近期已被证实在组织液感染、抗菌剂耐药性出现或基因修饰生物增殖等方面的监测也有重要应用前景 [6-10]。多数标准的分子生物学方法，如定量 PCR、传统 Sanger 测序、微阵列、荧光原位杂交（fluorescence in-situ hybridization，FISH）、基于免疫学的方法甚至是 PCR 产物的普通二代测序（next generation sequencing，NGS），在稀有等位基因频率为 1% 或以下时，都不能够可靠地分辨出真正的变体和推测的假变体 [5]。数字 PCR 和新型 NGS 方法（涉及分子条形码策略）的出现推动稀有等位基因的检测极限达到几千分之一甚至几十万分之一 [11-14]。

数字 PCR 将目的基因座的单个（或低数量）拷贝限制在预制的小室或油包水的乳剂所

产生的纳升 / 皮升微滴中，由此将单个 PCR 反应分隔成数千个甚至数百万个平行的微反应 [15,16]。当与其他基于 PCR 的方法进行比较时，数字 PCR 对可能出现在粗制样品（如水、油或解剖学液体）中的抑制剂没有传统 qPCR 那么敏感，因此可以提供一个更加强大的检测平台 [17,18]。数字 PCR 不需要参考样品来建立标准曲线就可以对少见等位基因进行直接和绝对的定量，能够以敏锐的特异性区分具有密切相关性的 DNA 序列。单核苷酸多态性和造成很多遗传性疾病的小插入缺失及这一类的体细胞突变已经在很多人类癌症中被报道为突变"热点"。这些简单的基因改变同样能够推动疾病相关微生物的适应性进化，从而提供了各种途径，通过这些途径，敏感的基因分型能够提供潜在的临床用途 [19-21]。

与具有不同发射光谱的染料相结合的水解探针能够在单个碱基对的尺度上对高度相似的 DNA 序列同时进行检测和定量。双重数字 PCR 是一项有吸引力的技术，因为它减少了与平行反应相关的技术误差，在很大程度上节约了某个检测所需要的时间、总花费，以及珍贵的临床或环境样品的数量。尽管现有的数字 PCR 系统通常仅限于两个光学检测通道（也有例外，如参考文献 [22]），然而在这些系统之中，通过采用不同浓度的标记了相同染料但是与不同靶点结合的探针，或采用不同比值的标记了不同染料但是靶向相同序列的两个探针，在 2D 荧光图上将其定位于一个特定的位置，以实现高阶的多重检测 [23]。在终点 PCR 之后与探针水解相关的非猝灭荧光基团的累积使人们能够对每个分割区所发出的荧光数量和类型进行检测，从而区分哪些目的靶点是阳性，哪些是阴性。而后，根据泊松分布所建立的统计模型对初始样本中的不同 DNA 模板进行绝对定量 [23]。直到最近，检测多个突变的非辨识性检测（如"野生型阴性"或"衰减"检测）都要求具备至少两个标记了不同荧光基团的水解探针 [23-25]。同样，基于强度或基于比率的辨识性多重检测均采用结合了不同染料的探针来特异性地靶向少见的和野生型等位基因 [23,26]。

在本章中，我们介绍了一些检测设计的策略，对于少见和野生型等位基因的多重检测和定量来说，这些策略可以减少所需探针的数量。这些策略既采用了辨识性的方法，又采用了非辨识性的方法，前者专门使用了一个或多个突变特异的水解探针，这些探针也可以定量野生型等位基因，而后者则专门使用了一个或多个针对野生型 DNA 序列（"反转"ddPCR 方法）的探针，这些探针也能对突变型等位基因进行定量。此外，通过设计一对或两对针对性的引物，这些方法还可以在一个反应中对一个或几个基因座进行检测和定量。这些经济且直接的方法可能归功于不完全退火的突变型或野生型探针的低效水解，在其中会发生探针和 DNA 模板之间的单个碱基错配，且当微滴荧光强度降低时，每个靶点分子的相应结果都会在数字反应中被捕捉到 [27]。用于稀有等位基因检测的其他多重数字 PCR 策略的原理已经在近期被详细综述 [23]，因此本章将不再涉及。

16.2　材料

1. ddPCR™ 探针超混液（无 dUTP）（Bio-Rad，# 186-3023、186-3024 或 186-3025）（见 16.4"注意事项"中的第 1 条）。

2. 用于探针的自动化微滴生成油（Bio-Rad，#1864110）（见 16.4"注意事项"中的第 2 条）。

3. ddPCR™ 微滴读取油（Bio-Rad，#1863004）（见 16.4"注意事项"中的第 3 条）。

4. DG32™ 自动化的微滴生成芯片（Bio-Rad，#1864108）（见 16.4“注意事项”中的第 4 条）。

5. AutoDG™ 系统加样吸头（Bio-Rad，#1864108 和 #1864120）。

6. AutoDG™ 系统加样吸头的垃圾桶（Bio-Rad，#1864108 和 #1864125）（见 16.4“注意事项”中的第 5 条）。

7. ddPCR™96 孔 PCR 板（Bio-Rad，#1864108 和 #12001925）或 Eppendorf twin.tec® 96 孔半裙边 PCR 板（Eppendorf，#951020303）。

8. PCR 板热封箔，可穿透（Bio-Rad，#1864108 和 #1814040）（见 16.4“注意事项”中的第 6 条）。

9. PCR 冷却器（Eppendorf，#022510541）（见 16.4“注意事项”中的第 7 条）。

10. 自动化的微滴生成仪（AutoDG™ 系统，Bio-Rad；#1864101）（见 16.4“注意事项”中的第 8 条）。

11. QX200™ 微滴读取仪（Bio-Rad，#1864003）（见 16.4“注意事项”中的第 9 条）。

12. PX1™ PCR 板密封器（Bio-Rad，#1814000）（见 16.4“注意事项”中的第 10 条）。

13. 具有 96 深孔反应模块的 C1000 Touch ™热循环仪（Bio-Rad，#1814000）（见 16.4“注意事项”中的第 11 条）。

14. 检测特异的水解探针：结合了 6-FAM™ 或 HEX™ 染料和 3'Iowa Black® FQ 黑暗猝灭剂的 ZEN ™双猝灭或 LNA PrimeTime® 探针（Integrated DNA technologies）（见 16.4“注意事项”中的第 12 条）。

15. QuantaSoft™ 软件，常规版本（Bio-Rad，#1864011）。

16. Rainin（Mettler-Toledo）或 Eppendorf 的滤芯吸头（Eppendorf，#951020401）（见 16.4“注意事项”中的第 13 条）。

17. 用于探针的 ddPCR™ 缓冲液质控（Bio-Rad，#1863052）。

18. 超纯水。

19. 10mmol/L 的 Tris-HCl（pH=8.0）或 10mmol/L 的 Tris-HCl、0.1mmol/L 的 EDTA（pH=8.0）。

20. 缓冲液 AVE（Qiagen）。

21. 缓冲液 ATE（Qiagen）。

22. 限制性核酸内切酶（可选，见 16.4“注意事项”中的第 14 条）。

23. 尿嘧啶 -DNA 糖苷酶（可选，见 16.4“注意事项”中的第 15 条）。

24. 用作阴性质控的野生型 DNA。

25. Covaris M220 超聚焦声波定位器或类似的仪器（可选）。

16.3 方法

16.3.1 样品准备

此方案已得到验证和优化，采用的是提取自细胞或新鲜组织的基因组 DNA，根据厂家的说明书使用 Qiagen 纯化试剂盒来进行制备，然后用 10mmol/L 的 Tris-HCl（pH=8.0）或

10 mmol/L 的 Tris-HCl、0.1mmol/L 的 EDTA 来洗脱；在缓冲液 AVE（Qiagen）中洗脱细胞游离 DNA（cfDNA）提取物；在缓冲液 ATE（Qiagen）中洗脱 FFPE 来源的 DNA 提取物（见 16.4“注意事项”中的第 15 条）（具体例子，包括 FFPE 样本，见参考文献 27）。进行数字 PCR 之前，cfDNA 不需要做任何处理，可以用任何数量的商业化试剂盒从血浆中提取。已发表过进行 cfDNA 处理的分析前血液操作综述[5]。当完整基因组 DNA 的浓度超过了 72ng/22μl ddPCR 反应时，特别推荐采用限制性内切酶消化或机械剪切力处理，以促进微滴的正确生成。酶的消化可以通过一个限制性内切酶来完成，这个酶不会剪切目的或参考扩增产物（见 16.4“注意事项”中的第 14 条）。机械性碎片化可以采用 Covaris 超聚焦声波定位器来完成。样品 DNA 的碎片化不仅减少了样品的黏滞性，而且提高了对某些靶点区域的检测能力（即使在 DNA 浓度较低的情况下）。

16.3.2　检测设计的考虑

16.3.2.1　扩增产物的大小

在设计引物时，PCR 扩增产物应该尽量做到最短，理想的是为 60 ～ 80bp，越短越好。在采用片段化的 DNA 作为模板时，如 cfDNA，这一点尤其有用。长的 PCR 扩增产物通常会被发现有较低的荧光强度及较高的背景噪声。此外，其他文章已经做过综述[5]，更长的 PCR 扩增产物能够影响 cfDNA 的检测敏感性，因为有相当一部分具有代表性的短 DNA 模板没有两条引物的结合位点，从而不能被检测到[28,29]。下文将介绍对设计具有较好性能方法的一些思考。然而，需要指出的是，靶点的序列特征和它的基因组环境可能不同，因此完全参照所列出的推荐清单也可能会有挑战性。下文也会介绍一些有用的方法设计工具，这些工具能够形成目的检测的候选引物和探针序列（见 16.4“注意事项”中的第 16 条）。

16.3.2.2　PCR 引物

1. 在潜在的引物序列上运行 BLAST（https://blast.ncbi.nlm.nih.gov/Blast.cgi）或 BLAT（https://genome.ucsc.edu/cgi-bin/hgBlat?command=start），以避免与基因组其他区域的交叉反应。

2. 两条引物必须有相同的熔解温度 T_m（±2℃），而且 GC 含量通常为 35% ～ 65%。

3. 引物长度必须不超过 30 个核苷酸。

4. 要避免序列折叠形成稳固的二级结构、自二聚体或异二聚体，要避免长的同聚物运行，尤其是 polyG ＞ 4 的碱基长度。

5. 确保在引物的 3' 端没有常见的 SNP 重叠，这会降低扩增的效率。

16.3.2.3　水解探针

1. 采用 BLAST 或 BLAT 来筛选潜在的探针序列，以避免与基因组其他区域的交叉反应。

2. 在 5' 端要避免出现 G 碱基，因为它们已被充分地证实对某些荧光基团有猝灭作用。

3. 在传统的 qPCR 实验中，探针通常倾向于比引物的 T_m 高 6 ～ 10℃。尽管按照这样的标准设计的水解探针检测在 ddPCR 反应中能够很好地工作，但是只需比引物的 T_m 高

3℃就可以得到很好的结果。一些特殊的修饰可以用于增加探针的 T_m 而无须延长其长度，如 LNA 碱基（Integrated DNA technologies）或 MGB（minor groove binder，小沟结合剂，Applied Biosystems）修饰。

4. 要避免长同聚物 G 的运行（＞4 碱基），避免二级结构及与 PCR 引物形成同源或异源二聚体。

5. 将准备检测的基因组位置的中心尽可能放在探针序列之内。

6. 选择与引物的 3' 端离开至少 5 个核苷酸距离的正义链和反义链，该引物与相同的链退火。设计为一条链的探针可能比较不容易形成二级结构或二聚体。

7. 将探针与 6-FAM™（通道 1）或 HEX™（通道 2）荧光染料相结合，并且添加 ZEN 双猝灭剂或 Iowa Black® 黑暗猝灭剂（Integrated DNA technologies）。虽然没有评价过其详细的应用，但 Black Hole 猝灭剂®（LGC Biosearch Technologies）、TaqMan® MGB 探针（Life Technologies），以及一些替代的引物设计，也有可能在这类特殊的应用中有很好的表现（见 16.4“注意事项”中的第 12 条）。

16.3.3 设置和运行 ddPCR 实验

在这部分中，针对反应设置、微滴生成、热循环及微滴读取 / 数据获取，均给出了整体的指导，这些指导适用于本章所介绍的每个单重或多重策略。可参考 16.3.5 ～ 16.3.9，了解随后的单重或多重方法相关的详细内容。

1. 微滴数字 PCR 反应必须设置为 22μl 的最小终体积，以避免在自动化微滴生成中的机械误差。这个体积应该包含 11μl 的 2 × ddPCR™ 探针超混液（无 dUTP）。另外的 11μl 包含 PCR 引物（终浓度 1μmol/L）、水解探针（终浓度 0.075 ～ 0.5μmol/L，见 16.4“注意事项”中的第 17 条），以及一个可变量的输入 DNA（见 16.4“注意事项”中的第 18 条和表 16-1）。所有的试剂都需要恢复至室温，涡旋并短暂离心以消除存储过程中所形成的浓度梯度。按照表 16-1 准备好目的反应后，每个反应都在室温下配制到 Bio-Rad ddPCR™ 或 Eppendorf twin. tec® 96 孔半裙边 PCR 板中。

2. 对于微滴生成，如果实验室没有自动化的微滴生成仪，则需要按照 QX100 或 QX200（#10026322 或 10031907）微滴生成仪的操作说明书进行人工微滴生成。如果选择在冰上配制，需要在微滴生成之前将反应在室温平衡至少 3 分钟，这一点非常重要。

3. 自动化的微滴生成要求至少将 8 个样品配制到一列孔中（见 16.4“注意事项”中的第 19 条）。将样品板放到自动微滴生成仪中指定的区域（左边的板隔间）并且将一个干净的板放到板冷却器的相应位置（右边的板隔间）（见 16.4“注意事项”中的第 2、4、5 条）。

4. 点击设置样品板按钮并且选择含有样品板的特定列。确认并启动自动化的微滴生成（每 8 个样品或每列样品＜5 分钟）。

5. 检测自动微滴生成仪屏幕上的错误信息（见 16.4“注意事项”中的第 20 条），如果操作成功结束则可继续。参考自动微滴生成仪使用手册（http://www.bio-rad.com/webroot/web/pdf/lsr/literature/10043138.pdf）的第 4 章和（或）联系技术支持进行故障排除。

6. 在所有的反应中都转换为微滴之后，用可穿透箔盖上收集板并用 PX1™ PCR 板密封器进行热封（180℃）（见 16.4“注意事项”中的第 6 条）。

7. 将板放到 C1000 Touch™ 热循环仪中，运行表 16-2 中所描述的预装程序，热盖预加热至 105℃，将反应体积设置为 40μl，循环中每一步的变温速度为 2℃ /s（见 16.4“注意事项”中的第 21 条）。

表 16-1　本章介绍的基于识别性和非识别性水解探针的 ddPCR 实验过程中建议的体积和终浓度

	单重（单基因座）	单重（双基因座）	多重（单基因座）
2×ddPCR™ 探针超混液（无 dUTP）	11μl（1×）	11μl（1×）	11μl（1×）
引物预混液 -10μmol/L（每）储存液	2.2μl（1μmol/L）（1 对）	2.2μl（1μmol/L）（2 对）	2.2μl（1μmol/L）（1 对）
6-FAM™ 水解探针（突变型或野生型特异）-5μmol/L 储存液	1.5μl（0.34μmol/L）	1.5μl（0.34μmol/L）	2.2μl（0.5μmol/L）只是突变型特异
6-FAM™ 水解探针（突变型特异）-5μmol/L 储存液			0.8μl（0.18μmol/L）
6-FAM™ 水解探针（突变型特异）-5μmol/L 储存液			0.33μl（0.075μmol/L）
HEX 水解探针（突变型或野生型特异）-5μmol/L 储存液		1.5μl（0.34μmol/L）	1.4μl（0.3μmol/L）只是突变型特异
黑暗探针 -5μmol/L（每）储存液（可选）	0 ～ 1.5μl（可调）	0 ～ 1.5μl（可调）（0、1 或 2 基因座）	
DNA+ 超纯水	5.8 ～ 7.3μl	2.8 ～ 5.8μl	4.07μl
总体积	22μl	22μl	22μl

注：所有反应的终体积都设置为每个样品 22μl。

表 16-2　依赖水解探针的 ddPCR 反应的推荐循环程序

循环步骤	温度（℃）	时间	循环数
酶活化	95	10 分钟	1
变性	94	30 秒	40
退火 / 延伸	52 ～ 62（针对每个反应进行优化）	1 分钟	
酶失活	98	10 分钟	1
维持	4	无限	1

16.3.4　数据获取和分析

1. PCR 扩增一结束，就将含有样本的密封板放到 QX200™ 数字 PCR 读取仪中（见 16.4“注意事项”中的第 3 条）。

2. 打开 QuantaSoft™ 软件，设置一个新板布局。双击某个孔，打开“孔－编辑”对话框。

3. 对于每个孔，输入以下信息：样品名称，实验类型（靶点数量＞100 拷贝 / 孔的设为“绝对定量”，或者＜ 100/ 孔的设为“稀有事件检测”），超混液的类型应该输入：ddPCR™ 探针超混液（无 dUTP），靶点名称，每个靶点相关的最佳通道（6-FAM™ 在通道 1；HEX™ 或 VIC™ 在通道 2），以及所分析样品的类型（如未知、参照物、阳性质控、阴性质控、无模板质控）。点击“应用（Apply）”来标记孔，结束后点击“OK”。

4. 点击“运行（Run）”按钮开始微滴读取过程。

5. 数据收集结束之后，应该通过点击“分析（Analysis）”来检查结果。要完成定量，则必须先在 2D 的强度数据图上，根据所观察到的参照物、阳性对照、阴性对照，以及无模板 DNA 对照的簇边界的指引，手动设置阈值和簇。对于本章所述的每个 ddPCR 方法，靶点定量的具体指导将在下文做详细介绍。

6. 采用拷贝 / 微升和等位基因比率来估算初始样品之中靶点等位基因的丰度。

16.3.5 在多重检测之前进行单重“单基因座”方法的验证和优化（一对引物和一个突变等位基因特异的探针）

我们的工作证实，采用独特的水解探针，ddPCR 能够在单碱基对的尺度上同时区分突变型和野生型的等位基因[27]。我们观察到，当突变型和野生型探针在同一个微反应中不竞争杂交时，如果在探针和 DNA 模板间发生单个错配，则不完全退火的探针会被降解。这种现象产生的微滴至少具有三种清晰的不同的荧光强度。最低的荧光强度与未水解探针相结合的荧光基团的不完全猝灭有关（“双阴性”微滴，即对于某个特定的基因座，微滴既不含有野生型也不含有突变型等位基因），而最高的荧光强度（“阳性”微滴）可以解释为探针与 DNA 模板完美互补之后得到了特异性和高效的水解。值得注意的是，我们观察到了一个中间区段的荧光强度带（“低阳性”微滴），与“双阴性”微滴和“阳性”微滴都明显不同，我们将其归因为不完全退火探针的低效水解（图 16-1）。针对某个基因座进行突变型和野生型等位基因的绝对定量采用了前面的方法，如野生型的特异探针就是通过这个特征实现的。采用这种单水解探针最直接的益处就是花费较低而且可能提高多重检测的应用（见 16.4“注意事项”中的第 22 条）。能够增大这种新型方法（以及下面的其他方法）潜力的一个重要前期步骤就是确认最佳的条件和参数设置，这些条件和设置可以在不同的靶点等位基因之间产生最佳的荧光强度差异。

16.3.5.1 阳性质控和阴性质控

在用于多重检测之前，对于单重 ddPCR 方法的验证来说，有特异目的突变（阳性质控）和野生型 DNA（阴性质控）的样品是非常重要的。如果无含有目的等位基因的相关生物学样品，人工合成的双链和序列得到验证的 DNA 片段，如 gBlocks® 基因片段（Integrated DNA technologies），可以被用作质控模板（即加到野生型的背景基因组 DNA 中）。

16.3.5.2 退火温度

乳液 PCR 过程中的退火温度是对检测分辨率影响最大的因素之一。对于某个特定的基因座来说，某个退火温度能够给“双阴性”“阳性”“低阳性”微滴提供最佳的分离（图 16-1）。另外，当多个探针都出现在一个检测反应中时（如 16.3.7 中的单重“双基因座”反应），如果所测试的探针的最佳退火温度差别明显，则推荐在用于多重检测之前对其中之一进行重新设计，以获得更为近似的最佳温度，从而对每个独立基因座的微滴簇都能很好地区分（见 16.4“注意事项”中的第 23 条）。

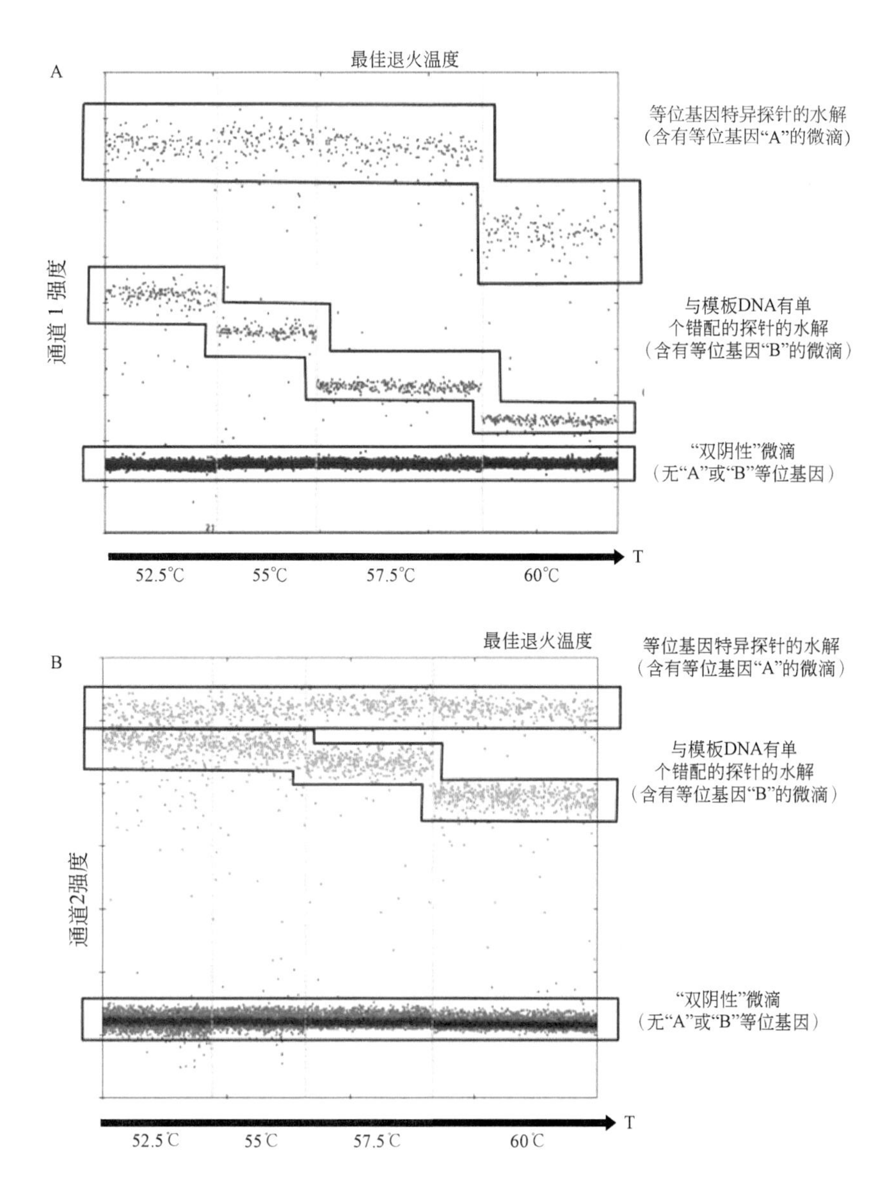

图 16-1　两个单重 ddPCR 方法在单个孔中所测试的退火温度效果（靶向两个不同基因座上的两个突变）。第一个方法（A）显示在 57.5℃时，携带探针特异靶向的等位基因的微滴（“阳性”微滴），含有一个碱基对差别的另一个等位基因的微滴（“低阳性”微滴），以及“双阴性”微滴之间的最佳分离（图中上、中、下被框出来的区域）。对于第二个方法（B），最佳的退火温度是 60℃，越低的退火温度显示区分“阳性”和“低阳性”微滴的效果越差。因此，如果这些方法在一个孔中同时运行，将需要使用最高的退火温度（60℃）。这些方法是采用新鲜肿瘤活检标本中所提取的基因组 DNA 作为 DNA 模板来完成的，这些活检标本已知携带这两个被研究的等位基因的突变。第一个方法应用标记了 6-FAM™（通道 1）的一个单水解探针，而第二个方法则应用标记了 HEX™（通道 2）的一个单水解探针

16.3.5.3 “黑暗探针”的引入

引入一段与高丰度的野生型等位基因序列相匹配但是没有结合荧光染料的寡核苷酸（即“黑暗探针”，见参考文献 30 中的例子）可以提高对少见和野生型等位基因荧光的识别（图 16-2）（见 16.4“注意事项”中的第 24 条）。

16.3.5.4 检测的运行和分析

差别性单重 ddPCR 方法的标准设置和准备详见表 16-1。进行热循环并且在微滴读取仪中读取数据之后，在 QuantaSoft ™软件上手动确认微滴簇（图 16-3A），然后完成突变型和野生型等位基因的定量。

在“设置（Setup）”模式下，选择未知样品、阳性质控、阴性质控和无模板 DNA 质控（如果有的话）的孔，均运行同一个检测。对于等位基因数量和突变片段丰度的检测来说，要确保两个光学通道在设置选项中都已经与正确的靶点（即等位基因）相关联，并且在点击“分析（Analyze）”后能够将数据显示在 2D 强度图上。将携带突变等位基因的“阳性微滴”与 FAM 通道关联，将携带野生型等位基因的“低阳性微滴”与 HEX 通道关联。要实现这些，需要使用矩形（或圆形或手绘）的“多孔阈值选择工具（Multi-well thresholding selection tool）”，点击“-/-”的黑色按钮，圈起该形状内的所有微滴，选择将所有微滴都初始指定为“双阴性”微滴。然后，点击“-/+”的绿色按钮（HEX/VIC 通道），使用选择工具，圈起并设定携带野生型等位基因的“低阳性”微滴簇。接下来，点击“+/-”的蓝色按钮（FAM 通道），同样设定好携带突变等位基因的“阳性”微滴簇。当多个样本被同时显示在 2D 强度图上时，在“孔 - 编辑”中将鼠标悬停在阳性质控和阴

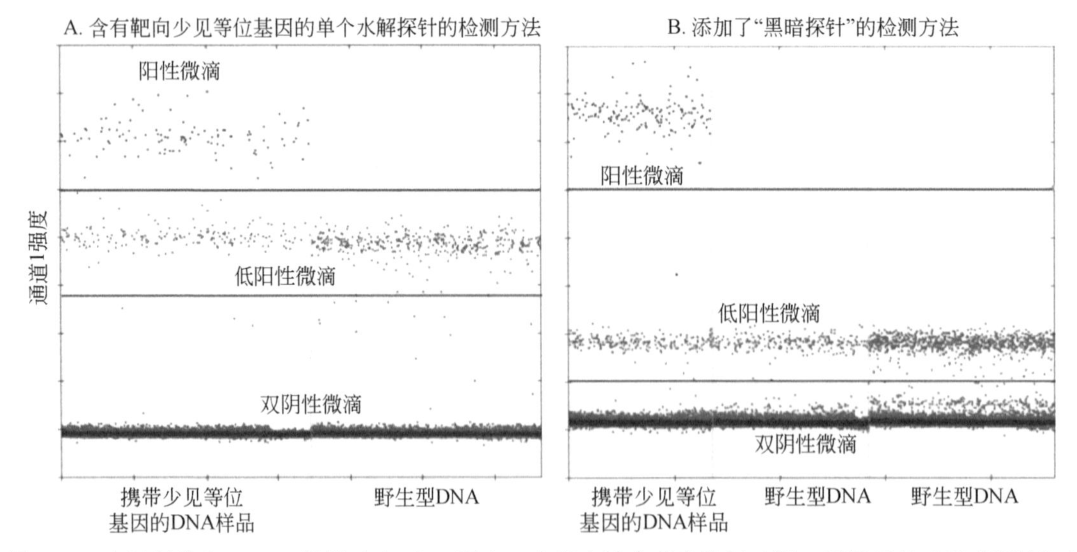

图 16-2 在运行单重 ddPCR 检测时（A），引入一个没有结合荧光染料（即 B 图显示的“黑暗探针”）的野生型寡核苷酸可以促进携带少见或野生型等位基因的微滴簇的分离。对于少见（红紫色线，蓝色微滴）和野生型等位基因（黑色线，中间的黑色微滴条带）的独立定量来说，建议的手动阈值也显示在图上。图中使用了从新鲜肿瘤活检样本（携带能够被探针特异靶向的突变）中所提取的 DNA 及商业购买的野生型 DNA 样品来分别作为阳性质控和阴性质控

性质控上（可以在 2D 图上高亮显示微滴簇）也许可以帮助操作者定义不同荧光簇之间的边界（图 16-3A）。以每微升样品中突变型等位基因的绝对计数被显示在 QuantaSoft™ 软件的顶部表格中，也可为可输出的可视化图表，显示浓度和比值标签，或者为可输出的“.csv”文件，进行进一步的数据分析。在 2D 图上确认好微滴簇之后，数据可以显示在 1D 强度图上，当同一个方法以不同的退火温度进行检测（图 16-1）或添加了“黑暗探针”（图 16-2）时，这种 1D 图尤为有用，可以并排比较显示微滴簇分离的质量（在 1D 图上显示为强度不同的“条带”）。

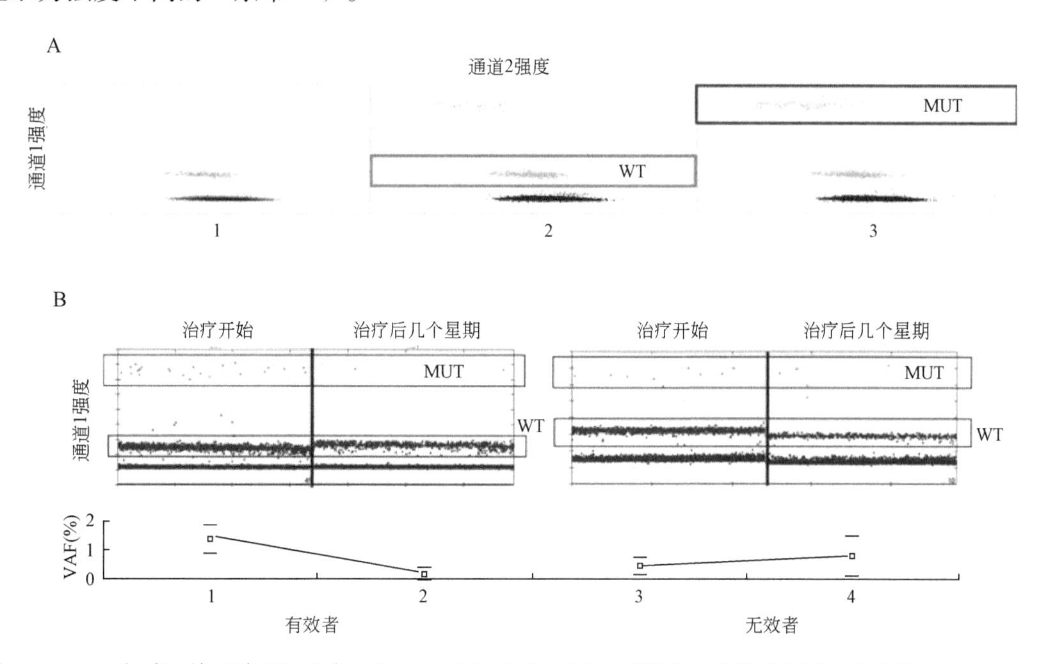

图 16-3　A：在采用单重单基因座方法进行 ddPCR 实验过程中计算突变型等位基因丰度和等位基因比率的步骤。在“设置（Setup）”下，选择同一方法所分析的未知样品、阳性质控、阴性质控和无模板质控（如果有的话）。然后，在“分析（Analyze）”下的 2D 图中，使用矩形的“多孔阈值选择工具”做初始框选，从而将 2D 图上的所有微滴都指定为“双阴性”（1，所有的微滴簇都将显示为灰色）。为了正确地识别和确定每一个阳性和阴性的微滴簇，首先在“孔－编辑”中将鼠标悬停在野生型阴性质控上，在 2D 图上高亮显示其微滴簇。然后，在点击绿色的“–/+”按钮之后，使用“多孔阈值选择工具”中任何一个所选择的形状（矩形、圆形或手绘的形状）框选携带野生型（WT）等位基因的微滴，使其与 HEX/VIC 荧光相关联（2）。同样，点击蓝色的“+/–”按钮之后，在“孔－编辑”中将鼠标悬停在突变型阳性质控上，则将会帮助操作者明确那些携带突变等位基因（MUT）的微滴簇，这些微滴簇被框选在所选择形状中之后将会与 FAM 荧光相关联（3）。B：采用单重单基因座 ddPCR 方法对癌症患者血浆中的体细胞突变进行非侵袭性监测。这些方法有可能以很高的精确度和灵敏度对液体活检中的体细胞突变型（MUT）和野生型（WT）等位基因同时进行定量。一个患者在接受有效治疗的过程中显示出了循环肿瘤 DNA（ctDNA）水平的显著降低（左图）。另外一个患者（右图）对治疗耐受，其 ctDNA 水平并没有随着时间而降低。VAF 代表的是少见等位基因的“等位基因频率变量”。对于等位基因片段的计算，在 2D 图上，携带突变型等位基因的“阳性微滴”被指定到 FAM 通道而携带野生型等位基因的“低阳性微滴”被指定到 HEX 通道，如 A 图所示。这里所显示的 1D 图，对于不同样品之间所报道的突变分子绝对数目的并排比较来说是非常有用的。需要注意的是，当采用不同体积的样品进行检测时（见无效者的例子），每个等位基因的片段丰度可能会提供更多信息

16.3.6 无差别的单重“单基因座”筛查反应（一对引物和一个野生型特异的水解探针）

某个基因座野生型序列的水解探针能够被用于多个小基因组改变的检测，如一个热点的单核苷酸多态性甚至是单碱基或双碱基的插入缺失。不完全退火的野生型探针的水解产生了一个继发性的荧光强度带，它与“双阴性”微滴（即没有目的基因座拷贝的微滴）所释放出来的低荧光强度带是有区别的。这种方法非常适合一些热点突变的筛选，其特点是存在多个基因组异常，这时从这个方法中所获取的唯一信息是某个热点是否存在突变（图 16-4）。对于已知家族性遗传病的种系突变及从新鲜肿瘤活检中所获得的等位基因频率超过 10%（尽管可能会低至 1%）的复发性体细胞突变的筛查来说，这些“反转”ddPCR 方法 [27] 是很有用的（见 16.4“注意事项”中的第 25 条）。

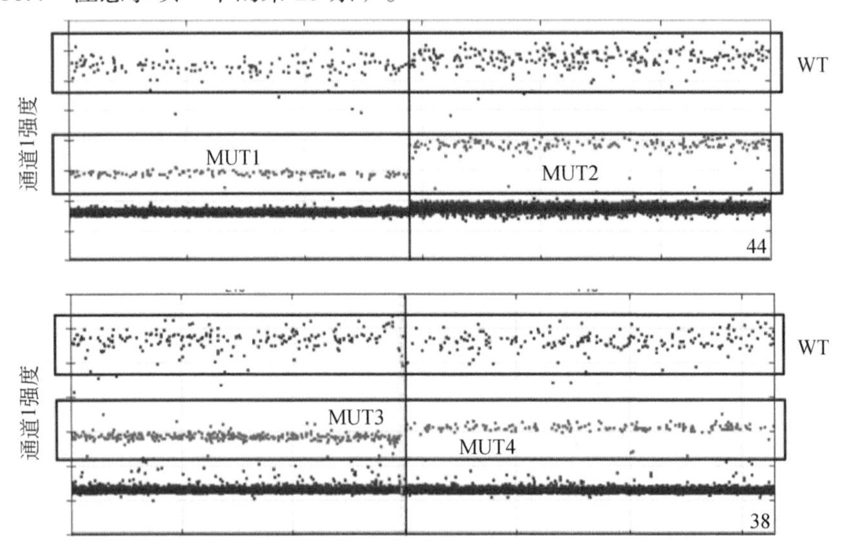

图 16-4 通过采用一个与野生型等位基因序列相匹配的单水解探针，“反转”ddPCR 方法能够发现影响一个突变热点的多个基因组异常。WT 代表包含野生型等位基因目的靶点的微滴。在显示的例子中，采用单个水解探针，可以对多达 4 种不同的单核苷酸多态性（MUT1 ～ MUT4）进行检测和定量。对于这个实验，我们使用了从新鲜肿瘤样本中提取的 4 个不同的 DNA 样本。每个样品都已知在相同的突变热点中携带一个不同的少见等位基因。与每一个特定突变等位基因相关的荧光强度信号都可能略微不同（如 MUT1 对比 MUT2）。这个发现提示，根据样本所携带的特异突变等位基因，热循环过程中的最佳退火温度可能略有不同。对于等位基因片段的计算，携带野生型等位基因的“阳性微滴”被指定到 HEX 通道，而携带突变型等位基因的“低阳性微滴”则被指定到 FAM 通道；在本图上没有给出 2D 图

16.3.6.1 检测的运行和分析

表 16-1 中已显示准备无差别性单重“单基因座”ddPCR 方法的体积和推荐的试剂终浓度。与 16.3.5 中所使用的含有突变特异探针的单重检测步骤类似，在这里，突变型和野生型等位基因的定量是在 QuantaSoft™ 软件中手工设定好阈值之后完成的。在设置模式中选择样品、阳性质控、阴性质控和无模板 DNA 质控（如果有的话）。在设置选项中，确保 FAM 光学通道与突变型等位基因相关联，而 HEX/VIC 光学通道与野生型等位基因相关联，接下来，

点击“分析（Analysis）”后在 2D 强度图上显示数据。实质上，本方法将携带突变型等位基因的“低阳性微滴”指定到 FAM 通道，而携带野生型等位基因的“阳性微滴”则指定到 HEX/VIC 通道。点击“-/-”黑色按钮之后，采用“多孔阈值选择工具”的矩形初始设定整组微滴都是“双阴性”微滴。点击绿色的“-/+”按钮（HEX/VIC 通道）来设定野生型等位基因（即释放最强荧光信号的微滴）的“阳性”微滴簇。点击蓝色的“+/-”按钮（FAM 通道）来设定“低阳性”微滴簇（即含有少见等位基因的微滴）。等位基因定量的过程需要依靠与图 16-3A 所示相同的一系列步骤，所不同的是，与 HEX 通道相关联的野生型等位基因将用荧光信号最强的微滴簇来表示，而与 FAM 通道相关联的突变型等位基因将用荧光信号中强度的微滴簇来表示。每个孔的等位基因计数及每个突变型等位基因所估计的片段丰度将会在顶部的表格中给出，也能够可视化为浓度和比值图表，以及输出“.csv”文件。

16.3.7　非竞争性有差别的单重“双基因座”反应（两对引物和两个稀有等位基因特异的水解探针）

用一个单水解探针对突变型和野生型等位基因同时进行定量的可能性使得采用连接了不同发射光谱染料的两个探针可以在一个单测试孔中检测两个不同的基因座（图 16-5）。这种方法最直接的优势是既可以节省整体的费用，还可以避免将宝贵和稀少的样品分成多份，以便对每一个基因座都进行独立的检测。能够追踪多个突变也有重要意义，如在癌症患者治疗过程中监测肿瘤的进化[31,32]。

检测的运行和分析

在表 16-1 中列出了差别性“双基因座”反应的试剂体积和推荐的终浓度。方法的设计、优化和 ddPCR 的工作流程按照 16.3.2 ～ 16.3.4 所介绍的内容来执行。突变型和野生型等位基因的定量要在 QuantaSoft™ 软件中手动设定好阈值后才能完成。在“设置（Setup）”或“分析（Analyze）”模式下选择样品、阳性质控、阴性质控和无模板 DNA 质控，并且将数据显示在 2D 强度图上。然而，相比于单重 ddPCR 方法，双基因座 ddPCR 方法检测两个独立的基因组位置，如果是使用 v1.7.4.0917 或更早版本的 QuantaSoft™，其中的每个基因座都需要独立并且连续地进行分析，在分别分析完每个基因组位点之后要把数据输出为图表和（或）“.csv”文件（采用更新软件的另外一种分析见 16.4“注意事项”中的第 26 条）。

要确保两个光学通道已经在“设置（Setup）”选项中与其相应的等位基因类型（即野生型或突变型）相关联并且在点击“分析（Analysis）”后将数据显示在 2D 强度图上。跟前文介绍的单重方法一样，操作者需要把携带突变型等位基因的“阳性微滴”与 FAM 通道相关联，将携带野生型等位基因的“低阳性微滴”与 HEX/VIC 通道相关联，对每个单独的基因座都如此操作。对于基因座 1 靶点的分析，先将整个图的内容都设置为“-/-”双阴性（即灰色）微滴。采用“多孔阈值选择工具”，点击绿色的“-/+”按钮（HEX/VIC 通道）来定义携带基因座 1 上的野生型等位基因的“低阳性”微滴簇。这里包括带有混合内含物（即基因座 1“低阳性”/ 基因座 2“低阳性”或基因座 1“低阳性”/ 基因座 2“阳性”，图 16-5）的微滴。点击蓝色的“+/-”按钮（FAM 通道）来定义基因座 1 的“阳性”微滴簇，这里也包括带有混合内含物的微滴（即基因座 1“阳性”/ 基因座 2“低阳性”或基因座 1“阳性”/ 基因座 2“阳性”）。基因座 1 突变的等位基因计数和估算的等位基因频率将会在顶部的表格和浓度比率图中给出。

输出基因座 1 的数据之后，重复类似的一组操作来估算基因座 2 的突变型和野生型等位基因在每个孔中的拷贝数及片段丰度。操作者必须要在“设置选项（Setup Menu）”中重新定义基因座 2 相关的新靶点 ID，除非通用的“突变型”或“野生型”名字总是分别与 FAM 或 HEX/VIC 通道相关联。为了使不同基因座输出的“.csv”文件数据不相混淆，QuantaSoft™ 软件所输出文件的名字中应该包括基因座的 ID。

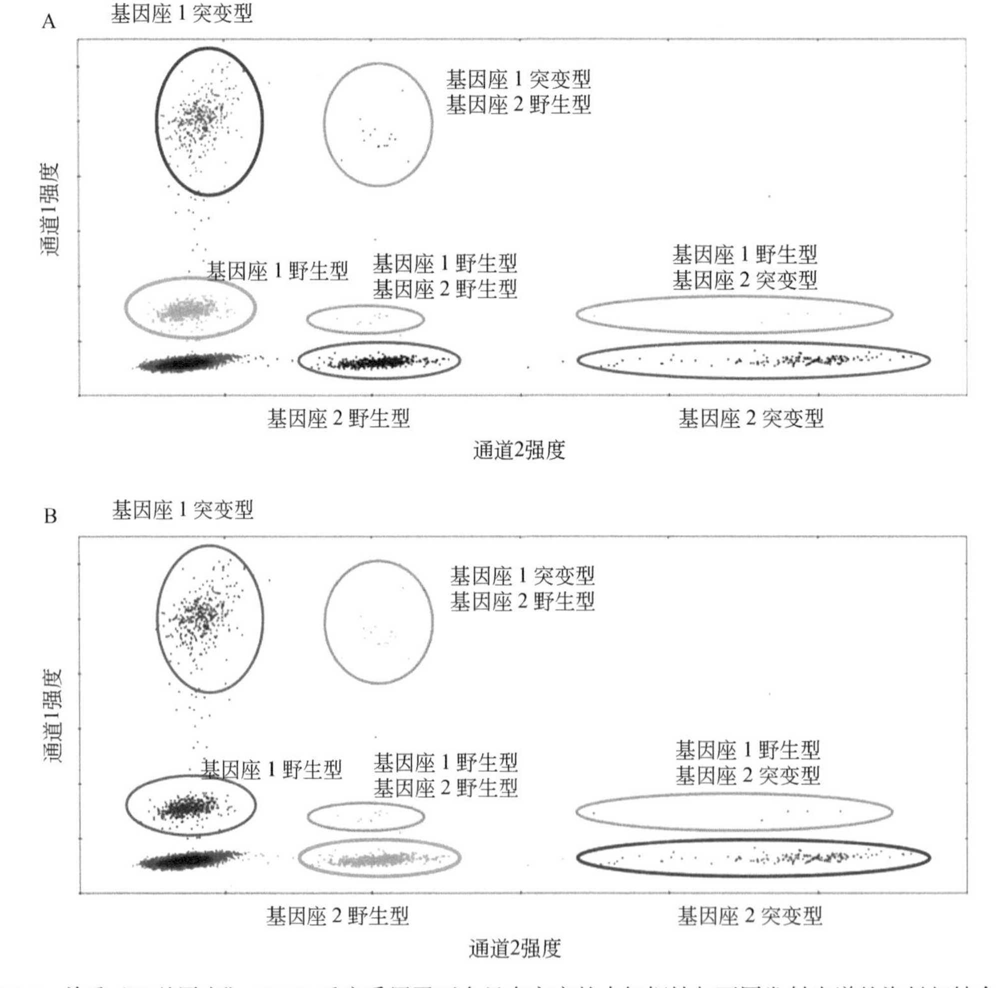

图 16-5 单重“双基因座”ddPCR 反应采用了两个只有突变的水解探针与不同发射光谱的染料相结合，在两个独立的基因组位置上报道少见等位基因的出现。对于那些含有少见等位基因的微滴来说，突变特异探针的有效水解在光学通道 1 和 2 都产生了较高的荧光强度。在只含有野生型等位基因（绿色圆圈）或同时包含了突变型等位基因（橙色圆圈）的微滴中，不完全退火探针的水解能够对野生型等位基因进行独立的定量。这个检测是在 5ng（大约）DNA 样品上完成的，该样品提取自新鲜的肿瘤活检标本，之前已知携带所检测的两个基因座的少见等位基因。对于每一次重复的两个基因座来说，每个孔中等位基因拷贝数的计算及每个独立基因座上等位基因片段的计算是连续进行的，将携带突变型等位基因的“阳性微滴”指定到 FAM 通道（蓝色微滴），将携带野生型等位基因（绿色微滴）的“低阳性微滴”指定到 HEX 通道。对于每个基因座，这个操作都是独立进行的（分别显示在图 A 和图 B 中）

16.3.8 反转的无差别的单重“双基因座”反应（两对引物和两个野生型特异的水解探针）

对于单核苷酸遗传变异，通过采用两个野生型特异的探针与具有不同发射光谱的染料相结合，可以筛查两个不同的突变热点。因此，在一个检测之中可以检测相当多个数量的突变（图 16-6）。在敏感性和特异性上，无差别的“双基因座”“反转”ddPCR 方法与单重“反转”ddPCR 方法有类似的局限性（见 16.4“注意事项”中的第 25 条）。

检测的运行和分析

准备无差别“双基因座”反应的试剂体积和推荐的终浓度参见表 16-1。方法的设计、优化和 ddPCR 的工作流程如 16.3.2 ～ 16.3.4 所示。

A

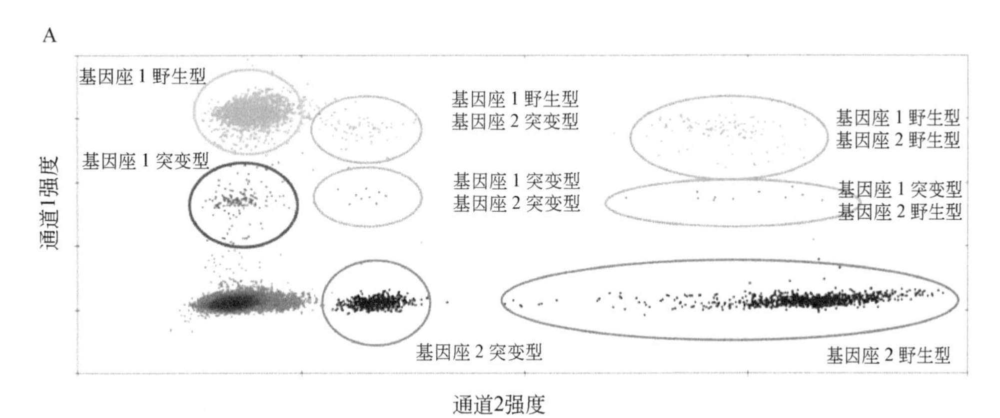

B

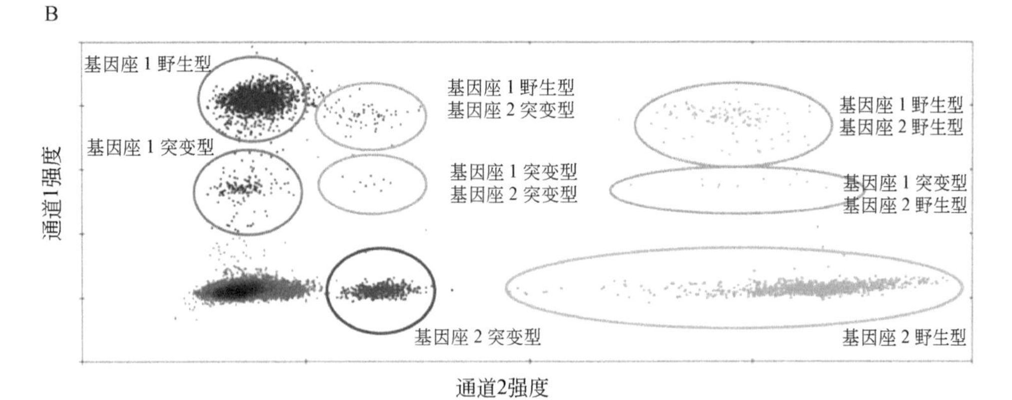

图 16-6　带有两个水解探针的单重“双基因座”“反转”ddPCR 反应，该探针只与两个独立基因座上的野生型等位基因相匹配。采用结合了两个染料（每个基因座结合一个染料）的水解探针在一个孔中检测光学通道 1 或 2，这些方法能够对多个突变型和野生型等位基因进行同时定量。在本图展示的例子中，最多可以观察到 9 种不同的荧光簇。这个检测是在 10ng（大约）DNA 样品上完成的，该样品提取自新鲜的肿瘤活检标本，两个突变热点中的每一个突变都是之前已知的。对于等位基因拷贝数的计算及每个独立基因座上片段的计算来说，携带野生型等位基因（绿色微滴）的“阳性”微滴被指定到 HEX/VIC 通道，而携带突变等位基因的“低阳性”微滴被指定到 FAM 通道（蓝色微滴）。对于每个基因座，这个操作都是独立进行的（基因座 1 和 2 分别显示在图 A 和图 B 中）。橙色圆圈显示了含有多个等位基因（相同或不同基因座）拷贝的微滴。

在 QuantaSoft™ 软件中手动设定好阈值后完成突变型和野生型等位基因的定量。在“设置（Setup）”或“分析（Analyze）”模式下选择样品、阳性质控、阴性质控和无模板 DNA 质控，并且将数据显示在 2D 强度图上。在使用 v1.7.4.0917 或更早版本的 QuantaSoft™时，无差别的“双基因座”ddPCR 方法需要对每个基因座进行独立和连续的分析。对于每个连续分析的基因座，要确保两个光学通道已经在“设置（Setup）”选项中与其相应的等位基因类型（即野生型或突变型）相关联并且在点击“分析（Analyze）”后将数据显示在 2D 强度图上。对于这个方法，将携带野生型等位基因的“阳性微滴”指定到 HEX 通道，将携带突变型等位基因的“低阳性微滴”指定到 FAM 通道。然而，首先还是要先将整个图的内容都设置为“-/-”双阴性（即灰色）微滴。采用“多孔阈值选择工具”，点击绿色的“-/+”按钮（HEX 通道）来定义携带基因座 1 上的野生型等位基因的“阳性”微滴簇。其中包括带有混合内含物的微滴、含有基因座 1 的野生型和突变型等位基因（图 16-6）。点击蓝色的“+/-”按钮（FAM 通道）来为基因座 1 定义“低阳性”微滴簇（即携带少见等位基因的微滴），也包括带有混合内含物的微滴、携带基因座 1 的突变型等位基因。基因座 1 的等位基因计数和估算的片段丰度将会在顶部的表格、浓度和比率图，以及输出的“.csv”文件中给出。重复类似的一组操作来估算基因座 2 相关的突变型和野生型等位基因在每个孔中的拷贝数及片段丰度。操作者必须要在“设置选项（Setup Menu）”中重新定义基因座 2 相关的新靶点 ID，除非通用的“突变型”或“野生型”名字总是分别与 FAM 或 HEX/VIC 通道相关联。为了使不同基因座输出的“.csv”文件数据不相混淆，QuantaSoft ™软件所输出文件的名字中应该包括基因座的 ID。采用更新软件的另外一种分析见 16.4“注意事项”中的第 26 条。

16.3.9 高阶单基因座“强度”多重技术（一对引物和几个突变型等位基因特异但无野生型的水解探针）

通过使用排他性的突变特异水解探针，某个热点中的突变可以被单独识别出来，这些探针结合了两个染料（在这里是 FAM 和 HEX）的其中之一，而在终点式 PCR 中会应用不同终浓度的染料。由于不需要野生型特异的水解探针，相比于传统的多重少见突变检测方法，采用这种方式的等位基因多重检测有很多优势。然而正如前文所解释的，这些野生型的等位基因仍然可以被检测和定量，因为它们与突变探针的不完全水解产生了具有中间段双重荧光信号（图 16-7 中的绿色微滴簇）的微滴。

检测的运行和分析

对于多达 3 种突变特异探针与同一个荧光染料相结合（通常是 6-FAM™），表 16-1 显示了推荐的起始浓度比例。这些推荐只是建议，我们推荐对每一个探针的终浓度做轻微的修改并且建立一个温度梯度，直到每一个微滴簇都可以获得满意的分离。在 QuantaSoft™ 软件中手动设定好阈值后完成突变型和野生型等位基因的定量。首先在“设置（Setup）”视图下选择样品、阳性质控、阴性质控和无模板 DNA 质控。在“设置（Setup）”选项中确保两个光学通道已经与其相应的靶点类型（即野生型或突变型）相关联，然后点击“分析（Analysis）”，将数据显示在 2D 强度图上。所有的突变型等位基因，不管最终的探针浓度是多少或靶向每个特定等位基因的染料是什么，都将在“设置（Setup）”选项中与 FAM 通道相关联。只有野生型等位基因（图 16-7 绿色微滴簇中的等位基因，发出的是 FAM 和 HEX 的混合荧光信号）将会与 HEX 通道相关联（有所不同的是，在传统的 QuantaSoft 应用中，双染的簇将会被标记为橙色微滴）。

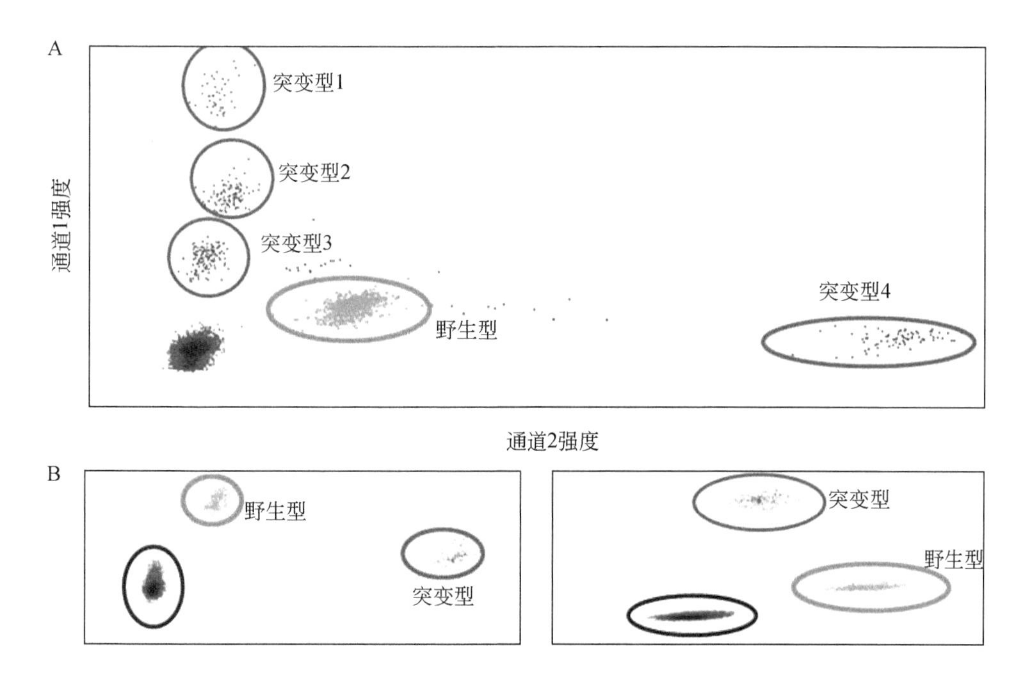

图 16-7　采用单对引物和几个标记了两种不同荧光基团（采用可定制的终浓度）的突变水解探针对少见等位基因进行多重检测。A. 同时使用了 4 个突变特异探针来检测提取自 4 个独立肿瘤活检标本的基因组 DNA 混合物，每个活检标本都带有一个不同的突变。3 个水解探针被标记了 6-FAM ™而第 4 个探针标记的是 HEX ™。根据 ddPCR 反应中每个探针的终浓度，3 个与 6-FAM ™结合的探针能够与 3 个明确的荧光簇（蓝色）相关联。第 4 个标记了 HEX 探针水解后在通道 2 产生了强荧光，但是它也被指定为 FAM 信号，以便进行正确的定量。在只含有野生型等位基因的微滴之中，都有 6-FAM ™和 HEX ™探针的非特异水解，因此野生型等位基因（绿色簇）也能被检测和独立定量。B. 当应用于携带单个突变的样本时，这些方法可以形成 3 个不同的荧光簇（一个是蓝色的“阳性”微滴，一个是绿色的“低阳性”中间段微滴，还有一个是灰色的“双阴性”微滴；突变阴性的样本只会显示两个荧光簇：“低阳性”中间段微滴加“双阴性”微滴）

为了定义微滴簇，首先要将整个图都设置为“−/−”双阴性（即灰色）微滴。采用手绘套索“多孔阈值选择工具（Multi-well thresholding selection tool）”，点击蓝色的“+/−”按钮（FAM 通道）来定义携带突变型等位基因的“阳性”微滴簇（通常在某个样品之中将只有一个这样的突变簇；在这里组合了多个样品，每个都有一个不同的突变型等位基因）。点击绿色的“−/+”按钮（HEX 通道）来定义只携带野生型等位基因的“低阳性”中间段微滴簇。每个孔中突变型和野生型等位基因的计数及估算的片段丰度将会在顶部的表格及浓度比率图中给出。需要注意的是，这个方法不需要进行上面的双基因座检测方法所使用的迭代分析（参见 16.3.7 和 16.3.8）。

16.4 注意事项

1. 不要将不含 dUTP 与含有 dUTP 的 ddPCR™ 探针超混液（Bio-Rad，Hercules；货号：# 186-3010，186-3026，186-3027，186-3028）相混淆，这一点非常重要。我们观察到，对于这里所介绍的差别性和无差别性方法，含有 dUTP 的超混液都不能提供正确的微滴簇识别。要达到最佳的检测分辨率，一直使用新鲜的 ddPCR™ 探针超混液（无 dUTP）也是很重要的。根据厂家的提示，收到 ddPCR™ 探针超混液（无 dUTP）之后保存在 -20℃下至少 6 个月，都能保持稳定，而融化之后保存在 4℃下则只能最长保存 2 周。厂家不推荐多次冻融，因为这会影响检测的分辨率，也不推荐使用超出有效期的试剂。

2. 与 ddPCR™ 探针超混液（无 dUTP）一样，旧的或过期的数字 PCR 探针微滴生成油也会导致非最佳的检测分辨率。要一直检测油的底部，以免出现微生物繁殖或混浊的迹象。

3. 坏的或过期的微滴读取油也会产生非最佳的检测结果。

4. 将芯片的绿色部分朝向自动化微滴生成仪的右侧。仍在使用时，确保不要把 DG32 ™芯片从其隔间中提起。如果是提起后再重新装回去，自动微滴生成仪将会认为这是一个新的芯片，某些部分将会被重新使用。这将会导致微滴生成错误和（或）样品交叉污染。

5. 必要时要清空垃圾桶。

6. 将封口箔放到需要覆盖的 96 孔板上部，有红线的部分朝上。

7. 确保提前预冷的 -20℃板冷却器的颜色可以提示正确的温度。这些板能将样品的温度维持在 0℃至少 1 小时，当温度超过 7℃时，就会有颜色改变。

8. 确保用于探针的微滴生成油、加样吸头和 DG32 ™芯片的数量和质量都已达到要求并且放到合适的位置，以便开始运行。确保使用探针微滴生成油，而且必要的时候，替换任何针对 EvaGreen（适合不同的应用）的自动微滴生成油，这可能是在之前的使用中留在自动微滴生成仪中的。将数字 PCR 反应的最终体积设定为 22μl（在一些厂家的方案中推荐的是 20μl）是非常重要的，这可以将自动微滴生成过程中出现的误差最小化。后者会导致较低的微滴数和（或）样品丢失。

9. 在开始运行之前检测微滴读取油和垃圾桶的水平线，必要时进行更换。例如，绿色灯的闪烁提示垃圾桶将要被完全填满。橙色灯一直亮提示垃圾桶需要马上更换。如果不使用设备超过 2 个星期，推荐运行 “prime-flush-prime” 循环将机器内部流体通道中的旧油移去。

10. 在微滴生成过程中预热设备，直到温度已经到达 180℃后再使用。在预热步骤启动之前，将设备内部的模块取出。

11. 在开始运行前，热循环的程序最好提前加载到设备上。96 孔板和上述要求的其他热循环仪可能也适用这个方案，但是应该测试温度均一性和准确性。

12. 本章所介绍的方法已经采用按照上述要求生产的水解探针进行了验证。我们近期评价了 Bio-Rad 生产的定制 ddPCR 探针方法（Bio-Rad，#1864011）的表现，结果也是令人满意的。采用其他类型荧光染料或黑暗猝灭剂的方法未做评价，采用其他荧光基团标记的寡核苷酸（如 Scorpion 或 Amplifluor™ 引物 - 探针）或杂交探针（如分子信标）方法的适用性也未做评价。

13. 在吸取 DNA 提取物时，很重要的一点是要使用高质量的吸头，这样不会释放微小颗粒。已知微小颗粒可以堵塞 DG32 ™微滴生成芯片的微流控腔室，妨碍微滴的生成。

14. 首选对 DNA 甲基化不敏感的四碱基切割酶和高保真限制性内切酶。将 2 ～ 5 单位的酶提前稀释到适当的酶稀释缓冲液中，通常可以直接加到 ddPCR 反应中。也可以根据厂家的说明书在 ddPCR 前进行酶促片段化。在这种情况下不需要进行热失活或消化后清除，但是很重要的一点是不要把样品加热超过 65℃，而且要确保在最终的 ddPCR 反应中至少有一个 10 倍稀释的限制酶缓冲液，因为高盐的内含物会抑制 ddPCR 反应，应该避免。

15. 如果检测 FFPE 样品，推荐采用尿嘧啶糖基化酶进行处理，以减少假阳性。

16. 一些厂家提供了有用的工具来进行基于水解探针的方法设计，如 PrimerQuest®（Integrated DNA technologies；http://www.idtdna.com/Primerquest/Home/Index）和 OligoArchitect™（Sigma-Aldrich；https://www.sigmaaldrich.com/technical-documents/articles/biology/probe-design-services.html）或 Multiple Primer Analyzer（Thermo Fisher Scientific）。Primer3Plus（http://www.bioinformatics.nl/cgi-bin/primer3plus/primer$3plus.cgi/）、Oligo Calc（http://biotools.nubic.northwestern.edu/OligoCalc.html） 和 e-PCR（https://www.ncbi.nlm.nih.gov/tools/epcr/）也是评价寡核苷酸性质和方法特异性的常用工具。必须指出的是，其中一些工具可能会太过严格，因而不能提出一个备选方法。在这种情况下，一个设计如果能够考虑到大多数（但可能不是所有）上面所提到的推荐，则可以作为唯一的备选方案。

17. 在 ddPCR 反应中与同一荧光基团相结合的单个探针的不同终浓度可以识别几个等位基因，因此有助于高阶多重检测。

18. 在单个 ddPCR 检测中，所使用的输入 DNA 没有量的下限，但是这个量将会同时决定该方法的准确性和敏感性。通过考虑单倍体人类基因组的量（约 3.3pg），我们可以预测某个基因座拷贝数的期望值。在一个孔中可以加入高达 150ng 的人类基因组 DNA，终浓度约为 2000 个靶点拷贝 / 微升，但是必须要特别注意对含有混合内含物微滴的实质数量做精确分类。受微滴错误分类和背景噪声影响更大的方法，如“反转”ddPCR 方法或在受损的 FFPE 样本上进行检测的方法，可能会从每孔输入 DNA 的量较低及多个复孔的使用（以提高每个样品中所分析的基因组当量的总数）中获益。

19. 如果一次运行中少于 8 个样品，不要让一排中的任何一个孔空着或体积少于 22μl。在这样的孔中加入 22μl 的 1 × ddPCR™ 探针超混液（无 dUTP）或 1 × ddPCR™ 探针缓冲液质控。样品如果是 8 的任何倍数，同样适用，即不要让被选择进行微滴生成的某一排孔中的任何一个孔空着，因为这将会在设备的液流中引入空气并且导致过程的立即终止。同样，在 DG8 样品孔中发现的任何气泡也都应该要用加样吸头将其去除，以避免它们影响正常的微滴生成。

20. 可以通过视觉来检查微滴的生成，如果成功生成微滴则可以在透明层（油）的顶部观察到一个混浊层（微滴）。微滴生成过程的失败会导致微滴数目较低，收集板中较小的体积（多数是油），而且通常会导致样品的丢失。

21. 热循环后的微滴乳状剂可以在 4℃下保存至少 24 小时。

22. 我们之前的靶向 B 细胞淋巴瘤中复发性点突变的研究 [27] 显示，在应用于细胞系基因组 DNA 相同的连续稀释时，单重和标准的多重 ddPCR 方法之间存在高度的一致性。我们还观察到，用单重 ddPCR 方法和 NGS 方法（如深度扩增产物测序或靶向杂交捕获）在新鲜肿瘤活检中推断的等位基因频率也存在高度的一致性。单重 ddPCR 方法还显示出了精确的敏感性，能够在一个孔中检测出稀释到 10 000 个野生型 DNA 分子背景中的单个突变 DNA 拷贝。但是这种极端的情况必须同时采用被检样品和阴性质控进行平时测试来确认（见参考文献 27 和本书中由 Tzonev 编写的第 3 章）。因此，举例来说，单重差别性 ddPCR 方法可以用于疾病相关少见遗传变异的筛选，也有望用于细胞游离 DNA 样品中少见遗传变异的非侵袭性检测和定量（图 16-3）。然而，这种方法的一个不足与同时含有突变型和野生型等位基因的微滴的可靠鉴别有关。在 DNA 输入量较高的时候，这个现象可能会导致低估野生型等位基因，这是因为双阳性微滴的比率会有所上升，而它们不能与只有突变的阳性微滴区分开。然而，这将不会影响一定体积样品中突变型等位基因的总数。在单重 ddPCR 方法中，细胞系基因组 DNA 的连续稀释也已经证实所观察到的和所预期的等位基因比率之间存在稳定的一致性，这提示，当 DNA 的输入量低于一定值 [如 10ng（相当于每个孔中大约 3333 个人类单倍体基因组当量）] 时，低估野生型等位基因（因为微滴的混合内含物所导致）可能将不会对等位基因比率的计算产生明显的影响。另外一个重要的不足是，如果在突变特异探针和第二个突变型等位基因的 DNA 序列之间存在一个或多个错配，则出现在样品中的其他少见但是密切相近的等位基因可能会与野生型等位基因相混淆。

23. 强烈推荐采用已知等位基因比率的阳性对照来测试实现微滴簇分离的最佳退火温度，以判断与某个荧光簇相关的等位基因计数是过度（即较低的温度）还是不足（即较高的温度），可能也会分别提示退火条件是不够还是过于严格。

24. 在某些情况下，在“黑暗探针”中加入一个 3' 间隔区修饰可能是有用的，可以避免在空的微滴簇附近出现另外的荧光带。3'C3 间隔区（Integrated DNA technologies）将会提供一个这类的化学修饰，它们的主要作用是避免 DNA 聚合酶导致的探针延伸。

25. “反转”ddPCR 方法在极低频率突变 DNA 样品（如液体活检中那些样品）中的敏感性和特异性会受到 ddPCR“雨滴”效果（即释放中间水平荧光的微滴实际上是野生型等位基因阳性的）的影响，因此在需要高敏感性时不做推荐。FFPE 样品间的 DNA 质量也是高度可变的，与不同水平的“雨滴”有关，因此，举例来说，在 DNA 损坏严重或含有大量 PCR 抑制剂的样品中，要杜绝使用“反转”方法。但是，方法的重新设计、延长的循环方式及 DNA 的剪切已被证实在 ddPCR 分析中可以减少“雨滴”[33]，而这些参数在“反转”ddPCR 方法中的效果应该需要做进一步的考察。如 16.3.5.4 中所示，对于设定适当的阈值和手动分簇，以及“雨滴”微滴的正确鉴别和分类来说，阳性质控、阴性（野生型）质控和无模板 DNA 质控的分析在这里也非常重要。野生型和突变型等位基因同时出现在同一个微滴中可能会在这些方法中模糊突变型等位基因相关的荧光强度信号，与依靠突变特异探针的方法相比较时，这个特征也会限制“反转”ddPCR 的敏感性及每个孔中可用 DNA 输入的最大量。

26. 采用新的 QuantaSoft™ 分析专业软件的“高级用户选项（Advanced User Options）”，现在能够同时对一个以上的基因组位点（一次大于 4 个簇）同时进行定量，该软件可从以下网址获得：http://www.bio-rad.com/en-us/sku/quantasoft-analysis-pro-v1-quantasoft-analysis-pro-software。从 Bio-Rad 的宣传册（#6827）中可以查看更多细节。

致谢

本研究得到了加拿大健康研究学院（Canadian Institute for Health Research，CIHR）（新研究者奖励和操作拨款 300738）、Terry Fox 研究所（项目 #1043 和 #1021）、加拿大自然科学和工程研究委员会（研究工具和设备计划 EQPEQ 1501）及 BC 癌症基金会的支持。

参考文献

1. Everett TR, Chitty LS (2015) Cell-free fetal DNA: the new tool in fetal medicine. Ultrasound Obstet Gynecol 45:499–507
2. Liao GJW, Gronowski AM, Zhao Z (2014) Non-invasive prenatal testing using cell-free fetal DNA in maternal circulation. Clin Chim Acta 428:44–50
3. Bettegowda C et al (2014) Detection of circulating tumor DNA in early- and late-stage human malignancies. Sci Transl Med 6:224ra24
4. Heitzer E, Ulz P, Geigl JB (2015) Circulating tumor DNA as a liquid biopsy for cancer. Clin Chem 61:112–123
5. Volik S, Alcaide M, Morin RD, Collins CC (2016) Cell-free DNA (cfDNA): clinical significance and utility in cancer shaped by emerging technologies. Mol Cancer Res 14(10):898
6. Ramírez-Castillo FY et al (2015) Waterborne pathogens: detection methods and challenges. Pathogens 4:307–334
7. Whale AS et al (2016) Detection of rare drug resistance mutations by digital PCR in a human influenza A virus model system and clinical samples. J Clin Microbiol 54:392–400
8. Opota O, Jaton K, Greub G (2015) Microbial diagnosis of bloodstream infection: towards molecular diagnosis directly from blood. Clin Microbiol Infect 21:323–331
9. Prachayangprecha S et al (2014) Exploring the potential of next-generation sequencing in detection of respiratory viruses. J Clin Microbiol 52:3722–3730
10. Fu W et al (2015) A highly sensitive and specific method for the screening detection of genetically modified organisms based on digital PCR without pretreatment. Sci Rep 5:12715
11. Reid AL, Freeman JB, Millward M, Ziman M, Gray ES (2015) Detection of BRAF-V600E and V600K in melanoma circulating tumour cells by droplet digital PCR. Clin Biochem 48:999–1002
12. Mukaide M et al (2014) High-throughput and sensitive next-generation droplet digital PCR assay for the quantitation of the hepatitis C virus mutation at core amino acid 70. J Virol Methods 207:169–177
13. Kennedy SR et al (2014) Detecting ultralowfrequency mutations by Duplex Sequencing. Nat Protoc 9:2586–2606
14. Newman AM et al (2016) Integrated digital error suppression for improved detection of circulating tumor DNA. Nat Biotechnol 34:547–555
15. Vogelstein B, Kinzler KW (1999) Digital PCR. Proc Natl Acad Sci U S A 96:9236–9241
16. Dong L et al (2015) Comparison of four digital PCR platforms for accurate quantification of DNA copy number of a certified plasmid DNA reference material. Sci Rep 5:13174
17. Dingle TC, Sedlak RH, Cook L et al (2013) Tolerance of droplet-digital PCR versus real-time quantitative PCR to inhibitory substances. Clin Chem 59:1670–1672
18. Rački N, Dreo T, Gutierrez-Aguirre I et al (2014) Reverse transcriptase droplet digital PCR shows high resilience to PCR inhibitors from plant, soil and water samples. Plant Methods 10:42
19. Hirschhorn JN, Lohmueller K, Byrne E et al(2002) A comprehensive review of genetic association studies. Genet Med 4:45–61

20. Chang MT et al (2016) Identifying recurrent mutations in cancer reveals widespread lineage diversity and mutational specificity. Nat Biotechnol 34:155–163
21. Hawkey PM (2008) The growing burden of antimicrobial resistance. J Antimicrob Chemother 62(Suppl 1):i1–i9
22. Madic J et al (2016) Three-color crystal digital PCR. Biomol Detect Quantif 10:34
23. Whale AS, Huggett JF, Tzonev S (2016) Fundamentals of multiplexing with digital PCR. Biomol Detect Quantif 10:15
24. Bidshahri R et al (2016) Quantitative detection and resolution of BRAF V600 status in colorectal cancer using droplet digital PCR and a novel wild type negative assay. J Mol Diagn 18:190–204
25. Findlay SD, Vincent KM, Berman JR et al(2016) A digital PCR-based method for efficient and highly specific screening of genome edited cells. PLoS One 11:e0153901
26. Taly V et al (2013) Multiplex picodroplet digital PCR to detect KRAS mutations in circulating DNA from the plasma of colorectal cancer patients. Clin Chem 59:1722–1731
27. Alcaide M et al (2016) Multiplex droplet digital PCR quantification of recurrent somatic mutations in diffuse large B-cell and follicular lymphoma. Clin Chem 62(9):1238–1247. https://doi.org/10.1373/clinchem.2016.255315
28. Sikora A et al (2010) Detection of increased amounts of cell-free fetal DNA with short PCR amplicons. Clin Chem 56:136–138
29. Andersen RF, Spindler K-LG, Brandslund I et al(2015) Improved sensitivity of circulating tumor DNA measurement using short PCR amplicons. Clin Chim Acta 439:97–101
30. Miyaoka Y et al (2016) Systematic quantification of HDR and NHEJ reveals effects of locus, nuclease, and cell type on genome-editing. Sci Rep 6:23549
31. Pantel K, Diaz LAJ, Polyak K (2013) Tracking tumor resistance using liquid biopsies. Nat Med 19:676–677
32. Barber LJ, Davies MN, Gerlinger M (2015) Dissecting cancer evolution at the macroheterogeneity and micro-heterogeneity scale. Curr Opin Genet Dev 30:1–6
33. Lievens A, Jacchia S, Kagkli D et al(2016) Measuring digital PCR quality: performance parameters and their optimization. PLoS One 11:e0153317

第 17 章

鉴别和使用个体化的基因组标志物进行循环肿瘤 DNA 的监测

Yilun Chen，Anthony M. George，Eleonor Olsson, Lao H. Saal

摘要：数字 PCR 技术非常适合痕量靶点 DNA 序列的准确定量，如癌症患者血液循环中出现的肿瘤来源突变 DNA。我们在本章介绍了一个结合肿瘤组织低覆盖全基因组序列的方法，来计数染色体的断裂点重排，同时还介绍了一个基于微滴数字 PCR（ddPCR）的个体化重排检测方法，在临床过程中的多个时间点对循环肿瘤 DNA 水平进行高效监测。实际上，这个方法可以广泛地应用于任何癌症患者，因为所有的癌症都携带不稳定的基因组，可以用于微小残留疾病和疗效的检测，以及转移的早期发现。

关键词：细胞游离循环肿瘤 DNA；个体化医疗；液体活检；非侵袭性诊断；全基因组测序；微滴数字 PCR

17.1 引言

来自正常和病变细胞的细胞核 DNA 和线粒体 DNA 可以通过多个途径进入血液中，在血浆或血清中所发现的都是短的（＜ 200bp）片段，被称为细胞游离循环 DNA（cfDNA），其浓度在健康人中为 5 ～ 20ng/ml（血浆），而在晚期癌症患者中则＞ 1000ng/ml（血浆）。尽管循环肿瘤 DNA（circulating tumor DNA，ctDNA）已经在几十年前就被首次报道过，但是由于技术方面的局限，ctDNA 只是在最近才成为癌症研究和临床肿瘤中一个强有力的生物标志物 [1-3]。ctDNA 的半衰期可以用分钟至小时来衡量；因此，任何时候所测量的 ctDNA 质量都可以被用作癌症负荷的“快照”。在几种癌症类型中，ctDNA 的水平已被证实与肿瘤进展 [4-7]、转移风险及死亡 [8,9] 都关联。而且，ctDNA 的定量也可能被用于监测疗效、发现耐药突变及作为一个非侵袭性的伴随诊断。

有很多特征可以用于区分 cfDNA 中 ctDNA 和正常野生型 DNA，最特异的就是体细胞突变和基因组重排 [5,10]。来源于肿瘤细胞的 cfDNA 片段的变化很大，在早期癌症中可能＜ 1%，而在晚期转移性疾病中则可能≥ 50%。即使不考虑 ctDNA 片段，由于肿瘤的异质性 / 亚克隆性（如突变型等位基因片段＜0.01%），任何一个突变或重排也可能以极低的丰度出现[4,11]。而且，能够用于分析的血浆体积也是一个限制因素。出于这些原因，高敏感性和高特异性的定量方法是准确进行 ctDNA 分析所必需的。由于多数采用的聚合酶检测方法本质上都有一定的碱基错配率，这可能会随机引入目的靶点的一个单核苷酸序列变异，因此基因组重排如染色体重排目前是 ctDNA 生物标志物中最具特异性的选择。此外，对于乳腺癌来说，染色体重排还是优秀的肿瘤追踪生物标志物，因为它们多数是在肿瘤发生早期的端粒酶危机期间就已经形成的，在起源的肿瘤克隆中经历了断裂—融合—桥接循环，因此这些重排是“主干”标志物，仍然会出现在大多数后续的亚克隆中[12-14]。

本章中，我们介绍了一种结合肿瘤组织低覆盖全基因组序列的方法，可用来计数染色体的断裂点重排，同时还介绍了一种基于微滴数字 PCR（ddPCR）的个体化重排检测方法，可在多个时间点对循环肿瘤 DNA 水平进行高效监测[8]。

17.2 材料

17.2.1 组织获取和准备

1. 肿瘤组织（新鲜冻存或用 RNAlater 进行保护处理之后冻存）。
2. RNAlater（Ambion）。
3. 一次性的无菌手术刀。
4. 塑料平皿。
5. 正常的组织样品，如外周血淋巴细胞。

17.2.2 肿瘤 DNA 和正常 DNA 的提取

1. AllPrep DNA/RNA Mini 试剂盒（Qiagen）。
2. QIAshredder 柱子（Qiagen）。
3. 2- 巯基乙醇。
4. DX- 防泡沫试剂（Qiagen）。
5. QIAcube 设备（Qiagen）。
6. QIAcube 转子适配器（Qiagen）。
7. QIAcube 试剂瓶（Qiagen）。
8. Wizard 基因组 DNA 纯化试剂盒（Promega）或 QIAamp DNA Blood Mini 试剂盒（Qiagen）。

17.2.3 测序文库的准备

1. Covaris 管（Covaris）。
2. Covaris S220 聚焦超声发生器（Covaris）。
3. 2100 Bioanalyzer 设备（Agilent）。

4. 高分辨率的 DNA 分析试剂盒（Agilent）。
5. Illumina TruSeq DNA 样品准备试剂盒（Illumina）。
6. Agencourt AMPure XP 磁珠（Beckman Coulter）。
7. 在水中新鲜配制的 80% 乙醇。
8. PCR 级的水。
9. 热循环仪。
10. 磁力架（Life Technologies）。
11. 50 × 氨丁三醇 - 乙酸 -EDTA（Tris-acetate-EDTA，TAE）缓冲液（在使用之前用蒸馏水准备 1 × 的 TAE 缓冲液：40nmol/L 氨丁三醇，20mmol/L 乙酸，1mmol/L EDTA，pH 8.0）。
12. 100bp 的 DNA 梯带（Life Technologies）。
13. 50bp 的 DNA 梯带（Life Technologies）。
14. 一次性的无菌手术刀。
15. 超纯琼脂糖 1000（Life Technologies）。
16. 6 × DNA 凝胶上样染料（Thermo Fisher Scientific）。
17. MinElute 凝胶提取试剂盒（Qiagen）。
18. 台式涡旋混合器。
19. SyBr Gold 核酸凝胶染色剂（Life Technologies）。
20. Qubit 荧光计（Thermo Fisher Scientific）。
21. Qubit dsDNA HS 检测试剂盒（Thermo Fisher Scientific）。
22. HiSeq 2000 或 2500 测序设备（Illumina）。
23. cBot 设备（Illumina）。
24. TruSeq DNA 样品准备试剂盒（Illumina）。
25. TruSeq 聚类试剂盒 cBot HS（Illumina）。
26. PE 流动池（Illumina）。
27. TruSeq SBS 试剂盒 HS（Illumina）。

17.2.4 细胞游离 DNA 收集和提取

1. 紫色的 K2 EDTA 真空采血管（Becton Dickinson），细胞游离 DNA BCT 管（Streck），或者其他适合的血液收集管。
2. 一次性的巴斯德吸管。
3. 没有 Mg^{2+}/Ca^{2+} 的 DPBS。
4. QIAamp 超敏感病毒试剂盒（Qiagen）。
5. 台式涡旋混合器。
6. 一个可变速率的温度混合器，60℃，1.5ml。
7. 一个可变速率的温度混合器，40℃，2.0ml。
8. 4℃冷冻离心机。
9. 室温离心机。
10. 1.5ml 和 2.0ml DNA LoBind 管（Eppendorf）。

17.2.5 循环肿瘤 DNA 检测

1. Phusion 主混合液（Thermo Fisher Scientific）。
2. Caliper LabChip XT 系统（PerkinElmer）。
3. QX100/200 ddPCR 系统（Bio-Rad）。

17.3 方法

17.3.1 组织获取和准备

组织处理和准备的方法可能各不相同。原发的肿瘤组织可以通过活检或手术样本获得。对于活检来说，细针穿刺可能不会总是得到足够的组织，因此推荐采用粗针或更大的针。组织标本要新鲜冻存到至少 -80℃或在冻存前保存在 RNAlater 中，在此之前如果处理得当，将缺血时间尽可能减少，则可能会获得高质量的核酸。我们推荐要获得配对的正常组织（见 17.4“注意事项”中的第 1 条），如采血管中血沉棕黄层的外周血淋巴细胞。通过甲醛固定石蜡包埋（formalin fixation and paraffin embedding，FFPE）而保存的组织也是可用的，但是 DNA 的数量和质量都比较低，也会导致测序失真的可能性增加（通常是 C ＞ T 的碱基替代）。

1. 我们日常进行肿瘤组织准备的完整细节已在别处详述[15]。简而言之，我们通常采用新鲜冷冻（至少 -80℃）的肿瘤组织或在冷冻之前保存到 RNAlater 中的肿瘤样本。采用一个一次性的手术刀和培养皿，肿瘤样本被分为 3 份，一份（10 ～ 30mg）进行核酸提取，一份（约 10mg）用于组织宏阵列（macroarray）的组建，如果还有剩余，保存剩余部分用于将来的研究。在使用之前，样品存于 -80℃。

2. 对于正常的组织样本，我们通常采用外周血淋巴细胞。血沉棕黄层可以按照如下步骤获得：标准的 EDTA 采血管在 4℃，2000 × *g* 离心 10 分钟，用一个无菌的巴斯德吸管将上部的血浆成分转移，分成 1.5ml 的等份，然后将血沉棕黄层部分转移到一个单独的管中（见 17.4“注意事项”中的第 2 条）。剩余的红细胞部分可以弃去。将相应的成分冻存在 -80℃。

17.3.2 肿瘤 DNA 和正常 DNA 的分离

任何用于基因组 DNA 纯化的标准方法都可以使用。正如文献所介绍的[8,15]，我们倾向于采用 AllPrep DNA/RNA 试剂盒（Qiagen）从肿瘤组织中同时纯化基因组 DNA 和总 RNA，采用 Wizard 基因组 DNA 纯化试剂盒（Promega）或 QIAamp DNA Blood Mini 试剂盒（Qiagen）从外周血淋巴细胞中提取正常的血液 DNA。应该按照厂家的标准说明书进行操作，所提取的核酸存于 -80℃中直至使用。

17.3.3 用于测序的样本准备

采用 TruSeq DNA 样品准备试剂盒（Illumina），根据 TruSeq 样品准备指南（Part #

15005180 Rev. A），使用低通量（low-throughput，LT）方案（见 17.4“注意事项”中的第 3 条）来准备用于测序的样品文库。我们采用了标准的方案，并做了以下的修改，在后面的 17.3.3.1 ～ 17.3.3.5 中会详细介绍。

17.3.3.1　DNA 的片段化

1. 在每一个总体积为 120μl 的 Covaris 管中加入 2.4μg 样品的基因组 DNA。

2. 采用 S220 聚焦超声发生器设备（Covaris）进行基因组 DNA 的片段化。为了提高物理序列覆盖度，我们采用如下条件将基因组 DNA 平均剪切为约 700bp 的长度片断：工作循环 5%，强度 3，每次破裂的循环为 200，5℃，30 秒。样品可以存于 -20℃。

3. 在剪切后和继续建库前，在 2100 Bioanalyzer 设备（Agilent）上采用高敏感性的 DNA 分析试剂盒（Agilent）分析片段长度的分布。基因组 DNA 的成功剪切将会产生在 300 ～ 2000bp 的分布，峰值为 900 ～ 1000bp，浓度＞ 500pg/μl。

4. 末端修饰、纯化、腺苷酸作用、接头连接、连接之后的纯化都按照标准的 Illumina TruSeq 流程（Part # 15005180 Rev. A）来操作。文库在任一个纯化步骤之后都可以存放在 -20℃。

17.3.3.2　连接后的大小片断的分离

1. 连接后的序列文库通过电泳来做大小片断的分离，采用的是由超纯琼脂糖 1000（Life Technologies）和 1 × TAE 缓冲液制作而成的 2% 琼脂糖凝胶。在微波炉中加热胶混合物，冷却 5 分钟，每 10ml 胶加入 1μl 的 Sybr Gold 核酸胶染色剂（Life Technologies），在倾倒之前涡旋混匀；将凝胶设置好。

2. 准备好纯化后的样品 20μl，加入 4μl 的 6 × DNA 凝胶上样染料（Thermo Fisher Scientific）。

3. 准备好 DNA 梯带：对于每一个理想的泳道（通常是 2 ～ 3 个泳道，第一个、最后一个和中间的一个），将 3μl 经过 1 ∶ 10 稀释的 50bp 或 100bp DNA 梯带（Life Technologies），17μl 重悬浮的 RSB 缓冲液（TruSeq 试剂盒；Illumina）及 4μl 的 6 × DNA 凝胶上样染料进行混合。

4. 每个样品和梯带混合液上样 24μl，每个样品 / 梯带泳道之间留至少一个空的泳道。

5. 120V 恒压下运行电泳 120 ～ 145 分钟。

6. 在紫外透射仪中观察凝胶。每个样品都使用一个新的解剖刀，跨过一个泳道的宽度，从胶中切除一个条带，大小为 550 ～ 950bp，将其放到一个管子中（见 17.4“注意事项”中的第 4 条）。使用 DNA 梯带来作为指引。要尽量减少在透射下的时间，以避免 DNA 的损伤。通过测量有胶和没有胶时管子的重量来判断每段胶的重量。胶片段可以存放在 -20℃。

17.3.3.3　大小片断分离后的纯化

1. 按照 MinElute 胶提取试剂盒（Qiagen）的流程对每个样品进行纯化。室温下在 QG 溶液中孵育胶切片（按照 Illumina 的推荐，Qiagen 流程的一个修改），直到胶切片完全溶解（10 ～ 20 分钟），期间每隔两分钟涡旋混合一次。

2. 将样品洗脱到 25μl 的 EB 缓冲液中（如果每个样品需要多于一个柱子，则洗脱的 DNA 应该在纯化之后收集在一起）。

3. 样品储存在 -20℃或继续进行 PCR 富集。

17.3.3.4 DNA 片段的 PCR 富集

1. 室温下将 PCR 主混合液和 PCR 引物混合液融化。一旦融化后，将管子放在冰上。

2. 准备 PCR 反应液：每个样品 12μl DNA（约 1μg）、8μl 水（PCR 级别）、5μl PCR 引物混合液及 25μl 的 PCR 主混合液（每个反应总体积为 50μl）。

3. 采用以下程序进行 PCR 富集（带热盖）。

（1）98℃，30 秒。

（2）以下 12 个循环（Illumina 流程的修改）：98℃，60 秒（Illumina 流程的修改）；60℃，30 秒；72℃，30 秒。

（3）72℃，5 分钟。

（4）4℃维持。

4. PCR 之后按照 Illumina 的流程（见 17.4“注意事项”中的第 5 条），采用 AMPure XP 微珠（Beckman Coulter）进行纯化。

5. 将 1μl 文库稀释到 49μl 的水中，采用高敏感性 DNA 分析试剂盒（Agilent）在 2100 Bioanalyzer 设备上（Agilent）分析 PCR 后片段长度的分布，采用 Qubit 荧光计（Thermo Fisher Scientific）来测试浓度。成功建库的片段峰值应该为 800 ～ 900bp，未稀释的浓度＞10ng/μl（通常是 30 ～ 50ng/μl）。

17.3.3.5 聚类形成和测序

可以在 cBot 设备（Illumina）上采用 TruSeq 聚类试剂盒 cBot HS（Illumina）和 PE 流动池（Illumina）来形成测序聚类。

可以在 HiSeq 2000 或 HiSeq 2500 测序仪上采用 TruSeq SBS Kit HS 进行 2 × 50bp、2 × 100bp 或 2 × 150bp 加指数读取的配对末端测序。采用我们的 SplitSeq 生物信息学流水线进行染色体重排的计数，＞ 6 千万读数配对（2 × 50bp 或 2 × 100bp）到＞ 9 × 物理覆盖（＞ 2 × 测序覆盖）通常是足够的。

17.3.4 测序生物信息学

生物信息学的步骤已经在其他地方详述 [8]，简述如下。

1. 采用 Novoalign（Novocraft Technologies）按照 soft-clipped 读取排列（选项 -o Softclip）（见 17.4“注意事项”中的第 6 条）将配对末端读数与一个人类基因组参照（如 GRCh37）进行比对。

2. 采用 BreakDancer[16] 的默认选项进行不一致读数配对，潜在的染色体异常可以首先被高敏感性地鉴别出来。

3. 采用 Novoalign，以被报道的中等排列评分之上的 1000 高分排列（选项 - r Exhaustive 1000-t 250）会对支持重排的不一致读数配对与参考基因组进行重新比对。最初不一致的读数配对如果在这一步之后变成一致的话，则应该将其排除。这一步的目的是减少因为旁系同源基因序列的失调而导致的假阳性率。

4. 采用 5.6 版本的 FREEC 以默认参数[17]在 50kb 的窗口中判断整个基因组的 DNA 拷贝数。在假设的重排处所获得的 DNA 拷贝数可以进行候选者的优先级排序。

5. 针对人类参考基因组（hg19），以参考序列基因、序列空隙（空隙轨迹）和重复性因素（RepeatMasker 轨迹）对所发现的重排断点末端进行注释。所有这些都是从 UCSC 的图表浏览器(http://genome.ucsc.edu/cgi-bin/hgTables)获得的，而且在基因组变体数据库(http://dgv.tcag.ca/ ）都有入口。

6. 为了在实验验证之前排除被预测为非特异重排和假阳性的那些染色体重排，可以采用下述筛选标准。

（1） 至少有两个不一致的读数配对支持这个重排。

（2）在这个重排的任何两个断点末端的 1kb 范围内没有出现卫星 DNA（RepeatMasker 归类为“Satellite”）。

（3）任何两个断点末端的 1kb 范围内没有出现序列空隙（UCSC 轨道“空隙”）。

（4）在其他肿瘤样本的 1kb 范围内没有匹配的重排（两个断点末端都匹配）。

（5）在其他正常样本的 1kb 范围内没有匹配的重排（两个断点末端都匹配）。

（6）对于染色体内的重排，重排的大小（两个断点末端的距离）超过 1kb。

（7）两个断点末端都在染色 1—22 或染色体 X 上（即在人类基因组参考中不出现涉及非标准的序列重叠群）。

7. SplitSeq 软件被开发用于从低覆盖的全基因组测序数据中重建准确的断点序列。这个软件和代码会在即将发表的文章中进行阐述。简而言之，SplitSeq 采用了一个不一致的读数配对作为固定点，在断裂点附近的区域寻找与参考序列不匹配的具有 soft-clipped 碱基的断裂读数（在 Novoalign 发生 soft-clipping 可能是由于错配或在任何读数末端的低碱基特性）。在同样的区域也会寻找具有未映射配对的读数（即那些只有一个配对读数被进行比对的读数对），也会尝试将未映射的配对与断点区域进行比对。以一个减少的空隙范围惩罚（参数 -x1）来进行比对，从完全读数长度开始，随后针对其之前两个末端的 2/3 长度的读数进行两轮微调。通过这个过程所发现的任何被映射的断裂读数都被加到断裂读数的列表中。接下来，在这个列表中的所有 soft-clipped 读数都按照它们在参考基因组中的断裂位置进行分类，以鉴别所推测的确切断点位置。总量少于 X 个修剪碱基（通常是 6）支持的参考基因组位置应该被舍弃。对于所有的其他位置，要从那些具有最高数目修剪碱基支持的位置开始，当与两个断裂点位置所重建的融合序列进行比对时，要从连接两个断点的所有配对（根据不一致读数配对的固定点而确定）中寻找所有修剪碱基的最佳匹配。

17.3.5　血浆细胞游离 DNA 的提取

全血的分离：

1. 抽满采血管。

2. 血样在 4℃下以 2000 × g 离心 10 分钟（见 17.4“注意事项”中的第 2 条和第 7 条）。

3. 用一个巴斯德吸管将上层的血浆等分并转移到 1.5ml 的管子中，立即处理或于 -80℃冻存。

17.3.6 分离 cfDNA 的准备

在开始 cfDNA 的提取步骤之前，准备以下试剂和设备。除了有特别说明外，所有的试剂都是来自 Qiagen 的 UltraSens 病毒试剂盒。

1. 在冻干的转运 RNA 管子中加入 310μl 的 AVE 缓冲液，获得一个 1μg/μl 的溶液。每次提取使用 5.6μl 的此溶液。将此转运 RNA 等分之后储存在 -20℃。

2. 根据厂家的说明书，在缓冲液 AB、AW1 和 AW2 中加入 96% ～ 100% 的乙醇。

3. 在加热模块中，将缓冲液 AR 升温至 60℃（每个样品需要 330μl）。

4. 如果是采用冰冻的血浆，在冰上融化。

17.3.7 分离 cfDNA

cfDNA 的提取按照 UltraSens 病毒试剂盒的流程来操作，做了一些修改。

1. 血浆样本在 4℃下以 10 000 × *g* 离心 10 分钟。

2. 转移上清液至 2ml 的 DNA LoBind 管子中，其他多余的等分储存在 -80℃（见 17.4“注意事项”中的第 8 条）。

3. 如果是从少于 1ml 的血浆之中分离 cfDNA，采用 DPBS（没有 Mg^{2+}/Ca^{2+}）将每个血浆样本的体积补至 1ml（见 17.4“注意事项”中的第 9 条）。

4. 吸取 5.6μl 的转运 RNA（在 17.3.6 中所准备的）到每个样品管的干燥盖子中（见 17.4“注意事项”中的第 10 条）。

5. 直接在每个样品之中加入 800μl 的缓冲液 AC。

6. 盖上盖子，反转管子 5 次，充分涡旋混合 10 秒。

7. 管子在室温下孵育 15 分钟，使之形成蛋白 - 核酸复合物。建议在孵育过程中进行常规混合，每隔 5 分钟或更少时间倒转管子几次。

8. 样本在室温下以 1200 × *g* 离心 3 分钟（见 17.4“注意事项”中的第 11 条）。

9. 从样本中移除并弃去约 50μl 的上清（见 17.4“注意事项”中的第 12 条）。

10. 用力弹击管子，使沉淀松散。

11. 在每个管子的盖子中加入 20μl 的蛋白酶 K（见 17.4“注意事项”中的第 13 条）。

12. 在每个管子中加入 300μl 预热的缓冲液 AR，之后倒转并直接弹击管子。这里不要使用涡旋混合。

13. 将管子在 40℃的温度混合仪中以 400rpm 的速度孵育 10 分钟，或者直到所有的沉淀都完全溶解。简短离心有助于移除盖子上的液滴。

14. 加入 400μl 缓冲液 AB，用涡旋混合仪充分混合，简短离心。

15. 小心加入 700μl 的裂解液到 QIAamp 离心柱中，以 2000 × *g* 离心 3 分钟，弃去流出的液体（见 17.4“注意事项”中的第 14 条）。

16. 将 QIAamp 离心柱放到一个新的 2ml 收集管中，加入 500μl 的缓冲液 AW1，室温下以 6000 × *g* 离心 1 分钟。

17. 将 QIAamp 离心柱放到一个新的 2ml 收集管中，加入 500μl 的缓冲液 AW2，室温下以最大速度 [（13 000 ～ 16 000 × *g*）] 离心 3 分钟。

18. 将 QIAamp 离心柱放到一个新的 2ml 收集管中，以最大速度离心 1 分钟，使膜充分干燥（见 17.4“注意事项”中的第 15 条）。

19. 采用两轮的缓冲液 EB 洗脱 cfDNA。将 QIAamp 离心柱放到一个干净的 1.5ml DNA LoBind 管中，直接在膜上加入 50μl 的洗脱缓冲液，室温下孵育 1 分钟，然后在室温下以 6000 × *g* 离心 1 分钟。重复此步骤，将洗脱液合并起来得到约 100μl 的 cfDNA 溶液（见 17.4“注意事项”中的第 16 条）。

17.3.8　在 cfDNA 中检测肿瘤特异基因组重排

重排的选择：

选择一组预测的融合序列来进行方法设计。建议采用一个基因组浏览器如 IGV 来检查断裂点的位置。例如，检查每一个横跨断裂点的读数（断裂读数）。通常会选择每个肿瘤 10 个重排，其中约 5 个将会用于每个患者的 cfDNA 分析。

17.3.9　数字 PCR 方法设计

1. 设计引物和探针。正向和反向引物应该位于断裂点位置的对侧，而一个水解探针应该位于它们之间。引物应该尽可能与探针接近，但是引物和探针不应该彼此重叠或与断点位置重叠（见 17.4“注意事项”中的第 17 条）。扩增产物应该设计得尽可能短，因为 cfDNA 的本质是高度片段化的。

2. 引物和探针的熔解温度（T_m）和序列参数需要符合 Applied Biosystems Primer Express 软件指南中的“定量 TaqMan MGB 探针设计指南和考虑”、“引物设计指南和考虑”及来自 Bio-Rad 的“微滴数字 PCR 应用指导”。

（1）引物指南

• T_m 为 50 ～ 65℃，最好是 58 ～ 60℃，应该要有相似的 T_m（如彼此差异范围在 1 ～ 2℃）。

• GC 含量为 30% ～ 80%，最好为 50% ～ 60%。

• 避免多聚核酸的重复，尤其是要避免 4 个或更多个连续 G 或 C 的重复。

• 如果可能的话，3' 末端的碱基应该是 G 或 C，最后 3 个建议应该不全是 G 或 C，最后的 5 个核苷酸应该含有不超过 3 个 G 和（或）C 碱基。

• 引物应该尽可能放到靠近探针的位置，彼此没有重叠。

• 要避免发卡结构、自体二聚体化和交叉二聚体化。

（2）探针指南

• 探针的 T_m 应该为 68 ～ 70℃，比引物的 T_m 值高 3℃，最好高 8 ～ 12℃。

• 探针长度应该为 13 ～ 30 个碱基。

• GC 含量为 30% ～ 80%。

• 5' 端不应该是 G，当使用 FAM 染料标记的探针时，5' 端的第二个碱基也不应该是 G。

• 避免多聚核酸的重复，尤其是要避免 4 个或更多个连续 G 或 C 的重复。也要避免 6

个或更多个连续 A 的重复。

- 推荐无荧光的猝灭剂，如黑洞猝灭剂。
- 考虑选择 C 比 G 多的探针，以便使荧光猝灭最小化。
- 要避免发卡结构、自体二聚体化和交叉二聚体化。

3. 采用 FAM、HEX 或 VIC 荧光基团来标记水解探针，我们推荐采用一个内部的 ZEN 和 3'-IBFQ 分子（Integrated DNA Technologies）作为猝灭剂。

17.3.10 重排和引物验证

1. 订购引物对（不是水解探针）并采用肿瘤 DNA 作为阳性质控模板来进行标准 PCR，以验证感兴趣的结构变异，采用配对的正常 DNA 来区分肿瘤特异的体细胞重排和胚系变异。在这里可能会用到任意的标准 PCR 设置，通常我们按以下步骤操作。

（1）PCR 反应（每个总体为 10μl）

Phusion 主混合液 1×（Thermo Scientific）；每条引物 250nmol/L；2% 的 DMSO；10ng 的模板 DNA。

（2）PCR 循环条件

A. 初始变性温度：98℃，2 分钟。

B. 11 个循环：98℃，10 秒；70℃（-1℃ / 循环），30 秒（60 ～ 70℃之间间隔 1℃）；72℃，15 秒。

C. 29 个循环：98℃，10 秒；60℃，30 秒；72℃，15 秒。

D. 72℃最终延伸 5 分钟。

2. 分析 PCR 的产物，以验证片段的大小及胚系或体细胞的改变状态。例如，采用 Caliper LabChip XT 系统（PerkinElmer）（见 17.4“注意事项”中的第 18 条）。

3. 对于那些通过降落（touchdown）PCR 确认为体细胞的结构变异，订购 TaqMan 探针进行相应的检测。

17.3.11 数字 PCR 方法验证

1. 采用肿瘤 DNA 作为阳性质控，采用匹配的正常 DNA 作为阴性质控，在 QX100/200 ddPCR 系统（Bio-Rad）上对整个方法（探针和引物对）进行验证。除了阴性质控的 DNA 模板外，还可以运行一个含有 PCR 级水的无模板质控（NTC）。对于这个方案，做了以下 ddPCR 设置的优化。

ddPCR 反应液（每个总体积为 20μl）（见 17.4“注意事项”中的第 19 ～ 21 条）：1×dPCR 探针超混液（Bio-Rad）；每条引物 250nmol/L；探针 250nmol/L；10ng 的模板 DNA。

2. 在将 20μl 的 ddPCR 反应液转移到 DG8 芯片（在移液前，DG8 芯片应该已经加载到 DG8 芯片夹具中）的样品排（中间排）的孔之前，充分混匀（见 17.4“注意事项”中的第 22 条）。空的样品孔应该以 1×ddPCR 缓冲液质控来填充。不要在 DG8 芯片中混合反应液。

3. 在油排（底部排）的孔中加入 70μl 的微滴生成油。始终是在加油前先加样本，因为反过来将会导致生成更少的微滴。

4. 将橡胶密封垫放到 DG8 芯片夹具的正确位置，然后小心地放入并启动 QX100/200 微滴生成仪。两种液体会在微流控管道中结合并且在芯片的微滴排（上排）中形成乳状液。

5. 慢慢并小心地（为了避免对微滴产生剪切力）从微滴排吸取 40μl 加入到一个 96 孔的 PCR 板中（Eppendorf twin.tec PCR 96 孔半裙边板）。可以考虑采用一个电子的多通道加样枪，调至最慢的抽吸和排出设置。

6. 将 96 孔 PCR 板放到一个热循环仪中（如 Bio-Rad C1000 触摸式热循环仪），然后运行此处所指定的 ddPCR 循环程序。

ddPCR 循环条件（见 17.4“注意事项”中的第 23 条）。

（1）初始变性 / 酶活化：95℃，10 分钟。

（2）10 个降落循环：94℃，30 秒；65℃，60 秒（调整为 -0.7℃ / 循环）。

（3）35 个循环：94℃，30 秒；58℃，60 秒。

（4）酶失活：98℃，10 分钟。

（5）10℃维持。

7. 将 96 孔 PCR 板转移到 Bio-Rad 微滴读取仪（QX100/200）中，设置 QuantaSoft（Bio-Rad）软件到 ABS（absolute quantification，绝对定量）模式并检测正确的荧光信号（FAM、HEX 或 VIC）（见 17.4“注意事项”中的第 24 条）。

8. 对于验证成功的 ddPCR 方法，约 5 个测试可以用于分析从患者血浆中分离的循环 DNA（图 17-1）。沿用上述相同的 ddPCR 设置和指令（见 17.4“注意事项”中的第 25 条）。对于模板的输入体积和浓度，要考虑操作者希望运行的检测数目、重复的次数，以及不要超过 100 000 单倍体基因组拷贝 / 孔（每孔＜ 330ng），我们推荐每个 ddPCR 反应采用每个反应孔所能承受的最大模板量（对于模板来说，通常 8μl 的反应体积是可用的）。

17.3.12　微滴数字 PCR 强度阈值

1. 根据阳性和阴性质控样品的强度值来确定每个检测的阈值（图 17-1）。这个阈值是一个固定的强度值，能够可靠地区分真阳性微滴与真阴性微滴。然而，即使是采用一个性能很好的方法，一些微滴的强度也将落在阳性和阴性数据云之间的某个位置。因此，在准确定义阈值的位置时，应该要仔细考虑。如果阈值定得太低，潜在假阳性的概率就会更高，或者反之，如果阈值定得太高，潜在假阴性的概率就会增加。当所检测的靶点分子的出现是极其稀有的事件时，如循环肿瘤 DNA 的例子，同时避免假阳性和假阴性是非常重要的。

2. 有很多方法可以用于确定在哪里绘制阈值。一个方法是从 QuantaSoft 中导出微滴的强度值，其目的是根据阳性和阴性质控标准化的强度信号来做出自动化的、非偏倚的、可重复的、不依靠操作员的阈值判定（图 17-1）。数据的标准化能够方便针对所有样品而采用一个强度阈值，以便确定阴性微滴（阈值之下）和阳性微滴（阈值之上）。采用中心化和尺度化，这个过程可以将每个检测的微滴荧光强度数据标准化为一个新的尺度。在这个尺度下，0 对应的是没有强度（处于阴性质控微滴的中间强度），1 对应的是全部强度（处于阳性质控微滴的中间强度），按照如下所述来运行。对于每个重排的检测，遵循以下几点。

（1）在阴性质控孔中确定 *negMax*= 最大强度值。

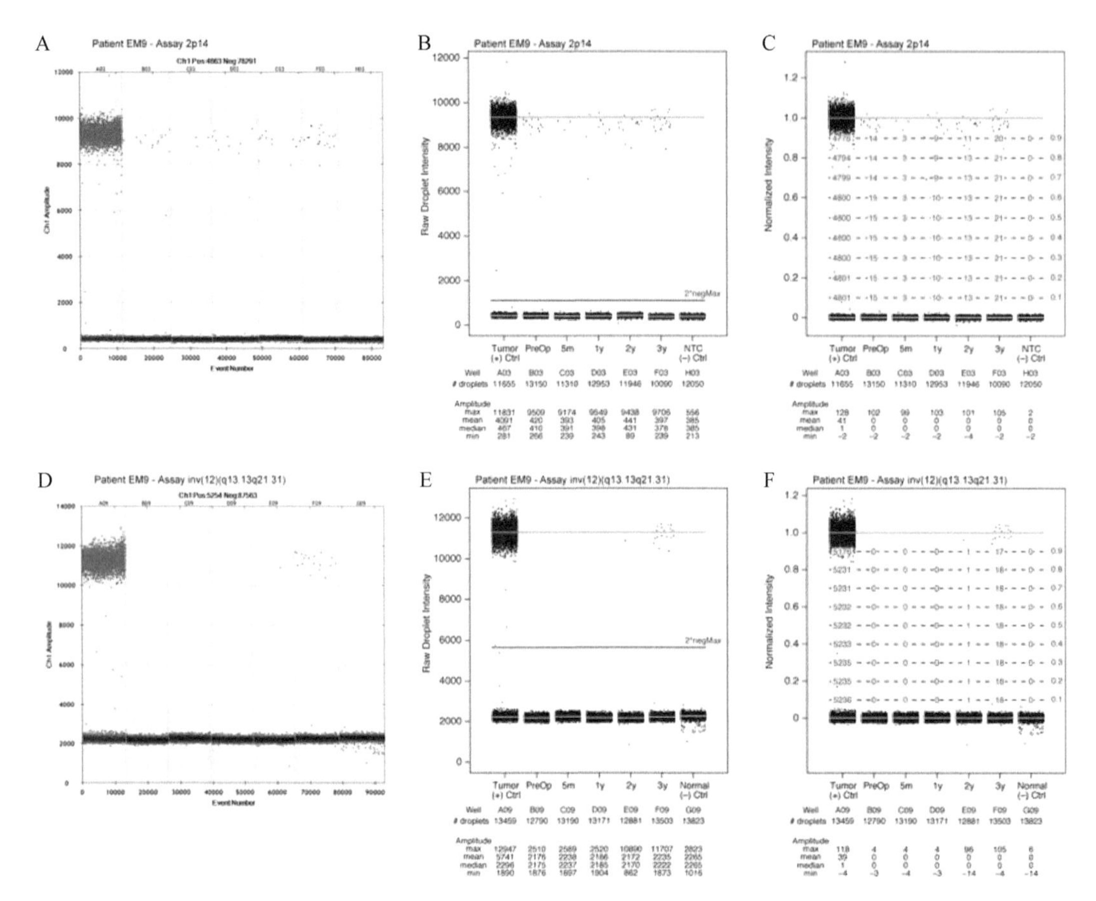

图 17-1 在临床随访的多个时间点上分析循环 DNA 个体化基因组标志物的例子。图 A ～ C 显示了乳腺癌患者 EM9 检测 2p14 野生型的 ddPCR 结果，图 D ～ F 显示了对于同一个患者的 inv（12）（q13.13q21.31）检测结果。反应孔按照从左至右的顺序分别如下：肿瘤阳性质控（+Ctrl）、手术前的血浆（PreOp），术后 5 个月时的血浆（5m），术后 1 年（1y）、2 年（2y）和 3 年（3y），以及阴性质控（-Ctrl）。QuantaSoft 的 2D 微滴图显示在图 A 和图 D 中，通过垂直的黄线区分每个孔。关于检测特异数据标准化和所输出的强度测量的阈值，图 B、图 C，以及图 E、图 F 显示了其转化步骤（见 17.3.12）。在图 B 和图 E 中，对于某个 ddPCR 检测，将两个时间上的阴性质控（无模板质控，NTC；或匹配的正常 DNA，Normal）反应孔的最大微滴强度画一条蓝色的线“2*negMax”，将某个检测的数据定义到上下两个部分。对于下部每个孔中的微滴（“lowerMed”），在中位值的位置画一条黄色的水平线，而对于上部的阳性质控原发肿瘤 DNA 孔，横跨其中位值画一条绿色线（“posUpperMed”）。然后分别根据 lowerMed 和 posUpperMed 的这些数值，将数据转化为 0 和 1（C、F）。针对 9 个样品的阈值画了一条红色的虚线，从 0.1 ～ 0.9，在这些线内的数字表明了相应孔中阈值之上的微滴数。每个孔的概括统计显示在相应图的下部。图片改编自 Olsson 等 [8]

（2）对于每个 ddPCR 反应孔，确定一个较低的微滴群，强度≤ 2*$negMax$，确定一个较高的微滴群，强度＞ 2*$negMax$。

（3）对于每个孔，确定 *lowerMedian*= 较低微滴群的强度中间值。

（4）对于每个孔，从每个强度值中扣除 *lowerMedian*（将所有的中间值都变为 0）。

（5）确定 *posUpperMedian*= 阳性质控孔中较高微滴群的强度中间值。

（6）对于每个孔，用 *posUpperMedian* 除以每个强度值（设定阳性质控中较高微滴的中间值为 1）。

（7）设定阈值 t 到 0.5，以确定阴性微滴（阈值以下）和阳性微滴（大于等于阈值）。

3. 我们通常会测量染色体 2p14 上的一个正常非重排的 132pb 区域的浓度来作为总 cfDNA 的一个替代。这个 2p14 区域在乳腺癌中很少经历拷贝数的改变。这个检测的序列如下，2p14- 正向：GCTGAATTGCTTTGAGCTTGCAG；2p14- 反向：CATGTCACCTCCAGTTACAGGGAA；2p14- 探针：TGTCACCAGTTGTCTGCTGTTCTTTCGGG。

4. 根据阳性微滴数 P、所分析的总微滴数 T、微滴体积 V_d [根据软件版本的不同为 0.91×10^{-3}μl 或 0.85×10^{-3}μl，如果不确定，我们建议与厂家（Bio-Rad）确认]，ddPCR 反应体积 V_r（20μl；包括 PCR 混合液、引物、探针和输入 DNA），以及输入到反应之中的纯化循环肿瘤 DNA 的体积 V_i，采用如下公式来计算每微升输入纯化循环 DNA 中的片段数目 C_{V_i}：

$$C_{V_i} = \frac{-\ln\left(1 - \frac{P}{T}\right)}{V_d}\left(\frac{V_r}{V_i}\right)$$

5. 可以将每毫升血浆中的拷贝数乘以一个转换系数（初始血浆体积和 cfDNA 的洗脱体积的占比）来表示定量结果。通过正常对照片段 2p14 数量的划分，肿瘤特异重排也可以表示为 ctDNA 的百分率。

17.4　注意事项

1. 为了过滤掉胚系事件，对来自同一个患者的肿瘤 DNA 和正常 DNA 都应该进行分析。如果没有匹配的正常 DNA 样品，应该用非匹配的正常 DNA 来过滤掉人群中最常见的胚系事件。

2. 采血之后尽快分离。对于标准的 EDTA 管，2 小时内分离是比较理想的。Streck 的细胞游离 BCT 管可以在室温或 4℃下存放 14 天（参考厂家的说明书）。

3. 如果准备测序的样品超过了 48 个，应该采用高通量（high-throughput，HT）方案。

4. 在 550 ～ 950bp 切割一个条带将会形成一个 450 ～ 850bp 的插入，要考虑到连接物的尺寸。连接物给每个片段增加了大约 120bp。

5. AMPure XP 微珠在使用前必须要恢复至室温（至少 30 分钟）。

6. 一个流动细胞在多条泳道上运行的数据应该要用 Novosort（Novocraft Technologies）整合到一个 BAM 文件中。在 BAM 文件中重复的读数会被标记为“Picard Mark Duplicates”，在后续的分析中会被忽略掉。

7. 全血大概含有 50% 的血浆。血浆是首选的 cfDNA 来源，因为在血清的形成过程中，正常细胞会裂解并且释放基因组 DNA 到溶液之中，因此会增加背景并且对真正的 cfDNA 质量产生影响。

8. 血浆中的游离循环 DNA 对多次的冻融循环很敏感；因此需要将血浆样本做成等份样本。

9. 可选的是，在加 DPBS 补偿之前，可以加一定体积的外源 DNA 参考片段（大小为 100 ～ 200 核苷酸，浓度已知）到样品中，这可以用于计算提取效率。

10. 在缓冲液 AC 和样品混合到一起之前，转运 RNA 不应该和缓冲液 AC 或样品混合，因为这会影响检测，这一点非常重要。

11. 每一个管子的底部应该有一个含有 cfDNA 的沉淀，上清液应该基本上是清澈的。离心力和时间可以做些调整，但是延长离心时间和（或）高离心力会将沉淀压紧，使重悬浮变得困难。

12. 留下小体积的上清液会极大地有助于重悬浮。

13. 我们推荐将蛋白酶 K 溶液保存在 4℃。

14. 过度的离心将会减少核酸与过滤膜的结合。如果裂解液的总体积＞ 700μl，用相同的柱子重复这个步骤，直到所有的裂解液都加进去。

15. 在膜上部的塑料“盖子”上面经常会有残留的 AW2 缓冲液。在第二次离心前，用一个加样枪将盖子周围的多余液体移走可以避免这种情况。

16. 洗脱缓冲液及其体积可以根据下游的应用做相应的改变，然而如果洗脱体积较小的话，总体的产出会有所减少。

17. Bio-Rad 有二代 ddPCR 系统。QX100 ddPCR 系统支持水解探针检测（TaqMan），而 QX200 ddPCR 系统同时支持水解探针和 DNA 结合染料（EvaGreen）检测。本方案是采用水解探针检测方法而做的优化。

18. PCR 产物的分析可以用很多设备来完成，包括 2100 Bioanalyzer（Agilent）或标准的凝胶电泳。对于高通量来说，Caliper 系统比较理想。

19. 准备反应液时要比 20μl 稍多一点的体积，即 22μl。这可以确保有完整的 20μl 用于微滴生成。

20. 对于阳性质控反应，所使用的肿瘤 DNA 模板量可能有所不同，但是应该要＜ 66ng。对于参考品，如果检测正常运行的话，10ng 的人类基因组 DNA（大概是 3000 个单倍体基因组拷贝）将会产生数千个阳性反应微滴，所以，可以使用更少的肿瘤模板。

21. 对于阴性质控反应，建议运行一个大数额的非特异 DNA 模板（如＞ 20ng 的匹配正常 DNA）。循环肿瘤 DNA 在提取的血浆中可能是以极低的浓度存在的，所以采用非常特异的方法是很重要的，因为真阳性的微滴的数目会非常低。比较理想的是，即使是分析完上千次正常基因组的模板也不会有假阳性微滴的产生。相比于其他类型的改变（如点突变），结构变异作为肿瘤生物标志物的一个优势是它们可以产生非常独特的序列，因此可以得到非常特异的检测方法。

22. 提前计划 ddPCR 芯片和板的布局。对于某个方法来说，推荐先摆放测试样品，随后是阳性质控，然后是阴性质控（对应微滴生成和反应板读取的顺序）。

23. 如果可能的话，两个连贯步骤之间的变温速度应该设置为约 2.5℃ /s，以确保可靠的热度控制。

24. 用微滴读取仪检测每个油滴的荧光强度、大小和形状，那些没有通过质量标准的微滴将会被排除，对于通过的微滴，会输出其所检测的每一个染料的强度。对于一个考虑进行验证的方法，应该要符合以下标准。

（1）在阳性质控孔中，应该要有两个微滴簇（显示为云状或在 1D 图上显示为条带），彼此之间能够清楚地分离开。强度较高的簇代表含有靶点模板的微滴，而强度较低的簇代表含有非靶点模板的微滴。两条带应该是相对紧密的（紧密围绕在它们的平均强度周围）。

（2）在阴性质控孔中，应该只有一个单一的簇，其平均强度与同一检测之中阳性质控反应中较低强度的簇相似。阴性质控簇应该是一个紧密的带，在阳性强度的方向上应该没有杂散的微滴。如果观察到这种微滴，这个方法应该被排除掉，因为它会导致假阳性。

25. 在乳腺癌中，原发肿瘤中的染色体重排有 89%（61% ～ 100%）会代表性地保留在转移灶中[14]；采用较低的 61% 的数据，5 个中有 1 个或更多个重排保留在转移灶克隆中的概率是 99/100，因此对于微小残留疾病、追踪治疗的反应、隐匿转移疾病的早期检出，都会提供丰富的信息。

致谢

感谢转化癌症基因组学单元、肿瘤学和病理学部门成员的帮助，尤其是 Christof Winter 和 Robert Rigo 在生物信息学方面的工作。本项工作受到了以下单位的资助：瑞典癌症协会，瑞典研究委员会，瑞典战略研究基金会，Knut 和 Alice Wallenberg 基金会，VINNOVA，瑞典国家卫生局临床研究政府资金，瑞典乳腺癌团体，Crafoord（克拉福德）基金会，隆德大学医学院，Gunnar Nilsson 癌症基金会，Skåne 大学医院基金会，BioCARE 研究项目，King Gustav Vth Jubilee 基金会，Krapperup 基金会及 Berta Kamprad 夫人基金会。

参考文献

1. Haber DA, Velculescu VE (2014) Blood-based analyses of cancer: circulating tumor cells and circulating tumor DNA. Cancer Discov 4:650–661
2. Ignatiadis M, Dawson SJ (2014) Circulating tumor cells and circulating tumor DNA for precision medicine: dream or reality? Ann Oncol 25:2304–2313
3. Schwarzenbach H, Hoon DS, Pantel K (2011) Cell-free nucleic acids as biomarkers in cancer patients. Nat Rev Cancer 11:426–437
4. Bettegowda C, Sausen M, Leary RJ et al (2014) Detection of circulating tumor DNA in early- and late-stage human malignancies. Sci Transl Med 6:224ra224
5. Dawson SJ, Tsui DW, Murtaza M et al(2013) Analysis of circulating tumor DNA to monitor metastatic breast cancer. N Engl J Med 368:1199–1209
6. Jung K, Fleischhacker M, Rabien A (2010) Cell-free DNA in the blood as a solid tumor biomarker—a critical appraisal of the literature. Clin Chim Acta 411:1611–1624
7. Diehl F, Schmidt K, Choti MA et al(2008) Circulating mutant DNA to assess tumor dynamics. Nat Med 14:985–990
8. Olsson E, Winter C, George A et al(2015) Serial monitoring of circulating tumor DNA in patients with primary breast cancer for detection of occult metastatic disease. EMBO Mol Med 7:1034–1047
9. Garcia-Murillas I, Schiavon G, Weigelt B et al(2015) Mutation tracking in circulating tumor DNA predicts relapse in early breast cancer. Sci Transl Med 7:302ra133
10. Leary RJ, Kinde I, Diehl F et al(2010) Development of personalized tumor biomarkers using massively parallel sequencing. Sci Transl Med 2:20ra14
11. Diehl F, Li M, Dressman D et al(2005) Detection and quantification of mutations in the plasma of patients with colorectal tumors. Proc Natl Acad Sci U S A 102:16368–16373
12. Chin K, de Solorzano CO, Knowles D et al(2004) In situ analyses of genome instability in breast cancer. Nat

Genet 36:984–988

13. Alkner S, Tang MH, Brueffer C et al(2015) Contralateral breast cancer can represent a metastatic spread of the first primary tumor: determination of clonal relationship between contralateral breast cancers using next-generation whole genome sequencing. Breast Cancer Res 17:102
14. Tang MH, Dahlgren M, Brueffer C et al(2015) Remarkable similarities of chromosomal rearrangements between primary human breast cancers and matched distant metastases as revealed by whole-genome sequencing. Oncotarget 6:37169–37184
15. Saal LH, Vallon-Christersson J, Hakkinen J et al(2015) The Sweden Cancerome Analysis Network - Breast (SCAN-B) Initiative: a large-scale multicenter infrastructure towards implementation of breast cancer genomic analyses in the clinical routine. Genome Med 7:20
16. Chen K, Wallis JW, McLellan MD et al(2009) Break-Dancer: an algorithm for high-resolution mapping of genomic structural variation. Nat Methods 6:677–681
17. Boeva V, Zinovyev A, Bleakley K et al(2011) Control-free calling of copy number alterations in deep-sequencing data using GC-content normalization. Bioinformatics 27:268–269

第 18 章

单色多重微滴数字 PCR 拷贝数检测和单核苷酸变异分型

Christina M. Wood-Bouwens，Hanlee P. Ji

摘要： 微滴数字 PCR（droplet digital PCR，ddPCR）可以对拷贝数变异和单核苷酸变异之类的遗传事件进行准确的定量。基于探针的方法是目前对这些遗传事件进行检测和定量的“金标准”。在本章，我们介绍了一种低成本的单色 ddPCR 方法，该方法可以对拷贝数和单核苷酸变异进行单基因组尺度的定量。

关键词： 数字 PCR；单色；突变检测；单核苷酸变异；拷贝数变异；循环游离 DNA

18.1 引言

这个新型的分子方法采用了 BioRad 的 QX200 微滴数字 PCR 系统，在质量不佳和总量有限的样品（如 FFPE DNA 和 ctDNA）中对具有临床价值的突变进行检测和定量。关于这个新的分子检测技术，已经做了优化，该方法对具有临床价值的突变进行定量检测的敏感性高，能够在单个 DNA 分子的尺度上检测靶点突变片段。从常规抽血的血浆成分中可以提取出肿瘤所释放的DNA; 所获得的ctDNA是极度可变的而且含量很低，通常每毫升(译者注:原文此处写的是微升，经查阅文献后修改为毫升）的血浆所产出的 DNA 要低于 5ng[1]，因此使得 ctDNA 成为这种方法的一个主要检测对象。采用容易设计的标准 PCR 引物，ddPCR 单色系统能够在某个患者的样品中对突变型和野生型的等位基因片段进行准确和绝对的定量；这就意味着任何癌症突变都可以建立一种专用方法并进行有效的检测。

等位基因特异突变的定量要依赖两套 DNA 引物（除了突变型或野生型的“检测”引物组 3' 端的特异碱基之外，它们是一致的）来扩增目的基因组区域。我们通过在突变型和野生型特异“检测”引物中加入人工合成的 5' 非互补“尾巴”，根据其不同的扩增产物长度，我们总能够分辨出含有野生型或突变型等位基因的微滴。这个人工合成的“尾巴”可以使引物靶向基因组的相同区域（除了检测引物 3' 端的 SNP 特异碱基之外），从而将 PCR 反应的误差最小化。这种 ddPCR 技术能够将标准的 PCR 反应分成大约 20 000 个单独的乳状液。它们可以被有效地当作 20 000 个独立的反应，在一个 PCR 板的单个孔中平行进行循环。然后我们就可以检测每个单独的微滴，以评估被划分到某个微滴之中的单个 DNA 分子是“野生型”还是作为目标的“突变型”，从而给出某个患者样本中突变型和野生型模板的绝对计数。采用标准的未经修饰的 DNA 引物，这个方法能够在总数为 7000 的基因组当量中检测出 7 个突变的基因组当量。这个方法的敏感性也使得其能够处理低浓度的样品，通常是从标准抽血的血浆成分中提取的循环游离 DNA。

18.2 材料

PCR 前（pre-PCR）和 PCR 后（post-PCR）的工作空间应该处于物理上隔离的位置，具有指定的设备和耗材（* 表示的是只能放到 PCR 后区域的物品）。所有的试剂 / 引物都应该分装成供一次使用的小份，以减少污染的风险。

18.2.1 设备 / 装置

1. QX200™ 微滴生成仪（Bio-Rad，#1864002）。
2. QX200™ 微滴读取仪（Bio-Rad，#1864003）。
3. QuantaSoft™ 软件（Bio-Rad）。
4. Veriti® 96 孔热循环仪 *（Applied Biosystems，#4375786）。
5. DG8™ 芯片夹具（Bio-Rad，#1863051）。
6. PX1™ 板密封器（Bio-Rad，#1814000）。
7. AirClean 600 Combination PCR 工作站。
8. 离心机。
9. 台式离心机。
10. Promega Maxwell® RSC。

18.2.2 耗材

1. QX200™ 用于 EvaGreen 的微滴生成油（Bio-Rad，#1864005）。
2. QX200™/QX100™ 微滴生成仪的 DG8™ 芯片（Bio-Rad，#1863008）。
3. QX200™/QX100™ 微滴生成仪的 DG8™ 芯片密封垫（Bio-Rad，#1863009）。
4. ddPCR™ 微滴读取油（Bio-Rad，#1863004）。
5. Eppendorf 96 孔 twin tec PCR 板；250μl 半裙边板（Eppendorf，#951020389）。
6. 可穿透的热封箔（Bio-Rad, #1814040）。
7. Eppendorf DNA LoBind 微量离心管；1.5ml 安全锁管；DNA；PCR 清洁度（Eppendorf，#22431021）。
8. Rainin P20 低滞留过滤吸头（Rainin，RT-L10FLR）。
9. Rainin P200 低滞留过滤吸头（Rainin，RT-L200FLR）。

10. Rainin P1000 低滞留过滤吸头（Rainin，RT-L1000FLR）。

18.2.3　ddPCR 试剂

1. QX200™ ddPCR™ EvaGreen 超混液（Bio-Rad，#1864034）。
2. 用于质控 EvaGreen 的 QX200™ 2× 缓冲液（Bio-Rad，#1864052）。
3. UltraPure™ 无 DNA 酶 /RNA 酶的蒸馏水（Invitrogen，#10977-023）。
4. 洗脱缓冲液，10mmol/L Tris-HCl pH 8.0：按照如下步骤准备洗脱缓冲液，采用 UltraPure™ 水（Invitrogen，10977-023），将 UltraPure™ 1mol/L Tris-HCI，pH 8.0（Invitrogen，#15568-025）稀释到 10mmol/L 的终浓度。
5. 限制性内切酶（根据使用者 TBD，见 18.3.1）。
6. 引物：将所有的引物重悬到洗脱缓冲液中，终浓度为 100μmol/L；引物充分涡旋混合瞬时离心。采用 UltraPure ™水稀释至工作终浓度 10μmol/L，将重悬浮的引物存放在 -20℃。

18.2.4　样品提取试剂

1. Maxwell® RSC DNA FFPE 试剂盒（Promega，AS1450）。
2. EDTA 采血管。
3. Maxwell® RSC ccfDNA 血浆试剂盒（Promega，AS1480）。

18.3　方法

所有的试剂准备和微滴生成都应该在一个 PCR 工作站中进行，以减少污染的风险（见 18.4 “注意事项” 中的第 1 条）。在准备所有的试剂和主混合液时，使用 Rainin 低滞留过滤吸头。

18.3.1　样品 DNA 提取

18.3.1.1　从 FFPE 组织中提取 DNA

1. 获取 5 ～ 10μm 含有目的组织的 FFPE 切片。
2. 按照 Maxwell® RSC DNA FFPE 试剂盒中的标准流程进行操作。

18.3.1.2　从血液中提取 ccfDNA

1. 收集两管 EDTA 血，处理之前保存在 4℃。注意：必须在采集后 2 小时内处理。
2. 采血管在离心机中以 2000 × g 离心 10 分钟。
3. 将血浆成分转移到一个新的 1.5ml 或 2.0ml 的 LoBind Eppendorf 管中。
4. 将含有血浆的管子以 2000 × g 离心 10 分钟。
5. 将上清液转移到一个新的 1.5ml 或 2.0ml 的 LoBind Eppendorf 管中，小心不要搅动沉淀。如果进行长期存储，则进行第 6 步；或者跳过第 6 步直接进行第 7 步，进行 ccfDNA 的提取。

6. 将含有血浆的管子迅速冷冻到液氮中，冻结后储存在 -80℃直到进行 ccfDNA 的提取。

7. 按照 Maxwell® RSC ccfDNA 血浆试剂盒中的标准操作流程进行操作。

8. 将提取的 ccfDNA 短期存放在 -20℃（1 ～ 2 天）或长期存放在 -80℃。要避免过度的反复冻融。

18.3.2 设计 SNV 引物

18.3.2.1 拷贝数变异检测的引物设计

拷贝数变异（CNV）检测引物应该要靶向大约 20bp 的基因组序列，可以采用 Primer3 来设计。引物的特异性可以采用 UCSC Genome Brower Blat 工具 [2] 来确认。靶向基因组目的区域的 CNV 检测引物应该与一个作为拷贝数质控的非靶点参考基因进行多重检测（18.3.2.3 的多重检测建议）。为了确定目的基因（gene of interest， GoI）的拷贝数，应该要计算双阳性微滴的数目，或者同时含有参照物和 GoI 的微滴，加上含有 GoI 的微滴，再除以双阳性微滴加包含参考物的微滴，然后将得到的数值乘以 2（图 18-1）。

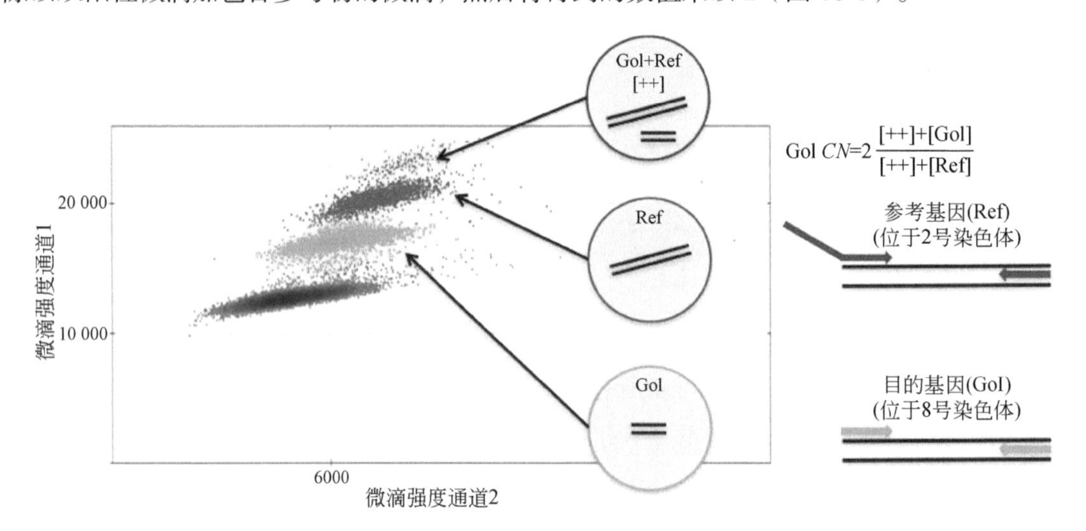

图 18-1 CNV 检测的例子：Quanta 软件所形成的拷贝数变异检测 2D 图，该检测靶向一个目的基因（较小的扩增产物）和一个添加了人工合成的尾巴以形成更大扩增产物的参考基因。按照如下方式来计算目的基因的拷贝数：计数双阳性微滴的数目，加上含 GoI 的微滴，除以双阳性微滴加包含参考物的微滴，然后乘以 2

18.3.2.2 单核苷酸变异检测的引物设计

每个单核苷酸变异（SNV）分型检测都设计了三个引物：野生型引物、突变分型引物和分型引物上游或下游的一个通用引物。分型引物约 20bp，而且除了 3' 碱基位置末端的 SNV 特异位点之外，应该彼此相同（图 18-2）。IDT 的引物查询是设计这类分型方法的有用工具。非 PrimerQuest 设计的任何引物的特异性都应该采用 Blat 工具来进行验证 [2]。某个分型引物的人工合成 5' 非互补尾巴能够根据其不同的扩增产物长度（会因为每个靶点分子所结合的染料数量的差别而导致荧光强度的差别）来区分含有突变型或野生型等位基因的微滴。我们通过将引物靶向基因组 DNA 的一个相同区域，这个人工合成的尾巴可以将

PCR 反应中的误差最小化（见 18.3.2.3 的多重检测建议）。

18.3.2.3 将单色 SNV 检测修改为多重检测

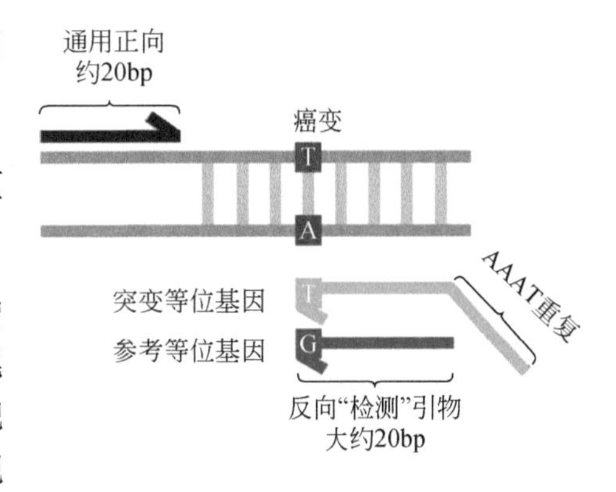

图 18-2 SNV 分型引物设计和检测构成：黑色箭头代表共有的基因组引物，蓝色箭头代表没有加尾巴的野生型等位基因特异引物，绿色箭头代表加了人工合成尾巴的突变等位基因特异引物

典型的单色多重检测需要涉及两个独特的扩增产物[3]，与其相比，我们通过添加非互补的 5' 尾巴来人工地增加扩增产物的长度。这使我们能够靶向一个单一的基因组区域，只有当靶点突变出现时，这个区域才会有所不同；突变的出现将会导致 2 个具有独特长度的 PCR 产物。长尾序列应该富含“AT”，而短尾序列则应该富含“GC”，目的是将熔解温度的变化降到最低。为了将 SNV 检测变为多重，人工的尾巴既需要加到野生型也需要加到突变型的引物上。例如，为了优化一个多重 SNV 分型检测，使用者应该在突变或参考特异引物的 5' 端添加重复的“AAAT”，以形成加尾引物的多个重复，其目的是获得 12、24、36、48、60、80 和 100 的非互补碱基。所有 7 个可能的加尾引物组（通用正向 + 加尾的反向）都应该在一个 ddPCR 检测中与不加尾的参考等位基因特异引物组单独进行多重检测。当所设计的多重方法检测的是多个不断增加的尾部长度时，可以帮助我们确保所产生的参考和突变扩增产物能够提供一个独特的 ddPCR 信号。图 18-3 显示的是将 12 ～ 100bp 的尾巴加到突变特异引物中之后，在突变和参考群体之间的独特信号会出现一个提升。加入长尾巴可以显著提高引物的熔解温度；使用者可以将富含“G”或“C”的短尾巴加到通用的基因组引物中，这种加了非长尾巴的检测引物能够使引物彼此间的熔解温度差异保持在 3℃之内，同时还可以保持扩增产物长度的独特性。

18.3.3 准备 ddPCR 的引物和模板 DNA

18.3.3.1 引物准备

正向和反向引物在稀释到 10μmol/L 时可以组合起来，然后加到 PCR 的主混合液中。要确保在最终的引物混合液中，两条引物应分别都是 10μmol/L。

18.3.3.2 ddPCR 之前的限制酶切消化

模板 DNA 在用于 ddPCR 之前，应该采用限制性内切酶，根据厂家的说明书进行消化。要确保酶切位点位于任何靶点扩增产物之外。高质量的 DNA 和从 FFPE 组织中提取的 DNA 应该要进行限制酶切消化；然而，从血浆中提取的 ccfDNA 在使用前不需要进行酶切消化。消化应该在 ddPCR 前进行操作，这样，被消化的模板在运行 SNV 或 CNV 检测前才能够被定量。这个定量能够让使用者在某个浓度下形成一个标准曲线，这个浓度与每次检测之前患者样品的浓度是相等的。

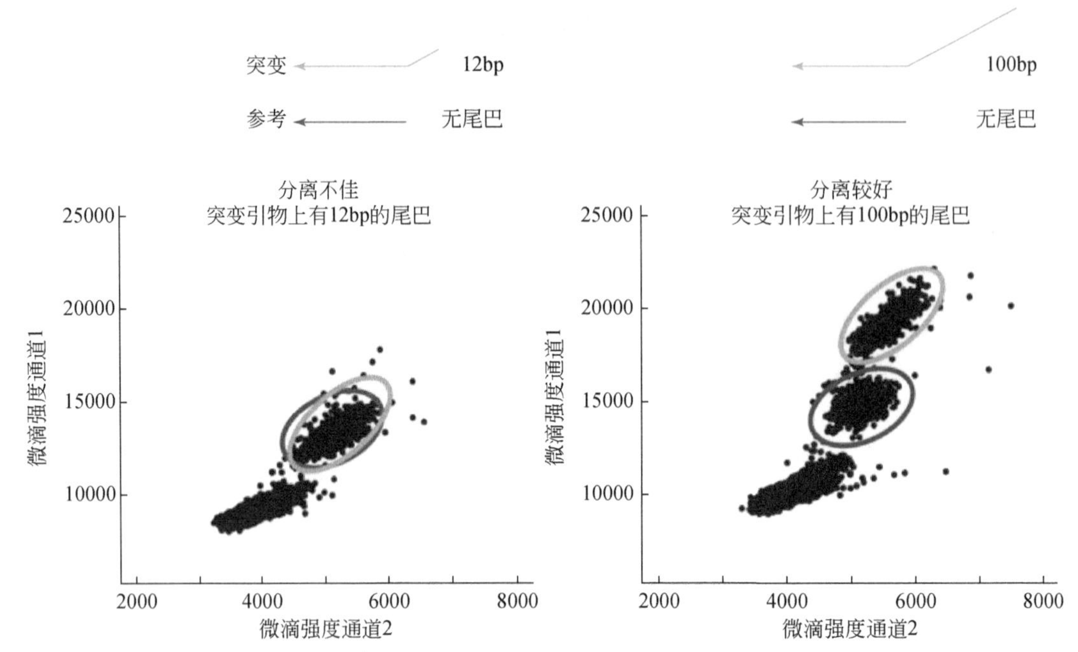

图 18-3 多重突变检测中 SNV 群体的分离。在含有 50% 的 KRAS G12V 突变的 DNA 模板中的 KRAS G12V 多重分型检测。重复的“AAAT”被用于在突变检测引物（反向）的 5' 端添加 12bp 或 100bp 的人工尾巴。突变群体的总体强度在通道 1（*Y* 轴）中上升，因为 5' 人工尾巴的增加（左边对比右边）会导致突变和参考群体之间更好地分离。在突变型和野生型群体上分别用有代表性的绿色和蓝色椭圆圈出

18.3.4 ddPCR 准备

根据 Bio-Rad 的产品插页 # 10028376 Rev C 进行了相应修改。

1. 所有高质量的 DNA 和从福尔马林固定石蜡包埋（FFPE）组织中提取的 DNA 都需要采用一个限制性内切酶进行消化，这个酶不会在目的扩增产物中进行切割。

2. 消化之后的模板 DNA 可以直接加到 ddPCR 的主混合液中，但是每 22μl 反应最终的量不应该超过 2ng。关于 SNV 和 CNV 反应的最佳模板浓度，见 18.4“注意事项”中的第 2 条。

3. 所有试剂在室温条件下融化。涡旋混合所有的引物，在桌面微离心机中离心 5～10 秒。使用 P1000 加入 QX200™ ddPCR™ EvaGreen 超混液，吹吸混匀 15 次；瞬时离心。

4. 准备 ddPCR 的 PCR 主混合液：如表 18-1 所示，混合 QX200™ EvaGreen 超混液、共有（通用）引物、参考等位基因引物、突变等位基因引物、模板 DNA 和水，每个反应

表 18-1 准备 SNV 检测主混合液的示例

试剂	1 个反应	终浓度
QX200 ddPCR™ EvaGreen 超混液	11.0μl	1×
10μmol/L 通用引物 10μmol/L 参考等位基因引物 10μmol/L 突变等位基因引物	可变的	100～400nmol/L 50～100nmol/L 50～100nmol/L
模板 DNA	可变的	最高 20 ng
超纯水	补至 22μl	—

的终体积为 22μl（关于多个样品和缓冲液质控，见 18.4“注意事项”中的第 3 条）。

反应中通用引物的终浓度应该与参考型和野生型等位基因引物的浓度相等（即 100nmol/L 的通用引物，100nmol/L 的参考等位基因引物，100nmol/L 的野生型等位基因引物）。

18.3.5　产生微滴

以下内容根据 Bio-Rad 手册 #10031907 修改。

1. 将 DG8 ™芯片卡入芯片夹具中，在其中间排的孔中加入 20μl 经过充分混匀的主混合液。只加到第一档的停止位，以确保孔中不会形成气泡（见 18.4“注意事项”中的第 4 条）。

2. 吸取 70μl 用于 EvaGreen 的 QX200 ™微滴生成油，加到标记了“油”的一排孔中。

3. 在芯片夹具上附上密封垫，放入微滴生成仪中，按下按钮关闭舱门开始微滴生成。

4. 使用 P50 多通道移液器从出口孔一排吸取 41μl 微滴，尽可能使用最低的吸取速度。这个步骤应该需要 5 ~ 10 秒。

5. 将 41μl 的微滴加入到 Eppendorf 96 孔 twin tech 半裙边 PCR 板中，尽可能使用最低的排出速度。这个步骤应该需要 5 ~ 10 秒。

6. 在板上放一个可穿透的热封箔，红色条带朝上。

7. 将带有热封的板放到密封器中，180℃，5 秒。

8. 小心地将封口后的板转移到热循环仪中。

18.3.6　热循环条件

SNV 和 CNV 检测的热循环条件保留了大部分相同的步骤，然而根据引物的退火温度，引物组和引物组之间有一些变化。表 18-2 列出了一个通用的 ddPCR 方案。

表 18-2　ddPCR 反应的热循环条件

循环步骤	温度（℃）	时间（分：秒）	变温速率（℃/s）	循环数
设置热盖温度至 105℃				
酶活化	95	5:00	2	1
变性	95	0:30		40
退火 / 延伸	可变的[a]	1:00 ~ 2:00		
信号稳定	4	5:00		1
	90	5:00		1
维持	4	∞		1

a 每组引物的退火 / 延伸温度应该在引物的预期熔解温度范围内采用温度梯度进行单独的优化。退火 / 延伸时间也应该做调整，以改善 ddPCR 的信号。在 Bio-Rad 的微滴数字 PCR 应用指南中可以找到更多的信息。

18.3.7　读取微滴和数据分析

18.3.7.1　模板文件准备和微滴读取

以下内容根据 Bio-Rad 手册 #10031906 修改。

1. 使用 QuantaSoft 创建一个新的模板。CNV 和 SNV 检测都要确定在超混液选项中选择 QX200 EvaGreen ddPCR 超混液，然后选择检测的类型为 CNV1，勾选通道 1 和通道 2，以确保从两个通道中收集数据。将这些设置应用到检测所包含的每个孔。保存模板前，在提供的对话框中添加实验相关的特定信息。

2. 打开微滴读取仪的门后，取下顶部的安全板，将热循环之后的板按照正确的方向插入 QX200 ™微滴读取仪中。在关闭微滴读取仪的门前，放回顶部的安全板并使其归位。

3. 打开合适的模板点击 QuantaSoft 程序左边的“Run（运行）”。对于步骤 1 中所指定的需要读取的孔，明确其数据收集的方向（横行或竖排）。

18.3.7.2 QuantaSoft 分析和数据导出

以下内容根据 Bio-Rad 手册 #10031906 修改。

1. 运行结束之后，选择“OK”，返回模板的主界面。

2. 选择将要分析的孔，点击屏幕左边的“分析（Analyze）”。

3. QuantaSoft 软件所提供的自动化聚类将不能区分单色检测的多个阳性群体。程序中所有的聚类都应该手动完成，可以使用软件提供的选择工具对群体进行聚类。

4. 如果要使用其他的聚类算法，需要选择带有数据的所有孔，导出其原始数据，然后返回模板的主界面。选择“选项（options）”，然后选择“导出微滴簇和强度数据（export cluster and amplitude data）”。所生成的将是一个“.csv”文件，包含通道 1 和通道 2 的强度，以及在 QuantaSoft 软件中针对每个微滴自动或手动设定的微滴簇。

18.3.7.3 分析 CNV 数据

按照如下方法来判断拷贝数：计数目的引物组扩增所得的阳性微滴的总数，将其与参考引物组所扩增的阳性微滴总数进行比较。用判断基因拷贝数的聚类算法单独分析每个数据点，以便定位一个微滴簇的中心[4]。使用者接下来可以定义一个阈值，算法将会应用这个阈值来确定每个数据点的微滴簇数。

18.3.7.4 分析 SNV 数据

多重单色 ddPCR 基因分型检测可以用于某个特定样品中参考等位基因和变异等位基因的绝对定量。与 CNV 检测类似，参考等位基因或变异等位基因的数目也可以通过以下方法来判断：将原始的强度数据转换成一个标准的符合泊松分布的聚类算法。然后，使用者可以计算突变型或野生型阳性微滴簇中阳性事件的数目。为了形成判定突变型和野生型事件的置信区间，在每个患者样品的检测分析中，我们平行运行了一系列标准曲线（图 18-4）。

18.4 注意事项

1. 除了使用一个 PCR 工作站及减少 PCR 前和 PCR 后的污染风险外。PCR 前和 PCR 后的工作空间应该是物理上互相隔离的，其中有特定的设备和耗材。每周都应该采用 10% 的

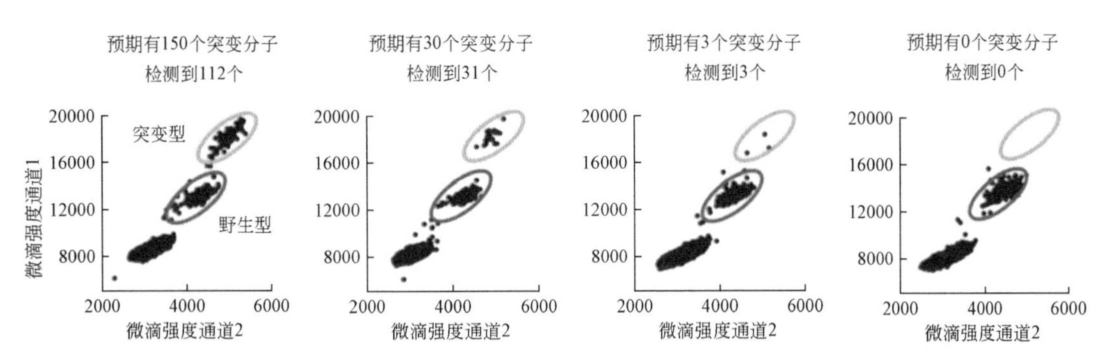

图 18-4　线性标准曲线示例。突变比例分别为 50%、10%、1% 和 0（由左至右）时，KRAS G12V 标准曲线检测中通道 1 和通道 2 的原始强度数据二维图

漂白剂溶液，将所有的工作空间和设备彻底地清洁 10 分钟，随后用 70% 的乙醇溶液擦拭。

2. 我们发现，在 CNV 检测的每个反应中所采用的模板 DNA 约为 10ng（约 3000 基因组当量）时，以及 SNV 检测的模板 DNA 为 1 ～ 20ng（300 ～ 6000 基因组当量）时，阳性群体有最好的分辨率。对于 SNV 检测，应该要运行多个重复检测，以便提高所检测模板的总数。这可以帮助提高信号和减少噪声。

3. 根据所检测的数目变化，反应混合液应该分批次制备。尽可能将通用试剂混合在一起，以减少结果的差异。如果运行的样品＜ 8 个，则采用 20μl 的 1 × QX200 ™ ddPCR ™ EvaGreen 缓冲液质控将剩余的孔填满。

4. 在微滴开始生成之前，用一个干净的 P20 加样吸头轻轻地去除任何气泡。

致谢

本项工作受到了美国国家卫生研究院（National Institutes of Health，NIH）基金 NHGR1 P01 HG00020526 （H.P.J., C.M.W.B）的资助。

参 考 文 献

1. Gray ES, Rizos H, Reid AL et al (2015) Circulating tumor DNA to monitor treatment response and detect acquired resistance in patients with metastatic melanoma. Oncotarget 6(39):42008–42018
2. Miotke L, Lau BT, Rumma RT et al(2014) High sensitivity detection and quantitation of DNA copy number and single nucleotide variants with single color droplet digital PCR. Anal Chem 86(5):2618–2624
3. McDermott GP, Do D, Litterst CM et al (2013) Multiplexed target detection using DNA-binding dye chemistry in droplet digital PCR. Ana Chem 85(23):11619–11627
4. Rodriguez A, Laio A (2014) Machine learning. Clustering by fast search and find of density peaks. Science 344(6191):1492–1496

第 19 章

一种用一组预选的 SNP 监测移植后健康的通用微滴数字 PCR 方法

Julia Beck, Michael Oellerich, Ekkehard Schütz

摘要：移植的器官会释放细胞游离 DNA 到受者的血流中。这种移植来源的游离 DNA（graft-derived cell-free DNA，GcfDNA）是器官健康情况的一种敏感生物标志物，因为 GcfDNA 高水平会提示移植器官内部细胞死亡的增加。本方案介绍了一种采用 ddPCR 检测 GcfDNA 相对浓度的方法。这个方法采用了一组预选的 SNP 检测，其中对每个受者 - 供者组合都有益的单核苷酸多态性（single nucleotide polymorphism，SNP）是通过一个直接的两步过程被选择出来，这只需要一次抽血。不需要进行供者组织的取样和单独分型，这使得该技术也适用于不是近期做移植的患者。在这些患者中，绝大多数将不再能取到供者的 DNA。

关键词：移植；排斥监测

19.1 引言

移植物来源的细胞游离 DNA 会出现在接受器官移植患者的血液循环中，作为移植物健康和损伤的特异标志物，它得到了高度的关注[1]。从血浆中提取的细胞游离 DNA 总量本来就很低，而 GcfDNA 只是其中很小的一部分，每毫升血浆只有 10 个基因组拷贝。如上所述，由于被分析物的含量极低，采用任何方法进行 GcfDNA 的准确定量都要依赖移植特异基因组标志物的特异检测，最初是限制在性别错配的供者－受者配对中检测 Y 染色体的序列[2]。采用 HLA 错配能够进行 GcfDNA 检测[3]，但是这需要预先知道 HLA 的基因型，而且需要对每一个供者－受者配对的数百个已知 HLA 基因型进行大量的方法学优化[4]。随着单分子计算技术，如高通量测序（high-throughput sequencing，HTS）和微滴数字 PCR（ddPCR）的发展和广泛普及，GcfDNA 的定量成为可行的生物标志物方法，用于在常规条件下移植物健康情况的分析[5-7]。前面所提到的技术都是靶向提供有用信息的 SNP（例如，在供者和受者中具有不同等位基因的 SNP；图 19-1），针对这个 SNP，直接计数两个不同的等位基因，生成 GcfDNA 检测的百分比。较高水平的百分比会提示供者器官中的死亡细胞增加。

在某个阈值之下，移植器官被认为是稳定的，肝脏大约是 10%[7]，心脏是 0.25% ～ 0.5%[5,8]，肾脏大约是 1%[8]。与 HTS 相比，ddPCR 的定量更加便宜（每个检测＜ 200 美元），周转时间更短（约 24 小时），即使是一个样品，也能够以同样的花费来完成。Beck 等所介绍的 ddPCR 方法 [7] 是基于一组预设和优化的检测，靶向的是经过预选的具有高度次要等位基因频率（minor allele frequencies，MAF）的 SNP，在这里会解释其中更多的细节。根据 Hardy-Weinberg 平衡计算，在某个给定的人群中，MAF 在 0.4 ～ 0.5 的一个 SNP 的两个等位基因接近相等，因此有 11.5% ～ 12.5% 的概率在这个人群的两个个体（如供者和受者）之中存在不同的（纯合的）基因型（图 19-1）。针对每个供者 - 受者组合，要想确定至少 3 个这样提供有用信息的 SNP，需要一次性提前测试含有 30 ～ 35 个 SNP 的组合。针对某患者个体，采用这样一组经过预选的 SNP，与所述的筛选方法一起联合，有可能仅仅通过受者的一次抽血就可以检测提供有用信息的 SNP 集。并不需要供者的组织取样和单独的基因分型，这使得这项技术也能够适用于那些不是最近进行移植的患者。在这些患者中，多数已经再也不可能获得供者的 DNA。这个方法已经在如下方面被证实是有用的：在一组 10 个肝移植的患者中证实更低的治疗性他克莫司范围 [9]，密切监测一个边缘的供者肝脏 [10] 及在一个前瞻性的多中心试验中用于 107 例肝移植受者的超过 500 例样本的检测 [11]。所述的方法包括对提取总 DNA 的一个预扩增，结果显示对于 2% 的 GcfDNA 浓度，CV ＜ 15%[7]。另外，对提供有用信息的检测的筛选流程也做了介绍。

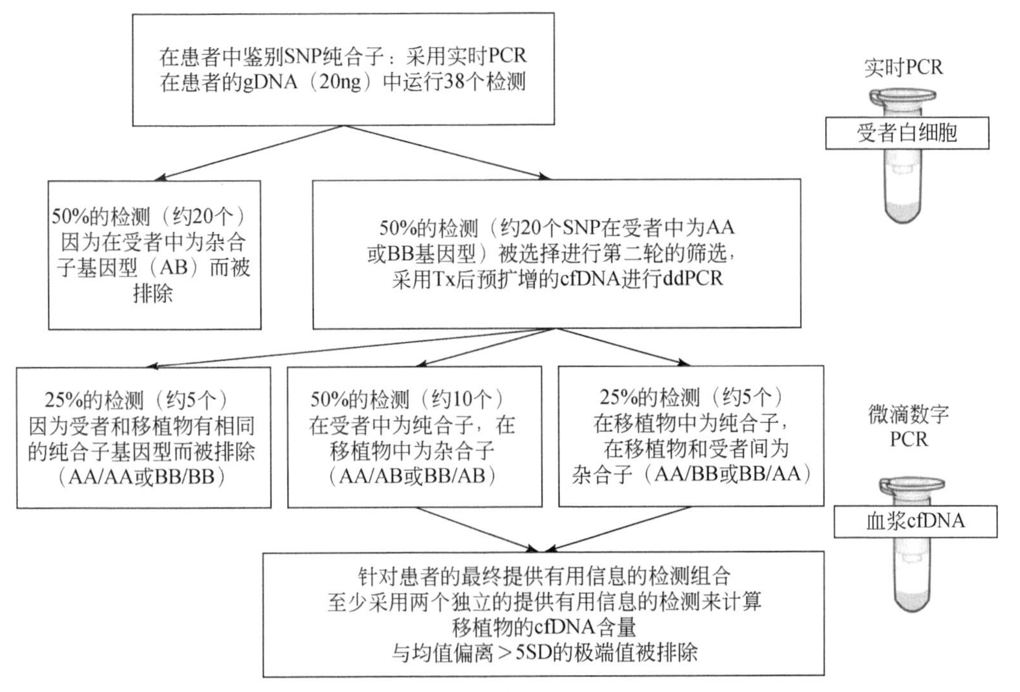

图 19-1　筛选的第一步是采用提取自血沉棕黄层的受者基因组 DNA 进行一个实时 PCR。在这一步中，受者中具有杂合子基因型的所有 SNP 检测都被排除，因为它们不能被用于定量的 ddPCR。接下来的检测筛选步骤在 ddPCR 中采用预扩增的 cfDNA 作为模板，针对某患者个体来定义最终的提供有用信息的检测组合。一个提供有用信息的检测能够发现在受者中为纯合子的一个 SNP，对它来说，移植物携带的是异源的等位基因，或是杂合子，或是纯合子（首选）的状态。每个筛选步骤所给出的检测百分比和数值会以 0.5 的次要等位基因频率进行计算，在每个患者中都有所不同

19.2 材料

19.2.1 样品收集

EDTA 抗凝的采血管（任意厂家）或细胞游离 DNA BCT 管（Streck）任选其一（见 19.4“注意事项”中的第 1 条）。

19.2.2 cfDNA/ 细胞相关 DNA 提取

1. 15ml Falcon® 管（任意厂家）。
2. 高纯度病毒核酸大体积试剂盒（Roche Applied Science）。
3. DNeasy 血液和组织试剂盒（QIAGEN）。
4. DNA LoBind 管（Eppendorf）。
5. 0.1 × Tris-EDTA（低 TE），pH 8.0。

19.2.3 血沉棕黄层 DNA 的实时 PCR（受者胚系）

1. FastStart Taq DNA 聚合酶，dNTP 包装（包括以下物质：含有 20mmol/L $MgCl_2$ 的 10 × PCR 反应缓冲液，25mmol/L $MgCl_2$ 的储存溶液和 PCR 级别的 dNTP 混合液；Roche Applied Science）。
2. 表 19-1 所示的引物和探针（任意厂家）。
3. 实时 PCR 设备（任意厂家）。

19.2.4 cfDNA 的预扩增

1. NEBNext Ultra Ⅱ DNA 文库制备试剂盒（New England Biolabs）。
2. 用于 Illumina 的 NEBNex Singleplex 寡核苷酸（New England Biolabs）。
3. 80% 的乙醇（新鲜配制）。
4. 无核酸酶的水。
5. 0.1 × Tris-EDTA（低 TE），pH 8.0。
6. EvaGreen® 染料，20 ×（任意厂家）。
7. P5- 引物 - 移植（5'-CCTACACTCTTTCCCTACACGACGCTCTTCCGATCT-3'）。
8. P7- 引物 - 移植（5'-GTGACTGGAGTTCAGACGTGTGCTCTTCCGATCT -3'）。
9. AMPure XP 微珠（Beckman Coulter）。
10. DNA LoBind 管子（Eppendorf）。
11. 磁力架（任意厂家）。
12. 实时循环仪（任意厂家）。
13. PCR 循环仪（任意厂家）。
14. 设备厂家推荐的 PCR 板。

表 19-1　引物和探针序列

检测名称	正向引物	反向引物	探针 A（5'-FAM/3'-BHQ1）	探针 B（5'-HEX/3'-BHQ1）	$MgCl_2$
S38	TCAATCCTCACAACTTCCCTAAGGG	AGTGGGAGGGAGGTACAGTGA	aaaagggggtggtgtCaatgtc	agggactgacattCacaccacc	是
S43	GTCTCTGGGGGTCTGTTGGCC	AGAGGAAGGACTCCCAGGGGG	tggagacgggtccgCagag	tggcacaggtgctctCcgg	否
S46	TCCAGCAGAGGAAATAGTACTTGC	AGCCACCTGGTCTCCTTTCA	ctgggagagaaagaacaaaCagcat	catttccccaaatgctCtttgttct	是
S48	GATCAACTCCTGAAGAGACTCCGT	AGGGAGGGATGGAGAGGGAC	cgggagccctgcgCtttg	tttccatgacaaaCcgcaggg	否
S50	TCTTGTCGAGGCTGCCCTGAAAGG	ACAGAGCCGGCCGGTCGC	cggttttcgctcCcgtgaa	agtccatttcacgCgagcg	是
S53	CAAAGAGCTCRAACCCCAAG	TGTGGGCAAGGCAGGACT	aggCctgggtggagaagt	ccagCccttgtctcaaaagcc	是
S54	AAGTAGGTCTAATTTCAAGAATATCTAA	TTTATATACTTTAAACCTGTATTTCTAATTAC	atgaaaccaagcagtaCtgtggaat	accaacaaattccacaCtactgct	是
S55	TGGTTAAACTGTAGTACATCCATGGA	ACCTTTTGGGACTGGCTTTCT	acttctcagcaacagCctgga	ctctggaaattcatccagCctgt	是
S57	CAGCCTCTGGTTCCAGGCCT	GGAGAATCCCAGAAGCAGGCTGA	cactcacgtttgggatacttCgtttc	cccagtaaggaatggagaaacCaagta	是
S58	GCCACCTTAGCCTCCCAAAG	AGGGTGACTGTATTAATTATTGTTCAAACT	attacaggcatgagCcaccg	caaggcacggtgCctcat	是
S59	AGAAAGAAAGAAGCAGGGAAGGGAC	TGGAGCTAAAATGAGCCTGCGT	attacatagcttatcaCttgcagagcc	actcctggctctgcaaCtgat	是
S63	GCTGTTGCTGCCTCACAGGT	AGGGCAAAGGCAAATGCACCA	aactggaagtaacacCtgcacca	cttgactcttggtgcaCgtgt	否
S66	ACCCTGACCCTCAGTTCCTT	AAGAGCCCTTATAAGGTGTGAGAAA	aggatattgctagagtggagtCagaac	accactgttatttgttctCactccact	否
S67	ATGAAGAGTAAGCGGGGCCG	CGGACCCATTTCACCCACCA	cccgacccttaacCtcccc	tggagagggttggggaCgtta	否
S68	GCCTCTGCCATATCCTCAC	AGGTCGGATGTTGGAAAGG	agacaCttgtgggactcagaagg	acaaCtgtctcctgctgtcct	是
S70	TGGCCCAGTTAGAAGGTGTGGA	CGGCCACCCATCCTGGAGAT	accctcctgtactgCgcac	acagtgaaggtgtgcCcagt	否
S77	GGGCCTCAGTTCTAGACGAGT	GTTTCCGTGAAGTAGGCGCT	atgctcagcacacAgggga	cactgcttccccCgtgtg	是
S78	AGGCAGAACTAAACGTTGGCTT	TGCGGAACAGTGACAATTTGTTC	atgcAgctttggcatgaggt	atgccaaagcCgcatattttctct	否
S79	CAGGGAGTGCTTTACTGAGGC	ACTCAAACACGGAGCTGGGC	ggcagcaggtgccAagca	aggcattactgctCggcacc	是

续表

检测名称	正向引物	反向引物	探针 A（5'-FAM/3'-BHQ1）	探针 B（5'-HEX/3'-BHQ1）	$MgCl_2$
S82	TTTGCACTTGACGCACCAGC	CCGAGGCAGAGGAAGGAAGTG	tgcAatgagagcagaggcct	catCgcagccctcctgca	否
S83	GGTTTTGCTTCTGATGATCCCTCT	AGCATTGTGTAGGGACTGGTAAATT	atacActctgttgttgagtgccac	cagagCgtatgtatgaagtccagagt	否
S84	CCTAATCACTCGTGAGGAGTG	ATCCACCATGATGCTCACAA	cccaCgggaggaatgtctttg	cccAtgggacttctggcc	是
S85	GGAAACATCTAGACGCGCA	CGGAATCGGGAGGCCAC	acacaAagtggcctcccg	acaGagtggcctcccgat	是
S86	GTCTCCCTCCCCAAAGGTGC	GCCAACCTCAAGGGGCAGTT	aggaaagaaacctttcAgatgtcagt	tgaggattaactgacatcCgaaaggt	是
S87	GGCATCTGAATTCAAGCTTTGGTC	TTCTTCTAGTTGGTCTGGTAGGCT	aggcttgtacactCtccccc	acactgggatgggggaAagt	是
S88	TGGTTATTGTTACTAGGTCCCCACC	AGAATAAGCAAGATGTTGGCAGTGAG	aggactttattggggaggCtgac	ctggaagccaaagtcaCcctc	是
S90	AAGGAAAAGGAATTCCTGGC	CCTGCCTATGCTCAGGCA	cagTgccctctgccaggaa	gggcCctgcctgagcatag	是
S92	TTTATTTAAATGACTGTCCAGGTC	TTTCACAGACCTTCAAACCAC	ccCgcagttgcacagcttg	actgcAggccacaaggtg	是
S94	CTGGGGCAGAGTGGAGAGTC	ATCCACCTCTGAACCCAGCC	aggacActgcagctgtgg	cagCgtcctctgtgctacct	否
S96	TCCCAGGCTCCAGGTCAGAT	GGATCAATGTGGCTGCTCCCT	tctcCgcccttctgagatgc	agggcAgagactctggaact	否
S97	AGCCCTGCACACTCACTTACC	TGGCATTCAGATCATCAGGCTTCT	ccatcaggtgctggcActc	tgcagggaagagCgccag	是
S99	GGCAAAGTGGGCAAGGGTCT	GCCTCCTAAAGCTTGAGCCACA	ttggggccaGgtacctgg	tggggccaAgtacctggt	否
S102	AACAGTGGCAGCCCTCTTGT	ACACTTGGTTCATGGGGTTGTG	tggccttatctttggccctaaCatg	aggcacatcctacatCttagggc	是
S103	TTCTATATGAATTTCTCTTCTATTTCTAAA	AAGCAGTCAGGGAAGTATCC	ccctggggccatcaGgtt	ccctggggccatcaAgttt	是
S105	ACCCCAAGAGGCTTTATAGGGG	CCTTCCCAACGGGTTTGACC	ccactgggctggCccctc	agtggaggagggAccagc	是
S108	ACACTCCTGCTGCGTGTCTG	TTCCTCCCCACCACTCCCAT	ggtcccagctggtCgtgg	atgctccccacAaccagct	是
S110	GGTCCTACCGAGGTGGGTGA	CATTGCCAAGGACAGAGGGAGA	tttggtagggaaggaactcCcaat	atcagtggccattgTgagttcc	否

注：探针序列中的大写字母表示推断的 SNP 的位置。

19.2.5　微滴数字 PCR

1. QX200 ddPCR 系统（Bio-Rad）。
2. PCR 板封口机（任意厂家）。
3. PCR 机（任意厂家）。
4. ddPCR 探针超混液（Bio-Rad）。
5. 表 19-1 所示的引物和探针（任意厂家）。
6. 用于探针的微滴生成油（Bio-Rad）。
7. 用于 QX200 微滴生成仪的 DG8 芯片（Bio-Rad）。
8. 用于 QX200 微滴生成仪的 DG8 密封垫（Bio-Rad）。
9. 可穿透的热封箔（Bio-Rad）。
10. 96 孔 PCR 板（twin.tec 半裙边板，Eppendorf）。

19.2.6　SNP 探针水解检测

1. 采用靶向 38 个不同 SNP 的一组检测。
2. 所有的 SNP 都应符合以下标准。

（1）在白种人和总体已被报道的种族中（公共数据库：Hapmap 或 1000Genomes）是已知的且被验证为 MAF ≥ 43%。

（2）不是位于一个被注释的重复性元件内部或与其直接相连。

3. 采用热力学最邻近模式计算来设计 SNP 特异的探针，在标准 PCR 缓冲液条件下的理想 T_m 是 65℃（如 0.18mol/L 的一价阳离子当量 [12] 和 500nmol/L 的 DNA/ 引物），在给定条件下的等位基因结合（匹配 / 非匹配）之间，选择吉布斯自由能差异最大的探针。对于每一个 SNP，一个等位基因特异探针携带 FAM 荧光基团，而另一个 SNP 携带 HEX 荧光基团，与 BHQ1 耦合作为猝灭剂。各自的 PCR 引物 T_m 被设计为 68℃，在 60℃下的结合效率约为 95%，采用已经发表的公式对其做热力学评估 [13]。表 19-1 给出了所有的探针和引物。

19.2.7　分析

1. QuantaSoft 软件（Bio-Rad）。
2. Excel（微软）。

19.3　方法

19.3.1　提供有用信息的检测的选择

图 19-1 描述了用于确定提供有用信息的方法及对每个受者 – 供者组合进行个体化的整体流程。为了选择那些在受者之中具有纯合子基因型的 SNP，患者的胚系 DNA（提取自白细胞）会以实时 PCR 的方式进行所有 SNP 的检测。后续的步骤采用预扩增的 cfDNA 加入

到 ddPCR 中，只测试那些在第一步中发现了纯合子受者基因型的检测。一个等位基因在受者中显示为异源性，这样的每个检测都是提供有用信息的检测。与纯合子等位基因相比，在移植物中具有杂合子等位基因的 SNP 显示占一半。对于每一个患者，检测选择的流程只应用一次，提供有用信息的检测被储存在数据库中（Excel，Filemaker，SQL 等），所有的后续样品都采用患者个体化的提供有用信息的检测组合来进行测试。

19.3.2 样品收集和存储

1. 采用 EDTA 抗凝采血管或细胞游离 DNA BCT 管，按照相应的正确处理流程，每个患者收集 10 ～ 20ml 血液。对于 EDTA 抗凝血，应该在收集之后的 1 小时内将血浆和血细胞分离。收集在细胞游离 DNA BCT 管中进行 cfDNA 分析的血样在 6 ～ 37℃下可以稳定地存储 14 天（根据厂家的提示）。

2. 4℃下 2500 × *g* 离心 10 分钟，将血浆和血细胞分离。小心地移走血浆，不要影响血沉棕黄层。

3. 血浆应该分为 1 ～ 2ml 的等份。

4. 收集血沉棕黄层提取受者的胚系 DNA。只有首次接触的患者才需要收集血沉棕黄层。

5. 如果不马上使用，所收集的血浆和血沉棕黄层应该冻存在 -20℃。

19.3.3 cfDNA/ 细胞相关 DNA 提取

1. 将 1 ～ 2ml 的血浆等分后进行第二次离心，4℃下 4000 × *g* 离心 20 分钟，以移去任何残留的细胞 / 细胞碎片。

2. 将上清液转移到一个新的 15ml 试管中。根据厂家说明书，采用高纯度病毒核酸大体积试剂盒提取 cfDNA，但是不要使用 polyA 载体 RNA。

3. 采用低 TE 缓冲液，确保将最终的洗脱液（48 ～ 50μl）收到 DNA LoBind 管中。在继续处理之前，冻存在 -20℃（见 19.4“注意事项”中的第 2 条）。

4. 对于第一次接触的患者，采用 DNeasy 血液和组织试剂盒（QIAGEN，Hilden），根据厂家的说明书，提取血沉棕黄层的 DNA。

19.3.4 血沉棕黄层 DNA 的实时 PCR

1. 准备实时 PCR 的反应液，每个反应的总体积为 20μl。

2. 每个反应应该包含 2μl 的有 $MgCl_2$ 的 FastStart 10 × 缓冲液，每种 dNTP 200μmol/L，FastStart Taq 酶 2 单位，每条引物 900nmol/L，每条探针 250nmol/L（表 19-1；如果提示使用 $MgCl_2$，则加入 1.8μl 的 25mmol/L PCR 级别的 $MgCl_2$ 储存液至终浓度为 4.3mmol/L）。

3. 采用罗氏 LightCycler 480 的循环条件如下：95℃，10 分钟，50 ×（95℃，30 秒；65℃，1 分钟），每个循环在 80℃的时候进行荧光检测（FAM/HEX），升温速率为 4.4℃ /s，降温速率为 2.2℃ /s（见 19.4“注意事项”中的第 3 条）。

19.3.5　cfDNA 的预扩增

根据说明书，按照如下提示，采用 Illumina 的 NEBNext Ⅱ Ultra DNA 文库制备试剂盒进行操作。

1. cfDNA 已经是片段化的，因此不需要对提取的 DNA 进行最初的片段化。使用 50μl 的 cfDNA 洗脱液直接进行文库准备。

2. 按照 5ng ～ 1μg 片段化地输入 DNA 的流程进行操作。

3. 对于连接步骤，不要将连接子做 10 倍稀释，尽管输入量＜ 100ng 时建议这么做。采用 NEBNext Singleplex 连接子（NEB，#E7350）。

4. 在连接子连接步骤之后，执行 1.3B 的“无大小选择的连接子 - 连接 DNA 清理”选项进行纯化。

5. 在 PCR 扩增反应中加入 1.5μl 20 × 的 EvaGreen 染料和各 500nmol/L 的 P5- 引物 - 移植物和 P7- 引物 - 移植物，而不是通用的 PCR 引物 /i05 和指标引物 /i07（见 19.4“注意事项”中的第 4 条）。在一个实时 PCR 的设备中进行 PCR 扩增，同时采用实时 PCR 设备的 FAM（绿色）通道密切监测扩增的过程。扩增曲线刚刚离开线性期就终止 PCR 反应（见 19.4“注意事项”中的第 5 条），然后根据 NEBNext 的流程进行“PCR 清理”。

6. 采用任何适当的方法判断浓度。浓度应该在 20 ～ 100ng/μl（见 19.4“注意事项”中的第 6 条）。文库的预扩增可以在 3.5 小时内完成。

19.3.6　微滴数字 PCR

1. 采用 11μl 的 2 × ddPCR 探针超混液（Bio-Rad）准备 ddPCR 反应。

2. 每个反应应该含有 30 ～ 100ng 预扩增的 cfDNA 作为模板，各条引物 900nmol/L，各条探针 250nmol/L，总体积为 22μl。

3. 采用 QX200 微滴生成仪或自动化的微滴生成仪来生成微滴。

4. 采用 Biometra 3000 梯度循环仪的循环条件如下：95℃，10 分钟，50 ×（94℃，30 秒；61℃，1 分钟），然后是 98℃，10 分钟，变温速率为 2.5℃ /s（见 19.4“注意事项”中的第 3 条）。

5. 有些方法额外添加了 2.3mmol/L 的 $MgCl_2$（表 19-1）。

6. 可以根据不同检测的相应退火温度进行分组，这样就可以在同一个 96 孔板中运行几个检测。

7. 在每个检测的每次运行中，应该包含已知杂合子基因型的阳性质控及无模板质控（见 19.4“注意事项”中的第 6 条）。循环后，在 QX200 微滴读取仪设备（Bio-Rad）上读取微滴，选择“稀有事件检测”和“FAM/HEX 检测模式”。

19.3.7　候选方法的 qPCR 分析

1. 采用 LightCycler 480 软件的“终点基因分型”模块来进行基因分型。

2. 对于某些反应，人工检查和重新读取可能是有必要的。

3. 参考图 19-2 中的例子。

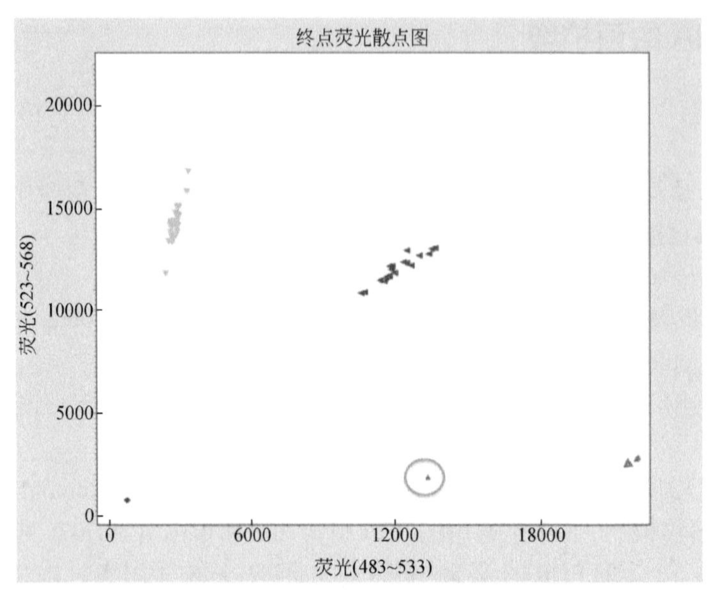

图 19-2 在LightCycler 480上运行的示范性qPCR检测。图左边显示了“终点基因分型”分析模块(LightCycler 480 软件，版本：1.5.0 SP3）的散点图（*X* 轴：FAM 信号强度；*Y* 轴：HEX 信号强度）。基因型为 AA 的显示为蓝色，基因型为 BB 的显示为绿色，基因型为 AB 显示为红色。其中一个样品（灰色圈）显示了较低的 FAM 信号强度，但是仍然可以明确为 AA 基因型

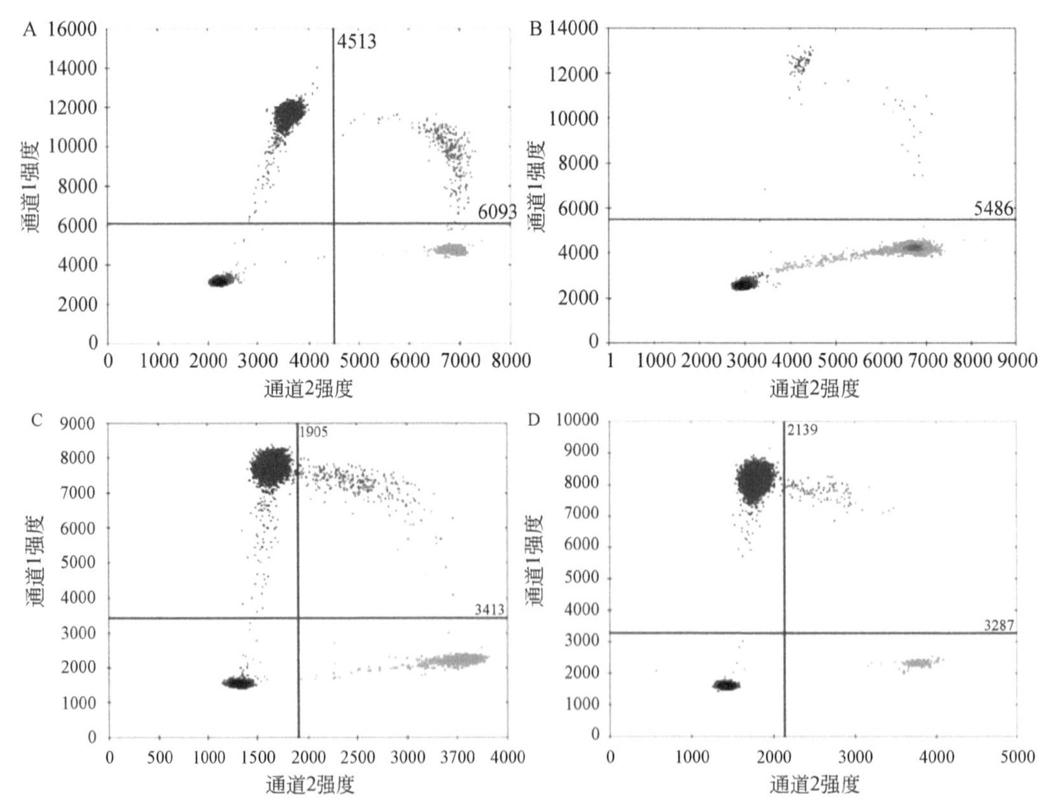

图 19-3 ddPCR 检测 2D 图（QuantaSoft，版本：1.7.4）的 4 个示例。A. 提供有用信息的 B 等位基因的 S59（FAM 通道）（17%）；B. 提供有用信息的 A 等位基因的 S63（FAM 通道）（1.43%）；C. 提供有用信息的 B 等位基因的 S43（HEX 通道）（8%）；D. 提供有用信息的 B 等位基因的 S38（HEX 通道）（19%）

19.3.8　微滴数字 PCR 分析

1. 采用仪器软件 QuantSoft 进行初步的分析。

2. 为每个检测设立正确阈值，确保能够对以下 4 个微滴组分进行最佳的分离：FAM+/HEX−、FAM−/HEX+、 FAM+/HEX+ 和 FAM−/HEX−（见 19.4“注意事项”中的第 7 条，图 19-3）。

3. 检查无模板质控的阴性结果（见 19.4“注意事项”中的第 6 条）。选择“事件（Events）”标签，检查对话框以显示所有的微滴。

4. 反应至少应该获得 10 000 个总微滴。

5. 检查对话框以显示阳性微滴。

6. 反应在较小的组分中至少应该含有 100 个阳性微滴，以获得最大约为 10% 的 CV（见 19.4“注意事项”中的第 6 条）。

7. 在 QuantaSoft 中选择“比率（Ratio）”标签，检查对话框以显示“丰度分数（Fractional Abundance）”。

8. 检查杂合子阳性质控，以获得所期望的两个等位基因 50/50 的比率（见 19.4“注意事项”中的第 6 条）。

9. 输出结果至一个以逗号分隔数值的文件（.csv）。

10. 在微软的 Excel 中打开“.csv”文件，对每个样品的所有检测进行分组。

11. 所有的丰度分数（fractional abundances，FA）被显示为 $A/(A+B)\times 100$。

12. 对于提供有用信息的等位基因是 *B* 的检测，通过计算 100−FA 进行校正。

13. 对于杂合子提供有用信息的等位基因，通过计算 FA×2 进行校正。

14. 参考表 19-2 中的示例。

15. 对于每一个样品，根据所有校准的 FA，计算均值和标准差。

表 19-2　计算最初的 ddPCR 以筛选提供有用信息的检测的示例

从 Quantsoft 输出的 FA	对于提供有用信息的等位基因 B 进行 100−FA	对于杂合子提供有用信息的等位基因进行 FA×2	最终的 FA	测试的受者基因型	推断的移植物基因型
0			无有用信息	BB	BB
0			无有用信息	BB	BB
5.5		***11.0***	***11.0***	BB	AB
12.5			***12.5***	BB	AA
86.3	***13.7***		***13.7***	AA	BB
86.9	***13.1***		***13.1***	AA	BB
88.5	***11.5***		***11.5***	AA	BB
92.4	7.6	***15.2***	***15.2***	AA	AB
93.1	6.9	***13.8***	***13.8***	AA	AB

续表

从 Quantsoft 输出的 FA	对于提供有用信息的等位基因 B 进行 100-FA	对于杂合子提供有用信息的等位基因进行 FA×2	最终的 FA	测试的受者基因型	推断的移植物基因型
94.5	5.5	***11.0***	***11.0***	AA	AB
94.7	5.3	***10.6***	***10.6***	AA	AB
100			无有用信息	AA	AA
均值			12.5		
标准差（STDEV）			1.6		

注：每排描述的是一个检测的数值。不同计算步骤的最终 FA 显示为粗斜体。受者基因型的结果来自实时 PCR，所用的 DNA 提取自血沉棕黄层。需要注意的是，提供有用信息的 SNP 在移植物中的状态有更高的机会是杂合子而不是纯合子。FA：丰度分数。

19.4 注意事项

1. 细胞游离 DNA BCT 管除了含有 EDTA 外，还含有一种防腐剂，在 6 ～ 37℃下长达 14 天的存储过程中（根据厂家的说明）可以防止 DNA 从血液细胞中释放出来。在样品需要运输或不能在抽血后 1 小时内进行处理时，应该使用这类管子。

2. 洗脱液中的 cfDNA 浓度显示出广泛的个体差异。例如，在手术后可以看到很高的浓度。在 270 例肝移植患者的样品中，1ml 血浆中 cfDNA 的中位量是 30ng（最少：0.8ng/ml；最多：280ng/ml）。cfDNA 的浓度很低，因此应该采用适当的技术（如微滴 PCR 或至少是荧光定量）来进行准确的测量。然而，这里所介绍的方案并不要求进行 cfDNA 洗脱液的常规定量，相反，样品可以直接进行预扩增。在经过最大为 15 个循环的扩增后，一个样品应该能够产生＞ 20ng 的文库材料（见 19.4“注意事项”中的第 6 条）。

3. 退火 / 延伸温度和（或）变温速度需要根据不同的热循环仪进行调整。Bio-Rad 推荐的速度为 2℃ /s。

4. 要采用比原始序列文库方案中更短的引物，因为文库并不是用于测序。

5. 扩增反应应该在线性 PCR 期的末端终止，以避免过度扩增。具有不同含量输入 DNA 的文库扩增将会有不同的终止点。在第一个文库达到它们的拐点时终止实时 PCR，然后针对更低浓度的文库来估算额外的循环数。将第一个文库从 PCR 板上移除，为其他的文库增加更多的循环（见 19.4“注意事项”中的第 6 条）。

6. 整个流程的质量控制如下。

（1）扩增曲线和文库预扩增的终浓度：需要＜ 15 个循环；产出＞ 20ng/μl。

（2）ddPCR 中总的微滴和阳性微滴数：总数＞ 10 000；供者等位基因＞ 100 个阳性微滴。

（3）ddPCR 中杂合子质控 DNA 的 FA：目标为 50%，可接受的范围是 47% ～ 53%。

（4）ddPCR 中 NTC 质控的阳性微滴：＜ 2 个事件。

（5）推荐每个患者样品至少分析 4 个提供有用信息的检测。

如果样品不能满足质控检查点 #1，推荐重新提取血浆 cfDNA 并重复文库准备。应该提高最初用于提取的血浆体积。如果样品不能满足检查点 #2 ～ #4，重复 ddPCR。

7. 2D 图上杂合子阳性质控微滴簇的位置可以帮助设定患者样品中的阈值。从患者血沉棕黄层 DNA 的实时 PCR 中可以鉴别杂合子基因型，然后在 ddPCR 中可以将其用作质控。

致谢

感谢 Sarah Bierau 和 Stefan Balzer 所提供的技术支持。

参 考 文 献

1. Gielis EM, Ledeganck KJ, De Winter BY et al (2015) Cell-Free DNA: an upcoming biomarker in transplantation. Am J Transplant. https://doi.org/10.1111/ajt.13387
2. Zhang J, Tong KL, Li PK et al(1999) Presence of donor- and recipient derived DNA in cell-free urine samples of renal transplantation recipients: urinary DNA chimerism. Clin Chem 45(10):1741–1746
3. Gadi VK, Nelson JL, Boespflug ND et al(2006) Soluble donor DNA concentrations in recipient serum correlate with pancreas-kidney rejection. Clin Chem 52 (3):379–382
4. Lo YM (2011) Transplantation monitoring by plasma DNA sequencing. Clin Chem 57 (7):941–942
5. De Vlaminck I, Valantine HA, Snyder TM et al(2014) Circulating cell-free DNA enables noninvasive diagnosis of heart transplant rejection. Sci Transl Med 6 (241):241ra277
6. Snyder TM, Khush KK, Valantine HA et al(2011) Universal noninvasive detection of solid organ transplant rejection. Proc Natl Acad Sci U S A 108(15):6229–6234
7. Beck J, Bierau S, Balzer S et al(2013) Digital droplet PCR for rapid quantification of donor DNA in the circulation of transplant recipients as a potential universal biomarker of graft injury. Clin Chem 59 (12):1732–1741
8. Beck J, Oellerich M, Schulz U et al(2015) Donor-derived cell-free DNA is a novel universal biomarker for allograft rejection in solid organ transplantation. Transplant Proc 47(8):2400–2403
9. Oellerich M, Schutz E, Kanzow P et al(2014) Use of graft-derived cell-free DNA as an organ integrity biomarker to reexamine effective tacrolimus trough concentrations after liver transplantation. Ther Drug Monit 36 (2):136–140
10. Kanzow P, Kollmar O, Schutz E et al(2014) Graft-derived cell-free DNA as an early organ integrity biomarker after transplantation of a marginal HELLP syndrome donor liver. Transplantation 98(5):e43–e45
11. Schütz E, Fischer A, Beck J et al(2017) Graft-derived cell-free DNA, a noninvasive early rejection and graft damage marker in liver transplantation: a prospective, observational, multicenter cohort study. PLoS Med 14(4):e1002286
12. von Ahsen N, Wittwer CT, Schutz E (2001) Oligonucleotide melting temperatures under PCR conditions: nearest-neighbor corrections for Mg^{2+}, deoxynucleotide triphosphate, and dimethyl sulfoxide concentrations with comparison to alternative empirical formulas. Clin Chem 47(11):1956–1961
13. Schütz E, von Ahsen N (2009) Influencing factors of dsDNA dye (high-resolution) melting curves and improved genotype call based on thermodynamic considerations. Anal Biochem 385(1):143–152

第 20 章

采用微滴数字 PCR 对内源性基因座的基因组编辑所导致的 HDR 和 NHEJ 进行检测和定量

Yuichiro Miyaoka，Steven J. Mayerl，Amanda H. Chan, Bruce R. Conklin

摘要：基因组编辑在实验生物学和潜在的临床应用方面都有巨大的前景。为了成功地应用基因组编辑，对同源定向修复（homology-directed repair，HDR）和非同源末端连接（nonhomologous end joining，NHEJ）的结果进行灵敏的检测和定量非常关键。在内源性的基因组上做到这一点非常困难，而采用人工报告系统来完成较为常见。这里，我们介绍了一个基于微滴数字 PCR（droplet digital PCR，ddPCR）的方法，可以同时检测内源性基因座上的 HDR 和 NHEJ。这个高度灵敏和定量的方法在以下两方面都能提供极大的帮助：①更好地理解基因组编辑背后的 DNA 修复机制；②对许多基因编辑条件进行有效的和系统的平行测试，从而带来基因组编辑技术的提高。

关键词：基因组编辑；TALEN；CRISPR/Cas9；HDR；NHEJ；ddPCR

20.1 引言

基因组编辑允许在任意细胞类型中都能进行基因组的操作。这可以被用来精准地改变一个单碱基，在一个精确的位置插入一段目的序列或引入一段能够影响基因功能的随机插入与缺失。基因组编辑的工具是序列特异的核酸，它们可以在靶点基因组区域引起一个双链断裂（double strand break，DSB）或切口。这个被诱导的 DNA 损伤可以活化两个主要的 DNA 修复途径来修复这个损伤。一个途径是非同源末端连接（nonhomologous end joining，NHEJ），被破坏的 DNA 末端不需要任何模板即可连接在一起。NHEJ 经常会在修复的部位产生随机的插入和缺失。另一个途径是同源定向修复（homology-directed repair，HDR），细胞利用同源 DNA 作为修复模板来精确修复 DNA。将具有新 DNA 序列的同源供者 DNA 与编辑试剂一起加入进来，基因组可以通过这种供者依赖的修复方式进行精确的修饰 [1]。

当需要精准的供者依赖的 HDR 时，检测基因组编辑的结果（HDR 和 NHEJ）对于基因组编辑的成功应用来说是非常重要的，因为 NHEJ 经常占主导地位。这个任务通常是采用人造报告系统、深度测序或基于凝胶电泳的检测来完成，抑或由于技术局限，通过只检测 NHEJ 作为 HDR 的替代来完成[2-5]。而这些方法都不适用于高通量筛选。为解决这个问题，我们采用了一种等位基因特异水解探针和一项被称作 ddPCR™（Droplet Digital™ PCR）的新型 dPCR 技术[6]的结合方法。我们最初的 ddPCR 检测带有野生型（wild-type，WT）和 HDR 等位基因的探针，只是被设计用来检测 HDR 介导的点诱变，并不检测 NHEJ[7]（在本章的方案中，我们将基因组编辑之前的原始等位基因称为“WT”，但是同样的策略也可以应用于正确的突变）。我们在这里所介绍的方法[8]包含了一些额外的 NHEJ 探针，能够同时对 HDR 介导的点诱变和 NHEJ 介导引入的插入和缺失进行定量（图 20-1 和图 20-2）。

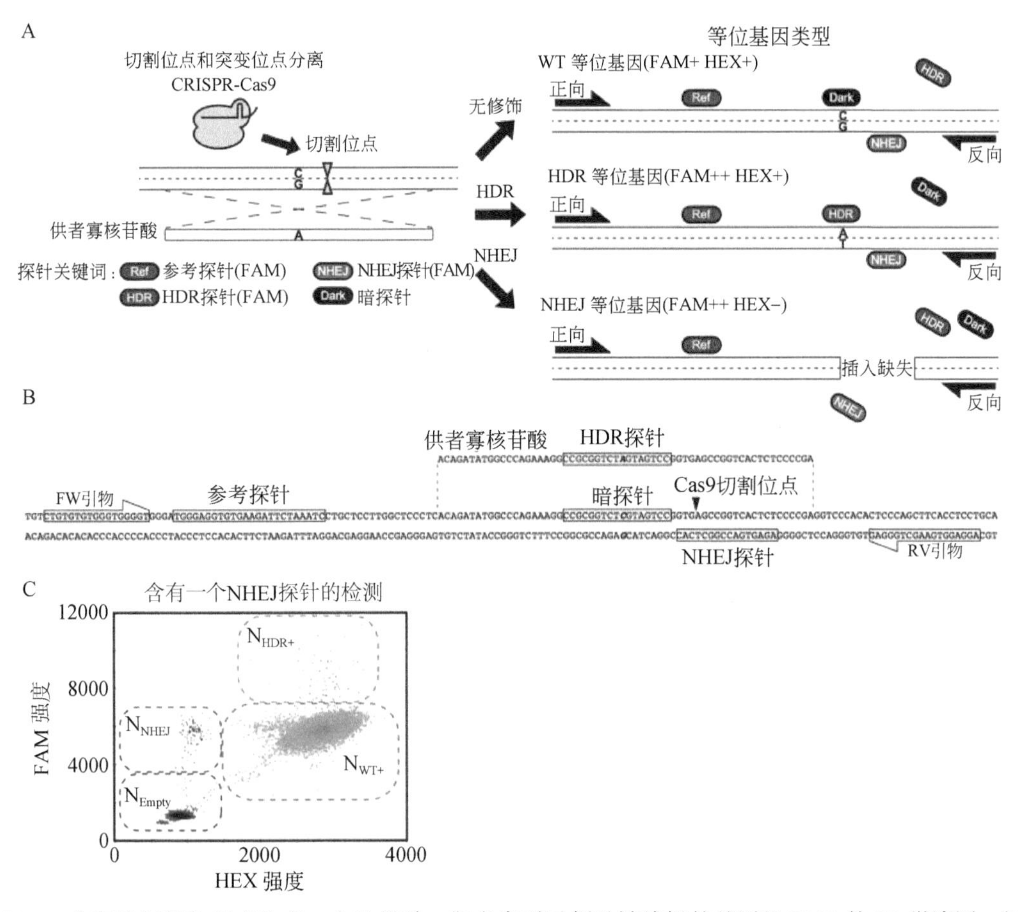

图 20-1 分离的切割和突变位点：方法设计、靶点序列示例及被编辑的基因组 DNA 的 2D 微滴图。根据编辑的策略及切割位点和编辑位点的相应位置，检测探针的位置及竞争性阻断（暗）探针的必要性会有所不同。参考探针和 HDR 探针无须考虑切割位点的位置或数目。A：切割位点和突变位点分离时的实验设计。显示了 3 个不同等位基因的结果（WT 序列的保留、通过 HDR 的一个单碱基改变或通过 NHEJ 的插入缺失）。HDR 和 NHEJ 探针分别位于不重叠的突变和切割位点。为了阻止 HDR 探针与原始的“WT”序列之间的非特异结合，纳入了一个非荧光（暗）“WT”探针，该探针可以与 HDR 探针竞争，进行 WT 等位基因结合（见图 20-2、图 20-4、图 20-5 的其他案例）。B：切割位点和突变位点重叠时的方法设计。细节见图 20-4 的说明。C：引入两个切割位点时的实验设计。细节见图 20-5 的说明

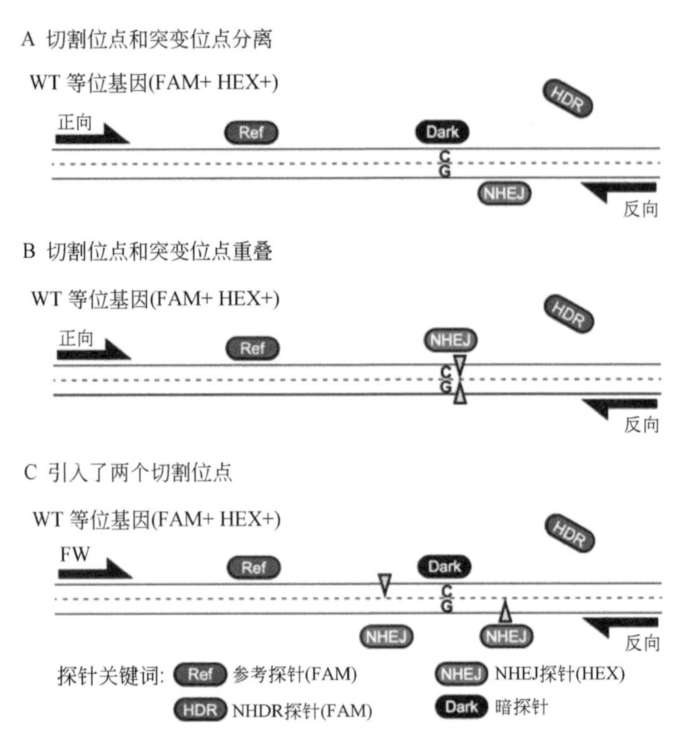

图 20-2 针对 3 种不同编辑设计的 3 个 ddPCR 实验设计的比较。A：切割和突变位点分离时的实验设计。细节见图 20-1A 的说明。B：引入两个切割位点时的实验设计。细节见图 20-4 的说明。C：切割和突变位点重叠时的实验设计。细节见图 20-5 的说明

ddPCR 将一个反应分隔成 20 000 个纳升级的油包水微滴，这样每个微滴就会含有 0 ～ 10 个拷贝的基因组靶点，在每个单独的微滴反应之中通过 HDR 和 NHEJ 等位基因特异水解探针对这些靶点进行分析。等位基因特异结合的荧光信号会形成包含 HDR、NHEJ 或 WT 等位基因，或者这些组合在一起的微滴；这些微滴进而会在二维图上占据独特的位置，使得对离散的等位基因进行绝对定量成为可能（图 20-1C）。因此，能够以一种高度敏感和定量的方式对 HDR 和 NHEJ 事件进行检测。

基因组编辑结果的检测对基因组编辑工具（ZFN，TALEN，CRISPR/Cas9 等）和条件（核酸浓度，靶点序列，供者类型等）的评价至关重要。这个方案为研究者提供了一个检测基因组编辑条件下由 HDR 和 NHEJ 所诱导活动的快速路径。

20.2 材料

所有的溶液都用超纯水（通过纯化蒸馏水来制备，以获得 25℃时 18 MΩ 的敏感性）和分析级的试剂来配制。采用带滤芯的吸头和匹配的移液器（如 RANIN），以避免在样品准备和微滴生成过程中的试剂污染。所有试剂都在 -20℃下进行准备和存储（除非另外说明）。在处理废弃材料时，认真遵守所有废弃物处理规范。

20.2.1　试剂

1. 用水配制的 20×FAM 和 HEX 水解探针及引物检测混合液。构成成分如表 20-1 所示。

2. WT 基因组 DNA 加到水中，调至 100 ～ 150ng/μl。

3. 合成的双链 DNA（gBlocks，Integrated DNA Technologies），该 DNA 在目的编辑位点（HDR 控制）含有点突变或在预测的核酸切割位点（NHEJ 控制）含有 1 个 2bp 缺失。冻干的 gBlocks 重悬浮于 250μl TE+100ng/μl 的 polyA 载体中。将 TE+polyA 溶液再做两次 200 倍稀释可以制备大约为 40 000 拷贝 / 微升的母液，将其保存在 LoBind 管（Eppendorf）中（见 20.4“注意事项”中的第 1 条）。将母液稀释 20 倍，得到约 2000 拷贝 / 微升的操作液。需要注意的是，这只是估计的浓度，实际浓度可能会有 ±10 倍的偏差。

表 20-1　20× 检测液的组成

成分	浓度（μmol/L）
正向引物	18
反向引物	18
参考探针（FAM）	5
HDR 探针（FAM）	5
NHEJ 探针（HEX/VIC）	5（如果使用了多个探针，则每个都是 5）
暗探针（加入了 3' 磷酸盐）	10（视具体检测而定）

4. 不在扩增产物内进行切割的限制性内切酶。限制性内切酶 *Hin*d Ⅲ-HF、*CviQ* Ⅰ、*Mse* Ⅰ、*Alu* Ⅰ、*Hae* Ⅲ（NEB）都已被证实可以在 ddPCR 超混液中直接工作。2 ～ 4U 的限制性内切酶可以直接加到 20μl 的 ddPCR 反应中，不需要额外的孵育。

5. ddPCR™ 探针超混液（无 dUTP）（Bio-Rad 186-3024）。

6. ddPCR™ 缓冲液质控试剂盒（Bio-Rad 186-3052）。

7. 用于探针的微滴生成油（室温存储）（Bio-Rad 186-3005）。

8. 用于 QX200™ 微滴生成仪的 DG8™ 芯片密封垫（Bio-Rad 186-3009）。

9. 用于 QX200™ 微滴生成仪的 DG8™ 芯片（Bio-Rad 186-4008）。

10. 可穿透的铝箔热封膜（Bio-Rad 181-4040）。

11. Eppendorf twin.tec 96 孔半裙边板（Fisher 951020346）。

12. Rainin 过滤吸头（见 20.4“注意事项”中的第 2 条）。

13. 稀释在蒸馏水或 TE 中的基因组 DNA，这些 DNA 提取自经过基因组编辑工具处理以诱导 HDR 和（或）NHEJ 的细胞。

20.2.2　设备

1. QX100™ 或 QX200™ 微滴数字 ™PCR 系统（Bio-Rad 186-4001）。

2. PX1™ PCR 板热封仪（Bio-Rad 181-4000）。

3. DG8™ 芯片夹具（Bio-Rad 186-3051）。

4. 96 孔热循环仪（如 Bio-Rad C1000，具有深孔均一模块，变温速度 2℃ /s，具有温度梯度功能）。

5. Rainin 的 20μl 8 通道移液器。

6. Rainin 的 50μl 8 通道移液器（见 20.4“注意事项”中的第 3 条）。

20.3 方法

若需同时检测 HDR 和 NHEJ，需要在一个扩增产物中设计 4 种探针[8]。第一种是一个与切割位点不重叠且总是与基因组 DNA 结合的 FAM（参考）探针。这个探针提供了一个阳性 FAM 强度用于计算样品中的总基因组拷贝（表现为 FAM+ 或 FAM++ 信号，图 20-1）。第二种是一个与基因组基因座的切割或切口位置相结合的 HEX（NHEJ）探针。这个探针有一个野生型的序列，因此，当发生 NHEJ 并且在切割位点产生插入或缺失序列时，这个探针将不再能够结合，从而导致 HEX 信号的丢失。HEX 信号阴性而参考探针 FAM 信号阳性（FAM+，HEX-）可以识别经历了 NHEJ 的分子（图 20-1B 和 C）。第三种是另一个 FAM 探针（HDR 探针），当发生精准编辑时它会与 DNA 结合，证明存在一个 HDR 事件。在发生 HDR 的情况下，FAM 强度将会进一步增加，将 HDR 群体与野生型（FAM++，HEX+）分离。第四种是一个具有“WT”序列的非荧光（暗）探针，它可以阻止 HDR 探针与未发生改变的“WT”等位基因进行非特异结合（图 20-2A 和 C）。

20.3.1 水解探针和引物的设计

1. 调整 Primer3Plus（http://primer3plus.com）的设置与主混合液相一致：一价阳离子 50mmol/L，二价阳离子 3.0mmol/L，dNTP 0mmol/L，SantaLucia 1998 热动力学和盐度校正参数（见参考文献 9 及下面的进一步指导性说明）。

2. 对于目的靶点区域，将预测的核酸切割位点放于扩增产物的中间，两侧留有 75 ～ 125bp，且包含引物结合的位点（见 20.4“注意事项”中的第 4 条）。

3. 将引物、参考探针、NHEJ 探针、HDR 探针和暗探针的熔解温度分别设定为（55 ± 1）℃、60℃、（57 ± 1）℃、55℃和 57℃。

4. 至少有一个引物必须要位于供者分子序列之外，以便检测整合编辑（图 20-1B）。

5. 参考探针和引物的设计要远离切割位点，以避免 NHEJ 所导致的结合位点丢失。

6. 在某些情况下，一个暗的、不可延伸的寡核苷酸（3' 磷酸化）被设计用于阻止 HDR 探针和 WT 序列的交叉反应。如果 HDR 的编辑位点和核酸的切割位点并不是紧密重叠（图 20-1A 和图 20-2A、C），通常会这么设计。如果它们确实直接重叠，则 NHEJ 探针可以充当竞争性阻断剂（图 20-2B）。当检测由双核酸系统所诱导的 NHEJ 时，应该要为两个切割 / 切口位置设计两个 NHEJ 探针（图 20-2C）。

7. 探针的位置和数量根据相应的切割位置和编辑位置而有所变化（图 20-1 和图 20-2）。

我们展示的 RBM20 检测可以作为一个示例（图 20-1B）。

20.3.2　方法验证

1. 将表 20-2 所示的试剂混合到 96 孔板的一个孔中，形成 25μl 的反应液（见 20.4“注意事项”中的第 5 条）。

2. 小心地将 20μl 混合液加到 DG8 芯片的 8 个“样品”孔中（见 20.4“注意事项”中的第 6 条）。

3. 将 70μl 用于探针的微滴生成油加入到 DG8 芯片的 8 个“油”孔中（见 20.4“注意事项”中的第 7 条）。

4. 在 DG8 ™芯片夹具放上一个用于 QX200 微滴生成仪的 DG8 密封垫。

5. 将夹具放到微滴生成仪中，在 8 个孔中产生微滴（约 2 分钟内）。

6. 采用一个 8 通道移液器，设置为 45μl，将微滴转移到一个 Eppendorf twin.tec 96 孔半裙边板中（见 20.4“注意事项”中的第 8 条）。

7. 采用 PX1 ™ PCR 板热封仪，设置为 180℃，5 秒，用一个可穿透的热封膜将板密封。

8. 对于检测验证，推荐采用一个带有 50 ～ 60℃梯度的两步法热循环扩增（表 20-3）。如果扩增产物的长度超过了 150bp，则推荐使用带有不连续 72℃延伸步骤的三步法热循环流程（表 20-4）。

表 20-2　检测验证的试剂

试剂	每孔加入量
用于探针的 ddPCR 超混液（无 dUTP）	12.5μl
20× 检测液	1.25μl
所选择的限制性内切酶	2 ～ 4U
溶于水中的 WT 基因组 DNA	最高 150ng
HDR 和 NHEJ 的 gBlock 质控溶液，2000 拷贝 / 微升	1μl
水	补齐 25μl 的反应终体积

9. 采用微滴读取仪分析微滴。

10. 要想判断一个检测的检测限，将 100 ～ 150ng 的 WT 基因组 DNA 样品与不同量的 HDR 或 NHEJ gBlock 掺在一起进行分析。通过比较有 gBlock 和没有 gBlock 的检测结果，检测限就是可以给出明显高于背景噪声的阳性信号的 gBlock 最低量。

20.3.3　在基因组 DNA 样品中通过数字 PCR 检测 HDR 和 NHEJ 事件

1. 通过蒸馏水或 TE 将基因组 DNA 样品稀释至 100 ～ 150ng/μl（见 20.4“注意事项”中的第 9 条）。

2. 在冰上混合表 20-5（所显示的体积是一个反应中必须要加的 DNA）所示的试剂，形成预混液。将其乘以样品、只含有蒸馏水的阴性质控，以及阳性质控混合液（带有合成等位基因的 WT 基因组 DNA，与 20.3.2 中的制备相同）的数目。

3. 将（25 − X）μl 预混液加入 8- 联排 PCR 管或 96 孔板中（任意 96 孔板）。

4. 每个样品中加入 X μl（总量为 100 ～ 150ng）的基因组 DNA。在质控管或孔中也加入质控品。

5. 如果进行分析的样品总数不是 8 的倍数，则必须用蒸馏水将 ddPCR ™缓冲液质控试剂盒稀释至 1×，从中取 25μl 将 PCR 条中剩余的空管填满。

6. 对 PCR 管或 PCR 板进行简单的离心。

7. 采用一个 20μl 的 8 通道移液器将反应混合液吹吸 7 ～ 8 次，然后小心地将混合液加到“样品”孔中。

8. 按照 20.3.2 中的步骤 2 ～ 6 进行微滴生成。

9. 重复步骤 4 ～ 8，直到所有样品的微滴都已生成。

10. 采用 PX1 ™ PCR 板热封仪，设置为 180℃，5 秒，用热封箔将板封闭。

11. 采用 20.3.2 所找到的最佳温度进行热循环。

12. 采用 ddPCR 分析仪，按照 20.3.2 所示的方法分析微滴。

表 20-3　ddPCR 的两步热循环（所有的步骤变温速度为 2℃ /s）

步骤	温度（℃）	持续时间和重复次数
1	95	10 分钟
2	94	30 秒
3	59	1 分钟（重复 2、3 步 39 次以上）
4	98	10 分钟
5	12	维持

表 20-4　ddPCR 的三步热循环（所有的步骤变温速度为 2℃ /s）

步骤	温度（℃）	持续时间和重复次数
1	95	10 分钟
2	94	30 秒
3	58	1 分钟
4	72	2 分钟（重复 2、3、4 步 39 次以上）
5	98	10 分钟
6	12	维持

表 20-5　在基因组 DNA 样品中对 HDR 和 NHEJ 进行定量的试剂 [之后添加基因组 DNA 样品 Xμl（100 ～ 150ng）]

试剂	每孔的定量
用于探针的 ddPCR 超混液（无 dUTP）	12.5μl
20× 检测混合液	1.25μl
所选择的限制性内切酶	2 ～ 4U
水	补齐（25 − X）μl

20.3.4 微滴数字 PCR 数据的分析

1. 在 QuantaSoft 软件中打开“分析（Analyze）”，然后打开“2-D 强度（2-D Amplitude）”。

2. 在一个成功的检测中，应该能在 2D 图上看到相互独立的阴性、WT、NHEJ 和 HDR 群体（图 20-3 ～图 20-5）。

3. 如果不能看到 4 个相互独立的群体，探针和（或）引物必须要重新设计。

4. 采用套索工具，圈出没有任何模板的微滴（$N_{空}$）、只有 NHEJ 等位基因的微滴（N_{NHEJ}）、有 WT 等位基因、同时有 WT 和 NHEJ 等位基因的微滴（N_{WT+}），以及有 HDR 等位基因的其他微滴（N_{HDR+}），分别将其标为黑色、蓝色、绿色和橙色的群体（图 20-3 ～图 20-5）。

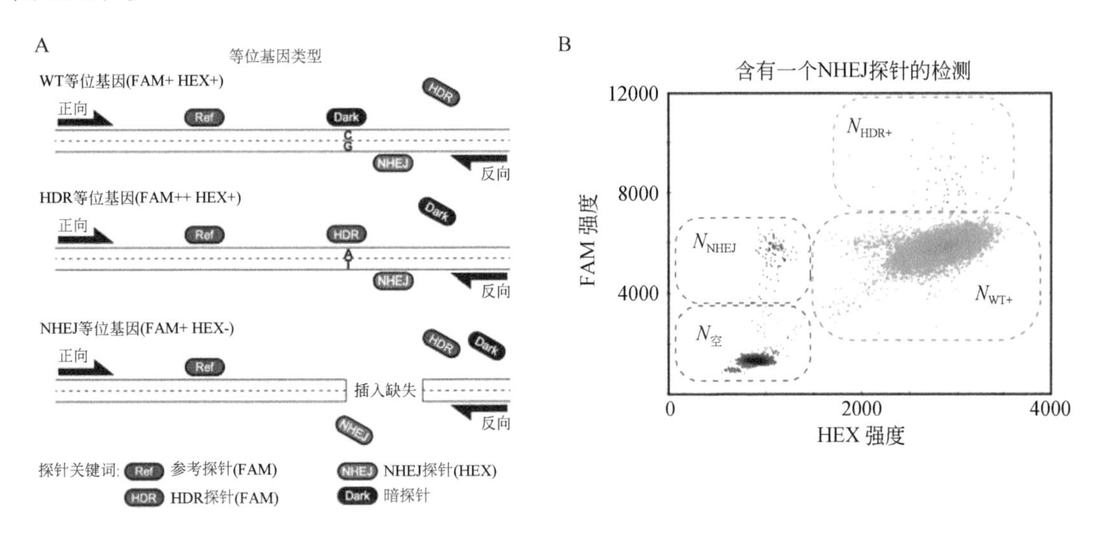

图 20-3 分离的切割和突变位点，一个 NHEJ 探针：实验设计和 2D 微滴图，有明确的微滴分组用于分析。细节见图 20-1A、C

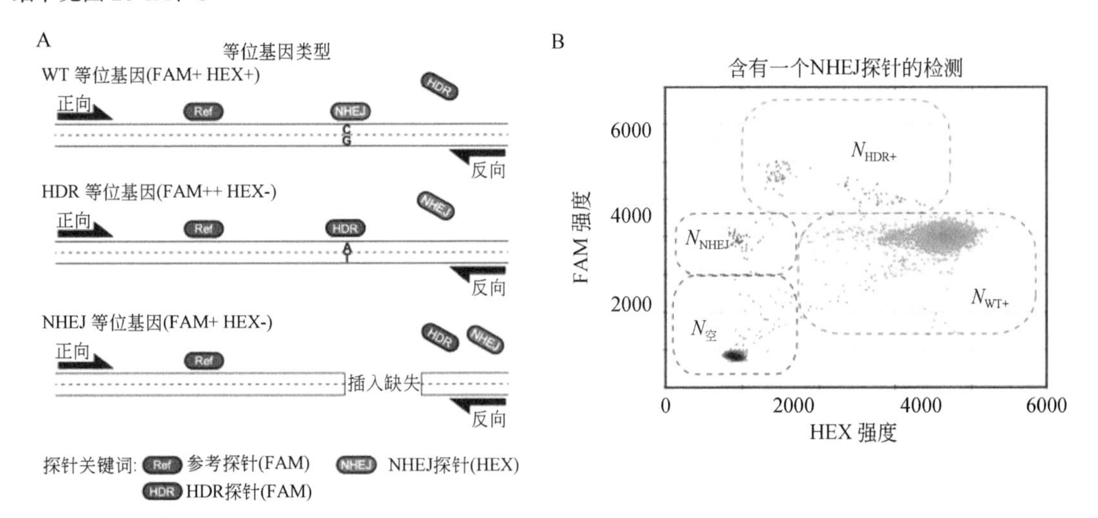

图 20-4 切割位点和突变位点重叠。A：切割位点和突变位点重叠时的实验设计。在这些情况下，NHEJ 探针与 HDR 探针重叠且与 HDR 探针在同一条链上。NHEJ 探针会与 HDR 探针竞争结合 WT，因此不需要暗探针。而且，HDR 等位基因会变为 FAM++ 和 HEX−。B：其他的微滴群按照图 20-1C 来设计

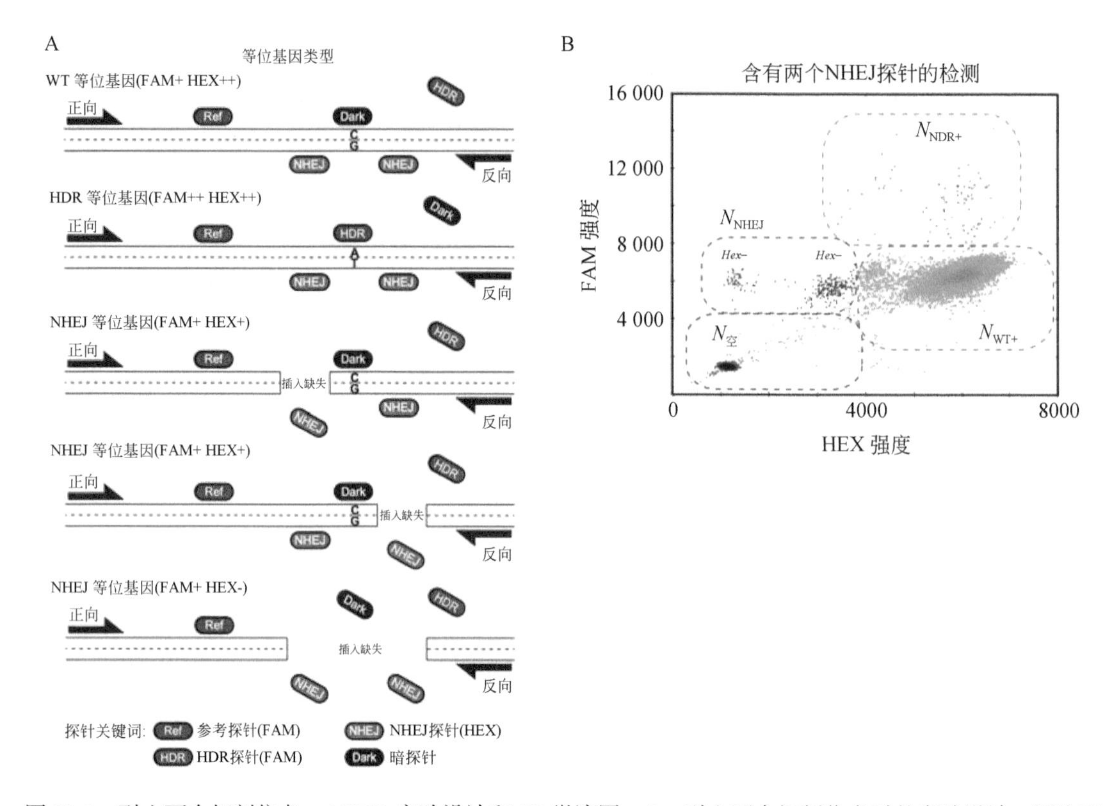

图 20-5　引入两个切割位点：ddPCR 实验设计和 2D 微滴图。A：引入两个切割位点时的实验设计。因为双重 Cas9 系统引入了两个切割位点，所以在检测中引入了两个 NHEJ 探针，以便在突变位点的两侧检测可能的插入缺失。当两个 NHEJ 探针都不会与 HDR 探针竞争时（如此处所示），也会设计一个暗探针，以避免 HDR 探针与 WT 等位基因的结合。因为在检测中引入了两个 NHEJ 探针，WT 等位基因被检测为 FAM+ 和 HEX++，而 NHEJ 等位基因被检测为 FAM+ 和 HEX+，或者 FAM+ 和 HEX−。B：带有两个 NHEJ 探针的检测的 2D 图。$N_{空}$和 N_{HDR+} 微滴群的设计与图 20-1C 中的一样。然而，由于在检测中引入了两个 NHEJ 探针，有两个微滴群只含有 NHEJ 等位基因：一个微滴群丢掉了 NHEJ 探针中两个 NHEJ 探针结合位点的其中一个（FAM+ HEX+），另一个微滴群则是二者都丢掉了（FAM+ HEX−）。所有其他的微滴被圈为 N_{WT+} 微滴群（FAM+ HEX++）。这些定义被用于计算 HDR 和 NHEJ 的等位基因频率（见 20.3.4）

5. 要获得每个群体之中的微滴数，点击 QuantaSoft 软件中的“Export CSV”图标，将数据导出为“CSV”文件。在这个“CSV”文件中，标记为 Ch1+Ch2+、Ch1+Ch2−、Ch1−Ch2+ 和 Ch1−Ch2− 的列分别是 N_{HDR+}、N_{NHEJ}、N_{WT+} 和 $N_{空}$。采用下面的公式，从这些数值中计算 WT、HDR 和 NHEJ 等位基因的频率。

6. 标准的 ddPCR 定量公式为

$$c=-\ln(N_{neg}/N_{total})/V_{droplet}$$

式中，c 为最初反应之中每微升的拷贝数；N_{neg} 为不含有目的种类的微滴数；N_{total} 为微滴的总数目；$V_{droplet}$ 为一个微滴的体积（目前的反应条件是 0.85nl）。

7. 在这个基于 ddPCR 的检测中，有些微滴群体不容易进行分离，如含有 WT 和 NHEJ+ 的 WT 微滴（N_{WT+}），或含有 HDR 和 HDR+ 的 WT 微滴（N_{HDR+}）。要想在这种情况做定量，一个适当的微滴亚群被用于计算 N_{neg} 和 N_{total}（见 20.4“注意事项”中的第 10 条）。

定义如下：

- $N_{空}$= 标记为“空”的双阴性簇中的微滴数。
- N_{NHEJ}= 标记为“NHEJ”的簇中的微滴数。
- N_{WT+}= 标记为“WT+”的簇中的微滴数。
- N_{HDR}= 标记为“HDR”的簇中的微滴数。

8. 对于 NHEJ 定量

- $N_{neg}=N_{空}$
- $N_{total}=N_{空}+N_{NHEJ}$

9. 对于 HDR 定量

- $N_{neg}=N_{空}+N_{NHEJ}+N_{WT+}$
- $N_{total}=N_{空}+N_{NHEJ}+N_{WT+}+N_{HDR+}$

10. 对于 WT 定量

- $N_{neg}=N_{空}+N_{NHEJ}+N_{HDR+}$
- $N_{total}=N_{空}+N_{NHEJ}+N_{WT+}+N_{HDR+}$

11. WT、HDR 和 NHEJ 的频率计算

$F_{WT}=c_{WT}\times 100/(c_{WT}+c_{NHEJ}+c_{HDR})$

$F_{HDR}=c_{HDR}\times 100/(c_{WT}+c_{NHEJ}+c_{HDR})$

$F_{NHEJ}=c_{NHEJ}\times 100/(c_{WT}+c_{NHEJ}+c_{HDR})$

式中，F= 等位基因频率（%）；c_{WT}=WT 等位基因的浓度；c_{HDR}=HDR 等位基因的浓度；c_{NHEJ}=NHEJ 等位基因的浓度。

图 20-6 给出了一个分析示例。

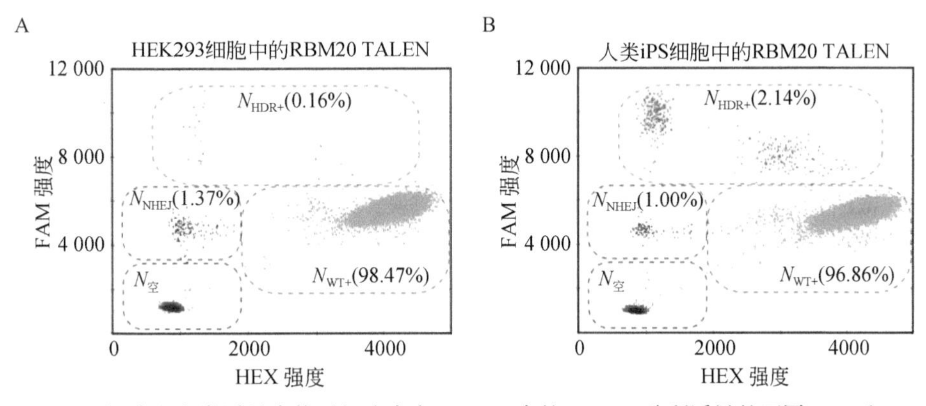

图 20-6 HEK293 细胞和人类诱导多能干细胞中由 RBM20 中的 TALEN 酶所诱导的不同 HDR 和 NHEJ 频率。在 HEK293 细胞（A）和人类诱导多能干细胞（B）中，由靶向 RBM20 的相同 TALEN 所诱导的 HDR 和 NHEJ 等位基因频率。NHEJ 和 HDR 探针彼此之间直接竞争，因此 N_{HDR+} 的群体如图 20-4 一样为 FAM++ HEX−。频率已显示在 2D 图中。两种不同的细胞类型显示了不同的 HDR 和 NHEJ 频率

20.4 注意事项

1. 高浓度的 gBlock 主储存液应该要保存在一个 PCR 后（post-PCR）的环境中，以避免

污染。质控 gBlock 储存液的处理必须要非常小心，以避免污染，只将高度稀释的溶液带到检测设置区域之中。

2. 必须要使用带滤芯的吸头，以避免污染。

3. 为了缓慢地吸取微滴以免造成剪切破裂，推荐采用 50μl 而不是 200μl 的移液器。

4. 对于 CRISPR，预测的切割位点位于 PAM 上游 3bp，而对于 TALEN 或 FokI-dCas9，预测的切割位点位于 DNA 结合区域之间相等的距离。

5. 小心地处理阳性质控（例如，小心地打开质控储存液的试管，并且处理质控储存液后要更换手套）。如果怀疑检测有污染，重新制作 20× 的测试液。

6. 在 DG8 的样品孔中要避免产生气泡。漂在样品表面的气泡也许不会影响微滴生成，但是孔底部的气泡将会影响微滴生成。在进行微滴生成之前，将样品管或孔板中所准备的样品进行离心，以去除气泡。要注意按照样本的顺序来对 DG8 芯片进行定向，以确保最终的 Eppendorf twin.tec 96 孔板得以正确的加载。

7. 样品应该在加微滴生成油之前加载到芯片上。

8. 不要将移液器吸头紧紧地压到 DG8 芯片的底部或剧烈地加样，因为这将会对微滴造成剪切。在转移样品之后，要迅速地用热封箔将 PCR 板盖起来，以减少污染风险。

9. 如果 DNA 加入量过多，每个微滴将会有太多的基因组 DNA 拷贝，这将会影响 4 个不同群之间的正确分离，因此也会影响等位基因浓度的准确估算。如果 DNA 加入量过少，检测所分析的基因组拷贝数将不足以具有高敏感性。因此，输入基因组 DNA 的量不应该超过 150ng/ddPCR 反应。

10. 对于 NHEJ 定量，只采用 NHEJ 单阳性和空的（双阴性）微滴。对于 WT 和 HDR 定量，所有的微滴都要采用。

致谢

感谢 Jennifer R. Berman、Samantha B. Cooper、Bin Zhang 和 George A. Karlin-Neumann（Bio-Rad）所提供的技术帮助和有益的讨论。本项工作受到了以下资助：美国国立卫生研究院（B.R.C. 的 U01-HL100406、U01-GM09614、R01-HL108677、U01-HL098179、U01-HL099997、P01-HL089707 和 R01-HL060664）；B.R.C. 的 UCSF 肝脏中心，B.R.C. 的治疗额颞痴呆 Bluefield 项目，Y.M. 的 Uehara 纪念基金会研究经费，以及 Y.M. 的 Gladstone-CIRM 经费。

参考文献

1. Gaj T, Gersbach CA, Barbas CF III (2013) ZFN, TALEN, and CRISPR/Cas-based methods for genome engineering. Trends Biotechnol 31(7):397–405

2. Certo MT, Ryu BY, Annis JE et al(2011) Tracking genome engineering outcome at individual DNA breakpoints. Nat Methods 8 (8):671–676

3. Ran FA, Hsu PD, Lin CY et al(2013) Double nicking by RNA-guided CRISPR Cas9 for enhanced genome editing specificity. Cell 154 (6):1380–1389

4. Hendel A, Kildebeck EJ, Fine EJ et al(2014) Quantifying genome-editing outcomes at endogenous loci with

SMRT sequencing. Cell Rep 7(1):293–305

5. Lin S, Staahl BT, Alla RK et al(2014) Enhanced homology-directed human genome engineering by controlled timing of CRISPR/Cas9 delivery. elife 3:e04766
6. Hindson BJ, Ness KD, Masquelier DA et al(2011) Highthroughput droplet digital PCR system for absolute quantitation of DNA copy number. Anal Chem 83(22):8604–8610
7. Miyaoka Y, Chan AH, Judge LM et al(2014) Isolation of single-base genome-edited human iPS cells without antibiotic selection. Nat Methods 11(3):291–293
8. Miyaoka Y, Berman JR, Cooper SB et al(2016) Systematic quantification of HDR and NHEJ reveals effects of locus, nuclease, and cell type on genome-editing. Sci Rep Mar 31(6):23549. PMID: 27030102, PMC4814844

第 21 章

采用微滴数字 PCR 进行 DNA 甲基化分析

Ming Yu，Tai J. Heinzerling, William M. Grady

摘要：微滴数字 PCR（droplet digital PCR，ddPCR）是 PCR 技术中一项最新的进展，它可以对目的序列的核酸进行精准的检测和绝对的定量，在基础研究和临床诊断研究中都有广泛的应用。在这里，针对甲基化 DNA 的检测和定量，我们讨论了 ddPCR 设计和性能的一些重要参数。关于如何进行甲基化特异的 ddPCR（MethyLight ddPCR），我们提供了清晰的建议。我们也提供了一个例子，展示了这个方法检测 *mir342/EVL* 启动子区域甲基化 DNA 的敏感性和准确性，*mir342/EVL* 是一个潜在的用于结直肠癌风险评估的 DNA 甲基化生物标志物。同时，对进行 MethyLight ddPCR 所面临的常见技术问题及故障排除办法也做了相应的讨论。

关键词：微滴数字 PCR；甲基化荧光检测；DNA 甲基化；结直肠癌；风险生物标志物；甲基化特异的 ddPCR

21.1 引言

DNA 甲基化是哺乳动物 DNA 的一种常见表观遗传修饰，来源于 CpG 二核苷酸序列中在胞嘧啶 5' 位碳基上添加了一个甲基化基团。绝大多数哺乳动物基因组都是被大量甲基化修饰的，而 DNA 甲基化已经被证实通过调节细胞中的基因表达而在发育和疾病过程中发挥重要作用。异常的 DNA 甲基化涉及整个基因组的整体低甲基化和位于基因启动子区域和基因间 DNA 的 CpG 岛的局部超甲基化，这是人类恶性肿瘤（包括结直肠癌，colorectal cancer，CRC）中一个常见的表观遗传改变。CRC 中 DNA 甲基化改变的研究已经提供了很多研究基础，指导我们如何从整体上来解释癌症中的表观遗传改变。有意思的是，在容易形成息肉或癌症的正常结肠组织中也观察到了 DNA 甲基化改变，虽然其甲基化频率要比在疾病组织中的低很多，这个现象被称为“区域性癌变”[1-3]。因此，这些不常发生甲基化的 DNA 基因，如 *EVL*[4]，有望作为一个生物标志物来鉴别那些有较高风险发生 CRC 的个体。区域性癌变的过程也可能与其他的癌症有关联。MethyLight ddPCR 是研究区域性癌变的一种理想方法，因其在低水平低频甲基化等位基因的检测上有很好的准确性。

基于 PCR 的方法已经被广泛地应用于 DNA 甲基化的评估。检测甲基化等位基因的第一代 PCR 是采用甲基化敏感的限制性内切酶消化 DNA 之后再对其进行 PCR 扩增 [5]。随后是一个更加灵活的方法，即甲基化特异 PCR（methylation-specific PCR，MSP），在这个方法中，先采用亚硫酸氢钠处理 DNA，这样会通过脱氨基作用将未甲基化的胞嘧啶转换为尿嘧啶 [6]，然后设计与这些 DNA 进行特异结合的引物。在其最初的迭代中，MSP 中由亚硫酸氢盐转换的 DNA 序列被用于终点分析（水平凝胶电泳之后进行紫外照射），得到的是定性的结果。然而，由于 MSP 方法定性的本质，其最初的版本被证实并不是某些应用的最佳选择，应用中要求对所出现的甲基化 DNA 含量进行定量评估，这通常也是表观遗传研究和生物标志物研发所需要的。MethyLight 是一个基于荧光的定量 PCR（TaqMan®）进行 DNA 甲基化检测的方法，此方法的开发极大地提高了对甲基化的等位基因进行检测和定量的能力 [7]。在 MethyLight 中，引物和（或）探针被设计为与经过亚硫酸氢盐转换的 DNA 序列结合，定量的信息可以实时获得。MethyLight PCR 通常被设计为检测甲基化的等位基因，能够以一种相对的方式来对甲基化的等位基因进行定量，随后根据 DNA 加载量进行校正，然后标准化，作为一条甲基化 DNA 标准。尽管相比于终点 MSP 来说，MethyLight 是有其优势的，但是它仍然容易受到 PCR 抑制剂的影响，在非甲基化等位基因的背景下进行稀有甲基化等位基因检测的敏感性有限，在标准化的过程中会发生偏倚，这会导致不一致的结果，尤其是检测低水平的 DNA 甲基化时。因此，常规的定量甲基化特异 PCR 通常不能够达到准确检测低水平甲基化 DNA 所需要的精确度和敏感度，因此不能完全将 DNA 甲基化作为一个部分癌变标志物或癌症风险生物标志物来使用。

在这里，我们介绍了一个新型高敏感方法，基于 ddPCR 来检测甲基化的 DNA，称其为 MethyLight ddPCR。我们将重点放在如何采用该方法对低含量 DNA 样品中的稀有甲基化事件进行检测和绝对定量。一个典型的 MethyLight ddPCR 中相关步骤的概述见图 21-1，本章中会有更详细的介绍。我们及其他团队已经证实，这个方法能够对传统 MethyLight 方法检测不到的罕见甲基化等位基因进行精准检测 [8,9]。

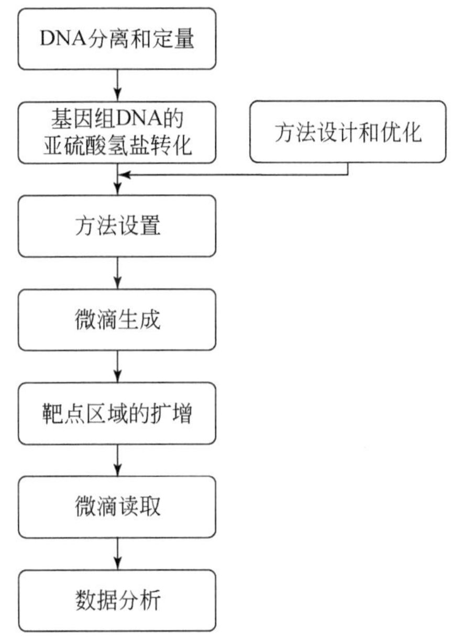

图 21-1　用于 DNA 甲基化分析的 MethyLight ddPCR 工作流程示意

21.2　材料

从目的生物学样本中准备的 DNA 的质量会影响采用 MethyLight ddPCR 对 DNA 甲基化的分析。可以接受的样品来源包括那些传统 PCR 应用能够接受的样品，也包括但不限于以下来源：新鲜冰冻组织、福尔马林固定石蜡包埋（FFPE）组织、细胞系、血浆 / 血清中的细胞游离 DNA。还有一点很重要，要注意基因组 DNA 将会在苛刻的化学条件下进行亚硫酸氢盐的转换，这会造成 DNA 的片段化。因此，不需要像对完整 DNA 所推荐的那样，对 DNA 样品进行限制性消化。尽管相比于其他技术，ddPCR 对 PCR 抑制剂没有那么敏感，但我们还是建议在 DNA 纯化过程中彻底地去除 PCR 抑制剂。可以通过样品的 10 倍稀释来减少 PCR 抑制剂对反应的影响。在 QX100/200 系统中输入 DNA 的推荐范围是 3 ～ 106060.6 拷贝 /20 微升反应。根据 Celera Genomics 的估计，每个人类单倍体基因组推测为 3.3pg，估计输入 DNA 的量为 10pg ～ 350ng 人类 DNA/20μl 反应。要想估算不同有机体中每纳克 DNA 中的拷贝数，我们需要知道目的基因组中碱基对的质量和数目。如果每个基因组中靶点的拷贝数是未知的，则应该根据经验来确认最佳的起始量，方法是对每个样品在预期实验的相关范围内进行连续稀释。

21.2.1 gDNA 分离

1. 常规使用的是采用 DNeasy® 血液和组织试剂盒（QIAGEN，#69504）从新鲜冰冻组织中提取的 DNA。如果是采用 FFPE 组织，我们推荐采用 QIAamp® DNA FFPE 组织试剂盒（QIAGEN，#56404）（见 21.5“注意事项”中的第 1 条）。
2. 水浴。
3. 用于对 FFPE 样品进行脱蜡的二甲苯。
4. 100% 的乙醇。
5. 1.5ml 微离心管（无 RNA 酶和 DNA 酶）。
6. 离心机。

21.2.2 gDNA 定量（见 21.5“注意事项”中的第 2 条）

1. QuantiT™ PicoGreen® dsDNA 检测试剂盒（Life Technologies，#p7589）。
2. Falcon 96 孔黑色 / 透明平底成像板，带盖子（Fisher Scientific，#353219）。
3. 分子生物级别的水。
4. 1.5ml 微离心管（无 RNA 酶和 DNA 酶）。
5. 荧光酶标仪，如 ThermoLabsystems 带有 Ascent 软件版本 2.4.2 的 Fluoroskan Ascent。

21.2.3 gDNA 的亚硫酸氢盐转换

1. 分子生物级别的水。
2. EZ DNA 甲基化试剂盒（Zymo Research，#D-5001）。
3. 水浴或能够以固定温度对样品进行孵育过夜的其他设备。
4. 1.5ml 微离心管（无 RNA 酶和 DNA 酶）。
5. 微型离心机。

21.2.4 检测构成

1. 质控 DNA：EpiTect 质控 DNA，100% 甲基化（QIAGEN，#59655）和 EpiTect 质控 DNA，100% 未甲基化（QIAGEN，#59665，见 21.5“注意事项”中的第 4 条）。

2. 将 DNA 序列转换为亚硫酸氢盐转换后序列的软件，如 PyroMark 检测设计 v2.0.1.15（QIAGEN，#9019077）。

3. 设计引物和探针的软件，如 Primer Express® 软件 v3.0.1（Life Technologies，#4363991）。

4. 参考基因和目的基因的探针和正反向引物。为了控制甲基化和未甲基化 DNA 的总输入量，我们采用了一个参考基因检测，该检测对 CpG 甲基化状态并不敏感（被称为 C-less 检测）[10]。

5. ddPCR 探针超混液（Bio-Rad，#1863010，见 21.5“注意事项”中的第 5 条）。

21.2.5　Bio-Rad ddPCR 系统耗材

1. 用于探针的微滴生成油（Bio-Rad，#1863005）。

2. 用于 QX200™/QX100™ 微滴生成仪的 DG8™ 芯片（Bio-Rad，#1864008），每 8 个反应需要 1 个芯片。

3. 用于 QX200™/QX100™ 微滴生成仪的 DG8™ 密封垫（Bio-Rad，#1863009），每 8 个反应需要 1 个密封垫。

4. ddPCR™ 微滴读取油（Bio-Rad，#1863004）。

5. 可穿透的热封箔（Bio-Rad，#1814040）。

6. 1.5ml 微离心管（无 RNA 酶和 DNA 酶）。

7.96 孔 PCR 半裙边板，至少在两个角有槽口（如 Eppendorf，#951020362）。

21.2.6　Bio-Rad ddPCR 系统设备

1. T100™ PCR 热循环仪（Bio-Rad， #1861096）。

2. QX200™ 微滴生成仪（Bio-Rad，#1864002）。

3. PX1™ PCR 板密封器（Bio-Rad，#1864000）。

4. QX200™ 微滴读取仪（Bio-Rad，#1864003）。

5. QuantaSoft™ 软件，常规版本（Bio-Rad，#1864011）。

21.3　方法

除非特别指出的，所有的流程都在室温下进行，在一个保证没有潜在污染 DNA（如质粒和扩增产物）的房间中进行。DNA 分离后及 PCR 设置过程中（将样品放入热循环仪前）的所有步骤都应该在保证完全没有潜在污染 DNA 的环境中进行，如在一个 PCR 工作站中（见 21.5“注意事项”中的第 6 条）。PCR 设置步骤中使用的所有设备在开始这一阶段的 MethyLight ddPCR 前，都应该通过紫外光（254nm）照射至少 15 分钟，以排除污染。

21.3.1　gDNA 分离和定量

1. 采用 DNeasy® 血液和组织试剂盒从组织中或采用 QIAamp® DNA FFPE 组织试剂盒

从 FFPE 组织中提取 gDNA（见 21.5“注意事项”中的第 1 条）。根据厂家的说明书进行 gDNA 的提取，当使用 FFPE 组织时，特别需要考虑的因素见 21.5“注意事项”中的第 7 条。

2. 采用 Quant-iT ™ PicoGreen® dsDNA 检测试剂盒，根据厂家的说明书按比例缩小至 96 孔的模式来检测 gDNA 的含量：采用具有黑色壁和透明平底的 96 孔成像板。在每个孔中加入 100μl DNA 溶液和 100μl Quant-iT PicoGreen 试剂工作液进行检测（见 21.5“注意事项”中的第 2 条）。

21.3.2 gDNA 的亚硫酸氢盐转换（见 21.5“注意事项”中的第 3 条）

1. 采用 Zymo Research 的 EZ DNA 甲基化试剂盒（D5002），按照厂家的说明书进行样品 DNA 的亚硫酸氢盐转换，同时做了如下优化。

2. 与 EZ DNA 甲基化试剂盒的厂家说明书中介绍的一样，我们推荐在每个柱子中应用不超过 1μg 的 DNA，因为太多的 DNA 会导致不完全转化。

3. 过夜孵育（试剂盒的第 4 步）可以在水浴、热循环仪及加热模块中完成。只要样品是在一个 DNA 清洁的环境中并且避光，以上过程都是可以接受的。还有一点很重要的是在这个过程中要避免样品的过度摇动。

4. 最终的清洗步骤（试剂盒的第 11 步）之后，清空收集管，将柱子额外离心干燥 1 分钟，以确保没有多余的清洗缓冲液进入洗脱液中。

5. 要想获得最高的产出，重复洗脱的步骤，将洗脱液加到同一个管子中（每一步洗脱加 10μl 洗脱液，总体积为 20μl）。

6. 亚硫酸氢盐转换的 DNA 在完成后应该尽快使用，或者存放在 -70℃以备用。如果要存储样品，在转换完成之后要立即将样品冷冻。强烈建议不要进行重复冻融，因为超过 3 次冻融循环将会导致 DNA 的片段化，这会影响 DNA 的 PCR 扩增。因此我们建议在冻存前将样品等分成多份。

21.3.3 引物和探针设计（见 21.5“注意事项”中的第 8 条）

引物和探针的设计遵循 MethyLight 检测的总体原则，之前已经做过详细的讨论，需要注意以下几项修改 [11]。

1. 首先采用 PyroMark 方法设计软件 v2.0（QIAGEN）将感兴趣的 CpG 附近 500bp 的 DNA 序列的正向链和反向链都虚拟地转换为对应的亚硫酸氢盐转换序列。

2. 采用 ABI Primer Express 软件版本 3.0.1（Applied Biosystems，Life Technologies）设计 MethyLight ddPCR 检测中所使用的引物和探针 [采用 Primer Express 设计甲基化 *EVL* 检测（NP_057421）的引物和探针的一个例子将在后面及 Yu 等的文章中 [9] 进行介绍]。在对序列进行虚拟的亚硫酸氢盐转换后，将正向或反向的序列输入 Primer Express 中，参数设置为 TaqMan® MGB 定量。

3. 一旦引物输入 Primer Express 中，按照软件的使用指南来选择目的基因座的引物和探针。

4. 如果软件不能生成一套最佳的引物和探针，则通过缩短或延长序列来不断地修改目的序列，直到有一套引物或探针可以覆盖感兴趣的 CpG。

5. 另外，如果即使调整了靶点序列也不能发现一个可接受的引物和探针，尝试采用更加宽松的参数（如更改熔解温度参数）或针对互补链来设计检测。

6. 合成所选择的探针，在 5' 端加一个荧光发射基团，在 3' 端加一个小沟结合（minor groove binding，MGB）结构域的非荧光猝灭基团。我们设计的探针所带的 5' 端荧光发射基团可以用在二重检测中。因此，我们通常将检测目的基因的探针连接 FAM，而参考基因连接 VIC 或 HEX，这能够使我们对甲基化的靶点基因（如标记了 FAM 的 *EVL*）和参考基因（如标记了 VIC 的 *C-LESS-C1*[10]）同时进行检测和定量。

所选择的参考基因的扩增将不会考虑其甲基化状态，因此被用于判断可扩增 DNA 的总量。其他的研究者曾用 β- 肌动蛋白（ACTB）对输入 DNA 进行标准化，这也可以作为一个参考基因，但是与 *C-LESS-C1* 相比，则研究得没有那么深入（Belshaw 等 [3]）。表 21-1 提供了一组采用 MethyLight ddPCR 检测 *EVL* 及 *C-Less-C1* 的完整 MethyLight 引物和探针序列。MethyLight 引物和探针中的 CpG 位置及检测甲基化的 *EVL* 和 *C-LESS-C1* 的扩增产物见图 21-2。

表 21-1　在 MethyLight ddPCR 检测中所使用的引物和探针序列

检测	引物 / 探针	引物 / 探针序列（5'-3'）
EVL	正向	AACGACTCCGAATCCTCGAA
	反向	GCGAATAGTAACGCGCGTATT
	探针	FAM-CGCGAACTAATCTCAACA-MGBNFQ[a]
C-less-C1	正向	TTGTATGTATGTGAGTGTGGGAGAGAGA
	反向	TTTCTTCCACCCCTTCTCTTCC
	探针	VIC-CCTCCCCCTCTAACTCTAT-MGBNFQ[a]

a MGBNFQ 代表的是在探针 3' 端的一个结合小沟的非荧光猝灭剂（minor groove binding nonfluorescent quencher，MGBNFQ）。

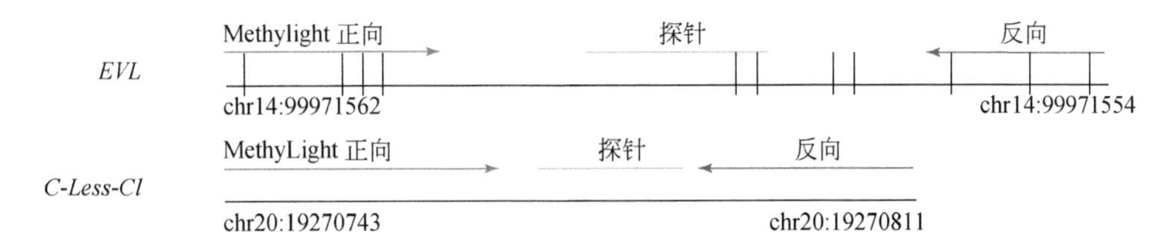

图 21-2　检测甲基化的 *EVL* 和 *C-LESS-C1* 的 MethyLight 引物和探针中的 CpG 二核苷酸的相对定位。正向引物、探针和反向引物分别用蓝色箭头、绿色线和红色箭头来表示。小的垂直线表示 CpG 的位置。所显示的 DNA 链是上游链

21.3.4　板布局设计

1. 采用 96 孔板的纵列来设计实验板的布局（见 21.5“注意事项”中的第 9 条）。

2. 始终包括一个 NTC、一个阳性质控（100% 甲基化的 Epitect DNA，Pos.）和一个阴性质控（100% 非甲基化的 EpiTect DNA，Neg.）。

21.3.5 微滴生成和转移

1. 在冰上融化所有的试剂和 DNA，生成微滴前在室温下平衡 3 分钟。要保证探针避光。

2. 主混合液（master mix，MM）是超混液、引物、探针和水按照正确比例（如表 21-2 所示）的混合物，会加到每个样品中。需要根据每个样品的 25μl 总体积（20μl 的 MM 加 5μl 的 DNA）来计算 MM 的体积。根据厂家的推荐，引物和探针所采用的终浓度分别是 900nmol/L 和约 250nmol/L。表 21-2 为一个主混合液计算的示例。应该通过移液器吹打或轻轻地涡旋混合将试剂充分混匀。

3. 对于每一个样品和质控，准备一个“反应管”：一个 1.5ml 的微离心管，包含所有的主混合液和进行平行测试的 DNA，每一个平行测试含有 20μl 的 MM 和 5μl 的 DNA。将 MM 和 DNA 的体积乘以平行测试的数目（例如，进行 4 个平行测试，将 80μl 的 MM 和 20μl 的 DNA 混合到一个管子里）。将反应管放在室温条件下的暗处，所有的试剂都组合好后，立即将其逐个加入到微滴生成仪的芯片中。

4. 按压每扇门上的门闩，打开微滴生成仪的芯片夹具。滑动一次性的芯片到夹具的右边，槽口位于芯片左上角。在将夹具的两边按压到一起之前，确保其在正确的位置。

5. 以中等速度涡旋反应管至少 10 秒，将反应管中的混合液转移 20μl 到芯片中间排的每个孔中（见 21.5“注意事项”中的第 10 条）。

6. 在移液储存器中倒入微滴生成油，采用一个多通道的移液器在芯片底部排的每个孔中加入 70μl 的油。所有的 8 个孔都必须要填满，否则将不能正确生成微滴。

7. 在芯片夹具上挂一个用于 QX200™/QX100™ 微滴生成仪的 DG8™ 密封垫。

8. 点击 QX200 微滴生成仪顶部的绿色按钮，将发生仪打开，将芯片夹具放到设备中。确认发生仪左侧的两个指示灯是绿色的。

9. 运行将会自动开始。当所有的 3 个指示灯都是绿色时，运行就结束了，门可以被打开。从设备中取出芯片夹具，从夹具上取下密封垫并弃去。

10. 采用一个电动的多通道移液器，设置体积为 40μl，速度为 1（最低的），轻轻地将微滴从芯片的上部孔中转移到 96 孔板的一排中（见 21.5“注意事项”中的第 11 条）。

11. 从夹具上取出芯片并弃去。

表 21-2 主混合液计算的示例

组成	初始	最终	1×
水			5
2×ddPCR 探针超混液	2×	1×	12.5
20×FAM[a]	20×	1×	1.25
20×VIC[a]	20×	1×	1.25
亚硫酸氢盐转换的 DNA	2	ng/μl	5
最终的体积（μl）[b]			25
ddPCR 中最终的浓度（ng/μl）			0.4

a 推荐设置为每个反应 25μl，在 DG 芯片中加入 20μl 的微滴。
b 20× 的引物 - 探针混合液：PCR 引物（每条）18μmol/L，探针 5μmol/L。

21.3.6　板的密封

1. 设置 PX1 PCR 板密封器，在 180℃下密封 5 秒。

2. 点击设备屏幕上的箭头，打开 PX1 PCR 板密封器。将板放到托盘上。

3. 在板的孔上面放一个可穿透的热封箔，使其红色条纹朝上。将设备内的金属框架放到 PCR 板上面。

4. 关上密封器的门，等到机器升到相应的温度时，点击“封口（Seal）”。

5. 封口结束后 PX1 将会自动打开。将 PCR 板水平翻转 180°，重复上述步骤。

6. 将反应混合液加到板中后的 30 分钟内，对微滴进行热循环。

21.3.7　PCR

1. 按照使用超混液所推荐的循环条件，在一个热循环仪上运行 PCR 板。ddPCR 探针超混液（Bio-Rad，#1863010）所使用的循环条件见表 21-3。

2. 热循环后，应该立即采用 QX200 微滴读取仪进行板的读取，或者在 4℃下存放不超过 1 天。

表 21-3　ddPCR 探针超混液的循环条件 [a]

循环步骤	温度℃	时间	变温速率	循环数
酶活化	95	10 分钟		1
变性	94	30 秒	2℃/s	45
退火 / 延伸	60[b]	1 分钟	2℃/s	
酶灭活	98	10 分钟		1
维持	4	无限期		1

a 采用一个热盖，设置为 105℃，样品体积设置为 40μl。
b 针对不同的引物 / 探针组合，退火温度有所不同。要测试得出最佳温度。

21.3.8　微滴读取

1. 打开 QX200 微滴读取仪，预热 30 分钟。

2. 确认左侧的两个灯一直为绿色。如果左侧的灯不是一直为绿色，可能是电源的问题。如果第二个灯不亮，则要么是油瓶太低，要么是废液瓶太满。在进行板读取前要纠正这些问题。

3. 翻动两个黑色的释放卡片到上部位置，移除盖子，打开板夹具。将板放到夹具中，使 A1 孔位于左上部，重新盖上盖子，将黑色的卡片向下翻转。

4. 点击读取仪门上部的绿色按钮，将其打开，将板夹具放到设备中，点击同一个按钮将门再次关上。板指示灯这时应该一直为绿色。

5. 通过一个 USB 线连接读取仪和电脑，打开 QuantaSoft 软件。选择设置并定义实验的设计。然后选择“运行（Run）”（见 21.5“注意事项”中的第 13 条）。

6. 在运行的过程中，最右方的指示灯闪烁绿色。当运行结束的时候，所有的指示灯应该一直为绿色。此时，打开门，去除板夹具。将 PCR 板从夹具中取出并弃去。

21.3.9 解释 2D 图的结果（表 21-4）

运行结束后，我们采用 QuantaSoft 软件来分析每个孔中的数据。如果板被设置为绝对定量（absolute quantification，ABS）分析，QuantaSoft 会自动设置阈值，并且在软件的分析模式下判断数据表中的浓度。然而，如果有必要确保对每个孔中的微滴都做了正确的指定，我们应该要检查每个孔并且手动调整阈值。

表 21-4 故障排除列表

问题	可能的原因	可能的解决方案
对于参考基因，阳性样品没有阳性微滴数目	ddPCR 反应混合液没有正确配制	检查 PCR 反应混合液中每种成分的体积和浓度
样品的参考基因没有阳性微滴，但是阳性质控正常工作	输入 DNA 的量太低	提高输入 DNA 的量
ddPCR 所检测到的浓度远远低于分光光度计检测到的浓度	亚硫酸氢盐转换的 DNA 发生了部分降解，因为 ddPCR 给出的是完整 DNA 靶点的浓度估算	采用推荐的方法来准备、处理和存储亚硫酸氢盐转换的 DNA，用于甲基化研究
	方法设计 / 效率并非最佳	采用推荐的引物和探针浓度。通过运行一个温度梯度来判断最佳的退火温度，以此来优化 MethyLight ddPCR 的热循环条件
只有参考基因给出了阳性微滴数目。针对目的基因而新设计的检测却没有信号	目的基因检测方法的设计并非最佳	重新设计检测方法
	检测条件不是最佳	通过运行一个退火 / 延伸温度梯度来优化检测的条件
	没有正确配制 ddPCR 反应混合液	重新检查 PCR 反应混合液中各成分的体积和浓度
	探针 / 引物序列不正确。如果错误的序列被用于引物和探针的合成时，会发生这种情况	设置一个常规的 MethyLight 检测，以确认引物 / 探针是否可以扩增 DNA。如果没有形成 PCR 产物，重新定制引物 / 探针
两个检测联合在一起不能给出任何阳性微滴数目	双重检测彼此干扰	在单重检测中对两个检测分别进行测试
在 NTC 中出现了阳性微滴	污染	对 PCR 工作站、PCR 准备区域及设备进行净化处理。按照样品处理流程操作，以避免污染。采用新的 PCR 级别的水和试剂重复实验。将 PCR 后（post-PCR）区域与 PCR 准备房间分隔开
在样品中出现了相当数量的中等水平强度的微滴（在荧光强度图上显示为“大雨”）。阴性和阳性微滴之间的荧光强度分离不佳	在 DNA 样品中出现了 PCR 抑制剂	用 PCR 级别的水对 DNA 样品做进一步稀释
每孔中的微滴总数太低（＜10 000）	没有正确配制 ddPCR 反应混合液	采用推荐的引物（900nmol/L）和探针（250nmol/L）浓度，以及 1× 的 ddPCR 探针超混液
	微滴生成不理想	用 P-20 移液器小心地将 20μl 样品加到 DG8 芯片的样品孔底部。然后在油孔中加入 70μl 的油。加载后立即开始微滴生成

续表

问题	可能的原因	可能的解决方案
每孔中的微滴总数太低（＜10 000）	微滴处理不佳	采用推荐的电动多通道 P-50 移液器，做好设置，确保将所有体积的微滴都转移到 96 孔板中。在配制的时候，确保移液吸头靠近孔底部的角度可以避免对微滴造成剪切。以一种轻柔且一致的方式来处理微滴
	板的密封不好，导致油的蒸发，影响了微滴的质量	正确密封 96 孔板
在技术性重复中有很大的变动	反应混合液没有混合好	在建立技术性重复时，要确保反应混合液得以充分混匀
	PCR 热循环仪的孔间温度均一性不好	确认 PCR 热循环仪温度的一致性和准确性

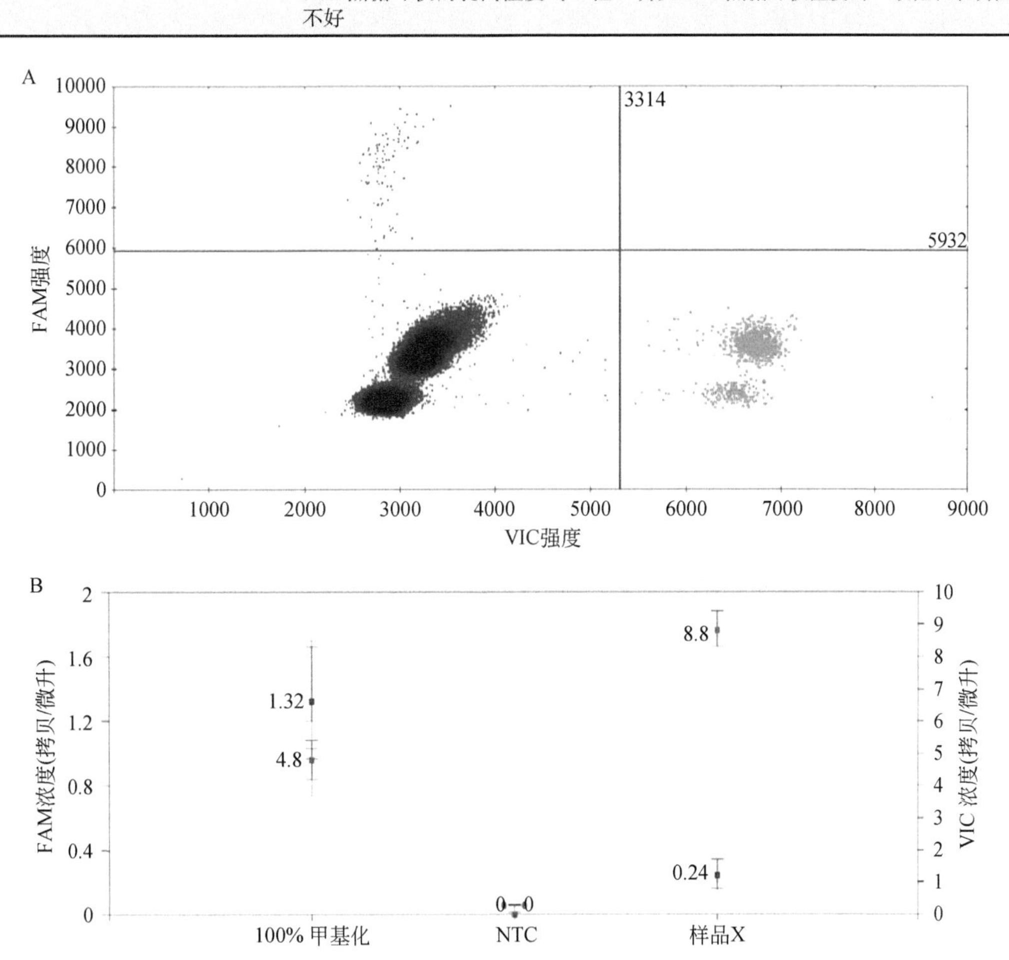

图 21-3　采用一个双重 MethyLight ddPCR 方法对结肠黏膜活检样本进行甲基化 *EVL* 的定量。基因组 DNA 样品进行了亚硫酸氢盐转化并采用 MethyLight ddPCR 进行分析。每个样品（8ng 或 2424.2 单倍体基因组当量的总输入 DNA）分隔为每个孔平均 15 000 个微滴，重复 8 个孔。所有复孔中的微滴数目（阳性和阴性）组合在一起产生一个“合并”孔。采用 QuantaSoft 软件版本 1.4.0.99（Bio-Rad）对每个“合并”孔的浓度和泊松置信区间进行计算。A：双重检测的 2D 强度图。对于每一个荧光基团，手动设置阈值，以指定阳性事件。蓝色：甲基化的 *EVL*- 阳性微滴（FAM）；绿色：*C-Less-C1* 阳性微滴（VIC）；黑色：阴性微滴。B：在阳性质控（EpiTect 100% 甲基化的质控 DNA）、NTC 和一个代表性的临床样本中所检测到的甲基化 *EVL*（蓝色）浓度（拷贝 / 微升）。误差线显示的是每次检测的 95% 置信区间。NTC：无模板质控（no template control）

图 21-3 显示了一个二重 MethyLight ddPCR 实验的例子，在这个实验中，靶点基因 *EVL* 和参考基因 *C-LESS-C1* 已经做了 PCR 扩增，并且显示在一个 2D 微滴荧光图中。为了检测临床标本中稀有的甲基化等位基因，每个样品都采用 8 个复孔来运行，来自所有复孔的微滴数组合在一起形成了一个“合并”孔。采用 QuantaSoft 软件版本 1.4.0.99（Bio-Rad）对每个“合并”孔的浓度和泊松置信区间进行计算。故障排除的建议见表 21-4。

21.4 采用 MethyLight ddPCR 进行稀有甲基化等位基因检测和绝对定量的特殊考虑

在区域性癌变效应的背景下会发生少见的甲基化事件，这时会在非甲基化等位基因的背景下（超过 10 000）存在一个候选生物标志物基因的甲基化等位基因。MethyLight ddPCR 能够对罕见甲基化事件进行检测和绝对定量，其敏感性和准确性超过了传统 MethyLight 的检测能力 [9]。本部分内容中将会讨论一些正确的实验设置，以达到理想的定量水平（level of quantification，LOQ）及对罕见甲基化等位基因进行准确定量。

21.4.1 样品准备

从生物样本中提取的 DNA，根据样品来源不同其完整性和浓度会有所不同。例如，FFPE 组织，尽管被常规应用于癌症研究中，但是所提供的 DNA 是高度片段化的，会有化学性的交联，这可能会对 MethyLight ddPCR 检测的性能造成负面影响。如果阳性质控样品的结果很好但是测试样品的结果质量不佳，则有可能是这个原因造成的。

DNA 甲基化研究中所采用的大多数方法都是亚硫酸氢盐转化，这会导致基因组 DNA 的片段化。在计算所需要的起始材料的量时，我们需要考虑到在这些样品中实际可扩增的 DNA 量。而且，亚硫酸氢盐转化的 DNA 在 1D 的强度图上可能会产生一个“下雨”的图形及基线的移位（图 21-4A）。通过简单的手动设置阈值可以获得阳性微滴与阴性背景的良好分离，这有可能解释这种失真，从而获得准确的绝对定量（图 21-3A 和 21-4B）。此外，当检测到了意想不到量的甲基化 DNA 或发生较低的 PCR 扩增时，应该要考虑到亚硫酸氢盐转化不完全的 DNA 将会导致错误的数据。

21.4.2 方法测试

为了研发甲基化的方法进行区域性癌变效果的检测，一个重要的考虑是定量的极限（limit of quantification，LOQ）要在一个可以接受的（预设的）变异系数（coefficient of variation，CV，检测误差）范围内，这个 LOQ 是在一个具有非常高比例的非甲基化等位基因背景的样品中能够可靠检测出来的甲基化等位基因的最低浓度。我们使用了一个多重的方法，包括通过一个参考基因（如 *C-LESS-C1*）的检测来定量输入 DNA（其中超过 99.9% 都是非甲基化的），通过一个甲基化的目的基因（如 *EVL*）的检测来定量甲基化的 *EVL* 等位基因。LOQ 通常是一个比率或百分比。例如，1000 个非甲基化的等位基因中有一个甲基化的等位基因，或 0.1%。在 ddPCR 中，最初是根据参考基因检测在样品中所发现的非甲基

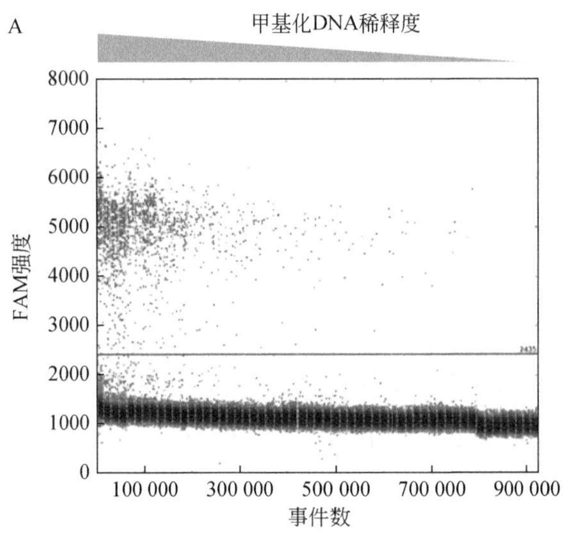

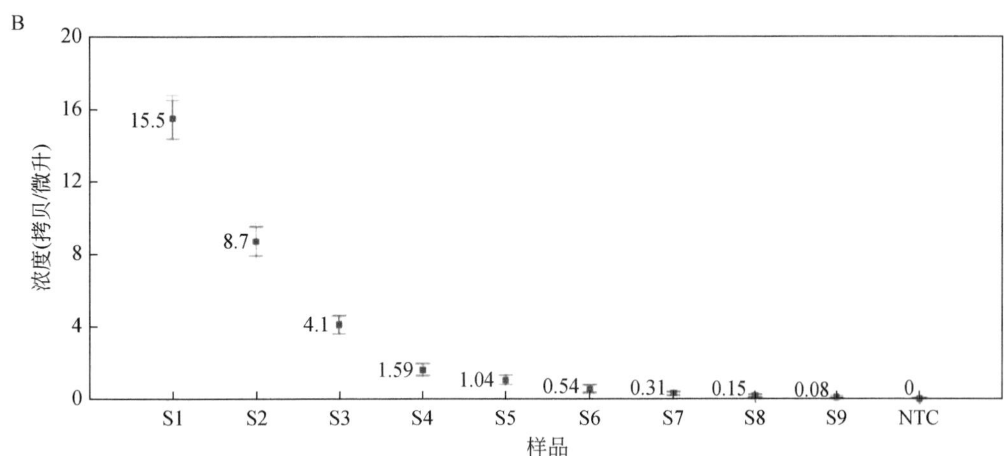

图 21-4　通过 MethyLight ddPCR 进行甲基化 *EVL* 的定量极限 LOQ 分析。我们将 100% 甲基化的 EpiTect 甲基化质控 DNA 连续稀释到含有 100% 非甲基化的 EpiTect 非甲基化质控 DNA 溶液中（每孔中 DNA 的总输入量为 8ng）。每个样品都被分隔成平均 15 000 个微滴 / 孔，重复 4 个孔。所有 4 个复孔中的微滴（见 21.4 中关于阳性和阴性微滴选择的流程）组合在一起进行最终的分析。采用 QuantaSoft 软件版本 1.4.0.99（Bio-Rad）来计算每个“合并”孔的浓度和泊松置信区间。A：显示阳性微滴（蓝色）和阴性微滴（黑色）之间分离的 1D 图。荧光强度值＞ 2435 的事件被认为是一个甲基化阳性事件（红色线）。需要注意的是，1D 强度图上的“下雨”和基线的移位可能是由亚硫酸氢盐转换处理而导致。B：连续稀释的 DNA 进行 ddPCR 的代表性结果示例。连续稀释样品（每个孔中 DNA 的总输入量为 8ng）中甲基化 *EVL* 的浓度如下：S1=80%，S2=40%，S3=20%，S4=10%，S5=5%，S6=2.5%，S7=1.25%，S8=0.625%，S9=0.313%。误差线代表的是泊松 95% 置信区间

化的等位基因数目来对 LOQ 进行评分。对于一个特定的方法，我们采用 100% 非甲基化的 EpiTect 非甲基化质控 DNA 对 100% 甲基化的 EpiTect 甲基化质控 DNA 进行连续稀释，每个孔中 DNA 的总量为 8ng，由此来判断 LOQ。图 21-4 展示了通过 MethyLight ddPCR 进行甲基化 *EVL* 的 LOQ 分析。

21.4.3 DNA 的上样量

提高检测能力的一个方法是提高 DNA 的上样量。例如，想在 20% 的 CV 内达到 0.001% 的 LOQ，从统计上来说，一个孔中要至少要筛选 300 000 个人类单倍体基因组，或者 1μg 的人类 DNA。如果样品中 DNA 足够多的话，我们在 20μl 的反应之中采用大约 1μg 亚硫酸氢盐转换的 DNA 就能够以 0.001% 的 LOQ 有效检出更多的甲基化等位基因。需要注意的很重要的一点：DNA 的来源，如组织活检，可能会提供非常有限量的 DNA。因此，如果 DNA 总量少于每孔 10ng，则有望实现的是更实用的 0.1% 的 LOQ。

21.4.4 实验重复

随机的样品分隔是ddPCR技术的基本特征。它还有一个重要的作用是通过背景DNA（它们会影响甲基化等位基因的检出）的有效稀释来提高一个检测的 LOQ，从而导致某个微滴中的一个罕见甲基化模板达到更高的相对丰度。在多个孔中运行同一个样品也将进一步提高 ddPCR 所能检出的阳性比例，从而提高低输入 DNA 样品的 LOQ。采用人类 DNA 时要想获得比 1/25 000 或 0.04% 更低的 LOQ，我们推荐采用 4 个或更多复孔，形成一个“合并”孔进行分析，以检测罕见的甲基化等位基因。

21.4.5 实验设置中的正确质控

检测罕见甲基化等位基因的正确实验设置包括阳性质控孔（100% 甲基化的质控 DNA），阴性质控孔（100% 非甲基化的质控 DNA）及无模板质控（NTC）孔。阴性质控孔中的阳性微滴数应该是 0，这表明检测特异性是最佳的。另外，NTC 孔也应该产生 0 个阳性微滴，这会反映实验操作是最佳的。如果在 NTC 中检测到了阳性微滴，参见表 21-4。在设计检测以获得准确的定量时，要考虑避免假阳性率。

21.4.6 绝对定量数据的分析

我们采用绝对定量（ABS）实验对样品中甲基化等位基因的浓度进行定量。QuantaSoft 软件会计数每个样品中每个荧光基团的阳性和阴性微滴数，然后将阳性微滴的数值转换到泊松统计中，来判断最终的 ddPCR 反应中以拷贝 / 微升表示的浓度。然后我们会回推初始材料中的原始浓度。这种类型的 ABS 实验并不要求传统的 MethyLight 检测中所需要的标准曲线，因此可以简化实验的设计并且减少花费。

要分析多个平行测试样品，在 QuantaSoft 软件中选择合并按钮，将同一个样品名字的所有孔的数值都组合在一起，然后对这些数据进行分析。

21.4.7 误差的类型

对于平行测试的实验，QuantaSoft 软件会计算两种类型的误差：一个理论上的平行测试误差（技术误差或泊松误差）及一个均值的标准误差（总误差）。推荐对每个测试都要报告总误差。对于 DNA 浓度位于 ddPCR 动态范围（3 ～ 106060.6 拷贝的靶点分子 / 孔）

之内的样品，总误差和泊松误差应该接近。

然而，要想对位于浓度范围极低末端的罕见甲基化等位基因进行定量，泊松误差和总误差都将会更大。另外，在稀释或等分过程中的移液所导致的误差也是不可忽视的。提高移液的准确性也有助于减少总误差。

21.5　注意事项

1. 这里所介绍的对基因组 DNA 进行分离和定量的方法都基于我们实验室已经建立的流程，多年来一直得到了很满意的结果。然而，可以采用各种方法从 FFPE 存档的组织样本、新鲜冰冻的组织、血液或粪便样本中分离基因组 DNA，在一个实验室中已经建立的运行良好的其他提取方法采用此流程也应该会运行良好 [12]。在 DNA 提取步骤中加一个蛋白酶 K 消化的步骤是非常重要的，此步骤可以消除可能影响 DNA 解链的染色体结构，而 DNA 解链是将非甲基化的胞嘧啶转换为尿嘧啶的亚硫酸氢盐处理中所必需的。对于大的 FFPE 样本或新鲜冷冻标本的 DNA 提取，我们倾向于 DNeasy® 血液和组织试剂盒（QIAGEN，#69504）。对于 FFPE 组织的 DNA 提取，推荐我们所采用的 QIAamp® DNA FFPE 组织试剂盒（QIAGEN，#56404），此试剂盒最多适合 8 张切片，每张厚度最高为 10μm，表面面积最大为 250mm^2 的单次制备。对于更大 FFPE 样本或新鲜冰冻样品的 DNA 提取，我们采用 DNeasy® 血液和组织试剂盒（QIAGEN，#69504）。

2. 对于此流程，已经建立的在一个实验室中运行良好的其他 DNA 定量方法也应该会运行良好。然而，我们推荐采用基于荧光计的方法来测量 DNA 的浓度（如 Quant-iT PicoGreen dsDNA 检测试剂盒），而不是采用分光光度计的吸光度来测量，这样可以避免其他生物分子和尘埃颗粒的干扰，从而获得对 FFPE 组织（通常会产生高度片段化的 DNA）来源 DNA 含量的准确评估。

3. 对于大多数目前正在进行的 DNA 甲基化研究，基因组 DNA 都进行了亚硫酸氢钠所诱导的化学修饰，这个过程可以去掉未甲基化的胞嘧啶的氨基，随后转换为尿嘧啶，最终在 PCR 扩增后转变为胸腺嘧啶，使甲基化的胞嘧啶在此过程中保持完整。在亚硫酸氢盐转换后，DNA 的两条链将不再彼此互补，在引物和探针设计中需要注意这一点，因为其中任何一条 DNA 链都可以用于引物和探针的选择。在甲基化的和非甲基化的等位基因间所形成的差异化序列信息被用于设计甲基化特异的引物和探针。因此，亚硫酸氢盐转换是 DNA 甲基化研究中的一个关键步骤，＞ 95% 的亚硫酸氢盐转换效率是必不可少的。采用一个强有力的亚硫酸氢钠转换方法是必要的，这要根据实验材料而定。相关已发表的文献可以用于指导选择合适的方法 [13]。

4. 质控 DNA：提供了 QIAGEN 的 EpiTect 100% 甲基化质控 DNA，已经完成了亚硫酸氢盐转换，浓度为 10ng/ml。分成等份存储在 −80℃直至使用。强烈推荐不要重复进行冻融，因为亚硫酸氢盐转换的 DNA 是单链，要比双链 DNA 更不稳定。其他商品，如 CpGenome 人类甲基化的和非甲基化的 DNA 链组合（Millipore，#S8001）也可以起到很好的作用。

5. ddPCR 探针超混液：使用前存放在 −20℃。一旦融化，超混液在 4℃下可以存储最多 2 周。不推荐反复进行冻融，但是两次冻融循环后我们并没有观察到检测性能的下降。

6. 对于完全没有潜在污染 DNA 的环境，我们采用 Air Clean 系统的 AirClean600 工作站会有更好的结果。

7. 可以从组织芯片点或切片形式的 FFPE 组织中提取 DNA。在两种情况下，我们都采用 QIAamp® DNA FFPE 组织试剂盒（QIAGEN，#56404），只是做了微小的修改：组织芯片点将需要在二甲苯中孵育更长的时间，同时要用更大体积的蛋白酶 K 溶液消化更长的时间（多达 4 天）。对于载玻片上的组织切片，我们在脱石蜡的步骤后增加了一个再水化的步骤，将载玻片放到一系列的水浴中孵化，这些水浴含有浓度递减的乙醇。然后采用一个干净（即没有 DNA 和 RNA，没有 RNA 酶）的刀片将组织从载玻片上取下，放入一个微离心管中，然后采用蛋白酶 K 在其中进行正常的消化。我们倾向采用两步法进行最终的洗脱，以便尽可能获得最大的产出，因为 FFPE 样品的量通常都非常小。

8. 引物和探针设计：在常规 MethyLight 中起作用的引物和探针在 MethyLight ddPCR 中也应该一直起作用，但是可能需要做进一步的优化。猝灭剂上的一个小沟结合（MGB）结构域会增加探针的熔解温度，因此要考虑更短、更特异的探针。3' 端的荧光基团必须是 FAM 和 VIC/HEX，因为只有这些荧光发射源才能够被 QX200 系统的微滴读取仪检测到。

9. 微滴读取仪要求必须使用 96 孔板，不支持 PCR 条状管或 384 孔板。将按照柱状顺序设计，这样可以更容易地将 DG8 芯片中的样品转移到板中。

10. 微滴生成：最重要的步骤之一是微滴生成和转移，在这个过程中，20μl 的 PCR 反应液被随机分隔到平均为 15 000 个大小均一的微滴中，这个微滴可以进行敏感的检测和精准的定量。要想获得最佳的微滴计数，关键是要以一种轻柔且一致的方式来处理微滴。在配制前应该要将反应混合液充分混匀，DG8 芯片应该要提前加载到 DG8 芯片夹具中。在芯片中加载样品时，移液吸头应该保持约 15° 角（与垂直方向）而且应该放在孔底部附近的脊部，这时候要缓慢地加入，以避免引入气泡（否则会影响微滴生成）。要确保 8 个孔都充满了反应液；如果有第二个芯片夹具将是有帮助的，这样就可以在第一组在生成仪中运行时开始准备下一组。

11. 微滴的转移：在 DG8 芯片中生成微滴后，微滴溶液看起来应该是混浊的。我们强烈推荐采用电动的多通道移液器将其设置到非常低的速度，以将微滴转移到 96 孔 PCR 板中。在靠近孔底部的孔壁上轻轻地加入微滴。我们也推荐按照柱状顺序在 96 孔板上设置实验板的布局，以方便从 8 孔的微滴生成芯片中进行转移。

致谢

本项工作受到了以下资助：美国国家癌症研究所（National Cancer Institute，NCI）的 RO1CA194663、P30CA15704、UO1CA152756、U54CA14386 和 P01CA077852（WMG）；Burroughs 欢迎基金临床科学家转化研究奖励（WMG）；NIH 2T32DK007742-16（MY）；Lattner 基金会（WMG），R.A.C.E. 慈善机构（WMG）。

参考文献

1. Slaughter DP, Southwick HW, Smejkal W(1953) Field cancerization in oral stratified squamous epithelium; clinical implications of multicentric origin. Cancer 6:963–968

2. Shen L, Kondo Y, Rosner GL et al (2005)MGMT promoter methylation and field defect in sporadic colorectal cancer. J Natl Cancer Inst 97:1330–1338
3. Belshaw NJ, Pal N, Tapp HS et al(2010) Patterns of DNA methylation in individual colonic crypts reveal aging and cancer related field defects in the morphologically normal mucosa. Carcinogenesis 31:1158–1163
4. Grady WM, Parkin RK, Mitchell PS et al (2008)Epigenetic silencing of the intronic microRNA hsa-miR-342 and its host gene EVL in colorectal cancer. Oncogene 27:3880–3888
5. Zuccotti M, Grant M, Monk M (1993) Polymerase chain reaction for the detection of methylation of a specific CpG site in the G6pd gene of mouse embryos. Methods Enzymol 225:557–567
6. Herman JG, Graff JR, Myohanen S et al(1996) Methylation-specific PCR: a novel PCR assay for methylation status of CpG islands. Proc Natl Acad Sci U S A 93:9821–9826
7. Eads CA, Lord RV, Wickramasinghe K et al (2001) Epigenetic patterns in the progression of esophageal adenocarcinoma. Cancer Res 61:3410–3418
8. Hayashi M, Guerrero-Preston R, Sidransky D et al(2015) Paired box 5 methylation detection by droplet digital PCR for ultrasensitive deep surgical margins analysis of head and neck squamous cell carcinoma. Cancer Prev Res 8:1017–1026
9. Yu M, Carter KT, Makar KW et al(2015) MethyLight droplet digital PCR for detection and absolute quantification of infrequently methylated alleles. Epigenetics 10:803–809
10. Weisenberger DJ, Trinh BN, Campan M et al (2008) DNA methylation analysis by digital bisulfite genomic sequencing and digital MethyLight. Nucleic Acids Res 36:4689–4698
11. Trinh BN, Long TI, Laird PW (2001) DNA methylation analysis by MethyLight technology. Methods 25:456–462
12. Potluri K, Mahas A, Kent MN et al(2015) Genomic DNA extraction methods using formalin-fixed paraffin-embedded tissue. Anal Biochem 486:17–23
13. Holmes EE, Jung M, Meller S et al(2014) Performance evaluation of kits for bisulfite-conversion of DNA from tissues, cell lines, FFPE tissues, aspirates, lavages, effusions, plasma, serum, and urine. PLoS One 9:e93933

第Ⅴ部分

基因表达和 RNA 定量

第 22 章

采用微滴数字 PCR 进行多个选择性剪切 mRNA 转录本的同时定量

Bing Sun, Yun-Ling Zheng

摘要：目前还没有敏感、准确且可重复的方法用于选择性剪切 mRNA 转录本的定量。微滴数字 TMPCR（droplet digital ™ PCR，ddPCR ™）能够进行准确的数字计算，可以用于基因表达的定量。人端粒酶逆转录酶（human telomerase reverse transcriptase，hTERT）是端粒酶活性和维持端粒所需要的重要组成之一。文献中已经报道，在人类原始细胞和肿瘤细胞中有几种选择性剪切形式的 hTERT mRNA。采用针对 hTERT 的一对引物和两条探针，对一个 ddPCR 反应所收集的数据进行新型的分析，可以对 hTERT 的 4 种选择性剪切形式（单个删除的 α-/β+、α+/β-，双删除的 α-/β- 和非删除的 α+/β+）进行准确的定量。我们在本章中介绍的 ddPCR 方法，能够对 hTERT mRNA 的 4 种选择性剪切形式进行直接的定量比较，不需要内部的标准或特异针对每个变体的多对引物，从而消除了因为不同扩增产物之间不同的 PCR 扩增效率而导致的技术误差及采用标准曲线进行定量中的挑战。这个简单而直接的方法在选择性剪切基因转录本的定量检测中应该会有广泛的应用。

关键词：mRNA 选择性剪切；mRNA 定量；人端粒酶逆转录酶；qPCR；微滴数字 PCR

22.1 引言

通过选择性检测，人类的 25 000 ～ 30 000 个基因可以产生约 150 000 个不同的蛋白。超过 70% 的人类蛋白编码基因都经过了选择性剪切[1]，这可以使一条 DNA 产生具有多种甚至是拮抗功能的不同蛋白。因为选择性剪切可以影响很多基因，所以选择性剪切的改变通常会与人类疾病有关，这一点并不奇怪。有很大比例的人类家族性遗传疾病都是由剪切变异导致的。Tau 病变就是这类疾病的一个例子，由选择性剪切所形成的蛋白亚型比率改变而导致[2]。脊髓性肌萎缩（spinal muscular atrophy，SMA）是另外一个退行性疾病的例子，由一个外显子调控元件的点突变导致[3]。异常的剪切变异体也会导致癌症的发生[4,5]。考虑到选择性剪切在调节细胞功能中的重要作用，多个选择性剪切转录本的准确定量将会有助于发现具有临床应用价值的新型生物标志物，也有助于提高我们对选择性剪切转录本在健康和疾病中的作用的认识。

目前已经报道的 hTERT 选择性剪切变异体大概有 20 种；只有 4 种变异体 [即 α−/β+（α 缺失）、α+/β−（β 缺失）、α−/β−（α 和 β 双缺失）、α+/β+（非缺失）] 经常出现在大多数肿瘤组织中，可以作为癌症诊断、临床结果预测及药物靶向的特异生物标志物 [6-12]。hTERT 参与了端粒酶活性的调节，在细胞复制和致癌作用中发挥了重要作用。只有全长的 hTERT（或 α+/β+）被证实参与了端粒酶的活性。α 缺失是在保守的逆转录酶基序中有一个 36bp 的缺失，其是端粒酶活性的一个主要负向抑制剂 [5]。β 缺失转录本有一个 182bp 的缺失，这会在保守的逆转录酶基序之前形成一个截短的蛋白，从而导致形成一个催化灭活的端粒酶 [8,9]。超过 90% 的肿瘤组织与其相邻的正常组织进行比较时会有端粒酶活性的增加 [10,11]。然而，肿瘤组织中端粒酶活性的水平与 hTERT 转录本水平之间呈低等到中等相关，即全长 hTERT（或 α+/β+）的高水平表达并不总是与高水平的端粒酶活性有关 [12]，这可能是转录后加工的结果，这个进程导致了几种不同的选择性剪切变异体，它们会成为端粒酶调节中的一个额外机制。每一个剪切变异体的相对定量可能会决定整体的端粒酶活性。例如，α 缺失 hTERT 的同时出现将会导致端粒酶活性的减少，取决于其表达水平与全长 hTERT 表达水平之间的相对量（α−/β+ 和 α+/β+ 之间的比率）。

二代测序被认为是检测选择性剪切变异体表达模式的金标准。然而其应用比较有限，因为价格高，需要用大量的 RNA，而且通常不能提供转录本拷贝数的绝对值。微阵列检测（如 Affymetrix 的外显子微阵列，ExonHit）已被开发用于特异外显子的选择性剪切变异体；然而，这些方法通常不能区分不同的变异体（即从同时含有外显子 A 和 B 的变异体中区分只含有外显子 A 或 B）。几种基于实时 PCR（qPCR）进行普通 hTERT 剪切变异体计数的方法已被开发用于 hTERT 剪切模式的判断，但是端粒酶活性水平与 hTERT 转录本水平并不一致 [12-16]。基于 qPCR 的方法对某些表达水平极低的选择性剪切转录本进行准确定量的敏感性有限，这是此类方法的一个限制。另外，还需要做一个单独的 qPCR 反应，采用不同的引物对来检测每个选择性剪切变异体。PCR 扩增效率中的变化会影响定量的准确性，降低了相互间比较的可靠性。在本章中，以 hTERT 表达为例，我们介绍了采用 ddPCR 进行 hTERT 4 种主要选择性剪切变异体的定量，该检测在一个单独的 PCR 反应中使用一对引物，不需要内标。这个简单的方法能够对 4 个可区分的微滴簇进行定量，并且能够对不同细胞类型中的 4 种剪切变异体的表达水平进行直接的对比。

22.2 材料

22.2.1 所评估的细胞系

本研究中使用的所有的细胞系（卵巢癌 OVCar-3，骨肉瘤 SAOS-2 和 U2OS，乳腺癌 MCF-7，肺成纤维细胞 WI-38 以及子宫内膜腺癌 HEC-1-A）来自 ATCC（Manassas，VA）或乔治城大学医学中心 Lombardi 癌症中心的细胞培养中心，按照提供者所推荐的培养基进行培养。RNA 提取自新鲜的组织或冷冻的新鲜组织，并且采用本章中的方法进行转录本的定量。

22.2.2　引物设计和序列

1. 所有的引物和探针都由 Integrated DNA Technologies 公司合成。

2. hTERT cDNA 扩增的正向引物（图 22-1 中的 PCR-F）位于 α 缺失剪切位点的上游（5'-GCCTGAGCTGTACTTTGTCA-3'）。反向引物（图 22-1 中的 PCR-R）位于 β 缺失剪切位点的下游，序列为 5'-CAGCGTGGAGAGGATGGAG-3'。α−/β+（α 缺失）、α+/β−（β 缺失）、α−/β−（α 和 β 双缺失）及 α+/β+（全长）的扩增产物长度分别是 376bp、230bp、194bp 和 412bp。

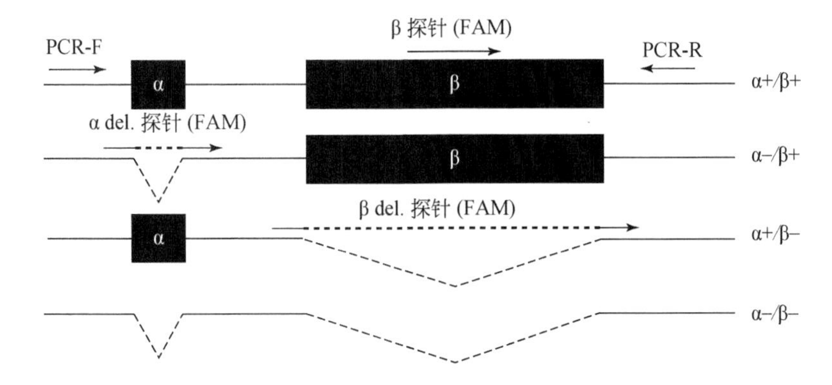

图 22-1　检测 α 缺失（α−/β+）、β 缺失（α+/β−）、α 和 β 双缺失（α−/β−）hTERT mRNA 的引物和探针位置。缺失的区域被显示为虚线

3. 双标记的 α 缺失探针将 FAM 设计为荧光指示剂，将 ZEN-Iowa 设计为猝灭剂，位置如图 22-1 所示。序列（5'-/FAM/TACTTTGTC/ZEN/AAGGACAGGCTCACG/IABk/-3'）与检测区域之前和之后的转录本部分重叠，而且能够特异性地只识别 α 缺失转录本。

4. 双标记的 β 缺失探针（5'-/HEX/CTTCAAGAG/ZEN/CCACGTCCTACGTC/IABk/-3'）也按照同样的方式来设计，采用 HEX 作为荧光指示剂。

5. 双标记的 β 探针设计在缺失的 β 区域内（5'-/6-FAM/CTCTACCTT/ZEN/GACAGACCTCCAGC/IABkFQ/-3'），采用 FAM 作为荧光指示剂。在采用克隆 hTERT 变异体的同一微滴中，这个探针被用于发现同时出现的单个 α 缺失和单个 β 缺失。

6. GAPDH 的引物和探针：正向引物为 5'-ATTCCACCCATGGCAAATTC-3'；反向引物为 5'-TGGGATTTCCATTGATGACAAG-3'，扩增产物为 72bp；探针为 5'-/HEX/CAAGCTTCCCGTTCTCAGCC/IABkFQ/-3'，它被作为一个标准化的质控用于样品之间的比较，假设所有样品间的 GAPDH 表达是稳定的。

22.2.3　hTERT 转录本的阳性质控

采用 hTERT 的 PCR-F 引物和 hTERT PCR-R 下游的另外一个反向引物

（5'-CAAACAGCTTGTTCTCCATGT-3'）对 4 个选择性剪切变异体的克隆化 hTERT DNA 片段进行 PCR 扩增，以此作为每个变异体的检测和定量的阳性质控。这些扩增产物（α−/β+、α+/β−、α−/β− 和 α+/β+ 分别为 419bp、273bp、237bp 和 455bp）事先被克隆到 pCR4-TOPO TA 载体中（Life Technologies），采用 Sanger DNA 测序（Genewiz）对其序列进行验证。这些质控品可以按照需求来购买。

22.2.4 ddPCR 相关的材料和试剂

1. 2× 微滴数字™ PCR 探针超混液（无 dUTP；Bio-Rad，#186-3025）。
2. 用于探针的微滴生成油（Bio-Rad，#186–3005）。
3. 8 通道 DG8™ 微滴生成芯片（Bio-Rad）。
4. 可穿透的板热封箔（Bio-Rad）。
5. 可热封的 PCR 96 孔半裙边板（Eppendorf）。
6. 微滴读取油（Bio-Rad）。
7. Pipet-Lite XLS （2 ～ 20μl）和 RT-L10F 移液吸头（带滤芯，Mettler Toledo）来自 Rainin，用于将 ddPCR 混合液加载到微滴生成芯片中。
8. Pipet-Lite XLS （8 通道，5 ～ 50μl） 和 RT-L200F 移液吸头（带滤芯，Mettler Toledo）来自 Rainin，用于将微滴生成芯片中的微滴转移到 Eppendorf PCR 板中。
9. 板密封器（Eppendorf）。
10. 热循环仪 Thermocycler T100（Bio-Rad）。

22.3 方法

22.3.1 RNA 提取和 cDNA 合成

1. 采用 TRIzol 总 RNA 提取试剂盒（Life Technologies）从培养的细胞系和成纤维细胞中提取总 RNA。

2. RNA 检测：采用 Nanodrop 1000 的分光光度计分析 1μl 所提取的总 RNA，以判断浓度，260/280 吸光度比值≥ 2。

3. 在一个 10μl 的反应中用 1μg 的总 RNA 进行 cDNA 合成，采用 iScript 选择 cDNA 合成试剂盒（Bio-Rad）和 19nt 寡核苷酸 dT + A/G/C 以确保 1 ： 1 的逆转录（见 22.4“注意事项”中的第 1 条）。

22.3.2 设置 ddPCR 反应

1. 将 11.5μl 的 2×ddPCR 超混液（见 22.4“注意事项”中的第 2 条），正向和反向引物（250nmol/L 的终浓度），探针（每个都是 125nmol/L 的终浓度），1μl 的 cDNA（相当于 50ng 的初始总 RNA，要视表达水平和逆转录效率而定），以及无核酸的水混合在一起形成终体积为 22.5μl 的 hTERT 反应混合液。

2. 对于 GAPDH、cDNA 按照 1 ∶ 2000 稀释，与同样的上述试剂一起混合。在一个单独的 ddPCR 反应中进行定量。

22.3.3　ddPCR 反应分隔和扩增

PCR 反应和检测按照厂家的说明进行操作 [17]。

1. 每份配制好的 ddPCR 反应混合液（20μl）都被加到 8 通道的微滴生成芯片的样品孔中。

2. 将 70μl 的微滴生成油加到每个通道的油孔中。

3. 在加载芯片上固定一个密封垫，然后将芯片放到微滴生成仪中，进行微滴生成（每个反应可以达到 20 000 个微滴）。

4. 接下来，采用一个多通道的移液器，将生成芯片微滴孔中所收集的每个样品的微滴手动转移到一个 Eppendorf 96 孔 PCR 板中。

5. 采用封口箔将 PCR 板热封，然后放到一个常规的热循环仪中（T100，Bio-Rad）。

6. 热循环条件如下：95℃，10 分钟（1 个循环）；随后是 45 个循环的 95℃，30 秒，60℃，1 分钟；然后是 98℃，10 分钟（1 个循环）；维持在 12℃直到进行检测。在检测较长扩增产物时，可能需要更长的延伸时间。

7. PCR 之后，96 孔 PCR 板被转移到微滴读取仪中（QX100，Bio-Rad），按照厂家（Bio-Rad）预设的适当设置自动读取每孔中的微滴。

22.3.4　阳性质控的分析

为了确立多重 hTERT 方法检测转录本的特异性，4 种克隆化的 hTERT 变异体中的每种都要在一个单独的反应中进行 ddPCR 扩增，以确定各自微滴簇的位置。图 22-2 的 2D 图显示了具有代表性的结果。每种变异体的微滴被清楚地显示如下：α 缺失（图 22-2A），β 缺失（图 22-2B），α 和 β 双缺失（图 22-2C，见 22.4“注意事项”中的第 3 条），以及非缺失（图 22-2D，见 22.4“注意事项”中的第 4 条）。相比于图 22-2A ～ C 中左下角中的双阴性微滴（没有任何 hTERT 转录本亚型），非缺失 hTERT 变异体微滴的荧光强度似乎稍高一些（见 22.4“注意事项”中第 4 条中的解释）。在图 22-3 中展示了这个多重方法能够在同一个孔中分辨不同亚型的能力，2 种、3 种或 4 种克隆化的 hTERT 变异体被组合在一个单独的 ddPCR 反应中，用于模拟来自人类细胞或组织的样品。为了在相同的微滴中判断 α 缺失和 β 缺失共同出现的位置，克隆化的 α 缺失和 β 缺失模板被逐步增加，并且采用一个较高的浓度，这时 25% ～ 50% 的微滴会显示阳性信号（图 22-3A、C 和 D）。

22.3.5　共定位 hTERT 变异体检测的验证

含有相同的引物对，但是只含有非缺失的 β 探针（FAM 标记，图 22-1）和 β 缺失探针（HEX）的一个单独的 ddPCR 反应被用于评估在同一个微滴中检出单个 α 缺失和单个 β 缺失同时出现的能力。在 hTERT 表达的情况下，在所有被评价的细胞中，每个变异体的转录本水平都比较低，即使在癌细胞中也是如此。因此在一个微滴中同时出现两种或更多种

hTERT 变异体的可能性非常低。通常建议在 ddPCR 中不断增加 cDNA 样品的输入，使其在一个反应中不超过 5000 个阳性微滴，目的是避免因为在一个微滴中同时出现 2 种或更多种变异体所导致的新的微滴簇的出现（见 22.4“注意事项”中的第 5 条）。

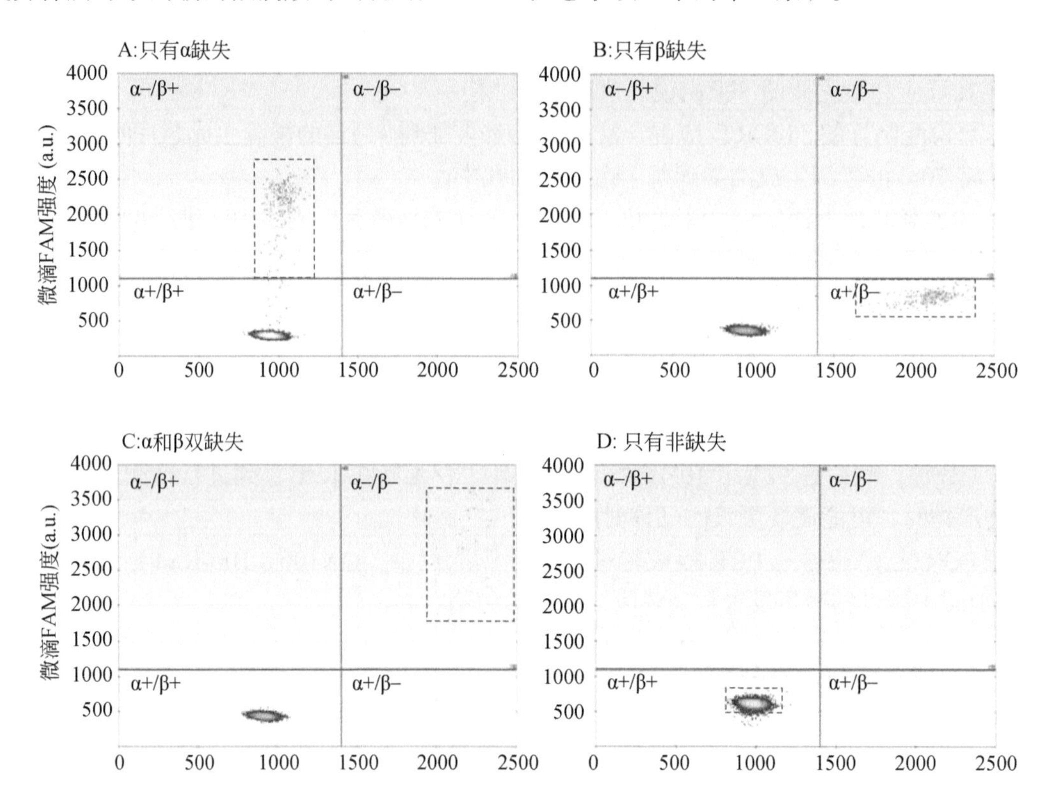

图 22-2　在一个同时含有 α 缺失（FAM）和 β 缺失（HEX）探针的单个 ddPCR 反应中，克隆化的 hTERT 选择性剪切转录本（A：只有 α 缺失；B：只有 β 缺失；C：α 和 β 双缺失；D：只有非缺失）进行 ddPCR 扩增后的 2D 微滴分布图。FAM 阳性的微滴（即 α−/β+）位于左上象限。HEX 阳性的微滴（即 α+/β−）位于右下象限。双阳性微滴（虚线矩形之中的 α−/β−）位于右上象限。微弱的 FAM 阳性（虚线矩形中的 α+/β+）或阴性微滴位于左下角

22.3.6　数据分析

在采用 QuantaSoft 分析软件进行数据获取后不是进行自动分析，而是通过使用 2D 图中的“套索”功能来手动选择“+/−”“−/+”和“−/−”计数，将每一个选择性剪切的转录本与阳性计数进行比较，就可以计算在 4 个象限中的 α 缺失（FAM 阳性），β 缺失（HEX 阳性），α 和 β 双缺失或单个 α 缺失和 β 缺失同时出现（FAM 和 HEX 阳性），以及非缺失（FAM 弱阳性）的拷贝数。一个更烦琐但能更准确地对某个样品中的 4 种变异体进行定量的方法是将所有的微滴都变成灰色，然后选择属于一个特殊群体的FAM或HEX阳性微滴（例如，图 22-3D 中阴性微滴 α+/β+ 上的微滴簇被选为阳性。对于 α−/β+，将会选择高 FAM 微滴簇和共同出现的微滴簇，其他所有的微滴簇都将是灰色）。

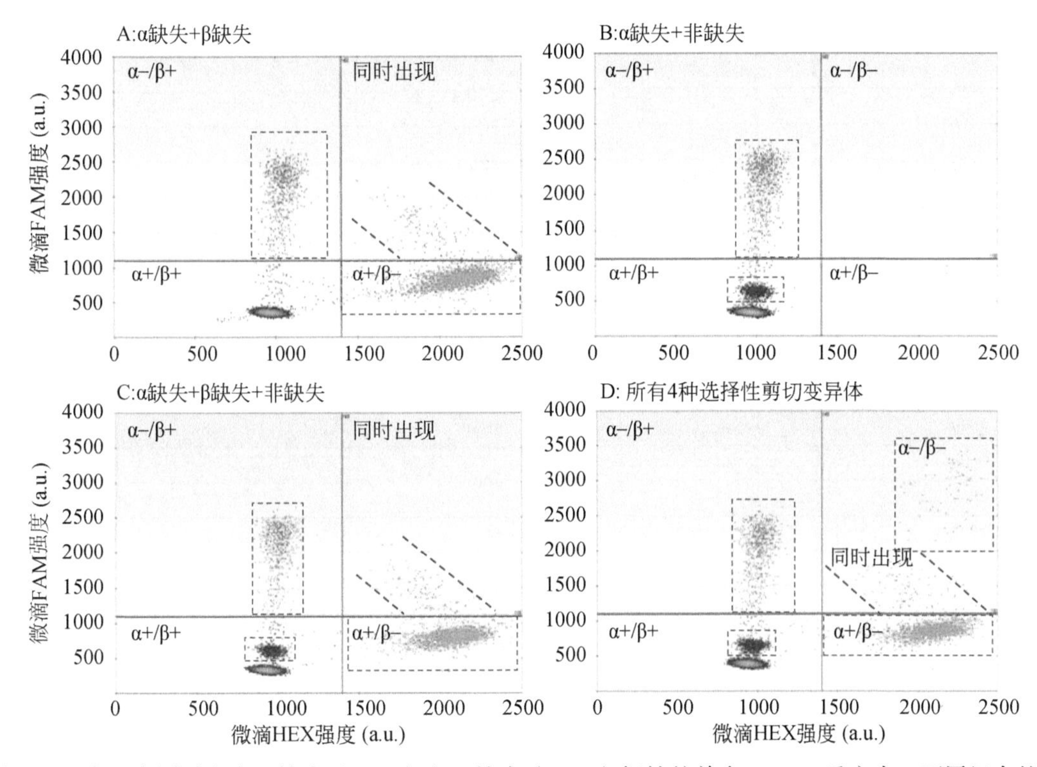

图 22-3　在一个同时含有 α 缺失（FAM）和 β 缺失（HEX）探针的单个 ddPCR 反应中，不同组合的克隆化 hTERT 变异体（A：α 缺失 +β 缺失；B：α 缺失 + 非缺失；C：α 缺失 +β 缺失 + 非缺失；D：所有 4 种选择性剪切变异体）进行 ddPCR 扩增后的 2D 微滴分布图。FAM 阳性的微滴（即 α−/β+）位于左上象限。HEX 阳性的微滴（即 α+/β−）位于右下象限。双阳性微滴（虚线矩形之中的 α−/β−，在虚线之间同时出现了 α 缺失和 β 缺失的转录本）位于右上象限。微弱的 FAM 阳性（α+/β+）或者阴性微滴位于左下象限

22.4　注意事项

1. 针对目的基因转录本使用特异的寡核苷酸，以便尽可能从 mRNA 中获得 1∶1 的 cDNA 合成，这一点很重要。我们用于逆转录的寡聚脱氧胸苷酸（oligo dT），不是随机引物，与具有 RNase H 活性的逆转录酶的组合是 cDNA 合成的首选，可以保证合成 cDNA 的转录本不会使用超过一次。

2. 在使用载体中的克隆化cDNA作为质控时，为了将“雨滴”（荧光计数相对更低的微滴）最小化，应该使用线性化的模板。此外，引物设计和 PCR 条件也需要调整，以获得较高的 PCR 扩增和特异性。

3. 如图 22-4A、22-4C 中的右上象限所示（虚线矩形），可以检测到 FAM 和 HEX 双阳性的微滴。对于显示在右上象限的微滴，有两种可能性：在同一个微滴中出现了 α 和 β 双缺失的转录本或同时存在 α 缺失和 β 缺失。在后者的情况下，在同一个微滴中发生了采用 α 缺失转录本或 β 缺失转录本的两个独立的 PCR 扩增。理论上，对于双阳性微滴的荧光来说，含有 α 和 β 双缺失变异体的微滴要比同时含有 α 缺失和 β 缺失的微滴的

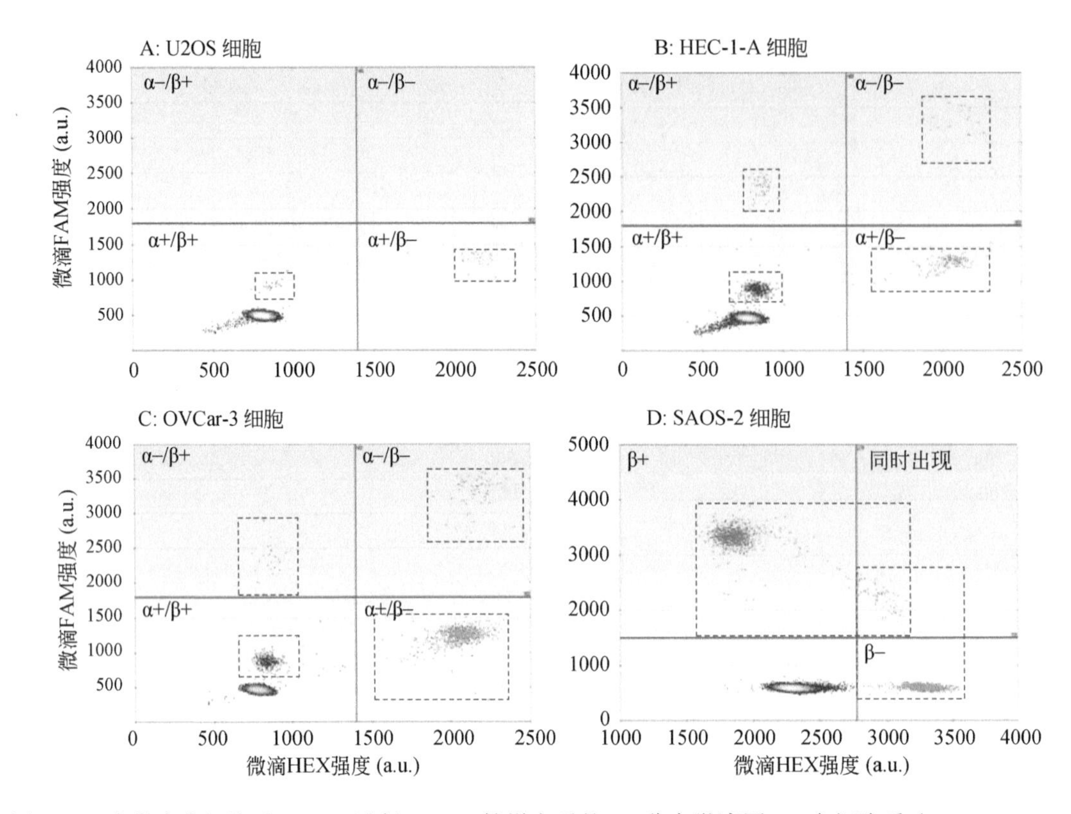

图 22-4　人类癌症细胞系 mRNA 进行 ddPCR 扩增之后的 2D 分布微滴图。3 个细胞系（A：U2OS；B：HEC-1-A；C：OVCar-3）的每一个都在同时含有 α 缺失（FAM）和 β 缺失（HEX）探针的一个单独的 dPCR 反应中进行扩增。FAM 阳性的微滴（即 α–/β+）位于左上象限。HEX 阳性的微滴（即 α+/β–）位于右下象限。双阳性微滴（即 α–/β– 或同时出现单个的 α 缺失和 β 缺失）位于右上象限。微弱的 FAM 阳性（α+/β+）或者阴性微滴位于左下象限。D：在一个含有非 β 缺失（FAM）和 β 缺失（HEX）探针的单个 ddPCR 反应中对细胞系 SAOS-2 进行扩增。FAM 阳性的微滴（β+）位于上半部分的虚线矩形中。HEX 阳性微滴（β–）位于右侧的虚线矩形中。双阳性微滴，即同时出现非 β 缺失（β+）和 β 缺失（β–），位于右上象限

荧光更强，这可能是因为它们的扩增产物长度有差别，而更短的扩增产物（α 和 β 双缺失）有更高的 PCR 扩增效率。为了证实这一点，我们进行了一个试验，采用克隆化的 hTERT 变异体与下述内容组合在一起：α 缺失和 β 缺失，α 和 β 双缺失，所有 4 种克隆化的片段。如图 22-3A、C 所示，在右上象限中同时出现单个 α 缺失和 β 缺失的微滴的荧光（虚线平行线之间）与图 22-2C 和图 22-3D（虚线矩形）的同一个象限中所看到的 α 和 β 双缺失的微滴的荧光相比，强度明显更弱。α 和 β 缺失同时出现与 α 和 β 双缺失之间在信号强度上的巨大差异使得能够对 α 和 β 双缺失的微滴进行计数。相应的，图 22-3 中的所有 4 种克隆化质控模板都可以被计算并呈现在表 22-1 中。已经被证实的是，在不同的组合测试中，每种变异体的计数都是一致的。关于 α 和 β 双缺失和同时出现的计数，双阳性微滴的两个群体可以被很好地分离并进行单独的计数。hTERT 的表达水平在正常组织或肿瘤样本中通常是比较低的，因此在同一个微滴中同时出现 α 和 β 缺失变异体是不太可能的。图 22-4D 显示，在同一个微滴中同时出现 β 缺失和非 β 缺失（在所有的细胞中丰度最高的两种剪切变异体）

的转录本是很少见的（＜ 0.1%）。即使是在 SAOS2 细胞中，这个现象也是正确的，在进行测试的所有细胞中，该细胞的 hTERT 表达水平是最高的。因此，在图 22-4B、C 右上象限的右上角中的双阳性微滴代表的是 α 和 β 双缺失转录本的检测。

4. 我们在最初的测试中观察到，除了 α 缺失（图 22-4B、C 中的 α−/β+）和 β 缺失（图 22-4A ～ C 右下象限中的 α+/β−）的定量之外，还可以在左下象限阴性微滴的正上方检测到一群 FAM 弱阳性的微滴（图 22-4A ～ C 的虚线矩形）。我们推测这些微滴含有非缺失的 hTERT 转录本（α+/β+），由于 α 缺失探针的不完全水解而导致检测到弱的 FAM 荧光信号，因为 α 缺失探针在 PCR 过程中的退火温度下可能会与非缺失型进行部分的退火。为了确认这一点，我们采用克隆化的 α 缺失质粒加克隆化的非缺失质粒作为模板进行了一个 ddPCR 试验。与图 22-2A 中所显示的只采用克隆化的 α 缺失质粒反应的结果相比，在克隆化的 α 缺失（图 22-3B ～ D）中加入克隆化的非缺失 hTERT 片段后，在左下象限（虚线矩形）中会出现一群新的 FAM 弱阳性的微滴。在含有非 β 缺失探针和 β 缺失探针的试验中，从非 β 缺失的计数中减去 α 缺失的计数，由此也可以证实对非缺失型定量的准确性。尽管这个检测是一致的，可能不会应用于所有的场合，但是具有正确探针设计加优化测试的类似方法也可能会对其他的基因转录本检测起作用。

5. 当表达水平较高时，如果要使用 ddPCR，要注意采用经过适当稀释的模板/样品。另外，尤其是当表达水平非常低时，对包括引物设计在内的 ddPCR 扩增条件都应该做优化，以避免任何非特异的扩增，从而获得每个变异体的准确计数。

表 22-1　如图 22-3 所示针对 α 和 β 缺失组分的同时出现，计算每一个克隆化的 hTERT 组分的拷贝数

克隆化变异体的混合	α 缺失	β 缺失	非缺失	双阳性微滴	
				双缺失	共同出现
α−/β+ 和 α+/β−	1392	4580	36	2	202
α−/β+ 和 α+/β+	1392	3	2098	0	0
α−/β+、α+/β− 和 α+/β+	1258	4460	1774	0	192
α−/β+、α+/β−、α+/β+ 和 α−/β−	1354	4140	1874	108	182
数值来自单次测试					

6. 对于采用参考基因的标准化，参考基因输入模板的滴定是准确定量所必需的，因为多数参考基因如 *GAPDH* 或 β- 肌动蛋白的表达水平与靶点基因相比都是非常高的。在经过 *GAPDH* 表达的标准化后，这个方法可以在不同的样品中进行 α 缺失、β 缺失、α 和 β 双缺失、非缺失和 hTERT 总表达的比较。表 22-2 显示了 SAOS-2 细胞的 hTERT 总表达，双缺失和 β 缺失的表达水平都是最高的，而在所测试的所有细胞中，HEC-1-A 的 α 缺失的表达比率最高。U2OS 是一个采用了端粒选择性延长（alternative lengthening of telomeres，ALT）机制的细胞，由此来维持其端粒的长度，该细胞已被证实缺乏端粒酶活性[18]。我们证实在该细胞系中 β 缺失和非缺失型 hTERT 转录本的表达水平都非常低，提示了本方法的高敏感性。U2OS 细胞中端粒酶活性的缺乏可能是由于，端粒酶复合物的模板组分 hTERC 表达的缺失

（ddPCR 未发表的观察结果）。在依赖 ALT 维持端粒长度的其他几个细胞系中也观察到了 hTERC 表达缺乏的现象[19]。

表 22-2　4 种选择性剪切 hTERT 变异体在细胞系中的表达

细胞系	相对于 GAPDH 的表达（×1000）					在总 hTERT 表达中的比值（%）			
	α 缺失	β 缺失	双缺失	非缺失	总 hTERT	α 缺失	β 缺失	双缺失	非缺失
SAOS-2	47.09	3668.28	253.03	1049.76	5018.16	0.94	73.10	5.04	20.92
U2OS	0.00	13.93	0.72	8.93	23.58	0.00	59.08	3.07	37.85
WI-38	0.00	1.44	0.00	0.47	1.91	0.00	75.44	0.00	24.56
HEC-1-A	37.61	162.44	14.35	622.07	836.46	4.50	19.42	1.72	74.37
OVCar-3	23.10	779.54	45.89	435.76	1284.28	1.80	60.70	3.57	33.93
MCF-7	20.83	708.88	31.12	355.50	1116.33	1.87	63.50	2.79	31.85

数值为重复检测的平均值

7. 更重要的是，本方法可以对 4 种选择性剪切的 hTERT 变异体进行表达水平的直接比较。如图 22-4B 所示，相比于 OVCar-3，HEC-1-A 细胞的 α 缺失变异体要比 β 缺失变异体的表达更高（图 22-4C）。相比于 HEC-1-A 细胞，OVCar-3 细胞中双缺失变异体与 α 缺失变异体的比值更高。在本研究中所获得的 MCF-7 细胞的表达谱中 α 缺失为 1.87%，β 缺失为 63.50%，双缺失为 2.79%，非缺失为 31.85%（表 22-2），这与之前采用 qPCR 所报道的数据（估计分别为 3.5%、62.5%、3.0% 和 31.5%）非常相似[15]。据我们所知，这里所介绍的方法首次提供了一个对 4 种选择性剪切 hTERT 变异体进行简单、准确和绝对定量的方法，尤其是这个方法可以同时检测单和双缺失并进行直接的比较。

8. 这个新的方法不仅能够将移液所引入的实验误差最小化，而且也可以消除 PCR 扩增效率所带来的差异。

致谢

YLZ 实验室的研究受到了美国国立卫生研究院国家癌症研究所基金（R01CA132996）和 Susan G. Komen 治疗基金（KG100283）的资助。

参 考 文 献

1. Matlin AJ, Clark F, Smith CWJ (2005) Understanding alternative splicing: towards a cellular code. Nat Rev Mol Cell Biol 6:386–398
2. Hong M, Zhukareva V, Vogelsberg-Ragaglia V et al (1998) Mutation-specific functional impairments in distinct tau isoforms of hereditary FTDP-17. Science 282:1914–1917
3. Lefebvre S, Burglen L, Reboullet S et al (1995) Identification and characterization of a spinal muscular atrophy-determining gene. Cell 80:155–165
4. Faustino NA, Cooper TA (2003) Pre-mRNA splicing and human disease. Genes Dev 17:419–437

5. Cáceres JF, Kornblihtt AR (2002) Alternative splicing: multiple control mechanisms and involvement in human disease. Trends Genet 18:186–193
6. Ulaner GA, JF H, TH V et al (1998) Telomerase activity in human development is regulated by human telomerase reverse transcriptase (hTERT) transcription and by alternate splicing of hTERT transcripts. Cancer Res 58:4168–4172
7. Colgin LM, Wilkinson C, Englezou A et al (2000) The hTERTalpha splice variant is a dominant negative inhibitor of telomerase activity. Neoplasia 2:426–432
8. Listerman I, Sun J, Gazzaniga FS et al (2013) The major reverse transcriptase-incompetent splice variant of the human telomerase protein inhibits telomerase activity but protects from apoptosis. Cancer Res 73:2817–2828
9. Lincz LF, Mudge LM, Scorgie FE et al (2008) Quantification of hTERT splice variants in melanoma by SYBR green real-time polymerase chain reaction indicates a negative regulatory role for the beta deletion variant. Neoplasia 10:1131–1137
10. Liu Y, BQ W, Zhong HH et al (2012) Quantification of alternative splicing variants of human telomerase reverse transcriptase and correlations with telomerase activity in lung cancer. PLoS One 7:e38868
11. Fujiwara-Akita H, Maesawa C, Honda T et al (2005) Expression of human telomerase reverse transcriptase splice variants is well correlated with low telomerase activity in osteosarcoma cell lines. Int J Oncol 26:1009–1016
12. Zaffaroni N, Villa R, Pastorino U et al (2005) Lack of telomerase activity in lung carcinoids is dependent on human telomerase reverse transcriptase transcription and alternative splicing and is associated with long telomeres. Clin Cancer Res 11:2832–2839
13. Yi X, Shay JW,Wright WE (2001) Quantitation of telomerase components and hTERT mRNA splicing patterns in immortal human cells. Nucleic Acids Res 29:4818–4825
14. Ohyashiki JH, Hisatomi H, Nagao K et al (2005) Quantitative relationship between functionally active telomerase and major telomerase components (hTERT and hTR) in acute leukaemia cells. Br J Cancer 92:1942–1947
15. Mavrogiannou E, Strati A, Stathopoulou A et al (2007) Real-time RT-PCR quantification of human telomerase reverse transcriptase splice variants in tumor cell lines and non-small cell lung cancer. Clin Chem 53:53–61
16. Hara T, Noma T, Yamashiro Y et al (2001) Quantitative analysis of telomerase activity and telomerase reverse transcriptase expression in renal cell carcinoma. Urol Res 29:1–6
17. Hindson BJ, Ness KD, Masquelier DA et al (2011) High-throughput droplet digital PCR system for absolute quantitation of DNA copy number. Anal Chem 83:8604–8610
18. Ulaner GA, JF H, TH V et al (2000) Regulation of telomerase by alternate splicing of human telomerase reverse transcriptase (hTERT) in normal and neoplastic ovary, endometrium and myometrium. Int J Cancer 85:330–335
19. Hoare SF, Bryce LA,Wisman GBA et al (2001) Lock of telomerase RNA gene hTERC expression in alternative lengthening of telomere cells is associated with methylation of the hTERC promoter. Cancer Res 61:27–32

第 23 章

采用微滴数字 PCR 分析等位基因特异 RNA 的表达

Nolan Kamitaki，Christina L. Usher, Steven A. McCarroll

摘要：全基因组相关性研究已经发现了大量与人类表型和疾病相关的等位基因。它们中的很多变异处于非蛋白编码（调控）区域，被认为可以通过调节基因的表达来影响表型。在所有具有二倍体基因组的有机体中（包括人类），对每个等位基因的精准检测将对其功能研究起到促进作用。本章中，我们将介绍一种能够准确测量单个基因的等位基因特异表达的方法。这种方法以个体内同一基因的两个等位基因之间的核苷酸差异为目标，检测“等位基因偏倚”，即一个等位基因比另外一个等位基因表达更多或更少的程度。我们的内容涵盖该技术方法的设计、反应的优化及结果数据的解释。

关键词：等位基因特异表达；等位基因偏倚；等位基因失衡；微滴数字 PCR；数字 PCR；mRNA 表达；方法设计

23.1　引言

全基因组相关性研究（genome-wide association studies，GWAS）已经将数百种人类表型特征定位到了数千种常见基因变异位点上[1]。这些变异中只有不到 30% 是非同义的，或者是与一个变异位点处于连锁不平衡状态[2]，这提示多数变异位点驱动的表型差异并不是通过改变蛋白功能，而是通过改变基因的表达来实现的。此外，在已知的增强子中系统性地替换 DNA 碱基已经显示，绝大多数的变异位点对表达的影响不大（少于两倍的改变），很少有终止或者极大增加表达[3]。对基因表达的这些适度效果进行检测的技术要求，既能够明确在表达方面的适度差异，也能够过滤由环境影响、基因组背景和其他反式作用效果所产生的干扰。

一旦选择了一个候选基因（通常是假设一个表型的产生机制和遗传结构），我们就可以在同一个生物样本之中对两个等位基因的表达进行比较，从而避免很多噪声源。总体而言，大家会选择同一个人的两个等位基因在接受同样的环境和反式作用的遗传影响下做分析，因为这些影响可能足以强大到掩盖适度的遗传效果。而且，在不同外部环境和不同人体中检测总体的差异表达将会难上加难[4]。

在缺乏等位基因特异性调控作用的情况下，两个等位基因将会按照 1 ∶ 1 的比率表达，但是局部顺式作用的遗传和表观遗传改变会导致一个等位基因比另外一个等位基因表达得更多。要想检测这种差异，需要一项能够以相等的灵敏性来精准地检测这两个等位基因表达量的技术。在 PCR 扩增之后进行这种检测的技术（包括 RNA-seq 和焦磷酸测序）都存在将扩增效应与实际遗传效应混淆的风险。即使在扩增效率上有 1% 的细微差别，在经过 30 个 PCR 循环之后，也将会使扩增样本之中的两个等位基因丰度出现 1.35 倍的相对差异，这将是一个超过大多数增强子 SNP 的效应尺度。另外，计数一个样品之中每个等位基因转录本数的数字检测要优于估算比值的模拟检测，因为数字检测能够对每一个人的等位基因表达偏倚做统计分析。

因此，在一个未扩增的样品中对等位基因丰度进行数字化计数的能力是非常关键的。一步法 RT- 微滴数字 PCR（RT-droplet digital PCR，RT-ddPCR）可以通过在扩增 / 检测之前将一个基因的每个 RNA 转录本分隔到单独的反应单元（微滴）之中来实现[5]。在这些约 20 000 个微滴中，RNA 被逆转录成 cDNA，并通过一种分子方法进行扩增，该方法包括以下物质：能够扩增两个等位基因的一对引物，靶向参考等位基因的一个荧光探针，以及靶向目标等位基因的一个探针（采用不同的荧光基团）。通过计数发出相应探针颜色荧光的微滴数来对源于每一对等位基因的 RNA 分子数进行定量。只要阳性微滴和阴性微滴是清晰的并且一直能够区分开，ddPCR 就能够可靠地区分等位基因扩增动力学中的差异（这是超越焦磷酸测序和实时 PCR 的一个明显优势）。对于探针和互补等位基因的非特异结合效果，ddPCR 更有能力区分：只要每个探针对其相应的等位基因靶点有更大的亲和力，ddPCR 就能够判断出每个微滴中的正确的等位基因。

本章分享了采用 ddPCR 检测一个基因的等位基因偏倚的流程。我们的内容覆盖了如何设计一个成功的等位基因特异检测，如何筛选和优化这个检测，以及最终如何在 ddPCR 中使用它。我们聚焦于在人类中的方法设计，但是这个流程也较适用于任何具有二倍体基因组和其他杂合性的物种。同时，也较适用于以一种旁系同源特异的方式检测旁系同源基因的表达水平。

然而，这个方法的局限是它只能检测具有报告 SNP 的杂合子个体。但是，如果报告 SNP 和功能性变异位点在之前已经出现了重组，则会导致转录正负方向的不确定性，从而导致检测不准。因此，当这个策略与大规模队列中检测总体表达的方法相结合时可能就会得到更清晰的整体表达图谱[6]。

23.2　材料

23.2.1　基因座特异分析试剂

18μmol/L 的正向引物；18μmol/L 的反向引物；5μmol/L 的靶向参考等位基因的探针（5' FAM 标记，3' Iowa Black ZEN 猝灭剂，见 23.4“注意事项”中的第 1 条）；5μmol/L 的靶向候选等位基因的探针（5' HEX 标记，3' Iowa Black ZEN 猝灭剂）。避光保存于 -20℃（见 23.4“注意事项”中的第 2 条）。使用之前涡旋混合并离心。

23.2.2 生物学样本

来自报告 SNP 为杂合子个体的 RNA 样本（100fg ～ 100ng 的总 RNA）（见 23.4“注意事项”中的第 3 条）。对于备选的功能性变异体，它们不能是杂合子。储存在 -80℃无 RNA 酶的 ddH_2O 中。在使用之前涡旋混合并离心。

23.2.3 ddPCR 的组成和设备

1. 23.2.1 中的 20× 检测混合液。
2. 用于探针的一步法 RT-ddPCR 高级试剂盒（Bio-Rad）。储存在 -20℃。在使用之前倒转混匀。
3. 用于探针的微滴生成油（Bio-Rad）。储存在室温。
4. 微滴读取油（Bio-Rad）。储存在室温。
5. 用于微滴生成的 DG8™ 芯片（Bio-Rad）。
6. 用于微滴生成的 DG8™ 密封垫（Bio-Rad）。
7. QX200™ 微滴数字 PCR 系统：微滴生成仪和芯片夹具，微滴读取仪，以及 QuantaSoft 读取仪软件（Bio-Rad）。
8. Rainin 多通道移液器和相应的能够吸取 20μl 和 40μl 体积的吸头（见 23.4“注意事项”中的第 4 条）。
9. Eppendorf 96 孔 PCR 半裙边板，用于微滴的热循环和读取。
10. 可穿透、可热封的封口箔（如 Bio-Rad 的可穿透热封箔）。
11. 能够在 180℃封口 5 秒的板密封器（如 Bio-Rad PX1™ 板密封器）。
12. 热循环仪，最好有 4 ～ 12℃的维持功能及热盖。

23.2.4 网络资源

1. UCSC 基因组浏览器（hg19）：http://genome.ucsc.edu/cgi-bin/hgGateway。
2. 1000 基因组浏览器：http://browser.1000genomes.org/index.html。
3. SNAP（SNP 注释和代理搜索）：https://www.broadinstitute.org/mpg/snap/。
4. 基因型 - 组织表达（Genotype-Tissue Expression，GTEx）计划：http://www.gtexportal.org/home/。
5. IDT 低聚核苷酸分析器：http://www.idtdna.com/calc/analyzer。
6. Primer3Plus 引物设计工具：http://www.bioinformatics.nl/cgi-bin/primer3plus/primer3plus. cgi/[7]。

23.3　方法

23.3.1　为检测选择报告 SNP

第一步（图 23-1，23.3.1）是要在目的基因中发现一个或多个报告变异位点（转录的杂

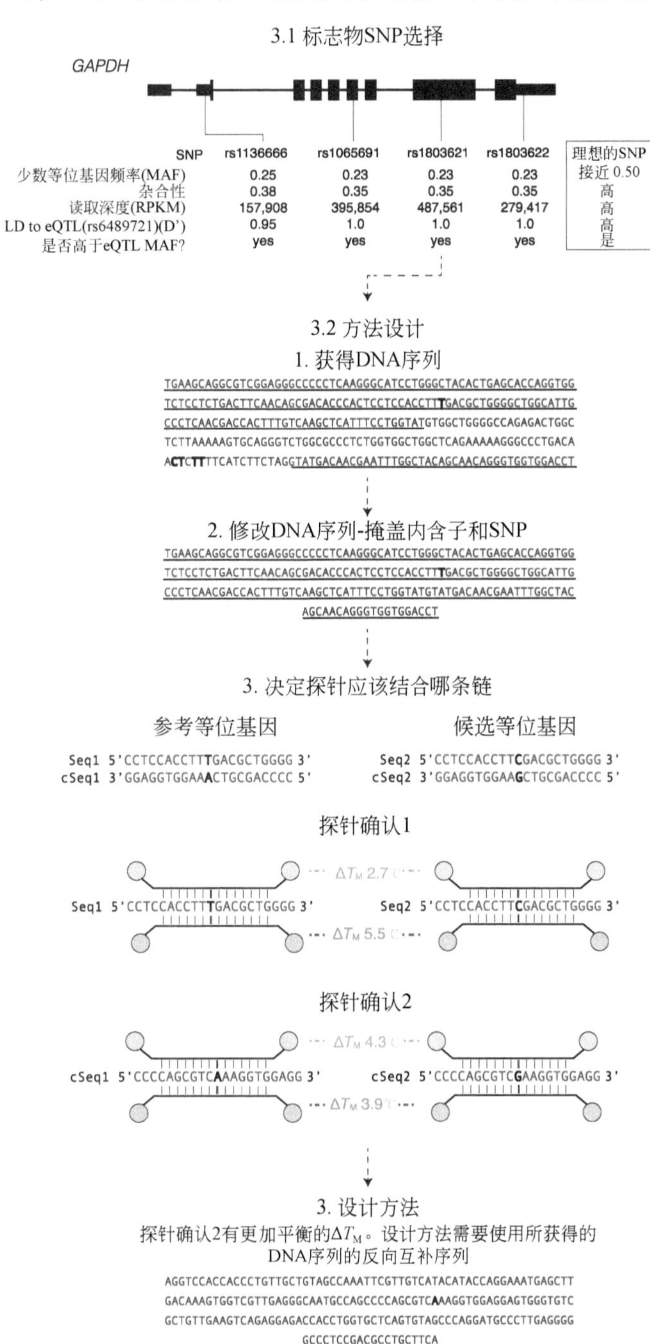

图 23-1　针对 GAPDH 基因进行方法设计的步骤示意

合子位点），这通常通过对疾病机制的假设来进行选择。这些报告变异位点通常位于靶点基因 RNA 转录本的 SNP 中。被选择的 SNP 将被用作一个转录本的染色体起源的报告分子；这不必是导致等位基因偏倚的变异位点，也不必通过连锁不平衡与该变异体发生关联，尽管在下游的分析中，要想知道报告分子和功能 SNP 之间的关系，这可能会有用。

采用 UCSC 基因组浏览器，输入目的基因的名字，选择 hg19 组件聚焦于该位点。在页面底部的“变异位点（Variation）”标题下，更改“1000G Ph1 Vars”的追踪显示设置为“全部（full）”然后点击“刷新（refresh）”。在这种追踪模式下显示的外显子，以及 5' UTR 和 3' UTR 中的任何外显子变异位点都可以被使用（图 23-2）。此外，有时候也能采用内含子 SNP，尤其是如果 RNA-seq 的数据提示，在总 RNA 中可以检测到一定水平有意义的相应序列（见 23.4“注意事项”中的第 5 条），这反映了该序列出现在细胞转录之后、剪切之前的一个可观察的阶段。

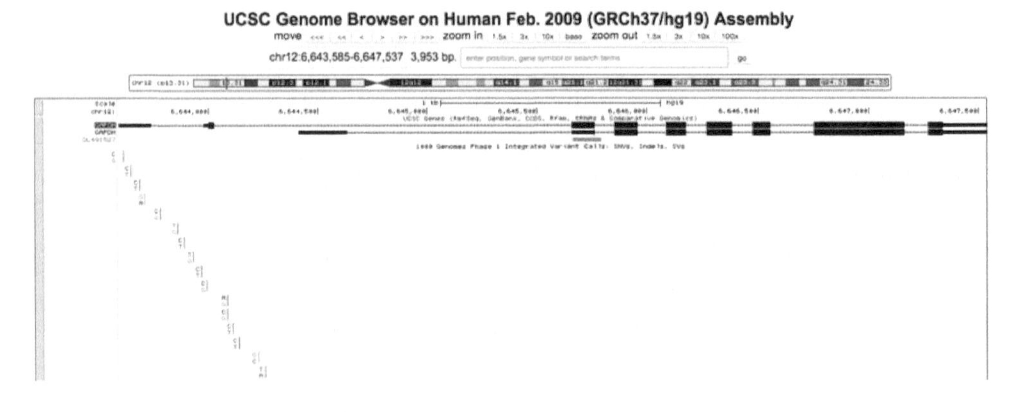

图 23-2 UCSC 基因组浏览器的一个截图

1. 找到评价潜在报告 SNP 所需要的参数。有两个主要部分需要考虑：与报告 SNP 杂合的个体数目及在该 SNP 上转录的丰度。需要注意的是，由于在编码序列变异位点上存在进化压力，很多基因可能只有一个或两个常见的、高读取深度的 SNP 能够适合进行等位基因偏倚的评价。

（1）纯合子不能被评价，所以需要在可获得的 RNA 样品供者中判断或者评估杂合子的数目。如果已经获得了基因型的数据，可以直接进行检测。如果没有，则需要通过一个 1000 基因组计划的人群样本（与研究人群的家系相匹配），从人群水平的数据对杂合性进行评估。采用如 1000 基因组浏览器的资源来获得 SNP 的少数等位基因频率（minor allele frequency，MAF），并且计算杂合性——2 ×（MAF）×（1-MAF），这个来源于 Hardy-Weinberg 的平衡值 2pq。杂合性越大，就会有更多的样品可用。

（2）判断或评估潜在报告 SNP 的表达水平；这对于判断输入 RNA 的量及选择一个实质表达的 SNP 来说将是非常有用的，尽管在内含子中会出现选择性剪切或潜在情况（见 23.4“注意事项”中的第 5 条）。测序读数的平均数目被定义为读取深度，通常会被报告为 RPKM 或 FPKM（每百万读数中每千个碱基对的读数或片段，reads or fragments per kilobase per million reads），这里面会含有报告 SNP 所在的外显子 / 内含子，可以作为表达的一个大致代表。通过搜索一个基因，将鼠标指向目的组织类型相对应的序列中的外显子，可以在 GTEx 网站上的一系列组织之中找到任何外显子的读取深度。读取深度越高，含有报告 SNP 的外显子表达就会越多，该 SNP 也将会以更少的输入 RNA 给出更多的信息。

（3）（选用）如果之前有一个假设认为某个功能变异位点可以产生等位基因特异的表达差异，应该在与 RNA 样品供者有最大遗传相似性的人群之中（例如，白种人家系供者的样品应该要采用欧洲家系的人群来进行评估，如 CEU）采用 1000 基因组浏览器或 SNAP 计算这个变异位点和任何潜在报告 SNP 之间的连锁不平衡。高 D'（一种复合检测）和 MAF 超过候选功能变异位点 MAF 的报告 SNP 对于验证候选及判断其作用方向来说将会非常有用（见 23.3.5 中的步骤 2 和 23.4“注意事项”中的第 6 条）。

2. 判断哪个潜在的报告 SNP 将会是最有用的。对这些 SNP 进行分级的一个总体准则是（杂合性）×（表达水平），这个准则给杂合子的数目大致赋予了相等的权重，这会影响样品的大小和表达的水平，进而影响检测的准确度。采用充足的 RNA（＞ 20ng）和中到高表达水平的基因（＞ 10RPKM），可用的杂合子样品的数目将比表达水平更重要。相反，如果一个基因表达水平较低，或者能够用于分析的可用 RNA 数量较小时，选择更高表达水平的变异位点就会更加重要。根据这些标准来选择最靠前的报告 SNP。如果有多个适合的报告 SNP，以下做法是有用的：选择彼此之间有低 D' 的两个或多个 SNP，增加出现一个报告 SNP 的可能性，该 SNP 针对功能变异位点为高 D'[见 23.3.1 步骤 1 中的（3）]。

23.3.2　方法设计

1. 针对用于方法设计的报告 SNP，获得位于其两侧的 DNA 序列（图 23-1）。在 UCSC 基因组浏览器中输入 SNP 的坐标，导航至该基因组的区域。浏览器应该在该变异位点上能够放大。

（1）通过从工具栏选择“观察＞ DNA（View ＞ DNA）”来获得周围的 DNA 序列。

（2）在该选择下，在上游和下游增加 100 个额外碱基。

（3）检查“覆盖重复（Mask Repeats）”选项并且选择“覆盖至 N（Mask to N）”。这可以阻止引物设计软件使用在人类基因组中重复了很多次的序列。

（4）点击“扩展事件 / 颜色选项（extended case/color options）”按钮。同时检查“下划线 / 人类 mRNA（Underline/Human mRNAs）”选项和“粗体 / 常见 SNPs（Bold/Common SNPs）”选项。

（5）点击提交。

所获得的序列长度将会是 201bp，且目标 SNP 位于中间，所有的 SNP 都是粗体，外显子 mRNA 序列有下划线。如果不是所有的序列都有下划线，增加“额外碱基（extra bases）”参数（可能要达到 1000 个碱基），直到 SNP 两端分别共有 100 个碱基被加下划线。重复覆盖的序列不计算在总数之内。

2. 更改 DNA 序列，排除内含子和 SNP（图 23-1）。除非是对内含子 SNP 设计一个报告 SNP 检测，要将内含子序列移除（不被加下划线的序列），留下 mRNA 转录本。为了防止引物设计软件设计出与多态碱基结合的引物，要将所有加粗的 SNP（除靶点 SNP 外）改为 N（见 23.4“注意事项”中的第 7 条）。

3. 决定探针应该结合哪条链（图 23-1）。在将探针应用于靶点等位基因时，一个检测的最佳链（正链或负链）的选择应该能够增加正确的等位基因探针相对其他探针的胜出程度，这可以通过平衡每个探针的 ΔT_m 来完成（Δ 熔解温度 = 正确匹配的 T_m− 错配的 T_m）。因此，一对探针与一条链上两个等位基因结合的 ΔT_m 将会和另一对与其他链结合的探针的 ΔT_m 进行比较。为了判断所有可能的 ΔT_m，选择报告 SNP 上游 10bp 和下游 10bp 的序列（Seq1）。拷贝 / 粘贴该序列，改选该报告 SNP 为其候选等位基因（Seq2）。获得二者的反向互补序列（cSeq1 和 cSeq2）。采用 IDT Oligo Analyzer 按照这些设置进行所有的后续测试。

（1）靶点类型：DNA。

（2）寡核苷酸浓度：0.05μmol/L。

（3）Na^+ 浓度：50mmol/L。

（4）Mg^{2+} 浓度：3mmol/L。

（5）dNTP 浓度：0mmol/L。

输入 Seq1，选择“T_m 错配（T_m Mismatch）”工具。将所产生的互补序列改为 cSeq2。记录 ΔT_m。针对 Seq2、cSeq1、cSeq2 进行重复，将所产生的互补序列分别编辑为 cSeq1、Seq2 和 Seq1。如果输入 Seq1 和 Seq2 时的 ΔT_m 值比输入 cSeq1 和 cSeq2 时更加相近，则采用已经获得的序列继续。如果 cSeq1 和 cSeq2 更加相近，则采用前一步中 201bp mRNA 片段的反向互补序列继续。如果有多个潜在报告 SNP，针对 Seq1 和 Seq2 或 cSeq1 和 cSeq2，采用更高的 ΔT_m 总和来对它们进行排序。

4. 采用 Primer3Plus 引物设计工具针对参考等位基因进行引物和探针设计。在网页顶部的对话框中输入从步骤 1 ～ 3 中所获得的 201bp 的 mRNA。在输入序列下检查“挑选杂交探针（内部寡核苷酸）[Pick hybridization probe （internal oligo）]”。在“总体设置（General Settings）”下，点击序列对话框上部的“错误引发 / 重复文库（Mispriming/repeat library）”下拉菜单，选择“人类（HUMAN）”。以下是一个将要在 60℃左右的退火温度下进行检测的条件，但是根据 SNP 附近的局部序列（例如，当这个序列富含 AT 时），可能有必要使用不同的退火温度（见 23.4“注意事项”中的第 8 条）。

（1）在“通用设置（General Settings）”下设置。

- 引物大小：最小 18，最佳 20，最大 27。
- 引物 T_m：最小 57，最佳 60，最大 63。
- 引物 GC%：最小 20，最佳 50，最大 80。
- 二价阳离子浓度为 3.8。
- dNTP 浓度为 0.8。

（2）在“高级设置（Advanced Settings）”下设置。

- 热力参数表为“SantaLucia 1998”。
- 盐度校正公式为“SantaLucia 1998”。

（3）在“内部寡核苷酸（Internal Oligo）”下设置。

- Hyb 寡核苷酸大小：最小 15，最佳 20，最大 27。
- Hyb 寡核苷酸 T_m：最小 64，最佳 65，最大 70。
- Hyb 寡核苷酸 GC%：最小 20，最佳 50，最大 80。

• Hyb 寡核苷酸 Mishyb 文库为“HUMAN”（人类）。

（4）通过设置 Hyb 寡核苷酸排除区域到“1,80,121,80”，强制 Primer3Plus 在靶点 SNP 上设计探针。

（5）点击“挑选引物（Pick Primers）”，选择一个探针和引物的设置，在该设置下，探针不会以 G（5' G）作为起始，而且探针覆盖目的突变位点两侧各至少 4 个碱基。

（6）如果没有方法设计能够通过这些设计上的限制，可以尝试放宽一下参数设置。然而，如果是需要体现显著变化的设计，则可能要在原有报告 SNP 外尝试另外一个报告 SNP（见 23.4“注意事项”中的第 9 条）。

5. 针对候选等位基因进行探针设计。在 mRNA 序列内，改变目的 SNP 为替代（非参考）等位基因。拷贝并粘贴步骤 4 中的左侧引物到“选择左侧引物，或使用下面的左侧引物：（Pick left primer, or use left primer below: ）”下的对话框中。拷贝并粘贴步骤 4 中的右侧引物到“选择右侧引物，或使用下面的右侧引物：（Pick right primer，or use right primer below：）”下的对话框中。使用与步骤 4 相同的引物设计条件，选择一个不是以 5' G 起始的探针，且该探针覆盖目的突变位点两侧各至少 4 个碱基。需要注意的是，一个等位基因设计的成功并不能保证另外一个等位基因的设计也能成功。

6. 确保该方法靶向的是正确的区域并且预计不会有脱靶的扩增。采用 UCSC 的 BLAT 工具 [在页面顶部的“工具（Tools）”菜单下] 来检查两个引物和参考等位基因探针只与目的区域完全匹配（见 23.4“注意事项”中的第 10 条）。采用“常见 SNPs（Common SNPs）”踪迹显示来观察该区域，以确保引物和探针不会与其他的 SNP 结合。此外，通过采用 IDT’s OligoAnalyzer 右侧菜单栏中的“异 - 二聚体（Hetero-Dimer）”选项来检查引物和探针是否可能会彼此结合；ΔGs 低于 −7 的应该要避免。

7. 从常用的寡核苷酸供应商那里订购引物和探针。例如，从 Integrated DNA Technologies 订购 5'FAM 和 5'HEX 探针荧光基团，二者都有 Iowa Black 3'ZEN 猝灭剂。当配制 20× 的检测混合液时，请注意引物配比探针的比例与 qPCR 中的是有所不同的。

23.3.3　判断等位基因失衡的 RT-ddPCR

1.（可选）在目的样本上运行检测之前，尤其是如果 23.3.2 的步骤 3 中的 ΔT_m 比较低时，采用杂合子基因组 DNA（图 23-3）以不同的 RNA 输入量在不同的退火温度下运行一下测试反应，以优化微滴簇的分离，这可能会非常有用（见 23.4“注意事项”中的第 16 条和第 17 条）。

2. 将 RNA 和用于探针的一步法 RT-ddPCR 高级试剂盒的试剂在冰上融化 30 分钟。涡旋并简单离心。

3. 对于每一个反应，配制如下。

• 6.25μl 的超级混合液（用于探针的一步法 RT-ddPCR 高级试剂盒）。

• 2.5μl 的逆转录酶（用于探针的一步法 RT-ddPCR 高级试剂盒）。

• 1.25μl 300mmol/L 的 DTT（用于探针的一步法 RT-ddPCR 高级试剂盒）。

• 靶向 SNP 的 20× 试剂的体积（μl）。

• 可变的 RNA 输入量（每个反应 100fg ～ 100ng）（见 23.4“注意事项”中的第 3 条）。

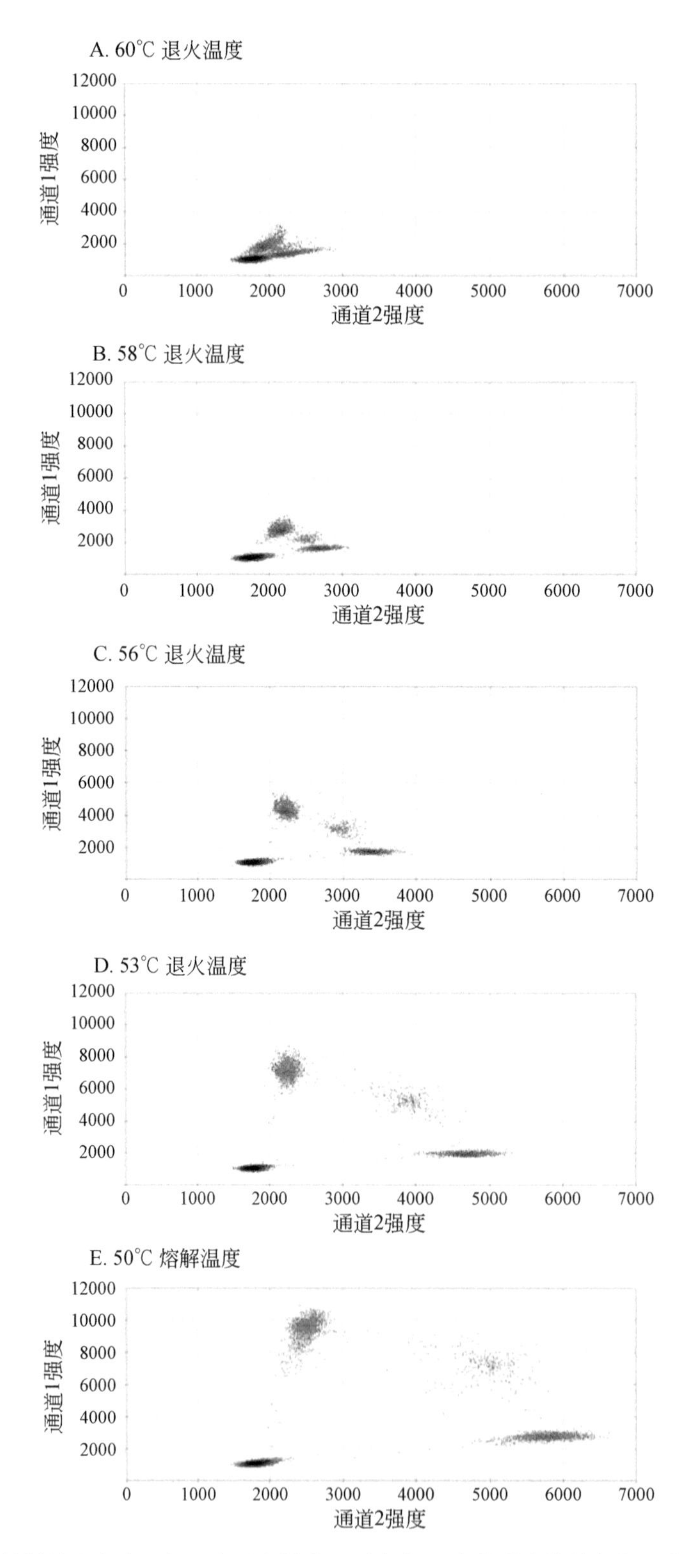

图 23-3　采用相同的样品和方法运行一个温度梯度。要注意 A 中的微滴簇是如何混杂的，而随着 B、C、D 中退火温度的降低，微滴簇的分离不断增加，直到在 E 中达到了一个最佳的温度。如果这个梯度是在低于 50℃下运行的，将会看到当从最佳退火温度移开时，微滴簇会再次开始混杂

• ＜ 13.75μl DEPC 处理的水。

• 25.0μl 的总体积（见 23.4“注意事项”中的第 11 条）。

* 有人发现运行一个杂合子 DNA 的质控样品有助于确认微滴簇的位置。另外，由于可以采用单个反应来进行等位基因失衡的统计，样品的重复是不必要的，除非 RNA 很稀少，不得不组合几个反应以得到足够的阳性微滴来得到明确结果。

4. 将反应板涡旋并离心，收集孔底部的液体。保证反应板避光直到微滴生成，在微滴生成之前让反应至室温平衡 3 分钟（见 23.4“注意事项”中的第 12 条）。

5. 将一个 DG8 芯片放到 QX200 微滴生成芯片夹具中（Bio-Rad）。

（1）吸取 20μl 的 PCR 混合液到芯片中排的孔。在排出液体时只推到第一个停止位，确保在样品之中没有气泡（见 23.4“注意事项”中的第 13 条）。在这个阶段推荐采用一个 Rainin 的多通道移液器及 Rainin 吸头（见 23.4“注意事项”中的第 4 条）。

（2）采用一套新的吸头，吸取 70μl 的油加到芯片底排的孔中。要一直确保在取样品之后再加油。顶排（微滴输出的位置）是空的。

（3）在芯片上加上一个 DG8 橡胶密封垫。

6. 将带着芯片和密封垫的芯片夹具放到 QX200 微滴生成仪中。关上生成仪，微滴将会生成。

7. 当微滴生成仪盖底部的三角形显示为常绿时，取出芯片。小心地将密封垫取走，将上排中的微滴转移到一个干净的 Eppendorf 半裙边板中。在此阶段移液时要缓慢和小心，保持移液器呈 45°，这一点非常重要，否则微滴可能会被扯碎。之后，弃去密封垫和芯片（见 23.4“注意事项”中的第 14 条）。

8. 所有的微滴都制作完成之后，采用一个热封箔，将顶部加热至 180℃ 5 秒，将微滴板密封。检查以确保透过热封箔能够看到孔的轮廓，这会提示密封良好。

9. 按照如下步骤进行热循环：42 ～ 50℃，60 分钟（见 23.4“注意事项”中的第 15 条）；95℃，10 分钟；以下 40 个循环：95℃，30 秒，之后是 60℃（或者是所确认的最佳退火温度；见 23.4“注意事项”中的第 16 条），1 分钟；98℃，10 分钟；4℃保持。

所有的步骤都采用每循环 2.5℃的变温速度，设置体积为 40μl。循环之后的微滴在读取之前可以在 4℃下避光保存最多 24 小时。

10. 在 QX200 微滴读取仪的电脑上设置一个模板。打开 QuantaSoft。在顶部左上角的“模板（Template）”下选择“新建（New）”，以填充一个新的模板图。双击第一个孔。在“样品（Sample）”对话框中，在“实验（Experiment）”中选择任何“ABS”实验，然后，在“超混液（Supermix）”中选择“用于探针的一步法 RT-ddPCR 试剂盒（One-Step RT-ddPCR Kit for Probes）”。在“靶标 1（Target 1）”对话框中，在“名称（Name）”中输入 FAM 检测的名称，在“类型（Type）”菜单中选择“通道 1 未知（Ch1 Unknown）”。在“靶标 2（Target 2）”对话框中，在“名称（Name）”中输入 HEX 或 VIC 检测的名称，在“类型（Type）”菜单中选择“通道 2 靶点（Ch2 Target）”。选择板上采用同样的方法进行检测的所有样品孔。在顶部窗口中点击蓝色的“应用（Apply）”按钮。也可以输入每个样品的名称。一旦完成之后，点击“OK”并保存模板。

11. 在 QX200 微滴读取仪上读取微滴。将板放到 QX200 的板夹具上，然后将黑色的板夹具放到顶部，按下任意两边的银色键至相应位置，确保 A1 孔位于左上方。盖上 QX200 的盖子。在 QX200 电脑的 QuantaSoft 中，确保加载步骤 9 所建立的模板，然后点击“运行（Run）”。在出现的弹出菜单中，根据所使用的一对荧光基团，选择“FAM/HEX”或“FAM/VIC”，然后点击“OK”。

23.3.4 数据终结和质量控制

1. ddPCR 完成之后，在 QuantaSoft 中点击最左侧的菜单中的“分析（Analyze）”，随后在“2D 强度（2D Amplitude）”中进行逐个孔微滴簇的视觉观察。确认参考和候选等位基因荧光信号的阳性和阴性微滴簇之间都能清晰分离。阳性和阴性微滴簇之间有一些微滴是可以接受的，但是如果微滴簇本身是重叠的，将会影响检测的准确性。如果所有孔的微滴簇分离都不好，则首先尝试优化退火温度和 RNA 浓度（见 23.4“注意事项”中的第 16 条和第 17 条，图 23-4）。如果该方法仍然不能得到清晰的数据，则针对同一个或另外一个报告 SNP 重新设计检测（见 23.3.1）。

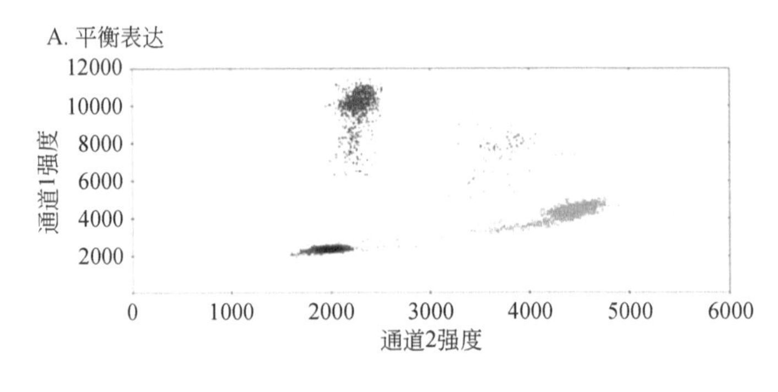

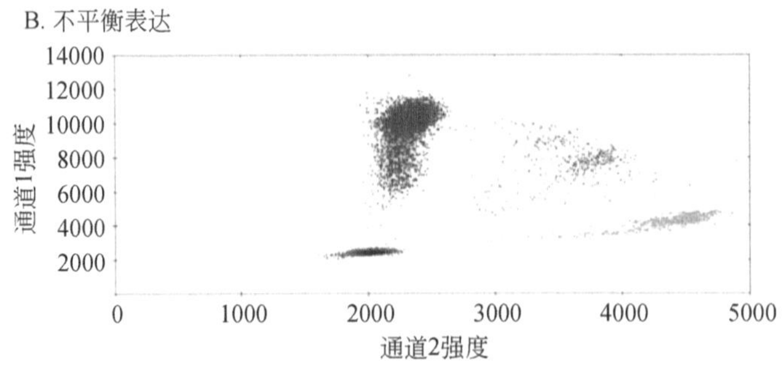

图 23-4　A：等位基因（蓝色和绿色）显示为相同表达的样品。B：等位基因表达比率为 90% ： 10%（蓝色：绿色）的样品

2. 针对每个孔中的每一个微滴进行软件自动调取的评价和调整。2D 强度图中左上角的微滴是 FAM+，右下角的微滴是 VIC+（或 HEX+），右上角的微滴是双阳性，左下角的微滴是双阴性。尽管 ddPCR 对于靶向独立基因座的检测通常具有很高的准确性（如 CNV 分析中，两个探针检测了不同的核酸序列），但是对于等位基因特异的表达（其中的两个目的序列高度相似），两个荧光通道之中的信号通常不是独立的，因为探针有时会结合相反的等位基因。在微滴簇定位（在二维的荧光空间）中垂直度的缺乏会导致自动化聚类的复

杂化，需要使用者进行交互式的视觉聚类。要想以一种非偏倚的方式调整微滴簇的分配，可在左上方的板视角上将含有同一个检测的所有孔都高亮显示，在 2D 强度图上采用“阈值（Threshold）”或“套索（Lasso）”工具，在所有样品之中等同地划定微滴簇的界限。如果一列的 “状态（Status）”被设为“检查（Check）”，则在强度图上点击任意位置，使软件识别该数据（见 23.4“注意事项”中的第 18 条）。

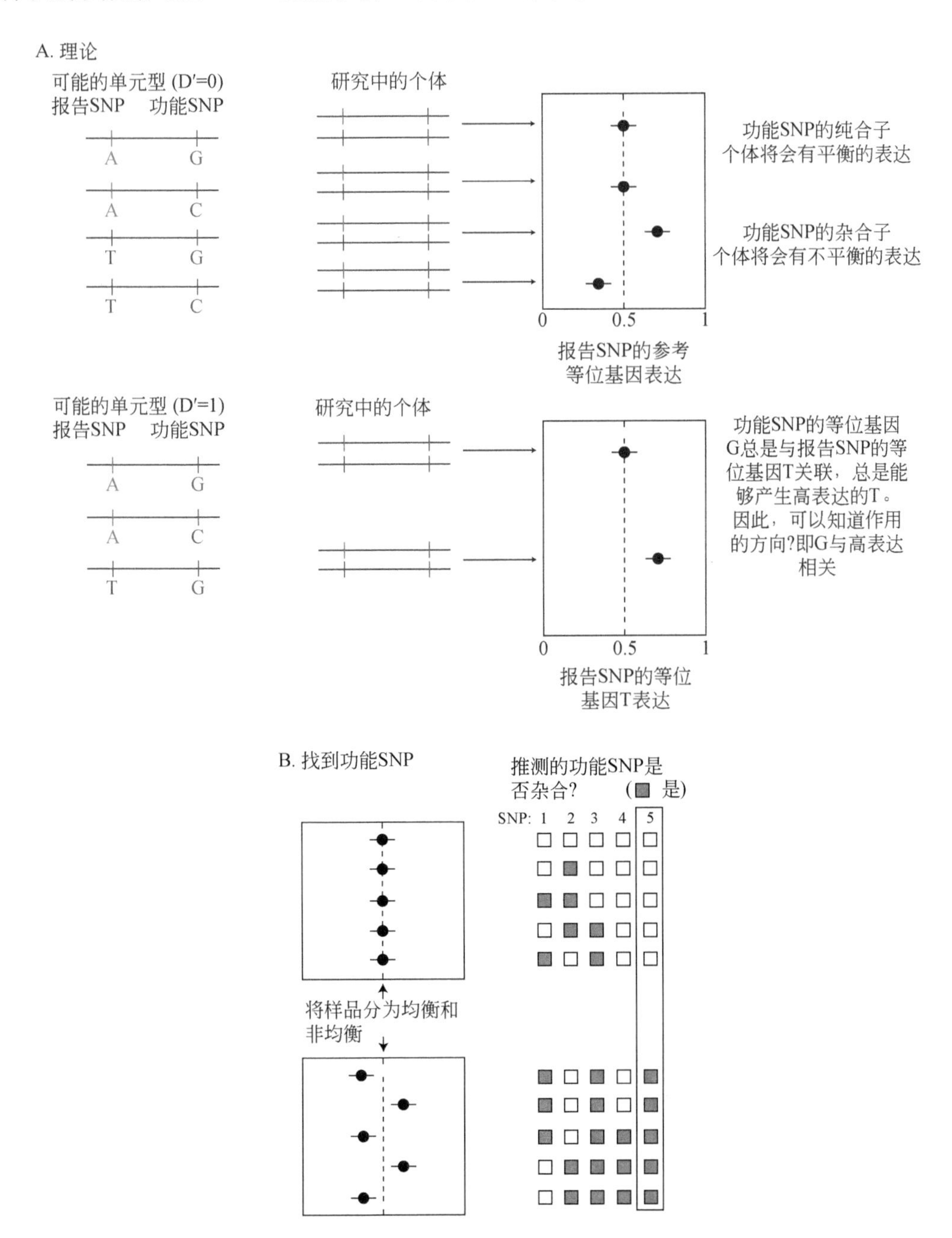

图 23-5 A：一个 D' 为 0 或 1 的报告和功能变异位点的可能单倍体，以及这些配制将会产生的不平衡模式。B：通过将不平衡的出现与杂合性关联而对功能变异体进行作图的技术

3. 选择相应的孔并点击“输出 CSV.（Export CSV.）”以输出数据。竖排的“比值（Ratio）”和“丰度分数（Fractional Abundance）”对应的是等位基因偏倚的不同检测，分别是（等位基因 A/ 等位基因 B）和等位基因 A/（等位基因 A+ 等位基因 B）。这些后方的竖排有一些标签，如“最大泊松丰度分数（Poisson Fractional Abundance Max）”和“最小泊松丰度分数（Poisson Fractional Abundance Min）”分别代表等位基因 A/（等位基因 A+ 等位基因 B）上部和下部的 95% 置信区间（见 23.4“注意事项”中的第 19 条）。

23.3.5 采用所观察到的等位基因失衡来定位功能性变异

1. 采用“最大泊松丰度分数（Poisson Fractional Abundance Max）”和“最小泊松丰度分数（Poisson Fractional Abundance Min）”的数值，我们能够判断哪个样品有显著的等位基因失衡。具体的讲，这些值定义了在“分数丰度”下记录的等位基因不平衡估计值的 95% 置信区间，从而可以找出不重叠 0.5 的任何样本（代表来自每一个等位基因的相对表达都是相等的）。当然，在效果方面，检测局限要依赖表达的水平和 RNA 的输入量，但是对于 10 ～ 20ng RNA 的一个中等表达基因（大约是 3000 个或更多个总阳性微滴），我们能够肯定地判断出低至 10% 的表达差异效果。理想情况下，所有等位基因表达不平衡的样本所呈现出的比率会一直与 0.5 保持一个绝对距离。这表明一个共同变异影响了其在整个人群中的表达。如果与 0.5 之间的绝对距离存在数量级上的巨大差异，表明该基因受到了多种共同影响，这样就很难单独分离确定每一种影响。

2. 将失衡的出现与每一个推测的功能 SNP 杂合性进行关联，由此可以对功能 SNP 作图。简而言之，报告 SNP 有平衡表达的样品对功能变异来说是纯合子，而报告 SNP 有失衡表达的样品则是杂合子（图 23-5A）。有一些区域 SNP 在有平衡表达时一直是纯合子，在有失衡表达时一直是杂合子，通过找到这些 SNP 可以对功能变异体作图（图 23-5B）（见 23.4“注意事项”中的第 20 条）。如果所有的失衡表达样品在同样的方向上都是失衡的，这不仅可以有助于找到功能变异体，而且易于判断哪个功能 SNP 的等位基因与高表达有关（见 23.4“注意事项”中的第 21 条）。然而，采用我们之前所介绍的方法 [8]，也可以通过在 DNA 样品之中以分子方式判断染色体的相位而获得这些认识。关于推测的功能 SNP，应该采用一个卡方检验来判断其意义。

23.4 注意事项

1. 我们已经发现标准的 TaqMan 探针通常表现较好，但是也可以使用 MGB 或 LNA 探针。可以从 Integrated DNA Technologies 订购 FAM 和 HEX 探针，从 Life Technologies 订购 VIC 探针。HEX 和 VIC 荧光在 ddPCR 的同一个通道读取，所以 HEX 和 VIC 的任意一个应该与 FAM 探针一起使用。

2. 为了方便使用，20 × 的混合液可以在 4℃下短期存储（约 1 个月）。

3. 不同基因的表达水平处在不同的数量级，因此并没有一个 RNA 的输入浓度适用于所有的基因。我们通常会从 10ng 的输入量开始，然后上下调整浓度，直到在 ddPCR 中获得

10% ～ 40% 的阳性微滴，这么做会通过限制微滴簇的大小而限制微滴簇重叠的可能性，并且能够提供足够的双阴性微滴，以便进行可靠的微滴簇调取。对于低表达的基因，可能需要大量的 RNA。需要注意的是，这个样品的浓度要低于大多数 ddPCR 检测。

4. 在微滴生成过程中，低质量的移液吸头会扯碎微滴，可能是因为它们会释放一些小的塑料碎片到反应体系中。虽然没有严格要求，但是在处理微滴的时候还是首选 Rainin 的移液器和吸头。

5. 最低限度是，SNP 在基因的转录本之内，最好是在一个以各种亚型（除非只有一个目的亚型）进行表达的外显子中。我们已经发现也能利用内含子 SNP，尤其是它们位于长的内含子之中并且远离该内含子的 3' 端，这会保证较慢的降解速率 [9]。内含子 SNP 上的检测总是要求一个总 RNA 样品。这样的检测也倾向于要求更多的 RNA 输入，对于高表达的基因（RPKM ＞ 25）更加具有可行性。在 GTEx 网站上，注册一个账号之后，在“下载（Download）”页面的“数据集（Datasets）”标签下，有内含子的表达信息的下载文件。目前公开的是在写入状态的“GTEx_Analysis_V4_RNAseq_Flux1.6_intron_reads.txt.gz”。然而，这个数据是以读数的形式给出的，而不是每个基因页面上的等量 RPKM，还需要进一步的处理才能进行直接比较。简而言之，用第一列所给出的内含子的长度来除以每一行，用文库中独特绘制读数的数目（可以在“SMMPPDUN”列标签下的“GTEx_Data_V4_Annotations_SampleAttributesDS.txt”中找到）来除以每一列，然后乘以十亿 [以校正碱基 / 千碱基和读数 /（百万读数）的转换]。

6. 当报告 SNP 比推测的功能变异体更加常见时，尤其是如果 D'=1，有可能会通过将其他变异体的杂合性与在报告基因中所观察到的等位基因失衡联系在一起，从而对推测的功能变异进行确认或验证。然而，如果报告 SNP 和实际的功能变异体的 D'=1，而且有相似的等位基因频率时（即当 r^2=1 时），可能的基因型将会是一个有限的集合，而且报告 SNP 的多数样品杂合子将会失衡。如果没有任何样品是平衡表达和杂合子，绘图是几乎不可能的（因为没有平衡 / 失衡表达与杂合性进行关联）。如果想优先找到对功能变异体为 D'=1 的一个报告 SNP，则要尝试找到一个报告 SNP，该 SNP 中等位基因与功能变异体少数等位基因的连接频率是功能变异体少数等位基因频率的两倍。例如，如果功能变异体的 MAF=0.05，则 D'=1 的一个报告 SNP 及 0.5 的重叠报告 SNP 等位基因频率将会产生 50% 可用的报告 SNP 杂合子；但是，45% ∶ 5% 都是平衡∶失衡的。D'=1 的一个报告 SNP 及 0.1 的重叠报告 SNP 等位基因频率将会产生更少的杂合子（18%），但是会观察到更多的失衡（9% ∶ 9% 都是平衡∶失衡的），因此可以增加绘图的能力。

7. 引物或探针结合位点的 SNP 可以阻止或妨碍扩增。常见 SNP 的位点必须要从用于方法设计的序列中排除掉。

8. 在更低 GC 含量附近的基因座上进行方法设计时，55℃是另一个可以考虑的退火温度。尤其是如果 60℃时的设计选择很困难时，可以采用下面的设置，同时保持其他设置不变。

（1）在“通用引物挑选条件（General Primer Picking Conditions）”下设置。

• 引物大小：最小 18，最佳 20，最大 27。

• 引物 T_m：最小 55，最佳 55，最大 57。

• 引物 GC%：最小 20，最佳 50，最大 80。

（2）在“内部寡核苷酸（Hyb Oligo）整体条件 [Internal Oligo （Hyb Oligo） General Conditions]”下设置。

- Hyb 寡核苷酸大小：最小 15，最佳 20，最大 27。
- Hyb 寡核苷酸 T_m：最小 56.5，最佳 57.5，最大 59。
- Hyb 寡核苷酸 GC%：最小 20，最佳 50，最大 80。

9. 通常来讲，杂交探针将会是设计失败的原因，因为要限制探针序列必须要跨过变异位点。要想确认周围的序列不符合这些特异的要求，可将 23.3.2 中的步骤 3 中的 21bp 序列输入到“挑选杂交探针（内部寡核苷酸），或使用下面的寡核苷酸 [Pick hybridization probe（internal oligo），or use oligo below]”并点击“挑选引物（Pick Primers）”。设计顶部的警告信息将会帮助解决设计中的问题。如果有问题，可以在“内部寡核苷酸（Internal Oligo）”标签下，首先通过减少“Hyb Oligo Max Mishyb”和增加“Internal Oligo Max Poly-X”来放宽参数。如果是其他的设置导致了设计的失败，轻微增加退火温度范围此类的调整能够仍然形成一个可用的检测，但是最好还是考虑采用其他的报告 SNP 来设计检测。

10. 如果引物对于 BLAT 来说太短，采用“In Silico PCR”的功能 [UCSC 基因组浏览器“工具栏（Tools menu）”中的“In-Silico PCR”]。如果目的区域处在一个片段重复区域，要想获得一个唯一且完美的匹配是不太可能的。如果也表达另外一个复本，则尝试选择另外一个报告 SNP。

11. 尽管 ddPCR 设备在微滴生成之前所列出的最终反应体积是 20μl，提高 25% 的反应体积可以确保在 23.3.2 中的步骤 4 里的（1）中引入更少的气泡。

12. 采用一组 8 个样品同时制作 ddPCR 的微滴，然后以 96 孔板的方式进行读取，这样在 96 孔板上设置 PCR 是最容易的。

13. 将移液器推到最终的终止位会引入气泡，这会影响微滴的数量和质量。如果样品槽中引入了误操作产生的气泡，采用一个干净的移液吸头将其手动戳破。

14. 可采用一个自动化的微滴生成仪（Bio-Rad QX200 AutoDG）和配套的耗材，而不是手动的微滴生成。

15. 逆转录的温度可以设置到一个较高的温度（≤ 50℃），使任何可以阻止 cDNA 转换的二级结构发生改变，但是使用更低的温度（≥ 42℃）有助于减少溶液之中 RNA 的降解。

16. 尽管检测被设计为在某个特殊的退火温度（60℃）下工作效果最好，但是很多 SNP 检测在其他温度下也能产出干净的数据。在目的样品上运行检测之前，在一个梯度熔解温度上运行一组包含相同试剂和输入样本的反应（图 23-4）。选择具有最佳微滴簇分离的熔解温度。一个理想的图像应该有紧密排列的微滴簇，有足够的空间来划出分离阈值。微滴簇不应该完全处于垂直的或水平的。实际上，探针将有可能与其他等位基因交叉反应，会导致单个阳性微滴的轨迹形成一个锐角，而不是正常的 90° 直角，但是只要 4 个微滴簇是分离的，呈现锐角将不会影响检测。

17. 由于含有一个或两个等位基因的正确鉴别需要依赖探针与序列（两者很相似）之间的竞争性结合，微滴簇的分离是非常有挑战性的。这可以通过更低的 RNA 输入来改善，这样会产生更少的双阳性微滴。如果任何两个微滴簇发生了重合，采用不断减少的样品输入来运行一组试验，直到出现清晰的分离。等位基因特异的表达分析受益于采用等位基因作为彼此的自然质控，相比于总表达检测，要想在检测同样的调节效果中获得相等的能力，它们通常要求较少的样品输入。一个 RNA 样品也可以通过多个孔来检测，各个孔中所获得的等位基因数目可以组合在一起，以提高分析的分辨率 / 准确度。

18. 软件只能调用 10 000 个或更多个微滴的孔，对于更少微滴的孔，设置列的“状态（Status）”为“检查（Check）”。

19. 相比于比值之间的非线性距离，最小和最大的列所定义的“丰度分数”和相关的置信区间也许可以更好地描述偏差的等级。例如，相比于其他等位基因所产生的 2 个转录本，如果一个等位基因产生了 1 个转录本，则“比值（Ratio）”列将读为 0.5 或 2，这要视报告基因和功能变异体之间的相位而定。而“丰度分数（Fractional Abundance）”将会读为 33.3 或 66.6（视相位而定），因此能够更直观地描述相同作用大小。

20. 有些样品可能会包含少见和（或）近期重组事件的染色体，这会打破所期望的 LD 模式，这种模式在相同谱系的多数个体中都可以见到。由于等位基因特异的失衡比来自遗传和环境反式作用因子（见 23.1 前言）的变异体更有抗性，一个单个的样品就能够被肯定地判断为是否展现出了等位基因失衡。根据该样品的等位基因失衡，类推在重组事件的每一边具有等量单倍体的其他样品，这可以显示或排除一组变异位点，正常来讲它们在同一个单倍体上是分开的。

21. 如果具有明显等位基因失衡的样品都是在同一个方向上失衡，我们自动就能知道哪个等位基因的表达更高。这是因为报告 SNP 和功能 SNP 有一个 D'=1。实际上，在两个变异体之间的 4 个可能的组合中，一个 D'=1 提示它们之中的一个或两个是从来不被观察到的。报告 SNP 杂合子只有两个可能的基因型（图 23-5A），这会导致平衡或失衡。这与 D' 不等于 1 的情况是不同的，此时，两个不同的基因型会导致失衡，它不能与单独的基因型（其等位基因与高表达有关）清晰地区分开。

致谢

关于等位基因偏倚的理解在很大程度上要受益于我们实验室 Tom Mullen 和 Jim Nemesh 的工作。本项工作受到了美国国家人类基因组研究所一项基金的资助（R01 HG006855，授予 SAM）。

参 考 文 献

1. Hindorff LA, Sethupathy P, Junkins HA et al (2009) Potential etiologic and functional implications of genome-wide association loci for human diseases and traits. Proc Natl Acad Sci U S A 106:9362–9367

2. Genomes Project C, Abecasis GR et al(2010) A map of human genome variation from population-scale sequencing. Nature 467:1061–1073

3. Patwardhan RP, Hiatt JB, Witten DM et al(2012) Massively parallel functional dissection of mammalian enhancers in vivo. Nat Biotechnol 30:265–270

4. Cowles CR, Hirschhorn JN, Altshuler D et al(2002) Detection of regulatory variation in mouse genes. Nat Genet 32:432–437

5. Chen R, Mias GI, Li-Pook-Than J et al(2012) Personal omics profiling reveals dynamic molecular and medical phenotypes. Cell 148:1293–1307

6. Battle A, Mostafavi S, Zhu X et al(2014) Characterizing the genetic basis of transcriptome diversity through RNA-sequencing of 922 individuals. Genome Res 24:14–24
7. Untergasser A, Nijveen H, Rao X et al(2007) Primer3Plus, an enhanced web interface to Primer3. Nucleic Acids Res 35:W71–W74
8. Regan JF, Kamitaki N, Legler T et al(2015) A rapid molecular approach for chromosomal phasing. PLoS One 10:e0118270
9. Gray JM, Harmin DA, Boswell SA et al(2014) SnapShot-Seq: a method for extracting genomewide, in vivo mRNA dynamics from a single total RNA sample. PLoS One 9:e89673

第 24 章

采用五重微滴数字 PCR^{TM} 方法对极低丰度的单细胞转录本进行定量

George Karlin-Neumann，Bin Zhang, Claudia Litterst

摘要： 对于了解细胞和组织表型的分子基础及相关改变如何应对外界刺激来说，基因表达的研究提供了一个最可行的窗口。现有的基于 PCR 的方法和二代测序的方法提供了巨大的多样性，使得聚焦于少数基因功能的研究或对一个样品同时进行整个基因组的综合分析成为可能。将这些方法与各种细胞分选的技术结合在一起，最近已经能够进行单细胞的表达谱分析，因此提高了分辨率和敏感性，并且强化了一些推论，这些推论来自所观察到的表达水平和改变。本章介绍了一种快速和高效的 1 日工作流程，采用一个小型实验室细胞分选仪进行单细胞的分选，然后采用一个超高敏感的、多重的 dPCR 方法对每个单细胞中的 5 ～ 10 个基因的改变进行定量追踪。

关键词： 单细胞；细胞分选；基因表达；转录本；RNA 定量；数字 PCR；微滴数字 PCR；多重检测；多重射线

24.1　引言

对于细胞和组织的特征及这些特征如何在发育信号和环境中发生变化，基因表达研究提供了非常有价值的见解。检测已知和未知基因转录水平的方法在过去的 40 多年来发生了显著的变化，变得更加有效、更加敏感、定量准确，能够同时对大量的基因转录本进行分析。从历史上来说，这些研究曾经采用以下方法来完成：印迹杂交 [1,2]、核酸酶保护测定 [3,4]，或基于 PCR 的方法，如 qRT-PCR[5,6]，靶向有限数量的基因转录本，或采用 DNA 微阵列靶向更大数量的基因 [7-11]。各个研究之间的样品涉及细菌（如枯草芽孢杆菌的孢子形成 [12]）、人类（如区分新的乳腺癌亚型 [13]），以及植物（如光合器官的光诱导发育 [14]）等。最近，dPCR 和二代测序（next-generation sequencing，NGS）已经应用，前者可以对转录本水平进行绝对和高敏感性的检测 [15-17]，而后者则可以产生广泛的全转录组或靶向 RNA 转录本的分析 [18-20]。在组成组织甚至整个器官的细胞复杂混合物中，尽管显著表达的基因可以被识别出来，来自少数细胞群体（如干细胞）的转录本却很可能会被丢失，尤其是在每个细胞中以低丰度形式出现的转录本。

而且，由于大多数基因表达研究的目标都是为了发现一些基因，这些基因可以协作产生某个目的表型。将各种细胞类型混合到单个样品之中，甚至表面上相似的细胞也会有转录异质性，这些都会打乱与之相应的努力，因为不清楚在每一个单独的细胞中所出现的是哪个转录本（例如，参见图 24-1 和参考文献 21）。为了解决这个挑战，各种方法被应用于单细胞群体的分离 [如荧光激活的细胞分选（fluorescence-activated cell sorting，FACS）、纳米流体腔室及最近使用的微滴]，然后通过上述方法分析选择的转录本或每个细胞的整个转录组 [22-25]。每一种分析方法都有它的优势和不足。虽然 NGS 能够对转录组进行最完整的分析，但它并不像基于 PCR 的技术那么敏感，其捕获效率只有约 10%[24,25]，因此只能检测到＞ 30 ～ 50 拷贝 / 细胞的转录本。除非使用单分子的条形码及使用更高的测序深度（超过平时的 10 倍），它只能提供相对定量，而且价格更高且劳动量大。而基于 PCR 的方法虽然只能在每个细胞之中检测较小的一组基因，但是以目前的方法却能够检测到几个拷贝 / 细胞的转录本；能够灵活并且有效地靶向一个转录本中的任何目标区域，不管 5' 端距离 3'mRNA 末端有多远；能够利用专门的方法设计和热循环条件来更有效地捕获难处理的转录本序列（如富含 GC 的区域）和转录本类型（如不含 polyA 的长链非编码 RNA）；而且也更快和更便宜。尤其是 dPCR，它能够提供最高的敏感性，不需要标准曲线就能对每一个靶基因转录本种类进行绝对定量。而且，在单个 ddPCR 反应孔中可以进行多重检测，能够区分至少 5 种不同的基因转录本（见参考文献 26），因此不需要像其他方法所要求的那样进行单细胞 cDNA 预扩增，就有可能以非常高的敏感性来对每个细胞中的 5 ～ 10 个基因进行定量。这可以消除预扩增和 NGS 文库准备中潜在的转录本定量失真，从而提供了一个快速和有效的方法用于单细胞群体中关键特征基因的分析。

在这里，我们介绍了一个超敏感和快速的方法，采用 Bio-Rad S3e 细胞分选仪将单细胞分选至 PCR 孔中，直接将未纯化的 RNA 转换为 cDNA，然后通过 Bio-Rad 的 QX200™ 微滴数字 ™ PCR（ddPCR™）系统，采用一个“多重射线”的策略来对每个细胞中的 10 个基因转录本的绝对数目进行定量（图 24-1 和图 24-2）。

24.2 材料

24.2.1 单细胞制备

1. 对于培养的细胞，采用合适的生长培养基、任何必要的生长添加物和无菌的塑料器皿，采用无菌通风橱和细胞生长培养箱。对于此处所使用的 P19 小鼠胚胎癌细胞，使用的是 Monzo 等所采用的正常血清培养基 [27]。

2. 移液器和吸头。

3. 50ml 的 Falcon 离心管。

4. 0.25% 的胰蛋白酶 -EDTA（1×）、酚红溶液，用于从培养皿表面（如 Thermo Fisher Scientific）释放黏附的细胞。

5. 磷酸盐缓冲液（phosphate-buffered saline，PBS，pH 7.4）。
6. BSA（20mg/ml，Sigma）。
7. 带有 40μm 细胞过滤器的 5ml FACS 管（Corning）。
8. 医用离心机（提供 180 × g 的离心力）。

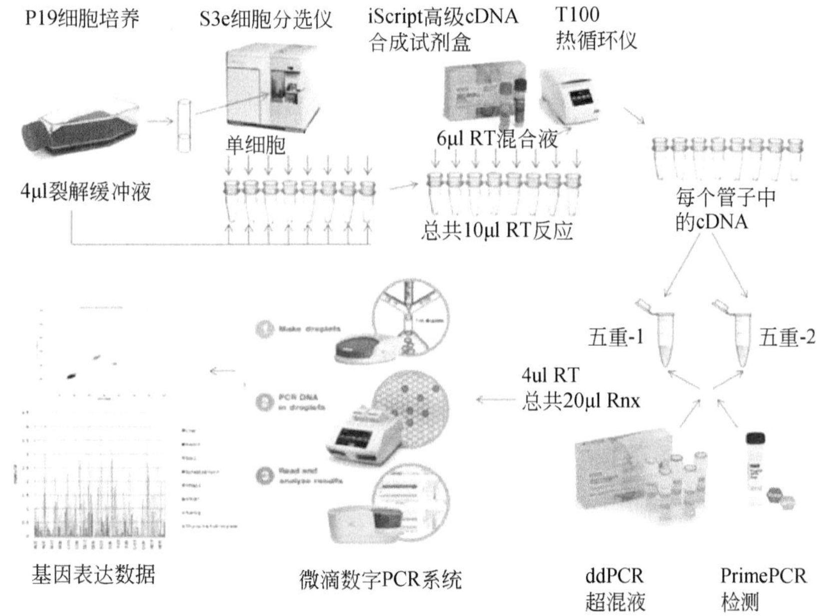

图 24-1　单细胞分选随后进行 RT-ddPCR™ 的一个 1 日工作流程。在采用 S3e™ 细胞分选仪将一个单细胞放到含有裂解缓冲液的孔中之前，培养的细胞（已显示的）或分离的细胞被处理成没有团块和残渣的混悬液。每个孔中未纯化的 RNA 裂解产物生成 cDNA，然后每个细胞的 cDNA 分到 2 个 ddPCR™ 反应中：一个用五重 -1 检测，另外一个用五重 -2 检测。采用 QX100™ 或 QX200™ 微滴生成仪将所有的样品转化为微滴之后，随后进行热循环，将终点 ddPCR™ 反应的板放到微滴读取仪中读取，对所检测的 10 个基因的每一个转录本水平进行定量

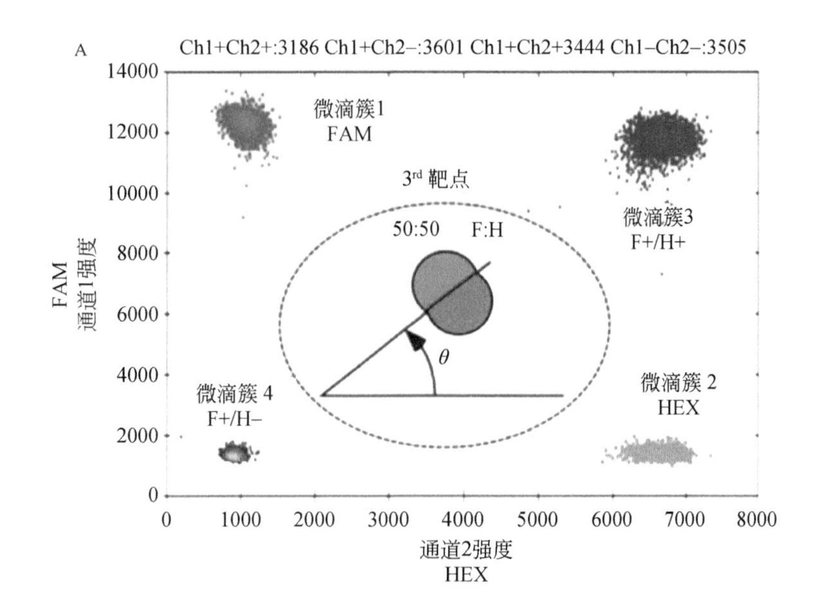

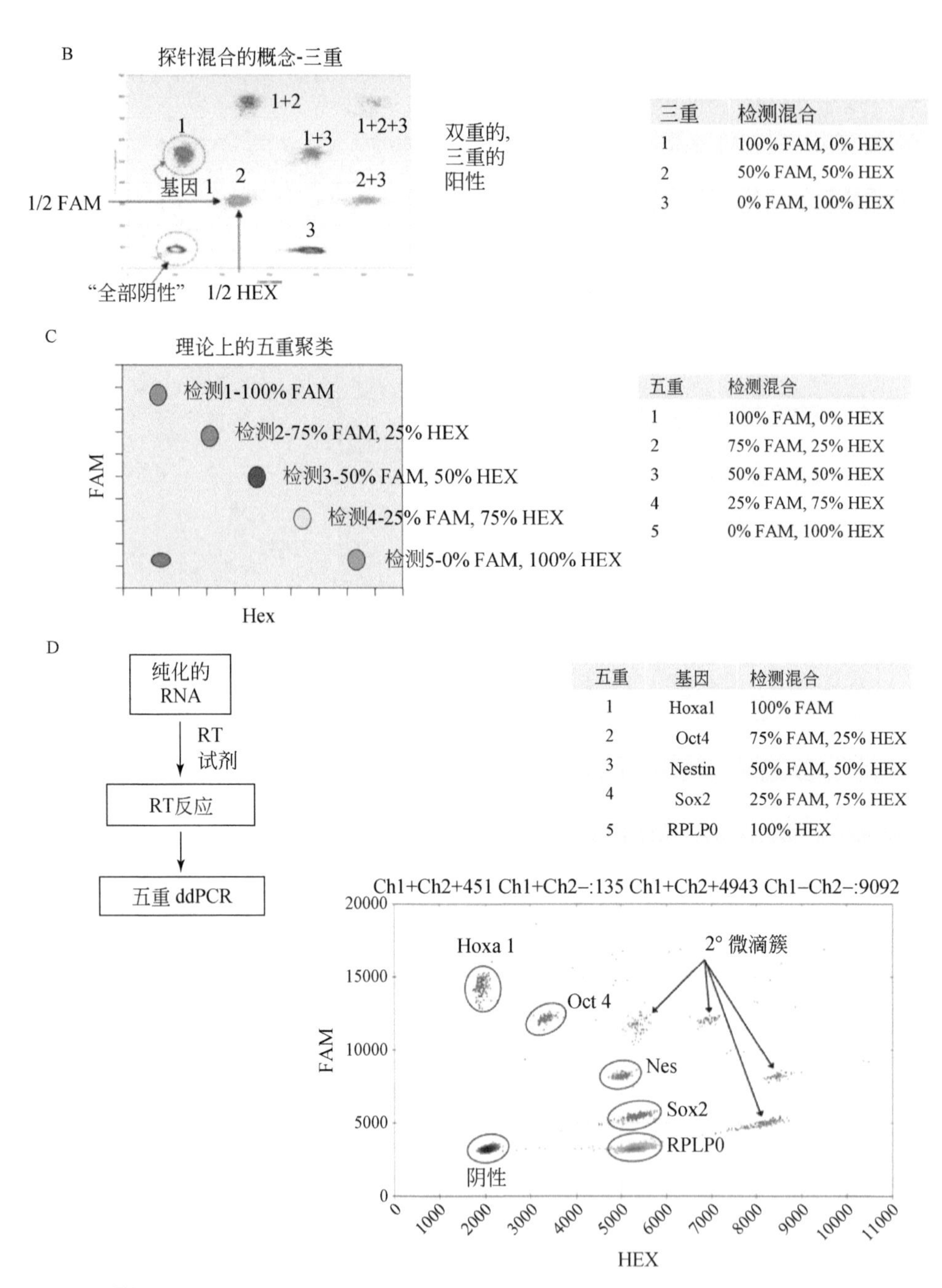

图 24-2 ddPCR™ 检测的多重射线示例。A：一个标准双重检测的 2D 微滴图。通过混合相等浓度的针对特异靶点的 FAM 和 HEX 探针，可以获得一个沿着 45° 范围的一个第三靶点的 w/ 卡通图。B：所有靶点高浓度的真实三重检测。这个结果不仅是在原始微滴簇中只含有单种类型的转录本（1、2 或 3），而且在第二（1+2、1+3、2+3）和第三（1+2+3）微滴簇中会分别出现两种和三种靶点类型。在实际中，对于单细胞和液体活检应用来说，检测物的浓度通常是很低的，很少会占据这些高位的微滴簇（见图 24-4 中单细胞 2D 微滴图的例子）。C：卡通图展示的是延伸到每个 ddPCR ™孔中 5 个可定量靶点的多重射线概念，采用了连续的探针混合比率，从 100% 的 FAM 到 100% 的 HEX。D：五重 -2（检测了五重 -1 之外的一组不同的基因）检测了一批细胞的纯化 RNA，来自小鼠细胞系，P19 的胚胎癌性（embryonal carcinoma，EC）细胞。需要注意的是，只有在这种更大量的输入 RNA 的情况下，才会有显著数量的微滴具有多于一个单转录本类型。与图 24-4 中的单细胞转录谱相比，图 24-4 中很少有任何 2° 的微滴簇

9. 细胞计数器（如 Bio-Rad TC-20^{TM} 自动细胞计数器）。

24.2.2　单细胞分选

1. S3e^{TM} 细胞分选仪（Bio-Rad，#145-1001）。
2. ProLine^{TM} 校准微珠（Bio-Rad，#No.145-1081）。
3. ProLine ^{TM} 彩虹微珠（Bio-Rad，#No. 145-1085）。
4. 10% 漂白剂溶液。
5. 无菌蒸馏水。
6. 带盖子的 PCR 条状管（8 管 / 条）。
7. DNA 悬浮缓冲液（10mmol/L 的 Tris-HCl，pH 8.0，含有 0.1mmol/L 的 EDTA）。
8. 10% 的聚乙二醇辛基苯基醚（Triton X-100）。
9. RNaseOUT（40 ×；Thermo Fisher Scientific）。
10. 涡旋混合器。

24.2.3　cDNA 合成

1. 微量离心机（具备 8 条管转子）。
2. iScript^{TM} 高级 cDNA 合成试剂盒（Bio-Rad）。
3. T100（或 C1000 Touch）热循环仪（Bio-Rad）。

24.2.4　ddPCR^{TM} 反应

1. QX100^{TM} 或 QX200^{TM} 微滴数字 ^{TM} PCR 系统，带有手动微滴生成仪和自动微滴读取仪（Bio-Rad）。
2. Rainin 8 通道移液器和移液吸头（见 24.4“注意事项”中的第 1 条）。
3. ddPCR^{TM} 探针超混液（无 dUTP；Bio-Rad）。
4. 带有 FAM 和（或）HEX 标记探针的 ddPCR^{TM} Taqman^{TM} 5' 核酸检测试剂盒。
5. 用于探针的微滴生成油（Bio-Rad）。
6. DG8^{TM} 芯片和密封垫（Bio-Rad）。
7. 可穿透的热封箔（Bio-Rad）。
8. ddPCR^{TM} 96 孔半裙边板（Bio-Rad，#No.12001925）。
9. PX1^{TM} PCR 板密封器（Bio-Rad）。
10. QuantaSoft^{TM} 分析软件 1.7.4.0917 或更早的版本，或 QuantaSoft^{TM} 分析专业软件。

24.3　方法

目前涉及多重探针的方法已经被研发出来，并且采用 Bio-Rad 的 QX100^{TM} 或 QX200^{TM} 微滴数字 ^{TM} PCR 系统进行了测试，然而在原则上，这个方法应该也要在能够检测至少两种不同荧光发射波长的其他 dPCR 平台上开展[28-32]。Bio-Rad 的 QX 系统在两个光谱区域检测荧光，这两个区域很适合 FAM 和 HEX（或 VIC）标记的 Taqman 探针，在最简单的双重检测方式下能够区分每个反应孔中的两个不同 DNA 或 RNA 靶点，在这个反应孔中，一个探针被标记为 FAM，另一个被标记为 HEX，它们分别与不同的靶点序列杂交。当两个靶点都大量地出现在样品（如图 24-2A 的 2D 微滴图所示）中时，会导致微滴簇的离散，代表第一个靶点（如微滴簇 1，只含有 FAM 信号），第二个靶点（如微滴簇 2，只含有 HEX 信号），两个靶点（微滴簇 3，同时含有 FAM 和 HEX 信号及其对应的靶点分子），或者没有靶点（微滴簇 4）的出现。通过引入一个 FAM 和 HEX 探针的 50 ∶ 50 的混合物，共同指向第三靶点序列，如图 24-2A 所示，沿着对角线（或 45° 范围）可以检测到一个原始微滴簇。在图 24-2B 中显示了这样一个三重检测的例子，在这个图中，足够高浓度的 3 个靶点形成了最接近起点位置的第一微滴簇，其中含有每种单靶点类型（1、2 或 3），离起点较远的是第二微滴簇，其中每个微滴含有两个靶点（1+2、1+3 和 2+3），还有最远的第三微滴簇，其中含有所有的三个靶点（1+2+3）。图 24-2C 的卡通图显示了将这种探针的混合策略应用到 5 个靶点上（五重检测），在这里也使用了 50 ∶ 50 到 100%（75 ∶ 25 和 25 ∶ 75，FAM ∶ HEX）之间的比值，沿着射线（因此被称为“多重射线”）在垂直和对角（检测 2，图 24-2C）及对角和水平（检测 4，图 24-2C）之间来定位第 4 个靶点和第 5 个靶点。最后，在图 24-2D 中显示了一个五重检测的例子。

24.3.1 五重 ddPCR 分析法的构建和优化

一个成功的五重 ddPCR™ 分析需要鉴定五个单独的检测，它们都有相似的退火温度，而且组合到一个单一的 ddPCR™ 反应中时彼此之间不会相互干扰。当制订一个五重 ddPCR ™检测时，要按照以下步骤。

1. 获得具有常规退火温度（如 60℃）的单重 ddPCR™ Taqman 5' 核酸探针检测。这可能来自预先设计的被优化用于 ddPCR™ 分析的 20× 检测（https://www.bio-rad.com/digital-assays/#/）或者根据最佳实践（见 Bio-Rad 手册 #6407 和 24.4“注意事项”中的第 2 条），针对感兴趣的转录本靶序列设计 5 组引物及其相应探针，然后由一个寡核苷酸厂家来合成（例如，IDT，Coralville，IA 或 BioSearch，Petaluma，CA）。我们推荐先订购单探针荧光基团（如 4 个是 FAM，1 个是 HEX），并且确认它们在 ddPCR™ 反应中有正确的单重表现，之后再为其他 3 个检测订购第 2 个 HEX 标记的探针。最终，将需要 8 个探针来检测 5 个目的转录本（图 24-2C），其中的 3 个要求是 FAM 和 HEX 标记探针的组合，另一个要求只有 1 个 FAM 探针，还有一个要求只有 1 个 HEX 探针。如果要制订 2 个五重检测，按照第一个五重检测的方法对另外 5 个基因的检测进行设计和测试。

2. 为每一个单独的测试运行一个 ddPCR™ 热循环仪温度梯度（表 24-1），采用来自适当体积的总 RNA 靶点（例如，来自目的细胞系或组织；或者通用小鼠参考 RNA，Agilent，#740100；或者通用人类参考 RNA，Agilent，#740000），在引物 T_m 的上下 5℃范围内（如 55 ～ 65℃）测试退火 / 延伸温度。见下文 24.3.4 中的 cDNA 合成步骤，将那里所显示的反应总体积标定为 20μl，包括 12μl 的逆转录主混合液和 8μl 总 RNA 和水的混合液。ddPCR™ 反应的设置和运行见下文的 24.3.5，但是要采用表 24-1 所示的温度梯度循环条件。

表 24-1　ddPCR 板设置

		ddPCR 板设置											
		1	2	3	4	5	6	7	8	9	10	11	12
65℃	A	基因 1 检测	基因 2 检测	基因 3 检测	基因 4 检测	基因 5 检测		基因 6 检测	基因 7 检测	基因 8 检测	基因 9 检测	基因 10 检测	
63.4℃	B	基因 1 检测	基因 2 检测	基因 3 检测	基因 4 检测	基因 5 检测		基因 6 检测	基因 7 检测	基因 8 检测	基因 9 检测	基因 10 检测	
62℃	C	基因 1 检测	基因 2 检测	基因 3 检测	基因 4 检测	基因 5 检测		基因 6 检测	基因 7 检测	基因 8 检测	基因 9 检测	基因 10 检测	
60.6℃	D	基因 1 检测	基因 2 检测	基因 3 检测	基因 4 检测	基因 5 检测		基因 6 检测	基因 7 检测	基因 8 检测	基因 9 检测	基因 10 检测	
59.2℃	E	基因 1 检测	基因 2 检测	基因 3 检测	基因 4 检测	基因 5 检测		基因 6 检测	基因 7 检测	基因 8 检测	基因 9 检测	基因 10 检测	
57.8℃	F	基因 1 检测	基因 2 检测	基因 3 检测	基因 4 检测	基因 5 检测		基因 6 检测	基因 7 检测	基因 8 检测	基因 9 检测	基因 10 检测	
56.4℃	G	基因 1 检测	基因 2 检测	基因 3 检测	基因 4 检测	基因 5 检测		基因 6 检测	基因 7 检测	基因 8 检测	基因 9 检测	基因 10 检测	
55℃	H	基因 1 检测	基因 2 检测	基因 3 检测	基因 4 检测	基因 5 检测		基因 6 检测	基因 7 检测	基因 8 检测	基因 9 检测	基因 10 检测	

3. 选择 5 个测试纳入第一个五重检测中，这 5 个测试在相似的退火温度下对于阳性和阴性微滴有最佳或接近最佳的分离（见 24.4“注意事项”中的第 3 条）。如果要创建 2 个五重检测，推荐在两个多重检测中包含一个相同的测试，以便对来自每个细胞的 cDNA 的转录本拷贝数进行更加准确的判断，而这些 cDNA 会被分到两个 ddPCR™ 反应之中。对于一个多重检测中 5 个检测组成的每一组，需要与之前订购 FAM 一样，为其中的 3 个检测订购同样探针序列的 HEX 探针（见 24.4“注意事项”中的第 4 条）。通过增加只含有 100% FAM 探针的检测 1、含有 75%FAM 和 25% HEX 探针的检测 2、含有 50% 的 FAM 和 HEX 探针的检测 3、含有 25%FAM 和 75%HEX 探针的检测 4，以及含有 100%HEX 探针的检测 5 来组成一个五重的 ddPCR™ 检测，每一个测试都来自一个 20× 的储存液，总探针浓度为 5μmol/L。如果有任何检测在目的温度下的表现不佳，则可能需要适当地重新设计这个测试，选择一个稍高或稍低的温度，或者为目的基因选择另外一个设计。

4. 针对每个五重检测，采用来自质控批次 RNA 的 cDNA 来运行 ddPCR™ 反应——与上面针对单重检测所做的一样——在 2D 微滴图上检测微滴簇的分离。可以通过改变一个单独靶点的总探针浓度来优化微滴簇的分离（见 24.4“注意事项”中的第 4 条）。

5. 关于每个与重检测中每一个转录本的定量，见 24.3.6。针对同一个质控 RNA 靶点，将五重检测中每一个转录本水平的定量与其单重检测中的定量进行比较。转录本拷贝数应该非常相似。然而，如果在任何单独检测之间有一些意外的干扰导致单重和多重结果之间出现显著的差异（这个并不常见），对于出现干扰的检测，将有必要替换其中的至少一个。在两个多重检测中获得较好的微滴簇分离及准确的定量之后，这个五重检测就可以使用了。

24.3.2 用于 FACS 分选的单细胞准备

在本章中所介绍的五重单细胞基因表达检测流程是根据 Monzo 等 [27] 的方法所培养的黏附性哺乳动物细胞（P19 小鼠胚性癌细胞）而开发的。另外，单细胞的来源也可以来自细胞培养悬液；血液、痰液或尿液中的细胞；或者从组织中分离的细胞（见 24.4“注意事项”中的第 5 条）。然而，尽管下面给出了总体指南用于准备进行分选的单细胞，但是其他几种细胞来源并没有在这个流程中得到特别的验证。

1. 首先通过酶释放并收集细胞，采用 0.25% 的胰酶 -EDTA 在 37℃消化 5 分钟，随后采用含有血清的培养基将其终止。

2. 室温下 180 × *g* 离心细胞 5 分钟，弃去上清液，在 10ml PBS 中重悬，采用细胞计数仪（如 Bio-Rad TC-20™ 自动细胞计数仪）来计数细胞。

3. 室温下 180 × *g* 离心细胞 5 分钟，弃去上清液，采用含有 0.1% BSA 的 PBS，小心将细胞沉淀重悬到 10^6 ～ 10^7/ml 的浓度。

4. 通过一个 40μmol/L 的细胞过滤器将细胞过滤到一个 FACS 管子中，获得单细胞的悬液（见 24.4“注意事项”中的第 6 条）。将其保留在冰上直至进行分选。

24.3.3 将单细胞流式分选至裂解缓冲液中

采用 Bio-Rad S3e™ 细胞分选仪将过滤好的单细胞分选至含有裂解缓冲液的 8 孔 PCR 条中。按照厂家的说明书进行细胞分选操作，必要的话参考 Bio-Rad 手册 #10031105。

1. 分别根据表 24-2 和表 24-3 的做法来准备裂解缓冲液和逆转录主混合液。

2. 打开 S3e™ 细胞分选仪的电源，采用 ProLine™ 校准微珠运行一个质控，确保能够通过质控。

3. 采用 ProLine™ 彩虹微珠进行一个分选测试，确保微珠能够被分选到 PCR 管的中心。

4. 采用 10% 的漂白剂以低压进行系统清洗；采用无菌去离子水再次清洗系统。

5. 加入 4μl 预冷的裂解缓冲液到 8 孔 PCR 条的每个 PCR 管中，使用前保持在冰上。

6. 将含有过滤之后细胞的样品管加载到 S3e ™分选仪的样品位，收集数据。

7. 为靶细胞设“门”，确保将任何细胞碎片和双联体都排除在外。

8. 在 ProSort 软件中，点击“分选逻辑（Sort Logic）”，选择“8 孔条（8-well strip）”；选择“单细胞分选（single sorting）”模式，然后设置分选极限为“1”，以便将一个单细胞分选到每个孔中（见 24.4“注意事项”中的第 7 条）。

9. 将含有裂解缓冲液的 2 × 8 孔 PCR 条放到分选仓的两个 8 条管接头上。

10. 点击“分选（Sort）”将单细胞分选到每个孔中。

11. 将两条 PCR 管都从分选仪中取出，盖上管子，存放在冰上。

12. 重复步骤 8 ～ 11，直到单细胞被分选到 12 条 PCR 管中（假设要收集 96 个细胞）。

13. 将含有分选细胞的 8 孔条涡旋 10 秒钟，简单离心。

14. 将 PCR 管放到冰上 5 分钟进行完全裂解（见 24.4“注意事项”中的第 8 条）。

表 24-2 裂解缓冲液的制备

裂解缓冲液	1000μl
DNA 悬浮缓冲液（10mmol/L Tris-HCl，pH 8，0.1mmol/L EDTA）	965μl
Triton X-100（10%）	10μl
RNAse OUT™（40×）	25μl

表 24-3 逆转录主混合液的制备

逆转录主混合液	1×	130×
5×iScript 高级反应混合液	2μl	260μl
iScript 高级逆转录酶	0.5μl	65μl
无核酸酶的水	3.5μl	455μl
总计	6μl	780μl

24.3.4 cDNA 的制备

1. 在每个孔中加入 6μl 的逆转录主混合液（表 24-3）；将盖子盖回到试管条上。

2. 将试管条离心几秒，涡旋，再次离心。

3. 将 PCR 条放到一个热循环仪（使用热盖，设置为 105℃）中，按照以下条件进行孵育：①42℃，30 分钟；②85℃，5 分钟；③4℃（无限）。

如果想在这里停止，cDNA 可能需要在这一步冻存在 −20℃。

24.3.5 设置并运行 ddPCR 反应

1. 根据表 24-4 所示准备 ddPCR™ 主混合液，保存在冰上。

（1）为一个或多个板准备主混合液，不考虑 cDNA，cDNA 需要单独加。

（2）如果使用的不是 20× 的检测，最终的浓度通常是引物为 900nmol/L、探针为 250nmol/L。

2. 在 96 孔 PCR 板的每个孔中加入 17.6μl 的 ddPCR™ 主混合液。

3. 将含有 RT 反应液的 PCR 条简单离心。小心打开管盖，在含有 ddPCR™ 主混合液的 96 孔板的每个孔中加入 4.4μl 的 cDNA。注意：来自每个细胞的剩余 cDNA（也是约 4.4μl）可以冻存或按照第一个五重检测的流程在第二个 ddPCR™ 反应板上运行第二个 5 重检测。

4. 将板密封。离心几秒，涡旋并再次离心。

5. 为每个 ddPCR™ 反应生成微滴，见 Bio-Rad 的使用手册 #10026322（QX100™）或 #10031907（QX200™）。

表 24-4 ddPCR™ 主混合液的制备 （单位：μl）

ddPCR™ 主混合液	1 孔（1×）	1 板（120×）	2 板（240×）	每孔（1.1×）
水	1	120	240	1.1
2×ddPCR 探针超混液（无 dUTP）	10	1200	2400	11
20× 检测 1（100% FAM）	1	120	240	1.1
20× 检测 2（75% FAM ： 25% HEX）	1	120	240	1.1
20× 检测 3（50% FAM ： 50% HEX）	1	120	240	1.1
20× 检测 4（25% FAM ： 75% HEX）	1	120	240	1.1
20× 检测 5（100% HEX）	1	120	240	1.1
cDNA	4	480	960	4.4
总计	20	2400	4800	22

（1）将每 22μl 样品转移 20μl（8 个样品同时进行）到 DG8™ 微滴生成芯片（事先固定在 DG8™ 芯片夹具上）的 8 个样品孔中。

（2）在 8 个伴随的油孔之中加入 70μl 的探针微滴生成油。

（3）用一个密封垫封口，放入微滴生成仪中。

（4）按照厂家的指南观察 DG8™ 芯片的正确加载，先加入样品，要避免在孔中引入气泡。

（5）采用 QX100™ 或 QX200™，在加载微滴生成油之后的 2 小时之内开始微滴生成。

（6）采用一个 8 通道的 P50 移液器，从 DG8 ™芯片的输出孔将微滴转移到一个 96 孔 PCR 板中。以约 70° 角缓慢地抽吸。

（7）根据需要进行重复，直到所有的 96 孔中都已加好微滴反应液。

（8）采用 PX1™ PCR 板封口器，用一个黏附性的封口箔对微滴板进行热封。

6. 将微滴板放入热循环仪上，按照表 24-5 的流程进行循环。

7. 热循环完成之后，将板转移到 QX100™/QX200™ 微滴读取仪上，按照厂家的提示（见手册 #10031906），从所有的 ddPCR™ 孔中同时读取 FAM 和 HEX 荧光信号。当 QuantaSoft™ 软件中的实验板设置都输入完毕之后，选择“运行（Run）”，开始微滴读取流程。在出现提示时，选择所使用的正确染料设置和运行选项。

表 24-5 热循环流程

步骤	温度（℃）	时间	变温速率（℃/s）	# 循环
1	95	10 分钟	2	1
2	94	30 秒	2	40
3	××*	1 分钟	2	
4	98	10 分钟	2	1
5	4	维持	2	1

* 退火温度（第 3 步）要根据检测的最佳退火温度而定，尽管检测通常设计为 60℃。

24.3.6　ddPCR™ 反应的定量

数据获取之后，在 QuantaSoft™ 的“分析（Analyze）”下面的孔编辑中选择所有的样品。

1. 单重（或双重）检测

（1）要想评价检测的质量，在“1D 强度”或“2D 强度”标签页中检查应用于 1D（或 2D）强度数据的自动阈值，必要的话，手动设置阈值或微滴簇。对于将要用于组成五重测试的检测来说，阳性和阴性微滴簇应该能很好地形成并且彼此间有很好的分离（如图 24-2A 所示）。如果在热循环温度梯度的范围之内，所测试的任何退火温度都不能获得合适的质量，这个检测就需要重新设计和重新测试，然后才能继续。

（2）在数据窗口或“浓度（Concentration）”标签页中所报道的浓度是最终的 20μl ddPCR ™反应体系中的“拷贝 / 微升”。为了选择检测组成一个五重测试，要确保所有的检测在一个通用退火温度下都能表现良好（即微滴簇的良好分离），而且在比五重反应所用退火温度高几摄氏度和低几摄氏度的温度下，提供给每个检测的浓度值都是一致的。见 24.4“注意事项”中的第 2 条。

2. 五重检测：这些较高的多重的反应可以通过两个步骤中的任何一个来进行定量。如果使用的是新的 QuantaSoft™ 分析专业软件版本（QSAP™，点击下载链接可以获取：https://www.bio-rad.com/en-us/product/qx200-droplet-digital-pcr-system?ID¼MPOQQE4VY），在“高级用户选项（Advanced User Options）”中正确设定了靶点的微滴簇之后，在这个程序中可以一次性对多重检测中的所有目的基因（genes of interest，GOI）进行定量。这将可以在一个单次分析运行之中提供所有靶点的浓度和置信区间。在 Bio-Rad 手册 #6827 可以查看更进一步的指导。

如果使用的是 QuantaSoft™ 分析软件 1.7.4.0917 或更早的版本，将有必要按照如下程序进行反复定量，这个程序一次鉴定一个目的基因（在板上所有被选择的孔），提供 20μl ddPCR™ 反应中 GOI 的浓度（95% 的置信区间）和转录本拷贝数。这些数值可以在 QuantaSoft™ 中作图，而且可以输出为一个“.csv”文件用于其他应用软件的分析。

（1）获得五重的数据之后，采用“孔编辑（Well Editor）”选择板上的所有目标孔（见图 24-3A）。

（2）在 2D 微滴图上，使用微滴簇识别工具，圈出基因 1 的原始（即单重）阳性微滴簇（图 24-2B 中的定义）并指定其为“只有 FAM”（在图 24-3B 的 2D 图中显示为一个蓝色的微滴簇）。接下来，圈出最靠近起始位置的“所有阴性”微滴簇作为“双阴性”微滴簇（显示为灰色微滴）。最后，采用手绘工具圈出所有其他的微滴和微滴簇作为单一的 HEX 微滴簇（显示为绿色微滴）。见 24.4“注意事项”中的第 9 条。

（3）QuantaSoft™ 将会提供基因 1 转录本的浓度（每微升 ddPCR™ 反应），以及所有被选择的孔（每个板最高 96 孔）中每个孔的转录本拷贝数（N_{rxn}）。要想计算每个细胞的拷贝数（N_{cell}）并进一步分析，将所有孔的数据先输出为一个“.csv”文件。打开这个“.csv”文件之后（如在 Microsoft EXCEL ™中），定位到“拷贝 /20μl 孔（Copies Per 20μl Well）”（即 N_{rxn}）这一栏，然后用 20μl ddPCR™ 反应中所分析的 cDNA 组分除每一个数值。因此，$N_{cell}=N_{rxn}/f$，这里的 f 是在每个 ddPCR™ 孔中所分析的一个细胞的 cDNA 的组分 [通常，

$f \approx 0.4$（每个孔中检测到 4μl cDNA/ 每个细胞中的约 10μl 总 cDNA）]。

需要注意的是，通常是将 4.4μl cDNA 加到一个 22μl 的样品体积之中组成 ddPCR™ 反应，其中只有 20μl 被转换为微滴。

A

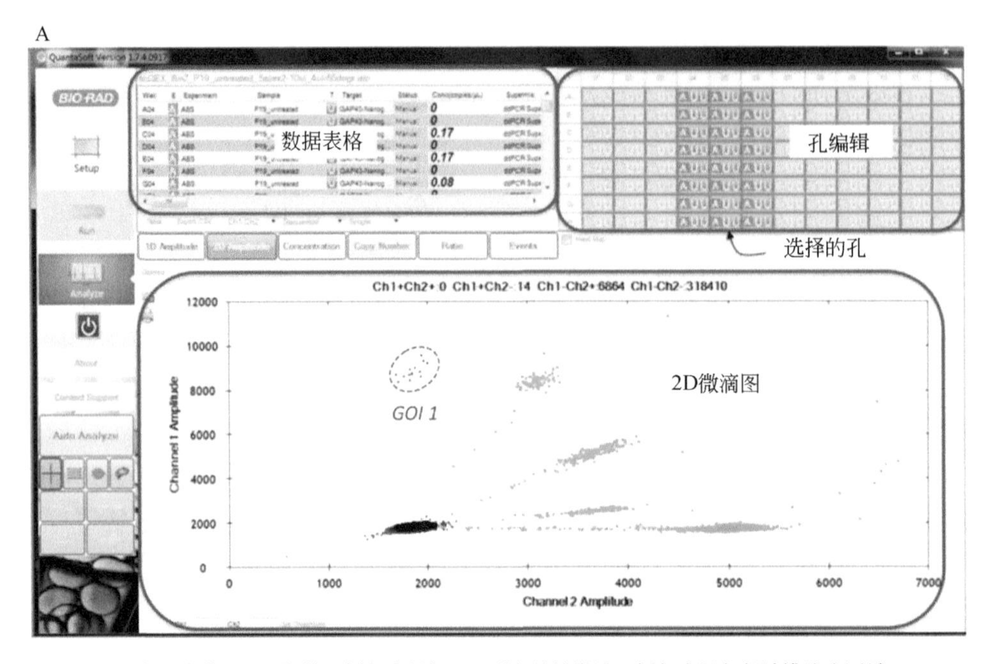

B “阳性”颜色为蓝色，“阴性”颜色为黑色，“所有其他微滴”颜色为绿色都被排除出测量

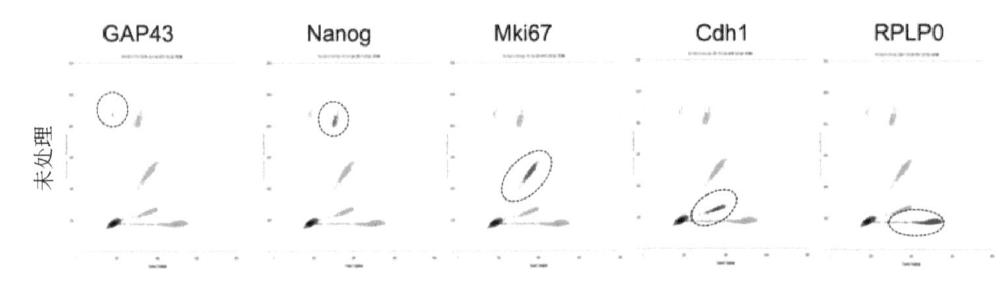

图 24-3 采用 QuantaSoft™ 软件的五重转录本水平定量。A: QuantaSoft™ 软件的一个窗口，显示了孔编辑（选择将要在其他图和数据窗口中进行分析的孔）、2D 微滴图（显示了 FAM 和 HEX 荧光微滴强度）和数据表格（显示各种计算所得的数值，以及样品和检测的描述）；B：转录本水平的反复定量。需要注意的是，在所显示的 5 个 2D 图上的每个图中，只有一个原始微滴簇被标记为蓝色并圈出（即在该次重复中被定量的 GOI），只有一个微滴簇被标记为灰色（完全阴性），其他的都是绿色，在该图上所显示的以定量为目的的重复中，需要将其忽略

（4）针对运行同一个五重检测的所有孔中每个目的基因，反复重复步骤（2）和（3）（即总共 5 次来分析每个 ddPCR™ 反应中所有 5 个基因的转录本）。见 24.4“注意事项”中的第 10 条。

（5）采用单重和五重检测对一批质控 RNA 完成定量之后，要确认五重检测对靶点转录本的定量与运行同一个样品的单重定量是一致的。如果出现明显的不一致，将有必要确认哪一个检测在多重反应中受到了影响。接下来或者需要调整靶点基因区域的设计，或者

在这个转录本中选择另外一个靶序列。另外，如果测试的是 2 个五重检测，也可以在两个多重检测之间替换一个单独的检测以消除这种影响。

（6）一旦已经验证了多重检测的有效性，就可以应用它们，根据本章所介绍的工作流程进行单细胞分析。

图 24-2D 显示了来自质控 RNA 样品数据的例子，这个样品来自未经过和经过维甲酸治疗的 P19 小鼠细胞的混合液。此外，图 24-4 将来自 1 个单细胞的 3 个 2D 微滴图与 24 个和 96 个单细胞反应叠合的 2D 微滴图进行了比较。这个例子中比较清楚的是，每个细胞中多数转录本的水平足够低，以至于即使有转录本成分进入含有超过一个基因转录本类型的微滴之中，那也是极少的（见 24.4“注意事项”中的第 11 条）。图 24-5 显示的是采用这个工作流程所定量的 3 个基因转录水平在细胞与细胞间变化的结果，在 24 个未被治疗的 P19 小鼠细胞中所分析的转录本的特征是低丰度（B2M）、中丰度（SDH）和高丰度（RPLP0）（见 24.4“注意事项”中的第 12 条）。

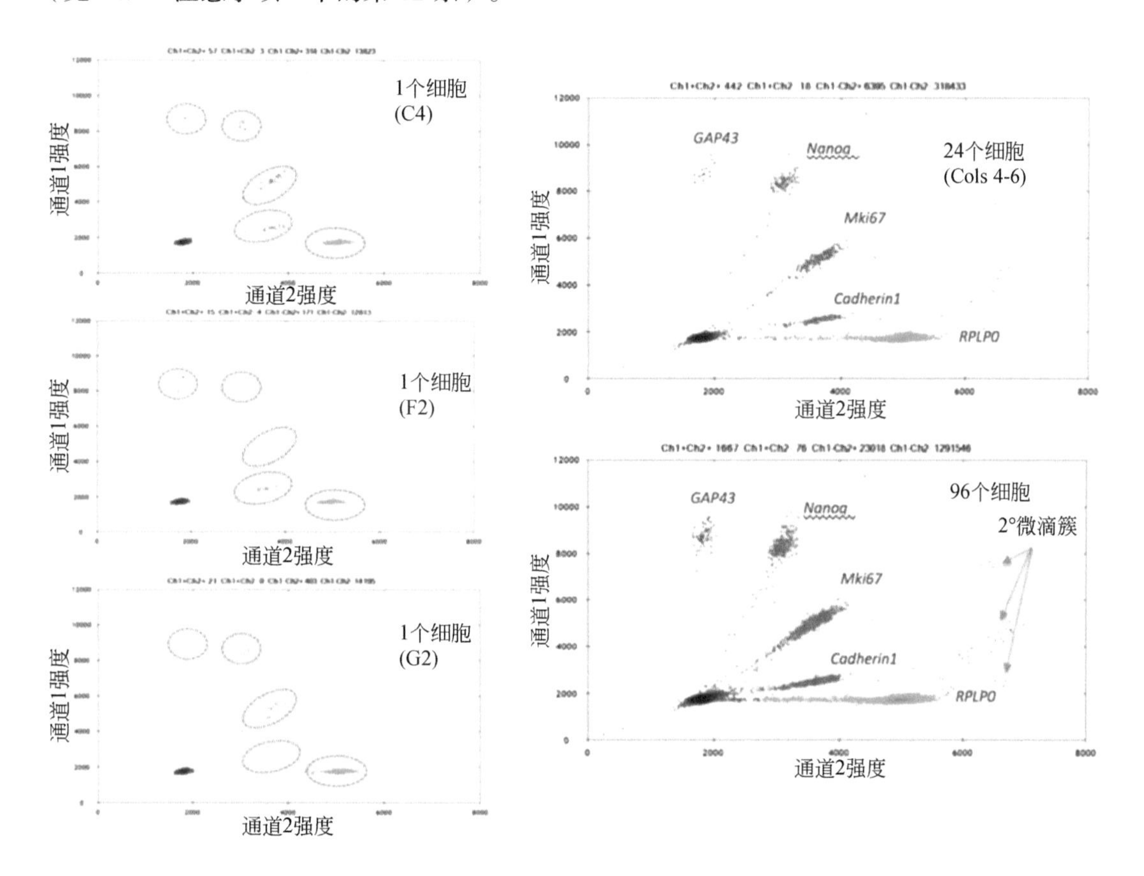

图 24-4 采用一个五重的 ddPCR ™检测方法靶向 GAP43、Nanog、Mki67、Cadherin1 和 RPLP0 进行 1 个单细胞转录本水平的检测。该例子显示的采用五重 -1 所检测的 3 个 P19 单细胞的 2D 微滴图。通过比较所显示的每一个典型细胞中所圈出的同一个原始微滴簇中的微滴数目，要注意各种 GOI 在细胞之间转录水平的差异。关于比较，可以看临近的 2D 图上来自 24 个单细胞和 96 个单细胞叠加结果中的每个转录本的合计水平。注意，有一些微滴簇在这里被标记为橙色（而不是绿色），只是为了更好地显示这 5 个基因

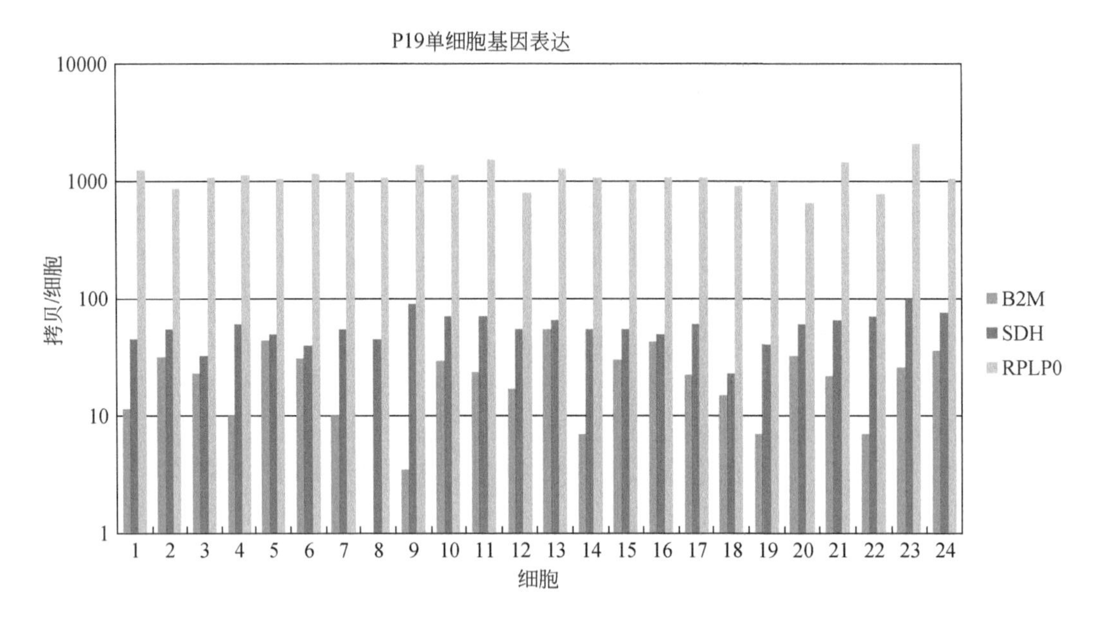

图 24-5　采用本章所介绍的方法（但是所用的是在每个细胞中运行 2 个双重检测），检测 24 个细胞中 3 个基因转录本丰度变化的例子。显示了未经处理的 P19 小鼠细胞中的低丰度（β-2 微球蛋白，beta-2 microglobulin，B2M）、中丰度（琥珀酸脱氢酶，succinic dehydrogenase，SDH）和高丰度基因（核糖体蛋白侧柄亚基 P0，ribosomal protein lateral stalk subunit P0，RPLP0）的转录本水平。B2M 的转录本水平在这些细胞中有接近 10 倍的变化，而在那些相同的细胞中，SDH 和 RPLP0 只有少量倍数的变化，这就突出显示了在貌似相同的细胞之间，不同基因的转录本水平经常没有相关性

24.4　注意事项

1. 要避免使用低质量的移液吸头，因为这会释放塑料颗粒到 DNA 和微滴数字 ™ PCR 的溶液之中，进而导致微滴的破裂。这会导致定量不佳。

2. 如果引物和探针是分别订购的，只要 1μl 试剂之中含有所有 5 个检测的 20× 浓度（20× = 每个引物 18μmol/L 和每个探针 5μmol/L 的总浓度），就有可能组成 5 重检测。这将有可能允许将每个细胞中的总 cDNA 加入到一个 ddPCR™ 反应之中（约 8μl cDNA/20μl ddPCR™ 反应），因此可以将检测的敏感度加倍，代价是在每个细胞之中只能检测 5 个基因。然而，需要确定的是，ddPCR™ 反应耐受了较大体积的未纯化 cDNA 和裂解缓冲液，而且随着样品量的增加，能够进行线性定量。

3. 要确保在选定的退火温度下，不会因为非特异的靶点扩增而出现过度定量的现象，这种情况可能会在低于最佳温度时出现；也要确保在较高的温度下不会出现定量不足，此时阳性微滴的强度仍然可以与阴性微滴区分开来，但是会因为“分子失控”（即一个微滴或纳米腔室分隔中含有一个目的靶点，但是因为各种原因，不能在终点获得足够的荧光强度，从而不能被识别为一个阳性分隔）而给出一个过低的浓度值。通常，在一定范围的退火温度下，所检测的浓度值将会保持稳定，这就是应该要选择的最佳温度。尽管 dPCR 所提供的定量是一定体积的被测样品中的每个转录本的绝对拷贝数，但是需要记住的是，将任何

给定的 RNA 靶点区域逆转录成 cDNA，通常都会有一些不确定性。这个过程会受到 RNA 质量、靶点区域的序列及其周围环境、所使用的逆转录酶（如 RNA 酶 H^- 或 RNA 酶 H^+）及 cDNA 合成条件等因素的影响。为了确定样品中转录本的真实定量，需要系统地研究这些因素以获得感兴趣的转录本，并使用针对同一个转录本的不同区域而设计的多个检测。多数情况下，通过批次间的测试和样品间的测试，足以确认所选择的方法设计给出的是明确的结果，是具有可重复性的。

4. 在一个 FAM 和 HEX 探针的组合中，在决定哪 3 个检测方法被用于检测时，如果有些检测方法在单重检测中比其他检测有更高或更低的荧光强度（可能由于扩增产物长度的差异，较长的扩增产物倾向于和探针发生化学作用，产生较低强度的微滴），只要较低强度的检测与较高强度的检测在 2D 图上能够交替地更好地展开彼此之间的微滴簇，则它们可以使微滴簇的确认及定量变得更加容易。另外，某个靶点的总探针浓度的增加和减少可能会分别增加或减少其微滴簇的荧光强度。需要注意的是，能够产生短扩增产物的检测通常为首选，因为它们容易给出更高荧光强度的微滴簇，相比于较低的强度，这个位置将会使这些相邻的原始微滴簇在彼此之间有更好的分离。

5. 从实体组织中准备单细胞悬液要求机械分离和（或）胰酶消化，以便从组织中获得最佳的细胞回收率。需要根据经验来确定目的组织消化所要求的条件和酶。

6. 有必要将细胞悬液过滤，以避免堵塞样品注射针的狭窄内腔和流式细胞仪的管道，这些地方很容易被聚集的细胞和碎片堵塞。浓度也会影响分选的速度，通常是以 2000 ～ 20 000 细胞 / 秒的速度进行处理；因此，将细胞按照 10^6 ～ 10^7/ml PBS/0.1% BSA 的密度进行重悬，这一点非常重要。

7. 如果需要的话，在每个孔中分选多于 1 个细胞来检测已知数目的细胞集也是可能的。我们已经在每个孔中汇集了 10 ～ 10 000 个细胞来评价裂解和总流程的线性和效率。然而，需要注意的是，当每个孔中收集超过约 100 个细胞时，粗制裂解液的总体积将会因为分选缓冲液的鞘液体积（每个分选细胞约 3.3nl）而有所增加，在计算每个细胞的转录本水平时，需要考虑到这一点。

8. 这个裂解方法被证实能够有效地从单细胞中提取 mRNA，方法如下：在一群分选的单个 P19 细胞中将每个细胞转录本的平均产出（多个基因）与同一批准备好的总 RNA 进行比较，这些 RNA 是采用异硫氰酸胍裂解法（来自 Bio-Rad 的 Aurum 试剂盒）从 10 000 个 P19 细胞（被分选到一个单孔之中）中提取得来的。

9. 很重要的一点是要注意到，在 QS 1.7.4.0917 和更早的软件版本中，所有的微滴都被默认指定为阴性微滴。如果它们被作为未指定的微滴，将会被纳入到阴性微滴的总数中（即“全阴性”微滴簇），当采用泊松公式计算 GOI 时将会导致定量不足。因此，GOI 旁边的所有其他阳性微滴簇中的微滴（包括其他基因靶点的原始微滴簇和可能出现的第二、第三微滴簇）都必须定义为另外一个单阳性“旁微滴簇”（例如，在图 24-3B 中，只有 HEX 的显示为绿色的微滴簇）。在通过 QuantaSoft™ 计算每个孔中 GOI 的拷贝数时，这些绿色的微滴将会被忽略掉。如果它们被定义为双阳性（即橙色）微滴簇，对于“只有 FAM”的 GOI，它们将会错误地抬高计算所得的拷贝数，为每个孔给出一个过高的转录本拷贝数。

10. 如果要在每个 96 孔板中分析超过五重的反应（例如，每个板分析 48 个细胞，每个细胞 2 个五重检测，每个 ddPCR™ 采用约一半的细胞 cDNA）将需要按照 24.3.6 中的步骤 2 中的（2）来对前面 48 个孔的微滴簇一起进行定义（五重 -1），然后类似地对后面的 48 个孔一起进行定义（五重 -2），然后为每个第一目的基因输出其在每个孔中的转录本浓度和计数，随后采用每个五重检测中的其他 4 个基因的每个基因进行重复。

11. 这个多重射线的方法也应该容易用于 cfDNA 中少量肿瘤突变的分析，因为这样的突变很可能也是以很低的浓度出现的，即使它们不止一个会出现在单个血浆 cfDNA 样品之中。因此，正如单细胞分析一样，也不可能会有大量的突变靶点分子会同时出现在一个微滴之中（即在第二和第三微滴簇中），所以多数靶点将会在单独分析原始微滴簇时被捕获到。

12. 这个方法能够在每个细胞中检测少至 3 ～ 5 个转录本，其敏感性是 RNA-Seq 方法的 5 ～ 10 倍。

致谢

要感谢我们的很多同事，他们帮助研发的设备和试剂是本方案中所必需的，尤其是 Shenglong Wang，他很早就开始了单细胞的工作，从中才开发了本方案。另外还要特别感谢 Svilen Tzonev、Doug Hauge、 Niels Klitgord 和 Dimitri Skvortsov 在定量分析中所提供的帮助，以及 Marcos Oquendo 在 S3e 细胞分选中提供的帮助。

参考文献

1. Thomas PS (1980) Hybridization of denatured RNA and small DNA fragments transferred to nitrocellulose. Proc Natl Acad Sci U S A 77(9):5201–5205
2. Karlin-Neumann GA, Sun L, Tobin EM(1988) Expression of light-harvesting chlorophyll a/b-protein genes is phytochrome-regulated in etiolated *Arabidopsis thaliana* seedlings. Plant Physiol 88:1323–1331
3. Berk AJ, Sharp PA (1977) Sizing and mapping of early adenovirus mRNAs by gel electrophoresis of S1 endonuclease-digested hybrids. Cell 12(3):721–732
4. Zinn K, DiMaio D, Maniatis T (1983) Identification of two distinct regulatory regions adjacent to the human beta-interferon gene. Cell 34(3):865–879
5. Livak KJ, Schmittgen TD (2001) Analysis of relative gene expression data using real-time quantitative PCR and the $2^{-\Delta\Delta CT}$ method. Methods 25:402–408
6. Livak KJ, Wills QF, Tipping AJ et al (2012) Methods for qPCR gene expression profiling applied to 1440 lymphoblastoid single cells. Methods 59(1):71–79
7. Schena M, Shalon D, Davis RW et al (1995) Quantitative monitoring of gene expression patterns with a complementary DNA microarray. Science 270(5235):467–470
8. DeRisi JL, Iyer VR, Brown PO (1997) Exploring the metabolic and genetic control of gene expression on a genomic scale. Science 278(5338):680–686
9. Iyer VR, Eisen MB, Ross DT et al (1999) The transcriptional program in the response of human fibroblasts to serum. Science 283:83–87
10. Lin Z, Fillmore GC, Um T-H et al (2003) Comparative microarray analysis of gene expression during activation of human peripheral blood T cells and leukemic Jurkat T cells. Lab Investig 83(6):765–776
11. Canales RD, Luo Y, Willey JC et al (2006) Evaluation of DNA microarray results with quantitative gene expression platforms. Nat Biotechnol 24(9):1115–1122

12. Losick R (2015) A love affair with *Bacillus subtilis*. J Biol Chem 290(5):2529–2538
13. Sorlie T, Tibshirani R, Parker J et al (2003) Repeated observation of breast tumor subtypes in independent gene expression data sets. ProcNatl Acad Sci USA 100(14):8418–8423
14. Tobin EM, Silverthorne J (1985) Light regulation of gene expression in higher plants. Annu Rev Plant Physiol 36:569–593
15. Sanders R, Mason DJ, Foy CA et al (2013)Evaluation of digital PCR for absolute RNA quantification. PLoS One 8(9):e75296
16. Hindson CM, Chevillet JR, Briggs HA et al(2013) Absolute quantification by droplet digital PCR versus analog real-time PCR. Nat Methods 10(10):1003–1005
17. Lemos DR, Babaeijandaghi F, Low M et al(2015) Nilotinib reduces muscle fibrosis in chronic muscle injury by promoting TNF-mediated apoptosis of fibro/adipogenic progenitors. Nat Medicine 21(7):786–794
18. Nagalakshmi U, Wang Z, Waern K et al (2008)The transcriptional landscape of the yeast genome defined by RNA sequencing. Science 320(5881):1344–1349
19. Wilhelm BT, Marguerat S, Watt S et al (2008)Dynamic repertoire of a eukaryotic transcriptome surveyed at single-nucleotide resolution.Nature 453(7199):1239–1243
20. Mortazavi A, Williams BA, McCue K et al(2008) Mapping and quantifying mammalian transcriptomes by RNA-Seq. Nat Methods 5(7):621–628
21. Ståhlberg A, Bengtsson M (2010) Single-cell gene expression profiling using reverse transcription quantitative real-time PCR. Methods 50:282–288
22. Tang F, Barbacioru C, Wang Y et al (2009) mRNA-Seq whole-transcriptome analysis of a single cell. Nat Methods 6:377–382
23. Shalek A, Satija R, Shuga J et al (2014) Single cell RNA-seq reveals dynamic paracrine control of cellular variation. Nature 510(7505):363–369
24. Macosko EZ, Basu A, Satija R et al (2015)Highly parallel genome-wide expression profiling of individual cells using nanoliter droplets.Cell 161:1202–1214
25. Klein AM, Mazutis L, Akartuna I et al (2015)Droplet barcoding for single-cell transcriptomics applied to embryonic stem cells. Cell 161:1187–1201
26. Whale A, Huggett J, Tzonev S (2016) Fundamentals of multiplexing with digital PCR. Biomol Detect Quantif 10:15–23
27. Monzo HJ, Park TIH, Montgomery JM et al(2012) A method for generating high-yield enriched neuronal cultures from P19 embryonal carcinoma cells. J Neurosci Methods 204:87–103
28. Zhong Q, Bhattacharya S, Kotsopoulos S et al(2011) Multiplex digital PCR: breaking the one target per color barrier of quantitative PCR. Lab Chip 11(13):2167–2174
29. Pender A, Garcia-Murillas I, Rana S et al(2015) Efficient genotyping of KRAS mutant non-small cell lung cancer using a multiplexed droplet digital PCR approach. PLoS One 10(9):e0139074
30. Hughesman CB, XJD L, Liu KYP et al (2016) A robust protocol for using multiplexed droplet digital PCR to quantify somatic copy number alterations in clinical tissue specimens. PLoS One 11(8):e0161274.
31. Kinz E, Leiherer A, Lang AH et al (2015) Accurate quantitation of JAK2 V617F allele burden by array-based digital PCR. Int J Lab Hematol 37(2):217–224
32. Madic J, Zocevic A, Senlis V et al (2016) Three-color crystal digital PCR. Biomol Detect Quantif 10:34–46

第 25 章

采用微滴数字 PCR 对循环 MicroRNA 进行定量

Manuela Ferracin，Massimo Negrini

摘要：MicroRNA（miRNA）作为细胞游离分子被释放到血液中，或者与 AGO 蛋白和 LDL 结合，或者包裹到外泌体和微囊泡中。特定循环 miRNA 的数量被发现会随着疾病的状态而改变，有望被用作一个疾病生物标志物。采用基于探针或染料的 dPCR 技术，已经开发出对循环 miRNA 进行敏感和准确定量的方法。采用 dPCR 系统，有可能获得特定 miRNA 的绝对定量，能够避开几个与低丰度靶点和 miRNA 标准化相关的问题。本章介绍了采用基于 EvaGreen 的微滴数字 PCR 技术对生物体液中的 miRNA 进行评价的工作流程和方法，以及如何对结果进行分析和解读。

关键词：MicroRNA；血清；血浆；微滴数字 PCR；诊断；癌症；生物标志物

25.1 引言

人体体液中稳定可评价的 miRNA 为其作为疾病生物标志物提供了新的可能性，这些体液包括血液、唾液、尿液、脑脊液和滑液等[1-3]。这些 miRNA 是在细胞外发现的，因此被称为细胞游离或循环 miRNA；其含量可能极低，但是对于降解有意想不到的抵抗性。尽管循环 miRNA 的特征使其很有应用前景，也很令人兴奋，但是它的含量很低，在体液中也缺乏已知的内源性参考基因，这为每一项可靠的转化应用都提出了挑战[4,5]。为了获得可信的 miRNA 定量（即使是低丰度的 miRNA 类型），目前已经研发了几种进行整体循环 miRNA 分析和 miRNA 特异验证的方法。

用于体液 miRNA 分析的方法包括基于探针和基于 LNA 的定量 PCR 检测、微点阵、NanoString nCounter 技术、小 RNA 测序等[6]。对于每一种技术来说，为了能够处理这些低丰度的 RNA 样本，已经研发了一些特异的流程，尽管这并不总是能够保证得到令人满意的结果[7]。

此外，在细胞外缺乏真正的内源性质控 miRNA，这在验证步骤中产生了需要处理的新问题。有的实验室决定采用在最初的高通量筛选中所发现的稳定的循环 miRNA 来进行样品的标准化。其他实验室采用了一种绝对定量方法，目的是将每一个 miRNA 定量标准化为血浆、血清或任何其他体液的体积[7,8]。在第二种方法中，dPCR 技术被证实非常有效，甚至超过了传统定量 PCR 的表现[9]。的确，dPCR 的靶向数值计算与 qPCR 实验中所使用的大致循环阈值（cycle threshold，CT）是有可比性的，其优势是可以提供溶液中 miRNA 分子的精确数量及在低丰度的 miRNA 定量中更好的准确度。基于 EvaGreen 的 ddPCR 效率已经在之前得到了确认[9]。这个方法是准确的，在 4 个数量级的浓度范围内都有很好的重复性，也是敏感的，能够在低至 1 拷贝 / 微升的水平上检测到一个靶点 miRNA。

因此，本章重点介绍如何在 QX200 系统（Bio-Rad）上利用基于 EvaGreen 的 ddPCR 技术进行 miRNA 的定量，尤其是考虑血清和血浆临床样品[9]。

25.2　材料

准备实验所需要的试剂、设备和支持材料。

25.2.1　样品准备

1. EDTA 管（Vacuette 或 BD Vacutainer）。
2. 台式离心机。
3. 1.5ml 的聚丙烯管。

25.2.2　RNA 提取

1. miRNeasy Mini 试剂盒（Qiagen）。
2. 100 nmol 的 RNA 寡核苷酸 Cel-miR-39-3p（Integrated DNA Technologies）。序列为 UCACCGGGUGUAAAUCAGCUUG。
3. 台式离心机。

25.2.3　cDNA 合成

1. 通用 cDNA 合成试剂盒Ⅱ（Exiqon）。
2. 200μl 的 PCR 管或 PCR 板。
3. 热循环仪。

25.2.4　基于 EvaGreen 的 ddPCR

1. miRNA LNA PCR 引物组（Exiqon）。
2. QX200 微滴生成仪（Bio-Rad）。
3. QX200 微滴读取仪（Bio-Rad）。

4. QuantaSoft 软件（Bio-Rad）。
5. PX1 PCR 板密封器（Bio-Rad）。
6. DG8 微滴生成芯片和密封垫（Bio-Rad）。
7. QX200 ddPCR EvaGreen 超混液（Bio-Rad）。
8. 用于 EvaGreen 染料的 QX200 微滴生成油（Bio-Rad）。
9. 200μl 的 PCR 板（Eppendorf）。
10. 可穿透的热封箔。
11. 热循环仪。

25.3 方法

25.3.1 样品准备

在循环 miRNA 的定量中，血浆和血清的处理是一个相关步骤。对于血浆和血清的准备，并没有首选的流程。为了具有可比性，对同一个实验中的所有样品必须要采用完全相同的工作流程来处理。

1. 血浆准备。在乙二胺四乙酸（ethylene diaminetetracetic acid，EDTA）管（Vacuette 或 BD Vacutainer）中收集 5ml 血液；将样品在室温下 1000×*g* 离心 10 分钟，移去血细胞，将血浆上清液分成几等份，可储存在 -80℃直至使用。

2. 血清准备。在血清管（Vacuette 或 BD Vacutainer）中收集 5ml 血液，室温下放置至少 60 分钟使其凝结，然后 1000×*g* 离心 10 分钟；移走血清并分成几等份，可储存在 -80℃直至使用。

25.3.2 总 RNA（包括 miRNA）提取流程

我们推荐从 200μl 的血清或血浆开始，可以采用商业购买的试剂盒从血清或血浆中提取总 RNA。我们推荐按照供应商的介绍来使用 miRNeasy Mini 试剂盒（Qiagen）（见 25.4“注意事项”中的第 1 条）。

为了监测提取和逆转录反应的发生，在将 1ml 的 QIAzol 裂解试剂（Qiagen）加到样品中之前，先在裂解试剂中加入 3μl 来自秀丽隐杆线虫（*C. elegans*）的 4.16nmol/L 的合成 miRNA cel-miR-39-3p 溶液（例如，由 Integrated DNA Technologies 常规合成，序列为 UCACCGGGUGUAAAUCAGCUUG）（见 25.4“注意事项”中的第 4 条）。

这个提取总 RNA 的方案采用了 miRNeasy Mini 试剂盒（Qiagen）。

1. 在冰上解冻血清 / 血浆样品。
2. 在 200μl 血清 / 血浆中加入 1ml 的 QIAzol 裂解试剂（Qiagen）。
3. 涡旋混合，将含有匀浆液的管子放到试验台上，室温下放置 5 分钟。
4. 加入 3μl 来自 *C.elegans* 的合成 miRNA cel-miR-39-3p 溶液（4.16nmol/L）。
5. 加入 200μl 氯仿。剧烈摇动试管 15 秒。将试管放到实验台上，室温下放置 2 分钟。

6. 4℃下 12 000 × g 离心 15 分钟，获得液相的分离：上层的水相中含有 RNA。

7. 将水相转移至一个新的管子中，大约为 700μl，要避免转移任何白色的中间相物质。

8. 加入 1ml 的无水乙醇，颠倒混匀。

9. 将一个 Mini 离心柱放到 2ml 的收集管中，在其中加入 700μl 的样品。盖上盖子，12 000 × g 离心 15 秒。弃去流出液。

10. 采用剩余的样品重复这个步骤。

11. 在 Mini 离心柱中加入 700μl 的缓冲液 RWT，盖上盖子，12 000 × g 离心 15 秒，清洗柱子。弃去流出液。

12. 在 Mini 离心柱中加入 500μl 的缓冲液 RPE，盖上盖子，12 000 × g 离心 15 秒。弃去流出液。重复此步骤。

13. 将 Mini 离心柱全速离心 2 分钟，使离心柱上的膜变得干燥，避免乙醇残留。

14. 将 Mini 离心柱转移到一个新的 1.5ml 收集管中，在柱子的膜上加入 35μl 无 RNA 酶的水。

15. 12 000 × g 离心 1 分钟将 RNA 洗脱。

注意：既然不能准确地判断 RNA 的浓度，我们建议使用一个固定的体积作为输入量的量度。

25.3.3 miRNA 逆转录

可以采用通用 cDNA 合成试剂盒Ⅱ（Exiqon），按照厂家针对血清和血浆 miRNA 分析的说明书，将 RNA（包括 miRNA）逆转录为 cDNA（见 25.4“注意事项”中的第 2 条）。所获得的 cDNA 在进行扩增前需要做至少 50 倍的稀释。

miRNA 逆转录的步骤采用的是通用 cDNA 合成试剂盒Ⅱ（Exiqon）。

1. 将逆转录（reverse transcription，RT）试剂的混合组分融化：5× 的反应缓冲液，无核酸酶的水。轻轻颠倒混匀试管，将其放到冰上。使用之前，将酶混合液从冰箱中取出并放到冰上。将所有试剂瞬时离心。

2. 按照表 25-1 所示在冰上准备 RT 反应混合液。准备至少 10% 的富余量。

表 25-1　逆转录试剂混合液组成

试剂	体积（μl）
5× 反应缓冲液	4
无核酸酶的水	11
酶混合液	2
模板总 RNA	3
总体积	20

3. 用移液器吹吸混匀，然后瞬时离心。

4. 42℃下孵育 60 分钟。

5. 将逆转录酶在 95℃下热灭活 5 分钟。

6. 迅速冷却至 4℃。

7. 将 cDNA 储存在 -20℃。

25.3.4 cDNA 稀释

将计划用于 ddPCR 反应的 cDNA 模板稀释到无核酸酶的水中。我们推荐将 cDNA 和水按照 1 ： 500 ～ 1 ： 50 的比例稀释，视靶点 miRNA 的丰度而定。将稀释的 cDNA 储存在 -20℃。稀释的 cDNA 被证实在 -20℃下可以稳定保存至少 3 个月。

25.3.5 微滴生成和 PCR

在 QX200 微滴数字 PCR 系统（Bio-Rad）中，基于锁核酸（locked nucleic acid，LNA）技术的 miRNA 特异引物（Exiqon）与一个绿色荧光 DNA 结合染料（EvaGreen）一起使用。微滴生成中应该一次进行 8 个样品。由于这项技术的高度可重复性，并不要求做技术性重复[8,9]。在不同的 PCR 反应条件下，每一个 PCR 板中都应该一直运行一个无模板质控（NTC）样本。

对于 miRNA 的定量，准备一个 20μl 的 PCR 混合液，其中含有 10μl 的 2 × EvaGreen 超混液（Bio-Rad）、8μl 的稀释 cDNA，以及 0.25 ～ 1μl 的 miRNA 特异 miRCURY LNA PCR 引物组（Exiqon）。

miRNA 定量的步骤如下。

1. 将 EvaGreen 主混合液（Bio-Rad）、miRNA 引物组（Exiqon）及 cDNA 在室温下融化并平衡。

2. 将 EvaGreen 主混合液的试管颠倒几次以充分混匀。将所有的试剂瞬时离心。

3. 按照表 25-2 所示准备 ddPCR 混合液。当采用同一个 miRNA 引物组进行多个 ddPCR 反应操作时，推荐准备一个 ddPCR 混合工作溶液。要准备至少 10% 的富余量。

表 25-2　ddPCR 试剂混合液组成

试剂	体积（μl）
2 × EvaGreen 超混液	10
LNA 引物组	可变（0.5 ～ 1）[a]
无核酸酶的水	可变
稀释的 cDNA 模板	8
总体积	20

a 见 25.4 “注意事项” 中的第 5 条。

4. 一旦配制完成后，将 ddPCR 混合液充分混匀并瞬时离心。

5. 在 96 孔 PCR 板或 PCR 管中加入 12μl 的 ddPCR 混合液。

6. 在每个管子 / 孔中加入 8μl 经过稀释的 cDNA 模板，用加样器吹吸混合。

7. 将微滴生成芯片（DG8，Bio-Rad）插入到夹具中。

8. 将每一份准备好的样品取 20μl 加入到 DG8 芯片的样品孔（中间排）中，其间要小心处理，以避免在孔的底部产生气泡。

9. 在每个油孔（底排）中加入 70μl 的 EvaGreen 微滴生成油（Bio-Rad）。

10. 在芯片夹具上部勾上密封垫，放入 QX200 微滴生成仪（Bio-Rad）中。

11. 盖上盖子，开始微滴生成。当微滴生成结束的时候，打开盖子，移去一次性的密封垫。芯片顶部的孔中含有微滴。

12. 缓慢且平滑的从 8 个顶部孔中吸取 40μl 的内含物，加到 96 孔 PCR 板的一个单排中。

13. 转移微滴后立即用箔将 PCR 板封闭，以避免蒸发。采用与 QX200 微滴读取仪的采样针相兼容的可穿透封板箔。

14. 封板后 30 分钟内开始热循环（PCR）。

15. 根据表 25-3 进行循环流程。

表 25-3　ddPCR 的热循环条件

循环步骤	温度（℃）	时间	变温速度	循环
酶活化	95	5 分钟	约 2℃ /s	1
变性	95	30 秒		40
退火 / 延伸	56 ～ 60[a]	1 分钟		
信号稳定	4	5 分钟		1
	90	5 分钟		1
维持（可选）	4	无限		1

a 应该要针对每组引物都设定一个最佳温度。见 25.4“注意事项”中的第 5 条。

25.3.6　微滴读取和数据分析

1. 打开 QX200 微滴读取仪（Bio-Rad）的电源。

2. 将反应板从热循环仪中移到微滴读取仪中。

3. 将含有 PCR 后微滴的 96 孔 PCR 板放到板夹具的基座上。

4. 将板夹具的顶部放到 PCR 板上。用力将两边松开的按钮按下，确保 PCR 板在夹具中。

5. 从电脑系统运行 QuantaSoft 软件。

6. 在 QuantaSoft 软件中，点击“设置（Setup）”给实验命名，然后点击“运行（Run）”开始微滴读取。

7. 当微滴读取结束时，点击“分析（Analyze）”键打开并分析数据。

8. 在 QuantaLife 软件（Bio-Rad）中采用 2D 强度图来选择阳性微滴（套索工具）（图 25-1A）。

9. 采用“事件（Events）”对话框来检查阳性微滴和总微滴数。采用 EvaGreen ddPCR，通常会获得总数为 18 000 ～ 21 000 的微滴（图 25-1B，图 25-1C）。

10. 一旦选择了阳性微滴，从“浓度（Concentration）”对话框中使用输出“.csv”选项来导出 miRNA 的浓度。

11. 假设每一个 miRNA 分子都被逆转录为一个 cDNA 分子，可以将 ddPCR 反应中得到的浓度乘以一个稀释因子（1 ∶ 50 的 cDNA 稀释液的稀释因子 =145.83）来计算 1μl 血浆或血清中的绝对拷贝数。

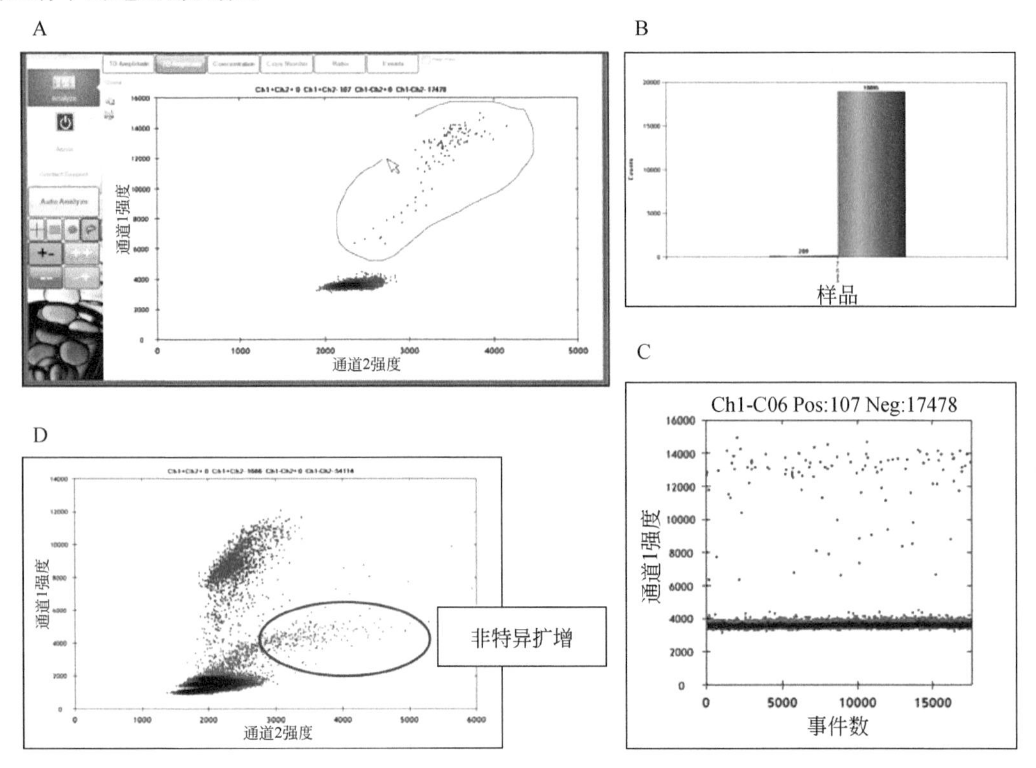

图 25-1 阳性微滴选择。A：2D 图上的阳性微滴选择，采用套索功能在正确的“云层”上手动画一个圈。B：每一个样品的阳性（蓝色）和阴性（绿色）微滴的总数都可视化在 QuantaLife 软件中。C：阳性和阴性微滴的代表性 1D 图。D：一些 LNA 引物组（组合中的 miR-125a-5p）显示出了非特异的产物形成，这一点在 NTC 的孔中也很明显。采用 2D 图并且排除脱靶的扩增产物，仍然可以获得 miRNA 特异的浓度（见 25.4“注意事项”中的第 3 条）。

25.4 注意事项

1. 可以采用不同的流程来准备血浆。最常用的方法：建议在常温或 4℃，采用两次 1200 × g 离心。离心速率的增加可以减少样品中外泌体、微囊泡和血小板的数量，因此可以改变 miRNA 的组成[10]。因此，对于采用同样的流程准备的样品来说，这是对其进行比较所必需的。

2. 当一定数量的循环 miRNA 需要评定时，在一个反应中反向转录所有 miRNA 的一个通用 cDNA 合成系统（例如，由 Exiqon、Qiagen 及目前的 Applied Biosystems/Thermo Fisher 所提出的系统）比由 Applied Biosystems/Thermo Fisher 所研发的仍然大量使用的系统更可取，其中包含了采用茎 - 环（stem-loop）引物的 miRNA 特异逆转录。确实，一个通用的逆转录系统为后续选择 miRNA 的组合来测试同一个 RT 中的起始量提供了灵活性，因此可以减少多个 miRNA 评价中所要求的 RNA 数量。

3. 每一个板中都要运行 NTC 样本，以便验证每个微滴预期的荧光信号。由于 miRNA 的长度比较短，总有可能会有非特异的产物被扩增。由于靶点 miRNA 的扩增产物和引物二聚体的尺寸非常接近，只通过荧光强度可能很难将它们区分。采用 2D 图进行分析并且加上一个第二荧光维度到微滴中，有时候可以分离两个清楚的群体。如果非特异靶点的扩增“云层”与真正的信号并不重叠（图 25-1D），就仍然能够通过只选择真正的阳性微滴而对 miRNA 进行定量。在这种情况下，NTC 样品对于微滴选择来说是至关重要的。如果出现了真阳性和假阳性微滴分布的重叠，这个方法就不能在 ddPCR 系统中使用。应该考虑另外一个供应商的其他方法。

4. 在每一步都采用固定的输入体积来工作，这有可能获得 miRNA 拷贝数的绝对定量，不需要做额外的标准化步骤。因此，采用 ddPCR 所获得的结果可以很容易地用于计算出现在 1ml 血浆或血清中的每个 miRNA 分子的数量。掺入外源性的 miRNA（如 cel-miR-39）可以用于监测 RNA 提取和 RT 反应的发生，但是并不能对 miRNA 水平进行标准化，因为它们的回收率相比于内源性的 miRNA 来说是更加可变的[9]。

5. 血液中的每个 miRNA 的数量各不相同，有些 miRNA 的结果要比其他的更为丰富。在 ddPCR 反应中使用 1 ： 50 稀释的 cDNA 通常已经足以获得阳性和阴性微滴的正确数目。如果阳性微滴出现了饱和（即没有阴性微滴），则有必要对 cDNA 样品做进一步的稀释。

6. 不同的基于 EvaGreen 的 miRNA 检测能够产生不同的阳性和阴性微滴强度（图 25-2）。在运行所有的样品之前，对每一个 LNA 引物组都应该做优化。miR-125a-5p 和 miR-425-5p

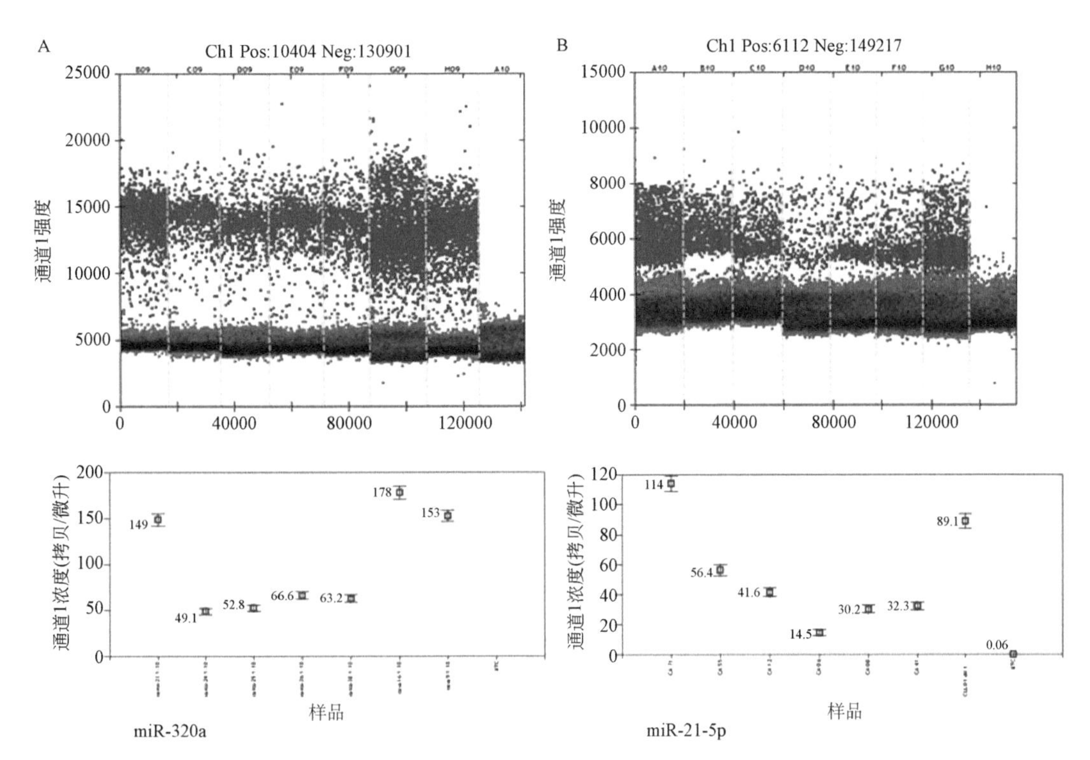

图 25-2 两个不同的 miRNA 检测的微滴分布。在 7 个有代表性的血浆样品和 NTC 中，miR-320a（A）和 miR-21-5p（B）阳性和阴性微滴的强度（上图）和浓度（下图）。根据不同的检测，强度应该会相应改变。结果被呈现为每微升扩增反应中的拷贝数。误差线代表了泊松 95% 置信区间

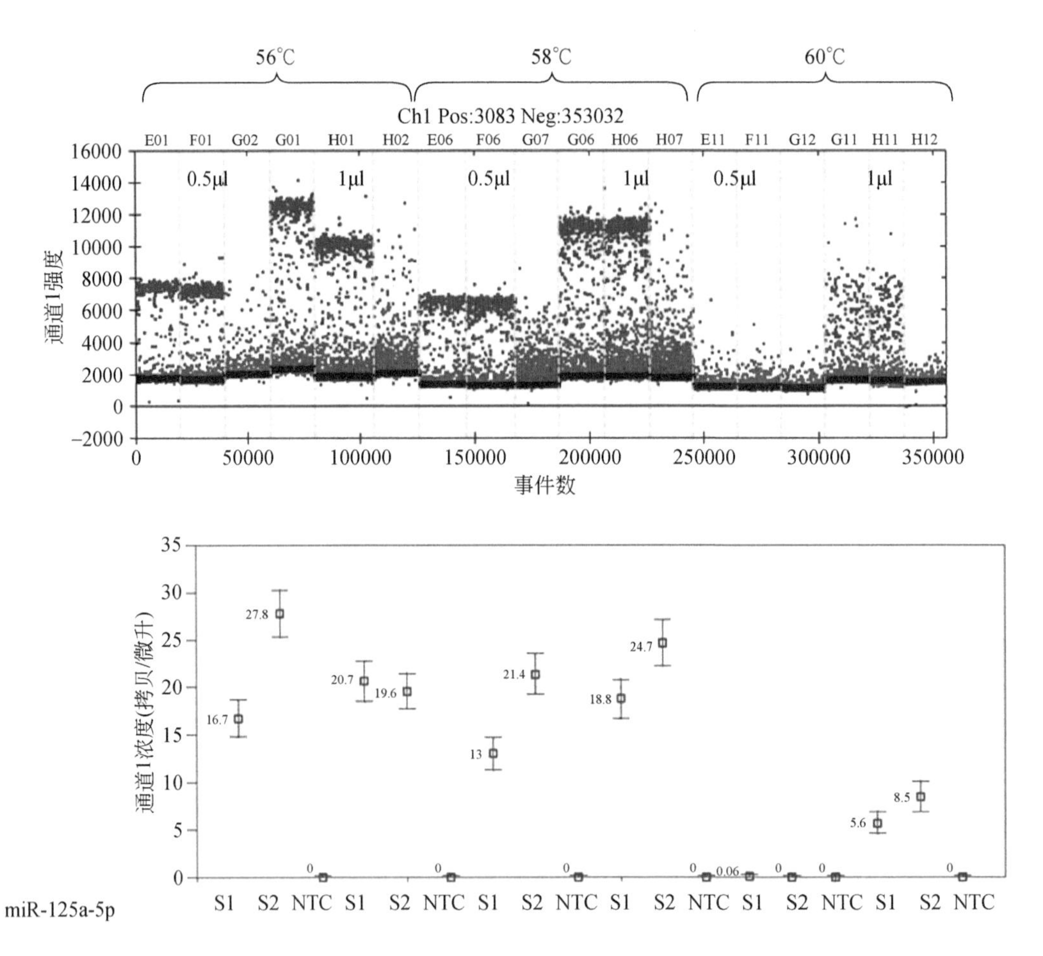

图 25-3　在基于 EvaGreen 的 ddPCR 中，引物浓度和退火温度对微滴荧光强度的影响。在退火温度 56℃、58℃和 60℃下，以及针对两个不同的血浆样本（S1、S2）和 NTC 使用 0.5μl 或 1μl 引物所获得的 miR-125a-5p 的 1D 图和浓度检测。这个方法在 60℃下的 EvaGreen 主混合液中并不工作。56℃时进行 PCR 可以获得阳性 - 阴性微滴的最佳分离，0.5μl 或 1μl 引物都可以。在 1D 图上仍然可以看到非特异的产物（见 25.4“注意事项”中的第 6 条）

优化的结果分别显示在图 25-3 和图 25-4 中。特别的是，通过改变引物的量（通常的范围是每个 ddPCR 反应 0.25 ～ 1μl）和退火温度（通常是 56 ～ 60℃）有可能会发现一个组合，该组合可以使阳性和阴性微滴更好地分离。

致谢

该工作受到了意大利癌症研究协会（Association for Cancer Research，AIRC）的资助，分别为 MF（MFAG 11676）和 MN（分子临床肿瘤特别项目 - 千分之五 n.9980，2010/15）。以及来自意大利教育部、大学和研究 FIRB 2011（RBAPIIBYNP 计划）和 Ferrara 大学（FAR 2012-14）对 MN 的资助。

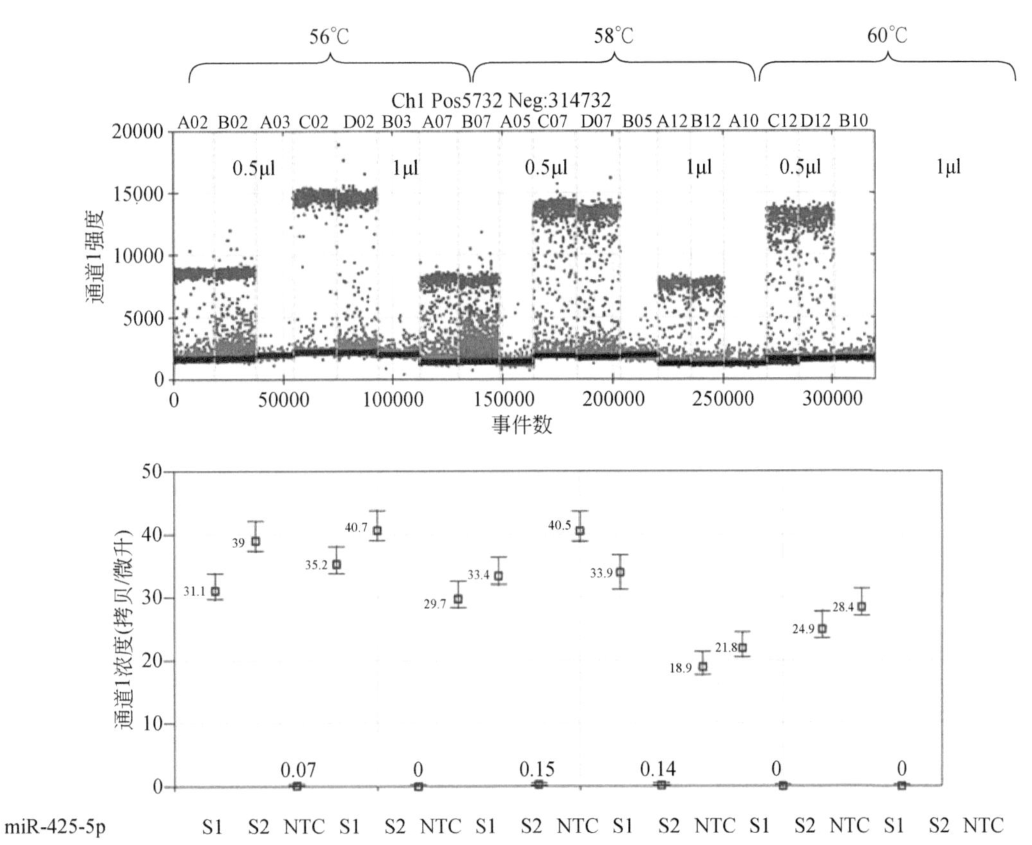

图 25-4 在基于 EvaGreen 的 ddPCR 中，引物浓度和退火温度对微滴荧光强度的影响。在退火温度 56℃、58℃和 60℃下，以及针对两个不同的血浆样本（S1、S2）和 NTC 使用 0.5μl 或 1μl 引物所获得的 miR-425-5p 的 1D 图和浓度检测图。这个方法在所有温度下的 EvaGreen 主混合液中都正常工作。56℃时采用 1μl 引物进行 PCR 可以获得阳性 - 阴性微滴的最佳分离

参考文献

1. Chen X, Ba Y, Ma L et al (2008) Characterization of microRNAs in serum: a novel class of biomarkers for diagnosis of cancer and other diseases. Cell Res 18 (10):997–1006
2. Lawrie CH, Gal S, Dunlop HM et al (2008) Detection of elevated levels of tumour-associated micro-RNAs in serum of patients with diffuse large B-cell lymphoma. Br J Haematol 141 (5):672–675
3. Mitchell PS, Parkin RK, Kroh EM et al (2008) Circulating microRNAs as stable blood-based markers for cancer detection. Proc Natl Acad Sci U S A 105 (30):10513–10518
4. Jarry J, Schadendorf D, Greenwood C et al (2014) The validity of circulating microRNAs in oncology: five years of challenges and contradictions. Mol Oncol 8(4):819–829
5. Witwer KW (2015) Circulating MicroRNA biomarker studies: pitfalls and potential solutions. Clin Chem 61(1):56–63
6. Moldovan L, Batte KE, Trgovcich J et al (2014) Methodological challenges in utilizing miRNAs as circulating biomarkers. J Cell Mol Med 18(3):371–390
7. Ferracin M, Lupini L, Salamon I et al(2015) Absolute quantification of cell-free microRNAs in cancer patients.

Oncotarget 6(16):14545–14555

8. Hindson CM, Chevillet JR, Briggs HA et al (2013) Absolute quantification by droplet digital PCR versus analog real-time PCR. Nat Methods 10 (10):1003–1005
9. Miotto E, Saccenti E, Lupini L et al (2014) Quantification of circulating miRNAs by droplet digital PCR: comparison of EvaGreen- and TaqMan-based chemistries. Cancer Epidemiol Biomark Prev 23(12):2638–2642
10. Cheng HH, Yi HS, Kim Y et al (2013) Plasma processing conditions substantially influence circulating microRNA biomarker levels. PLoS One 8(6): e64795

第 26 章

采用微滴数字 PCR 对血浆和血清中的细胞外 MicroRNA 进行绝对定量：癌症生物标志物 hsa-miR-141 的定量

Maria D. Giraldez，John R. Chevillet，Muneesh Tewari

摘要：基于微滴的数字 PCR（dPCR）为核酸靶序列提供了高精确度的绝对定量，在研究和临床诊断方面都有广泛的应用。基于微滴的 dPCR 通过计数包裹在分离的、体积一定的油包水微滴分隔中的核酸分子实现了绝对定量。目前获得的系统克服了实施 dPCR 过程中缺乏可扩展的实用技术的不足。生物液体（血浆、血清、尿液、脑脊液等）中的细胞外 microRNA（miRNA）在多种疾病和多个临床条件下（如诊断、早期诊断、预测复发和预后）都是非常有前景的非侵袭性生物标志物。在这里我们介绍了一个方案，通过采用微滴数字 PCR（ddPCR）能够对细胞外的 miRNA 进行高度准确和可重复性的绝对定量。

关键词：dPCR；MicroRNA；生物液体；血浆；血清；绝对定量；qPCR；重复性

26.1 引言

dPCR 是一个能够对靶点序列的核酸提供高精确度绝对定量的方法，其根据是将单个分析物分子以有限稀释的方式进行多重分隔，在多数反应中，其最初的形式将会形成 1 个或 0 个分子 [1]。在 PCR 终点之后，通过对阳性（含有扩增的靶点）和阴性（没检测到扩增靶点的反应）的泊松统计分析来计算模板的起始浓度。相比于实时 PCR 来说，dPCR 的定义有很多优势 [2]，包括不需要外部的参考品就可以获得绝对定量的能力，在 PCR 效率上有稳健的变化 [3]，以及对 PCR 抑制剂有潜在更高的适应性 [4,5]。重要的是，目前可商业购买的技术已经可以克服 dPCR 应用在可扩展性和实用技术方面的不足 [6]。从这个意义上讲，目前的商业系统能够将反应分到纳升级（Bio-Rad）[7,8] 或皮升级尺寸（RainDance）[9] 的油包水微滴中，而不是多孔板中。每个样品之中数千个（Bio-Rad）或数百万个（RainDance）

微滴的快速微流控分析使得基于微滴的 dPCR 的常规应用成为可能。此外，即使是在有限稀释的条件下[7,8]（例如，达到甚至有时候低于平均 5 拷贝 / 微滴），高度均一的微滴（如 Bio-Rad QX100/200）也能对浓度进行准确的计算（对每个微滴之中的多个靶点分子进行泊松校正），系统的实用动态范围由此而得到实质性的提高。

我们已经研发了一个方案，采用 Bio-Rad 的微滴数字™ PCR（ddPCR™）系统对细胞外的 miRNA 进行了高精确度和可重复的绝对定量，并且将其表现与 RT-qPCR 进行了比较[10]。作为多种疾病和不同临床条件下（如诊断及早期诊断、预测复发和预后）潜在的无创生物标志物，生物液体（血浆、血清、尿液、脑脊液等）中的细胞外 miRNA 已经被进行了很多研究[11]。例如，血浆或血清中的循环游离 hsa-miR-141 已经在多个的类型上皮癌症（包括前列腺癌、结直肠癌和乳腺癌）中被发现是一个生物标志物[12-19]，已经被作为预后、微创（即通过血液样本）诊断甚至是潜在的癌症早期诊断方面的生物标志物进行研究。在这里，相比于 RT-qPCR，采用 ddPCR 进行 miRNA 的定量可以提供更高的准确性和更少的日间差异[10]。对于某些被评价的 miRNA 检测来说，这种更高的准确性在某种程度上与 ddPCR 比 qRT-PCR 有更高的敏感性有关，通常，此时的敏感性被评定为定量的极限，但是在某些情况下也被评定为检测的极限[10]。这些特征及不需要任何标准参考（即不需要标准曲线）就能够获得绝对定量的可能性使得 ddPCR 成为 miRNA 研究中非常吸引人的一项技术。在任何情况下，ddPCR 所提供的更好的可重复性、实验室内部结果（不仅仅是同一个项目的日间结果，也可能是现有结果与之前项目存档数据间）及潜在的不同实验室间结果进行直接比较的可能性，有望提高研究中的可重复性、多机构之间数据的比较和协作，以及最终更快的研究进展。

26.2 材料

26.2.1 设备

1. QX100™ 或 QX200™ ddPCR™ 系统（每个系统包含两个设备，微滴生成仪和微滴读取仪）（Bio-Rad）。
2. 带有梯度功能 96 深孔模块的 C1000 Touch™ 热循环仪（Bio-Rad）。
3. PCR 板热封仪（Eppendorf）或 PX1™ PCR 板热封仪（Bio-Rad）。
4. 单通道手动移液器，2μl、20μl、200μl 和 1000μl（Pipet-Lite LTS）。
5. 8 通道手动移液器，10μl、20μl、50μl 和 200μl（Pipet-Lite LTS）。

26.2.2 形成连续稀释的试剂（可选）

1. miRNA 合成模板 /s（IDT）。见 26.4“注意事项”中的第 1 条。
2. 没有核酸酶的水。
3. MS2 载体 RNA 0.8μg/μl（Roche，PN：10165948001）。
4. Eppendorf twin.tec 96 孔 PCR 板（Eppendorf，PN：951020362）。
5. 15ml 的锥形管（Corning，PN：352196）。
6. 1.7ml 的低黏附微离心管（GeneMate，PN：C-3302-1）。

26.2.3　逆转录的试剂

1. TaqMan® miRNA 逆转录试剂盒（Applied Biosystems，PN：4366596 或 4366597）。试剂盒包括 10 × RT 缓冲液、dNTP 混合液、RNA 酶抑制剂、Multiscribe™ 逆转录（RT）酶。

2. 针对特异靶点的 TaqMan® miRNA 检测的 5 × 逆转录引物（Applied Biosystems，PN：4427975）。

3. Eppendorf twin.tec 96 孔 PCR 板（Eppendorf，PN：951020362）。

4. 具有黏附性的 PCR 箔（Thermo Scientific，PN：AB-0626）。

5. 1.7ml 的低黏附微离心管（GeneMate，PN：C-3302-1）。

26.2.4　用于 PCR 样品准备、微滴生成和微滴 PCR 扩增的试剂

1. TaqMan® miRNA 20 × 的 PCR 检测（Applied Biosystems，PN：4427975）。

2. 无 dUTP 的 2 × ddPCR™ 探针超混液（Bio-Rad，PN：186-3024）。

3. 用于探针的微滴生成油（Bio-Rad，PN：186-3005）。

4. 用于 QX100/QX200 微滴生成仪的 DG8™ 芯片（Bio-Rad，24 cartridges PN：186-4008）。

5. 用于 QX100/QX200 微滴生成仪的 DG8™ 密封垫（Bio-Rad，24 gaskets PN：186-3009）。

6. Eppendorf twin.tec 96 孔 PCR 板（Eppendorf，PN：951020362）。

7. 可穿透的热封箔（Bio-Rad，PN：1814040）。

8. 1.7ml 的低黏附微离心管（GeneMate，PN：C-3302-1）。

9. 无菌一次性试剂储存器（Costar，PN：07-200-127）。

26.2.5　微滴读取的试剂

ddPCR 微滴读取油（Bio-Rad，PN：186-3004）。

26.3　方法

26.3.1　用于血浆和 RNA 分离的血液样本处理

我们已经在别的地方介绍了样品处理和 RNA 分离的方法 [12,20,21]。简而言之，在血浆收集流程的最新迭代中，我们采用 K2 EDTA 管收集全血样本，然后在 2 小时内采用一个两步离心的步骤来分离血浆，确保其中不仅没有细胞，也没有一定数量的污染血小板 [21]。出现可见溶血现象的血浆样本将会被弃去。采用 miRNeasy 试剂盒（Qiagen），按照之前所介绍的经过少量修改的步骤 [20]，从 200μl 血浆或血清之中纯化含有 miRNA 的总 RNA，尽管我们已经成功地采用 miRVana PARIS RNA 分离试剂盒（Ambion）做为一个替代方案 [12]。我们发现，采用吸收光谱分析进行定量，纯化 RNA 的含量都很低，这一点并非不常见。我们采用了一个固定体积的 RNA 洗脱液，而不是将一个固定量的 RNA 加入到后续的逆转录反应中。

26.3.2 建立连续稀释（可选，见 26.4“注意事项”中的第 2 条）

除非特别说明，以下步骤都应该在冰上进行。见 26.4“注意事项”中的第 3 条。

1. 融化合成的 miRNA 模板 /s（10μmol/L）和 MS2 载体 RNA。

2. 为每一个合成模板标记 4 个低黏附的 1.7ml 微离心管（Ⅰ～Ⅳ）。见 26.4“注意事项”中的第 4 条。

3. 按照表 26-1 所示，在 15ml 锥形管中准备 MS2 的稀释液。

4. 倒转轻轻混合。

5. 按照表 26-2 第 3 列所示的 MS2 稀释液体积，将其吸取到之前为每个 miRNA 稀释系列所标记的Ⅰ～Ⅳ微离心管中。

表 26-1 MS2 稀释液

	1×
无核酸酶的水	9.585ml
MS2 载体 RNA（0.8μg/μl）	415μl
总体积	10ml

表 26-2 miRNA 合成模板稀释

稀释号（试管标签）	转移的 miRNA（μl）	稀释水 / MS2（μl）	miRNA（拷贝 / 微升）	当 2μl 的稀释液加到 10μl 的一个 RT 检测中时，RT 检测到的水平（拷贝 / 微升）	当 1μl 的合成 cDNA 加到 20μl 的 ddPCR 检测中时，ddPCR 检测到的水平（拷贝 / 微升）
管子或孔	已提供		6.02×10^{12}		
Ⅰ	10	990	6.02×10^{10}		
Ⅱ	10	990	6.02×10^{8}		
Ⅲ	10	990	6.02×10^{6}		
Ⅳ	10	990	6.02×10^{4}		
1（96 孔板起始）	41	59	24 691	4936	250
2	50	50	12 345	2468	125
3	50	50	6173	1234	62.5
4	50	50	3086	617	31.3
5	50	50	1543	309	15.6
6	50	50	772	154	7.8
7	50	50	386	77	3.9
8	50	50	193	39	1.95
9	50	50	96	19	0.98
10	50	50	48	10	0.49
11	50	50	24	5	0.25
12	0	50	0	0	0

6. 在 96 孔板的第一个孔中加入 59μl 的 MS2 稀释液，在连续的第 2 ～ 12 个孔中加入 50μl。

7. 将合成的 miRNA 模板 /s（10μmol/L）瞬时离心，移液器吹吸几次充分混匀，再次瞬时离心。

8. 将 10μl 相应的合成 miRNA 转移到之前标记为Ⅰ的微离心管中。

9. 通过移液器吹吸将全体积的 5× 溶液混合，确保完全混合并瞬时离心。

10. 将微离心管Ⅰ中的 10μl 液体转移到事先标记为Ⅱ的微离心管中。

11. 重复步骤 9 ～ 10，按照表 26-2 的提示更改转移的体积，直到所有的稀释液都已经完全转移在Ⅱ～Ⅳ微离心管中，然后是转移在微孔板的 1 ～ 12 孔中。见 26.4“注意事项”中的第 5 条。

26.3.3 逆转录

除非特别说明，以下步骤都应该在冰上进行。见 26.4“注意事项”中的第 3 条。

1. 融化 10× 的 RT 缓冲液、dNTP 混合液，以及目的 miRNA 的 5×RT 引物。在一个便携式冷却器上使 RNA 酶抑制剂和逆转录酶保持低温。见 26.4“注意事项”中的第 6 条和第 7 条。

2. 将 RT 引物、10×RT 缓冲液和 dNTP 混合液涡旋，以确保充分混匀，瞬时离心。将 RNA 酶抑制剂和逆转录酶瞬时离心。

3. 将表 26-3 所列的 RT 主混合液成分加入到一个低黏附的微离心管中。在加入 RNA 酶抑制剂和逆转录酶之前，移液器吹吸几次以充分混匀。加入后再吹吸 5 次以进行混匀。

表 26-3 逆转录主混合液

	1×
无核酸酶的水	4.12
10×RT 缓冲液	1
100nmol/L dNTP	0.1
RT 引物（5×）	2
RNA 酶抑制剂	0.12
Multiscribe RT	0.66
RNA	2
总体积	10μl

4. 采用一个多通道的移液器在 96 孔板的相应孔中加入 8μl 的 RT 主混合液。

5. 吸取 2μl 的合成 miRNA 模板稀释液或细胞外 RNA 样品到逆转录混合液中。采用一个多通道移液器做全部溶液体积（10μl）的混合。注意，我们已经采用血浆和血清对这个方案进行了测试。对于其他来源（如尿液、唾液和脑脊液）的细胞外 RNA 分析来说，这个方案可能也是有用的，但是需要对每一种来源的生物液体类型进行验证。

6. 用箔封住 96 孔板。

7. 将 96 孔板瞬时离心。

8. 将 96 孔板放到一个合适的热循环仪中。关上盖子，然后按照表 26-4 所列的温度条件进行逆转录。

表 26-4 逆转录温度条件

16℃	30 分钟
42℃	30 分钟
85℃	5 分钟
4℃	维持

26.3.4 PCR 样品的准备

除非特别说明，以下步骤都应该在冰上进行。

1. 将 2× 的 Bio-Rad 超混液及与靶点 miRNA 特异结合的 20× 引物 / 探针混合液融化。见 26.4“注意事项”中的第 6 条和第 7 条。

2. 将 2× 的 Bio-Rad PCR 超混液瞬时离心，通过移液器吹吸几次以混匀（在 −20℃存储的过程中可能会形成浓度梯度）。见 26.4“注意事项”中的第 8 条。

3. 将引物瞬时离心，涡旋以确保适当混匀。

4. 按照表 26-5 所示准备 ddPCR 主混合液，将试剂加到一个低黏附的微离心管中，通过移液器吹吸几次以充分混匀。表 26-5 提供了一个反应的主混合液所需成分的体积。在实际操作中，这个体积应该乘以所需要反应的数量，并且每个体积都另外增加 10%，以过量的主混合液来弥补移液中的损失，后续从主混合液管子中吸取多个等份的液体时，这种损失是无法避免的。

5. 在冰上的一个新 96 孔板中的每个相应孔中加入 21μl 的主混合液。

6. 将 cDNA 溶液和无核酸酶的水按照 1 ∶ 1 混合。

7. 向主混合液中加入 2μl 稀释的 cDNA。

8. 将 96 孔板密封并瞬时离心（例如，600×*g*，1 分钟）。

表 26-5 ddPCR 主混合液

	1×
无核酸酶水	8.8μl
20× 引物 / 探针 TM	1.1μl
2×Bio-Rad MM v1.2	11.1μl
1 个反应的主混合液体积	21μl

注：每个反应的主混合液和 cDNA 总体积是 23μl，即使加载到 DG8 芯片上的只有 20μl。超过的部分被包含在内是为了弥补任何移液中的损耗。

26.3.5 微滴生成和微滴扩增

1. 将微滴生成油加到一个储存器中。见 26.4“注意事项”中的第 9 条。

2. 打开板热封仪，使用前预热至少 10 分钟。

3. 让反应混合液在室温下静置 3 分钟后再转移到芯片中。

4. 在 DG8 芯片夹具中加载一个 DG8 芯片，使芯片的凹槽位于夹具的左上方。

5. 采用一个多通道的移液器，将反应混合液加到 DG8 芯片的中间排，缓慢移液，以避免产生气泡。见 26.4“注意事项”中的第 10 条和第 11 条。

6. 采用一个多通道的移液器，在 DG8 芯片底部的每个孔中加入 70μl 的微滴生成油。

7. 在 DG8 芯片的顶部附上一个密封垫，使其勾住芯片夹具的两边。

8. 点击微滴生成仪顶部绿色的按钮将其打开，将芯片夹具放到设备里面。

9. 点击同一个按钮将微滴生成仪关闭。设备将会开始生成微滴。

10. 微滴生成结束之后（微滴生成仪上的 3 个指示灯都为常绿），打开微滴生成仪，取出芯片夹具，其中的芯片在正确的位置。见 26.4“注意事项”中的第 12 条。

11. 从夹具上取下一次性的密封垫并将其弃去。保持芯片在夹具之中。

12. 采用一个多通道移液器，从芯片上部孔中轻轻吸取并转移 40μl 的微滴至一个 96 孔 PCR 板中（见 26.4“注意事项”中的第 13 条）。见 26.4“注意事项”中的第 14 条和第 15 条。在这个过程中盖上板子，以避免蒸发和污染。

13. 转移完微滴之后，立即采用一个可穿透的热封箔将板密封，以避免蒸发。见 26.4“注意事项”中的第 16 条和第 17 条。

14. 将密封的 96 孔板放到一个热循环仪中，按照表 26-6 所示的循环条件进行操作。见 26.4“注意事项”中的第 18 条和第 19 条。

表 26-6　ddPCR 循环条件

95℃	10 分钟
40 个循环的以下步骤	
94℃	30 秒
60℃	60 秒
98℃	10 分钟
然后	
4℃	维持

26.3.6　微滴读取

1. 当 PCR 扩增结束之后，将 96 孔板从热循环仪中取出，将其加载到微滴读取仪上。见 26.4“注意事项”中的第 20 条。点击读取仪绿色盖子上的按钮，打开设备并将 96 孔板放到板夹具中（PCR 板的 A1 孔必须是在左上部）。

2. 确认微滴读取仪的 3 个指示灯都为常绿。见 26.4“注意事项”中的第 21 条。

3. 打开 QuantaSoft 软件，点击左侧导航栏的“设置（Setup）”来定义试验。采用孔选择器来定义设置。

（1）样品

• 名称。对应每个孔输入样品的 ID。

• 试验。从下拉菜单中选择“绝对定量（Abs Quant）”。
• 主混合液。ddPCR 探针主混合液（无 dNTP）。
（2）靶点 1
• 名称。输入靶点 miRNA 的名称。
• 类型。为每个孔选择 Ch1 未知或 NTC。
（3）靶点 2
• 因为我们在试验中只分析了一个靶点，所以在这里不需要填入任何信息。

点击“OK”保存设置 [如果点击“应用（Apply）”，会保存设置而不离开孔编辑窗口。相反，如果点击“OK”，则是保存设置并关闭孔编辑窗口]。

4. 一旦完成试验设置定义后，点击左侧导航栏的“运行（Run）”开始运行。在运行选择窗口将会显示选择检测的化学作用（下部设置探针染料，从下拉菜单中点击“FAM/VIC”）。点击“OK”。之后，左侧导航栏会显示出一个绿色圈，周期性闪烁，提示运行正在进行中。见 26.4“注意事项”中的第 22 条。

5. 读取结束之后（4 个指示灯都为常绿），点击盖上的按钮打开门，从单元之中取出板夹具。见 26.4“注意事项”中的第 23 条。将 96 孔板从夹具中取出并弃去。

26.3.7 分析结果

1. 在 QuantaSoft 软件中点击“1-D 强度（1-D amplitude）”标签，将每一个通道所收集的数据可视化。在我们的示例中只使用了一个通道（通道 1，FAM）。软件将一个样品中每个微滴都做到图中，显示出荧光强度与微滴数目（事件）的关系（图 26-1A）。也可以

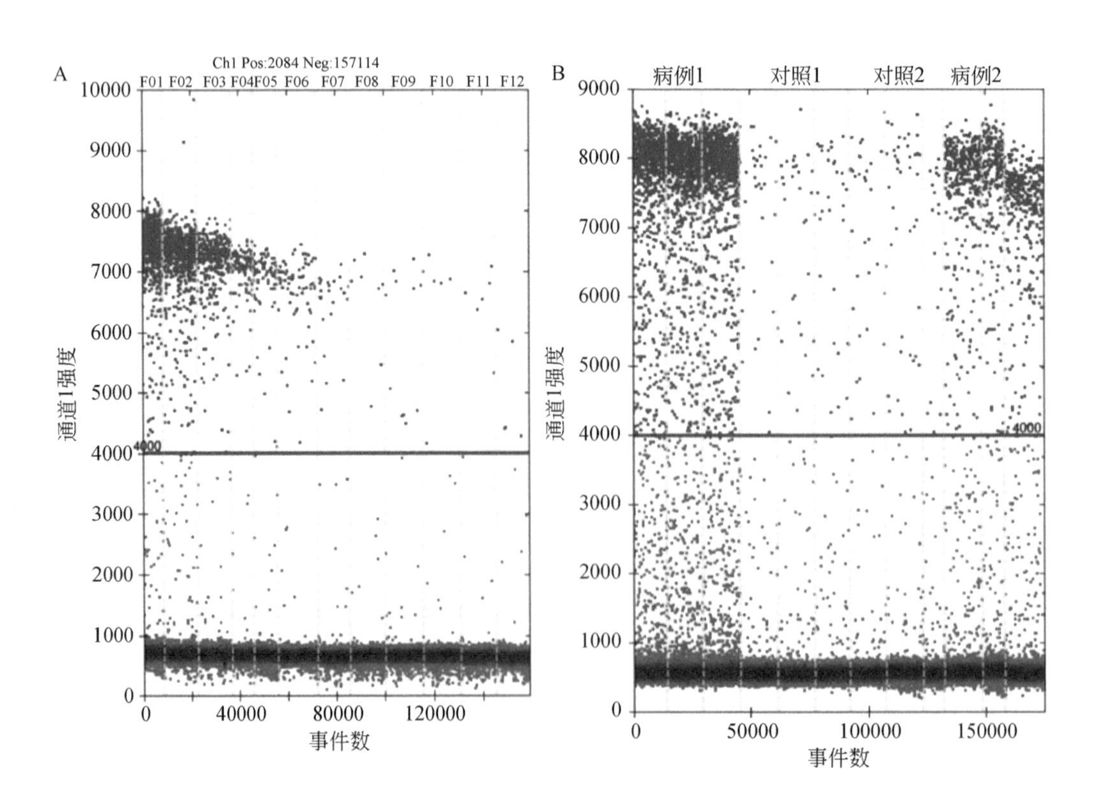

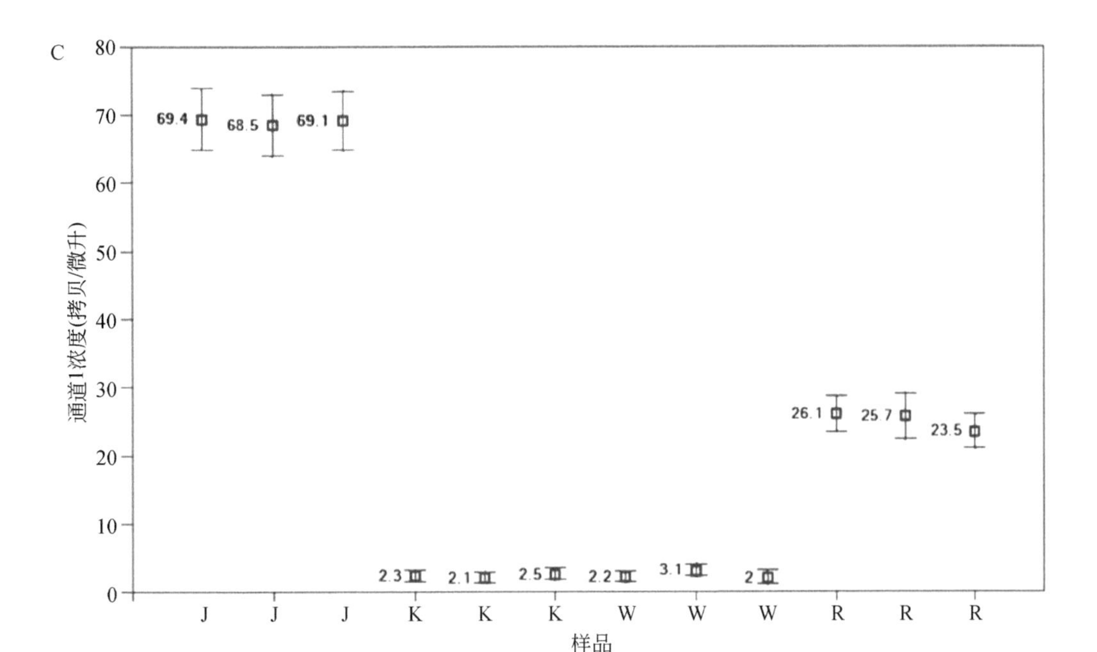

图 26-1　A：采用 ddPCR 对连续稀释的合成 miR-141 进行定量。B 和 C 是来自两个健康对照（K 和 W）和两个晚期前列腺癌患者（J 和 R）的血浆样品中的 hsa-miR-141 的定量。每个样品都检测了三个技术性重复。在 ddPCR 中，QuantaSoft 软件检测了对于每个荧光基团为阳性和阴性的微滴数目。一个样品之中的每一个微滴都显示在一个 1D 的密度图上（A），显示了荧光强度与微滴数目（事件）的对比。图中垂直的黄色线显示的是每个孔中微滴数据开始和结束的位置，而指定的阈值显示为水平的粉色线。所有的阳性微滴（水平粉色线所提示的位于阈值强度以上的微滴）被标为阳性，每一个都指定一个数值 1。所有的阴性微滴（那些位于阈值以下的）被标为阴性，每一个都指定一个数值 0。阳性或阴性微滴数目与微滴总数的对比可以显示为一个柱状图（B）。这种计数技术提供了一个数字信号，从中可以通过某个样品之中阳性和阴性微滴的统计分析而计算起始的靶点浓度。软件将阳性微滴的部分调整为一个泊松分布，来判断以“拷贝 / 微升输入样品”为单位的绝对起始拷贝数，然后将每个样品的靶点浓度绘制为每微升的拷贝数（C）。浓度图上的误差线反映了总误差或泊松 95% 置信区间

将数据可视化为事件对强度的直方图。这个标签提供了调整阈值的选项，该阈值被用于为通道指定阳性和阴性。

2. 采用多样品阈值工具为所有样品选择同一个阈值（对于我们所分析的血浆 / 血清 miRNA，阈值为 4000 通常会表现良好，尽管合适的阈值可能会根据阳性和阴性事件的强度而有所变化）。见 26.4“注意事项”中的第 24 条。

3. 点击“事件（Events）”标签来浏览为每个孔 / 样品所计算的微滴事件数（可以看到阳性、阴性或总微滴的数目，或者它们的任意组合）（图 26-1B）。考虑从其中排除掉总微滴数＜ 10 000 的分析样品，以便获得更窄的 95% 置信区间。

4. 点击“浓度（Concentration）”标签来观察为每一个样品中的靶点所估算的拷贝 / 微升及泊松 95% 置信极限（图 26-1C）。

5. 点击“输出 CSV.（Export CSV.）”，将结果输入到一个 Excel 文件中。

26.3.8 结果解释——生物标志物分析

对于血浆或血清中的 miRNA，生物标志物分析相关的数据解释仍然是一个活跃的研究领域，它不仅要依赖特异的生物标志物也要依赖疾病背景。因此，一个能够提示疾病的 miR-141 水平的通用特异“阈值”尚未建立。在研究设置下，对两组个体进行比较（如患有某种疾病的病例与健康对照的对比），参数和非参数的统计测试都会被经常使用。此外，受试者操作特征（receiver operating characteristic，ROC）曲线分析是一个重要的生物标志物分析方法，对于从对照中分辨出病例样本，这个方法可以反映生物标志物的敏感性和特异性之间的关系。

26.4 注意事项

1. 准备单次使用的 10μmol/L 等份的合成 miRNA，保存在 -80℃直至使用。

2. 建立合成 miRNA 的稀释系列对于 ddPCR 来说并不是强制性的，因为这个技术的定量并不依赖标准曲线。然而，要想评价所用方法的效率，可以参考合成 miRNA 稀释系列的结果。这样一个稀释系列提供了一个质控，以确认方法和流程都能正常工作，对于这样的质控目的来说，建议将其包含在常规运行之中。采用合成 miRNA 稀释系列实验，有可能会发现效率低下的方法，这些方法在应用到 ddPCR 实验之前将会从进一步的优化之中获益。要想找到正确的退火条件，方法优化有时是有必要的，在其他情况下可以识别彼此相似的靶点。造成方法效率低下的原因包括靶点的可及性低（如靶点 DNA 序列没有分开，导致引物不能够退火），DNA 降解（即在引物将要结合的区域出现了 DNA 的片段化）。然而，需要重点注意的是，对于多数经过优化的方法，通常并不要求做检测效率的标准化（除非是在极特殊的情况下），即使检测（计划将其用于一个实验）效率存在某种程度的变化。因为相比于 qPCR，这种变化的效果通常对 ddPCR 定量的影响极小。

3. 使用 RNA 应特别警惕，因为 RNA 存在化学不稳定性，而且 RNA 酶无处不在。处理和保存 RNA 都要确保有良好的实验室规范，以便获得实验方案的最佳表现。

（1）一直戴一次性手套，并且在无核酸酶的环境下工作。

（2）采用商业购买的 RNA 酶失活剂来处理实验台面和玻璃器皿，如 RNaseZap（Life Technologies）。

（3）采用无核酸酶的、低核酸结合的塑料制品和带有过滤芯的移液吸头。

（4）要一直确保商业购买的试剂和化学制品都没有 RNA 酶。

（5）尽可能盖上管子的盖子，打开之前要离心管子。

（6）在冰上操作。

（7）如果长期保存，RNA 应该保存在 -80℃。

（8）避免反复冻融。

4. 对于准备在实验中进行评价的每个 miRNA，为其建立一个单独的稀释系列。

5. 在每个稀释步骤之间要更换微量移液器吸头，以避免吸附物遗留。

6. 如果可能的话，建议在一个 PCR 前（Pre-PCR）空间的 PCR 通风橱中准备主混合液，以便将 PCR 设置过程中的污染风险最小化。

7. 为将要测试的每一个 miRNA 都准备一份单独的专用主混合液。

8. 融化之后，将剩余的 2×Bio-Rad PCR 超混液储存在 4℃至 1 ～ 2 周，避免重新冷冻。

9. 油的需求量要根据将要处理的样品数目而定。如果不是处理一个完整的 96 孔板，那就不用将瓶子（7ml）中的全部体积都取出来，根据表 26-7 所列的样品数来调整体积。

表 26-7　微滴生成油的要求

孔数	油的体积（μl）[a]
8	700
24	1820
48	3500
96	6860

a 注意：700μl 的体积包含了多余量，以便补偿采用多通道移液器进行移取时的损耗。

10. 气泡会覆盖孔的底部，导致减少 2500 ～ 7000 微滴及数据质量差。

11. DG8 微滴生成芯片中的 8 个样品孔必须都要有样品（如果处理中样品量不够，则采用无模板的质控反应液或采用 Bio-Rad 的 1×ddPCR 缓冲液质控将整个芯片占满），所有 8 个油孔也必须要含有微滴生成油。

12. 8 个样品的微滴生成时间通常是 2 分钟。

13. 因为 96 孔板在后面将放到微滴读取仪中，采用一个与这个设备相匹配的板是非常重要的（Eppendorf twin.tec 半裙边板不仅能够刚好适合设备，而且提供了读取过程中所需要的最佳刚性）。

14. 采用一个 50μl 的手动多通道移液器，轻轻地移液，以避免破坏微滴。

15. 吸取量不要＞ 40μl，因为这会导致气体渗透到微滴溶液中，会在热循环之前导致微滴的剪切和（或）聚合。

16. 确保所使用的可穿透热封箔与微滴读取仪中的样品针是兼容的（在微滴读取过程中，设备会穿透板的封口来吸取每一份样品）。不要使用自带黏性的 PCR 膜。

17. 封板后 30 分钟之内开始热循环（PCR），或者在热循环前将板放在 4℃，最长 4 小时。

18. 采用 2.5℃ /s 的变温速度，以确保每个微滴在循环过程中的每一步都能达到正确的温度。

19. 对于一个优化的 ddPCR 方法来说，40 个循环的 PCR 是足够的。不要超过 50 个循环。

20. 一旦微滴经过了 PCR 扩增，产品就会非常稳定。在读取微滴之前，可以将板放在热循环仪中 10℃过夜或存在 4℃中 3 ～ 4 天。

21. 第一个常绿的灯提示微滴读取仪是打开的，第二个提示读取油和废液瓶的水平适合运行，第三个提示有一个板在正确的位置。

22. 点击“OK”之后，可能需要 1 分钟，就会出现绿色圈。

23. QX100 微滴读取仪每小时可以处理 32 个孔。

24. 尽管改变阈值通常对 ddPCR 的结果影响极小（与 qPCR 相比），但我们推荐将所有试验中的每个样品都设置同样的阈值，以便使结果尽可能具有可比性。

致谢

M.D.G 感谢最初来自 Rio Hortega 基金及之后来自 Martin Escudero 基金的资助。M.T. 感谢来自国防部同行评议的癌症研究计划奖励 CA100606 和美国国立卫生研究院转化性 R01 基金 R01DK085714 的资助。

参考文献

1. Vogelstein B, Kinzler KW (1999) Digital PCR. Proc Natl Acad Sci U S A 96(16):9236–9241
2. Sykes PJ, Neoh SH, Brisco MJ et al (1992) Quantitation of targets for PCR by use of limiting dilution. BioTechniques 13(3):444–449
3. Bustin SA, Nolan T (2004) Pitfalls of quantitative real-time reverse-transcription polymerase chain reaction. J Biomol Tech 15(3):155–166
4. Rački N, Dreo T, Gutierrez-Aguirre I et al(2014) Reverse transcriptase droplet digital PCR shows high resilience to PCR inhibitors from plant, soil and water samples. Plant Methods 10(1):42
5. Dingle TC, Sedlak RH, Cook L et al(2013) Tolerance of droplet-digital PCR vs real-time quantitative PCR to inhibitory substances. Clin Chem 59:1670–1672
6. Baker M(2012) Digital PCR hits its stride. Nat Methods 9:541–544
7. Hindson BJ, Ness KD, Masquelier DA et al(2011) High-throughput droplet digital PCR system for absolute quantitation of DNA copy number. Anal Chem 83(22):8604–8610
8. Pinheiro LB, Coleman VA, Hindson CM et al(2012) Evaluation of a droplet digital polymerase chain reaction format for DNA copy number quantification. Anal Chem 84 (2):1003–1011
9. Kiss MM, Ortoleva-Donnelly L, Beer NR et al(2008) High throughput quantitative polymerase chain reaction in picoliter droplets. Anal Chem 80 (23):8975–8981
10. Hindson CM, Chevillet JR, Briggs H et al(2013) Absolute quantification by droplet digital PCR versus analog real-time PCR. Nat Methods 10:1003–1005
11. Weiland M, Gao XH, Zhou L et al(2012) Small RNAs have a large impact: circulating microRNAs as biomarkers for human diseases. RNA Biol 9(6):850–859
12. Mitchell PS, Parkin RK, Kroh EM et al(2008) Circulating microRNAs as stable blood-based markers for cancer detection. Proc Natl Acad Sci U S A 105 (30):10513–10518
13. Cheng H, Zhang L, Cogdell DE et al (2011) Circulating plasma MiR-141 is a novel biomarker for metastatic colon cancer and predicts poor prognosis. PLoS One 6(3):e17745
14. Bryant RJ, Pawlowski T, Catto JW et al (2012) Changes in circulating microRNA levels associated with prostate cancer. Br J Cancer 106(4):768–774
15. Madhavan D, Zucknick M, Wallwiener M et al(2012) Circulating miRNAs as surrogate markers for circulating tumor cells and prognostic markers in metastatic breast cancer. Clin Cancer Res 18 (21):5972–5982
16. Nadal E, Truini A, Nakata A et al(2015) A novel serum 4-microRNA signature for lung cancer detection. Sci Rep 5 (12464)

17. Kelly BD, Miller N, Sweeney KJ et al (2015) A circulating MicroRNA signature as a biomarker for prostate cancer in a high risk group. J Clin Med 4(7):1369–1379
18. Madhavan D, Peng C, Wallwiener M et al(2016) Circulating miRNAs with prognostic value in metastatic breast cancer and for early detection of metastasis. Carcinogenesis 37 (5):461–470
19. Sun Y, Liu Y, Cogdell D et al(2016) Examining plasma microRNA markers for colorectal cancer at different stages. Oncotarget 7(10):11434–11449
20. Kroh EM, Parkin RK, Mitchell PS et al (2010) Analysis of circulating microRNA biomarkers in plasma and serum using quantitative reverse transcription-PCR (qRT-PCR). Methods 50(4):298–301
21. Cheng HH, Yi HS, Kim Y et al(2013) Plasma processing conditions substantially influence circulating microRNA biomarker levels. PLoS One 8 (6):e64795

第Ⅵ部分

分隔的其他用途

第 27 章

微滴数字 PCR 用于二代测序文库的质控检测

Nicholas J. Heredia

摘要： 数字 PCR 是一种能够精确定量二代测序（next-generation sequencing，NGS）文库的有用工具。精确定量的 NGS 文库能够保证将文库准确地加载到测序仪上，通过减少上样量过少或过多的误差，从而提高测序的性能。精确的定量还能够通过带索引 / 带标签文库的均匀上样而使用户获益，这可以极大提高带索引 / 带标签样本的测序均一性。使用微滴数字 PCR（droplet digital PCR，ddPCR ™）的文库质控（QC）方法的优势包括精确定量及尺寸的质量评估，使用户能够有把握地对其测序文库进行质控。

关键词： 微滴；数字 PCR；二代测序；测序文库定量；测序文库鉴定；文库平衡；文库上样

27.1 引言

NGS 解锁了大量的遗传信息，加速了生命科学和医学领域中的重要发现，这在以往是难以做到的。为了使用 NGS 技术，通常需要将测序文库与接头序列一起进行构建，后者与测序表面相结合并被克隆扩增，以增强信号。这种文库的一个重要特点是需要把握好带接头的文库片段的浓度，使其能够在不与另一种带接头文库片段混合的情况下进行有效的克隆扩增。这可以通过多种方式来实现，如生成一个乳液，其中的乳液微滴包含一个测序表面（如微珠颗粒）和一条带接头的文库片段，该片段可与带接头序列进行寡核苷酸的互补结合，由此在微滴中从单个起始模板开始进行克隆性的 PCR 扩增。Ion Torrent™ 和 Roche454® 测序技术是采用乳液法的例子 [1,2]。若乳液中包含两个或多个带接头的文库分子，则会导致微珠的测序表面产生混合的无法分辨的读数。因此，对包裹入乳液的带接头文库分子进行定量是测序流程的关键一步。

另一个获得克隆性扩增的例子是形成带接头的文库片段，使其流动到一个流动池（flow cell）中，流动池表面布满了互补寡核苷酸连接子序列，这些序列能与带接头的分子结合 [3]。这个方法的一个重要特征是带接头的文库分子要处在某个浓度，在该浓度下，文库分子在流动池表面上充分扩散，这样当它们在表面上扩增时，能够与其他带接头的文库分子有所不同，并且不会在簇生成期间融合在一起。Illumina 测序技术是采用这种克隆扩增方式的例子。如果簇融合在一起，荧光标记的核苷酸会被掺入到测序簇的生长链中，设备将无法对边合成边测序过程中产生的信号进行区分和解卷积。因此，很重要的一点是，在测序流动池表面所加载的浓度能够使多数带接头的文库分子在簇生成期间与相邻的带接头文库分子在空间上有所不同，不会发生簇融合。这里再次举例说明了对带接头的文库分子进行精确定量是测序流程中的一个关键点：如果浓度过高则要防止簇的融合，但同时也要避免测序表面的加载不足和损失有价值的潜在测序读数。本方案将专注于使用 ddPCR 和 Illumina 测序流程进行 NGS 文库定量，以实现测序流动池的最佳上样，并在带索引 / 带标签文库被组合用于测序运行时通过对二者的精确平衡来获得测序文库的平等表达。

采用 ddPCR 对二代测序文库进行质控检测可以使用户获得高度准确的文库定量，也能够提供相对文库大小的信息，以及文库构建过程中所产生的接头二聚体的数量。这些额外的优势在测序前的文库定量中给了用户信心，这种定量在过去通常是要求使用单独的 qPCR 和凝胶分析来完成。dPCR 的另一个改进是它的绝对定量并不依赖具有特定大小和序列的一组标准品，这些标准品与用户实际样品的 PCR 效率可能有关也可能无关。dPCR 可为用户的检测提供更好的准确性、可信度和可重复性 [4]。

27.2 材料

解冻用于 Illumina TruSeq 的 ddPCR™ 文库定量试剂盒（Bio-Rad, #1863040）中的各个组分，在室温下准备所有 ddPCR 反应。100 ～ 5000 拷贝 / 微升的 NGS 文库能够实现准确的文库定量。

试剂盒组分包括：2 × 的 ddPCR 探针超混液（无 dUTP），20 × 的 ddPCR 文库定量检测。

所需的其他材料：无核酸酶的水，TE 缓冲液（20mmol/L Tris–HCl，0.1mmol/L EDTA，pH 8），1.5ml LoBind Eppendorf 管，Twin-Tec® PCR 96 孔半裙边板（Eppendorf 951020362），PX1™ PCR 封板机（Bio-Rad 1814000），可穿透的热封箔（Bio-Rad #1814040），QX200™ 微滴数字 ™ PCR 系统（Bio-Rad 1864001），用于探针的微滴生成油（Bio-Rad 1863005），ddPCR™ 微滴读取油（Bio-Rad 1863004），无菌试剂槽，LTS Rainin 带滤芯的移液吸头（RaininGP-L200F，GP-L10F），台式微离心机，Microseal® “B”黏附封口膜（Bio-Rad, #MSB1001）。

27.3 方法

1. 在室温下解冻试剂盒的各个组分。彻底涡旋混匀超混液和试剂瓶，短暂离心。

2. 对将要采用 dPCR 进行定量的 TruSeq 文库未知原液进行一系列稀释。能够在 dPCR 的动态范围内实现定量的稀释取决于多种因素，如用户使用的文库制备试剂盒或方法、核酸的起始浓度及所使用的预扩增循环数（如果有）。基于原始的 Illumine TruSeq LT 文库制备方法，表 27-1 给出了获得工作范围的稀释方案。一般来说，一个好的起始稀释点应为 10^{-7}。多余的样品需要重复系列稀释。注意：对于不同的文库构建方法，可能需要额外的稀释点以达到 ddPCR 的动态范围，该范围目前跨越约 4 个数量级。样品应在低吸附性塑料管中或板中稀释，如 1.5ml 的 LoBind Eppendorf 管。表面活性剂不应添加到样品中以防止吸附，它们会干扰微滴的形成。

3. 将根据表 27-2 配制的 16μl 的 2× 主混合液，移液到 96 孔板的每个孔中。

表 27-1　文库稀释方案

稀释步骤	管 1	管 2	管 3	管 4	管 5
样本加入	从原液吸 5μl 加入 495 μl 的 TE	从管 1 吸 5μl 加入 495 μl 的 TE	从管 2 吸 5μl 加入 495 μl 的 TE	从管 3 吸 10μl 加入 495 μl 的 TE	从管 4 吸 10μl 加入 495 μl 的 TE
TE 缓冲液					
稀释度	100×	100×	100×	10×	10×
最终稀释度	10^{-2}	10^{-4}	10^{-6}	10^{-7}	10^{-8}

表 27-2　反应设置

组分	体积 / 反应	终浓度
2× ddPCR 探针超混液（无 dUTP）	10μl	1×
20× ddPCR 文库定量检测	1μl	1×
无 RNA 酶 /DNA 酶的水	5μl	—
总体积	16μl	1×

4. 根据如表 27-3 所示的板布局设计，从表 27-1 中形成的不同浓度的稀释液中吸取 4μl 加到相应的孔中。以 4μl 无核酸酶的水代替实际样品作为无模板对照（NTC）。

5. 用黏附封口膜密封 96 孔板，如 Bio-Rad Microseal “B”，涡旋孔板并短暂离心。

6. 取下黏性密封膜，将 20μl 的主混合液转移到微滴生成芯片的样品入口孔中，并在芯片的油入口孔中添加 70μl 用于探针的微滴生成油，在芯片上放置一个垫片，将芯片放入微滴生成仪。

7. 微滴生成后，小心地将新生成的微滴转移到新的 96 孔板中，剩余的样品同样进行微滴生成并转移到板上，在板上放置热封箔，使用 PX1 ™ PCR 封板机进行热封。

8. 将密封的板转移到热循环仪上，并按照表 27-4 运行热循环程序。

9. 将热循环后的板转移到微滴读取仪，使用 QuantaSoft 软件创建一个运行板设置，读取微滴。

10. 验证每个孔所读取的数据集的自动阈值设置是否正确，必要时手动调整。

11. 根据以下方法计算 NGS 文库原液的浓度：将 ddPCR 的浓度值（拷贝 / 微升）乘以相应的稀释倍数。然后将得到的新的值乘以相应的 ddPCR 主混合液的稀释度。例如，如果是 4μl 的稀释文库被加入 16μl 的超混液和检测中，则稀释度为 5。如果 ddPCR 浓度测量值为 100 ～ 5000 拷贝 / 微升，则可以根据此方法反算每个文库的原液浓度；如果定量超出此范围，则必须测定其他的稀释点。

表 27-3　ddPCR 96 孔板布局

	1	2	3	4	5	6	7	8	9	10	11	12
A	NTC	NTC	NTC	NTC	NTC	NTC	NTC	NTC	NTC	NTC	NTC	NTC
B	Lib 1（10^{-8}）	Lib 1（10^{-8}）	Lib 1（10^{-7}）	Lib 1（10^{-7}）	Lib 1（10^{-6}）	Lib 1（10^{-6}）	Lib 8（10^{-8}）	Lib 8（10^{-8}）	Lib 8（10^{-7}）	Lib 8（10^{-7}）	Lib 8（10^{-6}）	Lib 8（10^{-6}）
C	Lib 2（10^{-8}）	Lib 2（10^{-8}）	Lib 2（10^{-7}）	Lib 2（10^{-7}）	Lib 2（10^{-6}）	Lib 2（10^{-6}）	Lib 9（10^{-8}）	Lib 9（10^{-8}）	Lib 9（10^{-7}）	Lib 9（10^{-7}）	Lib 9（10^{-6}）	Lib 9（10^{-6}）
D	Lib 3（10^{-8}）	Lib 3（10^{-8}）	Lib 3（10^{-7}）	Lib 3（10^{-7}）	Lib 3（10^{-6}）	Lib 3（10^{-6}）	Lib 10（10^{-8}）	Lib 10（10^{-8}）	Lib 10（10^{-7}）	Lib 10（10^{-7}）	Lib 10（10^{-6}）	Lib 10（10^{-6}）
E	Lib 4（10^{-8}）	Lib 4（10^{-8}）	Lib 4（10^{-7}）	Lib 4（10^{-7}）	Lib 4（10^{-6}）	Lib 4（10^{-6}）	Lib 11（10^{-8}）	Lib 11（10^{-8}）	Lib 11（10^{-7}）	Lib 11（10^{-7}）	Lib 11（10^{-6}）	Lib 11（10^{-6}）
F	Lib 5（10^{-8}）	Lib 5（10^{-8}）	Lib 5（10^{-7}）	Lib 5（10^{-7}）	Lib 5（10^{-6}）	Lib 5（10^{-6}）	Lib 12（10^{-8}）	Lib 12（10^{-8}）	Lib 12（10^{-7}）	Lib 12（10^{-7}）	Lib 12（10^{-6}）	Lib 12（10^{-6}）
G	Lib 6（10^{-8}）	Lib 6（10^{-8}）	Lib 6（10^{-7}）	Lib 6（10^{-7}）	Lib 6（10^{-6}）	Lib 6（10^{-6}）	Lib 13（10^{-8}）	Lib 13（10^{-8}）	Lib 13（10^{-7}）	Lib 13（10^{-7}）	Lib 13（10^{-6}）	Lib 13（10^{-6}）
H	Lib 7（10^{-8}）	Lib 7（10^{-8}）	Lib 7（10^{-7}）	Lib 7（10^{-7}）	Lib 7（10^{-6}）	Lib 7（10^{-6}）	Lib 14（10^{-8}）	Lib 14（10^{-8}）	Lib 14（10^{-7}）	Lib 14（10^{-7}）	Lib 14（10^{-6}）	Lib 14（10^{-6}）

Lib：文库，NTC：无模板对照。

表 27-4　Bio-Rad C1000 Touch ™热循环仪的循环程序 [a]

循环步骤	温度（℃）	时间	变温速度	循环数
酶激活	95	10 分钟		1
变性	94	30 秒		
退火 / 延伸	60	1 分钟	约 2.0℃ /s	40
酶失活	98	10 分钟		1
保持（可选）	12 或 4	∞		1

a 采用热盖，设置为 105 ℃，样品体积设置为 40μl。

举例说明：1×10^{-6} 稀释点上一个文库样品的 ddPCR 检测结果为 253 拷贝 / 微升。想要反算，则将 253 拷贝 / 微升乘以 1×10^{6} 以考虑稀释点，再乘以 ddPCR 反应稀释的系数 5。等于 1.265×10^{9} 拷贝 / 微升。若要计算纳摩尔浓度，则 1.265×10^{9} 拷贝 / 微升乘以 1×10^{6} μL/L，再将其除以 6.023×10^{23} 拷贝 / 摩尔得到 2.1×10^{-9}mol/L 或 2.1nmol/L。

12. 通过接头二聚体的定量来评估 NGS 文库的质量。如果存在两个或多个不同的簇，则有可能评价接头二聚体的浓度，用户可根据文库的预期大小来确认有一个额外未经说明的簇应该被归类为接头二聚体。如果存在接头二聚体，则该文库质控中采用的 TaqMan 检测将在图中的最高荧光值处产生一个簇。图 27-5A 展示了这种接头二聚体簇的荧光二维图。通过使用 QuantaSoft 中的套索工具，用户应将阴性微滴簇指定为双阴性（灰色），将中间簇或 FAM 簇设置为阳性（蓝色），将最高的簇指定为双阳性（橙色），如图 27-5A 所示。这可以使用户通过采用 FAM 通道中的浓度而获得接头二聚体和文库的总浓度读数，而 HEX 通道的浓度将是接头二聚体的浓度。用户接下来计算接头二聚体浓度与总浓度的比值就可以得到接头二聚体文库的比例。

27.4　数据分析

TruSeq 文库定量试剂盒包含可对 P5 和 P7 接头进行检测和定量的 5'- 核酸酶检测（图 27-1A、B）。来自每个检测的组合信号被用于证实真正文库片段的形成，它们在双通道图中显示为双阳性簇（图 27-2）。另外，利用 QX-100 平台检测模板亚群的能力（这些模板具有不同的扩增效率，与 P5 和 P7 的一半有不同的组合），可以获得文库纯度的定性检测。

在微滴读取仪上采集数据后，以双通道图来观察数据是十分重要的。该图向用户展示了来自文库定量试剂盒中两个探针的荧光强度，FAM 荧光强度绘制在 *Y* 轴上，而 HEX/VIC 荧光强度绘制在 *X* 轴上。此外，根据信号簇荧光强度的位置，双通道图也可以给出对文库的定性了解。由于该测定基于两个水解探针，同时具有 P5 和 P7 接头的文库分子将是双阳性。如果文库分子中没有任何插入，则它只能含有接头二聚体，这种产物在微滴中进行 PCR 扩增时效率最高。因此，仅包含接头二聚体的微滴在二维图上将具有最高的荧光强度，且它们通常在某些文库分子（带有 P5 和 P7 接头及文库插入）的微滴所组成的簇之外形成另一个簇。同样的，两个接头之间的文库插入越长，则其 PCR 反应的效率越低，这些微滴在双

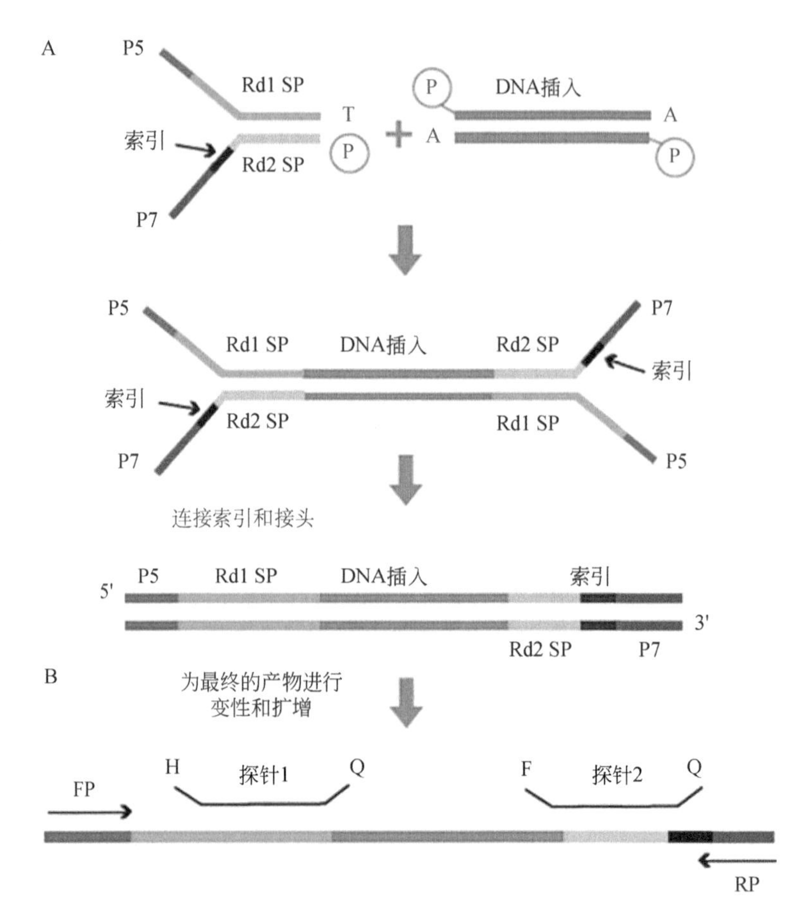

图 27-1　Illumina 文库构建的接头结构（A），以及用于检测文库分子的水解探针和引物（B）示意图

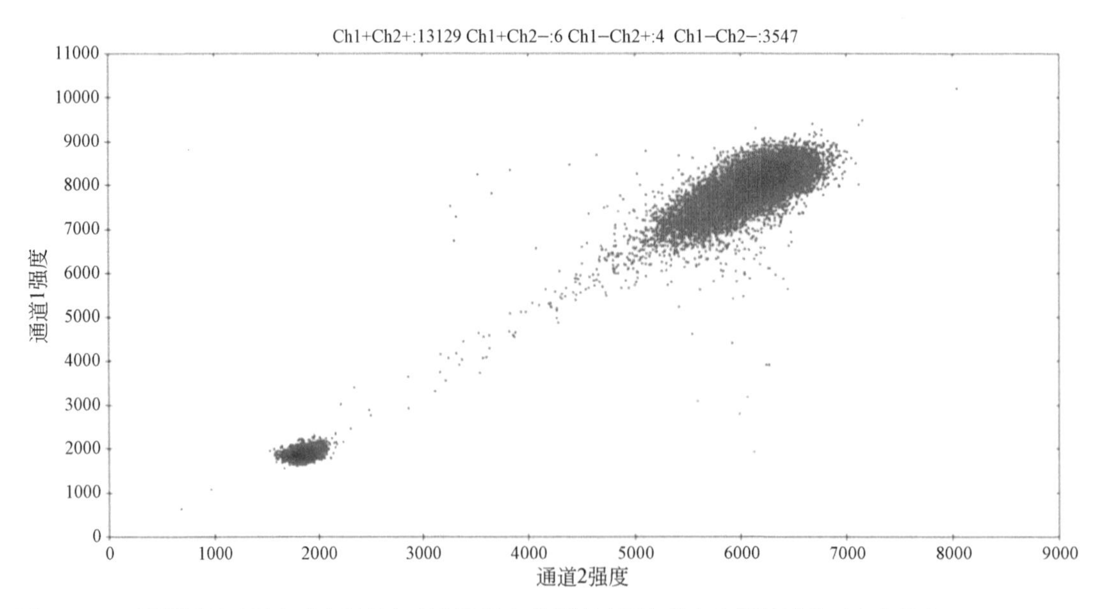

图 27-2　双通道图显示了生成良好的文库分子所在的微滴（橙色簇）和阴性液滴（灰色簇）

通道图上的荧光强度或信号簇也较低。根据这些荧光强度的差异，用户能够对文库插入片段的尺寸分布有一个定性的了解，这个尺寸与微滴的荧光强度呈负相关，插入片段越长，荧光强度越低，这个效果显示在图 27-3 中。图 27-4 展示了几个微滴的文库形成不佳的例子，在这些微滴中，可能有多个 P7 接头加到了这些文库分子之中，因为它们不与双阳性簇在一起，相比于双阳性簇中绝大多数形成良好的文库分子，它们反而拥有更多的 FAM 荧光。图 27-5 和图 27-6 展示了 3 个 ddPCR 孔中有价值的数据，针对的是文库分子的一组连续稀释，横跨了 $10^{-8} \sim 10^{-6}$ 的稀释度。图 27-5A 中利用 QuantSoft 软件的套索工具手动设定了阈值的双通道图。其中含有插入分子的文库分子的主要簇被有意选择为只是 FAM 阳性（蓝色），而空的文库分子（即接头二聚体）则被有意选为 FAM 和 HEX 双阳性（橙色）。对文库簇做这样有意的划分使用户能够对占据测序流动池的文库分子总数进行定量，尤其是含有插入片段或空的接头二聚体二者之一的那些文库分子，以及在 QuantaSoft 软件的 FAM 通道数据中进行定量的那些文库分子。通过将接头二聚体簇设为双阳性，有可能同时对总的文库

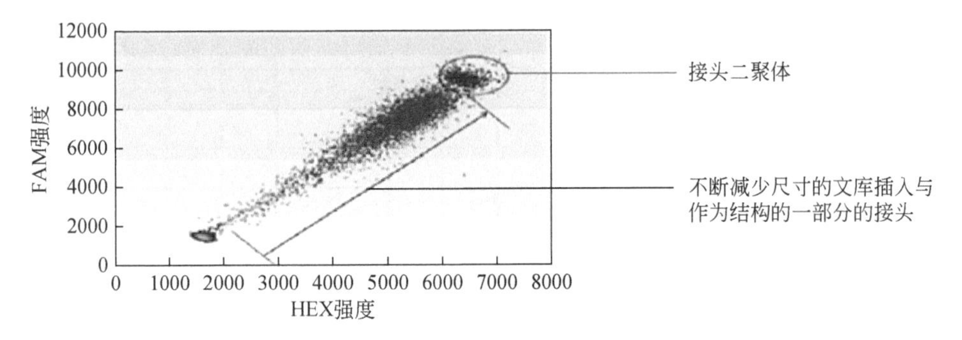

图 27-3　双通道图显示了文库插入片段长度与荧光强度之间的反比关系。红色椭圆形内高亮显示的是荧光强度最高的液滴，其对应的是没有片段插入的文库分子，即接头二聚体

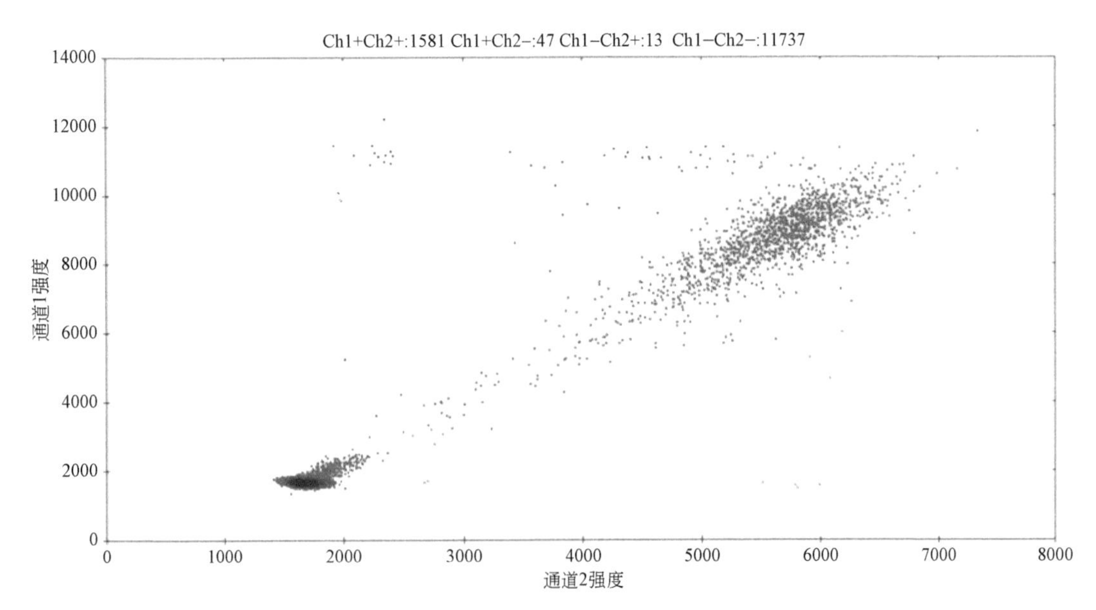

图 27-4　高亮的蓝色点表示的是在液滴中错误连接的文库分子，与橙色的双阳性簇中连接良好的文库分子相比，该文库分子可能具有多个 P7 接头，使得相应微滴的 FAM 荧光强度更高

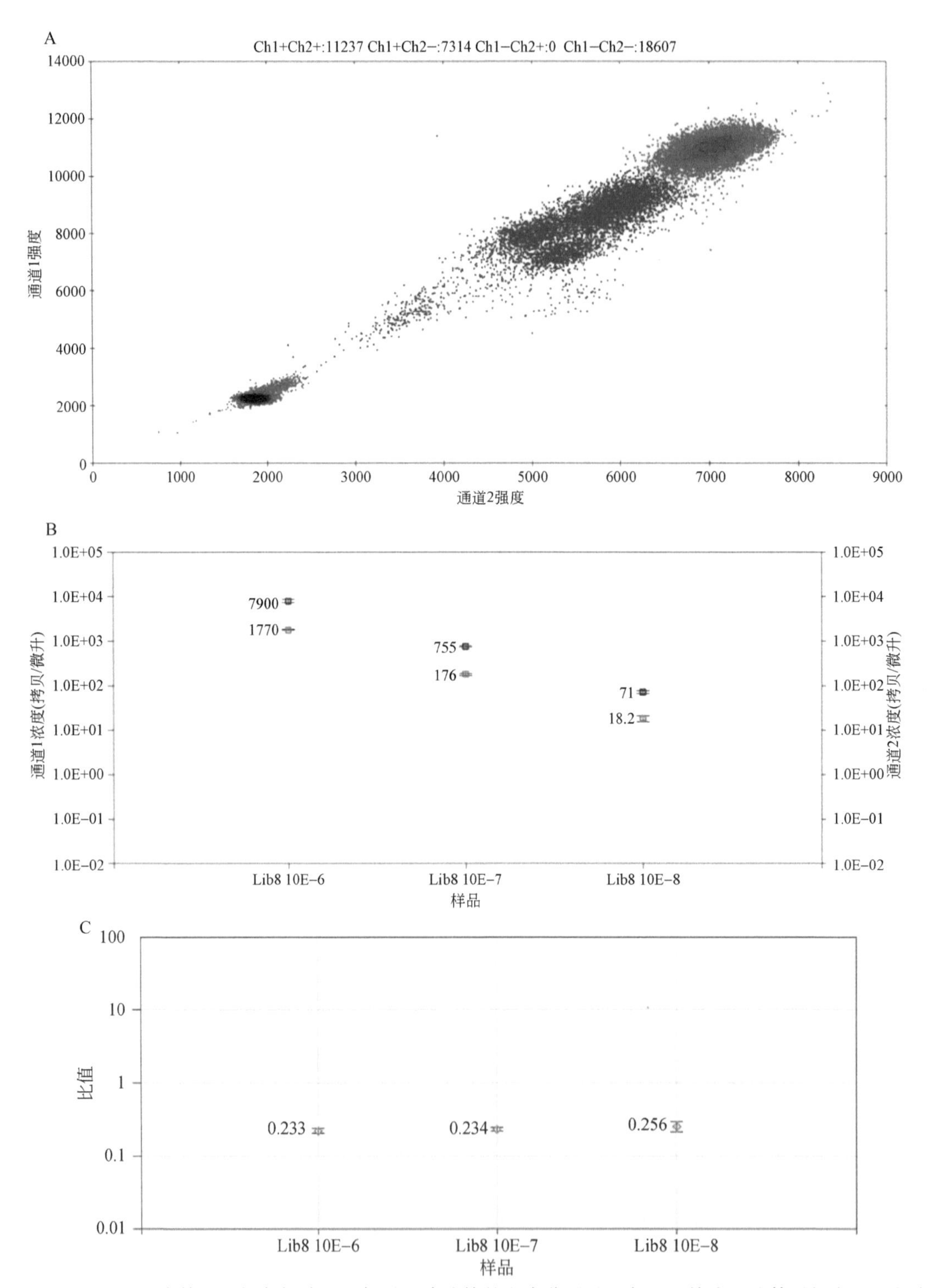

图 27-5　A：对文库簇进行颜色划分，以便对正确连接的文库分子（蓝色）和接头二聚体（橙色）进行定量。B：对图 27-5 所示数据的一个梯度稀释的浓度定量，显示其在 10 倍稀释系列中具有良好的线性关系。蓝点表示正确连接的文库分子加接头二聚体的总量，绿点表示只有接头二聚体的数量。C：QuantaSoft 软件可以根据图 B 中的数据计算 HEX 浓度与 FAM 浓度的比值。这实质上计算了接头二聚体在被检测的总文库分子中所占的比例

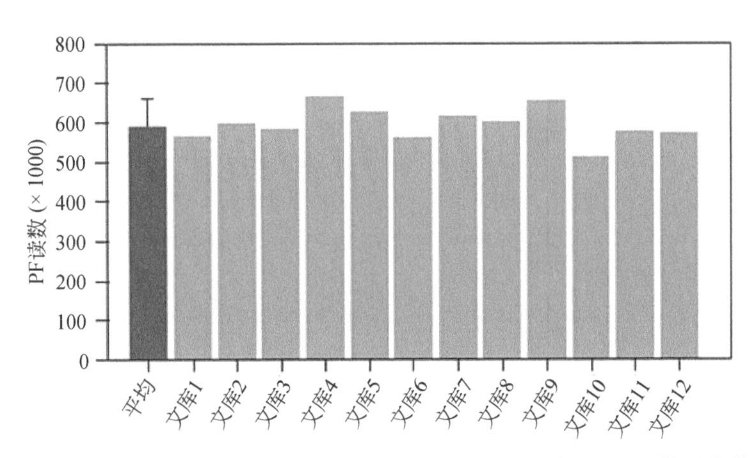

图 27-6　通过 ddPCR 对 12 个 TruSeq LT DNA 文库进行定量，然后根据 ddPCR 结果将等摩尔浓度的文库合并。合并的文库随后被加载到单个测序反应中，结果展现出了出色的平衡，差异小于 15%（每个文库通过滤波器的总读数）。PF 为通过滤波器（passing filter）

分子中空的接头二聚体比例做出定量，这些空的接头二聚体可以在 QuantaSoft 软件的 HEX 通道中进行定量。图 27-5B 为根据图 27-5A 中的划分，在 FAM 和 HEX 通道中整个梯度稀释的浓度值。图 27-5C 中所获得的数据使用户可以计算接头二聚体（HEX）在总文库分子（FAM）数值中所占的比例。图 27-6 展示了通过 ddPCR 进行文库质控的强大能力，对 12 个不同的测序文库进行定量，根据等摩尔浓度的结果将它们合并在一起，对它们进行测序，结果显示 ddPCR 平衡与 Illumina 测序仪上每个文库所获得的读数之间具有出色的一致性。

27.5　结论

dPCR 为 NGS 文库提供了具有出色灵敏度的定量，通过对加载到测序表面的文库提供精确定量，可以提高测序的结果。dPCR 还具有一些独特的功能。例如，在文库质控的同一个测试之中额外提供其他有价值的信息，如文库插入片段相对大小的可视化和文库的质量。通过使用 dPCR 评估 NGS 文库，可以评估一些质量指标，如文库中的接头二聚体和整体的文库构建质量。毫无疑问，随着 dPCR 应用的扩展，dPCR 和 NGS 之间的协同作用将同样增强，尤其是在稀有物种的定量、验证及绝对计数等领域。

参考文献

1. Rothberg JM et al (2011) An integrated semiconductor device enabling non-optical genome sequencing. Nature 475:348–352
2. Margulies M (2005) Genome sequencing in microfabricated high-density picolitre reactors. Nature 437(7057):376–380
3. Bentley DR et al (2008) Accurate whole human genome sequencing using reversible terminator chemistry. Nature 456(7218):53–59
4. Hindson BJ (2011) High-throughput droplet digital PCR system for absolute quantitation of DNA copy number.

Anal Chem 83 (22):8604–8610

进一步阅读

Laurie MT, Bertout JA, Taylor SD et al (2013) Simultaneous digital quantification and fluorescence-based size characterization of massively parallel sequencing libraries. BioTechniques 55 (2):61–67

Buehler B, Hogrefe HH, Scott G et al (2010) Rapid quantification of DNA libraries for next-generation sequencing. Methods 50:S15–S18

QPCR NGS Library Quantification Kit (illumine GA), Part Number G4880A, Publication number 5990–3065. (2012). Agilent

Quail MA, Kozarewa I, Smith F et al (2008) A large genome center's improvements to the Illumina sequencing system. Nat Methods 5:1005–1010

Sequencing Library qPCR Quantification Guide Catalog # SY-930-1010, Part #11322363 Rev. C (2011). Illumina

White RA III, Blainey PC, Fan HC et al (2009) Digital PCR provides sensitive and absolute calibration for high throughput sequencing. BMC Genomics 10:116–128

第 28 章

使用数字 PCR 定相 DNA 标志物

John Regan，George Karlin-Neumann

摘要：除了对已知 DNA 靶标的绝对拷贝数进行定量，数字 PCR（dPCR）还可用于评估两个非多态性基因序列或两个杂合标记是否位于同一个 DNA 分子上（即物理连锁）。一些有用的连锁应用包括通过定相变异而定义一个单体型；反转基因分型；确定多标记致病菌在宏基因组样本里的存在；以及评估 DNA 完整性。本章介绍了一种高效且经济的方法，用于分析任意两个相距至少 200kb 的遗传序列的连锁，包括杂合标记定相，如在囊性纤维化穿膜传导调节蛋白（cystic fibrosis transmembrane conductance regulator，CFTR）基因中大量存在的杂合标志物。

关键词：定相；连锁；单体型；复合杂合子；复杂等位基因；共定位；反转基因分型；DNA 完整性；DNA 尺寸调整；大型 DNA 分离；数字 PCR；微滴数字 PCR

28.1　引言

许多生物学和临床问题不仅需要知道一个样本中是否存在给定的序列——这是可以通过 dPCR 完成的一些事情——还需要确认这些序列（或标志物）是否存在于同一条染色体或同源物上，或者它们在一个染色体区域内彼此之间相距有多近。一些示例如下：在临床微生物学中，确定是否存在多标记致病菌，如产生志贺毒素的大肠杆菌或耐甲氧西林的金黄色葡萄球菌 [1, 2]；对于个体化用药，确定晚期非小细胞肺癌的 *EGFR* 癌基因中是否携带 T790M 和 C797S 突变，可能对酪氨酸激酶抑制剂（TKI）的结合有反应（如果它们是反式的）或不敏感（如果它们是顺式的）[3]；以及对于在 *CFTR* 基因中具有两个顺序突变的患者中诊断囊性纤维化，确定患者是否有两个病原性 *CFTR* 等位基因（即复合杂合子，它们是反式的）并因此而患病，或者它们是否有一个携带两个突变的致病等位基因（复杂等位基因，它们是顺式的）和一个野生型等位基因，并且很可能不会患病 [4]。除了最后两个例子，定相的评估还有助于调查等位基因的不平衡，以此来了解各种表型的转录基础（见第 23 章“采用微滴数字 PCR 分析等位基因特异 RNA 的表达”，由 Kamitaki 等完成），并使染色体倒置的验证和基因分型成为可能，这可能是疾病表型和非疾病表型的基础 [5]。最后，dPCR 已用于评估 DNA 样品的完整性，来确定其是否适合后续分析，如自我定相[4]或基因分型[6]。

dPCR 一个被低估的特征是它可以将样品分成许多小的微反应，以进行数字拷贝数测量，也可以确定被查询的两个目标是否为物理连锁（即在同一分子或染色体上被发现）。对于二倍体生物，在自然条件下，标志物（或目标）可以是纯合的或杂合的。在这两种情况下，如果所述 DNA 样本具有足够大的分子以包含两个标志物序列，其物理连锁即可建立。如果两个标志物都是杂合的（如 Aa 和 Bb），则原则上使用 dPCR 对标志物进行定相是可能的，即确定样品是否是 <u>AB</u>/<u>ab</u> 或 <u>Ab</u>/<u>aB</u>（下划线表示标志物处在同一染色体上）。在 dPCR 之前，获得连锁或定相信息是非常困难的。常用的方法包括单分子稀释（single-molecule dilution，SMD）随后扩增，然后进行凝胶分析或测序[7-9]、大范围 PCR[10]、连锁乳化 PCR[11, 12]和克隆策略[13]，对于长距离标志物的定相来说，这些方法非常费力，并且（或者）其能力非常有限。因此，需要长距离定相信息（5 ～ 200kb）的研究很难开展。

双色商业 dPCR 仪器（带有由固定的纳升腔室或者微滴形成的分隔）的问世极大地简化了连锁实验的开展。通过使用可区分的荧光基团给存疑的两个标志物都打上标签，dPCR 系统能够确定连锁的状态，因为连锁的标志物会增加包含两个目标标志物的双阳性分隔的数量，使之高于两个未连锁标志物随机共定位的期望值。图 28-1 概述了 dPCR 如何量化连锁标志物的存在。通过适当地用限制性内切酶消化 DNA 样品将两个标志物分离成为现在未连锁的 DNA 分子，这个推断就可以被验证。

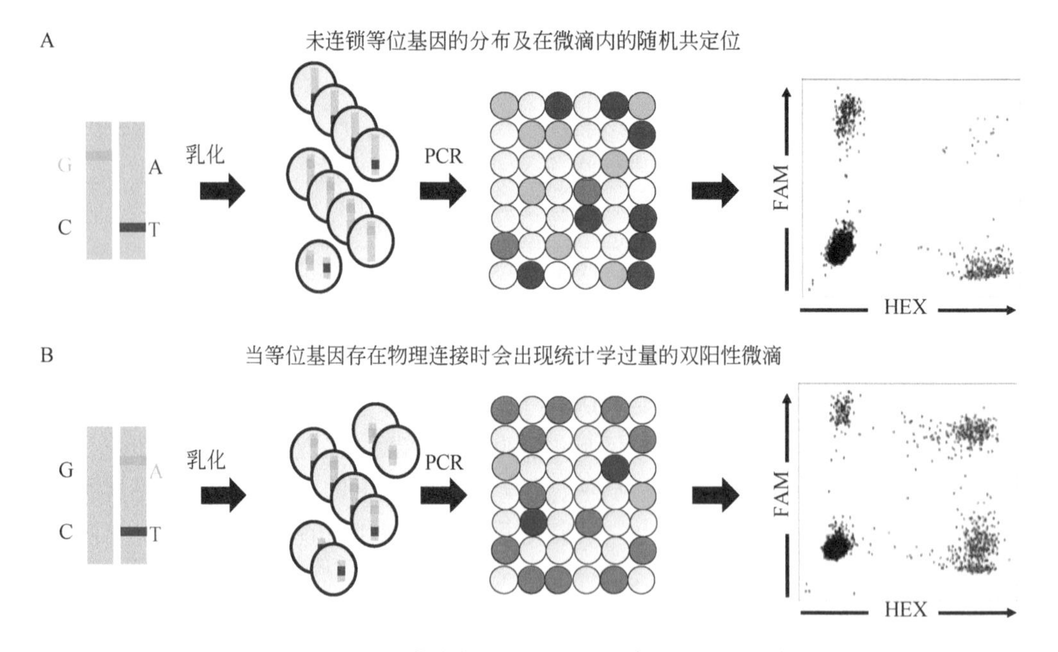

图 28-1　检测连锁的种类。标记特异的荧光探针（FAM：蓝色，HEX：绿色）用于检测未消化基因组 DNA 中的目标标志物。PCR 结束后，微滴被分为一个荧光基团（蓝色或绿色）阳性，两个荧光基团（橙色）都为阳性，或都为阴性（黑色）。A：来自不同染色体（或 DNA 分子）的 DNA 上的标志物独立地被分入微滴之中（包括一些被随机共定位到同一微滴之中并变成双阳的微滴）。B：在同一条未破损的 DNA 链上的标志物会有组织地共定位到同一微滴之中，因为它们是物理连锁的，其结果就是与未连锁的标志物所期望的机会相比，会出现过多的双阳性微滴

首次将商业 dPCR 系统用于确定单体型的工作于最近发表[4]。作者专注于定相囊性纤维化基因（cystic fibrosis gene，CFTR）中的常见突变。他们的工作证明了相距 110kb 和 116kb 的标志物定相与遗传信息的一致性为 100%。这种称为“Drop-Phase”的方法，仅需不到 4 小时，可扩展至数百个样品，在基因组距离达约 200kb 时都有效，而且价格低廉。

必须强调的是，可以进行连锁检测的距离与所采用的 DNA 的完整性有关。已发表的工作表明某些 DNA 提取试剂盒在纯化过程中保存完整 DNA 的能力存在显著差异[4]。目前，从培养的细胞中建立约 200kb 长度的连锁是有可能的。其他提取试剂盒或样品制备的新方法可能会延长两个标志物之间可以建立连锁的距离。但是，目前尚不清楚基于兆位长度的 DNA 是否需要更大的分隔尺寸才能实现长距离的连锁测量。

本章介绍了两种评估连锁的方案。第一种是标准的连锁方案，用于确定两个非多态序列是否相连。该方案并不依赖结合性。第二种是定相的方案，特别针对二倍体生物，用于定相杂合标志物。

28.2　材料

以下实验方案专门参考了 Bio-Rad 的微滴数字（Droplet Digital™, ddPCR™）系统。但此处提出的原理也可能适用于其他商业和非商业的 dPCR 系统。

28.2.1　设备

1. ddPCR 系统由微滴生成仪（手动或 AutoDG）和微滴读取仪（QX100 或 QX200）（Bio-Rad）组成。

2. PX1™ PCR 平板密封仪（Bio-Rad）。

3. C1000 Touch™ 热循环仪（Bio-Rad）。

28.2.2　DNA 样本

1. DNA 样本的提取应采用样品制备的化学方法，已知这种方法能够充分保持 DNA 的完整性，并能尽快使用提取的 DNA，最好是在冷冻 DNA 之前（见 28.4“注意事项”中的第 1 ～ 3 条）。

2. 可选：高分子量完整基因组对照 DNA（见 28.4“注意事项”中的第 4 条）。

28.2.3　试剂和消耗品

1. 用于探针的 ddPCR 超混液（无 dUTP）（Bio-Rad）。

2. DNA 悬浮缓冲液 /10mmol/L Tris，0.1mmol/L EDTA，pH 8.0（Teknova）。

3. 无核酸酶的水（Ambion）。

4. 20 × FAM- 和 HEX- 标记的 TaqMan 探针检测（最终每个引物的 1 × 浓度是 900nmol/L，每个探针的浓度是 250nmol/L）。

5. 用于探针的微滴生成油（Bio-Rad）。

6. 适当的限制性内切酶以确认连锁（选择依赖于靶序列、样品 DNA 中被评估的两个标志物之间，而不是检测扩增产物本身的切割位点）。

7. DG8 ™微滴生成芯片和密封垫(用于手动微滴生成)或DG32 ™自动微滴生成芯片(均来自 Bio-Rad)。

8. Rainin 正常孔径的 P20 和 P200 移液器吸头（注：低质量的移液器吸头可能会导致微滴破裂）。

9. ddPCR 96 孔半裙边板（Bio-Rad，Cat. #12001925）。这些板通过专门定制，可最大限度地保证微滴的稳定性和回收，强烈推荐使用此类板。

10. PCR 板热封仪，热封箔，可刺透（Bio-Rad，#1814040）。

28.3 方法

本章提供了两种方案：一种是标准连锁方案，其中定相是不适用的；另一种是定相方案，用于确定两个杂合标志物之间的顺式 - 反式关系（图 28-2）。标准连锁方案被用于确定两个 DNA 序列是否为连锁的。它可以适用于任何标志物，无论是倍体性的或结合性的。相反，定相方案最常用于二倍体生物，可以确定两个杂合位点之间是否存在连锁，但原则上可以适用于具有更高阶结合性的生物。

28.3.1 基因组 DNA 的准备

选择正确的提取方法和样品类型是关键（见 28.4“注意事项”中的第 5 条）。从培养的细胞或全血起始时，硅胶膜法通常只允许测量长度最大为 30kb 的连锁。相比之下，Life Technologies 的 PrepFiler 法医 DNA 提取试剂盒通常会制备出足够完整的 DNA，允许进行 200kb 长度的连锁测量。其他人已经成功报道了酚 - 氯仿方案（通过个人沟通获知）。

对于 PrepFiler 试剂盒，有以下几点建议。

1. 将细胞以约 7×10^6/ml 悬浮在 1 × PBS 中，并取出 40μl 用于提取。

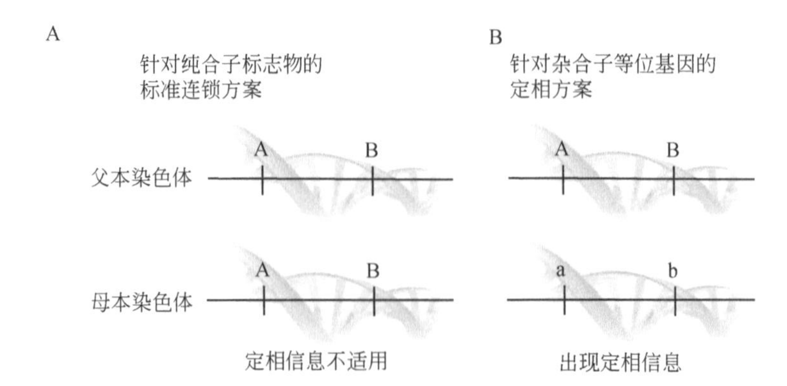

图 28-2 连锁研究的应用案例。A：当确认原本是纯合的两个基因位点时，使用标准连锁方案。B：当确认原本是杂合的两个基因位点时，使用定相方案

2. 遵循制造商的建议，除了将 70℃下的裂解操作缩短至 10 分钟，该过程中不要晃动。

3. 此外，使用温和的上下翻转操作，而不要使用涡旋振荡，除非添加 180μl 异丙醇后，这时应当使用涡旋混合器的最低转速设置。

4. 通常，将离心步骤的速度和持续时间减至最小。

5. 用试剂盒提供的 50μl 洗脱缓冲液洗脱提取的 DNA。

28.3.2　标准连锁方案

当验证两个基因是否存在于同一个生物体中时（如病原体毒力测试），应使用标准连锁方案做反转基因分型[5]，并测试 DNA 样本是否足够完整（见 28.4“注意事项”中的第 1 条）以确保成功的定相测定（图 28-3）。

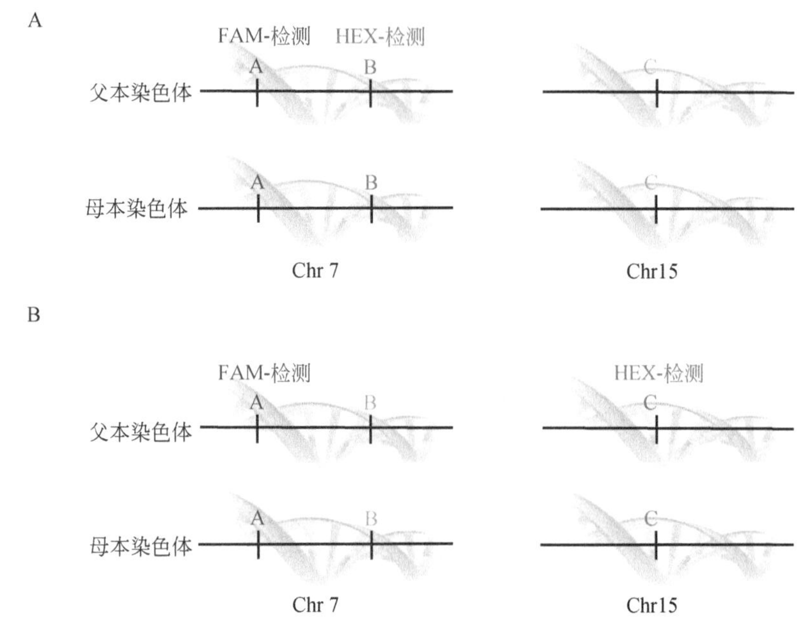

图 28-3　标准连锁方案的双重检测。A：测试的双重检测包括一个靶向“A”基因座的 FAM 标记的检测和一个靶向“B”基因座的 HEX 标记的检测，“B”基因座被推测与“A”基因座位于同一条染色体上，二者距离足够近，以至于有足够的完整 DNA 残余可用于阳性连锁检测。B：对照双重检测包括一个靶向“A”基因座的 FAM 标记的检测和一个靶向“C”基因座的 HEX 标记的检测，已知“C”基因座与“A”基因座位于不同的染色体上。该对照双重检测提供了连锁估算的现实背景，这些背景是由大 DNA 分子的纠缠（如在测试反应中发生的）造成的非随机 DNA 分隔而引起的。在双重测试中，这种方法比使用限制性内切酶将“A”与“B”分开的方法更为可取，因为与未消化的 DNA 相比，消化的 DNA 更容易随机分布到微滴中，并且可能低估连锁背景

28.3.2.1　标准连锁检测的设计 / 选择和优化

对于标准连锁实验，在一个管中一对常规的 FAM 标记和 HEX 标记的 TaqMan 探针检测被结合。为此，合适的湿实验室验证检测可通过 Bio-Rad 检测设计网站获得（https://www.bio-rad.com/digital-assays/#/）或者可以从该站点和 IDT（http://www.idtdna.com/calc/

analyzer）的原始序列中提供定制设计（更多设计信息见 28.3.3.1）。这些测试必须在阴性和阳性微滴簇之间产生足够的荧光强度分离，以便将微滴明确分配至簇中并提供特定靶点的检测。通常会使用标准的 ddPCR 热循环参数，退火温度在 55 ～ 60℃。应该提前运行一个温度梯度实验来确定检测的最佳循环温度，温度范围是比检测引物的预测熔解温度（melting temperature，T_m）低约 5℃至高约 5℃。

28.3.2.2 标准连锁反应的组装

1. 为测试和对照 ddPCR 反应创建了 3 个技术重复，分别按照表 28-1a 和表 28-1b 的详细介绍，组装 3 份反应混合液。

2. 将两个 60μl 反应混合液涡旋振荡，然后将其短暂离心。

表 28-1a 测试反应的检测组成

测试反应组成	体积（μl）
用于探针的 ddPCR 超混液（无 dUTP）	37.5
用于标志物 A 的 20 × FAM 检测	3.75
用于标志物 B 的 20 × HEX 检测	3.75
无核酸酶水	15
总计	60

表 28-1b 对照反应的检测组成（已知标志物无连锁）

测试反应组成	体积（μl）
用于探针的 ddPCR 超混液（无 dUTP）	37.5
用于标志物 A 的 20 × FAM 检测	3.75
用于标志物 C* 的 20 × HEX 检测	3.75
无核酸酶水	15
总计	60

* 标志物 C 应该与标志物 A 位于不同的染色体上。如果是单倍体生物（如细菌），则不需组装一个不同的双重检测作为对照，继续使用原来的 A 和 B 双重检测，但需要以 10U/60μl 反应的浓度添加一个限制性内切酶，以便特异性地切割 A 和 B 之间的 DNA（见 28.4“注意事项”中的第 6 条）。

3. 将每个反应混合物的 18μl 分配到 96 孔板的 3 个孔中（总共 6 孔）。

4. 使用 P-20 移液器吸头（见 28.4“注意事项”中的第 7 条）分别向每个孔中添加 4.5μl 未消化的 DNA（5ng/μl）。不要用 P-20 移液器吸头进行吹打（见 28.4“注意事项”中的第 8 条）。

5. 使用普通口径的移液器吸头和体积设置为 18μl 的 P-200 移液器，缓慢吹打 20 次，确保不要产生气泡（见 28.4“注意事项”中的第 9 条）。如果产生气泡，在 1500 RCF（relative centrifuge force，相对离心力）的条件下将板离心 1 分钟。

6. 通过以下任一方式生成微滴。

（1）使用一个多通道移液器将 20μl ddPCR 反应混合液添加到一个微滴生成芯片中，并根据制造商的说明手动生成微滴，然后使用 P-50 多通道移液器将其小心地移至 96 孔 PCR 板中。重复该操作直到所有样本都已分隔成微滴并被转移到 PCR 板中，一次操作 8 个样品。

（2）或将整个 22.5μl 反应液留在板中，密封该板，将样品板转移到 AutoDG 中进行自动微滴生成。

（3）请注意，无论是通过手动还是自动系统生成微滴，一个 DG 芯片的 8 个孔必须充满样品反应混合液或对照缓冲液，同时相应的 DG8 孔中需要加入 DG 油。

7. 使用热封箔密封微滴板，并将 PX1 热封仪设置为 180℃，持续 5 秒。

8. 使用之前在板所有测试上确定的最佳条件，对微滴进行热循环。应当遵循标准 ddPCR 循环条件（95 ℃持续 10 分钟；94 ℃持续 30 秒，40 个循环，然后 60 ℃持续 1 分钟；98 ℃持续 10 分钟；12 ℃保持；所有步骤中每个周期的升降温速率为 2.5 ℃ /s），除非所使用的最佳退火 / 延伸温度不是 60 ℃。

9. 在 QX100 或 QX200 微滴读取仪上读取微滴。

28.3.2.3　分析连锁标志物的数据

1. 在 QuantaSoft 分析软件中，在 2D 荧光强度微滴图中手动检查每个孔的微滴质量。丢弃任何有大量某类微滴（即＞ 5%）的孔，这些微滴位于对角线上，穿过双阴性微滴簇，这表示微滴已被剪切破碎（如果这种情况很严重，则在将微滴转移到 PCR 板上时，注意移液速度要更慢一些，并使用高质量移液吸头，这种吸头不会释放塑料微粒进入 DNA 预处理液和 ddPCR 反应液中）。选择剩余的孔，在查看 2D 荧光强度图的同时对微滴进行分类。

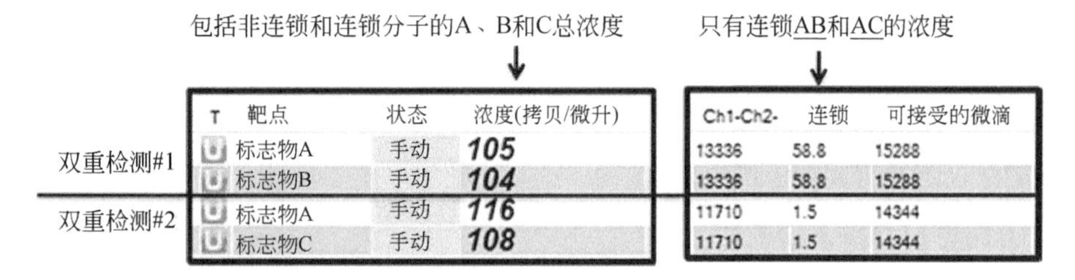

图 28-4　QuantaSoft 表中的屏幕截图，显示了 A、B 和 C 标志物的总浓度，不考虑连锁状态及连锁栏，连锁栏仅显示连锁分子（AB 和 AC）的浓度（单位：拷贝 / 微升）

2. 使用 QX100/200 QuantaSoft 分析表（图 28-4）中的可用数据，使用公式 28-1 计算包含 A 和 B 检测孔的连锁 AB 分子百分比。单独处理每个孔，而不是合并孔，以防止一个混合不良的孔破坏分析。如果连锁分子百分比的各个重复不在 20% 的范围内，那么将 DNA 样品加入到反应中的混合过程是不充分的，在解释结果时应该要谨慎。

$$\text{连锁}\ \underline{AB}\ (\%) = \left(\frac{2\lambda_{\underline{AB}}}{\lambda_A + \lambda_B}\right)100 \qquad (28\text{-}1)$$

式中，$\lambda_{\underline{AB}}$ 是“连锁”列中的值，用拷贝 / 微升表示。λ_A 是从“浓度（拷贝 / 微升）”列中获取的标志物 A 的浓度。λ_A 是连锁和未连锁 A 分子浓度的总和。λ_B 是从“浓度（拷贝 / 微升）”

列中获取的标志物 B 的浓度。λ_B 是连锁和未连锁 B 分子浓度的总和。

使用图 28-4 中所示双重检测 #1 的数值，56.3% 的 A 和 B 分子是连锁的：

$$\underline{AB}=\left(\frac{2\times 58.8}{105+104}\right)100$$

3. 使用 QuantaSoft 表中所获得的数据，使用公式 28-2 计算 <u>AC</u> 双重检测中连锁 <u>AC</u> 分子的百分比。

$$连锁\ \underline{AC}（\%）=\left(\frac{2\lambda_{\underline{AC}}}{\lambda_A+\lambda_C}\right)100 \qquad （28-2）$$

式中，$\lambda_{\underline{AC}}$ 是“连锁”列中的值，用拷贝 / 微升表示。式中，λ_A 是从“浓度（拷贝 / 微升）”列中获取的标志物 A 的浓度。λ_A 是连锁和未连锁 A 分子浓度的总和。式中，λ_C 是从“浓度（拷贝 / 微升）”列中获取的标志物 C 的浓度，这里代表的是未连锁的对照基因座。λ_C 是连锁和未连锁 C 分子浓度的总和。

使用图 28-4 中所示的双重检测 #2 的数值，1.3% 的 A 和 C 分子是连锁的：

$$\underline{AC}=\left(\frac{2\times 1.5}{116+108}\right)100$$

在这种情况下，由于不完全的混合（见 28.4“注意事项”中的第 8 条和第 9 条），1.3% 连锁的 <u>AC</u> 分子是人为造成的连锁。

4. 对于 3 个测试和 3 个对照反应，分别计算组合的平均值和标准差。

5. 将每个标准差乘以 2，并将测试样本的下置信区间与对照样本的上置信区间进行比较。如果这两个区间重叠，则不能报告连锁。如果它们没有重叠，那么报告连锁的置信度＞ 95%。

28.3.3 定相方案

该定相方案旨在确定等位基因“a”和“b”是否在同一染色体上。在两个杂合位点上，有 4 个独特的 FAM-HEX 双重检测可以组合起来用于确定连锁（图 28-5）。这些双重检测中至少有两个需要组合、测试和比较，因为一个用作测试双重检测，另一个用作人造连锁的对照双重检测。如果连锁分子的预期百分比＜ 25%，则应组合、测试和比较所有 4 个双重检测。

28.3.3.1 定相检测的设计 / 选择和优化

由于目标基因位点的杂合子特性，定相实验的检测设计和数据解释比标准连锁方案稍微复杂一些。这可能导致一个检测与非靶向等位基因的交叉反应，以及在含有两个等位基因的微滴中的试剂竞争，并且可以在 2D 荧光强度图上产生多达 16 个不同的簇（图 28-6）。

在图 28-6 中，微滴很容易按照该图所示进行分类，但由于交叉反应，观察到某些图的情况并不少见，这些图中的微滴簇并不是正交，甚至 dPCR 的专家也很容易错误划分这些微滴簇。相应的，定相检测不仅必须有足够的强度以便于对阳性微滴进行分类，而且还应采取措施尽量减少交叉反应性。至少，探针的 T_m 应该比检测引物 55℃的熔解温度高

1～2 ℃，或者应该设计采用一个 T_m 增强子，如连锁的核酸（Exiqon 的 LNAs）或小沟结合剂（ThermoFisher Scientific 的 MGB）。此外，强烈建议在 250nmol/L 的最终浓度（相当于与之竞争的探针的浓度）下添加黑暗竞争探针（图 28-7 和图 28-8，28.4“注意事项”中的第 10 条）。

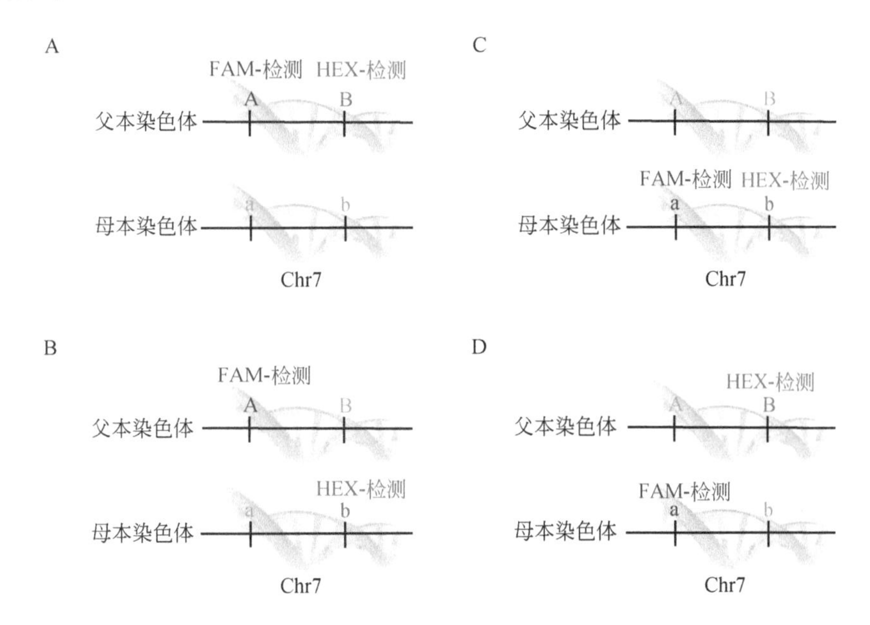

图 28-5　定相方案中双重检测的组合。A：靶向“A”和“B”等位基因的检测被组合起来。B：靶向“A”和“b”等位基因的检测被组合起来。C：靶向“a”和“b”等位基因的检测被组合起来。D：靶向“a”和“B”等位基因的检测被组合起来

对于常见的临床相关变异，Bio-Rad 提供了许多经过湿实验室验证和计算机模拟设计的 dPCR 检测。此外，他们的网站允许用户输入 COSMIC ID、基因符号和（或）氨基酸变化和（或）核苷酸变化。或者，原始序列可以提交到他们的网站进行定制检测设计（https://www.bio-rad.com/digital analysis/#/）。如果从该网站订购，则必须为非靶点等位基因设计一个黑暗竞争探针。步骤如下所示。

1. 转到 IDT 的寡核苷酸分析器（oligo analyzer）（http://www.idtdna.com/calc/analyzer），输入大约 27 个碱基的非目标序列，目的碱基位于该序列的中心。

2. 调整默认参数。例如，使 Mg^{2+} 浓度为 3.8mmol/L，dNTP 浓度为 0.8mmol/L。

3. 点击“分析（Analyze）”并检查熔解温度。理想情况下，黑暗竞争探针的熔解温度应设计为等同于与其竞争的荧光探针的熔解温度（约 57 ℃；见上文和 28.4“注意事项”中的第 10 条）。

4. 如果熔解温度过高，则从末端均匀地除去碱基，使目的等位基因保持在竞争探针的中心位置。

5. 确定设计后，应订购含有 3'BHQ 猝灭基团（/3BHQ_1/）的探针，而不是荧光基团。

6. 将此黑暗竞争探针插入荧光检测中，以靶向目的等位基因，使 ddPCR 反应混合液中的最终浓度为 250nmol/L（见 28.4“注意事项”中的第 10 条）。

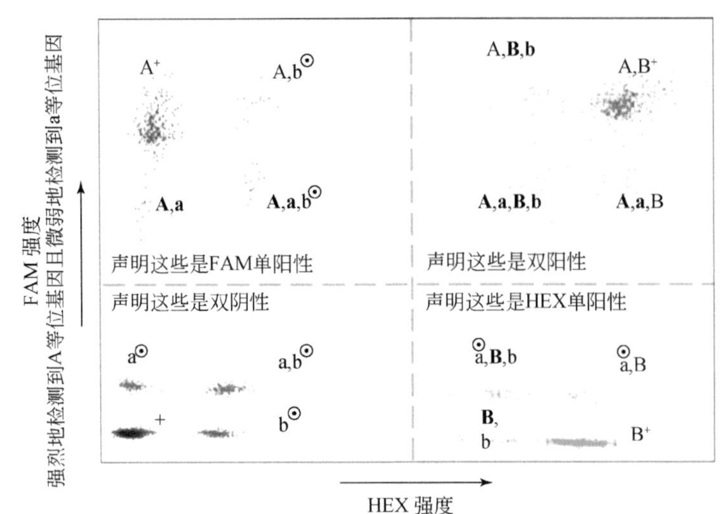

图 28-6　存在检测竞争和交叉反应荧光探针（即，不存在黑暗竞争探针）情况下的微滴簇识别和分类。主要簇（图中标记为“+”）由含有 FAM（A）- 和（或）HEX（B）- 靶点等位基因（不含非靶点的“a”和“b”等位基因）的单阳性和双阳性微滴及双阴性簇（—，—）组成。此外，在每个反应足够高的 DNA 加样量下，一些微滴同时含有靶点和非靶点等位基因（A 和 a，或 B 和 b）。当两个等位基因都存在于同一个微滴中（图中粗体显示的等位基因）时，两个模板竞争相同的引物对，导致微滴的荧光强度降低，这是因为只有一半的最终产物特异于所包含的探针（并且这不会因黑暗竞争探针的存在而减弱）。缺乏靶点等位基因，但含有非靶点等位基因（用符号⊙表示）的微滴会经历探针交叉反应，产生多达 7 个额外的簇，这些簇与 4 个主要簇（+）偏离。如果在反应中加入了黑暗竞争探针，这些偏移的微滴簇通常会朝轴的方向移动，与主要的 FAM 和 HEX 簇重叠，包括竞争簇（图 28-7）

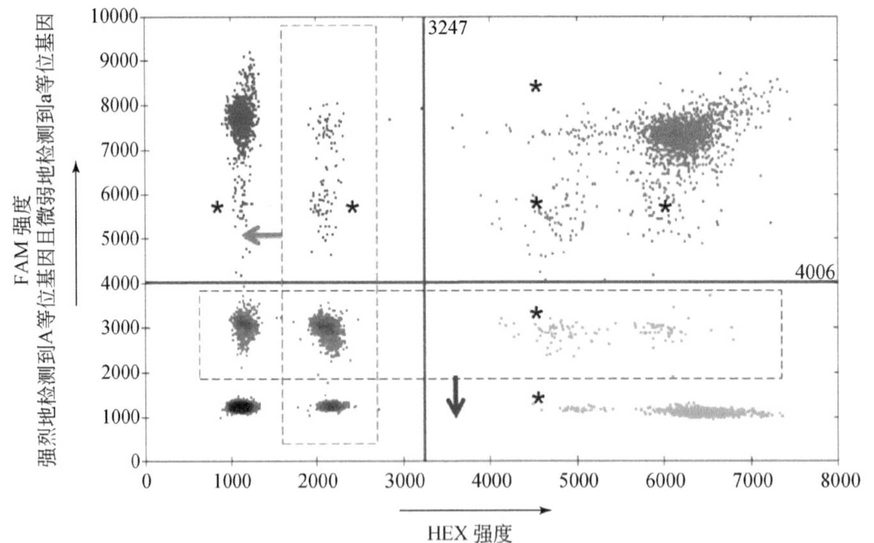

图 28-7　黑暗竞争探针的影响（见 28.4“注意事项”中的第 10 条）。没有竞争探针的定相检测（如在这个 2D 图中）可以有多达 16 个簇，这是因为以下两点：一是当存在非靶点等位基因时，每个靶点序列的探针通常会与非靶点等位基因发生交叉反应，二是一个微滴中存在两个等位基因会导致竞争，这将降低靶点等位基因的最终产量，因此荧光强度会产生额外的亚簇。在反应中加入黑暗竞争探针，会使交叉反应的簇被一个蓝色虚框（与“A”探针有靶点交叉反应的簇）和绿色框（与“B”探针有靶点交叉反应的簇）包含在内，成为常见的簇，分别位于最靠近 HEX 和 FAM 轴的位置。用星号（*）表示的 7 个簇是因为 PCR 竞争而出现的，因为一个单引物对同时扩增了靶点和非靶点等位基因，因此在这些微滴中仅产生了约一半的最终 PCR 产物，相应荧光探针的水解也等量地减少。为了减少这些竞争簇中的微滴数量，可以在反应中加入更少的 DNA

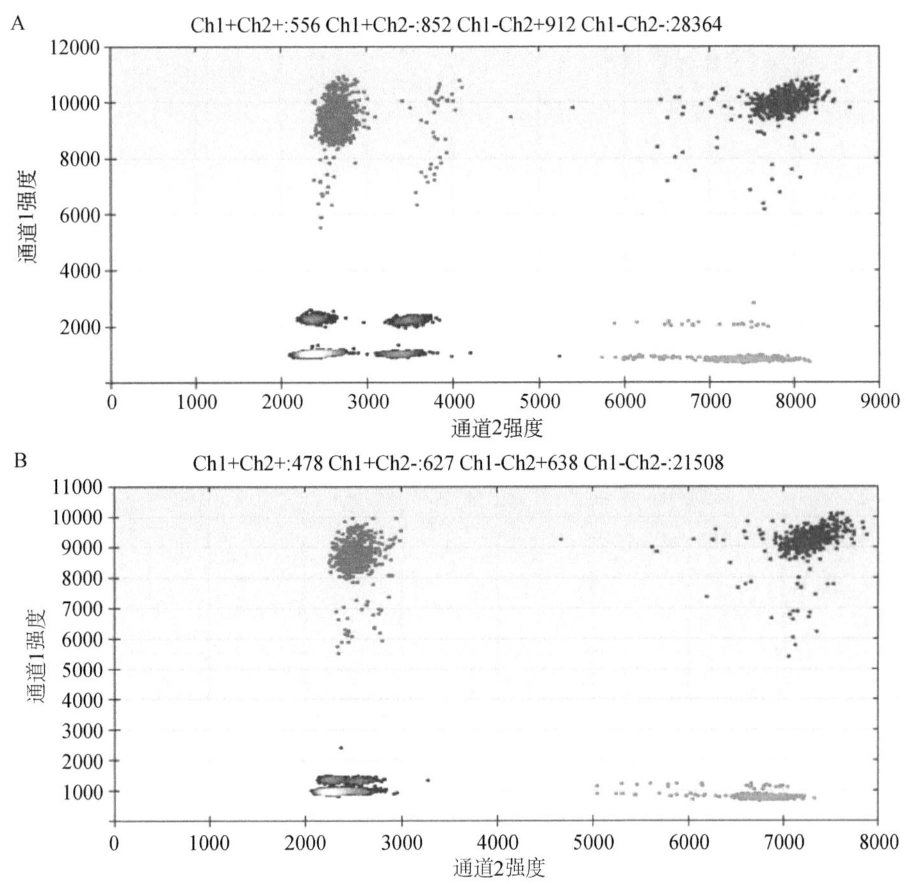

图 28-8　添加黑暗竞争探针对定相检测的影响。A：未添加黑暗竞争探针的定相检测。B：添加了黑暗竞争探针的定相检测。请注意，黑暗竞争探针并没有消除由于微滴中同时存在靶点和非靶点等位基因而产生的额外小簇（即图 28-6 中所示的 A，a；B，b；A，B，b；A，a，B 及 A，a，B，b 簇仍然存在）

28.3.3.2　定相方案反应的组装

1. 按照上面的标准连锁方案计划创建 3 个技术重复。

2. 如果目的等位基因有望为高度连锁（如＞ 25%），则只需要 4 种反应中的两种（表 28-2a 和表 28-2b）。然而，如果＜ 25% 的等位基因有望是连锁的，那么所有 4 个双重检测都应该运行（表 28-2a、表 28-2b、表 28-2c 和表 28-2d），如图 28-5A ～ D 所示，以减轻人为连锁混淆结果的风险（见 28.4“注意事项”中的第 9 条）。在这种情况下，对于有问题的等位基因，这 4 个双重检测中的两个应该有可测量的连锁，而另外两个应该没有。

表 28-2a　AB 反应的检测成分

AB 测试反应成分	体积（μl）
用于探针的 ddPCR 超混液（无 dUTP）	37.5
用于等位基因 A 的 20 × FAM 检测	3.75
用于等位基因 B 的 20 × HEX 检测	3.75
无核酸酶水	15
总计	60

表 28-2b　Ab 反应的检测成分

Ab 测试反应成分	体积（μl）
用于探针的 ddPCR 超混液（无 dUTP）	37.5
用于等位基因 A 的 20× FAM 检测	3.75
用于等位基因 b 的 20× HEX 检测	3.75
无核酸酶水	15
总计	60

表 28-2c　ab 反应的检测成分（仅在预期的连锁百分比较低时使用）

ab 测试反应成分	体积（μl）
用于探针的 ddPCR 超混液（无 dUTP）	37.5
用于等位基因 a 的 20× FAM 检测	3.75
用于等位基因 b 的 20× HEX 检测	3.75
无核酸酶水	15
总计	60

表 28-2d　aB 反应的检测成分（仅在预期的连锁百分比较低时使用）

aB 测试反应成分	体积（μl）
用于探针的 ddPCR 超混液（无 dUTP）	37.5
用于等位基因 a 的 20× FAM 检测	3.75
用于等位基因 B 的 20× HEX 检测	3.75
无核酸酶水	15
总计	60

3. 涡旋 60μl 反应混合物，然后简单离心。

4. 将每种反应混合物的 18μl 分配到 96 孔板的 3 个孔中（如果运行所有 4 个双重检测，需总共 12 个孔，如果仅运行 2 个双链体，则需总共 6 个孔）。

5. 使用 P-20 移液器吸头（见 28.4“注意事项”中的第 7 条），分别向每个孔中添加 4.5μl 未消化 DNA（10ng/μl）。不要用 P-20 吸头进行吹打（见 28.4“注意事项”中的第 8 条）。

6. 使用普通口径的移液器吸头和体积设置为 18μl 的 P-200 移液器，缓慢吹打 20 次，确保不要产生气泡（见 28.4“注意事项”中的第 9 条）。如果产生气泡，在 1500RCF 的条件下将板离心 1 分钟。

7. 通过以下任一方式生成微滴。

（1）将 20μl 反应混合液转移到微滴生成芯片中，并根据制造商的说明手动生成微滴，然后使用 P-50 多通道移液器小心地将其移至 96 孔 PCR 板中。重复该操作直到所有样本都已分隔成微滴并被转移到 PCR 板中，一次操作 8 个样品。

（2）或将整个 22.5μl 反应液留在孔板中，密封该孔板，将样品板转移到 AutoDG 中自动生成微滴。

8. 使用热封箔密封微滴板，并将 PX1 热封仪设置为 180℃，持续 5 秒。

9. 使用之前在板所有测试上确定的最佳条件，对微滴进行热循环。应当遵循标准 ddPCR 循环条件（95 ℃持续 10 分钟；94 ℃持续 30 秒，40 个循环，然后 55 ℃持续 1 分钟；98 ℃持续 10 分钟；12 ℃保持；所有步骤中每个周期的升降温速率为 2.5℃），除非所使用的最佳退火 / 延伸温度不是 55℃。

10. 在 QX100 或 QX200 微滴读取仪上读取微滴。

28.3.3.3　连锁标记物的数据分析

1. 除非每个双重检测的 3 个孔的结果之间存在显著差异（如一个孔中的微滴明显剪切），选择所有 3 个孔并在查看 2D 荧光强度图时对微滴进行分类 [关于孔分析的进一步介绍，请参阅 28.3.2.3 中的步骤 1]。在定相实验中，等位基因间的 PCR 竞争和探针的交叉反应会给微滴的分类带来困难。关于理解这些原理及其对 2D 荧光图中微滴簇位置影响的介绍，请参见图 28-7 和图 28-9。

2. 如果运行 AB、Ab、ab 和 aB 双重检测，则使用 QX100/200 QuantaSoft 分析表（图 28-10）中的可用数据来计算连锁分子百分比。

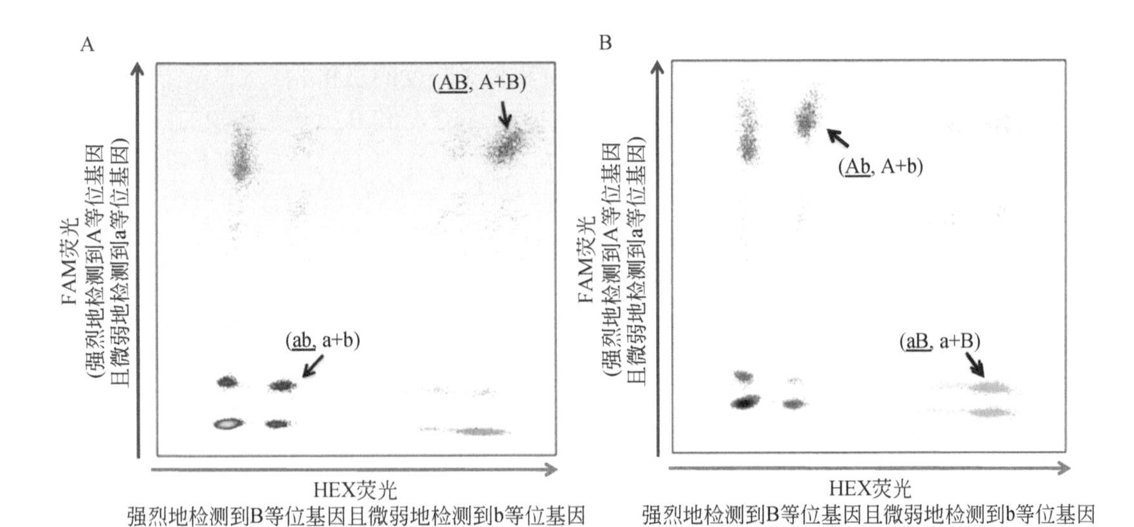

图 28-9　微滴簇位置的偏移。对于连锁靶点，具有过多微滴的簇的位置偏移取决于所包含的双重检测是否与连锁等位基因完美匹配，或者其中一个体系是否仅与连锁等位基因交叉反应。A：当样本（AB，ab）中含有被所用的检测特异靶向的连锁等位基因（FAM 标记的方法检测“A”，HEX 标记的方法检测“B”）时，则用箭头表示主要簇的微滴数过多。B：当使用无黑暗竞争探针的相同双重检测分析相反基因型（Ab，aB）的不同样本时，具有过量双阳性微滴的簇偏移到了通过交叉反应所检测到的非靶点等位基因簇的位置（用箭头表示）。如果使用黑暗竞争探针，比较理想的是，这些交叉反应微滴将与图 28-6 中传统的仅有 FAM（A）和仅有 HEX（B）的主簇合并，有效地引起单阳性微滴过多和双阳性微滴过少，包含两个靶点等位基因的双阳性微滴的预期数量（图 28-6 右上角的所有包含 A、B 的微滴）将不会比二者单独存在的机会更多

等位基因A、B、a和b的总浓度，包括非连锁和连锁状态

只有连锁AB、Ab、ab和aB的浓度

	靶点	状态	浓度	Ch1-Ch2-	连锁	可接受的微滴
双重检测 #1	等位基因 A	手动	104	13469	60.7	15430
	等位基因 B	手动	106	13469	60.7	15430
双重检测 #2	等位基因 A	手动	104	13406	0	16246
	等位基因 b	手动	107	13406	0	16246
双重检测 #3	等位基因 a	手动	109	13717	59.3	15799
	等位基因 b	手动	106	13717	59.3	15799
双重检测 #4	等位基因 a	手动	108	11342	0.931	13789
	等位基因 B	手动	107	11342	0.931	13789

图 28-10 一个 QuantaSoft 表的屏幕截图，显示了不考虑连锁状态的及连锁栏的 A、B、a 和 b 等位基因总浓度，连锁栏仅显示连锁分子（AB、Ab、ab 和 aB）的浓度（单位：拷贝 / 微升）

3. 使用公式 28-3 计算连锁 AB 分子的百分含量。

$$\text{连锁 }\underline{AB}\,(\%)=\left(\frac{2\lambda_{\underline{AB}}}{\lambda_A+\lambda_B}\right)100 \qquad (28\text{-}3)$$

式中，$\lambda_{\underline{AB}}$ 是连锁列中的值，用拷贝 / 微升表示。λ_A 是从“浓度（拷贝 / 微升）”列中获取的标志物 A 的浓度。λ_A 是连锁和未连锁 A 分子浓度的总和。λ_B 是从“浓度（拷贝 / 微升）”列中获取的标志物 B 的浓度。λ_B 是连锁和未连锁 B 分子浓度的总和。

使用图 28-10 中所示的双重检测 #1 的数值，57.8% 的 A 和 B 分子是连锁的：

$$\underline{AB}=\left(\frac{2\times 60.7}{104+106}\right)100$$

4. 使用公式 28-4 计算连锁 Ab 分子的百分含量。

$$\text{连锁 }\underline{Ab}\,(\%)=\left(\frac{2\lambda_{\underline{Ab}}}{\lambda_A+\lambda_b}\right)100 \qquad (28\text{-}4)$$

式中，$\lambda_{\underline{Ab}}$ 是连锁列中的值，用拷贝 / 微升表示。λ_A 是从“浓度（拷贝 / 微升）”列中获取的标志物 A 的浓度。λ_A 是连锁和未连锁 A 分子浓度的总和。λ_b 是从“浓度（拷贝 / 微升）”列中获取的标志物 b 的浓度。λ_b 是连锁和未连锁 b 分子浓度的总和。

使用图 28-10 中所示的双重检测 #2 的数值，0% 的 A 和 b 分子是连锁的：

$$\underline{Ab}=\left(\frac{2\times 0}{104+107}\right)100$$

在此种情况下，A 和 b 标志物之间无连锁（见 28.4“注意事项”中的第 8 条和第 9 条）。

5. 使用公式 28-5 计算连锁 ab 分子的百分含量。

$$\text{连锁 }\underline{ab}\,(\%)=\left(\frac{2\lambda_{\underline{ab}}}{\lambda_a+\lambda_b}\right)100 \qquad (28\text{-}5)$$

式中，$\lambda_{\underline{ab}}$ 是连锁列中的值，用拷贝 / 微升表示。λ_a 是从“浓度（拷贝 / 微升）”列中获取的标志物 a 的浓度。λ_a 是连锁和未连锁 a 分子浓度的总和。λ_b 是从“浓度（拷贝 / 微升）”

列中获取的标志物 b 的浓度。λ_b 是连锁和未连锁 b 分子浓度的总和。

使用图 28-10 中所示的双重检测 #3 的数值，55.2% 的 a 和 b 分子是连锁的：

$$\underline{ab}=\left(\frac{2\times 59.3}{109+106}\right)100$$

6. 使用公式 28-6 计算连锁 aB 分子的百分含量。

$$\text{连锁 }\underline{aB}\text{（\%）}=\left(\frac{2\lambda_{aB}}{\lambda_a+\lambda_B}\right)100 \tag{28-6}$$

式中，λ_{aB} 是连锁列中的值，用拷贝 / 微升表示。λ_a 是从“浓度（拷贝 / 微升）”列中获取的标志物 a 的浓度。λ_a 是连锁和未连锁 a 分子浓度的总和。λ_B 是从“浓度（拷贝 / 微升）”列中获取的标志物 B 的浓度值。λ_B 是连锁和未连锁 B 分子浓度的总和。

使用图 28-10 中所示的双重检测 #4 的数值，0.87% 的 a 和 B 分子是连锁的：

$$\underline{aB}=\left(\frac{2\times 0.93}{108+107}\right)100$$

在这种情况下，0.87% 连锁的 aB 分子是由不完全的混合（见 28.4“注意事项”中的第 8 条和第 9 条）而人为造成的连锁。

7. 对于 AB、Ab、ab 和 aB 反应，计算 3 次反应的平均值和标准差。

8. 比较连锁标志物的百分比，并使用下面的步骤 9 和 10 中的标准，确定以下 3 个选项中哪个最有可能：①等位基因 AB 和 ab 是连锁的。②等位基因 Ab 和 aB 是连锁的。③ Aa 和 Bb 基因位点位于不同的染色体上，或者连锁这两个基因位点的 DNA 片段化严重而无法进行等位基因的定相。

9. 在 AB 和 ab 是连锁的情况下，这些双重检测应该产生相似比例的连锁等位基因。类似的，如果 Ab 和 aB 是连锁的，这些双重检测也应该产生相似比例的连锁等位基因。相反，其他两个双重检测作为对照，采用它们所观察到的任何连锁都是由不充分的混合而导致的人工连锁。只要进行了足够的技术重复，并且测试孔的连锁分子比对照孔明显更多，那么在对照孔中有人为造成的连锁是可以接受的。

10. 如果 4 个双重检测之间的连锁百分比差异很小，则应确定 4 个双重检测中每个连锁分子百分比的平均值和标准差。对于两个连锁最多的（这两个都应该是被定相的等位基因）和两个连锁最少的双重检测（这两个都应该是针对非定相等位基因），重新计算平均值和标准差，要包括 6 个孔，它们中的每个都分别包括更高连锁和更低连锁双重检测。接下来，从较高连锁双重检测的平均值中减去两个标准差，并将两个标准差添加到较低连锁双重检测的平均值中，然后检查误差线是否重叠（即第一个值是否大于第二个值）。如果误差线重叠，则要么等位基因不在同一条染色体上，要么 DNA 样本片段化严重而无法进行连锁判断。

28.4　注意事项

1. 当从培养细胞开始时，使用硅化柱法（例如，Qiagen 的 DNeasy 血液 & 组织试剂盒）

和基于多糖沉淀的化学法（如 ThermoFisher Scientific 的 PrepFiler 法医 DNA 提取试剂盒）提取的 DNA 分别允许约 25kb 和约 200kb 的连锁评估[4]。如果使用未经测试的萃取化学法，首先按照 Regan 等的描述执行一个“里程标志物系列（mile marker series）”[4]，其中组合了一系列双重检测，每个系列都具有相同的对一个锚定序列特异的 HEX 标记检测，同时，每个系列还有一个独特的 FAM 标记的检测，专门针对远离锚定序列的目的基因组的保守区域。对于分离里程标志物和锚定序列的每个距离（如 1kb、10kb、33kb、60kb、100kb、150kb、200kb），计算连锁分子百分比，并用指数回归线拟合这些数据，以便了解能够成功进行连锁测量的理论极限（以千碱基为单位）。这些信息可用于评估是否可以用这种 DNA 制备方法来评价其他目的标志物之间的连锁状态。

2. Bio Rad QX200 dPCR 系统可靠微滴的形成与 DNA 链的长度是相关的，这个长度可能有一个上限。QX200 产生的微滴体积约为 0.85nl；我们认为这些微滴中 DNA 链长度的上限为约 500kb。较长的 DNA 链会缠结，并导致局部黏度的改变，从而增加微滴的多分散性，倾向于形成较大尺寸的微滴。高度完整 DNA 的过多输入水平（如 66 纳克 / 孔），如 Promega 人类 DNA（Cat # G1471 或 G1521），将完全阻止微滴的形成。鉴于此，在使用未消化的 DNA 时，如果软件版本为 QuantaSoft 1.7，请始终确认平均微滴数超过每孔 15 000；如果使用旧版本 QuantaSoft，请始终确认平均微滴数超过每孔 12 000。如果对经常不能形成微滴的 DNA 进行处理，则在生成微滴之前，将样本做更为剧烈的混合，以稍微剪切 DNA。

3. 提取 DNA 后，立即进行连锁测试，因为长时间储存 DNA 会导致额外的 DNA 片段化。如果实验要在一周内进行，则将样品置于 4℃。如果样品可能在一周内无法处理，则建议冷冻，但应避免重复的冻融。始终将用于连锁分析的 DNA 储存在缓冲溶液（例如，Teknova DNA 悬浮缓冲液：10mmol/L Tris，0.1mmol/L EDTA，pH 8.0）中，以尽量减少水解。

4. 在评估用于样品制备的不同化学物质纯化完整 DNA 的能力时，截至本章撰写之时，Promega 的人类 DNA（https://www.promega.com/products/biochemicals-and-labware/nucleic-acids/genomic-dna/）可作为良好的对照 DNA。Promega DNA 是高度完整的，因此非常黏稠，能够通过本章所述流程检测到两个至少间隔 200kb 的标志物连锁。在没有限制性内切酶消化或侵蚀性移液的情况下，当在 ddPCR 反应中加入＞ 66 纳克 / 孔（＞ 1 拷贝 / 微滴）的 DNA 时，将不会形成微滴。

5. 从血浆（cfDNA）或 FFPE 中提取的 DNA 通常过于片段化，以至于不能证明包含两种不同检测的一个连锁实验。相反，一个含有针对目的标志物的 FAM 和 HEX 标记探针的单引物对检测（长度＜ 500bp）通常可使用本章所述的方案来建立连锁。

6. 连锁实验的一个诱惑是在对照孔中加入限制性内切酶，限制性内切酶在其孔中消化连接两个标志物的 DNA。然而，在 DNA 缠结处，消化后的 DNA 比未消化的 DNA 更容易混合均匀。为了避免由于人工连锁而导致不正确的样本基因分型，在可能的情况下，在连锁实验中使用未消化的 DNA 作为对照。这需要在测试孔和控制孔之间使用不同的检测。这个推荐不适用于单倍体基因组和三重反转基因分型试验[5]，其中测试和对照检测包含在同一个孔中。

7. 在进行连锁实验时，鉴于 Bio Rad QX200 每个微滴的体积为 0.85nl，反应中使统计误差最小化的 DNA 加样量与最精确定量所需的 DNA 量（120 纳克 / 孔或约 1.6 拷贝 / 微滴）有所不同。相反，对于连锁的应用，DNA 的加样量是一个平衡的结果，为使孔中所得出的连锁分子的数目（显示为双阳性微滴）最大化，需要加入足够量的 DNA，而与此同时，为使由于随机共定位靶点而产生的双阳性微滴的数目最小化，则需要减少 DNA 加样量。我们的模型表明，最佳的 DNA 加样量约为 0.2 个靶点拷贝 / 微滴（copies per droplet，cpd）。对于人类基因组 DNA，我们通常在 22.5μl 反应中加入约 22.5ng 高度完整的人类 gDNA，这里可扩增 DNA 的量，使用紫外线测量时允许有高达 50% 的过度估计。如果进行一个定相实验，其中只有一个单条染色体被靶向，这个数值应该加倍到约每反应 40ng。如果样本 DNA 的尺寸分布一般较小，但仍有一些大到足以包含两个靶点序列的分子，则可能需要增加运行的孔数，以获得该样本连锁结果的统计置信度。

8. 不充分地混合反应混合液可导致显著的“人为”连锁测试结果。为了防止这种风险，对于技术性重复，单独添加 DNA 并将其混合到已经含有超混液和检测液的孔中。这种方法更适合在重复孔之间分离已经含有 DNA 的大量反应混合液，因为这可能掩盖不完全的混合并给出不精确的连锁测试。

9. 未充分混合的样品会导致样品定量不足，这是因为含有靶点 DNA 的微滴数量不足会导致 DNA 没有随机分布到微滴中。关于这一点的另一种思考是，与适当混合的样品相比，未充分混合的样品中有更多的双阴性和更多的双阳性微滴。双阴性微滴的数量越多，两个标志物浓度测量值越低，而双阳性微滴数量越多则表示连锁测量结果具有显著的统计学意义，即使标志物可能并没有连锁（即通过 DNA 分子的缠结而出现的人为连锁）。未发表的数据表明，当使用 80% 的每搏输出量时，有必要对已消化的样品吹打 10 次，对未消化的样品吹打 20 次，以使其混合均匀。这些相同的数据发现，使用宽口径吸头时甚至需要更多的吹打次数才能获得均一性。因此，不推荐宽口径吸头，除非样品被吹打至少 40 次才可以在反应中产生充分混匀的 DNA；未能充分混合可导致人为造成的连锁测量结果高达 40%。

10. 定相的标准检测中包括 900nmol/L 引物、250nmol/L 每种荧光探针和 250nmol/L 黑暗竞争探针。黑暗竞争探针被设计成与非靶点等位基因结合，以降低探针的交叉反应性（例如，黑暗竞争探针特异针对标志物 a，而荧光探针特异针对标志物 A）。黑暗竞争探针没有 5' 端的荧光基团，相反却有一个 3' 端的猝灭基团，该猝灭基团应与相应荧光探针所用的猝灭基团相匹配 [例如，来自 IDT（Coralville，Iowa，USA）的 Iowa 黑色猝灭基团（Iowa Black quencher，IABkFQ）]。黑暗竞争探针的熔解温度应与其所竞争的荧光探针的 T_m 相同。

致谢

感谢 Steven McCarroll、Nolan Kamitaki、Tina Legler、Samuel Maars、Mario Caceres，以及 Svilen Tzonev、Niels Klitgord 和 Samantha Cooper 为这些方案做出的贡献。

参 考 文 献

1. Wolk DM, Struelens MJ, Pancholi P et al(2009) Rapid detection of Staphylococcus Aureus and methicillin-resistant S. Aureus (MRSA) in wound specimens and blood cultures: multicenter preclinical evaluation of the Cepheid Xpert MRSA/SA skin and soft tissue and blood culture assays. J Clin Microbiol 47 (3):823–826

2. Muniesa M, Hammerl JA, Hertwig S et al (2012) Shiga toxin-producing Escherichia Coli O104:H4: a new challenge for microbiology. Appl Environ Microbiol 78 (12):4065–4073
3. Rosell R, Karachaliou N (2016) Lung cancer: using ctDNA to track EGFR and KRAS mutations in advanced-stage disease. Nat Rev Clin Oncol 13(7):401–402
4. Regan JF, Kamitaki N, Legler T et al(2015) A rapid molecular approach for chromosomal phasing. PLoS One 10(3): e0118270
5. Puig M, Pacheco S, Izquierdo D et al(2016) Droplet digital PCR (ddPCR)-based validation and genotyping of human inversions. Eur J Hum Genet 24 E(Suppl. 1):353
6. Didelot A, Kotsopoulos SK, Lupo A et al (2013) Multiplex picoliter-droplet digital PCR for quantitative assessment of DNA integrity in clinical samples. Clin Chem 59(5):815–823
7. Chen N, Schrijver I (2011) Allelic discrimination of cis-trans relationships by digital polymerase chain reaction: GJB2 (p.V27I/p.E114G) and CFTR (p.R117H/5T). Genetics in Medicine: Official Journal of the American College of Medical Genetics 13 (12):1025–1031
8. Paul P, Apgar J (2005) Single-molecule dilution and multiple displacement amplification for molecular haplotyping. BioTechniques 38 (4):553–554, 556, 558–559
9. Dear PH, Cook PR (1993) Happy mapping: linkage mapping using a physical analogue of meiosis. Nucleic Acids Res 21(1):13–20
10. McDonald OG, Krynetski EY, Evans WE (2002) Molecular haplotyping of genomic DNA for multiple single-nucleotide polymorphisms located kilobases apart using long range polymerase chain reaction and intramolecular ligation. Pharmacogenetics 12(2):93–99
11. Wetmur JG, Kumar M, Zhang L et al(2005) Molecular haplotyping by linking emulsion PCR: analysis of paraoxonase 1 haplotypes and phenotypes. Nucleic Acids Res 33(8):2615–2619
12. Wetmur JG, Chen J (2008) An emulsion polymerase chain reaction-based method for molecular haplotyping. Methods Mol Biol 410:351–361
13. Kitzman JO, Mackenzie AP, Adey A et al(2011) Haplotype-resolved genome sequencing of a Gujarati Indian individual. Nat Biotechnol 29(1):59–63

第 29 章

ddTRAP：一种敏感且准确定量端粒酶活性的方法

Andrew T. Ludlow, Dawne Shelton, Woodring E. Wright，Jerry W. Shay

摘要：端粒酶是一种细胞 RNA 模板依赖的逆转录酶，它将端粒重复序列添加到染色体的 3' 端。端粒酶在肿瘤细胞中普遍表达（＞85%）以维持端粒长度，这为肿瘤细胞提供了避免衰老和无限复制的能力，是癌症的关键特征之一。微滴数字端粒重复扩增方案（droplet digital telomere repeat amplification protocol，ddTRAP）是一种采用全细胞裂解液的两步检测法，该方法先采用端粒酶介导的引物进行延伸，然后用微滴数字 PCR（droplet digital PCR，ddPCR）检测延伸产物。在 ddPCR 中采用 TRAP 检测，这导致了 TRAP 检测通量的提升、敏感性的增加和重复性的改进。下面的描述将详细解释 ddTRAP 的过程。

关键词：端粒酶活性； 微滴数字 PCR

29.1 引言

端粒维持和端粒酶的活性是发生转变的癌细胞的普遍特征[1-4]。端粒是在染色体末端发现的重复 DNA 序列（5'-TTAGGG$_n$-3'）[5,6]。端粒在每个细胞周期内完成 DNA 复制，也能提供一个“加帽”的功能，防止染色体末端的重组、末端到末端的融合和降解[7,8]。因此，端粒可以防止染色体末端不必要的 DNA 损伤信号转导，当端粒变得非常短且细胞开始衰老时，端粒可能是一种有效的初始抑癌机制[9,10]。在正常的二倍体细胞中，由于末端复制的问题，端粒随着每一次细胞分裂而缩短（即由于末端 RNA 引物的布局，DNA 聚合酶无法完全复制 DNA 的滞后链，由于缺乏端粒酶，每次细胞分裂 /DNA 复制周期中会损失大约 60 个核苷酸）。几乎所有的肿瘤细胞都会采用一种端粒维持机制，利用端粒酶来维持端粒[1]。端粒酶是一种核糖蛋白复合物，它利用具有逆转录酶活性（hTERT）的蛋白质组分和 RNA 模板（hTR 或 hTERC）将端粒重复序列添加到染色体末端[11]。通常被检测的两个主要分子特性是端粒酶活性（酶通过添加核苷酸扩展底物的能力）和重复添加的合成能力（添加到底物中的 TTAGGG 重复数量）[12]。由于绝大多数癌细胞都是利用端粒酶来维持端粒，端粒酶活性成为重要的转化生物标志物，因此对其进行准确检测至关重要。端粒酶在染色体 3' 端合成端粒重复序列的这一发现促进了在细胞和组织中检测和测量端粒酶活性的检测方法的研发，该方法在 20 年前就已经建立 [1]。

测量端粒酶的活性时，最常用的检测方法是端粒重复扩增程序（telomere repeat amplification procedure，TRAP），这是一个两步方法，涉及端粒酶介导的引物延伸和基于 PCR 的扩增产物检测。简单来说，先将细胞在含有去污剂的缓冲液中裂解，然后将一部分裂解液与含有端粒酶底物（DNA 寡核苷酸）和 dNTP 的延伸反应体系混合，这些 dNTP 被端粒酶（如果存在于样品中）用来添加到六核端粒重复序列中。最后，对扩展的底物进行 PCR 扩增和检测（ddTRAP 的图示见图 29-1）。我们最近修改了仅仅能够提供相对定量（根据一个内部标准 DNA 进行定量）的原有 TRAP 检测方法，我们称这种新方法为 ddTRAP。该方法在 Bio-Rad ddPCR QX150/200 兼容 Evagreen® 的微滴读取仪上采用嵌入 DNA 染料（如 Evagreen®）来进行检测 [13]。将 TRAP 检测改进为 dPCR 技术提高了检测的敏感性、可重复性和通量。ddTRAP 的这些特性使得我们不仅能够测定单细胞的端粒酶活性，而且也使意图控制端粒酶活性的基因和小分子筛选成为可能。下面将详细介绍如何进行 ddTRAP 检测，对贴壁或悬浮培养的转化细胞和原代人类细胞中的端粒酶活性进行检测和定量。

29.2 材料

参考传统的 PCR 注意事项准备所有的溶液和设置所有的反应，见 29.4“注意事项”中的第 1 条。

29.2.1 全细胞裂解液的制备

1. 使用特征明确的端粒酶阳性细胞系，如 HeLa、HEK293、H1299、MDA-231、HCT116 或 HT1080，作为阳性对照。

2. 使用缺乏端粒酶活性的细胞系，如 U2OS（人骨肉瘤）或原发（未转化）BJ 成纤维细胞，作为阴性对照。

3. 为了避免长期培养的细胞系可能带来的意外变化，将计划用作阳性和阴性对照的细胞系扩增，分成小份并冷冻，以备将来使用。

4. NP-40 裂解缓冲液（RNase/DNase-free）：10mmol/L Tris-HCl，pH 8.0；1mmol/L 氯化镁；1mmol/L EDTA；1%（vol/vol）NP-40；0.25mmol/L 脱氧胆酸钠；10%（vol/vol）甘油；150mmol/L NaCl；5mmol/L β- 巯基乙醇；0.1mmol/L AEBSF[4-（2- 氨乙基）苯磺酰氟盐酸盐]（有关细胞提取物的制备，见 29.4“注意事项”中的第 2 条）。

5. 无 Ca^{2+} 和 Mg^{2+} 的 PBS：137mmol/L 氯化钠；1.5mmol/L 亚磷酸钾；7.2mmol/L 磷酸钠；2.7mmol/L 氯化钾；pH 7.4。

6. 不含 RNase/DNase 的 DEPC 处理过的双蒸水（Ambion）。

7. 细胞计数设备，如血细胞计数器（Coulter® counter）或者自动细胞计数器（如 TC20，Bio-Rad）。也可以在延伸反应之前采用 BCA 蛋白检测对细胞提取物进行蛋白质的定量（见

29.4“注意事项”中的第 2 条）。

8. 双辛可宁酸（bicinchoninic acid，BCA）蛋白质检测试剂盒，如 BCA 蛋白质检测试剂盒（23225，Thermo Fisher）。

9. 可以测量 562nm 处吸光度的分光光度计（用于 BCA 检测）。

29.2.2　端粒酶底物引物延伸反应

1. 超纯 BSA（50mg/ml，Ambion）。

2. 50 × dNTP 混合液（dATP、dCTP、dGTP、dTTP 各 2.5mmol/L）。

3. 10μmol/L 端粒酶底物，“TS”引物（用于延伸的端粒酶底物 / 引物；5'-AATCCGTCGAGCAGAGTT, HPLC 纯化）。

4. 10 × TRAP 缓冲液（不含 RNase / DNase）：200mmol/L Tris-HCl，pH 8.3； 15mmol/L 氯化镁；630mmol/L 氯化钾 ; 0.5% 吐温 -20；10mmol/L EGTA。

5. 薄壁（体积为 250μl）PCR 级别的管子 / 条 / 板。

6. 热循环仪。

7. DEPC 处理的无 RNase/DNase 的双蒸水（Ambion）。

29.2.3　端粒酶延伸底物的 ddPCR 检测

1. 10μmol/L ACX 引物（用于检测的反向扩增引物——5'-GCGCGGCTTACCCTTACCCTTACCCTAACC，HPLC 纯化——见 29.4“注意事项”中的第 9 条）。

2. 10μmol/L 端粒酶底物，“TS”引物（用于延伸的端粒酶底物，以及用于检测的正向引物——5'-AATCCGTCGAGCAGAGTT，HPLC 纯化）。

3. 2 × Evagreen® 用于 ddPCR 的超混液 （Bio-Rad）。

4. 无 RNase/DNase 的 DEPC 处理的双蒸水（Ambion）。

5. Twin-Tec 96 孔板——Eppendorf 951020362（Fisher）。

6. 可刺透的热封箔（Bio-Rad # 1814040）。

7. 微滴生成芯片（DG8）（Bio-Rad 186-3008）。

8. 微滴生成油（Bio-Rad 186-3005）。

9. 微滴生成芯片垫片（DG8）（Bio-Rad 186-3009）。

10. QX200 Evagreen ddPCR 超混液（Bio-Rad）。

11. 能够安装 96 孔裙板并调节温度变化速率的热循环仪（如 Bio-Rad T100）。

12. 微滴读取油。

13. 能够读取 Evagreen ® DNA 结合染料的微滴读取仪（Bio-Rad QX150/200）。

14. PX1 PCR 板封口仪 （Bio-Rad）。

29.3 方法 / 步骤

29.3.1 用于 ddTRAP 检测的组织培养细胞的制备

1. 将细胞培养至所需密度，通常达到 90% 汇合的浓度（每个实验之间必须保持一致，因为在某些情况下，细胞密度会影响端粒酶活性）。在 TRAP 检测分析中，我们通常在 10cm 的培养皿上培养细胞。

2. 胰蛋白酶消化细胞并计数，见 29.4“注意事项”中的第 1 条。

3. 沉淀细胞。在室温下以 2000 × *g* 离心细胞并吸出培养基（见 29.4“注意事项”中的第 2 条）。 初始沉淀后，可用冷的 1 × PBS 洗涤细胞，以去除残留的组织培养基，但此操作并非必需。

4. 如果未进行细胞计数，则可以利用蛋白质浓度进行 ddTRAP 检测（见 29.4“注意事项”中的第 13 条）。

5. 将细胞放到冰上的裂解缓冲液中，沉淀细胞马上就可以使用。

6. 沉淀细胞还可以用液氮快速冷冻之后储存在 -80℃，以备将来使用（见 29.4“注意事项”中的第 2 条）。

29.3.2 细胞的裂解

1. 向细胞沉淀物中加入 40μl NP-40 裂解缓冲液（每 100 万个细胞），生成全细胞裂解液，并在冰上孵育 40 分钟（见 29.4“注意事项”中的第 12 条和第 14 条）。

2. 在裂解期间（在裂解进行 15 分钟和 30 分钟时），至少进行两次周期性的涡旋或充分混合。这对于确保细胞被溶解和均一化至关重要（见 29.4“注意事项”中的第 14 条）。

29.3.3 端粒酶引物延伸反应设置

1. 当细胞处于裂解缓冲液中时，按表 29-1 所示设置延伸反应的混合液并储存在冰上。

表 29-1 延伸反应设置

试剂	体积（μl）1 ×	体积（μl）10 ×
10 × TRAP 缓冲液	5	50
50mg/ml BSA	0.4	4
10μmol/L TS 引物	1	10
2.5mmol/L dNTP	1	10
1250 细胞当量裂解	1	—
双蒸水	40.6	406

2. 在冰上放置用于稀释裂解液的管子。

3. 裂解液需要在冰上稀释到每微升 1250 个细胞的当量（在 18μl NP-40 裂解缓冲液中加入 2μl 裂解液）。

4. 准备所有稀释的裂解液，然后与延伸反应混合。有关延伸反应的详细信息见 29.4“注意事项”中的第 3 条。

5. 向之前放在冰上装有 49μl 延伸反应混合液的管子中加入 1μl 稀释的裂解液，并置入 250μl 薄壁 PCR 管中。应该通过移液器对反应进行混合。

6. 当所有裂解物都被添加到扩展反应混合液中时，PCR 板 / 管应立即移至热循环仪中，并设置以下反应条件：25℃ 40 分钟，95℃ 5 分钟和 12℃保持。有关裂解步骤和裂解液储存的更多信息，见 29.4“注意事项”中的第 15 ～ 17 条。

29.3.4　dPCR 设置

1. 根据 29.4“注意事项”中的第 4 ～ 11 条中列出的 PCR 注意事项，制备含有以下终浓度的主混合液：1 × Evagreen ddPCR 超混液 v2.0（Bio-Rad），50nmol/L TS 引物，50nmol/L ACX 引物，50 细胞当量或更少的延伸产物，添加双蒸水，使每个样品达到 20μl，准备 10% 的富余量。样品体积见表 29-2。

表 29-2　PCR 设置

试剂	体积（μl）1 ×	体积（μl）10 ×	体积（μl）20 ×
2 × Evagreen ddPCR 超混液	11	110	220
10μmol/L TS	0.11	1.1	2.2
10μmol/L ACX	0.11	1.1	2.2
25 细胞 / 微升延伸产物	2	—	
双蒸水	8.8	88	176

2. 使反应混合物达到室温（见 29.4“注意事项”中的第 5 ～ 8 条）。

3. 设置微滴生成（DG）芯片。将 20μl PCR 混合物装入芯片的样品孔中。然后向油孔中加入 70μl 用于 Evagreen® 的微滴生成油。将垫片固定在 DG 芯片上。

4. 将装配好的微滴生成芯片放入 DG 仪器中。

5. 在微滴生成结束后（约 90 秒），从 DG 仪器中取出微滴生成芯片。

6. 将微滴转移至 PCR 板。轻轻取下垫片，使用 8 通道移液器从生成芯片的微滴孔中吸取约 42μl 乳液（微滴），并将其放入 96 孔板中（见 29.4“注意事项”中的第 9 条）。

7. 密封孔板。将所有样品装入 96 孔板后，必须用热封箔将板密封，以防止乳液（微滴）蒸发和曝光。

8. 运行 PCR。将 96 孔板装入热循环仪并关闭盖子。在这些实验中，我们使用 Bio-Rad T100。PCR 反应条件——各个温度步骤之间的所有升降温速率必须设置为 2.5℃ /s，以获得反应混合物的均匀加热。

热循环：

95℃ 5 分钟（聚合酶热启动激活）。

40 个循环：95 ℃，30 秒。54℃，30 秒。72℃，30 秒。22℃，保持。

时间 =1 小时 45 分钟。

29.3.5 端粒酶延伸 PCR 扩增底物的检测

1. 读取微滴。将 96 孔板装入微滴读取仪的板夹具中，注意将“A1”与正确的方向匹配。

2. 设置读取仪。打开电脑桌面上与微滴读取仪匹配的软件，双击板模板中的“A1”孔。这会改变屏幕的上部，显示出“样品名称（sample name）”“实验（experiment）”“检测名称（assay name）”和分析通道（荧光染料 Fam 或 Vic®/ hex）。见 29.4“注意事项”中的第 10 条。

3. 定义孔。单击“实验（Experiment）”，将显示一个带有实验类型选项的下拉菜单。选择“绝对定量（absolute quantification）”作为实验类型。选择需要的孔（高亮显示），然后单击“应用（apply）”或按“回车（Enter）”键。在高亮显示相同孔的情况下，选择检测通道为未知通道 1（6FAM /Evagreen®）。点击“应用（apply）”或按回车键。为检测命名——以 ddTRAP 为例，输入单词“ddTRAP”并标明所用的延长时间（如 ddTRAP 40 min ext.），然后点击“应用（apply）”。为样品命名。

4. 运行板。点击“运行（run）”。屏幕将提示保存模板。给孔板起一个逻辑名称（将此记录在实验室记录本或 Excel® 之类的实验日志中）。点击“保存（save）”。屏幕将提示选择染料类型（Fam/Vic 或 Fam/Hex），对于 ddTRAP 而言，选择 FAM/Vic, 屏幕还将提示是否要按列或行读取孔。

29.3.6 数据分析

1. 确定样品能否进行进一步分析。微滴读取仪给出的数据有多种形式。在分析 ddTRAP 数据时，最值得注意的部分是生成的微滴数量。这可以在 QuantaSoft 软件中通过几种方法获得。点击“事件（events）”后，每个反应孔中的微滴总数会以直方图的形式展示出来。或者在“表格（table）”栏下的“可接受的微滴（accepted droplet）”处也能为研究者给出相同的信息。我们通常认为含有超过 1 万个可接受微滴的样品可以用于后续分析；也可以采用 12 000 个可接受微滴作为更严格的标准，但是在某一个实验或某个特殊手稿的所有实验中，除非在图片说明中有标注，所有样品都必须采取相同的标准。

2. 设置阈值。在分析 dPCR 数据时，在阳性和阴性微滴之间设置阈值是一个主观任务，因此对于每个新的检测都应该采用某个标准的尺度。对于 ddTRAP 检测来说，阳性微滴通常位于 6 000 ~ 10 000 荧光单位，然而由于端粒酶可能会产生各种大小的扩增产物并且它们都是富含“CG”的模板，较长的分子（即那些添加了更多重复序列的分子）在扩增图上要显得更低一些。我们采用以下指南设置 ddTRAP 检测的阈值：①首先应该要分析一个“无模板裂解缓冲液对照（no-template lysis buffer control，NTC-LB）”，将阈值设置在阴性微滴群体（通常大约在 4000 荧光单位，详见图 29-1）以上 2000 荧光单位的位置。该样品中可能有一些背景信号，但是考虑到 ddTRAP 的定量性质，这些背景能够也应该从所有阳性孔中被减去。NTC-LB 对照中的背景示例见图 29-1。②为所有反应孔设置阈值。我们通常对所有孔都采用为 NTC-LB 而设置的相同阈值。偶尔，各个反应孔之间的阴性微滴群将会有所不同，在这种情况下，需要设置一个很好的特异背景来分析数据。我们建议在这种情况下将阈值设在比“阴性群”至少多 2000 荧光单位处。③处理“雨滴（rain）”。“雨滴”（或者说是介于阳性群与阴性群之间的中间微滴）在 ddTRAP 检测中是非常常见的，对定量结果具有一定的影响。在设置阈值时，用户必须保持谨慎，不能使数据向某一边或另一边倾斜。为了避免可能有问题的“雨滴”，我们建议使用尽可能少的细胞当量，并且重新分析产生大量“雨滴”的样品。如果无法做到这一点，用户必须为所有样本设置相同阈值。一旦阈值设定完成，用户便可以得到定量信息（见 29.4“注意事项”中的第 18 条和第 19 条）。

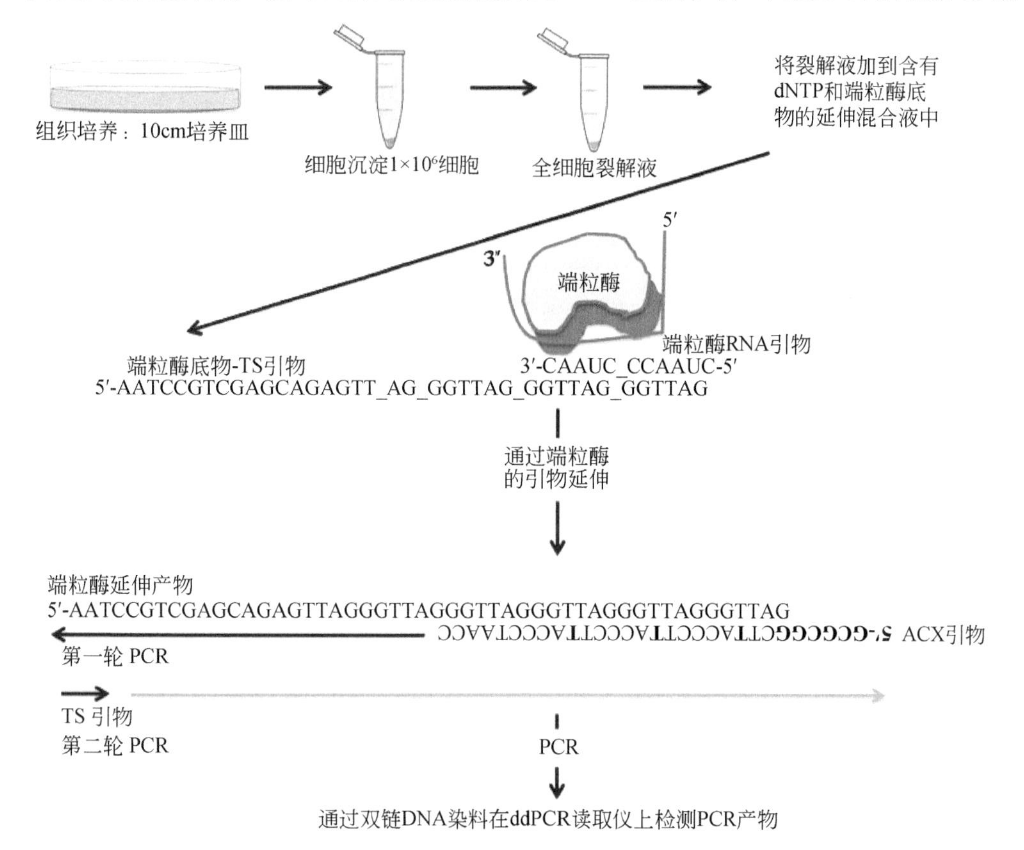

图 29-1　TRAP 检测理论。将组织培养细胞接种在 10cm 的培养皿上并培养至 90% 的汇合度。然后将细胞计数，并沉淀为一百万个细胞的等份。制备全细胞裂解液，然后将其添加到含有端粒酶底物（telomerase substrate，TS）引物和 dNTP 的延伸混合液中。含有活性端粒酶的裂解液将使用该酶的 RNA 模板延伸 TS 引物。延伸反应是热灭活的，随后产物在反向引物 ACX 和正向引物 TS 的环境中开始 PCR 扩增，以扩增端粒酶延伸的底物。PCR 产物是双链的，可以使用 Evagreen® 双链 DNA 结合染料在 QX100/200 ddPCR 读取仪上对其进行检测。注意：ACX 引物中的粗体核苷酸与端粒酶延伸产物是不匹配的

3. 提取定量数据。在 ddTRAP 检测领域，我们将定量数据称为“每个被分析的细胞当量中端粒酶延伸底物 / 产物的数量”。在校正背景信号和被分析的细胞当量数目之后，即可获得此信息。在 QuantaSoft® 软件中，该信息将显示在表格视图中的“每微升中分子的浓

度（concentration in molecules per microliter）”列。该表格可被输出为 .csv 格式的文件并在 Excel® 中分析。首先，我们从每个未知样品和阳性对照中减去 NTC-LB 对照的浓度（分子 / 微升），生成经过背景校正的数据。然后，将这个背景校正数值乘以 20（20μl PCR 反应体积）转换为总的端粒酶延伸产物，然后再除以添加到延伸反应中的细胞当量数（通常为 50）。参阅以下示例数据。

4. 定量每个细胞中的端粒酶延伸产物。如果我们收获了 1 000 000 个细胞并以 40μl 的体积裂解，裂解液以 1 ∶ 20 的比例稀释，得到每微升 1250 个细胞，将 1μl 的稀释裂解液添加到 50μl 的端粒酶延伸反应液中（每微升 25 细胞当量），然后取 2μl 延伸反应液（50 细胞当量）加入到 20μl 的 PCR 之中。这个计算示例见 29.4“注意事项”中的第 20 条（表 29-3a 和表 29-3b）。

表 29-3a　QuantaSoft 电子表格中选取列的数据

样品类型	实验	可接受的微滴	浓度（分子 / 微升）
NTC-LB	绝对定量	14 267	1.64
阳性对照癌细胞系	绝对定量	12 587	43.8

表 29-3b　计算每个细胞中端粒酶延伸产物的示例

数据定量	NTC-LB 背景校对	总的端粒酶延伸产物	每细胞中的端粒酶延伸产物
步骤的概述	从未知样品中减去“NTC-LB”的浓度，从而产生背景校正的数据	将背景校正的浓度乘以 20	将总的端粒酶延伸产物除以加入到延伸反应中的细胞当量数值。这个例子中是 50 细胞当量
阳性对照癌症细胞系	42.16	843.2	16.864

29.4　注意事项

1. 对于确定加入到延伸反应中的细胞当量及对于计算每个细胞中端粒酶延伸产物的数量来说，细胞计数非常重要。

2. 在理想条件下，细胞沉淀通常在 −80℃可稳定放置 1 年。如果需要冷冻细胞，最好在将其移入 −80 ℃之前去除所有额外的液体。

3. 在延伸反应之后，可能会在延伸反应中观察到白色不溶性小颗粒，为了避免将这些物质引入到 ddPCR 反应之中，可以快速离心 PCR 管，并避免从延伸反应的底部吸取液体。裂解液 / 延伸液中去污剂的量可能会负面影响微滴的形成。我们发现 0.008% 的 NP-40 不会对微滴的形成产生负面影响。如果使用更高浓度的裂解液，我们建议在进行测定之前对微滴形成过程中高于 0.008% 的去污剂浓度进行测试。

4. 所用到的每个试剂的体积应额外增加 10%，以得到 22μl 的终反应体积，这有助于避免在将其移到微滴生成芯片中时的体积不足。

5. 样本数必须为 8 的倍数。

6. 2 × ddPCR Evagreen® 超混液中的聚合酶是由热启动的，因此所有步骤均应在室温下进行。

7. 在冰上进行 PCR 的设置可能会增加溶液黏度（2 × PCR 主混合液），这会影响微滴的形成，因此不建议这样做。

8. 向微滴生成芯片中加样的顺序十分重要。油比较“重”，所以如果先加，则油会淹没微流体管道，这将导致微滴生成不佳。因此，应该先加入 PCR 样品，再加入生成油，这对微滴的正确生成很重要。在将 PCR 样品和油加入到芯片的孔中之后，需要在其上面覆盖一个微滴生成芯片垫片。只有在芯片的 8 个通道都被加满且覆盖垫片的情况下，微滴生成仪器才能正常工作。当遇到空气（即空的孔）或者芯片上的垫片错位时，机器将停止运转。如果只有 12 个样品，仍然需要准备 16 个反应，其中的 4 个反应将是空白（每个孔混合 11μl 的 2 × ddPCR 超混液 Evagreen® 对照和 11μl 的水）或无模板对照。

9. 将微滴转移至 PCR 板的步骤至关重要。要缓慢并持续地移动。不要反复吸样或将移液器中的微滴完全排出，因为这将增加微滴破碎 / 融合的可能。

10. 在与 6-fam 相同的通道读取 Evagreen®。

11. 由于基于 PCR 的 TRAP 检测的敏感性，避免污染是成功检测的重中之重。我们建议建立一套专用移液器和一个专用区域，只进行 ddTRAP 检测。要一直使用带滤芯的吸头。不要使用 ART 吸头。端粒酶是具有 RNA 成分的逆转录酶，因此必须采取特殊的预防措施，以确保一个无 RNA 酶的环境。所有溶液均应使用 DEPC 处理过的水，而实验台、移液器和实验器皿都应该经过 RNA 酶灭活剂处理，如使用 RNaseZap®。

12. 为了生成细胞提取物，而不是全细胞裂解物，可以使用 CHAPS（0.5% ～ 1.0%）的裂解缓冲液来代替 NP-40。全细胞裂解液可提供最大活性的检测，这对于端粒酶调节化合物的定量比较非常重要[14, 15]，如果需要，可以制备细胞提取物（按照上面的介绍进行裂解，但是要在 4℃下以 10 000 × g 离心 10 分钟），移走上清液进行分析。在细胞提取物中端粒酶的活性会被低估，但这有助于分析可能含有 PCR 抑制剂的原始样品（如原发肿瘤样本[14]）。分析组织样品时，应使用 CHAPS 裂解缓冲液和细胞提取物。机械研磨（避免热处理）或者研钵和研杵的使用有助于组织的破碎。利用上述方法离心，并按照注释测定蛋白浓度。

13. 端粒酶检测输入当量可以通过细胞计数或蛋白浓度这两种方式确定。在使用全细胞裂解液时，我们倾向于细胞计数。我们建议沉淀大量的细胞，这样可以将抽吸技术带来的细胞损失影响降到最低。我们通常会使用超过 300 000 个细胞的沉淀，倾向于通过 1×10^6 个细胞沉淀获得最佳数据。在 ddTRAP 中使用细胞提取物时，应采用测定蛋白质浓度的方法。对于 ddTRAP 而言，1 ～ 6μg 的蛋白质已足以检测 HeLa 细胞的端粒酶活性。同样，组织样品也需要测定蛋白质浓度，但应注意的是，端粒酶阳性的细胞会与端粒酶沉默的基质细胞混合在一起。

14. 细胞沉淀必须在冰上的 NP-40 缓冲液中彻底裂解 40 分钟至 1 小时。对于多达一百万个细胞的沉淀，40μl NP-40 裂解缓冲液通常就足以完成裂解（一百万个细胞裂解到 40μl 缓冲液，形成的是每微升裂解液 25 000 细胞当量）。我们不建议使用大体积的裂解缓冲液，以避免稀释；这可能导致端粒酶失活或者产生无法定量和重复的数据。裂解不要超过 45 分钟。

15. 裂解液也可以在 −80℃储存，但是端粒酶的活性会随着在冰箱中时间的流逝而降低，因此我们建议每次使用新的裂解液，还应该将裂解液分装，以避免反复冻融。

16. 我们发现在 ddTRAP 检测中，向 50μl 延伸反应中添加 1250 细胞当量的重复性最好（最终的延伸反应细胞当量相当于每微升 25 个细胞）。我们通常使用一百万个细胞的沉淀，因此必须在 NP-40 裂解缓冲液中以 1 ∶ 20 的比例稀释（2μl 裂解液加到 18μl 的 NP-40 裂解缓冲液中），这将产生每微升 1250 细胞当量的稀释裂解液。裂解液稀释后，取 2μl 加入到放在冰上的含有延伸反应混合液的薄壁 PCR 管 / 板中。提示：在移液之前，必须确保所有裂解液和稀释液都是均匀的。应该设置重要的对照反应以确保检测的完整性。可以利用 RNase A 去消化端粒酶的 RNA 成分，或者在延伸前进行热处理（95℃ 10 分钟），进行这样的对照可以确保在 ddTRAP 检测中端粒酶检测的特异性（图 29-2）。对于新肿瘤系（即端粒维持策略未知的肿瘤系）的分析及不熟悉端粒酶和 TRAP 检测的实验室来说，这些对照非常重要（图 29-3）。

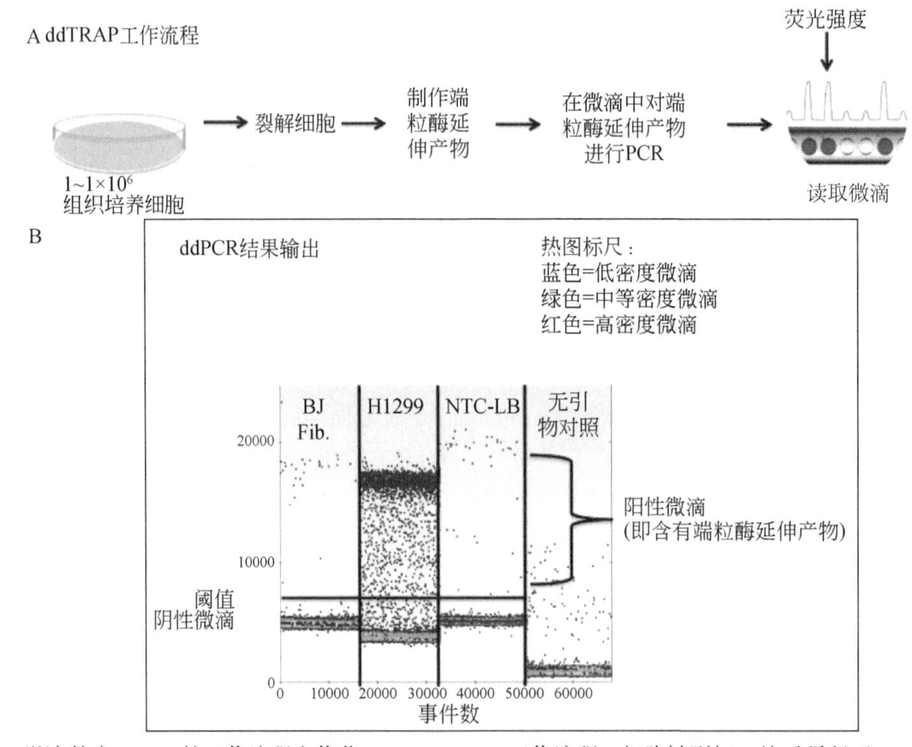

图 29-2 微滴数字 TRAP 的工作流程和优化。A：ddTRAP 工作流程。细胞被裂解，然后稀释至 1250 个细胞 / 微升的浓度，以 25 个细胞 / 微升的浓度来形成端粒酶延伸产物，然后端粒酶被热灭活，延伸产物分散至微滴中。随后进行 40 个 PCR 热循环，并通过微滴读取仪（QX100/200 Evagreen® 兼容仪器）分析微滴是否存在荧光信号。B：ddTRAP 结果显示了 BJ 成纤维细胞（输入 100 细胞当量，端粒酶阴性）、H1299 细胞（输入 100 细胞当量，端粒酶阳性）、仅含有裂解液的对照、无引物的 100 细胞当量的 H1299 裂解液对照来测试扩增的特异性。在这些对照中，只能看到很低的背景信号。ddPCR 分析的每个孔或样本中大约含有 17 000 个微滴。在结果输出底部的事件数代表每个反应孔中所计算的微滴数量。ddPCR 结果输出中的每个点都代表一个独特的微滴，它们的荧光可能是阳性或阴性的。荧光强度代表每个微滴被检测到的荧光量。荧光强度被用来区分阳性和阴性微滴。由于本实验采用能够与双链 DNA 结合的 Evagreen® 染料来检测微滴，在 PCR 期间未扩增的 DNA 分子也会产生固有的背景荧光。热图标尺代表了某个荧光强度下微滴的密度。NTC-LB= 无模板对照 - 裂解缓冲液（no-template control-lysis buffer）[13]。[图片经过 NAR 和牛津出版社的允许，重新绘制并做了少量修改。Ludlow AT, Robin JD, Sayed M, Litterst CM, Shelton DN, Shay JW and Wright, WE （2014） Quantitative telomerase enzyme activity determination using droplet digital PCR with single cell resolution. Nucleic Acids Res, 42, e104]

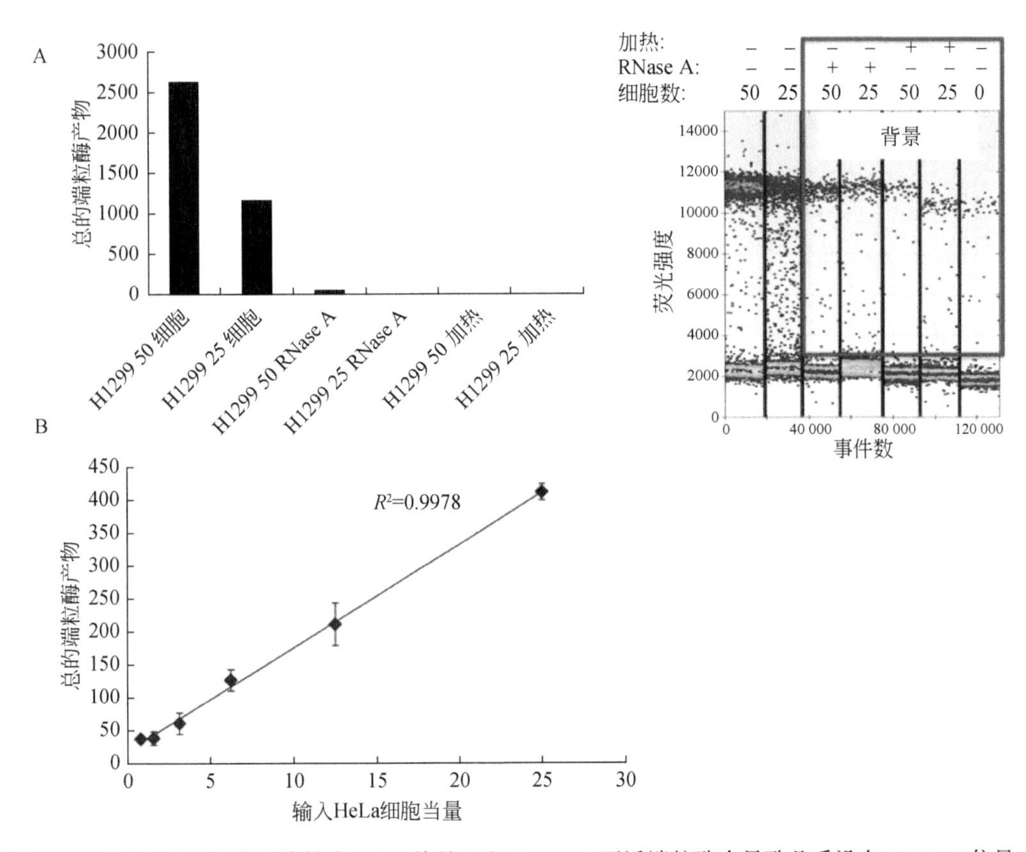

图 29-3　ddTRAP 对照反应和线性度。A：热处理和 RNase A 灭活端粒酶会导致几乎没有 ddTRAP 信号。这一步允许包括一个小幅度的背景校正，然后建立裂解液中端粒酶活性的特异性检测。背景信号被红色框高亮显示。B：HeLa 细胞从 1 ～ 50 细胞当量的系列稀释中在输入量和检测到的端粒酶活性（由 ddPCR 中所产生的总产物来表示）之间产生了一个线性关系（R^2=0.99）。误差线是重复实验的标准差。尽管提取物并非来自单个细胞，但在稀释液相当于一个细胞的输入量时，ddTRAP 能够在背景之上重复性地检测端粒酶活性[13]

17. 对于端粒酶的定量检测来说，延伸时间 40 分钟是比较满意的（图 29-4）。较长的延伸时间（长达 2 小时）可用于检测端粒酶的最大活性，但是较长的延伸时间使酶在 25℃下存在降解的风险，因此目前尚未在 TRAP 检测中进行测试。应该通过向延伸反应中加入不同的细胞当量来进行线性稀释分析。在此可以执行两种线性分析：①在延伸反应中加入不同的细胞当量（图 29-2）；②先进行延伸反应，然后在 PCR 之前将其稀释，以测试 PCR 的线性[13]。延伸的产物是单链 DNA，应尽快用于 dPCR 反应。我们发现延伸产物在 4 ～ 12℃下过夜存储并不会导致延伸产物的明显减少（图 29-5）。

18. 对包含“雨滴”的数据进行阈值设置。端粒酶使用全细胞裂解液并产生了各种大小的富含“GC”的扩增产物，因此有些样品可能会产生“雨滴”或者在阴性和阳性微滴主群落之间存在中等荧光强度的微滴（图 29-4）。这会在分析中造成问题。因此，在 ddTRAP 中，对照非常重要。只要有可能，我们尽可能尝试使用 50 细胞当量。如果样品在这个细胞输入下还是产生了许多“雨滴”，我们会将样本稀释直到出现更好的分离效果。也可以稀释延伸产物并针对分析中的细胞当量进行校正。

19. 我们发现，购买 HPLC 纯化的引物对于成功进行该检测非常重要，否则将无法正常

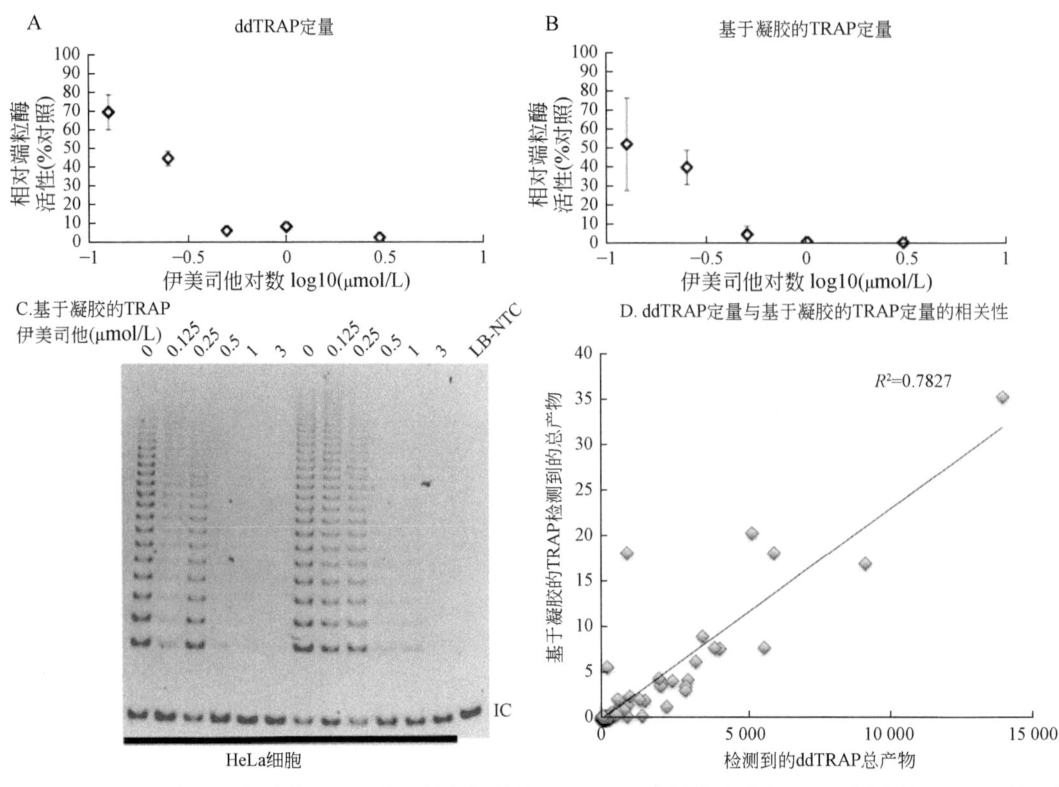

图 29-4　ddTRAP 与基于凝胶的 TRAP 的比较和相关性。ddTRAP 定量的波动小于基于凝胶的 TRAP，并且能够准确确定伊美司他（imetelstat）在 HeLa 细胞中的半数抑制浓度（IC_{50}）（0.2μmol/L）。HeLa 细胞与伊美司他（0、0.125μmol/L、0.25μmol/L、0.5μmol/L、1μmol/L 和 3μmol/L）孵育 72 小时。沉淀细胞并从 3 个独立的组织培养实验中制备 3 份提取物（每个剂量总共有 9 个提取物和延伸剂）A：50 细胞当量加到 PCR 之中的 ddTRAP 定量。B：凝胶定量（图 29-3C 中两个实验的代表性凝胶图）。C：采用 125 细胞当量进行基于凝胶的 TRAP。数据表示为与对照（未处理的 HeLa 细胞）相比较的相对端粒酶活性和平均值的标准差。D：基于凝胶的 TRAP 与 ddTRAP 的相关性分析。$P < 0.0001$ 的阳性关系表明，两种方法测到的是同一种结果。IC= 内部竞争性端粒酶活性底物（internal competitive telomerase activity substrate，ITAS）[13]

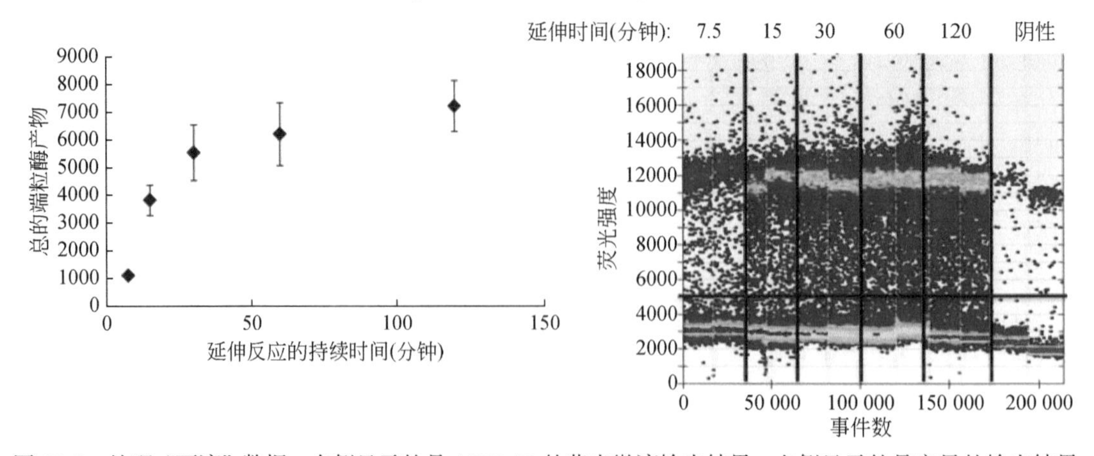

图 29-5　处理“雨滴”数据。右侧显示的是 ddTRAP 的荧光微滴输出结果，左侧显示的是定量的输出结果。在热灭活之前，使用 100 细胞当量的 H1299 细胞裂解液与 TS 底物进行不同时间的孵育。显示的数据是经过背景矫正的产生的总端粒酶产物均值 ± 平均值标准差。水平的黑线代表这些样品中所使用的阈值。在对“雨滴”数据设置阈值时，要利用对照作为指导并对所有样品使用相同的阈值，这一点非常重要[13]

工作。我们建议以 100μmol/L 的浓度稀释储备引物，等份的浓度不超过 100μl，并且应避免反复冻融。

20. 细胞当量计算实例：1 000 000/40μl 裂解液 =25 000 细胞 / 微升裂解液；以 1 ∶ 20 的比例稀释后 =1250 个细胞 / 微升裂解液；1μl 的 1250 细胞当量 /50 微升的延伸反应 =25 细胞当量 / 微升延伸反应 × 加到 20μl ddPCR 中的 2μl= 被分析的 50 细胞当量。

致谢

感谢 Bio-Rad 的 Viresh Patel 和 George KarlinNeumann 在这项技术的研发过程和在手稿的批判性阅读方面提供的材料支持。我们也感谢牛津大学出版社允许本书使用我们发表在 *Nucleic Acids Research* 上的图片。Ludlow AT, Robin JD, Sayed M, Litterst CM, Shelton DN, Shay JW，Wright WE （2014） Quantitative telomerase enzyme activity determination using droplet digital PCR with single cell resolution. Nucleic Acids Res, 42, e104.

基金

美国国立卫生研究院（AG01228）；美国国立癌症研究所 （CA154805, P50CA70907, T32-CA124334-07, 5P30 CA142543-03）。开放获取费用的资金：美国国立卫生研究院基金（AG01228）。这项工作是在美国国立卫生研究院基金 C06 RR30414 资助下建造的实验室中进行的。

利益冲突声明

Dawne N. Shelton 是 Bio-Rad 实验室的雇员。Bio-Rad 实验室为这项技术的发展提供了材料和技术支持。

参考文献

1. Kim NW, Piatyszek MA, Prowse KR et al(1994) Specific association of human telomerase activity with immortal cells and cancer. Science 266:2011–2015
2. Shay JW, Wright WE (1996) Telomerase activity in human cancer. Curr Opin Oncol 8:66–71
3. Shay JW, Wright WE (1996) The reactivation of telomerase activity in cancer progression. Trends Genet 12:129–131
4. Shay JW, Wright WE (2011) Role of telomeres and telomerase in cancer. Semin Cancer Biol 21:349–353
5. Blackburn EH (1991) Telomeres. Trends Biochem Sci 16:378–381
6. Blackburn EH (2000) Telomeres and telomerase. Keio J Med 49:59–65
7. de Lange T (2009) How telomeres solve the end-protection problem. Science 326:948–952
8. de Lange T (2010) How shelterin solves the telomere end-protection problem. Cold Spring Harb Symp Quant Biol 75:167–177
9. Shay JW, Wright WE (2005) Senescence and immortalization: role of telomeres and telomerase. Carcinogenesis 26:867–874
10. Wright WE, Shay JW (1992) The two-stage mechanism controlling cellular senescence and immortalization. Exp Gerontol 27:383–389

11. Shay JW, Wright WE (2010) Telomeres and telomerase in normal and cancer stem cells. FEBS Lett 584:3819–3825
12. Nandakumar J, Cech TR (2013) Finding the end: recruitment of telomerase to telomeres. Nat Rev Mol Cell Biol 14:69–82
13. Ludlow AT, Robin JD, Sayed M et al(2014) Quantitative telomerase enzyme activity determination using droplet digital PCR with single cell resolution. Nucleic Acids Res 42:e104
14. Herbert BS, Hochreiter AE, Wright WE et al(2006) Nonradioactive detection of telomerase activity using the telomeric repeat amplification protocol. Nat Protoc 1:1583–1590
15. Norton JC, Holt SE, Wright WE et al(1998) Enhanced detection of human telomerase activity. DNA Cell Biol 17:217–219

第 30 章

采用微滴数字 PCR 的分隔功能进行高效和可靠的 DNA 适配体分选：Hi-Fi SELEX 方法

Aaron Ang, Eric Ouellet, Karen C. Cheung，Charles Haynes

摘要：数字 PCR（dPCR）除了越来越广泛地被应用到基因的检测和定量，以及更大的基因组事件之外，其分隔功能也可以作为强有力的工具，用于单链 DNA 合成结合文库的高保真（high-fidelity，Hi-Fi）扩增。这种类型的序列多样性文库可以作为一个基础，用于针对特定靶点分选高结合力的适配体。我们在此提供了一个 Hi-Fi SELEX 方案的详细介绍，用于快速和有效地进行 DNA 适配体的分选。作为该方法的一部分，我们描述了 Hi-Fi SELEX 如何部分通过使用 dPCR 的大规模分隔能力来获得优于其他适配体分选方法的优势。

关键词：数字 PCR；适配体；SELEX；生物亲和试剂

30.1 引言

在生命科学和临床中，通常必须用到能同时以高亲和力和高特异性识别靶标分子的生物试剂，在临床中，它们通常用作捕获、诊断或治疗试剂。在现有种类的亲和试剂中，抗体目前是金标准。抗体，包括单克隆抗体（monoclonal antibody，mAb），以高亲和力与其抗原结合；nmol/L 或更紧密的平衡离解常数（K_{ds}）经常被报道 [1]。此外，结合通常具有高度选择性，这表现在 mAb 能够识别蛋白的转录后修饰，以及其他更加精妙的蛋白亚型的能力上 [2,3]。这些精巧的结合特性可最大限度地发挥 mAb 的治疗潜能，缩小脱靶效应，而相对较大尺寸的 mAb 可以有较长的循环半衰期 [4,5]。

然而，抗体在某些重要方面会受到限制。作为一种大型复杂的多亚单位蛋白，抗体对环境条件敏感，在酸性条件或高温下可迅速失活。尽管其制造已经取得了重大进展，但 mAb 的大规模生产和纯化仍然相当昂贵。大多数 mAb 不能有效地渗透细胞，这实际上将它们的应用限制在细胞外的抗原上。此外，虽然人源化抗体技术大大降低了免疫应答，但治疗性 mAb 往往不能完全逃脱免疫监测，进而对其长期疗效提出了挑战 [6]。

因此，开发 mAb 的替代品用作研究和诊断的亲和试剂及治疗试剂在近年来获得了相当多的关注[7]。许多简化的抗体形式，包括纳米体、V_H 和 V_L 抗体域，以及单链可变片段，都已被证明是有效的 mAb 替代物[8]。此外，一种被称为适配体的特定种类的核酸已经成为一种有效的选择[9]。每一个适配体都由短的单链寡核苷酸组成，能够被相对便宜地、大规模地、高精度地生产出来。由于很容易合成单链 DNA（ssDNA）或单链 RNA（ssRNA）的大型半组合文库，该文库可以采用体外达尔文型分选策略对那些因其独特折叠而对一个靶点展现出高度亲和性和特异性的序列进行富集和分选，这种能力可能促进了有用适配体的发现。然而，标准的适配体分选方法通常采用一种递归的选择过程，被称为通过指数富集的配体系统进化（systematic evolution of ligands by exponential enrichment，SELEX），这种方法并不足够强大，因此无法确保及时和低成本地发现适合进一步开发的适配体[10-13]。

因此，我们最近报道了一种新的方法，即高保真 SELEX（Hi-Fi SELEX）平台[14, 15]，该平台极大地提高了适配体选择的速度和稳健性，部分原因是利用了 ddPCR 的分隔能力，在再生过程中保持了文库的完整性。该方法需要一个商业化的微滴生成系统或能够产生适用于 PCR 的乳化液。它并不需要微滴读取能力，使得该方法成本低廉，因为 Hi-Fi SELEX 的其余元件使用的是几乎所有标准分子生物学实验室都可使用的消耗品和设备。我们在此介绍了这个 Hi-Fi SELEX 方法，其基本处理方案如图 30-1 所示，其细节足以使用户能够可靠地应用它来针对目的靶点发现有用的 DNA 适配体。我们还提供了一些“注意事项”，对我们采用的方法提供更好的理解，以便最大限度地提高此方法的速度和整体性能。

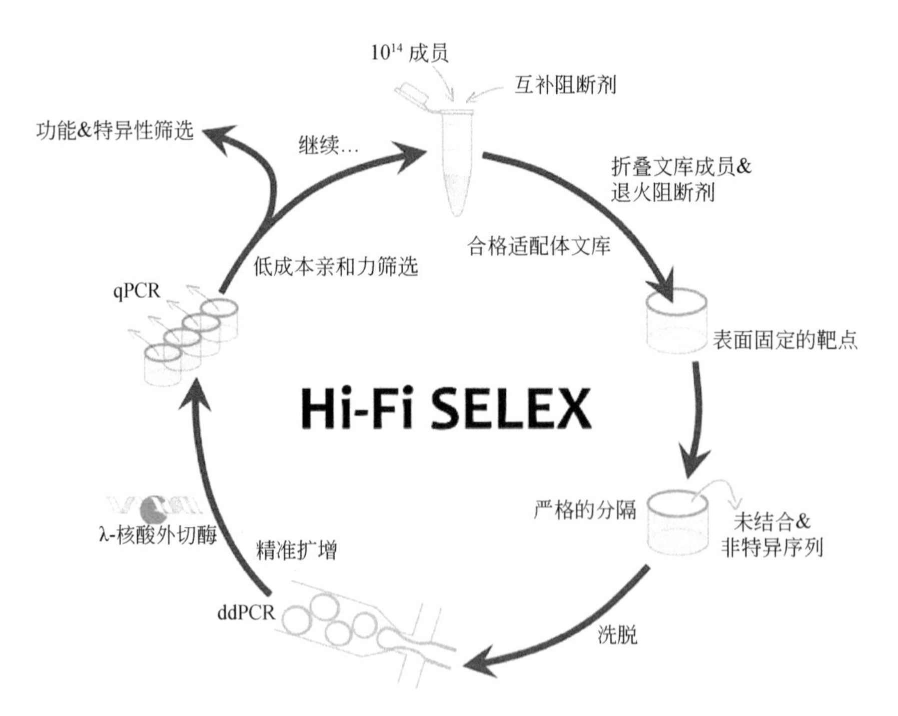

图 30-1　包含一个单轮 Hi-Fi SELEX 操作顺序的示意图。经过允许改编自文献 [15]

30.2　材料

30.2.1　寡核苷酸

Hi-Fi SELEX 方法是从一个半结合文库的成员中分选适配体，这个文库中的每个成员都是由杂交在一起的 3 个寡核苷酸组成的。如图 30-2 所示，这些寡核苷酸包括一个 80nt 的 ssDNA“文库”序列，一个与每个 80nt 文库成员的 5' 端互补的 20nt 的 ssDNA 序列（5'-Comp），以及一个与每个文库成员 3' 端互补且被 5' 磷酸化的 20nt 的 ssDNA 序列（3'-Comp）。这三种所要求成分（80nt ssDNA 文库，3'-Comp，5'- Comp）中的每一种都是由一家信誉良好的供应商（我们使用 IDT 公司；Coralville，IA）进行化学合成，使其能够在所需的量（通常为几微米）、均一性 [ssDNA 文库和 Comp 序列由 HPLC（强阴离子交换柱）独立处理，以消除截短的成员并分离出所需分子量的紧密条带]，以及纯度等方面满足 Hi-Fi SELEX 进程的 DNA 质量和多样性要求。然后，每个组件在 1 × AF 缓冲液中重建，以形成所要求的储备液（见 30.4“注意事项”中的第 1 条）。下面提供一个 ssDNA 文库结构和相应的一组适合进行 Hi-Fi SELEX 的 5'-Comp 和 3'-Comp 序列。

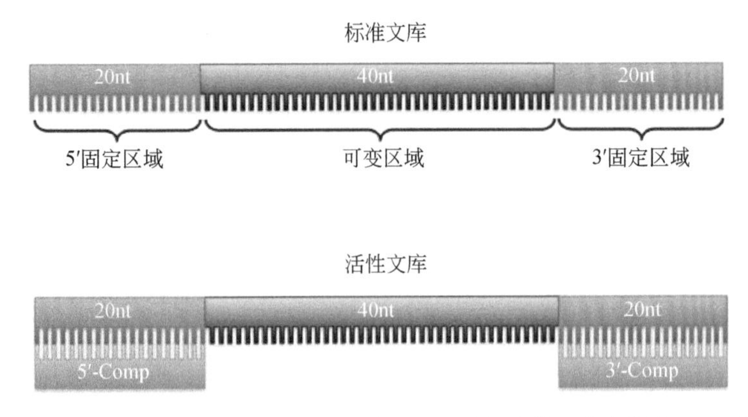

图 30-2　标准 SELEX 库（标准库）和 Hi-Fi SELEX 库（活性库）中使用的半结合 DNA 文库的基本结构：Hi-Fi SELEX 库不同于标准 SELEX 库，它通过使用新的固定区补体（阻断元件）来提高起始半结合文库的功能多样性。因此，Hi-Fi SELEX ssDNA 文库的每个成员都由一个 80nt 文库序列组成，该文库序列包含一个 40mer 随机核心区（N40），其两侧是一个 5' 通用 20mer 侧翼序列和一个 3' 通用 20mer 引物结合序列，每个侧翼序列与其补体杂交，之后会被分别标为 5'-Comp 和 3'-Comp。通过消除固定区域内的单链结构，活性 Hi-Fi SELEX 文库将适配体折叠和功能分离到文库的可变核心区域内，同时减少可能损害或消除在该区域内发现紧密结合序列的失真。某个分选文库中未被阻断的固定区域序列通过其采用稳定二级结构的潜能可以干扰适配体的折叠和功能，这些二级结构通过：①自联作用；②与可变核心区、相对固定区或者两者中的互补核苷酸联合而产生。这些不需要的结构可以出现在单个文库成员内，也可以出现在文库不同成员的互补区域之间 [14]，我们之前已经证明，其净效应可以显著降低文库的总体功能多样性 [15]

30.2.2　Hi-Fi SELEX 的试剂和耗材

1. 适配体折叠（aptamer folding，AF）缓冲液：20mmol/L Tris-HCl （pH 7.4），

140mmol/L NaCl，5mmol/L KCl，1mmol/L $MgCl_2$，1mmol/L $CaCl_2$。

2. ssDNA 文库储存液：1μmol 纯化的 80nt ssDNA 溶于 AF 缓冲液中 [完整（三轮）Hi-Fi SELEX 分选所需的 10μl 100μmol/L 储存液]。每个文库成员的总体结构是 5'- 侧翼序列（20nt）–N40- 侧翼序列（20 nt）-3'，有一条适合的能够成为文库的文库序列 [5'-TCGCACATTCCGCTTCTACC-N40 –CGTAAGTCCGTGTGTGCGAA-3']。

3. 5' 互补阻断剂（5'-Comp）：用于上面所显示的文库序列，5'-GGTAGAAGCGGAATGTGCGA-3' 溶于 AF 缓冲液中成为 100μmol/L 的储存液（每次完整的 Hi-Fi SELEX 循环总共需要 10μl 液体）。

4. 3' 互补阻断剂（3'-Comp），用于上面所显示的文库序列，5'-TTCGCACACACGGACTTACG-3' 溶于 AF 缓冲液中成为 100μmol/L 的储存液（每次完整的 Hi-Fi SELEX 循环总共需要 10μl 液体）。

5. 严格清洗（stringent wash，SW）缓冲液：20mmol/L Tris-HCl（pH 7.4），1mol/L NaCl，5mmol/L KCl，1mmol/L $MgCl_2$，1mmol/L $CaCl_2$，0.005% 吐温 -20。

6. 变性洗脱（denaturing elution，DE）缓冲液：50mmol/L NaOH（随后用 50mmol/L HCl 中和）。

7. Tris-EDTA（TE）缓冲液：10mmol/L Tris，1mmol/L EDTA，用盐酸调节至 pH 8.0。

8. 靶点固定（target immobilization，TI）缓冲液：100μl 100mmol/L 磷酸钠缓冲液（pH 7.5）。

9. 表面钝化（surface passivation，SP）缓冲液：向 AF 缓冲液中添加 0.005% 吐温 -20。

10. λ- 核酸外切酶（New England Biolabs）。

11. Nunc 固定物氨基板（Thermo Fisher Scientific）。

12. 配有板适配器的热混合器（如 Eppendorf Thermomixer C）。

13. NanoSep® Omega 10K MWCO 离心过滤装置（Pall Corporation）。

14. 标准 PCR 热循环仪（如 Bio-Rad C1000 或 Eppendorf Master Thermal Cycler）。

30.2.3 ddPCR 和 qPCR 试剂

1. 正向引物（forward primer，FP）：5'-TCGCACATTCCGCTTCTACC-3' 溶于 AF 中形成 100μmol/L 的储存液浓度（用于所显示的文库序列）。

2. 磷酸化的反向引物（reverse primer，RP）：5'-p-TTCGCACA CACGGACTTACG-3' 溶于 AF 中形成 100μmol/L 的储存液浓度（用于所显示的文库序列）。

3. SYBR Green qPCR 主混合液：2× iQ SYBR 超混液（Bio-Rad）。

4. ddPCR 超混液：ddPCR ™ 探针超混液，无 dUTP（Bio-Rad）。

5. 可以进行实时检测的热循环仪（如 Bio-Rad CFX96）。

6. DG8 ™微滴生成芯片（Bio-Rad）。

7. 微滴数字 ™PCR 仪（Droplet Digital™ PCR，ddPCR™）和微滴生成仪（Bio-Rad QX100™ 或 QX200™）。

30.3　方法：Hi-Fi SELEX 方案

在开始任何适配体分选工作之前，必须采取适当步骤来防止每轮分选之间所回收的材料的交叉污染。为防止此类情况的发生，必须定期净化所有工作台面，并定期更换手套。此外，用于PCR扩增的储存试剂必须与最初的文库及在分选过程中所回收的任何文库成员集分开。将每种储存试剂等分的工作应在指定的无核酸模板区域内制备。如果适配体的分选将要成为实验室的常规工作，就必须创建一个专门的独立环境来进行 Hi-Fi SELEX，在每一轮分选之前和完成之后，对所有表面和仪器进行常规维护和清洁。

30.3.1　文库的设计和合成

在其标准格式中[10-12]，SELEX 从一个合成文库中富集了短的单链 RNA 或 DNA 序列的子集，该文库包含一个半结合的群体，其总体多样性类似于机体自身的抗体谱。这一过程通常在体外进行，能够创造一种能力来调节筛选条件的性质和严格程度，从而更有效地分选出对一个靶点表现出高度亲和性或特异性的文库成员。

SELEX 法可以在 ssDNA 或 ssRNA 文库中进行操作，通常是通过仔细检查适配体的意向用途来进行选择。基于 RNA 的适配体具有更灵活的主链，使得它们能够适用于更广泛的二级和三级结构。尽管 ssDNA 适配体建立在一个不太灵活的主链上，但它具有更高的化学稳定性，而且筛选 DNA 文库需要更少的处理步骤。在本章中，Hi-Fi SELEX 所带来的技术进步，包括其使用 ddPCR 的分隔步骤，被特别应用于 ssDNA 适配体的分选之中。

用于 SELEX 的 DNA 文库通常包含约 10^{14} 个长度相等的独特成员，每个成员都包含一个位于可变核心区域内的随机寡核苷酸序列，该区域的两端(5' 端和 3' 端)是通用固定序列。文库多样性主要由可变核心区域来编码。这个区域可以利用不同的随机化策略和核苷酸化学反应来创建。大多数情况下采用的是化学合成方法，它可以均等地权衡每个自然出现的核苷酸的频率，但是由部分随机序列[16]、基因组 DNA 插入[17, 18]和各种化学修饰的核苷酸[19-21]所组成的可变核心区域也已被成功地使用。

Hi-Fi SELEX 通常采用一个长度为 40nt 的可变核心区域（图 30-2），这样在保证起始库的体量适合筛选过程的同时也可以产生适当的多样性。然而，更小或更长的随机化也是可以使用的。每个可变核心序列两侧 5' 端和 3' 端的通用固定区域序列（通常每个 20nt）都是经过设计的，可以通过消除（或者至少是最小化）自联作用和引物二聚体的配对反应（这可以促进 PCR 过程中不需要的副产物的形成）而获得固定文库成员的高保真扩增。在我们的实验室中，通常是通过使用 Primer3 软件（http://biotools.umassmed.edu/bioapps/Primer3 www.cgi）来设计两侧的序列和相关的正向引物和反向引物，然后使用 Exiqon 公司的寡核苷酸分析工具（http://www. Exiqon ./www/pel/ExqqOnOffoDeuliSeloRo..ASPX）对它们进行自联作用和引物二聚体形成情况的评分。目前使用相同或相似策略设计的几对 20mer 侧翼序列已被报道并已成功使用[22-24]。

80mer 的 ssDNA 文库的可变核心区通常是通过对所需要的核苷酸进行配量（A ∶ C ∶ G ∶ T 的摩尔比为 3 ∶ 3 ∶ 2 ∶ 2.4）组合而创建，以便使每个核苷酸在可变核心区域都有相等的掺入概率[25]。5'- 磷酸化 3'-Comp 序列被用作 PCR 扩增的反向引物。

30.3.2 靶点固定

已知非特异性保留的文库成员水平决定了在某一轮分选中所获得的有用适配体的富集程度[26]。SELEX 的从业人员试图通过一个称为“划分效率”的参数 PE 来对每一轮分选的整体质量进行定量。

$$PE=\frac{[A]}{[AP]}$$

式中，

$$[A]=\sum_{i=1}^{n}[A_i]$$

在这里，[A] 是所有未结合文库成员的总摩尔浓度，由每个未结合文库序列 i 的浓度之和 $[A_i]$ 给出；同样的，[AP] 是从洗脱到 DE 缓冲液中的成分中回收的所有结合文库成员的摩尔浓度。在 SELEX 中，每轮的 PE 值通常为 10 ～ 1000，部分原因是文库成员的非特异保留。将大约 10^{14} 个成员的初始种群减少到一个可管理的候选适配体数量，如 10^4，则需要相对大量的成功选择回合（通常通过保留集平均 K_d 的提高来加以鉴定）。

相比之下，通过将目标显示在特定的基质上和有条件的溶剂中（它们一起极大地抑制了非特异性保留），Hi-Fi SELEX 每轮所产生的 PE 值大于 10^5（通常接近 10^6）。Nunc 固定物板在其每个孔的表面都有一层末端移植的超分支化聚乙二醇链，其密度接近或高于软毛刷形成所需的密度，对蛋白质[27]或寡核苷酸[28,29]的非特异性吸附显示出了良好的钝化，即使在基质表面和吸着物内在的 Zeta 电位符号相反的情况下[27,30]。这种能力是靶点固定程序的组成部分，具体如下。

1. 将靶蛋白（TI 缓冲液中 50 ～ 100nmol/L 的靶蛋白）加到 Nunc 固定物氨基 C8 条孔中，充满的孔在 4℃下过夜孵育，将蛋白固定（关于化学结合的形成，见图 30-3 和 30.4“注意事项”中的第 2 条和第 3 条）。

2. 使用 300μl SP 缓冲液洗孔 3 次（见 30.4“注意事项”中的第 4 条）。

3. 再一次用 300μl SP 缓冲液充满孔。

4. 室温下温和振荡孵育 1 小时（我们在室温下设置一个装有转接器的温度混合器，转速为 500 转 / 分），以完成中和反应。

5. 在中和 / 钝化过程结束时，从每个孔中抽出 SP 缓冲液。

6. 在用光学薄膜封孔之前进行最后一次清洗（用 3 × 300μl 的 SP 缓冲液）。

7. 将经过处理并密封的 C8 条孔存放在 4℃，待将来使用。

30.3.3 分隔和保留部分的回收

在 Hi-Fi SELEX 筛选之前，该文库要经历一个热变性 - 复性的循环，旨在促进 5'-Comp 和 3'-Comp 链与每 80mer 文库成员之间的退火，以及在筛选条件下将每个成员折叠为其热动力学最有利的构象[31]（见 30.4“注意事项”中的第 5 条）。注意，Hi-Fi SELEX 想要在可靠和有效地发现有用的适配体方面取得成功，需要在每次分选过程中严格遵守本方案。

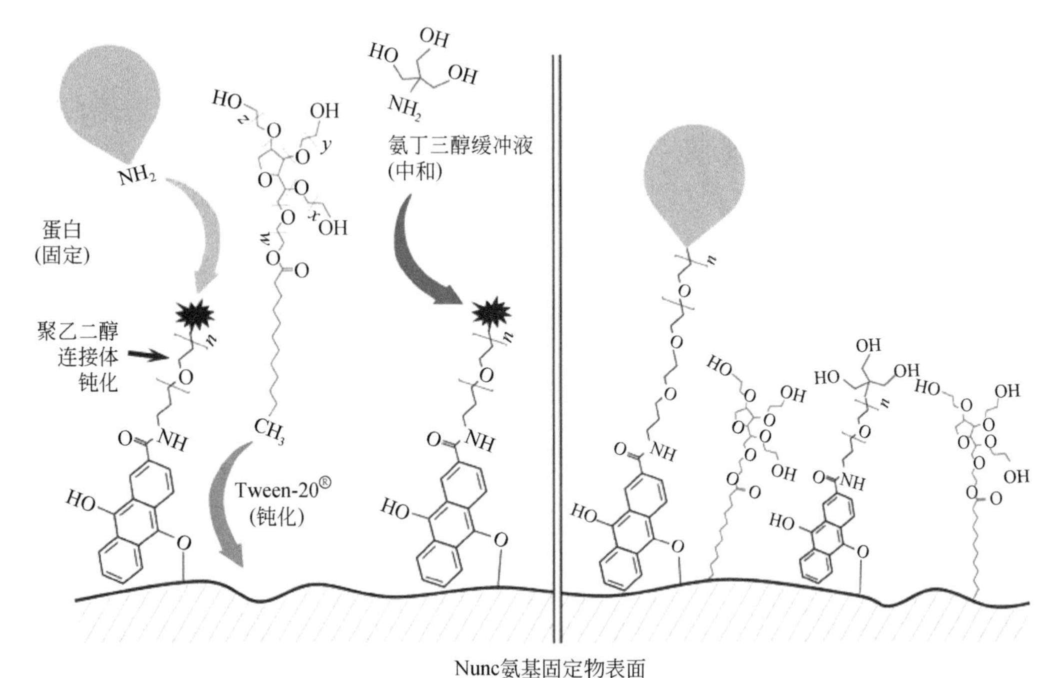

图 30-3 在 Nunc 固定物氨基板表面用于固定靶蛋白、中和反应基团和钝化非特异结合位点的化学作用示意图

（100 ∶ 1）～（1000 ∶ 1）的适配体与靶点比率（见 30.4“注意事项”中的第 6 条）、有条件的溶剂，以及高盐洗涤步骤的联合使用，创建了在前几轮分选中每次减少 10^5 ～ 10^6 数量级的序列多样性所要求的严格分隔条件（见 30.4“注意事项”中的第 7 条）。因此，大约 10^8 个独特文库序列在第一个分隔步骤中被保留和回收——对于选择周期的剩余步骤来说，这是一个理想的数字。

文库分隔和保留部分的回收方案如下所示。

1. 从准备好的储备液中取出 1nmol（约 10^{14} 个序列）的 ssDNA 文库，在 100μl 的 SP 缓冲液中，与等量的 5'-Comp 和 3'-Comp 混合。

2. 将混合物加热至 95℃，5 分钟（变性），然后在一个标准热循环仪中将其以 0.5℃/min（复性）的速度慢慢冷却至 25℃。

3. 在显示靶点的经过中和及钝化的 Nunc 固定物中添加生成的 10μmol/L 活性文库。

4. 在装有读板器的热混仪中，25℃轻轻振荡（500rpm）1 小时，使系统平衡（见 30.4“注意事项”中的第 6 条）。

5. 通过 300μl SP 缓冲液洗涤 3 次，移去未结合和弱结合的成员。

6. 应用第 2 对更严格的 300μl SW 缓冲液清洗 3 次。这些清洗步骤不需要搅拌（见 30.4“注意事项”中的第 7 条和第 8 条）。

7. 采用 100μl DE 缓冲，70℃下，振速 600rpm，孵育 10 分钟，将特异结合的文库成员的保留集从 Nunc 孔中洗脱。

8. 振荡之后，添加 100μl 50mmol/L 的盐酸中和 pH。

9. 重复步骤 7 和 8。

10. 合并洗脱的适配体集。

11. 采用一个离心过滤装置，14 000 × g，15 分钟，将适配体集转换到 AF 缓冲液中，浓缩至 25μl（终浓度），由此使其脱盐（见 30.4“注意事项”中的第 9 条）。离心开始时不添加 AF 缓冲液，这样可以尽可能多的移走 DE 缓冲区。然后添加 AF 缓冲液，开始缓冲液交换。

30.3.4 通过 ddPCR 进行保留集的扩增

在每一轮选择之后，PCR 通常被用于扩增保留文库序列集。在 SELEX 中，这一步是通过一个常规体积的 PCR 反应，采用标准的热循环和通用的正向和反向引物靶向每个文库成员的固定侧翼序列而完成的。

这种方法往往是有问题的，如图 30-4 所示，这是一个相对简单的 10^5 个独特文库成员集。虽然创建了期望的 80bp 双链 DNA（dsDNA）扩增产物，但其总丰度的最大值通常是在有限数量的周期之后即可达到。除了这个周期之外，还有各种失真，包括 80mer 异型双链只通过其通用侧翼序列杂交在一起，寡核苷酸在通用引物区域内的延伸会错误引导某些可变核心区域的序列，以及不当延伸的产物在异源序列上充当假引物，这些都会促进文库向越来越异常的高分子量（high molecular weight，HMW）副产物转化。

为了避免这些复杂因素，Hi-Fi SELEX 用具有分隔功能的 ddPCR 来取代传统的 PCR。当少到只有 10^5 个保留文库成员在某一轮 Hi-Fi SELEX 中被回收之后，接着采用所介绍的基于 ddPCR 的方案进行扩增，在最终约 25μl 的样品之中通常会得到一个浓度大于 1μmol/L 的 80bp 扩增产物。此外，所有扩增产物都处于完全互补（同源双链）的 dsDNA 状态。因此，从少到 10^5 个保留成员中所创建的一个再生 ssDNA 文库，其数量不仅足以进行下一轮分选，而且还能在每一轮分选之后确定浓缩集的平均亲和力，从而提供一个度量，判断整体的分选进行得如何。

Hi-Fi SELEX 中使用的扩增方案分为以下两个步骤。

1. 确定保留文库的浓度 $C_{Library}$

（1）在 9.5μl 超纯水中稀释保留 80nt 文库成员的 0.5μl 脱盐浓缩集。

（2）在一个 qPCR 孔中，加入 5μl 在步骤（1）中生成的溶液，同时还有 SYBR green 超混液（至 1× 终浓度）、FP 和 RP（各 250nmol/L 的终浓度）。加入超纯水，使孔内最终体积达到 20μl。

（3）开始循环，在 95℃下进行初始活化步骤，持续 3 分钟，然后进行 39 个扩增循环，每个包括在 95℃下变性 30 秒和在 60℃下退火 / 延伸 30 秒。将加热和冷却速率设置为 2.5℃ /s，以便在孔内均匀分布热量。

（4）将记录的定量周期 C_q 与来自一个标准曲线的相应 C_q 数据相比较来确定 $C_{Library}$，该标准曲线来自最初 100μmol/L 文库储存液的梯度稀释，序列多样性从 10^8 降到 10^2 个独特文库成员。

（5）根据 $C_{Library}$ 和保留文库体积（约 25μl），通过假设每个 ddPCR 孔的 17 000 个可读微滴产生了 50 个 CPD，计算进行保留文库扩增所需要的 ddPCR 孔的数量。例如，如果

保留的文库包含 10^8 个成员（通常是第一轮和第二轮的 Hi-Fi SELEX），则需要 120 个孔（120 个孔 ×17 000 个微滴 ×50 个拷贝 / 微滴 $=10^8$）。

2. 基于微滴的保留集扩增（见 30.4“注意事项”中的第 10 条）

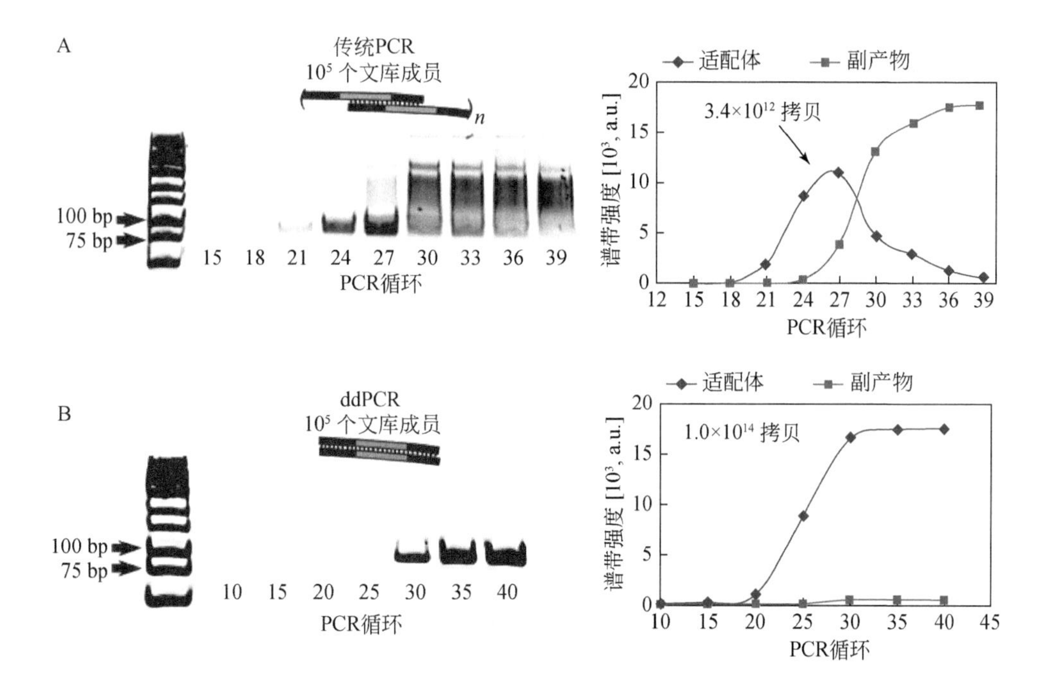

图 30-4 常规 PCR（标准 SELIEX；A）和 ddPCR（Hi-Fi SELEX；B）扩增文库成员保留集（10^5）的比较：虽然在传统 PCR 中创建了期望的 80bp dsDNA 扩增产物，但其总丰度的最大值通常是在有限数量的周期之后即可达到。除了这个周期之外，还有各种失真，包括 80mer 异型双链只通过其通用侧翼序列杂交在一起，寡核苷酸在通用引物区域内的延伸会错误引导某些可变核心区域的序列，以及不当延伸的产物在异源序列上充当假引物，这些都会促进文库向越来越异常的高分子量（high molecular weight，HMW）副产物转化。因此，通常会进行一个小规模的“先导”PCR 反应 [32, 33]，以便在积累到不可接受量的副产物之前确认可进行的最大 PCR 循环数，已知这会对分选产生不利影响，因此必须通过凝胶电泳或其他手段 [34] 去除。该先导反应通常表明，保留集的标准 PCR 扩增必须在 22 ～ 25 个循环时终止，因为当扩增产物浓度达到 20 ～ 50nmol/L 时，HMW 副产物通常就开始累积了。在这个相对比较低的循环上终止扩增通常会产生 10^{10} ～ 10^{12} 的 80bp 扩增产物，或者≤ 1% 起动下一轮分选所需要的量。因此，在 SELEX 中，PCR 步骤必须重复运行 100 个或更多的平行反应，每个反应扩增 10^5 ～ 10^6 个文库成员，每个孔中创建 10^{11} ～ 10^{12} 个扩增产物。然后将平行反应的产物汇集并浓缩，以达到下游处理和下一轮 SELEX 所需的浓度（即 100μl 中 10^{14} 个扩增产物）。在 ddPCR 中使用乳剂通过 PCR 分离和扩增单个模板的方法已经建立，并且众所周知的是，单个模板被分隔到单个液滴之中会减少多个模板（如多基因）共扩增时不需要的副产物的形成 [35, 36]。每个微滴内的错误引发事件会大大减少，部分原因是避免了不同模板之间的竞争和扩增效率的差异所导致的误差 [37]。此外，扩增之后，乳状液可以被打破并且在适合于下游处理的水相中回收全套扩增产物。在 Hi-Fi SELEX 中，经过一轮选择后保留的活性 80nt ssDNA 文库成员集（约 10^8）因此被分隔到类似数量的纳升大小的微滴中。ddPCR 可分隔约 20 000 个微滴 / 孔，这意味着需要 100 个孔来调节 50 个模板到每个微滴中（CPD=50）。由于每个孔中的序列异质性很低，在超过 40 或更多 ddPCR 循环之中会观察到最小量的 HMW 副产物，使得所有保留文库成员都可以高保真地扩增到超过 10^{14} 总拷贝的期望中的 80bp dsDNA 扩增产物。经过允许改编自文献 15

（1）从剩余的 24 ～ 25μl 脱盐保留文库中，准备合适体积 [=20μl × 所需孔的数量（=2 ～ 2.4ml）] 的 ddPCR 样品混合液：加入 ddPCR 主混合液（1× 终体积），FP 和磷酸化的 RP 各 900nmol/L（终体积）和超纯水。

（2）将 20μl 该样品的等分混合物加到微滴生成芯片的每个孔中。

（3）在芯片的每个相应油孔中加入 70μl 的氟化油。

（4）将生成芯片插入微滴生成仪并开始处理。

（5）将每个孔中形成的稳定乳液（包含约 17 000 个可读液滴）转移到标准的 96 孔 PCR 板的孔中进行热循环。

（6）重复步骤（2）～（5），直到样品全部被处理。

（7）开始循环，在 95℃下进行初始活化步骤，持续 5 分钟，然后进行 35 个扩增循环（注意，这比通常用于 ddPCR 定量的循环要少），每一个循环都包括 95℃下变性 30 秒，然后在 64℃下退火 / 延伸 30 秒。将加热和冷却速率设置为 2.5℃ /s，以确保每个孔中的所有液滴都均匀加热。

（8）扩增之后，立即汇集所有孔，并以 5000 × *g* 的转速离心，从连续的油相（底部）中分离反应后的微滴。

（9）弃去连续的油相。

（10）将微滴相进行一个冻（-80℃，15 分钟）/ 融循环，回收双链 DNA。

（11）立即以 14 000 × *g* 的速度离心冷冻微滴 5 分钟，以产生足够的力使其破裂。

（12）再重复步骤（10）和（11）两次，以产生和回收含有可溶性扩增材料的透明水（顶部）相。留出 5μl 澄清水相。

（13）在离心过滤装置中处理剩余的澄清水相，将扩增文库浓缩至约 25μl。

（14）在 1.5% 的琼脂糖凝胶上分析步骤（12）中的 5μl 小份样品，同时加入适当大小的分子量条带来确认文库的适当扩增。

30.3.5 测量扩增后的保留集的序列多样性

一般来说，对于 Hi-Fi SELEX 的筛选，必须在多个轮次之中保持保留文库的序列多样性和平均结合亲和力的适当平衡，才可以证明成功地发现了一组有用的候选适配体。要想保持这种平衡需要一些方法，在每一轮分选之后对保留集的平均 K_d 和总序列多样性同时进行定量。保留文库多样性可以通过下一代测序来确定，但这种方法既不快速也不便宜[38, 39]。

在 Hi-Fi SELEX 中，使用一种新的 qPCR 分析方法来评估保留文库成员集的序列多样性，该方法简单且便宜，所需要的是所有分子生物学实验室通用的设备。记录每个群体的熔解峰面积，并使用这两个峰面积计算异源双链状态下扩增产物的 f_{hetDNA} 分数。

$$f_{hetDNA}=\frac{A_{67℃}}{A_{67℃}+A_{81℃}}$$

重复该熔解分析，连续缩减代表起始文库（见上文）的 dsDNA 扩增产物的序列多样性，以生成如图 30-5 所示的数据。一组序列减少的相应峰面积被用于创建将 f_{hetDNA} 与已知序列多样性相关联的标准曲线（图 30-6）。对于这些标准，T_m=67℃的熔解峰面积随着序列多样性的降低而减小，反映出较高的概率在这样的系统中形成了完全互补的同源双链（在 T_m=81℃熔解）。因此，保留集所检测到的 f_{hetDNA} 可用于其序列多样性的评估（见“注意事项”中的第 11 条）。

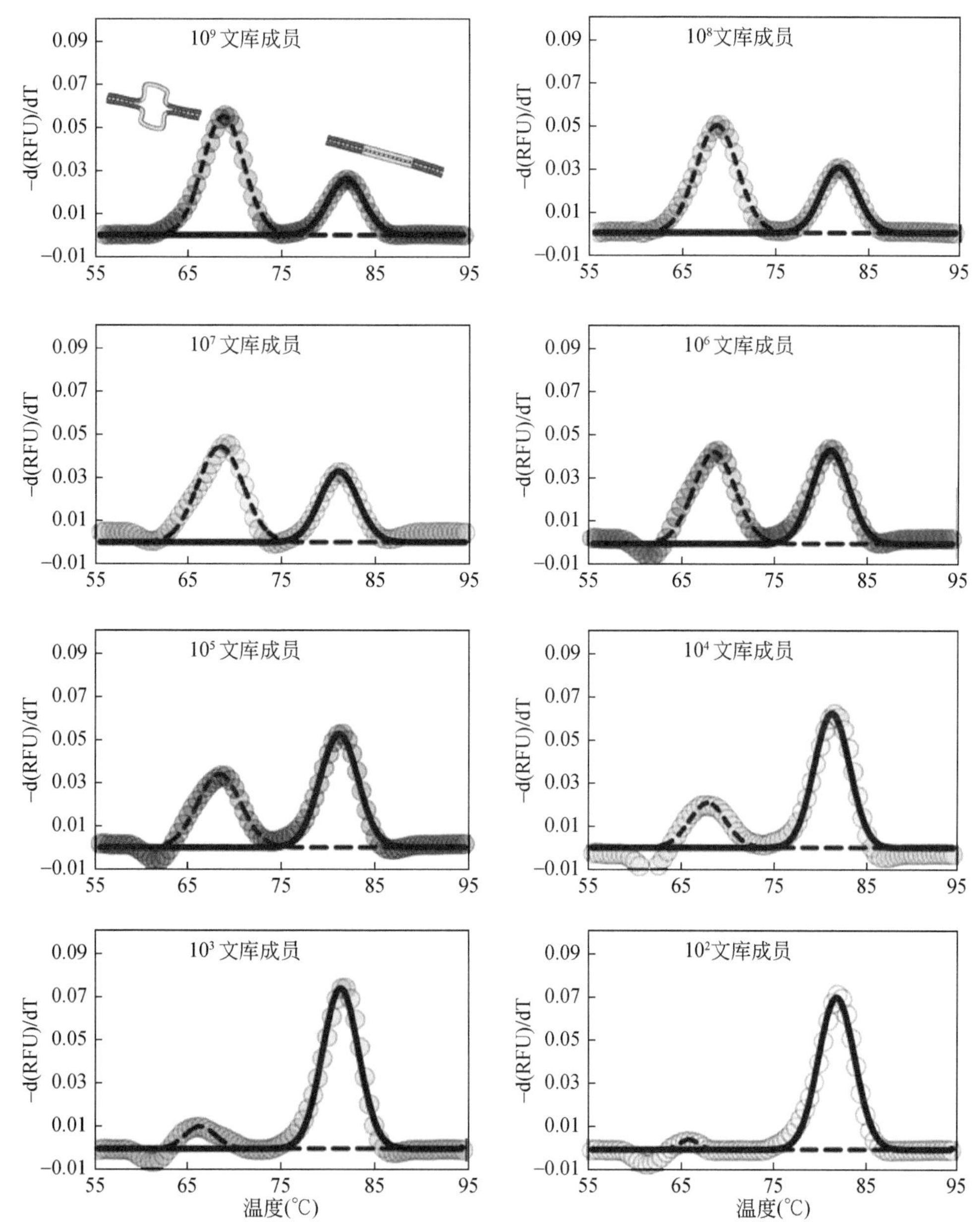

图 30-5 基于荧光（SYBR-green）的熔解分析用于连续缩减代表 80nt Hi-Fi SELEX 文库的 dsDNA 扩增产物中的序列多样性：保留文库成员的双链扩增产物在其两个侧翼序列方面是均一的，同时呈现高度多样的可变核心区域序列集合。扩增的文库变性后冷却至 55℃，会因此产生两个不同的 dsDNA 群体：完全同源双链的扩增产物，其特征是以相对较高的熔解温度（T_m 约为 81℃）为中心的高斯熔化包裹，以及只表现出部分互补性的异源双链（通常只通过其共同的侧翼序列）。扩增产物的异源双链集总体上呈现出的高斯熔解峰的特征是 T_m 更低（约 67℃）

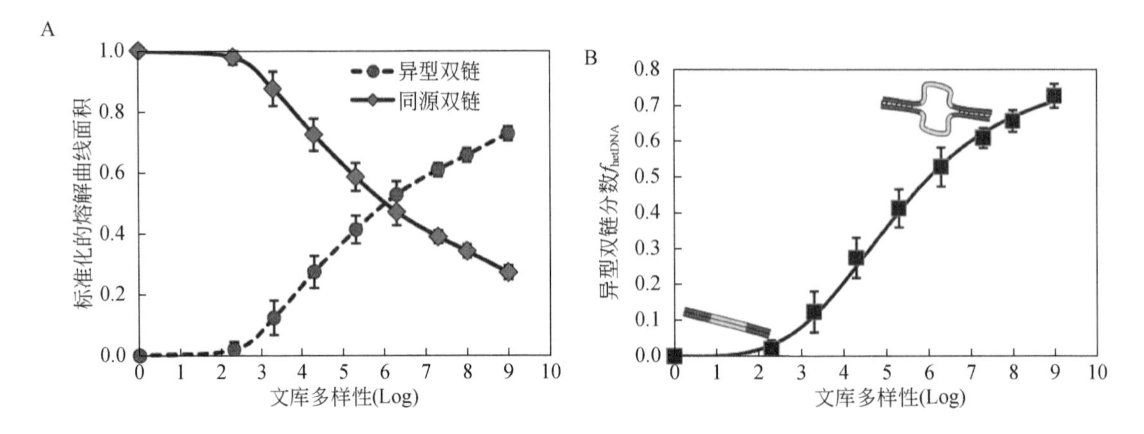

图 30-6 基于 qPCR 的序列多样性测定标准曲线：作为功能文库多样性的标准化熔解峰面积（A）和 f_{hetDNA}（B）

用于测量序列多样性的方案如下。

1. 使用 SYBR Green 主混合液（1× 终浓度）和 qPCR 热循环条件，将第 30.3.4 节第 1 步的稀释工作中等份的剩余 5μl 体积进行 qPCR 扩增，该热循环条件包括在 95℃下初始活化 5 分钟，然后是 13 ～ 15 个扩增循环：在 95℃下变性 30 秒，在 64℃下退火 30 秒，在 72℃下延伸 30 秒，加热和冷却斜率速度设置为 3℃ /s（见 30.4“注意事项”中的第 12 条）。

2. 循环后，将携带 SYBR 染料的扩增产物冷却至 55℃。

3. 然后，在实时 PCR 热循环器中以 0.5℃的增量从 55℃加热至 95℃进行熔解，记录所需的 $A_{67℃}$和 $A_{81℃}$。

4. 从 f_{hetDNA} 与已知序列多样性相关的标准曲线中确定序列的多样性（图 30-6）。

30.3.6 单链文库的酶促再生

ddPCR 的扩增步骤产生 80bp 的 dsDNA 产物，必须从中恢复有义链才能继续进行 Hi-Fi SELEX 过程。目前已经建立了许多纯化方法，以化学当量法从扩增产物的有义链（适配体文库）中去除反义链，包括碱变性，然后采用抗生蛋白链菌素捕获生物素化的反义链（通过化学修饰 RP 产生）[40] 或电泳分离多聚 T 标记的反义链 [41]。Civit 等 [42] 和其他团队 [43,44] 研究了这些方法的相对性能，他们共同证实：采用λ- 核酸外切酶来酶解消化 5'- 磷酸化（PO_4）反义链的效果通常是最好的。

然而，λ- 核酸外切酶在 ssDNA 上的水解活性比在互补 dsDNA 上稍微低一点 [45]。因此，我们已经证明，当作用于标准 SELEX 中所使用的批量 PCR 扩增步骤中产生的异源双链扩增产物时，ssDNA 文库的酶再生会停止 [15]。因此，这会创建一个部分再生的文库，其中包含了所期望的 80nt ssDNA 和部分处理过的 dsDNA 材料的混合物（图 30-7，右半部分），从而影响下一轮的分选。

在 Hi-Fi SELEX 中，除了减少不需要的 HMW 产物的形成之外，上述基于 ddPCR 的保留成员的扩增提供了一种方法来消除扩增过程中异型双链的形成，从而产生完全同源双链的扩增产物集池（通过这些集合的熔解分析可以证明，图 30-7）。然后可以使用以下

方案通过 λ- 核酸外切酶的处理而获得所需要的 80nt ssDNA 文库的完全化学当量再生（图 30-7，左半部分）。

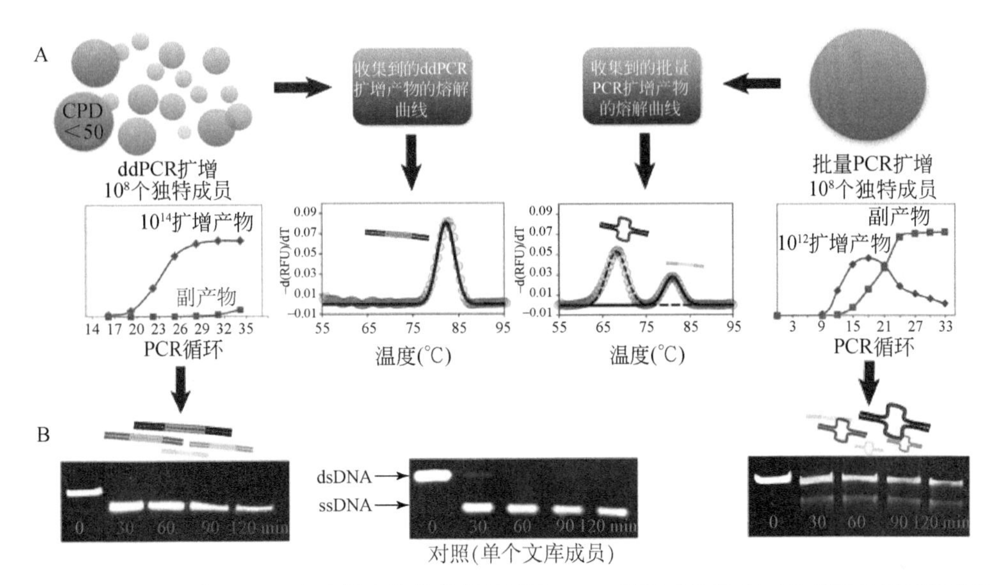

图 30-7 Hi-Fi SELEX 中 ssDNA 文库的有效化学当量再生。A：保留成员的 ddPCR 扩增导致了完全互补同源双链扩增产物的形成，而 SELEX 中所使用的传统批量 PCR 产生的是同源双链和异源双链扩增产物的混合物。B：对 Hi-Fi SELEX 所产生的同源双链扩增产物进行 λ- 核酸外切酶处理会在 30 分钟之内完成 ssDNA 文库的化学当量回收，而从批量 PCR 产物中只能回收相对较少的 ssDNA 产物。经允许改编自文献 15

1. 从 30.3.4 的步骤 13 中制备的 25μl 浓缩扩增产物，通过在 37℃下与 5U 的 λ- 核酸外切酶反应 1 小时，然后在 75℃下热灭活 10 分钟，从而生成有义链文库。

2. 使用标准苯酚氯仿提取方法，向有义链文库中添加 2× 体积（即约 50μl）的苯酚：氯仿：异戊醇（25 ∶ 24 ∶ 1）来纯化消化产物。

3. 涡旋形成乳化液，并在室温下 14 000 × *g* 离心 5 分钟。

4. 回收顶部水相，再次重复步骤 2 和 3。

5. 将回收的顶部水相与 2.5 体积的冰冷无水乙醇混合，在 -80℃下孵育 2 小时，以沉淀核酸。

6. 孵育后，在 4℃的冷冻离心机中以 14 000 × *g* 离心试管 30 分钟。

7. 将得到的沉淀清洗两次，该沉淀应清晰可见，采用 500μl 70% 的乙醇，4℃下 14 000 × *g* 离心 2 分钟。

8. 将回收的核酸沉淀风干。

9. 在 25μl AF 缓冲液中将沉淀重悬。之后进行再生，保留文库的浓度通常约为 1μmol/L，该浓度适合下一轮的分选。

30.3.7 测量保留的和再成文库的平均 K_d

在传统的 SELEX 中，选择过程通常是通过在摸索地进行几轮分选后测量保留集的平均 K_d 来监测，这几轮分选是为了富集足够数量的高亲和力结合物，使 K_d 的测定成为可能 [通常是通过表面等离激元共振（surface plasmon resonance，SPR）或荧光光谱]。

为了获得所需数量的再生 ssDNA 文库，需要做并行 PCR 扩增，然后把反义链去除。如果要通过光谱测定平均 K_d，则该过程必须包括荧光标记或再生文库的生物素化；而如果要使用 SPR，则不需要做修饰。这两个过程都很耗时，无法在关键的早期轮次的分选中提供信息，而如果使用 SPR 测量平均 K_d，则价格昂贵。此外，如果需要修饰文库成员，则可能会产生改变结合特性的风险，这会造成分选的偏差。

为了降低成本和消除对专业 SPR 或荧光光谱设备的需求，Hi-Fi SELEX 采用了一种基于 qPCR 的新方法来量化平均 K_d。该方法的基础是建立一个标准关系，对某个样品中与固定靶点孵育前和孵育后的文库浓度 $C_{Library}$ 进行定量，然后利用这些信息来测量在 Nunc 固定器氨基板上再生文库与蛋白质靶点之间结合的吸附等温线。这种简单的 qPCR 方法已经表明，Hi-Fi SELEX 通常在第一轮分选后提供一个平均 $K_d \leqslant$ μmol/L 数量级的保留集，在三轮分选后提供的平均 K_d 为纳摩尔的数量级 [15]。它可用于监测每轮分选后的平均 K_d，并于保留成员的平均总亲和力在连续轮次中保持不变或已达到特定应用的适当值（通常为纳摩尔数量级的平均 K_d）时终止分选。它需要确切的 $C_{Library}$ 数值，需要一个统计上更可靠的测量方案。

方案如下：

1. 在 SP 中 2× 稀释保留的 25μl 80nt ssDNA 文库。

2. 取稀释后文库的 4μl，用 SP 稀释 1000 倍。

3. 从步骤 2 开始，准备一组系列稀释（2×，4×，8×，16×，32×，64×，128×，256×），每一个的最终体积为 500μl。

4. 采用 30.3.4 步骤 1 中的（2）和（3），对每个稀释液的两个 5μl 小份进行基于 qPCR 的测定。

5. 记录平均 C_q（对于一个给定 RFU 的阈值 T）和根据每个稀释度的重复样本所计算的标准误差。

6. 在以 10 为基数的半对数图中，绘制阈值循环与稀释系数的关系图，并将数据拟合成直线，并记录其中的斜率和误差。

7. 从该斜率中计算扩增效率 E 为 $10^{-1/\text{斜率}}-1$。

8. 使用标准关系，从 C_q 中确定每个稀释液的 $C_{Library}$（见 30.4“注意事项”中的第 13 条）。

$$\log(C_{Library})=\log(T)-C_q\log(E)$$

9. 一式两份，将 8 种系列稀释液（每个 200μl）的每一份都在含有靶点的 Nunc 孔中孵育 1 小时，25℃，在 300 转 / 分下轻轻混合。

10. 取出溶液，然后用 3×300μl AF 连续冲洗平衡孔中的保留集。

11. 清除每个孔中的最终冲洗液。

12. 用 100μl 50mmol/L NaOH 在 70℃下洗脱保留的成员。

13. 立即用 100μl 50mmol/L HCl 中和每个孔的洗脱集。

14. 加入 100μl 10mmol/L TE 缓冲液。

15. 将每个中和洗脱集中的 5μl 稀释 50 倍，使文库浓度适合分析。

16. 一式两份，根据 30.3.4 步骤 1 中的（2）和（3），通过 qPCR 对每个中和洗脱液中

的 $C_{Library}$ 进行定量。

17. 对于每个稀释，确定靶点结合文库的分数 θ 作为洗脱样品和初始样品的稀释校正值的比率 $C_{Library}$。与固定靶点平衡之后还留在溶液相之中的文库浓度（C_{free}）分别通过初始和洗脱文库的稀释校正 $C_{Library}$ 值之差而给出。

18. 根据 θ 和 C_{free}，构建如图 30-8 所示的结合等温线。通过 Langmuir 等温关系与结合等温线数据的非线性拟合得出平均 K_d。

$$\theta=\frac{C_{free}}{K_d+C_{free}}$$

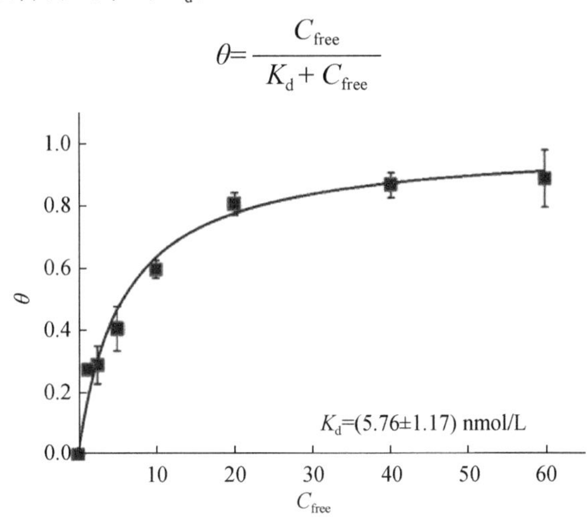

图 30-8 采用基于 qPCR 的结合分析方法所决定的具有代表性的吸附等温线和平均 K_d：所显示的数据是一个被保留的紧密结合文库成员集，它们有针对人 α- 凝血酶的固定区域

30.4 注意事项

1. 初始文库必须在 1μmol 的规模下进行合成，以便产生足够的材料用于进行 Hi-Fi SELEX。合成后，文库需要按照所述的要求进行纯化，然后冻干。当需要时，冻干产品在 1×AF 缓冲液重悬为 100μmol/L 的浓度并在 −20℃冻存，要远离 Hi-Fi-SELEX 方案中使用的所有其他试剂。

2. 通过蛋白质上的氨基（或其他亲核物质）与显示在 Nunc 固定物孔的聚乙二醇链末端的亲电偶联剂反应，将靶点共价固定到孔的表面。制造商建议在 pH 9.6 下进行该反应，但使用碱性 pH 会增加化学修饰（如去酰胺化）的可能性，这会改变靶蛋白质结构、化学作用和（或）活性。因此 Hi-Fi SELEX 使用了另一方案，但是与 30.3.2 方案步骤 1 ～ 7 中所述的耦合条件有相等的效果。在这些较温和的条件下，反应进行得比较缓慢，并且配合分选一个适当靶点溶液的浓度，可以很容易控制固定靶点的表面密度。

3. 一个随机的 80mer ssDNA 适配体的水动力学直径约为 8nm。因此，我们在偶联反应中设定靶蛋白的溶液浓度（50 ～ 100nmol/L），以实现固定化靶点分子的平均分离距离略大于 8nm（即 9 ～ 10nm）。对于凝血酶（M_W=37kDa）来说，这是通过使用 80nmol/L 的溶液浓度而实现的。对于分子量较大的目标，需要较低的浓度，反之亦然。为了确定最佳溶液浓度，对于起始和最终溶液，使用质量平衡和 A_{280nm} 测量靶点的结合摩尔作为溶液浓度的函数。然后利用孔的接触面积（0.95cm^2）计算固定化靶点的平均分离距离，作为所用起始溶液浓度的函数。

4. 在该洗涤过程中，SP 缓冲液中存在的胺类（三羟甲基氨基甲烷）会中和显示在末端嫁接聚乙二醇表面上未反应的亲电子物质。在 3 次冲洗中补充所用的 SP 缓冲液及使用 1 次 0.005% 吐温 -20 的孵育步骤是绝对有必要的，这样可以完全钝化针对非特异保留物的表面。

5. 在传统的 SELEX 中，通常首先在没有分子靶点的情况下进行一轮筛选，以尝试通过靶点无关的机制来减少保留文库成员的数量。这一步骤在 Hi-Fi SELEX 中并不需要，因为所使用的独特表面钝化方法已经被证明可以将非特异保留降低到无法检测的水平 [15]。

6. 设定固定化靶点的表面密度获得约 9nm 的平均分离距离，结合所使用的活性文库浓度（10μmol/L），可使文库筛选处于理论上首选的（100 ∶ 1）～（1000 ∶ 1）的适配体与靶点范围内 [46，47]，同时也消除了文库成员与近端靶点之间桥接结合的可能性，这种结合效果已经被证明会混淆适配体的分选效果 [48]。

7. 对于那些其结合主要受库仑力（静电）相互作用支配的序列来说，适配体的多聚阴离子形式会自然地产生过度选择的不必要电势。Hi-Fi SELEX 中使用的第二组高盐清洗液就是为了去除通过离子交换类机制与靶点结合的文库成员，这些机制通常对靶点缺乏足够的特异性。

8. 要确保固定化靶点和适配体始终保持水合，这一点非常重要。如果处理得当，靶点固定化后的钝化步骤将显著增加 Nunc 固定物氨基孔表面的亲水性，部分原因是吐温 -20 的存在。因此如果不使用真空过滤器，在各种所需的溶液交换过程中，孔的表面会一直保持水化。应使用单通道或多通道移液器来添加和移除溶液。

9. 80nt 适配体的分子量为 24kDa。因此，我们在此步骤中使用了一个 10kDa 分子量的截止膜，以确保良好的适配体回收率。缓冲交换应持续进行，直到适配体集中的最终盐浓度降至毫摩尔的范围内。

10. 所需的反应孔数量（以及由此产生的总微滴数）通过在 50 个文库成员中设置每个微滴的平均拷贝数（copies per droplet，CPD）[CPD=−ln（空微滴 / 总读取微滴）] 来确定。我们发现，在 CPD 为 50（或更低）时，能够以最少的 HMW 副产物积累实现文库的终点扩增 [15]。然而，CPD ＞ 50 的 ddPCR 会导致副产物的形成和期望的 80bp 扩增产物（和产品质量）的共同丢失，这种方式与保留文库成员的标准 PCR 中所观察到的情况类似。CPD 限制适用于在前两轮分选中保留的文库，几乎可以肯定其中每个微滴中的 50 个模板中的每一个模板在其可变核心区域内都具有独特的序列。在后面几轮分选中，重复的文库序列将越来越多地分隔到任意给定的微滴中，这会减少每个微滴的模板异质性和扩增过程中形成副产物的可能性。这个时候可以使用更高的 CPD，最大 CPD 不超过 1000。

11. 如图 30-6 所示，基于 qPCR 的多样性分析为包含≥ 1000 个唯一可变区域序列的保留文库提供了序列多样性的可靠估计。Hi-Fi SELEX 筛选通常在保留文库多样性下降到该极限之前停止，因为保留种群的目标平均 K_d 通常已经满足。但在需要对较少多样性的文库进行特征描述的情况下，可以采用基于 PCR 的替代方法来描述集合的多样性，该方法依赖于扩增后 dsDNA 的荧光定量。在之前的出版物 [15] 中提供了该方法的具体方案。

12. 循环次数的设置需要能保证从先前定量的起始等份中的保留文库中生成足够的扩增材料。通常情况下，13 ～ 15 个循环就足以产生多样性分析所需的≥ 10ng 的 80bp 扩增产物。注意，在基于凝胶的反应产物显影中，观察到产生 HMW 扩增副产物之前，应停止循环（16 ～ 20 个循环）。首先进行先导 PCR 反应以确定最佳的循环数，其中使用标准的 50μl PCR 来扩增少量集合。每 3 个循环取一个样品，并形成与图 30-4 相似的基于凝胶的显影。最佳循环次数应产生足够的材料以进行接下来的步骤。产量可以用 Nanodrop ™ ND2000 型分光光度计进行定量。

13. 文库的浓度测定也可以使用其他方法。根据我们的经验，经常使用的 Nanodrop ™ ND2000 型分光光度计在测量浓度低于 50μg/ml 的 dsDNA 时不够精确，通常会高估真实浓度。Qubit ™荧光监测仪在这些浓度下通常是准确的，可以将其用于 C_{Library} 的二次校对。

参考文献

1. Edwards BM, Barash SC, Main SH et al(2003) The remarkable flexibility of the human antibody repertoire-isolation of over one thousand different antibodies to a single protein, BLyS. J Mol Biol 334:103–118
2. Xing PX, Russell S, Prenzoska J et al(1994) Discrimination between alternatively spliced STP-A and -B isoforms of CD46. Immunology 83:122–127
3. Raska M, Czernekova L, Moldoveanu Z et al (2014) Differential glycosylation of envelope gp120 is associated with differential recognition of HIV-1 by virus-specific antibodies and cell infection. AIDS Res Ther 11:1–16
4. Mould DR, Sweeney KR (2007) The pharmacokinetics and pharmacodynamics of monoclonal antibodies-mechanistic modeling applied to drug development. Curr Opin Drug Discov Devel 10:84–96
5. Chapman AP, Antoniw P, Spitali M et al (1999) Therapeutic antibody fragments with prolonged in vivo halflives. Nat Biotech 17:780–783
6. Chames P, Van Regenmortel M, Weiss E et al(2009) Therapeutic antibodies: successes, limitations and hopes for the future. Br J Pharmacol 157:220–233
7. Ruigrok VJ, Levisson M, Eppink MH et al(2011) Alternative affinity tools: more attractive than antibodies? Biochem J 436:1–13
8. Skerra A (2007) Alternative non-antibody scaffolds for molecular recognition. Curr Opin Biotechnol 18:295–304
9. Jayasena SD (1999) Aptamers: an emerging class of molecules that rival antibodies in diagnostics. Clin Chem 45:1628–1650
10. Tuerk C, Gold L (1990) Systematic evolution of ligands by exponential enrichment: RNA ligands to bacteriophage T4 DNA polymerase. Science 249(4968):505–510
11. Ellington AD, Szostak JW (1990) In vitro selection of RNA molecules that bind specific ligands. Nature 346(6287):818–822
12. Robertson DL, Joyce GF (1990) Selection in vitro of an RNA enzyme that specifically cleaves single-stranded DNA. Nature 344 (6265):467–468
13. Ozer A, Pagano JM, Lis JT (2014) New technologies provide quantum changes in the scale, speed, and success of SELEX methods and aptamer characterization. Mol Ther Nucleic Acids 3:e183
14. Ouellet E, Lagally ET, Cheung KC et al(2014) A simple method for eliminating fixed-region interference of aptamer binding during SELEX. Biotechnol Bioeng 111 (11):2265–2279
15. Ouellet E, Foley JH, Conway EM et al(2015) Hi-Fi SELEX: a high-fidelity digital PCR based therapeutic

aptamer discovery platform. Biotechnol Bioeng 112(8):1506–1522
16. Bartel DP, Zapp ML, Green MR et al(1991) HIV-1 rev regulation involves recognition of non-Watson-Crick base pairs in viral RNA. Cell 67:529–536
17. Lorenz C, von Pelchrzim F, Schroeder R (2006) Genomic systematic evolution of ligands by exponential enrichment (genomic SELEX) for the identification of protein-binding RNAs independent of their expression levels. Nat Protoc 1:2204–2212
18. Zimmermann B, Bilusic I, Lorenz C et al(2010) Genomic SELEX: a discovery tool for genomic aptamers. Methods 52:125–132
19. Keefe AD, Cload ST (2008) SELEX with modified nucleotides. Curr Opin Chem Biol 12:448–456
20. Kuwahara M, Obika S (2013) In vitro selection of BNA (LNA) aptamers. Artif DNA PNA XNA 4:39–48
21. Klussmann S, Nolte A, Bald R et al(1996) Mirror-image RNA that binds D-adenosine. Nat Biotech 14:1112–1115
22. Hall B, Micheletti JM, Satya P et al(2001) Design, synthesis, and amplification of DNA pools for in vitro selection. In: Current protocols in molecular biology. John Wiley & Sons, Inc., Hoboken, NJ, 24.2.1–24.227
23. Jiménez E, Sefah K, López-Colón D et al (2012) Generation of lung adenocarcinoma DNA aptamers for cancer studies. PLoS One 7(10):e46222
24. Sefah K, Shangguan D, Xiong X et al(2010) Development of DNA aptamers using cell-SELEX. Nat Protoc 5:1169–1185
25. Gopinath SC, Sakamaki Y, Kawasaki K et al(2006) An efficient RNA aptamer against human influenza B virus hemagglutinin. J Biochem 139:837–846
26. Weng C-H, Huang C-J, Lee G-B (2012) Screening of aptamers on microfluidic systems for clinical applications. Sensors 12 (7):9514–9529
27. Gong P, Grainger DW (2007) Nonfouling surfaces: a review of principles and applications for microarray capture assay designs. Methods Mol Biol 381:59–92
28. Cattani-Scholz A, Pedone D, Blobner F et al(2009) PNA-PEG modified silicon platforms as functional bio-interfaces for applications in DNA microarrays and biosensors. Biomacromolecules 10:489–496
29. Schlapak R, Pammer P, Armitage D et al(2005) Glass surfaces grafted with high-density poly(ethylene glycol) as substrates for DNA oligonucleotide microarrays. Langmuir 22:277–285
30. Poncin-Epaillard F, Vrlinic T, Debarnot D et al(2012) Surface treatment of polymeric materials controlling the adhesion of biomolecules. J Funct Biomater 3:528–543
31. SantaLucia J Jr, Hicks D (2004) The thermodynamics of DNA structural motifs. Annu Rev Biophys Biomol Struct 33:415–440
32. Lou X, Qian J, Xiao Y et al(2009) Micromagnetic selection of aptamers in microfluidic channels. Proc Natl Acad Sci 106:2989–2994
33. Nieuwlandt D (2000) In vitro selection of functional nucleic acid sequences. Curr Issues Mol Biol 2:9–16
34. Musheev MU, Krylov SN (2006) Selection of aptamers by systematic evolution of ligands by exponential enrichment: addressing the polymerase chain reaction issue. Anal Chim Acta 564:91–96
35. Nakano M, Komatsu J, Matsuura S-i et al (2003) Single-molecule PCR using water-in-oil emulsion. J Biotechnol 102:117–124
36. Williams R, Peisajovich SG, Miller OJ et al(2006) Amplification of complex gene libraries by emulsion PCR. Nat Methods 3:545–550
37. Margulies M, Egholm M, Altman WE et al(2005) Genome sequencing in microfabricated high-density picolitre reactors. Nature 437:376–380

38. Schütze T, Wilhelm B, Greiner N et al(2011) Probing the SELEX process with next generation sequencing. PLoS One 6:e29604
39. Hoon S, Zhou B, Janda KD et al(2011) Aptamer selection by high-throughput sequencing and informatic analysis. BioTechniques 51:413–416
40. Kai E, Sumikura K, Ikebukuro K et al(1998) Purification of single stranded DNA from asymmetric PCR product using the SMART system. Biotechnol Tech 12:935–939
41. Pagratis NC (1996) Rapid preparation of single stranded DNA from PCR products by streptavidin induced electrophoretic mobility shift. Nucleic Acids Res 24:3645–3646
42. Civit L, Fragoso A, O'Sullivan CK (2012) Evaluation of techniques for generation of single-stranded DNA for quantitative detection. Anal Biochem 431:132–138
43. Svobodova M, Pinto A, Nadal P, et al(2012) Comparison of different methods for generation of single-stranded DNA for SELEX processes. Anal Bioanal Chem 404:835–842
44. Avci-Adali M, Paul A, Wilhelm N et al(2009) Upgrading SELEX technology by using lambda exonuclease digestion for single-stranded DNA generation. Molecules 15:1–11
45. Lee G, Yoo J, Leslie BJ, Ha T (2011) Single-molecule analysis reveals three phases of DNA degradation by an exonuclease. Nat Chem Biol 7:367–374
46. Irvine D, Tuerk C, Gold L (2001) Selexion: systematic evolution of ligands by exponential enrichment with integrated optimization by non-linear analysis. J Mol Biol 222 (3):739–761
47. Vant-Hull B, Payano-Baez A, Davis RH et al(1998) The mathematics of SELEX against complex targets. J Mol Biol 278(3):579–597
48. Ozer A, White BS, Lis JT et al(2013) Density-dependent cooperative non-specific binding in solid-phase SELEX affinity selection. Nucleic Acids Res 41:7167–7175